Schriftenreihe des Wissenschaftlichen Instituts für Kommunikationsdienste

Band 1: B. Wieland, Die Entflechtung des amerikanischen Fernmeldemonopols. VII, 171 Seiten. 1985

Band 2: A. Heuermann, Th. Schnöring, Die Reorganisation der Britischen Post. VII, 254 Seiten. 1985.

Band 3: A. Heuermann, K.-H. Neumann, Die Liberalisierung des britischen Telekommunikationsmarktes. XII, 401 Seiten. 1985.

Band 4: Gesamtwirtschaftliche Effekte der Informations- und Kommunikationstechnologien. Herausgegeben von Th. Schnöring. VIII, 182 Seiten. 1986.

Band 5: K.-H. Neumann, Die Neuorganisation der Telekommunikation in Japan. IX, 204 Seiten. 1987.

Band 6: W. Neu, K.-H. Neumann (Hrsg.), Die Zukunft der Telekommunikation in Europa. Proceedings. X, 221 Seiten. 1989.

Band 7: A. Heuermann, Die Erfahrungskurve im Telekommunikationsbereich. XI, 348 Seiten. 1989.

Band 8: A. Heuermann, Th. Schnöring, Vor- und Nachteile einer Trennung von Post- und Fernmeldewesen. VIII, 109 Seiten. 1990.

Band 9: H. Grupp, T. Schnöring (Hrsg.), Forschung und Entwicklung für die Telekommunikation – Internationaler Vergleich mit zehn Ländern –. Band I. XIII, 436 Seiten. 1990.

Schriftenreihe des Wissenschaftlichen Instituts für Kommunikationsdienste

Hariolf Grupp
Thomas Schnöring (Hrsg.)

Forschung und Entwicklung für die Telekommunikation – Internationaler Vergleich mit zehn Ländern –

Band I

USA, Japan, Frankreich und Großbritannien

Springer-Verlag
Berlin Heidelberg New York London
Paris Tokyo Hong Kong Barcelona

Dr. Hariolf Grupp
Fraunhofer-Institut für Systemtechnik und Innovationsforschung
Breslauer Straße 48, D-7500 Karlsruhe 1

Dr. Thomas Schnöring
Wissenschaftliches Institut für Kommunikationsdienste GmbH
Rathausplatz 2–4, D-5340 Bad Honnef 1

ISBN 978-3-540-52703-9 ISBN 978-3-642-46711-0 (eBook)
DOI 10.1007/978-3-642-46711-0

2142-3140/543210 – Gedruckt auf säurefreiem Papier

Herausgeber beider Bände:	Dr. Hariolf Grupp (ISI) Dr. Thomas Schnöring (WIK)
Weitere Autoren beider Bände:	Dipl.-Soz. Edelgard Gruber (ISI) Wi.-Ing. Klemens Gutmann (ISI) Dr. Dirk-Michael Harmsen (ISI) Dr. Werner Neu (WIK) Dr. Ulrich Schmoch (ISI) Dipl.-Vw. Beatrix Schwitalla (ISI)
On Line Datenerhebung:	Bibliotheksleiter Günther Heger (ISI) Dipl.-Phys. Jürgen Reichert (ISI)
Graphikproduktion:	Mark Hays (ISI) Dipl.-Vw. Wolfgang Hürter (WIK) Rudolph Nickels (ISI) Cecilia Preiser (ISI)
Sekretariat & Schreibarbeiten:	Ilse Gottschalg (ISI) Renate Heger (selbst. Schreibbüro) Renate Klein (ISI) Monika Silbereis (ISI) Gabriele Stanek (WIK) Birgit Strüver (WIK) Roselinde Welke (selbst. Schreibbüro)
Ende der Datenerhebung:	Frühjahr 1989

VORWORT

Der Telekommunikationssektor ist weltweit einem starken Strukturwandel unterworfen. Veränderungen der nationalen Regulierungssysteme und ein wachsender internationaler Wettbewerb auf den vormals weitgehend abgeschlossenen nationalen Märkten stellen die traditionellen Formen der Zusammenarbeit von Staat, Netzträgern und Herstellerindustrie auch bei Forschung und Entwicklung (FuE) in Frage. Gleichzeitig sind Umfang und Effizienz von FuE für die weitere Entwicklung des Telekommunikationssektors in der Bundesrepublik Deutschland wie in allen anderen Industriestaaten für die zukünftige Wettbewerbsfähigkeit von Unternehmen und Volkswirtschaften von großer Bedeutung. In Europa tritt darüber hinaus die Kommission der Europäischen Gemeinschaft mit FuE-politischen Programmen und industriepolitischen Zielen als zusätzlicher Spieler in Erscheinung.

Es ändern sich die nationalen und internationalen FuE-Systeme, und die Frage nach einer zukunftsweisenden Gestaltung der nationalen und internationalen Forschungs- und Entwicklungsaktivitäten gewinnt an Bedeutung. Sie ist ein bisher weitgehend außer acht gelassener Baustein für eine zukunftsweisende Gestaltung des Telekommunkationssektors insgesamt und sollte deshalb gleichberechtigt neben den anderen, sehr viel häufiger diskutierten Fragen der Regulierung des Telekommunikationssektors stehen. Aus diesem Grund hat sich das WIK im Jahr 1987 der Frage von FuE im Telekommunikationssektor angenommen. Die Postreform und die dabei anstehende Neuverteilung der Aufgaben bei FuE waren ein zusätzlicher Anreiz. Ausgangspunkt der Untersuchung waren damit sowohl ein starkes forscherisches Interesse als auch eine klare politikberatende Aufgabenstellung.

Die Fragestellung machte einen international orientierten empirischen Untersuchungsansatz erforderlich, und so wurde das Projekt sehr umfangreich. Außerdem war Know-how auf dem Gebiet der Innovationsforschung erforderlich. Deshalb haben wir bei der Durchführung der Untersuchung mit dem Fraunhofer-Institut für Systemtechnik und Innovationsforschung (ISI), Karlsruhe, kooperiert. So konnten die sektorspezifischen Kenntnisse des WIK in der Telekommunikation mit den methodischen und empirischen Kenntnissen des ISI auf dem Gebiet der Innovationsforschung fruchtbar kombiniert werden.

Es ist die unseres Wissens nach bisher umfassendste Studie ihrer Art entstanden. Mit der Untersuchung wurde wissenschaftliches Neuland insofern betreten, als mit verschiedenen Methoden (FuE-Aufwands-, Patent-, Publikationsanalyse und persönliche Interviews) der Umfang, die Struktur und das Zusammenwirken der FuE-Aktivitäten international vergleichend für einen relativ großen Sektor untersucht und zu einem konsistenten Gesamtbild zusammengefaßt wurden. Die angewandte Mischung von Methoden hat trotz der mit international vergleichenden Studien typischerweise verbundenen empirischen wie methodischen Probleme ein aus unserer Sicht valides Bild von den nationalen FuE-Systemen und von den anstehenden Problemen ergeben. Ausgewählte Ergebnisse wurden auf mehreren nationalen und internationalen Veranstaltungen bereits präsentiert und intensiv diskutiert.

Drei der wirtschaftspolitischen Schlußfolgerungen der Studie möchte ich herausgreifen: Auf nationaler Ebene bedarf die staatliche FuE-Förderung im Bereich der Telekommunikation dringend einer Neuordnung, wenn nicht weiter kostbare Zeit verschenkt werden soll. Auf europäischer Ebene zeigt sich, daß die Verwirklichung des Europäischen Binnenmarktes für Telekommunikationsgeräte und -systeme nur im Zusammenhang mit einer gewissen Harmonisierung der nationalen Finanzierungssysteme für FuE sinnvoll möglich ist. Anderenfalls sind gravierende Wettbewerbsverzerrungen im Herstellerbereich zu erwarten. Auf der Ebene der Weltmärkte zeigt sich eine deutliche Führungsposition japanischer Unternehmen in vielen Bereichen der Telekommunikationstechnik, die in Verbindung mit der ohnehin bereits starken Weltmarktposition japanischer Unternehmen in Teilbereichen des weltweiten Telekommunikationsgerätemarktes ihre weitere Expansion erwarten läßt.

Auch wenn die FuE-politischen und die wettbewerbspolitschen Schlußfolgerungen umstritten sein mögen, bietet die Studie eine hervorragende empirisch fundierte Ausgangsbasis für die öffentliche Diskussion in der Bundesrepublik Deutschland, in Europa und darüber hinaus. Sie wird in zwei Bänden veröffentlicht. Im ersten Band werden die Methoden der Untersuchung und die FuE-Systeme der Länder USA, Japan, Frankreich und Großbritannien dargestellt. Der zweite Band behandelt die Länder Italien, Spanien, Südkorea, Niederlande, Schweden und die Bundesrepublik Deutschland. Im zweiten Band werden die FuE-Aufwendungen der Länder, ihre Publikations- und Patentaktivitäten im Telekommunikationssektor verglichen, und es werden wirtschaftspolitische Schlußfolgerungen gezogen. Die Ergebnisse einer Untersuchung der FuE-Politik der Europäischen Gemeinschaft, die Bestandteil des gesamten Forschungsvorhabens war, wurde bereits getrennt publiziert.

Ich wünsche mir, daß die Ergebnisse dieser Studie von den für die Politik Verantwortlichen in den Ministerien, bei der DBP Telekom und in den Industrieunternehmen sowie bei der Europäischen Kommission intensiv zur Kenntnis genommen und für eine zukunftsweisende Gestaltung des nationalen und europäischen FuE-Systems im Telekommunikationssektor genutzt werden. Sie zeigt nämlich einmal mehr, daß in diesem Sektor viele Probleme zur Lösung anstehen und daß die Zeit drängt.

Mein besonderer Dank gilt den vielen Interviewpartnern in Unternehmen, Ministerien und Verbänden im In- und im Ausland, die ihre Expertise in die Untersuchung eingebracht haben. Ohne ihre Diskussions- und Auskunftsbereitschaft wäre die Studie in dieser Form nicht möglich gewesen. Zum Schluß möchte ich allen an dem Projekt beteiligten Mitarbeitern und Helfern im ISI und im WIK für ihre Arbeit und ihr Engagement danken.

Neumann
Leiter des Wissenschaftlichen Instituts für Kommunikationsdienste

INHALTSVERZEICHNIS

METHODISCHE EINFÜHRUNG

(Von Hariolf Grupp, Ulrich Schmoch und Beatrix Schwitalla)

0.1 FORSCHUNGSANSATZ

Die Wettbewerbsfähigkeit von hochentwickelten Volkswirtschaften und einzelnen Betrieben mit qualifiziert ausgebildeten Arbeitnehmern und entsprechend hohem Lohnniveau hängt u.a. von der stetigen Entwicklung und der andauernden Einführung immer neuer Techniken ab. Gerade im Bereich der Telekommunikation wird unübersehbar deutlich, in welchem Ausmaß Forschung und Entwicklung Marktstellung, Beschäftigung und Zukunftsperspektive bestimmen. Freeman (1987, 60ff) hat kürzlich zum besseren Verständnis des Innovationsgeschehens vorgeschlagen,

- Verbesserungsinnovationen,
- Basisinnovationen,
- technologische "Systemveränderungen" und
- technologische Revolutionen

zu unterscheiden.

Damit soll angedeutet werden, daß Innovationen von ganz unterschiedlichem Gewicht für die technische und damit ökonomische Entwicklung sein können. Verbesserungsinnovationen sind dabei das "tägliche Brot" der industriellen Forschungs- und Entwicklungsabteilungen, die in großer Folge vorgenommen werden und in der Regel kaum Aufsehen erregen. Basisinnovationen sind dagegen diskontinuierliche Ereignisse, die über die Jahre und die beteiligten Wirtschaftszweige ungleich verteilt sind. Sie sind meist das Ergebnis bestimmter größerer Forschungs- und Entwicklungsanstrengungen in Industrielabors, Großforschungszentren, Forschungsinstituten oder Universitäten. Hierzu zählt etwa die Entdeckung des Nylon. Die ökonomische Bedeutung von Basisinnovationen ist groß, aber im allgemeinen nicht dramatisch, da sie immer noch in begrenzten Bereichen der Wirtschaft lokalisiert ist. Reicht die Innovation über einzelne Wirtschaftszweige oder Produktgruppen hinaus und schließt sie organisatorische Innovationen ein, dann spricht man von einer technologischen "Systemveränderung". Sie kommt oft durch das Zusammenwirken von mehreren miteinander verbundener Basisinnovationen und einer Vielzahl von Verbesserungsinnovationen zustande. Der Innovationsschub im Gesamtbereich synthetischer Fasern könnte hierzu gezählt werden.

Sehr selten ist die technologische Systemveränderung so weitreichend in ihren Auswirkungen, daß sie die gesamte Volkswirtschaft betrifft und durchdringt. Dann kann man von technologischen Revolutionen sprechen. Freeman gibt als Beispiele die umfassende Einführung der Dampfkraft oder des elektrischen Stromes in Wirtschaft und Gesellschaft fast aller Länder an. Für die heutige Zeit bezeichnet Freeman die Informationstechnologie als eine technologische Revolution, die nach seinem Verständnis mikroelektronische Komponenten, Rechenanlagen und die Telekommunikation umfaßt. Man kann mit Fug und Recht davon ausgehen, daß alle Wirtschaftszweige und alle Länder - auch die weniger entwickelten - dadurch beeinflußt werden.

Technologische Revolutionen sind besonders schwierig zu beschreiben, da sie außer nur technischen Neuerungen auch Änderungen in der Organisationsform und Struktur von Unternehmen und Wirtschaftszweigen einschließen und keine nationale Angelegenheit sind. Außer der gewerblichen Sphäre ist auch der Bereich der Ausbildung sowie der private Bereich zentral betroffen.

Gerade wegen des umfassenden Charakters technologischer Revolutionen ist ihre statistische Faßbarkeit oft nicht mehr möglich. Weil neue Produkte und Dienstleistungen kreiert werden, passen die überkommenen statistischen Abgrenzungen in der Regel nicht mehr; alte Definitionen werden mit neuen Inhalten - teilweise schleichend - gefüllt. Freeman (1987, 77) schlägt daher vor, in solchen Situationen nicht höchste statistische Genauigkeit zu fordern, sondern die Identifikation der hauptsächlichen Linien der neuen Situation zu versuchen.

Auch bei Technologien, die - anders als derzeit die Telekommunikation - nicht derart umfassender Veränderung unterworfen sind, ist es schon schwierig, statistische Angaben zum Stand von Forschung und Entwicklung im weltweiten Vergleich zu bekommen. Insofern darf nicht verwundern, daß in der vorliegenden Untersuchung Probleme bei der Abgrenzung wie bei der Datenverfügbarkeit auftreten, zumal wegen des Agierens international verbundener Firmengruppen die nationale Zuordnung von Aktivitäten erschwert ist. Klodt (1987, 64f) weist zurecht darauf hin, daß die Wahl der Produktionsstandorte weitgehend unabhängig von den Standorten der Forschungslaboratorien erfolgen kann, wenn Forschung und Produktion ohne wesentliche Effizienzverluste räumlich von einander getrennt werden können. Diese Bedingung ist nach einer statistischen Analyse von Klodt vor allem im Bereich der chemischen Industrie und der Elektrotechnik - also auch der Telekommunikation - erfüllt. Eine nationale Analyse von Forschungsaktivitäten im Bereich der Telekommunikation muß daher schon von vornherein problematisiert werden. Hohe Forschungsaufwendungen für Telekommunikation in einem bestimmten Land sind daher nicht notwendig mit hoher Beschäftigung oder einer starken internationalen Wettbewerbsposition in diesem Land verknüpft.

Wie hat man sich die "Messung" von relativ unbestimmten Größen wie etwa der "Forschungsleistung", des "technischen Stands" oder der "Patentposition" vorzustellen? Was sind die "Meßgeräte" und wie lauten die "Meßvorschriften"? An eine herkömmliche Messung wie in den Natur- und Ingenieurwissenschaften ist dabei nicht zu denken. Einen erfolgversprechenden Ansatz bei der Analyse derartiger Probleme stellen vielmehr Indikatoren dar. Indikatoren müssen als Stellvertreter für die eigentlichen Meßgrößen gesehen werden und bedürfen jeweils der auf zusätzliche Informationen gestützten Interpretation. Eine hohe Aussagekraft (oder Validität) ist daher in der Regel nur durch die Zusammenschau möglichst verschiedenartiger Indikatoren zu erreichen.

Indikatoren für Forschung und Technik können nicht allen Zwecken gleichzeitig dienen. Bei der Beschreibung des Forschungs- und Innovationsgeschehens sollte - im Sinne eines "Black-Box-Modells" - mindestens zwischen Indikatoren für den Aufwand und den Ertrag unterschieden werden. Auch sind Indikatoren nicht für alle Phasen in Forschung und Innovation gleich gut geeignet (vgl. Freeman 1982, 8f, oder Grupp, Schwitalla 1989).

In Abbildung 0.1-1 ist eine einfache Skizze zur Beobachtung des Forschungs- und Innovationsgeschehens mit Hilfe von Indikatoren wiedergegeben (aus Grupp, Schmoch 1989). Die Abgrenzung zwischen den Innovationsstadien ist dabei bewußt unscharf gehalten worden. Die linksseitigen Pfeile stehen für Aufwandsindikatoren (Input), die rechtsseitigen geraden Pfeile für Ertragsindikatoren (Output). Zurückgebogene Pfeile stehen für Durchsatzindikatoren (Throughput), welche die innere Dynamik zu beobachten erlauben. Wegen der fließenden Übergänge wird klar, daß die Aussagefähigkeit der verschiedenen Indikatoren eng mit der jeweiligen Fragestellung, also dem spezifischen Informationsbedürfnis, verknüpft ist.

Geeignet als Inputmaß ist die Erfassung von finanziellen Aufwendungen für Forschung und Entwicklung. Allerdings sind Spezialkenntnisse oftmals personengebunden, so daß auch bei theoretisch unbegrenzt verfügbaren Forschungsmitteln dennoch von der personellen Seite her Engpässe denkbar sind. Es geht dabei nicht nur um den Einsatz von Forschungspersonal schlechthin, sondern um Personal mit geeeigneter Qualifikation und spezifischen Fachkenntnissen.

Die Erstellung einer Forschungspersonalstatistik ist daher nicht redundant zu Angaben über die monetären Aufwendungen für Forschung und Entwicklung (FuE). Die Forschungspersonalstatistik ist ein Input-Indikator eigener Ausprägung.

Forschungs- und Entwicklungsergebnisse, die nicht patentierfähig sind (z. B. Formeln, das Aufwerfen neuer Forschungsfragen, Ergebnisse aus der Grundlagenforschung

Abbildung 0.1-1: Einfache Skizze zur Beobachtung des Forschungs- und Innovationsgeschehens mit Hilfe von Indikatoren

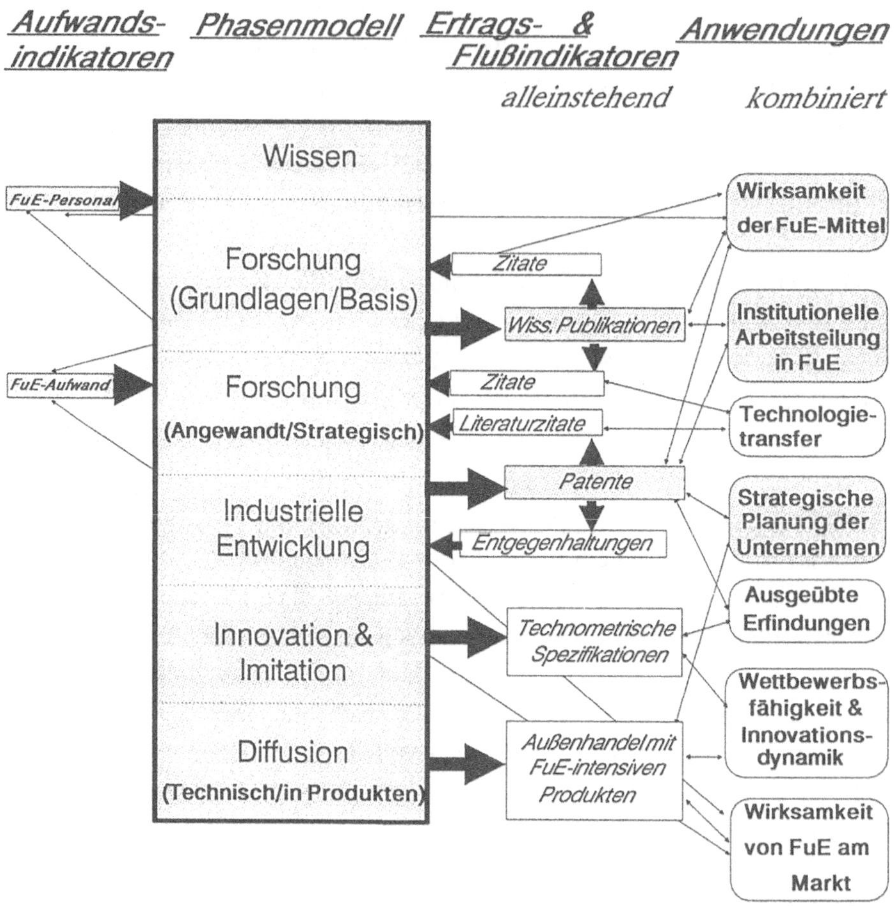

u. dgl.), werden üblicherweise nur in der wissenschaftlichen Literatur publiziert. Patentierfähige Forschungsergebnisse dürfen dementgegen - mit gewissen Unterschieden von Land zu Land wegen der unterschiedlichen Patentgesetzgebung - vor der Patentanmeldung nicht publiziert werden, weil dies für die Patenterteilung neuheitsschädlich wäre. Die Publikationsstatistik ist deshalb wegen des Einschlusses von nicht patentierbaren Forschungsergebnissen gewissermaßen komplementär zur Patentstatistik. Damit wird die Literaturstatistik insbesondere zum Studium der Vorgänge in der Grundlagenforschung interessant. Am Informationsmedium "Wissenschaftliche Publikation" partizipieren

- entgegen einem häufig gehörten Vorurteil - auch die forschend tätigen Personen aus den Unternehmen (Schmoch u.a. 1988, 254). Dies hat mehrere Gründe: Zum einen tragen publizier- aber nicht patentierfähige Ergebnisse häufig nicht den Stempel der Firmenvertraulichkeit, zum anderen dienen sie der wissenschaftlichen Karriere des Forschers sowie dem Image des Unternehmens.

Ein Patent ist eine territorial, sachlich und zeitlich begrenzt geschützte Erfindung. Die Patentgesetze aller großen Industriestaaten benennen als Grundvoraussetzung für die Patentierbarkeit von Erfindungen die Neuheit, die gewerbliche Anwendbarkeit sowie eine ausreichende Erfindungshöhe, welche neuerdings auch als erfinderische Tätigkeit bezeichnet wird. Aufgrund des Kriteriums der gewerblichen Anwendbarkeit lassen Patentdokumente Rückschlüsse nicht nur auf die technischen Entwicklungsergebnisse, sondern zusätzlich auch auf die wirtschaftlichen Interessen der Anmelder zu. Allerdings führt nur ein Teil der Anmeldungen tatsächlich zu einem wirtschaftlichen Erfolg (vgl. etwa Schmoch u.a. 1988, 29ff).

Die Entwicklung von Indikatoren für Forschung und Technik wird aus einem Informationsbedürfnis heraus betrieben. Hinter den meisten Fragestellungen an solche Indikatoren steht das Interesse, die wissenschaftlichen, technischen und innovatorischen Aktivitäten einzelner Firmen, Wirtschaftszweige, Institutionen, Gruppen oder Länder zu erfahren. Deshalb ist vorgeschlagen worden (Kodama 1987a, 70ff),

- berichtende Indikatoren,
- vergleichende Indikatoren und
- bewertende Indikatoren

zu unterscheiden. Demnach haben berichtende Indikatoren die Aufgabe, einzelne Aspekte so genau wie möglich zu messen. Nachdruck wird auf eine möglichst verzerrungsfreie Abbildung des Geschehens gelegt; ein fragmentarisches Herangehen ist dabei zulässig und die Betrachtung von Zusammenhängen zwischen Indikatoren kann unterbleiben. Um von den berichtenden zu vergleichenden Indikatoren zu gelangen, müssen die fragmentarischen Stücke der individuellen Indikatoren im Hinblick auf ein strukturelles Netzwerk organisiert werden. Dies erfordert die Integration in ein umfassenderes Indikatorensystem. Bezieht sich der Vergleich auf verschiedene Länder, Regionen oder Institutionen, wie im vorliegenden Bericht, so ist sicherzustellen, daß die jeweiligen Abgrenzungen sich entsprechen und die Daten miteinander korrespondieren. Bezüglich der bewertenden Indikatoren werden schließlich nachgewiesene Zusammenhänge, im Idealfall Kausalrelationen, benötigt.

Ein vollständiges System aus bewertenden Indikatoren für Forschung und Entwicklung im Bereich der Telekommunikation existiert nach Kenntnis der Verfasser derzeit nicht.

Daher sind subjektive Experteneinschätzungen in den gegenwärtigen Indikatorensystemen bis auf weiteres unentbehrlich, um die unvollständigen Brücken zwischen den Indikatoren, ihre geringe gegenseitige Anpassung u. dgl. zu überwinden (Grupp, Schmoch 1989). Der in diesem Bericht enthaltene statistische Teil mußte daher zwingend durch eine Serie von persönlichen Gesprächen in den verschiedenen Ländern ergänzt werden (vgl. Abschnitt 0.6).

Zu dem in der vorliegenden Arbeit gewählten Forschungsansatz gibt es nur wenige Vorläufer. Als wegweisend ist die Arbeit von Freeman (1982, 71ff) zu bezeichnen, der den Aufschwung der "wissenschaftsabhängigen Technologie" am Beispiel der Elektronik unter Zuhilfenahme von Patentlisten und Forschungsaufwendungen nachzeichnete. Die eigenen Vorarbeiten des Fraunhofer-Instituts für Systemtechnik und Innovationsforschung widmeten sich der Erstellung von Patent-, Literatur- und Wirtschaftsindikatoren in ausgewählten engen Gebieten der Technik (wie etwa der Enzymtechnik, der Lasertechnik, der Robotertechnik und der Solartechnik; Schmoch u.a. 1988), aber bis jetzt noch nicht einem so umfassenden Gebiet wie dem der Telekommunikation, das - nach dem eingangs Gesagten - einen Teil einer technologischen Revolution darstellt.

Weil die Methodik bei der Erstellung der einzelnen Indikatoren jeweils sehr voneinander abweicht, werden sie in der Regel nicht in einer Arbeit zusammengeführt. Einschlägige Veröffentlichungen nur zur Forschungsstatistik, nur zur Patentstatistik oder nur zur Publikationsstatistik sind deshalb für mehrere FuE-Bereiche bekannt (vgl. etwa Grupp 1987). Im Hinblick auf den Quervergleich sind derartige Arbeiten aber in der Regel nicht brauchbar, da eine mangelnde Entsprechung in der Abgrenzung der Indikatoren nachträglich nicht behoben werden kann. Der vorliegende Bericht hat mithin noch in erheblichem Umfang Pioniercharakter.

Die vorliegende Untersuchung bezieht sich im wesentlichen auf zehn nichtsozialistische Länder (vgl. Tabelle 0.1-1), die bis auf die Republik Korea alle der OECD angehören.

Die Anordnung der Länder in vergleichenden Listen, Tabellen und Graphiken (Kapitel 11) erfolgt aus pragmatischen Gründen nicht gemäß dem Alphabet, sondern vielmehr mit Bezug auf die Größe der Länder. Die absoluten Zahlenangaben unterscheiden sich unterscheiden sich zwischen großen und kleinen Ländern in einem teilweise so erheblichen Ausmaß, daß eine Darstellung in einem gemeinsamen Diagramm oft nicht sinnvoll ist. Daher müssen Größenklassen gebildet werden. Dies entspricht dem traditionellen Vorgehen etwa in der OECD, wonach "Major R&D Countries", "Medium R&D Countries" und "Small R&D Countries" unterschieden werden (OECD 1984). Um eine systematische Darstellung zu gewährleisten, wurde eine Reihung der Länder gemäß dem

Tabelle 0.1-1: Zusammenstellung der betrachteten Länder und der verwendeten Kürzel (gemäß dem zweistelligen ISO-Code bzw. dem dreistelligen OECD-Code)

ISO-Kürzel (alphabetisch)	OECD-Kürzel	Staat
DE	DEU	Bundesrepublik Deutschland
ES	ESP	Königreich Spanien
FR	FRA	Republik Frankreich
GB	GBR	Vereinigtes Königreich (Großbritannien)
IT	ITA	Republik Italien
JP	JPN	Kaiserreich Japan
KR	ROK	Republik Korea
NL	NLD	Königreich der Niederlande
SE	SWE	Königreich Schweden
US	USA	Vereinigte Staaten von Amerika

Tabelle 0.1-2: Reihung der betrachteten Vergleichsländer zur Bundesrepublik Deutschland gemäß ihrem Bruttoinlandsprodukt in konstanten US $ (Quellen: OECD, StatBuA)

Länderkürzel	BIP (1986) in konstanten Bio. US $ (1986)	Wohnbevölkerung 1986 in Mio.	Größenindex nach BIP
US	4,19	242	100
JP	1,50	122	36
DE	0,78	61	19
FR	0,68	55	16
GB	0,66	56	16
IT	0,66	57	16
ES	0,31	39	7
KR	0,22	42	5
NL	0,17	15	4
SE	0,11	8	3

Bruttoinlandsprodukt (BIP) durchgeführt. Die in die Untersuchung eingeschlossenen Vergleichsländer zur Bundesrepublik Deutschland sowie ihre Reihung im oben beschriebenen Sinne ist in Tabelle 0.1-2 zusammengestellt. Sie enthält ferner die Angabe der Wohnbevölkerung sowie einen Größenindex.

Das ganze Buch (beide Bände) ist gemäß der Reihung in Tabelle 0.1-2 aufgebaut. Demgemäß werden die USA in Kapitel 1 und Großbritannien in Kapitel 4 behandelt. Diese Länderabhandlungen befinden sich im ersten Band. Im zweiten Band schließen sich Kapitel 5 (Italien) bis 9 (Schweden) an. Die Bundesrepublik spielt in diesem Buch eine besondere Rolle: als Referenzland wird sie ausführlich im Hinblick auf die Übertragbarkeit ausländischer Erfahrungen dargestellt. Das entsprechende Kapitel befindet sich daher erst an 10. Stelle am Ende des zweiten Bandes.

0.2 ABGRENZUNG DES BEREICHS TELEKOMMUNIKATION

Die Definition des zu betrachtenden Gegenstands, nämlich, was man unter "FuE im Telekommunikationsbereich" zu verstehen hat, kann nicht unumstößlich und unangreifbar festgelegt werden. Die verwendete Abgrenzung (vgl. Tabelle 0.2-1) versucht, den diversen Statistiken und Datenquellen und den darin getroffenen Festlegungen einigermaßen gerecht zu werden.

Was also ist Telekommunikationsforschung und -entwicklung? Nach Durchsicht verschiedener Klassifikationssysteme und der relevanten Literatur wurde "Telekommunikation" als die Gesamtheit von 11 Teilgebieten definiert. Deren Benennung kann Tabelle 0.2-1 entnommen werden. Andere Abgrenzungen sind denkbar (vgl. jüngst etwa Schnöring 1988, 8ff), da keine "naturgegebene" technikimmanente Definition naheliegt. Deshalb können gewisse Momente der Willkür nicht beseitigt werden.

Die Forschungsstatistik inklusive der Personalstatistik kann aus Mangel an Daten nicht zwischen den einzelnen Feldern innerhalb des Bereichs der Telekommunikation differenzieren. Deshalb können die FuE-Aufwendungen sowie das FuE-Personal nur für den Gesamtbereich angegeben werden. Es findet allerdings soweit möglich eine Aufteilung nach den verausgabenden bzw. beschäftigenden Institutionen (Netzbetreiber, sonstige Unternehmen, nichtkommerzielle Institute, Hochschulen, Regierung) statt. Das Feld TH sowie das Feld SO bezeichnen Teilgebiete der Telekommunikationsforschung, die keine patentierbaren Ergebnisse erbringen. (Zur Patentierbarkeit von Software vgl. Schmoch

Tabelle 0.2-1: Definition des Bereichs der Telekommunikation mit Hilfe von 11 Teilgebieten

Feld-Nr.	Kurzbezeichnung	Code
0	Informationstheorie, künstliche Intelligenz	TH
1	Leitungsgebundene Kommunikation	LE
2	Funktechnik	FU
3	Allgemeine Bildübertragung	BÜ
4	Bildkommunikation	BK
5	Digitale Telekommunikationstechnik	DI
6	Lichtwellenleiter-Kommunikation	LL
7	Hochfrequenz-Kommunikation	HF
8	Fernwirk- und -signaltechnik	FS
9	Sonstige Geräte (anderswo nicht enthalten)	SG
10	Anwendungsforschung, Software	SO

u.a. 1988, 50f.) Aus diesem Grunde wird die Patentstatistik auf die Felder 1 bis 9 begrenzt. Die Literaturstatistik umfaßt alle Felder 0 bis 10.

Feld TH beinhaltet im wesentlichen die Informations- und Kommunikationstheorie und die Sprachsynthese sowie die künstliche Intelligenz. Feld LE enthält die leitungsgebundenen Übertragungssysteme inklusive der Kabel, das Telefonwesen, die Wähltechnik und Übertragungsstationen sowie den Multiplexverkehr und die Schalttheorie. Feld FU umfaßt Antennen und Antennentheorie, Radiowellenausbreitung, Funktechnik inklusive Amateurfunk, Funkübertragungssysteme und Satelliten sowie Sprechfunk und Polizeifunk. In Feld BÜ sind die allgemeine Bildübertragung z. B. für Fernsehsysteme, die Bildverarbeitung und Mustererkennung sowie Kabelsysteme für die Bildübertragung zusammengefaßt. Nicht enthalten sind hier Faksimilesysteme, das Bildtelefon und Teletext. Die letztgenannten Gebiete sind gesondert in Feld BK erfaßt. Für kleinere Länder sind die statistischen Gesamtheiten so begrenzt, daß die Abtrennung des Teilbereichs BK nicht trägt. In diesen Fällen wird der Bildbereich zusammengefaßt und mit dem Oberbegriff B kodiert. Das Feld DI enthält aus dem großen Gesamtgebiet der Digitaltechnik die telekommunikationsbezogenen Teile wie etwa die Telegraphie, die Computerkommunikation, das Kodieren und allgemein die digitalen Übertragungssysteme und Netzwerke. Die Lichtwellenleiter-Kommunikation ist in Feld LL zusammengestellt und schließt insbesondere optische Leiter, optische Fasern, Geräte der optischen Kommunikation, Halbleiterlaser für Kommunikationszwecke, optologische Elemente u. dgl. ein. Feld HF trennt die eher militärisch bedeutsamen Technologien innerhalb der Telemetrie ab und vereint Radartheorie, Radarsysteme und -geräte, die Radionavigation und die Peilung sowie die Fernmessung, während Feld FS die Fernüberwachung, die Alarmfernübertragung sowie die Fernverkehrsüberwachung und allgemein die Fernwirktechnik zusammenfaßt. Im Feld SG sind die für die Telekommunikation bedeutsamen Endgeräte erfaßt, soweit sie in den anderen Feldern nicht schon enthalten sind. Übrig bleiben hier insbesondere Drucker, Plotter, elektronische Anzeigevorrichtungen, Datenterminals, Lese- und Aufzeichnungsgeräte, für die Telekommunikation bedeutsame Informationsspeicher und holographische Verfahren. Feld SO stellt schließlich die Telekommunikationsanwendungen inklusive der integrierten Dienste, die elektronischen Medien, die Software sowie Arbeiten zur Frequenzzuweisung u. dgl. zusammen.

Die Eingrenzung der einzelnen Teilgebiete der Telekommunikation erfolgt mit Hilfe der Patentsymbole (vgl. Abschnitt 0.4) bzw. der Klassifikationssymbole der verwendeten Literatur-Datenbank INSPEC (vgl. Abschnitt 0.5) genauer, als es aus der vorstehenden verbalen Beschreibung hervorgeht. Wann immer es möglich ist, wird ein ganzes durch ein Klassifikationssymbol definiertes Teilgebiet einem und nur einem Feld zugeteilt. In denjenigen Fällen, wo dies fachlich unzulässig erscheint, erfolgt eine Aufteilung durch logische Verknüpfungen mit Stichworten. Die Zuordnung der Klassifikationssymbole und der Stichworte ist den nachfolgenden Tabellen 0.2-2 und 0.2-3 zu entnehmen.

Explizit in der Patentanalyse nicht enthalten sind Fernsehtische, Stereotruhen und andere Möbel, Fernseh- und Radiotürme sowie andere bauliche Sendeanlagen, Telefonbücher und -karteien sowie Verzeichnisse, Unterrichtsgeräte wie etwa Unterrichtstelegrafen, Fernsprechzellen und -hauben.

Sowohl die Patent- wie auch die Literaturklassifikation ist in den Tabellen 0.2-3 und 0.2-4 in der im Jahr 1988 gültigen Fassung angegeben. Bezogen auf frühere Zeiträume, in denen andere Versionen der entsprechenden Klassifikationssysteme galten, sind teilweise erheblich modifizierte Symbole zu verwenden. Es würde zu weit führen, dies hier im einzelnen darzulegen. Für die Patent- wie auch die Literaturklassifikation waren jeweils mehrere Revisionszeiträume zu beachten: IPC^2 (1975-1979), IPC^3 (1980-1984), IPC^4 (seit 1985) sowie $INSPEC^2$ (1973-1976), $INSPEC^3$ (1977-1984), $INSPEC^4$ (1985 und 1986) und $INSPEC^5$ (seit 1987).

Tabelle 0.2-2: Definitionsliste zur Patentanalyse auf der Grundlage der Internationalen Patentklassifikation (IPC) und von Stichworten

Kurzbezeichnung	Beschreibung	Patentsymbole
1 Leitungsgebundene Kommunikation	Fernmeldekabel oder -leiter	H01B 11
	Leitungsübertragungssysteme	H04B 3
	Fernsprechverkehr	H04M
	Wähltechnik	H04Q
	Isolierte Leiter oder Kabel	H01B 7/06, 14, 32, 36
	Elektromagnetische Wandler (z. B. Sprechmuscheln)	H04R ohne 5, 15, 17, 25, 27
	Multiplexverkehr mit Analogsystemen	H04J
2 Funktechnik	Antennen	H01Q
	Sende- und Empfangsgeräte	H04B 1
	Funkübertragungssysteme inkl. Satelliten	H04B 5, 7
	Rausch- und Störunterdrückung	H04B 15, 17
	Geheimer Nachrichtenverkehr mit Analogsystemen (z. B. Polizeifunk)	H04K
	Steuern, Regeln von Schwingungen	H03L 7
3 Allgemeine Bildübertragung	Bildübertragung (z. B. Fernsehsysteme)	H04N (ohne 1,3,7/14)
4 Bildkommunikation	Faksimile	H04N 1
	Bildtelefon	H04N 7/14
5 Digitaltechnik	AD-Wandler	H03K e)
	Übertragung digitaler Informationen (inkl. Telegraphie)	H04L
	Kodieren (Analog-Digital- bzw. Digital-Analog-Umsetzung, Umsetzung von digitalen Informationen)	H03M e)
	Digitale Übertragungssysteme	H04B 14
	Digitale Netzwerke	**H03H 17**

Tabelle 0.2-2 (Forts.)

	Kurzbezeichnung	Beschreibung	Patentsymbole
6	Lichtwellenleiter-Kommunikation	Laser für Kommunikationszwecke	H01S 3/103, /133, /18, /19 H01S 3 a)
		Lichtleiter	G02B 6
		Lichtsteuerung	G02B 26 /02 bis /08 G02F 1
		(De-) Modulation von Licht	G02F 2
		Optologische Elemente	G02F 3
		Optische Analog-Digital-Umsetzer	G02F 7
		Lichtübertragungssysteme	H04B 9
		Lichtempfindliche Halbleiterelemente ohne Solarzellen	H01L 27/14 und 15 u. 31/08 bis /16 u. 31/00, /02, /18 d) u. 33
		Messung der opt. Strahleigenschaften	G01J 9
7	Hochfrequenz-Kommunikation	Wellenleiter	H01 P
		Funkpeilung, Radar, Fernmessung	G01S (ohne 15)
8	Fernwirk- und -signaltechnik	Alarmfernübertragung	G08B 25 bis 29
		Fernwirktechnik	G08C (ohne 23)
		Fernverkehrsüberwachung	G08G 5 G08G (außer 5) b)
9	Sonstige Geräte (soweit nicht anderweitig enthalten)	Scanner	G02B 26/10
		Elektrographie, Magnetographie	G03G c)
		Datenlese- und Aufzeichnungsgeräte	G06K (außer 21) c)
		Spracherkennung	G10L
		Ein- und Ausgabevorrichtungen für digitale Daten	G06F 3 c)
		Elektrische Digitalrechner	G06F (außer 3) c)
		Elektronische Anzeigevorrichtungen (z.B. aus Flüssigkristallen)	G09F 9/33 u. /35
		Steuerung von Anzeigevorrichtungen (z.B. von Kathodenstrahlröhren, Flüssigkristallanzeigen)	G09G 3/28, /32 und 36
		Informationsspeicher	G11B und C c)
		Holographische Verfahren	G03H c)
		"Cityruf"	G08B 3/10, 5/22 bis /38

Tabelle 0.2-2 (Forts.)

Schnittmengen mit Stichworten

	deutsch	englisch
a)	Halbleiterlaser, Diodenlaser, Glasfaser, Optische Faser, Optischer Leiter, Lichtleiter, Lichtwellenleiter	Semiconductor Laser, Diode Laser, Glass or Optical in Verbindung mit Fiber or Fibre, Light in Verbindung mit Guide/Waveguide
b)	Tele*, Fern*, Kommunikation*, Zentral*	Tele*, Remote, Communication, Central
c)	Tele*, Fern*, .NOT.Fernseh*, Fernsteuerung, Fernbedienung	Tele*, .NOT.Television, remote.NOT.remote control, distance, distant
d)	.NOT.Solar*, Sonne*, Photovoltai*	.NOT.solar*, photovoltaic*
e)	Tele*, Fern*.NOT. Fernsteuerung, Fernbedienung .OR. H04 ohne H04S	Tele*, Distance, distant, remote.NOT.remote control .OR. H04 ohne H04S

Tabelle 0.2-3: Definitionsliste zur Literaturanalyse auf der Grundlage der Klassifikationssymbole von INSPEC und von Stichworten

Kurzbezeichnung		Beschreibung	INSPEC-Symbole	
0	IuK-Theorie, Künstliche Intelligenz	Informationstheorie	B6110	
		Sprachsynthese	B6130	
		Allg. IuK-Theorie	B6100	
1	Leitungsgebundene Kommunikation	Leitungsgebundene Übertragungssysteme (incl. Kabel)	B6240*	
		Telefonwesen	B6210D	
		Telefonapparate u. -netze	B6220C	
		(Integrierte)	B6230*	
		Übertragungsstationen		
		Schalttheorie (inkl. Multiplexverfahren)	B6150	a)
2	Funktechnik	Antennentheorie	B5260	
		Antennen	B5270*	
		Radiowellenausbreitung	B5210C	
		Funktechnik inkl. Amateurfunk	B6250	
		Sprechfunk u. dgl.	B6250D	
		Satellitensysteme	B6250G	
		Satellitenkommunikation	B6250H	
3	Allgemeine Bildübertragung	Bildverarbeitung u. Mustererkennung	B6140C	b)
		Kabelsysteme für Bildübertragung	B6430D	
		Closed Circuit TV	B6430F	
		Bild-Übertragungstechnik	B6420*	c)
4	Bildkommunikation	Faksimile	B6210H	
		Teletext und Bilddaten	B6120K	
5	Digitaltechnik	Parameternetzwerke	B1150F	
		Telegraphie	B6210F	
		Computerkommunikation	B6210L	
		Computerkommunikation (Interfaces, Netze)	C56*	b)

Tabelle 0.2-3 (Forts.)

Kurzbezeichnung	Beschreibung	INSPEC-Symbole
6 Lichtwellen-leiter-Kommunikation	Lichtleiter	B4130
	Optische Leiter	A4280L
	Optische Fasern	A4280M
	Optische Übertragung und Geräte	B6260
	Geräte der optischen Kommunikation	A4280S
	Halbleiter-Laser	B4320J
7 Hochfrequenz-Kommunikation	Radartheorie	B6310
	Radarsysteme und -geräte	B6320* ohne E
	Radionavigation und Peilung	B6330
	Radar allgemein	B6300
	Wellenleiter	B1310
8 Fernwirk- und -signaltechnik	Telemetrie	B6210J
	Fernüberwachung	C3250
	Alarmfernübertragung	C3370L
9 Endgeräte (soweit nicht anderweitig enthalten)	Endgeräte allgemein	B6220
	Datenterminals und Modems	B6220W
	Spracherkennung	C5585
	Daten- und Graphikterminals	C5540 b)
	Drucker, Plotter	C5550 b)
	Elektronische Anzeigevorrichtungen	B7260 und B4150D b)
	Informationsspeicherung	C53* b)
	Holographische Verfahren	B4350 b)
10 Anwendungsforschung, Software, Dienste, Telekommunikationspolitik	Telekommunikationsanwendungen inklusive Integrierte Dienste	B6210
	Elektronische Post inklusive Teletex	B6210G
	Gesetzgebung, Frequenzzuweisung, Frequenzstreit	B6410
	Elektronische Medien	B6430B
	Anwendungen von TV-Systemen	B6430J
	Managementanwendungen der Telekommunikation	D40* d)

<u>Schnittmengen mit Stichworten</u>

a) Tele*.NOT.television, remote.NOT.remote control, multiplex
b) Tele*.NOT.television, Remote.NOT.remote control
c) TV, television, video*
d) .NOT. B6430D, B6210H, C3370L, B6210H, B6210D, B6430D, B6430J, B6210, B6210K

0.3 FuE-AUFWENDUNGEN UND -PERSONAL NACH SEKTOREN

Die technisch detaillierte Analyse der FuE-Finanzierung macht immer noch merkliche Schwierigkeiten. So ließ beispielsweise das Bundesministerium für Forschung und Technologie im Jahre 1985 drei technikspezifische Teiluntersuchungen anfertigen, die als außerordentlich kostenintensiv bezeichnet werden müssen (Schmoch u. a. 1988, 236). Im einzelnen waren dies eine Studie über die finanzielle FuE-Förderung der amerikanischen Bundesregierung mit einer fachlichen Detailanalyse des Bereichs Materialforschung, eine Studie über die finanzelle FuE-Förderung Frankreichs mit einer fachlichen Detailanalyse der Lasertechnologie sowie eine Studie zur finanziellen FuE-Förderung der Zentralregierung in Großbritannien mit einer fachlichen Detailanalyse im Bereich Biotechnologie.

Im Bereich der Telekommunikation ist eine ähnliche Untersuchung - auch aus dem Ausland - nicht bekannt geworden. Zur Erstellung einer international vergleichbaren FuE-Statistik im Telekommunikationsbereich waren deshalb die monetären Aufwendungen sowie das Forschungspersonal eigenständig zu erfassen.

Zugrundegelegt wird die sogenannte "Frascati-Definition" von FuE, die folgendes besagt: "Forschung und experimentelle Entwicklung (FuE) ist systematische, schöpferische Arbeit zur Erweiterung des Kenntnisstands, einschließlich der Erkenntnisse über den Menschen, die Kultur und die Gesellschaft, sowie deren Verwendung mit dem Ziel, neue Anwendungsmöglichkeiten zu finden." (BMFT, 1982, 29). Von FuE auszuschließende Tätigkeiten sind Lehre und Ausbildung, wissenschaftliche und technische Informationsdienste und Datensammlungen, Prüfung, Standardisierung und Normung sowie wirtschaftliche Tätigkeiten, die auf Vermarktung (Innovation) und Produktion gerichtet sind. Die Errichtung von Prototypen und Versuchsanlagen ist einzubeziehen, Entwurfs- und

Konstruktionsarbeiten nur insoweit, als sie für die FuE-Phase, aber nicht den Produktionsprozeß, benötigt werden (BMFT 1982, 45).

Technische Beratung, Kundendienst und Wartung ist auszuschließen, es sei denn, diese Tätigkeiten führen zu einer Folge-FuE nach Erreichen der Serienreife eines Produkts. Im Falle der großen Beschaffungsmaßnahmen der Fernmeldeverwaltungen kann - anders als bei Konsumgütern - dieser Posten sehr wohl von erheblicher Bedeutung sein. Aus diesem Grund werden in der vorliegenden Darstellung die technischen Beratungsleistungen der FuE-Stätten des jeweiligen Netzträgers generell zur FuE gezählt. Darüber könnte man in einigen Ländern geteilter Meinung sein; schon aus Gründen der Vergleichbarkeit scheint eine einheitliche Handhabung aber geboten zu sein. Auch in industriellen Kreisen wird die Ansicht vertreten, das "Kurieren von Wehwehchen" in der Produktion, bei der Warenverteilung und Qualitätskontrolle sei eine FuE-Tätigkeit, wenn sie von FuE-Personal durchgeführt wird (EIRMA 1985, 14 und 34-36). Daraus wird abgeleitet, das ganze FuE-Personal (bzw. dessen Budget) der Netzträger in die FuE-Statistik einzubeziehen.

Es gibt eine Debatte darüber, ob die Erstellung von Software (das "Programmieren") einer FuE-Tätigkeit gleichzusetzen ist. Einerseits wird dadurch oft der "Stand der Technik" in der "Software-Technologie" angehoben, also echte FuE-Leistung erbracht. Andererseits werden oft nur bekannte Programmierverfahren zum Schreiben und Verbessern von Programmen eingesetzt, was keinem FuE-Merkmal genügt. In den Vereinigten Staaten wurden dafür keine FuE-Steuererleichterungen gewährt, was umstritten war (OTA 1985, 7).

Die wichtigste supranationale Datenbank über FuE-Aufwendungen und -Personal wird von der OECD geführt. Die von der Science, Technology and Industry Indicators Unit (STIIU) erstellte Datenbank enthält Zeitreihen seit 1971 und ist nach der internationalen Wirtschaftsklassifikation ISIC (International Standard Industrial Classification) gegliedert. Sie beruht auf Meldungen aus den einzelnen OECD-Ländern und ist nicht auf Primärerhebungen gestützt. Die Daten können daher nicht detaillierter aufbereitet werden, als es die Meldegewohnheiten der Länder zulassen. Aus dieser Datenbank können auf höchster Disaggregationsstufe die FuE-Aufwendungen des Wirtschaftssektors ISIC 3832 erhalten werden, der die Herstellung von Kommunikationsausrüstungen inklusive von Rundfunk- und Fernsehgeräten einschließt, also im Vergleich zur hier zugrunde gelegten Definition zu groß ist. Ferner kommt unter den Dienstleistungssektoren derjenige für Kommunikationsdienste (ISIC 7200) in Frage. Die Ausgaben der Regierung sind naturgemäß nicht entsprechend ISIC klassifiziert, sondern nach sogenannten "Government Objectives" ("Staatlichen Aufgaben"). In höchster Auflösung können Angaben lediglich für den öffentlichen Aufgabenbereich "Transport und Telekommunikation" erhalten werden, der wiederum zu groß ist. Die Daten der OECD müssen deshalb durch Hinzuziehung nationaler Forschungsstatistiken komplettiert werden. Für einige EG-Länder gibt EUROSTAT (Themenkreis 9, Thema C) brauchbare Angaben heraus, die sich aber lediglich auf die öffentlichen Aufwendungen für FuE beschränken. Auch sind die Angaben für Frankreich sehr unvollständig. Ferner wurden einzelbetriebliche Quellen, nichtamtlichen Angaben (z. B. aus der Wissenschaft) und Statistiken der Wirtschaftsverbände herangezogen (siehe Abbildung 0.3-1).

Wegen der Lücken und Widersprüche im meist heterogenen und teilweise auch widersprüchlichen Datenmaterial (siehe Veranschaulichung in Abbildung 0.3-1) sowie aufgrund der national jeweils unterschiedlichen Abgrenzungen ist eine Sichtung und Bewertung des Materials unumgänglich. Diese Konsistenzprüfung setzt teilweise ein kriminalistisches Gespür voraus, da auch hochrangige sowie "unverdächtige" Quellen sich immer wieder als zweifelhaft herausstellen und daher die Wahrheitsnähe der einzelnen Angaben intuitiv beurteilt werden muß. Eines der Probleme liegt in der Unüberprüfbarkeit von Unternehmensangaben durch die erhebende Behörde. Für die meldenden Unternehmen besteht in einer Falschmeldung keinerlei Risiko (anders als etwa bei zollamtlichen Angaben) (Walker 1988, 31). Auch sollte nicht unterstellt werden, daß die meldenden Unternehmen die Frascati-Definition kennen und beherrschen. Für sie ist es teilweise unentscheidbar, wo FuE anfängt und aufhört. Die Methoden der Konsistenzprüfung werden nachfolgend angesprochen.

Als wesentliches Hilfsmittel kann der Umstand genutzt werden, daß die in der OECD-Datenbank enthaltenen Angaben aus den nationalen Statistiken rekonstruiert werden können. Wenn etwa bei den Staatsausgaben der Aufgabenbereich Transport und Telekommunikation national getrennt erfaßt wird (und sei es auch nur für einzelne Jahre), kann für das Aggregat "Transport und Telekommunikation" eine Abschätzung der relativen Bedeutung in der OECD-Zeitreihe geleistet werden. Bei den Ländern, bei denen dieses Hilfsmittel eingesetzt werden konnte, ist von einem weiten Überwiegen der Telekommunikationsaufwendungen auszugehen (teilweise entfallen mehr als 90 % der Aufwendungen für Transport und Telekommunikation auf letztere). Ein anderes wichtiges Hilfsmittel sind Kreuzmatrizen in den nationalen Statistiken. Damit ist gemeint, daß die FuE-Aufwendungen der Wirtschaft zerlegt nach aufwendendem Wirtschaftszweig und Erzeugnisbereich, für den die FuE-Aufwendungen getätigt werden, ausgewiesen sind. Bei den betrachteten Ländern zeigt sich dann in der Regel, daß für den hier interessierenden Bereich, nämlich den FuE-Aufwendungen für Telekommunikationsgeräte, mehrere Wirtschaftszweige beitragen, der ISIC-Sektor 3832 aber den überwiegenden Teil. In vielen Fällen ergibt sich größenordnungsmäßig, daß die anderen Wirtschaftszweige außer

ISIC 3832 und ISIC 7200 einen ähnlich großen Betrag für Telekommunikationsgeräte aufwenden, wie die genannten beiden Wirtschaftssektoren für andere FuE außerhalb des Definitionsbereichs Telekommunikation. Mit dieser Interpretation kann die eigentlich

Abbildung 0.3-1: Veranschaulichung zur Zusammensetzung heterogener Datenquellen bei der Erstellung der FuE-Statistik in diesem Buch

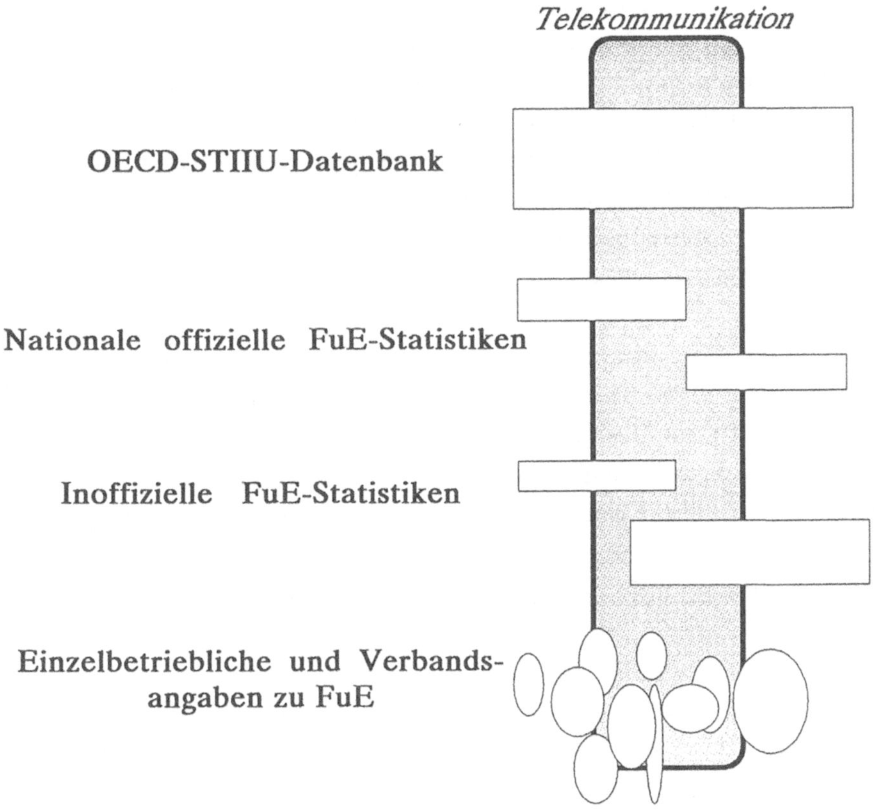

unzutreffend abgegrenzte OECD-Zeitreihe für den vorliegenden Zweck in diesen Fällen doch verwendet werden.

Die erwähnten Hilfsmittel gelten sowohl für die FuE-Aufwands- wie auch -Personal-Statistik. Allerdings sind die verfügbaren Daten unterschiedlich vollständig. Generell gesprochen liegen weniger Angaben für das Entwicklungspersonal vor, weil die Personalstatistik strengerer Vertraulichkeit unterliegt als die monetären Statistiken. Dies liegt daran, daß Personalangaben von sich aus international vergleichbar sind, nicht deflationiert werden müssen und durch Kosten- oder Abschreibungsrechnungen nicht manipuliert werden können. Allerdings besteht das Problem mangelnder Vergleichbarkeit von

Ausbildungsgängen und Tätigkeitsmerkmalen (Was ist ein Techniker? Wieviele Jahre muß man studiert haben, um Ingenieur zu sein? Wie ist ein technisch ausgebildeter Akademiker zuzurechnen, der im allgemeinen Firmenmanagement, d. h. außerhalb von FuE, beschäftigt ist? etc.). Als ein weiteres Hilfsmittel zur Überprüfung der Konsistenz bietet es sich daher an, die Verhältniszahl von Aufwendungen für Forschung und Entwicklung zum entsprechenden Personal zu bilden. Die FuE-Aufwendungen werden zu einem nicht unerheblichen Teil für die Entlohnung des FuE-Personals eingesetzt und sollten sich daher im internationalen Vergleich in grober Näherung wie die Lohnkosten (inklusive aller Nebenkosten) verhalten. Auch ist anzunehmen, daß derjenige Teil der relativen FuE-Aufwendungen, der für Geräte und Ausrüstungen aufgewendet wird, sich zwischen den führenden Industrieländern nicht sehr unterscheidet. Insofern sollten sich ähnliche personenbezogene FuE-Aufwendungen ergeben, wenn die jeweiligen Statistiken nach vergleichbaren Gesichtspunkten abgegrenzt und erhoben wurden. Umgekehrt bedeutet dies, daß grobe Ausreißer bei den personenbezogenen FuE-Aufwendungen Anlaß geben müssen, die Datenbasis zu überprüfen.

Die entsprechende Konsistenzprüfung für das Jahr 1983 ergibt für die meisten Länder einen Betrag von 35 000 bis 50 000 US $ pro Personenjahr (etwa 100 000 DM). Dieser Wert zeigt außer guter Übereinstimmung an, daß mehr als die Hälfte der Forschungsausgaben für das Personal aufgewendet wird. Die Werte sind typisch für den Bereich der Elektrotechnik. In der Chemie liegen sie etwas, im Bereich der Energieerzeugung wesentlich höher. Die Konsistenzproben zeigen insgesamt, daß die zusammengestellten statistischen Angaben recht verläßlich sind, aber dennoch viele Lücken und Inkonsistenzen aufweisen.

Die Angaben für das FuE-Personal enthalten in der Regel das "FuE-Personal" und die "Techniker". Bezüglich der vorhandenen Angaben ist aber auch bei den vollständig meldenden Ländern zu berücksichtigen, daß je nach Ausbildungsgang und anderen nationalen Anforderungen die Kategorien nicht in jedem Falle vergleichbar sind.

Zum Zwecke des internationalen Vergleichs ist jeweils die Wohnbevölkerung miterhoben worden. Alternativ hätte als Bezugsgröße auch die Zahl der Beschäftigten herangezogen werden können. Da die Kommunikationsdienste aber von der Gesamtbevölkerung genutzt werden und weil je nach Land eine recht unterschiedliche Beteiligung von Frauen am Erwerbsleben vorliegt, wurde die Wohnbevölkerung als Bezugsgröße ausgewählt. Dies hat außerdem den Vorteil, von den seit 1971 doch recht vielfältigen Schwankungen der Arbeitslosigkeit absehen zu können.

Die Angaben zum FuE-Personal sind jeweils auf Vollzeitäquivalente (Full-Time Equivalent - FTE) bezogen, berücksichtigen also zwar die Teilarbeitszeit, nicht aber unterschiedliche wöchentliche oder jährliche Arbeitszeiten zwischen den Ländern.

Für internationale Vergleiche (Kapitel 11) wurden die FuE-Aufwendungen mit Hilfe der Kaufkraftparitäten der OECD in US $ (1987) umgerechnet. Zur Darstellung von Realentwicklungen wurden die impliziten BIP-Preisindizes der OECD verwendet (siehe das Verzeichnis der Umrechnungsfaktoren am Ende des Buches). Die Verwendung von Kaufkraftparitäten und BIP-Deflatoren ist nicht ohne weiteres gerechtfertigt, aus pragmatischer Sicht jedoch unumgänglich, da Preisindizes für FuE - anders als für nachrichtentechnische Güter (Neu 1988) - nicht existieren. Da Korea kein Mitgliedsland der OECD ist, mußten in diesem Falle Angaben des Statistischen Bundesamtes herangezogen werden. Da Inflationsraten und Wechselkursschwankungen nicht zu berücksichtigen sind, können beim internationalen Vergleich des FuE-Personals direkt die Vollzeitäquivalente gegenübergestellt werden.

Die fachspezifische FuE-Statistik (Geld, Personal) kann in vielen Fällen auf der institutionellen Ebene nicht erstellt werden, da Unternehmen ihre Angaben in der Regel nur pauschal für alle Geschäftsfelder ausweisen. Insoweit stehen die FuE-Indikatoren auf der Mikroebene hinter den Patent- und Publikationsindikatoren zurück, die institutionell reidentifizierbar sind. Aus diesem Grunde wurde mit einem <u>Modell aus vier Sektoren</u> gearbeitet (siehe Abbildung 0.3-2). Je nach Blickrichtung auf Finanzierung und Durchführung von FuE wurden verschiedene Sektorzuordnungen gebildet: auf der finanzierenden Seite treten Unternehmen, Netzträger und die <u>jeweiligen Regierungen</u> (zentral, Bundesebene und gegebenenfalls regional, Länderebene) in Erscheinung. Gemeinnützige oder nichtkommerzielle Institute und Hochschulen treten als Finanzier von FuE nicht auf. Dafür wird im staatlichen Bereich der zivile und der wehrtechnische Anteil getrennt ausgewiesen (soweit möglich). Die vier Sektoren werden nicht überlappend gedacht: gehört der Netzträger zum Staat, wird er doch nicht mitgezählt, ist er ein Unternehmen, wird er nicht nochmals bei diesen veranschlagt.

Auf der durchführenden Seite tritt die Regierung gemäß der Modellannahme nicht mehr auf; vielmehr werden nunmehr die gemeinnützigen, nichtkommerziellen <u>Institute</u> als Sektor ausgewiesen, wozu alle Regierungsstellen gezählt werden, sofern sie FuE betreiben (Ressortforschung, Großforschung, Rüstungsforschung). Daneben werden die <u>Hochschulen</u> als eigener Sektor, sowie erneut <u>Unternehmen</u> (ohne Netzbetreiber) und <u>Netzbetreiber</u> ausgewiesen.

Abbildung 0.3-2: Schematische Darstellung des Vier-Sektoren-Modells

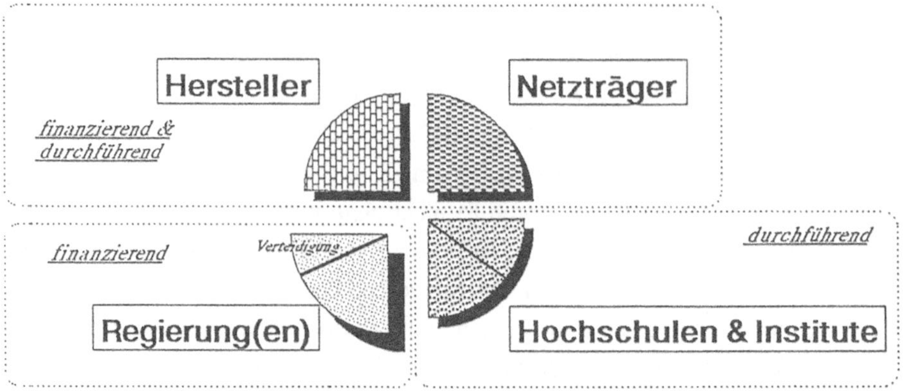

Die FuE-Statistik unterscheidet ferner nach internen und externen FuE-Aufwendungen. Dabei sind die internen Aufwendungen diejenigen, die innerhalb eines Betriebs, Konzerns oder Instituts ausgegeben werden (z. B. zur Entlohnung des eigenen FuE-Personals). Es spielt hierbei keine Rolle, wer die internen Aufwendungen finanziert. Externe Aufwendungen sind Ausgaben für FuE anderer Einrichtungen, wobei es wiederum keine Rolle spielt, welche Ausgabenart vorliegt (Werk- oder Honorarvertrag, FuE-Auftrag, Zuwendung, versunkene Darlehen etc.). Nach der obigen Modellbildung kann der Staat im zivilen und militärischen Bereich nur externe Aufwendungen haben, während Hochschulen und gemeinnützige sowie staatliche Institute nur interne FuE-Aufwendungen verzeichnen. Diese Modellannahmen sind in der Praxis bis auf Kleinstbeträge erfüllt, spielen also im Rahmen der ohnehin nur erreichbaren groben Schätzungen keine Rolle. Allerdings werden Staatsinstitute als vom Staat fremdfinanziert angesehen. Der Begriff "Staatsfinanzierung von FuE" wird synonym für die (externen) Aufwendungen des Staats verwendet.

0.4 PATENTSTATISTIK

Patentindikatoren können on line, d. h. ohne schriftliche Kommunikation mit den verschiedenen nationalen und regionalen Patentämtern, erhoben werden. Die im Vergleich zu anderen Systematiken äußerst fein eingeteilte internationale Patentklassifikation (IPC) mit mehr als 60 000 Stellen sowie die Möglichkeit der Stichwortsuche in Patentdatenbanken erlauben es, die einzelnen im Abschnitt 0.2 definierten Segmente des Bereichs Telekommunikation sehr genau abzubilden. Allerdings variieren die Patentierneigung von Wirtschaftszweig zu Wirtschaftszweig (vgl. Mansfield 1985) und der technologische Gehalt des Schutzrechts, d. h. die mindestens erforderliche Erfindungshöhe, von Technik zu Technik. Daraus ergeben sich zwei zentrale Folgerungen:

Bei Betrachtungen auf der sektoralen Ebene, also immer, wenn über Technologie "gemittelt" wird, stellt sich die Frage der Vergleichbarkeit des Werts von einzelnen Patentschriften. So ist es nicht erstaunlich, daß in der Literatur recht widersprüchliche Analysen dokumentiert sind und teilweise der Wert von Patentanalysen schlechthin bestritten wird. Die Widersprüche lösen sich allerdings (wie Schmoch u. a. 1988, 299ff gezeigt haben) weitgehend auf, wenn man technologisch abgegrenzte Patentanalysen durchführt. Daher erscheint es von vorneherein günstig zu sein, das Gebiet der Telekommunikation nicht insgesamt zu betrachten, sondern die oben festgelegten neun Teilgebiete (vgl. Tabelle 0.2-2) jeweils für sich.

Die zweite aus dem Charakter des Schutzrechts zu ziehende Folgerung ist, daß die schlichte Auszählung von Patentschriften wenig brauchbar erscheint und wohlüberlegte Qualitätsmaße in die Patentstatistik eingeführt werden müssen; denn ein Patent ist nicht nur eine zeitlich und sachlich (d. h. technologiespezifisch), sondern auch territorial begrenzt geschützte Erfindung. Die Qualitätsmaße haben daher zu berücksichtigen, daß Patente einerseits den Ertrag angewandter Forschung und Entwicklung, andererseits aber auch gleichzeitig strategische - etwa regionale - Interessen der anmeldenden Unternehmen dokumentieren.

In den letzten Jahren wurden vor allem im angelsächsischen Ausland eine Reihe von Patentindikatoren vorgeschlagen. Alle entsprechenden Analysen verwerten die Patentschriften am <u>Amerikanischen Patentamt</u> (USPTO - United States Patent and Trademark Office), das wegen des großen amerikanischen Marktes für technologische Güter weltweit von herausragender Bedeutung ist (Pavitt 1985). Im Abschnitt 0.4.1 werden daher die Besonderheiten des Amerikanischen Patentamts erläutert. Um daneben ein vollständiges Bild der für Europa bestimmten Patentanmeldungen zu erhalten, müssen außer Anmeldungen beim <u>Deutschen Patentamt</u> (DPA) auch <u>europäische Anmeldungen</u> am EPA mit der Bundesrepublik als Benennungsland untersucht werden. Näheres hierzu findet sich in Abschnitt 0.4.2.

Bezieht man die Patentstatistik auf die Mikroebene, sind Firmenprofile möglich. Der "Relative Patentanteil (RPA)" (von engl. "Revealed Patent Advantage") führt zu einem unternehmensbezogenen <u>Spezialisierungsprofil</u>. Näheres wird in Abschnitt 0.4.3 erläutert zusammen mit der Darlegung eines Gleichmäßigkeitsmaßes, das eine Darstellung der institutionellen Beteiligungsbreite der mit Patenten erfaßten FuE-Aktivitäten gestattet.

Kombiniert man Erhebungen am Amerikanischen, Deutschen und Europäischen Patentamt, so läßt sich eine neue Meßziffer einführen, die dem strategischen Marktinteresse neben dem Output-Charakter der Patentanmeldung gerecht wird. Es ist dies die relative technologische Position (oder Patentposition RTP), die aus absoluten Patentzahlen der genannten repräsentativen Patentämter abgeleitet wird. Derartige Indikatoren werden in Abschnitt 0.4.4 erläutert.

Die Erhebung jährlicher Anmeldezahlen berücksichtigt nicht, daß der Patentschutz über das Jahr der Erstpublikation bzw. Erteilung hinaus einen unterschiedlich langen Zeitraum anhält. Es bietet sich daher auch die Darstellung und Interpretation der aufsummierten Patentzahlen an, die am aktuellen Rand besser erkennen lassen, auf welche Schutzvolumina bereits zurückgegriffen werden kann. Die aufsummierten Patentzahlen bilden einen Indikator für das Patentpotential (PP-Indikator). Näheres hierzu wird ebenfalls in Abschnitt 0.4.4 erläutert.

Die herausragende Bedeutung von Auslandsanmeldungen steht außer Frage, weil der entsprechend höhere Aufwand (Gebühren, Übersetzungen, Auslandspatentanwalt) in der Regel dazu führt, daß weniger bedeutende Erfindungen unterdrückt werden. Bei internationalisierten Gebieten der Forschung und Technik ist die Auslandspatentierneigung vor allem der multinational operierenden Konzerne besonders hoch. Bei teilweise reglementierten Märkten, wie sie in der Telekommunikation vorkommen, könnte man zunächst unterstellen, daß gewisse Auslandsanmeldungen keine Rolle spielen. Daher ist gerade in diesem Bereich der Technik eine Untersuchung der Zielmärkte (sprich: Zielpatentämter) besonders interessant. Allerdings ist hierfür eine Datenbank zu benutzen, welche das Patentaufkommen der international bedeutendsten Patentämter gemeinsam enthält. Nähere Erläuterungen hierzu finden sich in Abschnitt 0.4.5. Liegen Auslandsanmeldungen aus verschiedenen Anmeldejahren vor, so soll unter "Prioritätsjahr" das Jahr der ersten Anmeldung ("Erfindungsjahr") verstanden werden.

Schließlich ist bei Patentanalysen eine ausgeklügelte Recherchenstrategie erforderlich. Gerade bei technisch neuen Entwicklungen ist die traditionelle, international mit Zeitverzögerung angepaßte Patentklassifikation oft nicht mehr sehr treffsicher. Das bedeutet, daß eine Recherche, die nur auf einer geeigneten Auswahl von Symbolen der Patentklassifikation beruht, entscheidende neue Trends verfehlen kann. Daher ist in diesem Buch eine kombinierte Recherchenstrategie angewendet worden, die außer einer wohlüberlegten Auswahl von Symbolen der Patentklassifikation zusätzlich von Fachleuten festgelegte

Stichwörter berücksichtigt. Die Kombination von Patentsymbol und Stichwort in einer zum Teil komplizierten, der Thematik angemessenen logischen Verknüpfung erlaubt es, die jeweiligen Teilgebiete der Telekommunikation möglichst vollständig zu erfassen. Die Stichwortsuche ist dabei nicht auf den Titel der Patentschrift begrenzt, sondern kann in der ganzen Zusammenfassung erfolgen.

Auch die Lizenzstatistik wäre in diesem Zusammenhang von großem Interesse, zumal die Liberalisierungsbemühungen im Telekommunikationsbereich das Lizenzverhalten der beteiligten Institutionen verändert haben mögen. Allerdings ist das statistische Material für den Patent- und Lizenzverkehr mit dem Ausland auch heute noch so wenig disaggregiert, daß es unmöglich ist, für den Telekommunikationsbereich einschlägige Angaben zu finden. Die entsprechende von der Deutschen Bundesbank publizierte Bilanz für die Bundesrepublik Deutschland weist auf höchster Disaggregationsstufe nach wie vor nur den Wirtschaftszweig "Elektrotechnische Industrie und Datenverarbeitungsanlagen" gemeinsam aus (Deutsche Bundesbank 1988, 51). Die Situation in anderen Ländern (etwa Department of Commerce für die Vereinigten Staaten) und bei der OECD ist eher ungünstiger zu beurteilen. Aus diesem Grunde muß von der Erstellung von Lizenzbilanzen im Bereich der Telekommunikation bis auf weiteres Abstand genommen werden.

0.4.1 PATENTAUFKOMMEN AM US-MARKT

Den Recherchen am Amerikanischen Patentamt liegt die Annahme zugrunde, daß es als repräsentatives Patentamt für die westlichen Industrieländer betrachtet werden kann, da der große amerikanische Binnenmarkt mit großer Wertschöpfung und hohem Volkseinkommen für viele Exportländer in gleicher Weise interessant ist (Bosworth 1980, 382f). Allerdings werden im Gegensatz zu allen anderen Industrieländern in den USA nicht Patentanmeldungen, sondern nur erteilte Patente veröffentlicht. Angaben über Patentanmeldungen werden nur aggregiert für Anmelderländer herausgegeben; eine Aufschlüsselung auf der Ebene von einzelnen Patentsymbolen oder Technikfeldern ist nicht möglich. Die Erteilungsquoten liegen zwischen 50 % (Großbritannien) und 70 % (Japan) (bezogen auf das Anmeldejahr 1981; National Science Board 1987, 306).

Der Informationsverlust, der aus dem Fehlen angemeldeter, aber nicht erteilter Dokumente resultiert, ist nicht besonders gravierend, da durch die Tatsache der Patenterteilung ein zusätzliches Qualitätskriterium erfüllt wird. Nachteilig für Analysen ist aber, daß die am USPTO erteilten Patente erst mit einer gewissen Zeitverzögerung nach dem

Anmeldedatum zugänglich werden. Es gilt nicht die international übliche 18-Monatsfrist für die Offenlegung, vielmehr kann die Patenterteilung (und damit Erstpublikation) bis zu fünf Jahre betragen. Daher sind die erteilten Patente am USPTO nur bis höchstens zum Anmeldejahr 1984 aufgeführt worden. Ein späteres Jahr als 1984 wäre zwar wünschenswert, würde aber wegen der langen Erteilungszeiten zu einem größeren Fehlbestand führen. Bezogen auf das gesamte Patentaufkommen in den USA wird der Fehlbestand aus dem Jahr 1985 zum Erhebungszeitpunkt im Frühjahr 1988 auf ca. 30 %, derjenige für das Erfindungsjahr 1986 auf ca. 80 % abgeschätzt. Zuordnungskriterium zu einem Herkunftsland ist in allen Fällen der Wohnsitz des Erfinders und nicht der Firmensitz des Patentinhabers. Deshalb können ausländische Firmen (wie etwa US Philips Corporation) unter der Länderbezeichnung Bundesrepublik Deutschland auftreten.

Derartige Anmelderlisten wurden mit Hilfe der Datenbank PATSEARCH erstellt. Sie wurde vom Host PERGAMON, London, betrieben und enthielt sämtliche US-Patente ab dem Erteilungsjahr 1970. Die Datenbank wurde angesichts vieler Konkurrenzangebote inzwischen eingestellt. Recherchen können sowohl nach US- als auch nach internationalen Patentklassen durchgeführt werden. Außerdem ist eine Stichwortsuche im Titel und in der Zusammenfassung der Patentschrift möglich, für Patente ab dem Erteilungsjahr 1984 auch im Hauptanspruch, wovon allerdings aus Gründen der Vergleichbarkeit zu den anderen Erhebungen der Zeitreihen kein Gebrauch gemacht wurde.

0.4.2 PATENTAUFKOMMEN AM BUNDESDEUTSCHEN MARKT

Die Bundesrepublik Deutschland stellt den drittgrößten Markt innerhalb der OECD dar. Aus diesem Grunde wird auch der bundesdeutsche Markt für Schutzrechte als repräsentativ angesehen. Als wesentliche Rahmenbedingungen ist aber zu beachten, daß seit 1978 Patentanmeldungen für den westdeutschen Markt auch beim Europäischen Patentamt (EPA) vorgenommen werden können. Beim EPA wird ein zentrales Prüfungsverfahren für derzeit bis zu 13 europäische Länder durchgeführt; erst nach der Patenterteilung kommt es zu einer Umwandlung in nationale Patente. Seit der Eröffnung des EPA verlagern vor allem Ausländer ihre Patentanmeldungen zunehmend vom Deutschen auf das Europäische Patentamt, wobei auch sprachliche Vorteile ausgenutzt werden, nämlich der Umstand, daß eine EPA-Anmeldung (mit Bestimmungsland Bundesrepublik) außer in Deutsch auch in Englisch oder Französisch abgefaßt sein kann. Eine Vereinigung der Patentaufkommen am Deutschen und am Europäischen Patentamt ist also eine Vorbedingung, um die Schutzrechte mit Wirkung für die Bundesrepublik Deutschland vollständig zu erfassen.

Zusätzlich dazu ist aber der Einbezug von EPA-Anmeldungen auch deswegen interessant, weil gut 95 % aller EPA-Anmeldungen die Bundesrepublik Deutschland als Bestimmungsland benennen. Es gibt also nur sehr wenige EPA-Anmeldungen, die nicht unter anderem auch auf die Bundesrepublik zielen. Man kann daher mit Fug und Recht davon ausgehen, daß der Einbezug der EPA-Anmeldungen das Patentgeschehen in West-Europa repräsentativ abdeckt und somit in Wirklichkeit nicht nur "deutsche", sondern auch "europäische" Verhältnisse abgebildet werden (Schmoch, Grupp 1989). Im Gegensatz zum USPTO werden bei EPA und DPA sämtliche Patentanmeldungen spätestens 18 Monate nach Prioritätsdatum als sogenannte Offenlegungsschrift bzw. Erstpublikation veröffentlicht, auch wenn das Prüfungsverfahren noch nicht abgeschlossen ist. Deshalb erscheint es in diesem Fall angemessen, als jüngstes Jahr das Jahr 1985 ausführlich darzustellen. Am 31.12.1985 angemeldete Patentschriften sind - wegen der verzögerten Einspielung in Datenbanken - spätestens im Herbst 1987 recherchierbar gewesen. Da die vorliegende Erhebung im zweiten Quartal 1988 durchgeführt wurde, bot es sich umgekehrt aber auch nicht an, das Anmeldejahr 1986 auszuwählen, das erst im dritten Quartal 1988 vollständig vorliegen kann. Der Fehlbestand aus dem Jahr 1986 betrug zum Erhebungszeitpunkt aber vermutlich nur noch ungefähr 10 %.

In der neuen deutschen Patentdatenbank PATDPA, die für diesen Teil der Erhebung verwendet wurde, sind seit Januar 1988 alle auf den westdeutschen Markt zielenden Patentschriften (DPA, EPA) seit 1968 enthalten. Sie wird von STN (Karlsruhe) angeboten und erlaubt eine Stichwortsuche in Titel und Zusammenfassung neben der Suche nach IPC-Symbolen.

Obwohl Japan den zweitgrößten Binnenmarkt innerhalb der OECD darstellt, kann das Japanische Patentamt nicht als repräsentativ angesehen werden. Das Japanische Patentamt ist durch eine ungewöhnlich hohe Zahl von Inlandspatentanmeldungen gekennzeichnet, die von fraglichem Wert sind (Schmoch u. a. 1988, 44ff). Deswegen wurde auf eine ausführliche Erhebung des Patentvolumens am Japanischen Patentamt verzichtet (siehe aber Abschnitt 0.4.5).

0.4.3 SPEZIALISIERUNGSPROFILE UND GLEICHMÄSSIGKEITSMASS

Aus der Verteilung der Patentaktivität auf die verschiedenen Teilbereiche der Telekommunikation läßt sich die FuE-Schwerpunktbildung einzelner Firmen und Institutionen ablesen. Allerdings schwankt die Patentierneigung zwischen den technischen Gebieten. Strebt ein Unternehmen in einem bestimmten Gebiet nur wenige Patente an, so kann dies daran liegen, daß dieses Gebiet nicht im strategischen FuE-Bereich des Unternehmens liegt (was hier interessiert) oder aber daran, daß das in Frage stehende Gebiet überhaupt wenig patentiergeeignet ist und deshalb weltweit nur von einer geringen Patentieraktivität gekennzeichnet ist (was hier nicht interessiert). Die Patentierneigung kann sich im Laufe der Zeit ändern. Auch hängt sie vom Unternehmen ab. Es gibt unterschiedliche Patentpolitiken in Unternehmen. Eine Korrektur für die Patentierfreudigkeit der Unternehmen ist daher ebenfalls erforderlich.

Benötigt wird also eine geeignete doppelte Normierung der Patentzahlen in der Telekommunikation auf das weltweite Verhalten aller Unternehmen und Institutionen und auf die Patentierfreudigkeit des Unternehmens. Methodisch ist hierfür der Patentindikator "Relativer Patentanteil (RPA)" erarbeitet worden (siehe etwa Schmoch et al. 1988, 55), der einem Spezialisierungsindikator gleichkommt. Der RPA-Indikator nimmt (stark) positive Werte an, wenn das zu untersuchende Unternehmen einen (sehr viel) größeren Anteil auf einem bestimmten Teilgebiet plaziert als im Weltdurchschnitt aller übrigen Unternehmen. Die Betrachtung bezieht sich dabei jeweils nur auf Patentaktivitäten in der Telekommunikation. Der RPA-Indikator wird (stark) negativ, wenn ein Unternehmen (stark) unterdurchschnittlich aktiv ist. Eine verschieden hohe Patentierneigung spielt keine Rolle mehr, weil nur noch einzelunternehmerische Abweichungen vom Welttrend in Erscheinung treten.

Als Faustformel für die numerische Bedeutung der RPA-Indikatorwerte gilt, daß eine halb (doppelt) so große Anzahl an Patenten pro Teilgebiet gemessen am Weltdurchschnitt und an der Patentierfreude des Unternehmens zu einem RPA- Wert von -70 (+70) führt. Natürlich kann die genaue Rückrechnung der Spezia- lisierungsprofile anhand der Definitionsformel erfolgen.

Die Gleichmäßigkeit der Beteiligung an den Patent- (oder Publikations-)aktivitäten kann mit dem Entropiemaß erfaßt werden. Das Entropiekonzept stammt aus der Thermodynamik und der Informationstheorie und wurde von Kodama (1987b) und Saviotti (1988) im Bereich der Wissenschaftsforschung eingesetzt. Grupp (1989) hat es auf die

Innovationsforschung übertragen und hier insbesondere zusammen mit der Patent- und Literaturstatistik verwendet.

Sind alle FuE-Aktivitäten auf nur einen Akteur (eine Institution) konzentriert, nimmt das Entropiemaß den Wert S = 0 an. Bei Gleichverteilung auf n Institutionen wird S = -ln 1/n. (Ist z. B. n = 9, dann ist bei Gleichverteilung S = 2,2.) Hierin unterscheidet sich das Entropiemaß von den in der Ökonomie üblichen Konzentrationsmaßen (Herfindahl- oder Lorenz-Index). Es bezieht die Zahl der überhaupt in Frage kommenden Institutionen explizit ein und macht daher einen Vergleich zwischen kleinen und großen Ländern möglich. Denn auch bei völliger Gleichverteilung der FuE-Aktivitäten in einem kleinen Land ist die Beteiligungsbreite, das heißt, die FuE-Zersplitterung kleiner, als in einem großen Land. Die klassischen Konzentrationsmaße sind (das ist ihr Vorteil!) unabhängig von n und deshalb im vorliegenden Fall weniger geeignet (Grupp 1989).

0.4.4 INTERNATIONAL VERGLEICHENDE PATENTINDIKATOREN

Wie oben bereits ausgeführt, müssen im Hinblick auf eine international vergleichende Bewertung des Patentaufkommens Qualitätsmaße in die Patentstatistik eingeführt werden. Für den internationalen Vergleich wird der Indikator "relative technologische Position (RTP)" verwendet, der aus den nominellen Patentzahlen der genannten repräsentativen Patentämter abgeleitet wird. Der Patentindikator enthält Korrekturen des Inlandsvorteils, des Patentvolumens pro Amt und der technikspezifischen Patentierneigungen hinsichtlich der Bestimmungsmärkte und bildet daher das Patentgeschehen besonders proportioniert ab: Die jeweils verschiedenen Werte für die betrachteten Vergleichspatentämter definieren eine Bandbreite der technologischen Position. Die Bandbreite trägt den von Kritikern der Patentanalyse angeführten Unsicherheitsfaktoren aus strategischem Verhalten der Anmelder Rechnung und läßt den so bestimmten Patentindikator tatsächlich zu einem Ertragsmaß der Technikentwicklung werden. Die zugehörigen Formeln und Definitionen sind anderswo ausführlich erläutert (Schmoch u. a. 1988, 56ff).

Es wurde bereits auf die Bedeutung aufsummierter Patentzahlen verwiesen. Die Berechnung von derartigen Summenkurven ist sorgfältig daraufhin zu planen, wie lange zurück aufsummiert werden soll. Der Patentschutz ist zeitlich befristet und die Jahresgebühren wachsen an, so daß sich das Kosten-Nutzen-Verhältnis für die Aufrechterhaltung des Schutzes mit den Jahren verschlechtert. Deshalb kommt es fast nie zur vollen Ausnutzung der maximalen Laufzeit des Patents, die ja nach Land 15 bis 20 Jahre beträgt. Vielmehr ist bekannt, daß der Anteil der nicht erneuerten Patente im Alter von 6 Jahren signifikant ansteigt und die "Sterblichkeitsrate" sogar bereits nach 4 Jahren zunimmt und etwa nach 10 Jahren ein Maximum erreicht (vgl. zusammenfassend Schmoch u. a. 1988, 54). Mangels eines geeigneten Abschneidekriteriums wurde im vorliegenden Buch eine Aufsummierung älterer Patentanmeldungen bis zu 5 Jahre zurück für angemessen gehalten. Eine gewisse Willkür bei dieser Festlegung wird eingeräumt. Der entsprechende Potentialindikator wird als PP5-Indikator bezeichnet. Die Aufsummierung bedeutet praktisch auch eine Glättung des jährlichen Anmeldevolumens, so daß nunmehr auch für kleinere Länder durchgehende zeitliche Trends besser erkennbar werden. Bei der Potentialbetrachtung interessieren "vernachlässigte" Märkte allerdings nicht (siehe aber den folgenden Abschnitt). Deshalb wird in diesem Buch beim Vergleich von Patentpotentialien die obere einhüllende Kurve verwendet, das heißt, jeweils derjenige Patentmarkt, an dem ein Land am stärksten in Erscheinung tritt. Der sogenannte Heimvorteil wird aber korrigiert, d. h. es werden nur Auslandspatente berücksichtigt.

0.4.5 NATIONALE BESTIMMUNGSMÄRKTE DER SCHUTZRECHTE

Die im vorigen Abschnitt dargelegten Indikatoren sind outputorientiert und lassen nicht erkennen, welche Auslandsmärkte die einzelnen Volkswirtschaften bevorzugt schützen. Dieser Fragenkomplex kann nur mit Hilfe einer Datenbank bearbeitet werden, die das Patentaufkommen der wichtigsten Industrieländer vereinigt. Hierfür kommen lediglich die Datenbanken INPADOC sowie WPI in Frage. Trotz der ungewöhnlichen Breite der INPADOC-Daten (52 Patentämter) ist die Eignung für Patentanalysen sehr eingeschränkt, vor allem dann, wenn eine Stichwortsuche durchgeführt werden soll. Die INPADOC-Datenbank enthält keine Zusammenfassungen und die Titel sind in der Originalsprache abgefaßt (japanische Patente werden mit lateinischen Buchstaben transkribiert). Die Datenbank WPI (bzw. ihre aktuelle Fassung WPIL) ist dagegen besser geeignet, zumal der Datenbankanbieter QUESTEL eine sehr effektive Software verwendet, wodurch die Systemantworten auch bei größeren Suchfeldern und vielen Ländern sehr schnell ausgeführt werden. WPIL umfaßt Patentschriften aus 32 nationalen oder regionalen Patentämtern, ist also fast ebenso umfangreich wie INPADOC. Allerdings enthält die Datenbank die Patentschriften nicht in ihrer amtlichen Fassung, da der Hersteller DERWENT zu jeder Anmeldung von technischen Fachleuten eine eigene, englischsprachige Zusammenfassung erstellen läßt. Dadurch wird die Stichwortsuche effizienter als in anderen Datenbanken und die technischen Inhalte lassen sich präziser bestimmen, aber man hat es im Zweifelsfall nicht mit der amtlichen Formulierung zu tun.

Die Datenbank WPIL ist in Fachkreisen - insbesondere auch bei industriellen Anwendern - sehr geschätzt. Die Datenbank wird daher auch im vorliegenden Buch benutzt.

Die aufgrund der Daten möglichen Landkarten für marktstrategisches Verhalten pro Herkunftsland und pro Teilgebiet lassen insbesondere erkennen, welcher Anteil unter den im Inland erworbenen Patenten überhaupt im Ausland angemeldet wird. Auch lassen sich die eher protektionierten Technologien (z. B. die leitungsgebundenen) von den eher unter Marktbedingungen gehandelten (z. B. allgemeine Digitaltechnik) bezüglich ihrer internationalen Orientierung unterscheiden. Wegen des Veröffentlichungsverzugs in den USA (vgl. Abschnitt 0.4.1) ist die regionalstrategische Auswertung der Patentstatistik, die im II. Quartal 1988 erfolgte, nur bis 1984, aber nicht für die Folgejahre, vertretbar.

0.5 PUBLIKATIONSSTATISTIK

Eine stattliche Menge an Forschungsarbeiten setzt sich mit den Mechanismen des Publikationsgeschehens auseinander. Dennoch ist das Gebiet der Bibliometrie noch im Stadium der Bestandsaufnahme, d. h. der Sammlung unterschiedlicher methodischer Ansätze zur Messung von Phänomenen der Wissenschaftsentwicklung. Kritisch ist nach wie vor die Auswahl einer geeigneten Datenbank. Die verfügbaren Literaturdatenbanken können zwar als genügend vollständig angesehen werden, sofern Grundlagenforschung oder reine Forschung betroffen ist. Aber es scheinen einige schwer zu quantifizierende Lücken im Datenbestand bezüglich gewisser Gebiete der Anwendungsforschung und der Technik zu bestehen, deren Ausmaß man jeweils nur retrospektiv und unter Zuhilfenahme von anderen Informationsquellen beurteilen kann. Schon deshalb ist die Überprüfung bibliometrischer Statistiken und Ergebnisse durch das betroffene Forschungs- und Entwicklungspersonal im jeweiligen Fachgebiet erforderlich (Grupp 1987, 34).

In die Bibliometrie sind inzwischen kompliziertere Maße als die einfachen Publikationshäufigkeiten eingeführt worden (gemeint sind hier vor allem Zitierhäufigkeiten und Ko-Zitierungen). Da der einfachen Publikationsstatistik zweifellos der Mangel anhaftet, daß gezielte Vielschreiberei von einzelnen Autoren oder Institutionen die Erhebungen verzerren kann, könnten kompliziertere Maße den Charakter von Qualitätsmaßen in der Bibliometrie annehmen. Allerdings entspricht dem Problem der Vielschreiberei in der Publikationsstatistik das Problem der Selbstzitierung in der Zitierstatistik. Ohne an dieser

Stelle eine gründliche Auseinandersetzung mit dem Wert von Zitieranalysen leisten zu können, sei hier festgestellt, daß für den Zwecke der vorliegenden Untersuchung die einfache Publikationsstatistik auszureichen scheint. Denn es geht im wesentlichen darum, wichtige Akteure im Bereich der Telekommunikationsforschung im In- und Ausland feldspezifisch festzustellen, sowie die zeitlichen Trends länderspezifisch zu erfassen.

Im Unterschied zu den Patentdatenbanken, die sich bis auf wenige Ausnahmen auf amtliche Dokumente stützen, werden Literaturdatenbanken in privater Regie erstellt (Grupp 1990). Der jeweilige Hersteller muß mit eigenem Personal aufgrund der schriftlichen Fassung der Publikationen eigene Dateien erstellen, die Angaben über Autoren, Themen, Adressen und Schlagwörter enthalten. Literaturdatenbanken sind daher in Konsistenz und Vollständigkeit der Angaben nicht auf gleich hohem Niveau wie vergleichbare Patentdatenbanken. Auch machen es die Autoren der Publikationen den Datenbankbetreibern nicht immer leicht, zutreffende Angaben einzuspeichern. Im Zusammenhang mit dem vorliegenden Buch ist als problematisch zu bewerten, daß die Autoren ihr Herkunftsland nicht immer korrekt bezeichnen. Insbesondere schreiben westdeutsche Autoren in der Regel "Deutschland" oder "Germany", so daß es dem Betreiber der Datenbank nicht immer leicht fällt, zwischen der Herkunft "Bundesrepublik Deutschland" bzw. "DDR" zu unterscheiden. US-amerikanische Autoren begnügen sich häufig mit der Angabe des Bundesstaates (etwa "New-Mexico"), britische Autoren verwenden anstelle der eingeführten Begriffe "United Kingdom" oder "Great Britain" auch "Wales" oder "Scotland". Neben der fachlichen Vollständigkeit einer Literaturdatenbank ist also auch deren Vollständigkeit im Hinblick auf bibliographische Angaben zu beachten.

Die Auswahl der Datenbank ist für die vorliegende Untersuchung mithin kritisch. Daher wurden zunächst vier international anerkannte Literaturdatenbanken auf ihre fachliche Vollständigkeit geprüft (vgl. Tabelle 0.5-1). Es zeigte sich, daß die britische Datenbank INSPEC den anderen Datenbanken deutlich überlegen ist. Zwar tritt in der französischen Datenbank PASCAL das Stichwort "Telecommunication" etwas häufiger auf als in INSPEC, aber der Nachweis der Details "Virtual Network" und "Keyboard" war deutlich schlechter. INSPEC bevorzugt nach einem gängigen Vorurteil zwar Publikationen aus Großbritannien, weil ein großer Teil der Nutzer dort beheimatet und deshalb an einem vollständigen Nachweis britischer Arbeiten interessiert ist. Es ist deshalb untersucht worden, inwieweit dieser nicht abzuändernde Tatbestand auch für das Gebiet der Telekommunikation relevant wird. Bildet man etwa das Verhältnis der Publikationen, die mit dem Stichwort Telekommunikation erfaßt werden, zu allen Dokumenten, so stellt sich heraus, daß der britische Anteil unauffällig ist und bei einem mittleren Wert liegt. Für eine korrekte Einschätzung der Verhältnisse wird es also wesentlich darauf ankommen, den überhöhten Anteil britischer Publikationen richtig zu normieren. Hierzu siehe Abschnitt 0.5.2. Insgesamt ist aber die Datenbank INSPEC für die vorliegende Untersuchung mit Abstand am besten geeignet. Sie wird von Mitarbeitern des Weltverbandes IEE (Institution of Electrical Engineers) in London hergestellt.

Tabelle 0.5-1: Tests zur Vollständigkeit von Literaturdatenbanken auf dem Gebiet der Telekommunikation; nachrichtlich Patentdatenmengen zum Vergleich

Datenbank Sprache Periode	INSPEC Englisch 1973-88	SCISEARCH Englisch 1983-88	PASCAL Franz. 1973-88	TELEDOC Franz. 1972-88	PATDPA (Patente) 1975-88	PATSEARCH (Patente) 1975-88
Virtual Network (Reseau virtuel, resp.) als Schlagwort	46	0	15	1	-	-
Keyboard (Clavier, resp.) als Schlagwort	1 188	151	129	22	-	-
Telecommunications (Welt) als Schlagwort	33 379	619	41 156	13 718	-	-
Telecommunications (Bundesrepublik) als Schlagwort	1 973	-	-	-	-	-
Gesamte Telekommunikation (Welt) gemäß kombin. Suche	231 583	-	-	-	45 074	35 099
Gesamte Telekommunikation (Bundesrepublik) gemäß kombinierter Suche	12 533	-	-	-	15 699	2 108

Aus der Zielgruppe der hier betrachteten elf Länder stammen etwa 60 % aller INSPEC-Dokumente. Es stellt sich die Frage, auf welche Länder sich die restlichen 40 % verteilen. In einem weiteren Test wurde daher die Vollständigkeit der institutionellen Adressen geprüft, die ausschlaggebend für die Zuordnung zu Herkunftsländern ist. Dabei stellte sich heraus, daß etwa 20 % aller Dokumente nachweisbar aus anderen Ländern stammt. Etwa 50 Länder wurden direkt abgefragt. Hierbei zeigte sich, daß die nächstgrößeren Herkunftsländer die UdSSR, Indien, Polen, Australien, die Schweiz, China und Israel sind. Es folgen weitere europäische Länder sowie Brasilien, Mexiko und Südafrika. Insgesamt können also etwa 80 % aller Dokumente als identifizierbar angesehen werden.

Etwa 20 % des Datenbestands enthält im Autorenfeld kein Herkunftsland. Ob fehlende Angaben über das Herkunftsland einen Auswahleffekt für die hier betrachteten Länder bewirken, konnte angesichts der fehlenden Daten nicht geprüft werden. Einige Stichproben haben jedoch ergeben, daß manche dieser nachgewiesenen Publikationen auch tatsächlich keinem Land zuzuordnen sind, sondern typischerweise Sammelbände mit international gemischten Autorengruppen oder Gemeinschaftspublikationen großer internationaler Forschungszentren darstellen. Obwohl ein strenger Nachweis fehlt, gibt es keinen Anlaß, an der Repräsentativität der Publikationen zu zweifeln, die sich auf die neun hier betrachteten Länder beziehen.

Da Publikationsstatistiken ohnehin keine amtlichen Angaben enthalten, liegt es allemal an der Qualitätskontrolle des Datenbankherstellers, wie repräsentativ die Angaben sind (Grupp 1990). Das Erreichen einer repräsentativen Auswahl wird erleichtert durch den Umstand, daß die internationale Publikationstätigkeit auf nur wenige Zeitschriften konzentriert wird. Bradford u. a. belegten, daß die Erfassung aller entscheidenden Publikationen bereits dann gewährleistet ist, wenn die Sichtung auf die profiliertesten Zeitschriften eines Fachgebiets begrenzt wird (siehe zusammenfassend Schmoch u. a. 1988, 255). Die Qualität einer Datenbank läuft also letztlich darauf hinaus, ob die für das jeweilige Gebiet zentralen Zeitschriften erfaßt sind. Die Datenbank INSPEC (Information Services for the Physics and Engineering Communities) ist einschlägig für die weltweit erscheinende wichtige Literatur in den Sachgebieten der Physik, Elektrotechnik, Elektronik, Regelungstechnik und Rechentechnik. Sie ist damit für den Bereich der Telekommunikation hervorragend geeignet und anerkannt.

Die INSPEC-Klassifikation unterstreicht ihre Eignung für das Gebiet der Telekommunikation, da mit ihrer Hilfe sehr modern und sehr fein aufgeschlüsselt verschlagwortet wird. Das Auffinden der Klassifikationssymbole wird durch einen Stichwort-Thesaurus erleichtert. INSPEC wertet mehr als 2 500 Zeitschriften, Berichte, Konferenzbeiträge und Bücher aus. Insgesamt sind mehr als 2 Mio. Literaturhinweise gespeichert. Trotz des oben erwähnten Fehlbestands bezüglich der Herkunftsländer erscheint daher die Repräsentativität der Datenbank als gesichert.

0.5.1 WELTWEITES PUBLIKATIONSAUFKOMMEN

Wegen der großen Menge an Publikationen wurden Listen mit den Institutionen, die auf dem Gebiet der Telekommunikationsforschung publizieren, nur für das Jahr 1986 vollständig für alle Länder erstellt. Die Listen dienten nicht nur der Erstellung einer Publikationsstatistik, sondern waren auch ein geeignetes Hilfsmittel bei der Auswahl der zu befragenden Institutionen. Aufgrund dieser Listen können Institutionsprofile ähnlich wie mit den Patentdaten erstellt werden. Hierzu Abschnitt 0.5.2.

Anders als bei der Patentstatistik ist die zusammenfassende Darstellung für das Gesamtgebiet der Telekommunikation problematisch. Denn bei INSPEC sind für Publikationen, die mehr als ein Forschungsgebiet berühren, Mehrfachklassifikationen üblich. Eine Mehrfachzählung wurde innerhalb der Teilfelder unterdrückt, konnte aber für das Gesamtgebiet nicht mehr ausgeschlossen werden, weil zu viele Symbole und Stichwörter logisch verknüpft werden müßten. Mit dem Argument, daß mehrfach klassifizierte Publikationen mehr als ein Teilgebiet befruchten und daher mehrfach zu zählen (stärker zu gewichten) sind, mag die Zusammenfassung zum Gesamtgebiet zulässig sein.

Aus welchen Sektoren (siehe Abschnitt 0.3) stammen die meisten Publikationen? Die naheliegende Antwort, die dem akademischen Bereich den Löwenanteil zuweist, stimmt jedenfalls für das Telekommunikationsgebiet und INSPEC nicht. Bis auf länderspezifische Besonderheiten sind rund die Hälfte der nachgewiesenen Veröffentlichungen dem Unternehmenssektor (gegebenenfalls einschließlich der Netzträger) entsprungen (siehe Kapitel 11). Der Industrieverband EIRMA (1985, 21f) gibt an, daß zu den "weniger faßbaren" Zielen der Unternehmens-FuE auch gehört, die Reputation des Unternehmens zu erhöhen, hervorragende Forschungspersönlichkeiten anzuziehen und einen wissenschaftlichen Ruf beizusteuern. Eine so denkende Unternehmensleitung wird ihre FuE-Personen zur wissenschaftlich-technischen Publikation anhalten. Auch ist die Konferenzteilnahme (zur Beobachtung weltweiter Forschungstrends) oft an eigene Beiträge geknüpft. Dennoch unterscheidet sich auch die Publizierfreudigkeit der einzelnen Unternehmen ähnlich wie die Patentierfreudigkeit sehr (siehe den folgenden Abschnitt).

Vor dem Hintergrund der sektoralen Aufschlüsselung der Veröffentlichungen wäre es falsch anzunehmen, die entsprechenden Indikatoren stünden für (akademische) Grundlagenforschung. Vielmehr reflektiert die Bibliometrie auch die strategische und die angewandte Forschung. In den Abbildungen dieses Buches wird daher der Kürze halber ein auf Publikationen beruhendes Institutsprofil als <u>Forschungsprofil</u> bezeichnet. Auf der Patentstatistik beruhende Profile werden folglich mit <u>Entwicklungsprofil</u> abgekürzt (siehe Abschnitt 0.4.3)

0.5.2 INTERNATIONAL VERGLEICHENDE PUBLIKATIONSTÄTIGKEIT

Aus den Publikationszahlen könnten die wesentlichen zeitlichen Trends abgelesen werden. Für eine Rangbildung zwischen den Ländern sind sie nur dann brauchbar, wenn keine landesspezifischen Bevorzugungen auftreten. Zum Zwecke der besseren Vergleichbarkeit zwischen den Ländern und Teilgebieten der Telekommunikation und auch um sprachliche oder herkunftsbezogene Ungleichgewichte auszugleichen, sind im wesentlichen die gleichen relativierenden Maßzahlen in die Bibliometrie eingeführt worden (vgl. etwa Schmoch u. a. 1988, 259), wie in die Patentstatistik.

Um die Repräsentation der einzelnen Länder in der Datenbank ausgleichen zu können, wird vor allem die Meßziffer "Relativer Literaturanteil (RLA)" herangezogen (Grupp 1990). Der RLA-Indikator mißt die in einem Forschungsgebiet der Telekommunikation festgestellte Aktivität eines Landes im Vergleich zur durchschnittlichen Aktivität dieses Landes in allen Gebieten der Telekommunikationsforschung und stellt daher komparative Vorteile oder Nachteile in dem ausgewählten Gebiet heraus. Der RLA-Indikator entspricht in seiner Konstruktion dem aus der Ökonometrie bekannten Indikator RWA (Relativer Weltmarktanteil) sowie dem Patentindikator RPA (siehe Abschnitt 0.4.3) und ist ebenfalls ein Spezialisierungsindikator. Um die Meßziffer RLA darstellen zu können, sind Erhebungen zu allen Gebieten der Telekommunikationsforschung notwendig, so daß in der Praxis sehr große statistische Gesamtheiten gehandhabt werden müssen.

Der verwendete RLA-Indikator nimmt - genauso wie der Patentindikator RPA - negative Werte an, wenn der Beitrag eines Landes zu der weltweiten Zahl von Publikationen im untersuchten Teilgebiet der Telekommunikation geringer ist als im Durchschnitt aller Publikationen zu allen Telekommunikationsgebieten. Entsprechend zeigen positive Werte eine stärkere als durchschnittliche Publikations- und damit Forschungstätigkeit an.

Besonders interessant ist die Publikationsstatistik im Bereich der Theorie und der Software und Telekommunikationsdienste, da hier Patentschutz nicht in Frage kommt und der Patentindikator entsprechend versagt. Deshalb kann der RLA-Indikator besonders gut dazu verwendet werden, Spezialisierungsprofile bezüglich der Telekommunikationsforschung für einzelne Institutionen in diesen Teilgebieten zu erstellen. Problematisch ist dabei jedoch die Bildung zutreffender institutioneller Gruppen. Es läßt sich oft nicht erkennen, zu welchen Universitäten die einzelnen Fakultäten oder Institute gehören, so daß eine gute Kenntnis der institutionellen Struktur die Voraussetzung für Institutionsprofile bezüglich der Forschungsergebnisse darstellt. Wegen der nichtvorhandenen

Rechtswirksamkeit ist die Vollständigkeit und Korrektheit der institutionellen Adressen ungünstiger zu beurteilen als im Falle der Patentstatistik. Die Adressen werden vielmehr von den Autoren selbst angegeben und sind weniger standardisiert als bei Patenten, wo derartige Aufgaben von (meistens den pro Institution gleichen) Patentanwälten gehandhabt werden. Ansonsten kann das Spezialisierungsprofil RLA für die Forschung dem Spezialisierungsprofil RPA für die Entwicklung einer Institution gegenübergestellt werden, wie oben erläutert.

Auch auf der Basis der Literaturstatistik kann ein Entropiemaß oder Gleichmäßigkeitsmaß abgeleitet werden (Grupp 1989), das die Beteiligungsbreite der Forschungsaktivitäten auf verschiedene Akteure angibt. Hierzu siehe die entsprechenden Erläuterungen in Abschnitt 0.4.3.

0.6 EXPERTENGESPRÄCHE UND ABSCHLUSS DER DATENERHEBUNG

Neben der Erarbeitung von FuE-Indikatoren ist das zweite zentrale Standbein der Untersuchung eine persönliche Befragung von Experten, die im Bereich der Telekommunikation in Forschung und Entwicklung tätig sind (typisch Entwicklungsleiter von Unternehmen) und von Experten, die mit der Organisation dieser Forschung befaßt sind (typisch Behörden- und Verbandsvertreter, Mitarbeiter von Planungsstäben etc.). Im Ausland wurde die Befragung in der zweiten Jahreshälfte 1988 durchgeführt und bis Ende 1988 abgeschlossen, im Inland fand sie größtenteils im Frühjahr 1989 statt. Die Gespräche bezogen sich auf Fragen der Organisation von FuE im Telekommunikationsbereich, vor allem die jeweiligen Formen der Kooperation und Arbeitsteilung zwischen den Trägern von FuE; daneben wurde jedoch auch eine Evaluierung der bisher erhobenen FuE-Indikatoren angestrebt. Es wurde dabei nicht nur eine Einschätzung der Richtigkeit der Zahlen in demjenigen Bereich erörtert, den die Gesprächspartner überblicken (z. B. den Umfang der eigenen FuE-Aufwendungen), sondern auch eine "gefühlsmäßige" Beurteilung der internationalen Situation insgesamt. Besonders im Hinblick auf die FuE-Aufwands- und -Personalstatistik war erwartet worden, weitere Zahlenangaben zu bekommen, um die bestehenden Lücken füllen zu können. Diese Erwartung wurde jedoch weitgehend enttäuscht.

Die Wechselwirkung zwischen den FuE-Indikatoren und den Gesprächen ist aber nicht nur einseitig zu verstehen, indem die Experten die Zahlen beurteilen sollten, sondern umgekehrt dienen die Patent- und Publikationslisten auch dazu, geeignete Gesprächspartner auszuwählen. Auffällig überrepräsentierte bzw. auffällig unterrepräsentierte Organisationen im Hinblick auf ihr Patentier- oder Publizierverhalten scheinen für die Gesamtbeurteilung wichtig zu sein und wurden deshalb bevorzugt aufgesucht.

Die internationale Felduntersuchung wurde länderspezifisch durchgeführt. Jedes der zu betrachtenden Länder hatte einen feststehenden Bearbeiter. Insofern haben auch die Bearbeiter die jeweils für ihr Land erstellten FuE-Indikatoren noch einmal auf ihre strukturellen Aspekte durchgearbeitet.

Die Befragung kreiste je nach Institution in flexibler Weise um die nachfolgend aufgeführten Schwerpunkte:

- wirtschaftlicher Hintergrund der Organisation (etwa: Umsätze, Beschäftigte, hauptsächliche Aktivitäten, Kapitalverflechtung mit anderen Firmen, Größe und örtliche Lage sowie hauptsächliche Aufgaben der zugehörigen FuE- Einrichtung),
- FuE-Aktivitäten (etwa: Anteil Telekommunikationsforschung an der gesamten FuE, Aufwendungen für FuE, technologische Schwerpunkte für FuE, Finanzierungsquellen, Zusammenarbeit, wahrscheinliche zukünftige Änderungen),
- FuE-Zusammenarbeit mit anderen Institutionen (etwa: Auslandsaktivitäten, Zielmärkte, für die FuE betrieben wird, Bedeutung der traditionellen Dienste gegenüber den Mehrwertdiensten, internationale Aspekte der FuE, Netzbetreiber-Hersteller-Konflikte),
- Struktur der gesamten nationalen Telekommunikationsindustrie (etwa: Einordnung der Bedeutung der befragten Institution gegenüber Konkurrenzinstitutionen, Unterschiede dieser Bedeutung je nach technischem Teilgebiet, Ausmaß der Kooperation, überlappende, d. h. mehrfach besetzte Forschungsgebiete, nationale Schwachpunkte, Typen der Zusammenarbeit, Rollenverteilung zwischen Staat und Privatwirtschaft),
- institutionelle Aspekte im Telekommunikationsbereich (etwa: Bedeutung und Wirksamkeit gesamtwirtschaftlicher nationaler Strategien, Bedeutung der Normen und Standards, gemeinsame Komitees zwischen Herstellern, Netzträgern und regierungsamtlichen Stellen, informelle Arrangements in der Zusammenarbeit, Bedeutung des staatlichen Beschaffungswesens, Bedeutung externer Vertragsforschung zwischen den Organisationen, Patent- und Lizenzpolitik, Bedeutung anderer staatlicher Organe neben der jeweiligen Zentralregierung, Wechselwirkung zwischen ordnungspolitischen Maßnahmen und FuE-bezogenen Aktivitäten).

Tabelle 0.6-1 gibt die Zahl der persönlichen Gespräche wieder und läßt damit den Umfang der Experteninterviews erkennen. Darüber hinaus fand im Oktober 1989 in Bad Honnef ein zweitägiger Workshop statt, auf dem die Ergebnisse der Untersuchung vorgestellt und diskutiert wurden. Daran nahmen ca. 30 deutsche Experten aus Wirtschaft, Forschung und von Bundesministerien teil.

Tabelle 0.6-1: Übersicht über den Umfang an persönlichen Befragungen von Fachleuten

Land	Zahl der Gespräche	Zahl der daran beteiligten Personen
USA	17	32
Japan	15	19
Bundesrepublik	46	51
Frankreich	11	13
Großbritannien	13	15
Italien	13	25
Spanien	14	21
Republik Korea	11	17
Niederlande	9	10
Schweden	7	9
Summe	156	212

Außer den Autoren des Buches waren an den Expertengesprächen beteiligt:

Japan:	Harukazu Nishio, Applied Research Institute Inc., Tokio;
Frankreich:	Didier Pouillot, Institut de l'Audiovisuel et des Télécommunications en Europe, Montpellier;
Vereinigtes Königreich:	Rosemary Stevenson, Information & Communications Research Ltd.;
Schweden:	Anders Granberg, Forskningspolitiska Institutet, Lund.

Die Hoffnung ist nicht enttäuscht worden, am Ende durch die Vernetzung quantitativer mit qualitativen Information ein klares und zutreffendes Bild der Struktur und Organisation von Forschung und Entwicklung im Telekommunikationsbereich zu erhalten.

In diesem einleitenden Kapitel wurden die zeitlichen Eckpunkte bei der Datenbeschaffung und der Einholung von qualitativen Informationen jeweils für die einzelnen Informationsträger im Text vermerkt. In nachfolgender Übersicht wird noch einmal zusammengestellt, was die zeitlichen Rahmenbedingungen bei der Formulierung dieses Buches waren. Die in den nachfolgenden Kapiteln dargelegten Sachverhalte können nicht aktueller sein als die Informationsbeschaffung. Ereignisse aus dem Sommer und Herbst 1989 konnten nur ganz vereinzelt bei der Endkorrektur des Manuskripts als redaktionelle Nachträge berücksichtigt werden; im wesentlichen wurden die inhaltlichen Arbeiten zu diesem Buch im Frühjahr 1989 abgeschlossen.

ÜBERSICHT ÜBER ZEITLICHEN RAHMEN	
Abgrenzung des Gebiets	Frühjahr 1988
Erhebung der FuE-Daten	Ende 1988
Erhebung der Patentstatistik	Frühjahr 1988
Erhebung der Publikationsstatistik	Sommer 1988
Felduntersuchung (Expertengespräche)	Juli 1988 bis Sommer 1989
Abschluß der Informationsbeschaffung	Frühjahr 1989
Endkorrektur des Manuskripts (vereinzelte redaktionelle Nachträge)	Dezember 1989

KAPITEL 1: VEREINIGTE STAATEN VON AMERIKA

(Von Dirk-Michael Harmsen und Hariolf Grupp)

1.1 RAHMENBEDINGUNGEN

In den Jahren 1980 bis 1987 verzeichnete der amerikanische Außenhandel - hier verstanden als Indikator der internationalen Wettbewerbsfähigkeit - eine geradezu krisenhafte Entwicklung (Gerybadze u.a. 1987, 18). Das Handelsdefizit stieg von 24 Mrd. $ (1980) auf 171 Mrd. $ (1987) an. Diesem Negativtrend folgte auch der Außenhandel mit den weniger vom Dollarkurs abhängigen forschungsintensiven Waren - hier verstanden als Indikator der technologischen Wettbewerbsfähigkeit -, jedoch sind an dieser Stelle entscheidende Differenzierungen anzubringen (Grupp, Legler 1989).

Die USA haben sich eher der Spitzenforschung auf wenigen Gebieten als der Breite gewidmet. Dies wird entsprechend mit einer überragenden Position im Welthandel im eng definierten Sektor der Hochtechnologieprodukte honoriert. Die USA verdanken ihren hohen Rang zu einem großen Teil dem Handel mit solchen Waren, bei denen die Vermutung groß ist, daß sie nicht unter Marktbedingungen getauscht werden. Bei den volumenmäßig bedeutenderen gehobenen Gebrauchstechnologien erodiert die US-Handelsposition hingegen unaufhaltsam: Seit 1978 gab es kein relatives Zuwachsjahr im Außenhandel. Etwa 1982 wurde das Export-Import-Verhältnis kleiner als der Durchschnitt aller verarbeiteten Waren. Der Technologiegigant USA muß seitdem als weniger spezialisiert auf FuE-intensive Erzeugnisse gelten als etwa Japan, die Bundesrepublik Deutschland und die Schweiz (Grupp, Legler 1989).

Inwieweit ist hierfür die US-Technologiepolitik mitverantwortlich? Über die verschiedenen Aspekte der US-amerikanischen Industrie- und Technologiepolitik gäbe es viel zu sagen; allein die schiere Menge des vorliegenden analytischen Materials ist bezeichnend. Dennoch mangelt es an systematischen Arbeiten zur veränderten und sich verändernden Innovationsdynamik (Grupp, Schwitalla 1988). Sofern man überhaupt von Industriepolitik in den Vereinigten Staaten sprechen kann (Roessner 1985), ist sie im wesentlichen auf Rüstungs- und neuerdings Weltraumtechnik gerichtet (Gerybadze u.a. 1987). Der große Anteil der verteidigungsbezogenen Ausgaben an den gesamtwirtschaftlichen Aufwendungen für Forschung und Entwicklung in den USA bei gleichzeitiger Abwesenheit von effektiven Technologietransfermechanismen in zivile Sektoren hinein (Krupp, Kuntze 1986) erklären einerseits die unangefochtenen hohen technologischen Standards (Grupp, Schwitalla 1988) und andererseits die mittelmäßige internationale Wettbewerbsposition.

Die entsprechenden Defizite werden in den USA im Bereich der Legislative und zunehmend von der Regierung erkannt: Der Anfang 1985 erschienene Bericht der President's Commission on Industrial Competitiveness (1985) ist ein Zeichen für die wachsende Bedeutung, die in den USA der nichtmilitärischen FuE zur Sicherung und teilweise auch zur Wiedererlangung einer guten internationalen Wettbewerbsposition beigemessen wird.

Auch das Office of Technology Assessment (OTA), eine Kongreßbehörde, fordert mehr Aufmerksamkeit für die "kommerzielle", d. h. die nichtmilitärische, Technologie (OTA 1987, 361ff). In den letzten Jahren wurden diesbezüglich einige Abhilfemaßnahmen begonnen. Mit dem National Cooperative Research Act von 1984 wurden die US-Kartell-Gesetze modifiziert, um die Bildung von Gemeinschaftsunternehmen im Bereich von FuE zu fördern; die technologiepolitische Zielsetzung liegt in der Beschleunigung der US-internen Innovationsdynamik sowie in einem verbesserten Technologietransfer innerhalb des zivilen Bereichs, worauf auch der Federal Technology Transfer Act von 1986 gerichtet ist (Moore 1987).

Inwieweit diese Ansätze durch den Wechsel von der Reagan- zur Bush-Administration verstärkt oder abgeschwächt werden, läßt sich noch nicht überblicken. Das US-FuE-System ist von so vielen unabhängig operierenden und kapitalkräftigen Akteuren gekennzeichnet, daß kohärente Strukturänderungen wenig plausibel erscheinen. Im nächsten Abschnitt folgt zunächst eine Beschreibung der wichtigsten FuE-Akteure, ohne die Betrachtung auf den Telekommunikationssektor einzuengen.

1.1.1 ALLGEMEINE FORSCHUNGS- UND ENTWICKLUNGSPOLITIK

Die Politik der Bundesregierung der Vereinigten Staaten von Amerika (USA) zur Förderung der Forschung und Entwicklung (FuE) sowie der technologischen Innovation läßt sich zurückverfolgen bis in die Zeit, in der die Verfassung der USA niedergeschrieben wurde. Getragen wird diese Politik von unterschiedlichen Zielvorstellungen, die sich teilweise ergänzen, aber auch im Widerspruch zueinander stehen können (vgl. OTA 1985, 3f):

- Unterstützung der nationalen Verteidigung (Support National Defense),
- Verbesserung der Lebens- und Arbeitsbedingungen (Provide for Social Needs),
- Förderung des wirtschaftlichen Wachstums (Promote Economic Growth),
- Steigerung der wissenschaftlichen Leistungsfähigkeit, insbesondere der Grundlagenforschung (Advance Basic Understanding of the World),
- Vergrößerung des nationalen Ansehens (Enhance National Prestige),
- Unterstützung der Aufgaben ziviler Behörden (Support Civilian Agency Missions).

Die Aufwendungen für Forschung und Entwicklung, gegliedert nach finanzierenden und durchführenden Bereichen, im Jahr 1988 zeigt Abbildung 1.1-1. Die Angaben sind geschätzt (AAAS 1988, 41). Die amtlichen Angaben für 1987 wie auch in früheren Jahren weisen aber dieselbe Grundstruktur auf. Im Jahre 1987 wendeten die USA insgesamt 123,1 Mrd. $ für Forschung und Entwicklung auf. 60,4 Mrd. $ (49 %) stellte die Bundesregierung zur Verfügung, 58,6 Mrd. $ (48 %) wurden von der Wirtschaft bereitgestellt und 4,1 Mrd. $ (3 %) von Hochschulen und anderen gemeinnützigen Organisationen. 13 % (15,5 Mrd. $) der insgesamt in 1987 zur Verfügung stehenden FuE-Mittel wurden von Forschungseinrichtungen der Regierung verbraucht, Unternehmen der Wirtschaft verwendeten 72 % (89,2 Mrd. $), die Hochschulen 9 %, die von Hochschulen verwalteten Nationallaboratorien 3 % und andere gemeinnützige Forschungseinrichtungen weitere 3 %. Für rund ein Drittel der FuE-Mittel wurde Forschung betrieben (12 % Grundlagenforschung, 21 % angewandte Forschung), die technologische Entwicklung benötigte zwei Drittel der FuE-Mittel. Von den in 1986 angestellten 802 300 Wissenschaftlern und Ingenieuren waren 8 % in Forschungseinrichtungen der Regierung tätig, 74 % in Unternehmen der Wirtschaft, 12 % in Hochschulen, 2 % in den von Hochschulen verwalteten Nationallaboratorien und 4 % in anderen gemeinnützigen Forschungseinrichtungen (NSF 1988).

Zwischen 1976 und 1982 wuchsen die FuE-Aufwendungen real jährlich im Mittel um 4,2 %. Zwischen 1982 und 1985 stieg die jährliche Wachstumsrate auf 5,8 % an (Infobrief Research and Technology 1987). In den letzten drei Jahren jedoch wurde das reale Wachstum der FuE-Aufwendungen beträchtlich reduziert: betrug es 1987 noch 4 %, so ging es in 1988 auf 2,3 % zurück (Technologie-Nachrichten 1988). Einen graphischen Eindruck von der zeitlichen Entwicklung der FuE-Intensität vermittelt Abbildung 1.1-2; unter FuE-Intensität wird der Anteil der gesamtwirtschaftlichen FuE-Aufwendungen am Bruttoinlandsprodukt verstanden. Auch in dieser Darstellung ist das Relativwachstum seit 1978 zu erkennen.

Eine Übersicht über die Verwendung von FuE-Mitteln in den wichtigsten Wirtschaftssektoren im Jahr 1988 zeigt Abbildung 1.1-3. Demnach wurden 20,4 Mrd. $ (21,3 %) im

Abbildung 1.1-1: Grundstruktur der Forschungs- und Entwicklungsaufwendungen in den USA (Schätzungen für 1988; Quelle: AAAS 1988)

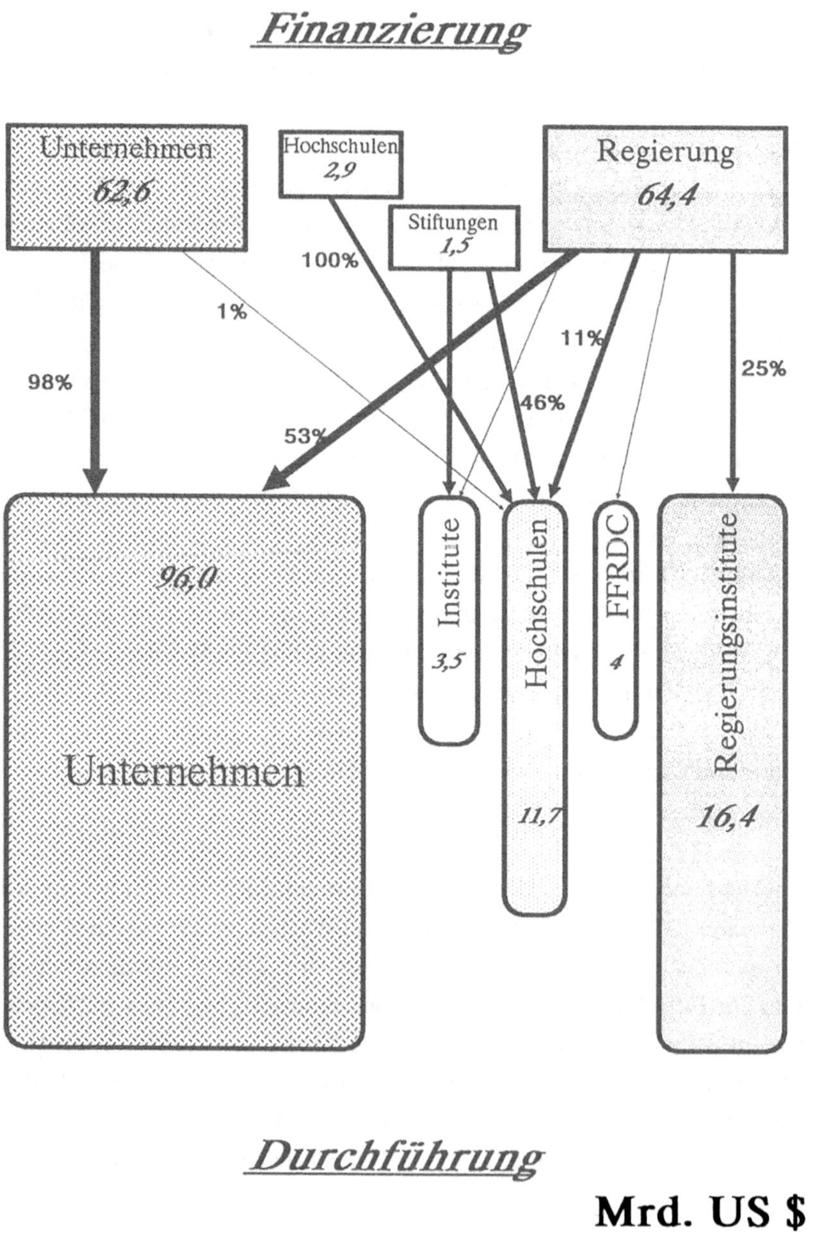

Wirtschaftssektor "Electrical Machines, Communications" verbraucht. Der Finanzierungsanteil des Staates in diesem Wirtschafts sektor betrug schätzungsweise 40,1 % (Technologie-Nachrichten 1988). Rund zwei Drittel der von der US-Bundesregierung zur Verfügung gestellten FuE- Mittel für 1987 wurden über das Verteidigungsministerium zugewiesen. Nimmt man die verteidigungsbezogenen FuE-Aufwendungen weiterer Regierungsorganisationen hinzu, so betrug der Anteil an den staatlichen FuE-Mitteln für Zwecke der Nationalen Sicherheit 74 %. Das Verteidigungsministerium hat in den zurückliegenden Jahren die Mittel für die Grundlagen- und angewandte Forschung relativ reduziert und für die technologische Entwicklung entsprechend erhöht. Abbildung 1.1-4 veranschaulicht den steigenden Etat des Verteidungsministeriums für FuE in den achtziger Jahren.

Abbildung 1.1-2: Reale Gesamtaufwendungen für FuE in Prozent des Bruttoinlandsprodukts 1970 bis 1987 (FuE-Intensität) (Quellen: OECD, NSF)

Der Anteil der FuE-Ausgaben am Bruttosozialprodukt liegt bei 2,9 % (vgl. Abbildung 1.1-2). Schließt man die verteidigungsbezogenen FuE-Aufwendungen aus, so liegt dieser Anteil nur noch bei 1,9 % (verglichen mit 3 % in Japan) (Infobrief Research and Technology 1987).

Eine generelle Übersicht über die maßgeblichen Promotoren auf dem Gebiet der allgemeinen Wissenschafts- und Technologiepolitik vermittelt Abbildung 1.1-5. Obwohl es schwierig ist, zwischen Wissenschafts- und Technologiepolitik zu unterscheiden, gibt es doch verschiedene Akzente sowohl bei der Formulierung der jeweiligen Ziele, als auch beim Einsatz politischer Maßnahmen (OTA 1985).

Abbildung 1.1-3: Verwendung von FuE-Mitteln nach wichtigen Wirtschaftszweigen 1988 (Schätzung; Quelle: Technologie-Nachrichten 1988)

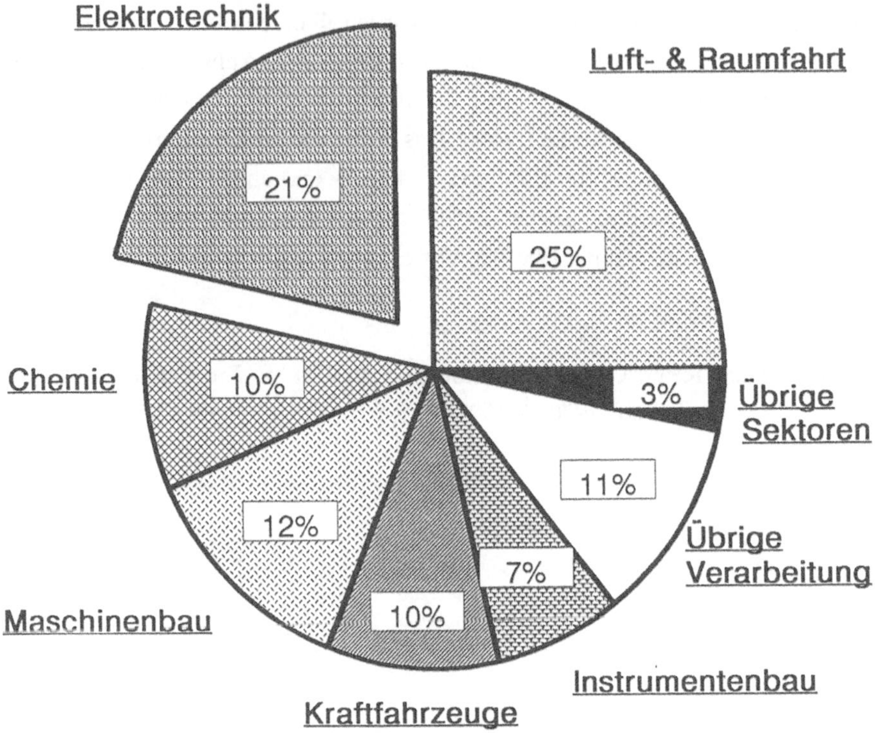

Abbildung 1.1-4: DOD-Ausgaben für rüstungsbezogene FuE in konstanten $ (1988) von 1960 bis 1988 (Quelle: EIA 1988a)

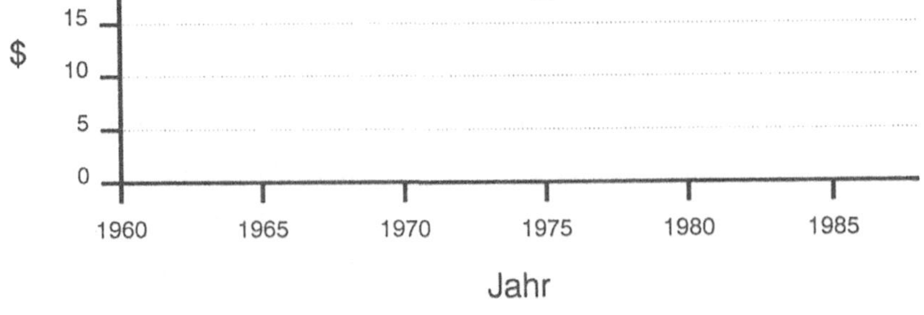

Die gesellschaftlichen Ziele der Wissenschaftspolitik sind die Erhaltung der Lebensqualität, die zweckfreie Forschung um ihrer selbst willen und die Ausbildung. Diese Ziele werden staatlicherseits durch die Förderung der Grundlagenforschung und der wissenschaftlichen Ausbildung, der internationalen Austauschprogramme und der Verbreitung wissenschaftlicher Informationen angestrebt. Die Technologiepolitik hingegen hat das wirtschaftliche Wohlergehen, die nationale Sicherheit und die technologische Führerschaft zum Ziel. Hierfür werden zielorientierte FuE-Aufwendungen und die Ausbildung der Ingenieure finanziert, Technologietransfermaßnahmen auch zwischen Hochschulen und Unternehmen unterstützt und die sog. "R&D tax credits" (eine über die steuerliche Normalbehandlung hinausgehende Absetzungsmöglichkeit von 25 % des Zuwachses der FuE-Aufwendungen von der Steuerschuld; vgl. Kuntze u.a. 1986, 163ff) vergeben.

Außerdem sieht der Staat seine Patentpolitik und die Standardsetzung sowie die Begrenzung (!) des internationalen Technologie- und Informationsflusses als diesen Zielen dienlich an (OTA 1985). Die in Abbildung 1.1-5 verzeichneten Institutionen werden in den Abschnitten 1.1.2 und 1.3.1 näher erläutert.

Abbildung 1.1-5: Generelle Übersicht über die maßgeblichen Promotoren der Wissenschafts- und Technologiepolitik in den USA (Quellen: adaptiert nach Tisdell 1981, OTA 1985)

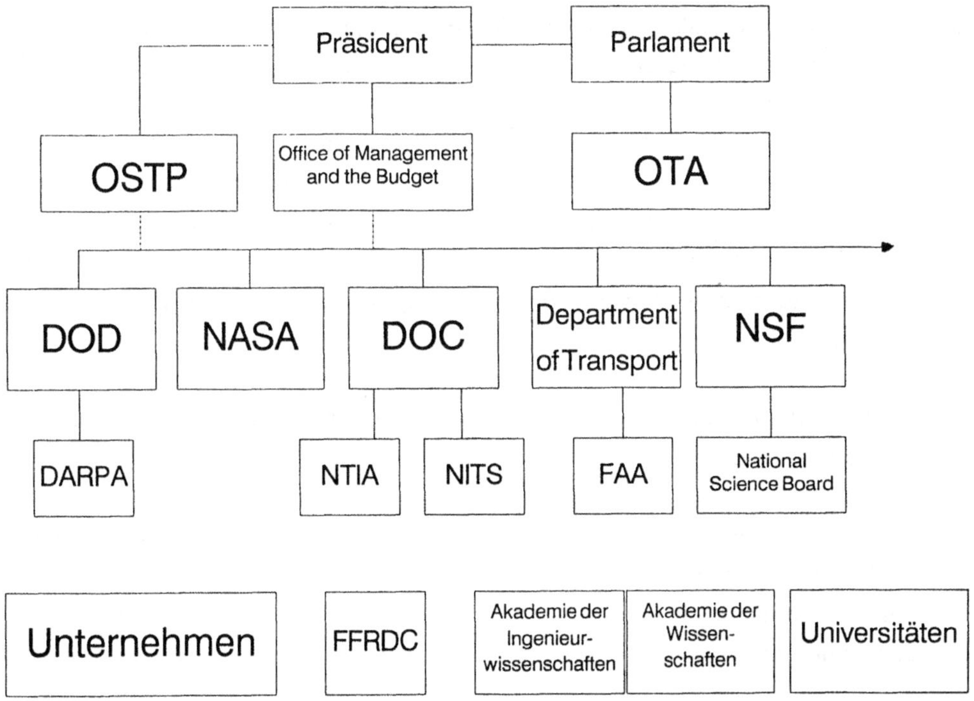

1.1.2 STRUKTUREN IM BEREICH DER TELEKOMMUNIKATION

Eine dominierende Rolle im Bereich der Telekommunikation in den USA spielt die American Telephone and Telegraph Company (AT&T). Vor ihrer Entflechtung zu Beginn des Jahres 1984 beschäftigte das Unternehmen 1 Million Menschen und wickelte rund 90 % des US-Telefonverkehrs ab. Es war das größte privatwirtschaftliche Unternehmen der Welt, das im Bereich der Telekommunikation nicht nur Dienstleistungen erbrachte, sondern auch die notwendigen Einrichtungen und Geräte produzierte. Weil AT&T ein Quasi-Monopol besaß, wurde es von einer Regulierungsbehörde, der Federal Communications Commission (FCC), beaufsichtigt.

Die Informationen zu nachfolgendem Abschnitt wurden überwiegend durch Interviews zusammengetragen; vgl. darüber hinaus das US Senate Committee on Commerce, Science, and Transportation (1987 und 1988).

Das Bundesparlament (Congress)

Aufgrund der Verfassung besitzt das Parlament die Macht, den nationalen zwischenstaatlichen Handel zu regulieren und somit auch gesetzgeberische Maßnahmen zur Formulierung nationaler Kommunikationspolitiken zu ergreifen. Die Mitglieder des Parlaments haben zwar potentiell eine große Machtbefugnis, in der Vergangenheit waren sie jedoch recht zurückhaltend, sie im Bereich der Kommunikation auch auszuüben. Streitfragen im Bereich der Kommunikation beinhalten nicht nur komplexe technische und wirtschaftliche Aspekte, sondern werden auch von zahlreichen, recht unterschiedlichen Interessenvertretungen vorgebracht. Deshalb hat sich das Parlament darauf beschränkt, den Bereich der Kommunikation lediglich recht generell durch ein Gesetz zu regulieren (Communication Act von 1934) und die Macht für detailliertere Entscheidungen einer unabhängigen Regulierungsbehörde, der Federal Communications Commission (FCC), zu übertragen.

Innerhalb des Parlaments liegt die gesetzgeberische Verantwortung für den Bereich der Kommunikation beim

- House Committee on Energy and Commerce, Subcommittee on Telecommunications and Finance und beim
- Senate Committee on Commerce, Science and Transportation, Subcommittee on Communications.

Weitere Ausschüsse mit Interessen und Verantwortung für Fragen der Kommunikation sind diejenigen für

- Agriculture (Landesentwicklung und Elektrifizierung),
- Appropriations (FCC-Finanzierung),
- Armed Services (Rüstungs-FuE),
- Banking (elektronische Mitteltransfersysteme),
- Government Affairs or Operations (Postdienste) und
- Judiciary (Monopolüberwachung, Urheberrechte).

Die einzige, in jüngerer Zeit verabschiedete gesetzgeberische Initiative des Parlaments im Bereich der Kommunikation war die Verabschiedung des Cable Communications Policy Gesetzes im Jahre 1984. Diese Gesetzgebung folgte im wesentlichen dem Verhandlungsergebnis zweier großer Interessengruppen - der Kabel-Industrie und der National League of Cities. Eine dritte große Interessengruppe, die lokalen Telefongesellschaften, war zu diesem Zeitpunkt mit der Lösung von Problemen im Zusammenhang mit der Entflechtung von AT&T beschäftigt.

Die Federal Communications Commission (FCC)

Aufgabe der FCC ist, auf allen Gebieten der Kommunikationspolitik dem öffentlichen Vorteil, dem öffentlichen Interesse und der öffentlichen Notwendigkeit zu dienen (to "serve the public convenience, interest, and necessity"). Fünf Kommissare (davon nicht mehr als drei von einer politischen Partei) werden vom Präsidenten der Vereinigten Staaten auf sieben Jahre ernannt. Die FCC verabschiedet Verordnungen und entscheidet über Verletzungen ihrer Verordnungen.

Die Regierung

Die wichtigsten Ministerien für den Bereich der Kommunikationspolitiken sind das

- Department of Justice (Justizministerium),
- Department of Commerce (Handelsministerium),
- Department of Defense (Verteidigungsministerium) und das
- Department of State (Außenministerium).

Für Kommunikationspolitik im Handelsministerium zuständig ist der Assistant Secretary for Communications and Information. Diesem Ministerium untersteht die National Telecommunications and Information Administration (NTIA), die folgende Aufgaben zu erfüllen hat: "(1) first, to ensure greater competitive parity between American companies and their international trading rivals; (2) second, to support special national needs and new, emerging business communications requirements; and (3) third, to expand equitable market access for U.S. firms overseas." NTIA ist verantwortlich für die Analyse und die Formulierung der Kommunikationspolitik mit dem Ziel, das Wachstum der Kommunikationsindustrien zu entwickeln, sowie für die Verwaltung des elektromagnetischen Wellenspektrums. Bis 1978 war NTIA Teil des White House Office of Telecommunications Policy (OTP).

Eine weitere relevante Gruppe innerhalb des Handelsministeriums ist das Institute for Computer Sciences and Technology des National Institute for Technical Standards (NITS, früher National Bureau of Standards), das die Federal Information Processing Standards (FIPS) entwickelt und empfiehlt sowie an der Entwicklung freiwilliger Industriestandards für Computer- und Netzwerk-Techniken mitarbeitet.

Je bedeutender der internationale Handel mit Informationen und Telekommunikationsgeräten wird, desto stärker wird auch der International Trade Administrator (ITA) des Handelsministeriums in die Formulierung der Kommunikationspolitik einbezogen werden, soweit Fragen des internationalen Handels berührt werden. Angesiedelt beim Executive Office of the President hat das Office of the United States Trade Representative (USTR) die Aufgabe, die US-Handelspolitik, auch auf dem Gebiet der Telekommunikation, zu koordinieren.

Das Department of Defense (DOD) ist der größte einzelne Nutzer der amerikanischen Kommunikationssysteme. Wegen der großen ihm zur Verfügung stehenden Mittel für Forschung und Entwicklung und für militärische Beschaffungen besitzt es beträchtlichen Einfluß im Politikbereich. Insbesondere widmet das Verteidigungsministerium seine Aufmerksamkeit der Integrität und der Effektivität der Kommunikationssysteme für Verteidigungszwecke und verfolgt alle gerichtlichen und verordnungsmäßigen Verfahren über das Office of the Chief Regulatory Counsel in Vertretung der Defense Communications Agency (DCA), des National Communications System (NCS) und des Assistant Secretary of Defense (ASD) for Command, Control, Communications, and Intelligence (C^3I).

Das Bureau of International Communications and Information Policy im Außenministerium ist verantwortlich für die Koordinierung der Vertretung der US-Regierung in den verschiedensten internationalen Organisationen und Gremien wie in der International Telecommunications Union (ITU) mit der World Administrative Telegraph and Telephone Conference (WATTC) und der World Administrative Radio Conference

(WARC), in der Organisation for Economic Cooperation and Development (OECD) mit deren Committee on Information, Computers, and Communications Policy (ICCP), in dem Consultative Committee on International Telephone and Telegraph (CCITT), in dem Consultative Committee on International Radio (CCIR), in der International Telecommunications Satellite Organization (INTELSAT), in der International Maritime Satellite Organization (INMARSAT), in der International Standards Organization (ISO) oder im GATT-Forum.

Um die vielfältigen Aktivitäten der Regierung im Bereich der Telekommunikationspolitik besser zu koordinieren, haben der Handelsminister und der Außenminister im November 1984 vereinbart, eine Senior Interagency Group (SIG) on International Communications and Information Policy einzurichten. Diese SIG besteht aus Vertretern folgender Institutionen:

- Departments of State, Justice, Defense and Commerce;
- Offices of Management and Budget, Science and Technology Policy, Policy Development und dem US Trade Representative;
- National Security Council;
- Central Intelligence Agency;
- US Information Agency;
- Board for International Broadcasting;
- Agency for International Development und
- National Aeronautics and Space Administration.

Der Handel und somit auch die Telekommunikation innerhalb der jeweiligen US- Bundesstaaten fallen nicht unter die gesetzgeberische Kompetenz des Bundesparlaments, sondern sind Sache der Parlamente dieser Bundesstaaten. Alle Bundesstaaten haben die Verantwortung für die Regulierung in diesem Bereich unabhängigen Regulierungsbehörden, den sogenannten Public Utility Commissions (PUCs), übertragen. Diese Behörden kontrollieren und regeln die private innerstaatliche Versorgung mit Telekommunikationsdiensten, Elektrizität, Gas und Wasser (vgl. Noam 1988). Die für die innerstaatliche Regulierung verantwortlichen Commissioners haben sich in der National Association of Regulatory Utility Commissioners (NARUC) zusammengeschlossen zum Zwecke des Informationsaustauschs und zur Behandlung von Fragen, die das Verhältnis zur gesetzgeberischen Kompetenz des Bundes betreffen.

Auf der Ebene der Städte und Gemeinden gibt es Regulierungsbehörden, die verantwortlich sind für eine ausgewogene Nutzung der in lokalen Kabelfernsehnetzen zur Verfügung stehenden Kanäle für öffentlich-rechtliche Programmveranstalter. Die National League of Cities vertritt diese Regulierungsbehörden auf Bundesebene.

Aufgabe der Gerichte ist es, politische Entscheidungen der gesetzgeberischen und regulatorischen Körperschaften zu interpretieren und sicherzustellen, daß solche Entscheidungen mit der staatlichen Verfassung (Grundgesetz) im Einklang stehen. Insbesondere die Richter am D.C. Circuit Court of Appeals, die hauptsächlich die Entscheidungen der FCC zu überprüfen haben, üben großen Einfluß auf den Prozeß der politischen Willensbildung im Bereich der Kommunikation aus. Der Richter Harold Greene, der maßgeblich bei der Entflechtung von AT&T im Rahmen eines Prozesses mitgewirkt hatte, den das Justizministerium seit 1974 gegen den Konzern geführt hatte und der im Januar 1982 durch einen Vergleich beigelegt wurde, wird von vielen als die mächtigste Einzelpersönlichkeit auf dem Gebiet der Kommunikationspolitik angesehen.

Industrielle, gewerkschaftliche und verbraucherorientierte Organisationen

Auf industrieller Seite sind die folgenden Organisationen zu nennen, die bei der Formulierung und Durchsetzung von Kommunikationspolitiken mitwirken:

- American Newspaper Publishers Association (ANPA),
- Motion Picture Association of America (MPAA),
- National Association of Broadcasters (NAB),
- National Cable Television Association (NCTA),
- United States Telephone Association (USTA),
- Electronic Industries Association (EIA)
- International Communications Association (ICA),
- Computer and Business Equipment Manufacturers Association (CBEMA),
- Association of Data Processing Service Organizations (ADAPSO).

Auf gewerkschaftlicher Seite sind mit Kommunikationsinteresse die folgenden Organisationen zu erwähnen:

- Communications Workers of America (CWA),
- American Postal Workers Union (APWU),
- National Association of Letter Carriers (NALC),
- Screen Actors Guild (SAG),
- Writers Guild of America (WGA).

Verbraucherorientierte Organisationen, die sich um kommunikationspolitische Fragen kümmern, sind beispielsweise:

- Consumer Federation of America (CFA),
- National Federation of Local Cable Programmers (NFLCP),
- Action for Children's Television (ACT),
- Media Access Project (MAP),
- United Church of Christ.

Die Nennung der großen Anzahl von Institutionen soll verdeutlichen, daß die Befassung mit kommunikationspolitischen Fragen weit über die Regierung hinaus im gesellschaftlichen Leben eine Rolle spielt. Die Durchsetzung ordnungspolitischer Änderungen im Telekommunikationsbereich muß unter Beachtung dieses Geflechts von "pressure groups" verstanden werden.

Rückblick auf ordnungspolitische Entwicklungen in der Telekommunikation

Betrachtet man die Entwicklung der Telekommunikation in den USA, so sieht man, daß sich Monopol- und Wettbewerbsperioden bereits mehrfach abgelöst haben (vgl. OTA 1985, 111ff; Heuermann et al. 1986; Noll, Owen 1987b; OECD 1987c, 334ff).

Als vor rund 150 Jahren in den USA die Telegraphie eingeführt wurde, unterlag sie für kurze Zeit zwar dem Wettbewerb, doch bald hatte Western Union sich eine Position geschaffen, die das Unternehmen praktisch zum Monopolisten werden ließ. Diese Situation änderte sich erst, als gegen Ende der 1870er Jahre Alexander Graham Bells Telefon zum Einsatz gelangte. Bell's American Telephone and Telegraph Company (AT&T) und Western Union verständigten sich daraufhin, daß Western Union sich aus dem Telefonmarkt zurückzieht und AT&T dafür aus dem Telegraphiemarkt. Bis in die 1890er Jahre entwickelte sich AT&T zu einem äußerst erfolgreichen Unternehmen, das nicht nur Telefonverkehr betrieb, sondern auch alle hierfür notwendigen Geräte herstellte. Nachdem in den 1890er Jahren die Patente Bells abgelaufen waren, begann der Wettbewerb in diesem Bereich. AT&T gelang es mit der Entwicklung einer durch Patente abgesicherten Fernmeldetechnik, die Ferngespräche guter Qualität ermöglichte, und durch Aufkauf konkurrierender Unternehmen, sich vieler Wettbewerber zu entledigen. 1913 versorgte AT&T über 60 % aller Telefonteilnehmer. Diese Vormachtstellung führte dazu, daß sich das Justizministerium und AT&T 1913 im Kingsbury Committment darauf einigten, daß das Unternehmen keine weiteren Wettbewerber mehr aufkaufte und sich einer staatlichen Regulierung unterwirft. AT&T mußte sich wieder von Western Union trennen, das es 1908 einge gliedert hatte. AT&T mußte den noch bestehenden Wettbewerbern den

Zugang ins eigene Fernverkehrsnetz ermöglichen (interconnection), allerdings durfte es lokale Telefongesellschaften weiterhin akquirieren. Dadurch gelang es AT&T, bis 1930 über 80 % aller Telefonteilnehmer zu versorgen. Das durch das Kingsbury Committment geschaffene System blieb nahezu 50 Jahre lang unberührt bestehen. Lediglich im Bereich der staatlichen Regulierung wurden durch Gesetz (Communications Act 1934) die Verantwortlichkeiten von der Interstate Commerce Commission auf die neu gegründete Federal Communications Commission übertragen.

Unter dem Regime eines regulierten Monopols wuchs AT&T schnell und beständig. Die Ortsnetze wurden zügig ausgebaut, ebenso das Fernverbindungsnetz zwischen allen Ortsvermittlungsstellen des Landes. Ausmaß, Qualität und Preis des amerikanischen Telefondienstes wurde in keinem anderen Land der Erde erreicht. Trotzdem war die amerikanische Bundesregierung mit der Entwicklung aufgrund des Kingsbury Committment nicht sehr glücklich. Anlaß zu dauerhaften Kontroversen bildete die Tatsache, daß die Telefonbetriebsgesellschaften von AT&T nahezu alle Telekommunikationsgerätschaften von dem zum Konzern gehörenden Produktionsunternehmen Western Electric kauften, sowie die Monopolstellung von AT&T im Fernvermittlungsdienst. Diese Kontroversen führten 1949 schließlich zu einer gerichtlichen Klage der Bundesregierung gegenüber Western Electric mit dem Ziel, Western Electric von den Telefonbetriebsgesellschaften zu entflechten. Doch die Regierung unter Eisenhower hielt nichts von dem Plan, so daß es 1956 zu einem Vergleich kam, bei dem praktisch alles beim alten blieb. Noch über 10 weitere Jahre vergingen, bis schließlich im Jahre 1969 die sogenannte Carterfone-Entscheidung den Wettbewerb im Endgerätebereich ermöglichte.

1959 wurde mittels der Above-890-Entscheidung bestimmten Großnutzern wie Elektrizitätsversorgungsunternehmen oder den Eisenbahnen erlaubt, für die interne Nutzung eigene Übertragungsnetze aufzubauen.

1969 entschied die FCC, daß dem Unternehmen MCI der Aufbau eines Richtfunknetzes zwischen Chicago und St. Louis gestattet wird. MCI wurde jedoch nur als Specialized Common Carrier zugelassen und sollte lediglich Mietleitungen für Telekommunikationsfernverkehr anbieten dürfen. In der Specialized-Common-Carrier-Entscheidung von 1971 öffnete die FCC diesen Markt prinzipiell für alle neu auftretenden Wettbewerber. Doch das Monopol von AT&T im normalen Telefonwähldienst blieb bestehen. Durch einen Berufungsprozeß gegen die sogenannte Execunet-Entscheidung der FCC im Jahre 1971, in der MCI verboten worden war, einen vom Standpunkt des Nutzers als Wähldienst anzusehenden Dienst namens Execunet anzubieten, bei dem das angerufene Gericht das bereits ausgesprochene Verbot rückgängig machte, entstand die Notwendigkeit, das Problem der Zugangsbedingungen der neuen Wettbewerber zu den Ortsnetzen zu lösen. Dies gelang erst 1979.

Das Zusammenwachsen der Telekommunikation mit der Datenverarbeitung brachte in den 60er Jahren neue Regulierungsprobleme mit sich. Die FCC lief Gefahr, ihre Regulierungsbefugnisse auch auf den Bereich der Datenverarbeitung auszudehnen. Deshalb versuchte sie in ihrer ersten Computer-Untersuchung (Computer I) 1971, Telekommunikation und Datenverarbeitung definitorisch voneinander abzugrenzen. Es wurden drei Kategorien von Diensten gebildet:

- Dienste, die eindeutig der Telekommunikation zuzuordnen sind,
- Dienste, die eindeutig als Datenkommunikation anzusehen sind, sowie
- Dienste mit Zwischenformen (sog. hybrid services).

Die Telekommunikationsdienste sollten weiterhin der Regulierung unterliegen, die Datenkommunikationsdienste sollten unreguliert bleiben; die Zugehörigkeit der Hybriddienste zu der einen oder anderen Kategorie sollte jeweils auf einer ad-hoc-Basis entschieden werden. Unregulierte Datenkommunikationsdienste durften die Telekommunikationsgesellschaften nur durch selbständige Tochtergesellschaften (separate subsidiaries) anbieten. Lediglich AT&T war es verboten, Datenkommunikationsdienste - auf welche Weise auch immer - zu betreiben.

Es war vorauszusehen, daß die Zuordnung der Hybriddienste zu der einen oder anderen Kategorie Anlaß zu endlosen Streitereien geben würde. In der zweiten Computer-Untersuchung (Computer II) 1976 bis 1980 entschied sich die FCC deshalb für einen neuen Ansatz. Sie definierte nur zwei Dienstkategorien:

- Basisdienste (basic services),
- Mehrwertdienste (enhanced services).

Während Basisdienste weiterhin der Regulierung unterliegen sollten, sollten Mehrwertdienste ebenso wie die Datenkommunikation keiner Regulierung mehr unterworfen werden.

Festgehalten wurde an der separate-subsidiary-Bestimmung für das Angebot von Mehrwertdiensten und den damit verbundenen Endgeräten, die nun auch für AT&T gelten sollte. Die zweite Computer-Untersuchung war deshalb für AT&T der Anlaß, im Jahre 1982 die Tochtergesellschaft American Bell zu gründen, die heutige AT&T Information Systems, Inc.

Im Juli 1985 begann die FCC die dritte Computer-Untersuchung (Third Computer Inquiry, Computer III) mit dem Ziel, die in der zweiten Untersuchung formulierte Telekommunikationspolitik mit der Competitive-Common-Carrrier-Politik zu harmonisieren. Hierbei handelt es sich um den Ansatz, nur noch die dominierenden Netzbetreiberunternehmen (das sind die "starken" Marktteilnehmer) zu regulieren und die Telekommunikationstarife an die wirklich entstehenden Kosten anzubinden.

Der seit über 20 Jahren im Telekommunikationssektor der USA zu beobachtende Trend in Richtung Deregulierung und Wettbewerb beruht auf dem Zusammenwirken technologischer, ökonomischer und ordnungspolitischer Faktoren. Die der Deregulierung zugrundeliegenden politischen Prinzipien sind die Förderung des freien Informationsflusses, der feste Glaube an die Marktkräfte sowie die Liberalisierung des internationalen Handels für Güter und Dienstleistungen mit einem Minimum an staatlicher Beeinflussung.

Im einzelnen können als Gründe für die Veränderungen genannt werden (vgl. Heuermann et al. 1986):

- "die aggressive Forderung nach Marktzutritt (etwa von MCI);
- technische Fortschritte, die diesen Marktzutritt als technisch möglich erscheinen ließen;
- in den letzten 10-15 Jahren: die allgemeine Deregulierungsstimmung;
- der Wunsch der großen geschäftlichen Nachfrager nach einer Senkung ihrer (Fernverkehrs-) Kommunikationskosten und nach einer größeren Angebotsvielfalt;
- der Wunsch der Privatkunden nach mehr Produktvielfalt im Endgerätebereich;
- das Zusammenwachsen von Telekommunikation und elektronischer Datenverarbeitung, das es unmöglich machte, die wettbewerbspolitische Trennung zwischen beiden Bereichen aufrechtzuerhalten;
- der handelspolitisch motivierte Wunsch nach einer international starken und wettbewerbsfähigen Telekommunikationsindustrie;
- die Einsicht, daß die Telekommunikation immer mehr eine Schlüsselindustrie für die restliche Wirtschaft wird, und daß in diesem Bereich deshalb ein hohes Maß an Innovation gesichert sein muß, was - nach amerikanischer Auffassung - eher durch den Wettbewerb als durch ein Monopol gewährleistet ist, selbst wenn dieses kein öffentliches Unternehmen, sondern, wie im Falle der AT&T, ein reguliertes privatwirtschaftliches Unternehmen ist."

Die im November 1974 vom Justizministerium erhobene Antikartell-Klage gegen AT&T bezog sich auf drei Bereiche: den Endgerätebereich, den Zugang zu den Ortsnetzen und den Fernvermittlungsbereich. Nach Auffassung des Justizministeriums hätte AT&T versucht, Wettbewerbern den Zugang zu ihren Ortsnetzen zu verwehren, und in den anderen beiden Bereichen durch Dumpingpreise, die unter den wirklichen Kosten liegen, einen Verdrängungswettbewerb betrieben.

Im Januar 1982 schließlich wurde zwischen AT&T und dem Justizministerium ein Vergleich geschlossen, der es AT&T ermöglichte, ihr nationales und internationales Fernvermittlungsnetzwerk, ihre Produktionsstätten für Telekommunikationsgeräte und ihr weltberühmtes Forschungszentrum zu behalten, während die 22 örtlichen Telefonbetriebsgesellschaften abgesondert und in sieben von einander unabhängigen regionalen Holdinggesellschaften zusammengefaßt wurden. Der gerichtliche Vergleich gab AT&T gleichzeitig das Recht, sich in nichtregulierten Märkten wie der Datenverarbeitung zu engagieren.

Trotz des gerichtlichen Vergleichs forderte der U.S. District Court öffentliche Hearings und eine Beurteilung der im Vergleich getroffenen Vereinbarungen aus der Sicht öffentlichen Interesses. Im August 1982 befand der zuständige Richter Greene, daß der Entflechtungs- und Reorganisationsplan von AT&T akzeptiert werden könne, abgesehen von einigen kleinen Modifizierungen, die nach seiner Ansicht notwendig waren, um das öffentliche Interesse zu schützen (Modified Final Judgement).

Zum 1.1.1984 wurde die Entflechtung des AT&T-Konzerns abgeschlossen. Viele Beobachter der Entwicklungen im Telekommunikationssektor in den USA sind der Meinung, daß der Wettbewerb Innovationen und technische Fortschritte maßgeblich stimuliert, Märkte ausgeweitet, Preise erniedrigt sowie neue und spezialisierte Konsumentennachfragen befriedigt hat (OECD 1987c, 334).

Kurzer Überblick über neuere telekommunikationstechnische Entwicklungen

Einige wesentliche telekommunikationstechnische Entwicklungen in den zurückliegenden 30 Jahren sollen an dieser Stelle kurz aufgezählt werden. Sie beruhen auf und nutzen ganz wesentlich die Forschungs- und Entwicklungsergebnisse der Mikroelektronik, der Computertechnik und der Informationswissenschaft (vgl. OECD 1987c, 334-337).

Die Installierung programmgesteuerter elektronischer Telefonvermittlungszentralen reduziert nicht nur die Unterhaltungskosten des Fernsprechnetzes, sondern bietet auch neuen Komfort: Verbindungen werden schneller hergestellt, als es mit altem, elektromechanischem Gerät möglich ist. Darüber hinaus können die Netzbetreiber ihren Kunden neue, spezielle Anrufprozeduren anbieten wie Kurzwahl, Telefonkonferenz, Anrufumleitung und Anrufwiederholung. Wesentlich jedoch ist, daß elektronische Vermittlungszentralen in Verbindung mit innovativen Signalisierungssystemen oder extensiven Netzdatenbanken weiterreichende Netznutzungen und neue Dienste ermöglichen.

Die Einführung neuer Technologie im Fernsprechnetz führte zu dramatischen Kostenreduktionen. So fielen beispielsweise die Kosten für koaxiale Übertragungssysteme pro Kanalmeile innerhalb der letzten 30 Jahre um 76 %. Ein neues Konzept, bekannt unter dem Begriff "dynamic non-hierarchical routing" (DNHR) oder dynamischer, nicht-hierarchischer Verbindungsaufbau, wird gegenwärtig in den USA realisiert. DNHR ermöglicht eine intensivere Nutzung bestehender Fernverbindungsleitungen und führt voraussichtlich zu Kosteneinsparungen von 15 % gegenüber dem bestehenden hierarchischen Verbindungsaufbau. Preiswerte Mikroelektronik und verbesserte Steuerprogramme erhöhen die Effizienz der Verwaltung komplexer Telekommunikationsnetzwerke. Modulare Hardware ermöglicht die Erweiterung der Systeme ohne teure Veränderungen.

Fallende Preise für Vermittlungssysteme und Kostenvorteile bei der Nutzung breitbandiger Übertragungsmedien (z. B. Satelliten-Transponder oder Glasfasern) machen es für eine zunehmende Zahl von Telekommunikationsanwendern attraktiv, entweder eigene private Netzwerke aufzubauen oder Geräte und Dienstleistungen gemeinschaftlich zu nutzen.

Neue Radio-Übertragungstechniken wie das zellulare Funk-Fernsprechen erweitern die Möglichkeiten im Bereich der mobilen Telekommunikation.

Die Gerätehersteller bieten inzwischen eine Vielfalt intelligenter Endgeräte an, z. B. für Hochgeschwindigkeits-Faksimile-Bildübertragung, für integrierte Sprach- und Datenübertragung oder das schnurlose Telefon. Die wachsende Nachfrage für die Übertragung von Daten führte zum Ausbau der digitalen paketvermittelten Dienste, der leitungsvermittelten Dienste und der Festverbindungen, sowohl über terrestrische Medien (Koaxial- und Glasfaserkabel und Richtfunkstrecken) als auch über Satelliten.

Industriestrukturen im Bereich der Telekommunikationsdienstleistungen

Die Telekommunikationsdienstleistungsindustrie kann in sechs Gruppen gegliedert werden (vgl. UN 1987, 134):

- traditionelle Telefonbetriebsgesellschaften; hierzu gehören die sieben regionalen Bell Betriebsgesellschaften Nynex, Bell Atlantic, Bell South, Ameritech, Southwestern Bell, U.S. West und Pacific Telesis sowie die sogenannten (von Bell) unabhängigen

Gesellschaften, unter denen GTE, United Telecommunications, Contel, Southern New England Telephone und Centel die fünf größten sind; 1985 gab es rund 1400 Telefonbetriebsgesellschaften, die 118,3 Mio. Telefonanschlüsse bedienten;

- spezialisierte Telefonbetriebsgesellschaften, die Ferngespräche vermund landesweite Netzwerke aufgebaut haben; es gibt mehr als 50 Unternehmen, die Ferngespräche vermitteln: die drei größten sind AT&T Communications, MCI Communications und U.S. Sprint Communications;
- internationale Telekommunikationsgesellschaften (International Record Carriers, IRC); hierzu gehören neben AT&T die Gesellschaften ITT, Worldcom, RCA Globecom, TRT Telecommunications, Western Union International, FTC Communications - McDonnell Douglas International Telecommunications, MCI Communications, U.S. Sprint Communications und seit neuestem Federal Express International Transmission Corp. (Nelson-Rowe 1989b);
- Mehrwertdienste-Anbieter, die verschiedene Datenkommunikationsdienste anbieten; abgesehen von den großen traditionellen und spezialisierten Telefonbetriebsgesellschaften, die ebenfalls Mehrwertdienste anbieten, sind hier zu nennen Tymnet, Graphnet, ITT und Uninet;
- inländische Satellitenkommunikation-Anbieter; es sind dies die neun Unternehmen Pacific Telecom, American Satellite, AT&T Communications, COMSAT Communications Satellite Corp., GTE, Hughes Communications Inc., RCA Americom, SBS und Western Union Telegraph;
- Andere Telekommunikationsdienste wie Mobilfunk-Telephonie oder Videotext.

Tabelle 1.1-1: Überblick über die kommerzielle Entwicklung der traditionellen Telefonbetriebsgesellschaften in den USA 1970 bis 1985 (Quelle: Telecom Factbook 1987, 269)

	1970	1975	1980	1985
Anzahl der Telefonbetriebsgesellschaften (telephone companies)	1 865	1 642	1 507	1 426
Anzahl der Hauptanschlüsse (access lines) (in Mio.)	72,0	86,7	104,7	118,3
Umsatz (in Mrd. $) (operating revenues)	18,8	33,0	67,5	78,4
Investitionen (in Mrd. $) (construction expenditures)	8,6	11,5	21,2	20,3
Gesamtwert der Betriebseinrichtungen (in Mrd. $) (total plant)	63,3	103,4	162,5	207,3

Einen Überblick über die kommerzielle Entwicklung der traditionellen Telefonbetriebsgesellschaften in den USA vermittelt Tabelle 1.1-1 für den Zeitraum 1970 bis 1985. Gab es 1970 noch 1865 Telefonbetriebsgesellschaften, so waren es 1985 nur noch 1426; das entspricht einer Abnahme von 23,5 %. Im gleichen Zeitraum stieg die Anzahl der Telefonanschlüsse von 72 Millionen auf 118,3 Millionen (Zunahme um 64,3 %) und der Umsatz von 18,8 Mrd. $ auf 78,4 Mrd. $ (Zunahme um 317 %). Die Umsatzerhöhung beruhte sowohl auf einer Zunahme der Anzahl der geführten Telefongespräche als auch auf einer Erhöhung der Telefongebühren (vgl. Noam 1988, 6), insbesondere der Ortsgespräche wie aus Abbildung 1.1-6 ersichtlich.

Abbildung 1.1-6: Telefongebühren in den USA 1978 bis 1986 (Quelle: Noam 1988)

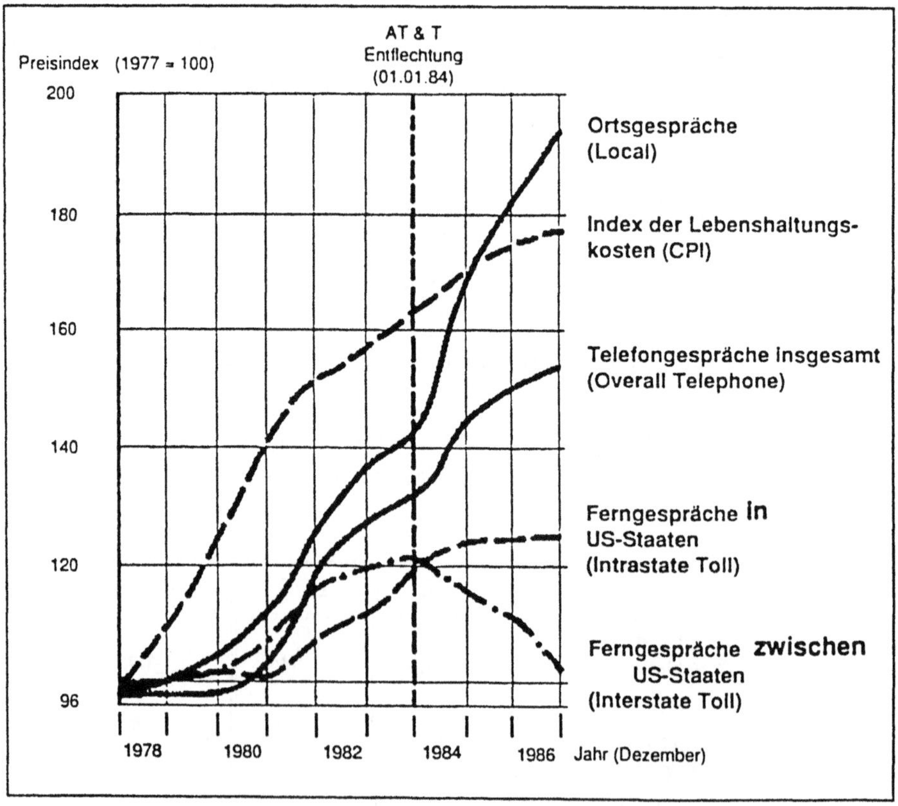

Die kommerziellen Aktivitäten der 12 größten traditionellen Telefonbetriebsgesellschaften im Jahre 1985 sind in Tabelle 1.1-2 zusammengestellt. Die sieben Regionalen Bell-Betriebsgesellschaften (RBOC) versorgten 77,4 % aller Telefonteilnehmer und erwirtschafteten 78,2 % des Gesamtumsatzes der 1426 lokalen Telefongesellschaften. Die fünf größten unabhängigen Telefongesellschaften versorgten weitere 16 % der Telefonteil–

nehmer und sicherten sich einen Anteil am Gesamtumsatz in Höhe von 18,1 %. Somit versorgten die 12 größten traditionellen Telefonbetriebsgesellschaften (0,8 % von 1426 Gesellschaften) 93,1 % aller Telefonteilnehmer und erwirtschafteten 96,3 % des Gesamtumsatzes.

Der Produktivitätsfortschritt bei den traditionellen Telefongesellschaften war in den achtziger Jahren sehr beachtlich. Das Verhältnis der Anschlüsse pro Beschäftigtem wuchs von 104 im Jahr 1981 auf 182 im Jahr 1986. Im gleichen Zeitraum wurde die Zahl der Beschäftigten um rund 356 000 auf 672 000 abgebaut. Im Telekommunikationsdienstleistungssektor der USA gab es 1986 etwa 1,1 Mio. Beschäftigte mit leicht steigender Tendenz (weniger als 1 % pro Jahr) (vgl. NTIA 1987, 11).

Tabelle 1.1-2: Kommerzielle Aktivitäten der 12 größten traditionellen Telefonbetriebsgesellschaften in den USA, 1985 (Quelle: Telecom Factbook 1987, 270)

	Anzahl der Hauptanschlüsse am 1.1.1986 (in 1000)	%	Umsatz (in Mrd. $) (operating revenues)	%
Ameritech	14555,0	12,3	9,021	11,5
Bell Atlantic	15090,0	12,8	8,657	11,0
Bell South	14532,0	12,3	10,664	13,6
NYNEX	13623,0	11,5	10,314	13,2
Pacific Telesis	11630,7	9,8	8,262	10,5
Southwestern Bell	10880,0	9,2	7,117	9,1
US West	11195,0	9,5	7,282	9,3
Zwischensumme RBOC	91505,7	77,4	61,317	78,2
GTE Corp.	10513,8	8,9	8,245	10,5
United Telephone System Inc.	3256,8	2,8	2,244	2,9
Continental Telecom Inc.	2207,4	1,9	1,615	2,1
Southern New England Tel.Co.	1674,0	1,4	1,304	1,7
Centel Corp.	1299,3	1,1	796	1,0
Zwischensumme Unabhäng.	18591,3	16,0	14,204	18,1
Zwischensumme 12 größte	110097,0	93,1	75,521	96,3
1426 Telefonbetriebsgesell.	118275,0	100,0	78,425	100,0

Dic Eigenkapitalrentabilität der regionalen Bell-Betriebsgesellschaften ist in der Zeit vom 1984 bis 1987 gegenüber dem Durchschnitt der "Top 1000"-Firmen gestiegen. Dies ist sowohl das Ergebnis der Rationalisierungsbemühungen (Abbau der Mitarbeiterzahl) als auch ein Ergebnis des Preisverfalls der Vermittlungseinrichtungen. So sanken beispielsweise die Anschaffungskosten für digitale Vermittlungsämter von New York Telephone (z. B. mit 20000 Leitungen) von 230 $ pro Leitung im Jahre 1983 auf 144 $ im Jahre 1988 (Noam 1988).

Umsatz und Marktanteile im zwischenstaatlichen Fernsprech-Fernverkehr der USA zeigt Tabelle 1.1-3. Neben AT&T hatten 1984 lediglich MCI und GTE-Sprint Marktanteile von mehr als 1 %. Der Gesamtumsatz im Telefon-Fernverkehr betrug 39,8 Mrd. $ und entspricht somit ungefähr der Hälfte des von den regionalen und lokalen Telefongesellschaften erwirtschafteten Umsatzes.

Tabelle 1.1-3: Umsatz und Marktanteile der Ferngesprächsdienstanbieter in den USA, 1984 (long distance, interexchange carriers) (Quelle: UN 1987, 135)

	Umsatz Mrd. $	Marktanteil %
AT&T	35,0	87,9
MCI	2,0	5,0
GTE/Sprint	1,1	2,8
Allnet	0,3	0,8
SBS	0,3	0,8
U.S. Telephone	0,2	0,5
Andere	0,9	2,2
Insgesamt	39,8	100,0

Nur drei der Interexchange Carriers erwirtschafteten in der ersten Jahreshälfte 1986 einen Nettogewinn (vgl. Tabelle 1.1-4); die anderen Gesellschaften befanden sich noch immer in der Verlustzone.

Die komplexe Situation im Angebot von Telekommunikationsdiensten wird recht gut verdeutlicht durch die recht unterschiedlichen Preise für lokale Übertragungsleitungen in New York im Jahre 1985, die zwischen 100 und 100 000 $ pro Monat ausmachen, je nach Technologie und Übertragungsgeschwindigkeit. Normiert auf gleiche Übertragungsrate schwanken die Preise immer noch um das fünfhundertfache (Noam 1988).

Tabelle 1.1-4: Umsatz und Netto-Gewinn der Ferngesprächsdienstanbieter in der ersten Jahreshälfte 1986 (Interexchange Carriers) (Quelle: Noll, Owen 1987a)

	Umsatz Mio. $	Nettogewinn %
AT&T Communications	18570	742
MCI	1762	36
GTE/Sprint	826	- 102
US Tel	212	- 40
ALC Communications	238	- 6
RCI	18	- 7
TEL/MAN	21	1

Die Veränderung des Marktanteils von AT&T im Telefon-Fernverkehr von 1984 bis 1987 zeigt Abbildung 1.1-7. Der Marktanteil von AT&T ist zwar gefallen, nicht jedoch das Volumen, das um etwa 7,6 % jährlich wächst. Der Gesamt-Ferngesprächsmarkt wächst gegenwärtig um 14 %. Auch die Zahl der Konkurrenten im Ferngesprächsmarkt ist gestiegen: gab es Ende 1983 insgesamt 42 Anbieter, die von der FCC eine Lizenznummer erhalten hatten (firms with carrier identification code), so wuchs diese Zahl bis Ende 1987 auf 451 Anbieter. Allerdings ist der weitaus größte Teil dieser Anbieter lediglich Wiederverkäufer von Netzdiensten und kein Betreiber von landesweiten Netzen (Noam 1988).

Industriestrukturen im Bereich der Produktion von Kommunikationsanlagen und -geräten

1987 haben die US-Industrieunternehmen elektronische Geräte, Systeme und Komponenten im Wert von nahezu 223 Mrd. $ verkauft. Kommunikationsgeräte und systeme hatten mit 60,8 Mrd. $ einen Anteil am Gesamtumsatz von 27,2 % (EIA 1988a, 3). Einen Überblick über die Umsatzentwicklung in den verschiedenen Bereichen der Kommunikationsgeräte und -systeme von 1978 bis 1987 gibt Tabelle 1.1-5. Rund 25 % des Umsatzes von Kommunikationsgeräten und -systemen in 1987 entfielen auf Fernmeldeeinrichtungen (Telephone and Telegraph Equipment), 52 % entfielen auf Such- und Entdeckungs-, Navigations- und Leit-Systeme und -Geräte (Search and Detection, Navigation and Guidance Systems and Equipment), rund 18 % entfielen auf kommerzielle, industrielle und militärische Kommunikationssysteme und -komponenten (Commercial,

Industrial, and Military Communications Equipment), etwa 2,5 % entfielen jeweils auf Rundfunk-, Studio- und damit verbundenem elektronischen Gerät (Broadcast, Studio and Related Electronic Equipment) bzw. auf Kommunikationsverbundsysteme, Alarmsysteme sowie Verkehrsflußkontrollsysteme (Intercommunications Systems, Alarm Systems and Traffic Control Systems).

Abbildung 1.1-7: AT&T-Marktanteil am Fernsprech-Fernverkehr, 1984 bis 1987 (Quelle: Noam 1988)

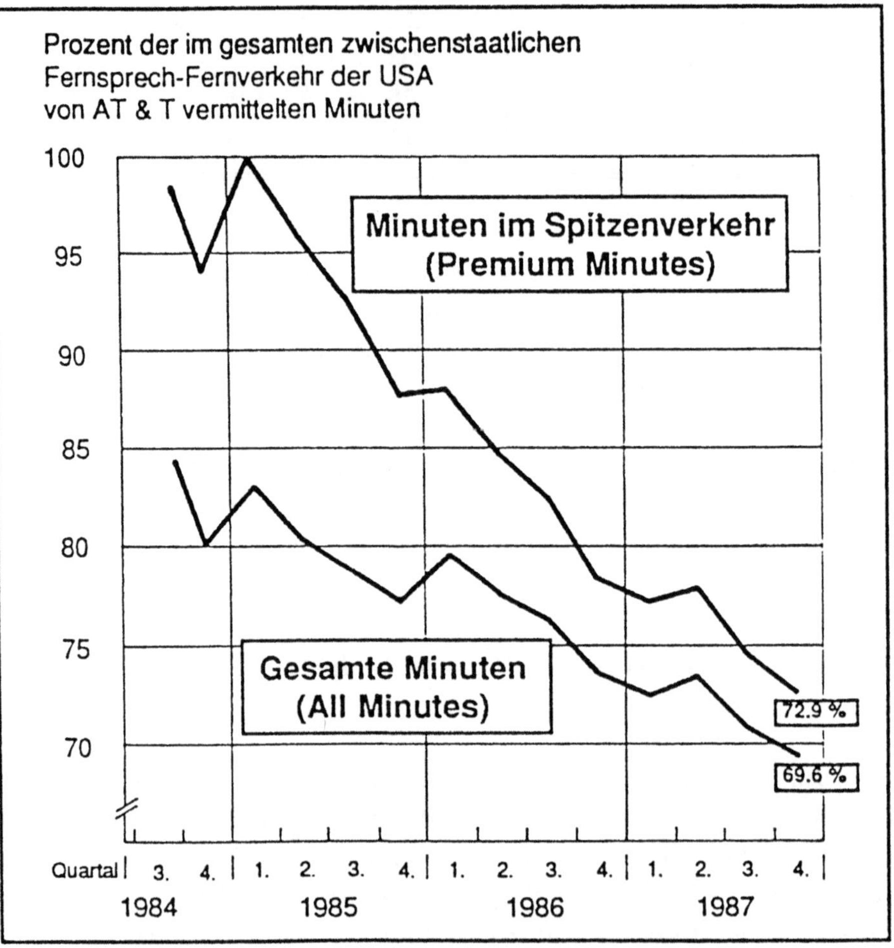

Die Komplexität des Telekommunikationsmarktes macht es ausgesprochen schwierig, verläßliche statistische Daten zu erhalten. So gibt es viele Hinweise aus privaten Quellen, daß der Umsatz in diesem Bereich wesentlich höher liegt, als er in den offiziellen Statistiken ausgewiesen wird (EIA 1988a, 31).

Tabelle 1.1-5: Umsatzentwicklung für Telekommunikationsgeräte und -systeme der US Industrie 1978 bis 1987 (1987 geschätzt) (Quelle: EIA 1988a)

	1978	1979	1980	1981	1982	1983	1984	1985	1986	1987
Industrielle und militärische Kommunikationsausrüstungen	3 827	4 246	5 106	5 722	6 854	7 694	9 258	10 671	10 568	10 700
Rundfunk- und Studiogerät	737	946	1 187	1 447	1 544	1 464	1 476	1 562	1 537	1 500
Kommunikationsverbundsysteme etc.	906	1 067	1 193	1 586	1 572	1 537	1 732	1 743	1 665	1 600
Navigationssysteme und ähnliches	8 141	9 773	12 139	15 040	17 733	19 982	22 823	27 057	29 260	31 600
Fernmeldeinrichtungen	8 227	9 702	11 147	11 864	11 428	11 443	14 241	16 063	14 362	15 350
Summe	21 837	25 734	30 772	35 659	39 130	42 119	49 529	57 095	57 392	60 750

Die traditionellen Telefonbetriebsgesellschaften beziehen ihre Zentralvermittlungssysteme (Switches) zum weitüberwiegenden Teil von AT&T Technology Systems (der ehemaligen Produktionstochter Western Electric) und von der kanadischen Northern Telecom Inc. (NTI). Wie diese beiden Gesellschaften sich den Markt im wesentlichen teilen, geht aus Tabelle 1.1-6 hervor. Lediglich GTE bezog in 1985 etwa 87 % der benötigten Zentralvermittlungssysteme von der konzerneigenen Produktionstochter (Noll, Owen 1987a). Welche weiteren (ausländischen) Hersteller als Anbieter von Zentralvermittlungssystemen auf dem US-Markt auftreten, geht aus Abbildung 1.1-8 hervor. Es sind dies Ericsson, Siemens, Plessey/Stromberg, NEC und ITT/Alcatel (vgl. auch Noll, Owen 1987a, Noam 1988, Abel 1989). Trotz der ingesamt kleinen Anteile der ausländischen Lieferanten gibt es ausgeprägte Lieferbeziehungen zu einzelnen regionalen Betriebsgesellschaften, wie Abbildung 1.1-8 veranschaulicht. Die Lieferanteile für den ganzen US-Markt zeigt Abbildung 1.1-9.

Zu den führenden Herstellern von anderen Telekommunikationssystemen und geräten gehören die Unternehmen (vgl. Abschnitt 1.3.3) AT&T, General Electric Co., GTE, Honeywell, Hughes Aircraft Co., IBM, ITT (International Telephone and Telegraph Corp.), Motorola, RCA (jetzt Teil von General Electric Co.), Rockwell International Corp., Sperry, Texas Instruments Inc., Westinghouse Electric Corp., Xerox Corp. und Zenith Radio Corp.

Tabelle 1.1-6: Nationale Bezugsquellen für Zentralvermittlungssysteme der traditionellen US-Telefongesellschaften 1985 (Prozentanteile der Käufe von verschiedenen Herstellern) (Quelle: Noll, Owen 1987a)

	Hersteller			
	AT&T	NTI	GTE	Andere
Ameritech	55	45	0	0
Bell Atlantic	79	21	0	0
Bell South	57	43	0	0
NYNEX	4	96	0	0
Pacific Telesis	6	94	0	0
Southwestern Bell	77	23	0	0
US West	51	49	0	0
GTE	3	10	87	«1
Andere	20	46	5	30

Abbildung 1.1-8: Ausländische Lieferanten von Zentralvermittlungssystemen an die regionalen Bell-Betriebsgesellschaften (Quelle: Noam 1988)

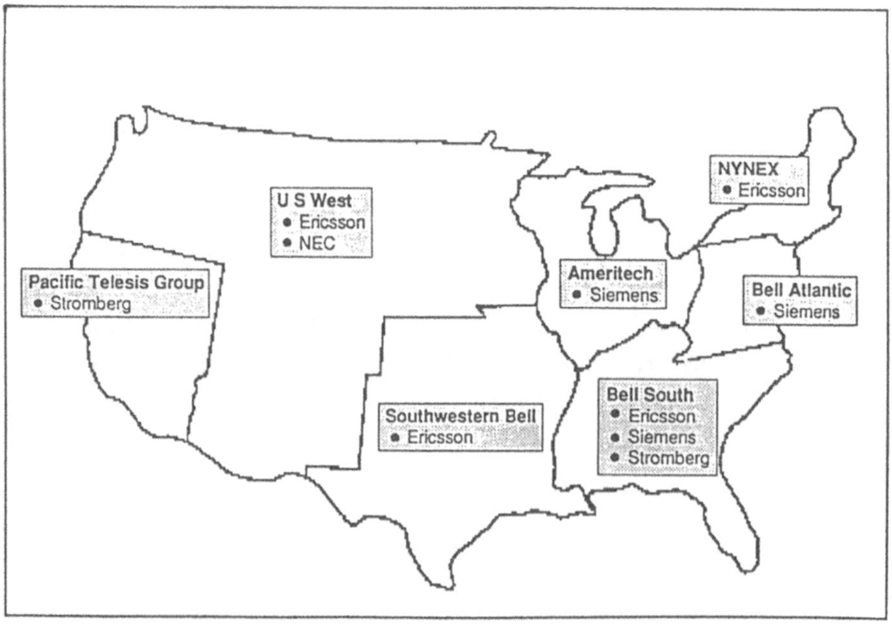

Große Sorge bereitet in den USA das wachsende Handelsdefizit für Telekommunikationssysteme und -geräte gegenüber dem Ausland. Betrug der Handelsüberschuß 1982 noch 580 Mio. $, so verwandelte er sich in 1984 bereits in ein Handelsdefizit in Höhe von 600 Mio. $, das im Jahr 1986 auf 1,62 Mrd. $ und im Jahr 1987 auf 1,92 Mrd. $ wuchs. (US Senate Committee on Commerce, Science and Tranportation 1987, EIA 1988a).

Abbildung 1.1-9: US-Markt für Zentralvermittlungssysteme, Marktanteile der Hersteller um 1987 (Quelle: US Senate Committee on Commerce, Science and Transportation 1987, 135)

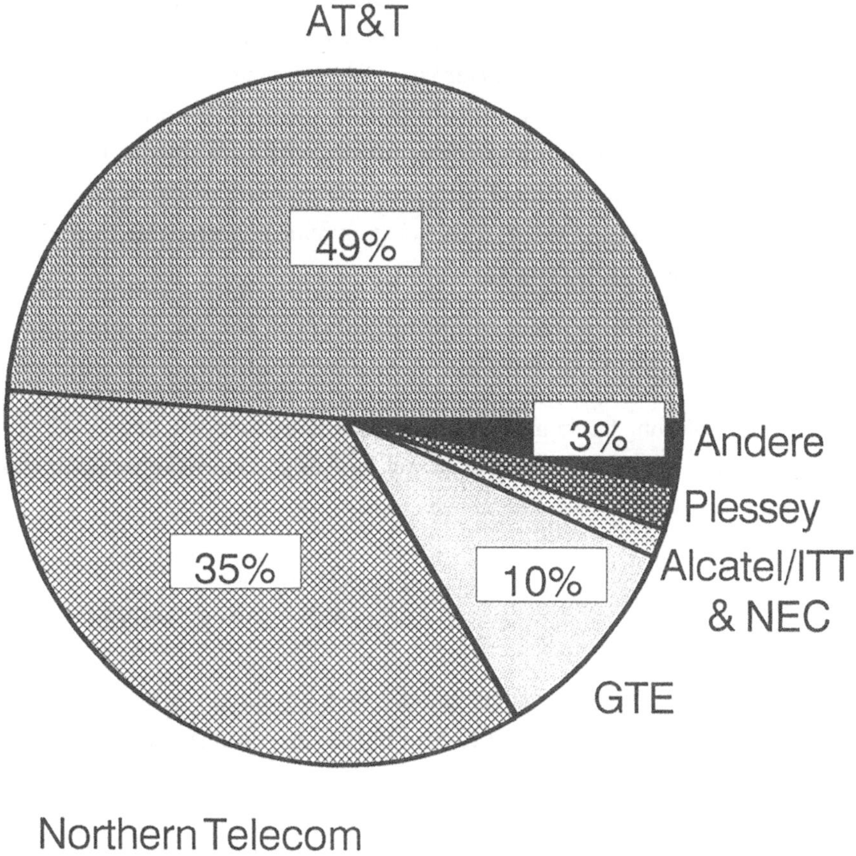

1.2 GRUNDSTRUKTUREN VON FORSCHUNG UND ENTWICKLUNG IN DER TELEKOMMUNIKATION

Die Grundstrukturen von Forschung und Entwicklung im Bereich der Telekommunikation wurden in der Vergangenheit und werden auch heute mitgeprägt durch die Forschungs- und Technologiepolitik der Bundesregierung der Vereinigten Staaten von Amerika. Diese Politik erscheint selten explizit oder koordiniert. Vielmehr manifestiert sie sich in vielfältigen Entscheidungen, Feststellungen, Handlungen und organisatorischen Ausgestaltungen, die zusammengefaßt de facto als Forschungs- und Technologiepolitik interpretiert werden können (vgl. Abschnitt 1.1). Das Office of Technology Assessment des US-Parlaments hat in einer grundlegenden Untersuchung über Entwicklungslinien und Probleme im Bereich informationstechnologischer Forschung und Entwicklung forschungs- und technologiepolitische Aussagen der Bundesregierung gesammelt und zu einem 12-Punkte-Katalog kondensiert. Der vom OTA benutzte Begriff "Informationstechnik" umfaßt dabei sowohl die elektronischen Geräte, die benutzt werden, um Informationen zu erzeugen, zu transportieren (Telekommunikation), zu speichern, zu verändern oder darzustellen, als auch die Programme, die benötigt werden, um den Betrieb der Geräte zu kontrollieren (OTA 1985, 6). Die Telekommunikationstechnik wird also als Teil der Informationstechnik mitbehandelt.

Die wichtigsten Aussagen sind:

1. Die Bundesregierung hat immer unter der Annahme gehandelt, daß die USA zur Garantie ihrer nationalen Sicherheit nicht von im Ausland entwickelter Technologie abhängig sein darf.

2. Informationstechnische Forschung und Entwicklung für militärische Anwendungen wurde und wird getrennt gefördert von solcher für zivile Anwendungen.

3. FuE-Prioritäten im kommerziellen Bereich werden durch die privaten Industrieunternehmen festgelegt, staatliche FuE-Prioritäten von den zuständigen Behörden (mission agencies) fixiert.

4. Die Bundesregierung ging und geht davon aus, daß sie Innovationen im Bereich der Informationstechnik kontinuierlich zu fördern hat.

5. Der Marktmechanismus erscheint als das beste Instrument, um der Gesellschaft nützliche Ergebnisse der zivilen informationstechnischen Forschung und Entwicklung zukommen zu lassen.

6. Die Bundesregierung ging und geht davon aus, daß der freie internationale Handel langfristig den USA nützt (Ausnahme: Länder des Rats für gegenseitige Wirtschaftshilfe).

7. Die Bundesregierung benützt die traditionellen Mittel, um - sofern überhaupt nötig - die informationstechnische Entwicklung der Unternehmen und den kurz- und langfristigen Personalbedarf zu regulieren.

Forschungs- und Entwicklungsaufwendungen

Der Zeitverlauf der Forschungs- und Entwicklungsaufwendungen in den USA, gegliedert nach finanzierenden und durchführenden Bereichen, wurde in Abschnitt 1.1.1 im Überblick dargestellt. Die Struktur der FuE-Finanzierung und der FuE-Durchführung wird mit den Schätzwerten für 1988 insbesondere in Abbildung 1.1-1 verdeutlicht. Rund 73 % der für FuE insgesamt zur Verfügung stehenden Mittel werden demnach im privatwirtschaftlichen Industriebereich verbraucht (rd. 96 Mrd. $ von insgesamt 131,6 Mrd. $).

Es gibt in den nationalen Statistiken der USA keine gleichwertigen disaggregierten Daten, die es ermöglichen, eine der Abbildung 1.1-1 ähnliche Struktur für die FuE-Finanzierung und FuE-Durchführung im Bereich der Telekommunikation aufzuzeichnen. Lediglich für den industriellen Bereich gibt es Zahlenreihen, die es erlauben, die FuE-Aufwendungen für Kommunikationsgeräte und -ausrüstungen (gemäß der SIC-Kategorie 366) über einen längeren Zeitraum zu erfassen (vgl. NSF 1985).

Die US-Wirtschaftsstatistik zählt zur Industriegruppe SIC 366 die Telefon- und Telegrafengeräte im weitesten Sinne (inklusive Faksimilegeräte und Vermittlungszentralen), aber auch Rundfunk- und Fernsehausrüstungen wie z. B. Antennen, Kameras, Zellularfunk, Lichtwellenleiter, Mikrowellensysteme und Satelliten. Audio- und Videogeräte für Haushalte sind hingegen ausgenommen. Zu SIC 366 gehören ferner Feueralarmanlagen, Autobahn- und Eisenbahnsignalanlagen, Verkehrsüberwachungssysteme und ähnliches. Die Definition entspricht von daher recht gut der auch für die Patent- und Publikationsstatistik zugrundegelegten (siehe die methodische Einleitung im Abschnitt 0.2). Zwar sind die (reinen) Netzbetreiber nicht in der Industriegruppe SIC 366 enthalten, wohl aber die damit verbundenen produzierenden Unternehmen (z. B. Western Electric inklusive der Bell Laboratorien).

Abbildung 1.2-1: FuE-Aufwendungen der Industriegruppe Kommunikationsgeräte und -ausrüstungen 1972 bis 1987 in Mrd. US $ nach Herkunft der Mittel (Quelle: NSF, ab 1984 eigene Schätzungen und Hochrechnungen)

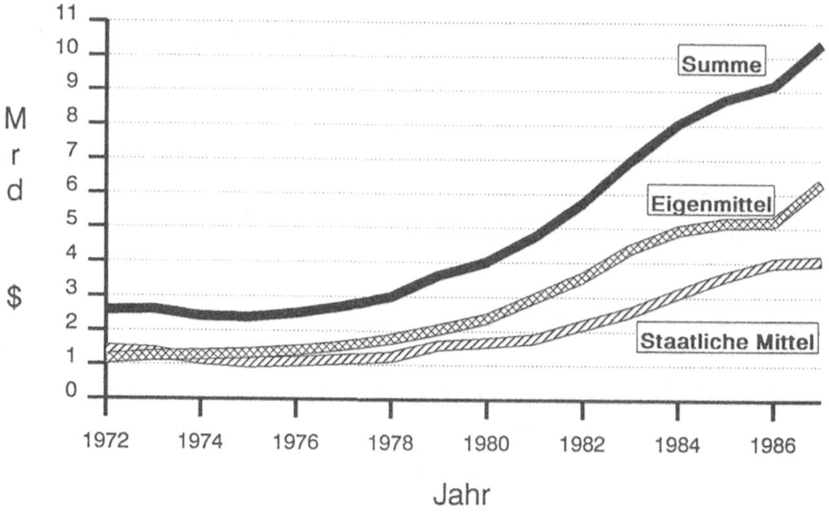

Abbildung 1.2-1 zeigt für den Zeitraum 1972 bis 1987 die FuE-Aufwendungen im Industriesektor Kommunikationsgeräte und -ausrüstungen. Im Jahre 1972 (1983) standen der Industrie insgesamt FuE-Mittel in Höhe von 19,6 (63,4) Mrd. US $ zur Verfügung, für FuE im Industriesektor Kommunikationsgeräte und -ausrüstungen 2,6 (7,0) Mrd. US $; das entspricht 13 % (11 %) der insgesamt für FuE vorhandenen Mittel in der Industrie.

Im Zeitraum 1972 bis 1983 sank der Anteil der staatlichen Mittel für industrielle Forschung und Entwicklung insgesamt von 41 % auf 31 % ab. Im gleichen Zeitraum sank der Anteil der staatlichen Mittel für kommunikationstechnische FuE in der Industrie von knapp 55 % auf 37 % ab. Mit anderen Worten: Für die kommunikationstechnische FuE in der Industrie stellte die US-Bundesregierung relativ mehr Geld zur Verfügung als im Industriedurchschnitt. Das liegt vor allem an der wachsenden strategischen Bedeutung der Kommunikationstechnik für militärische Anwendungen. Die Eigenmittel umfassen alle Mittel, die für industrielle FuE innerhalb der Unternehmen zur Verfügung stehen, ausgenommen staatliche Mittel der US-Bundesregierung. Hier nicht enthalten sind industrielle FuE-Mittel für Vertragsforschung in Forschungsinstitutionen, Hochschulen und anderen gemeinnützigen Organisationen.

Die industriellen FuE-Aufwendungen im Industriesektor "Kommunikationsgeräte und -ausrüstungen" liegen nur für den Zeitraum 1972 bis 1983 vor, weil die NSF einen neueren Band zur Industrie-FuE bislang noch nicht herausgegeben hat. Daher wurden die Aufwendungen für die Jahre 1984 bis 1987 unter der Annahme hochgerechnet, daß sie wie 1982 und 1983 50,7 % der industriellen Mittel für die gesamte Elektrotechnik betrugen. Bei der Hochrechnung wurde auch die staatliche Finanzierungsquote festgehalten. Somit ergeben sich FuE-Aufwendungen in diesem Sektor von insgesamt 10,9 Mrd. $ (1987), davon 4 Mrd. regierungsseitig finanziert. Die so errechneten Angaben stimmen gut damit überein, daß die Eigenmittel der Unternehmen nur für Telefonausrüstungen im Jahr 1988 vom Handelsministerium auf 5 Mrd. $ veranschlagt wurden.

Neben dem Trend in nominellen Beträgen ist die inflationsbereinigte Statistik von Interesse. Abbildung 1.2-2 veranschaulicht den Zeitverlauf in konstanten $ (1987). Daraus wird ersichtlich, daß die Kommunikations-FuE in den 70er Jahren real zurückgegangen ist und erst etwa 1982 das Niveau von 1972 wieder erreicht hat. Der Rückgang ist überwiegend die Folge einer reduzierten staatlichen (rüstungsbezogenen) FuE-Förderung, während die industriellen Mittel in den 70er Jahren zwar real stagnierten, aber nicht wesentlich absanken. Ähnliche Verhältnisse - wenn auch weniger ausgeprägt - gelten auch für den Anteil der Kommunikations-FuE am Bruttoinlandsprodukt (ca. 0,2 %), aus der sich nahezu keine Anteilssteigerung seit 1972 feststellen läßt.

Abbildung 1.2-2: Reale FuE-Ausgaben der Kommunikationsindustrie 1972 bis 1987 in konstanten Preisen ($ 1987) und bezogen auf das Bruttoinlandsprodukt (Quelle: NSF, Zahlen ab 1984 hochgerechnet)

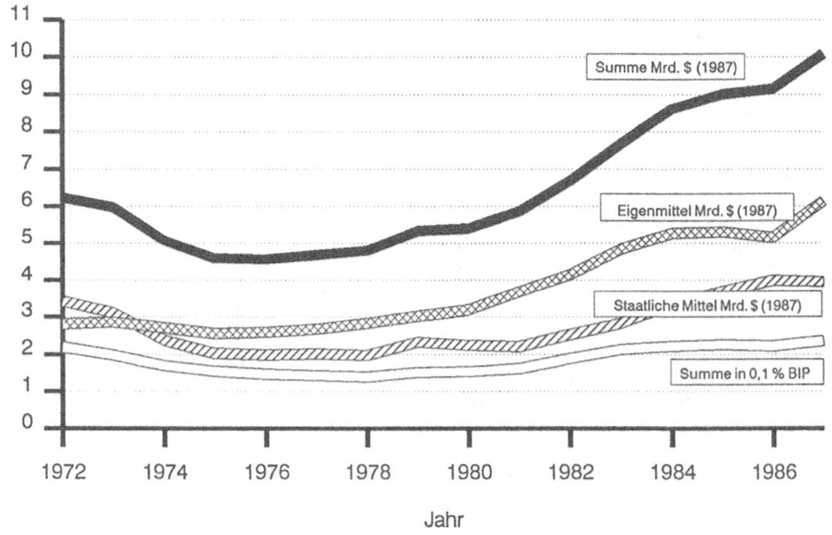

Es liegen nur wenige Dokumente vor, in denen außerindustrielle FuE-Aufwendungen für Kommunikationstechnik detailliert dargestellt werden. Ein solches Dokument ist die vom Committee on Science and Technology des Repräsentantenhauses im April 1980 verfaßte Zusammenstellung der für die Haushaltsjahre 1980 und 1981 vorgesehenen neuen kommunikationstechnischen FuE-Vorhaben der zivilen Ministerien und Behörden (vgl. Tabelle 1.2-1). Diese Vorhaben verursachten Kosten von lediglich 59,0 bzw. 71,8 Mio.

Tabelle 1.2-1: Überblick über die von den zivilen Ministerien und Behörden der US-Bundesregierung in den Haushaltsjahren 1980 und 1981 bereitgestellten Mittel für kommunikationstechnische Forschung und Entwicklung (in Mio. US $); laufende Projekte aus vorausgegangenen Jahren sind nicht eingeschlossen (Quelle: Committee on Science and Technology 1980)

	Haushaltsjahr	
	1980	1981
National Aeronautics and Space Administration	20,6	29,9
Department of Transportation	10,5	16,7
US Coast Guard	(3,3)	(4,0)
Federal Aviation Administration (FAA)	(7,2)	(12,7)
Department of Commerce	9,5	9,5
National Telecommunications and Information Administration (NTIA)	(5,4)	(5,4)
Maritime Administration (MARAD)	(0,5)	(0,5)
National Bureau of Standards (NBS)	(3,6)	(3,6)
US Postal Service	9,0	7,5
Federal Communication Commission (FCC)	1,2	0,1
National Science Foundation (NSF)	3,4	4,0
Department of Justice	0,4	0,5
Law Enforcement Assistance Administration (LEHA)	(0,2)	(0,2)
Federal Bureau of Investigation (FBI)	(0,2)	(0,3)
Department of Interior	0,02	0,02
Department of Health, Education and Welfare	3,7	3,1
National Institute of Health (NIH)	(2,2)	(2,2)
Bureau of Education for the Handicapped (BEH)	(1,5)	(0,9)
International Communication Agency	0,2	0,1
Federal Emergency Management Administration	0,5	0,3
Summe	59,0	71,8

US $ im Haushaltsjahr 1980 bzw. 1981 und entsprachen somit etwa 1,5 % der industrieseitigen FuE-Aufwendungen für Kommunikation. Die NSF-Mittel flossen in den Hochschulsektor. Daß die entsprechenden Mittel auch Mitte der 80er Jahre nicht wesentlich höher liegen können, zeigt folgende Überlegung: Alle bundesstaatlichen FuE-Mittel für öffentliche Forschungszentren im Gesamtbereich der Elektrotechnik, also für Kommunikation, Elektronik und Elektrizitätserzeugung (Atomenergieforschung!) zusammengenommen, betrugen 1980 (1981) nur 200 (167) Mio. US $. Gemäß derselben Abgrenzung erhielten die Hochschulen in denselben Jahren 140 (145) Mio. US $. Von den Staatsregierungen und lokalen Behörden wurden für den Gesamtbereich Elektrotechnik 44 (48) Mio. US $ verausgabt. Zusammengenommen betrugen die öffentlichen Ausgaben für kommunikationstechnische FuE in Tabelle 1.2-1 in außerindustriellen Einrichtungen somit schon 15 bis 20 % der elektrotechnischen FuE. Hochgerechnet auf das Jahr 1986 dürfte die zivile öffentliche FuE-Förderung der Kommunikations-FuE außerhalb der Unternehmen somit 130 bis 180 Mio. US $ betragen haben, also wiederum 1,5 bis 2 % der entsprechenden unternehmensseitigen Aufwendungen. Hinzu kommen Mittel der Bundesregierung für die verteidigungsbezogenen Institute (vgl. Abschnitt 1.3.1). Diese belaufen sich auf die Differenz der Bundesmittel insgesamt (siehe unten; Tabelle 1.2-2) und der den Unternehmen zur Verfügung gestellten Mittel, nämlich auf 780 Mio. $ im Jahre 1987. Für 1987 dürfte somit der Gesamtaufwand für FuE im Bereich der Telekommunikation schätzungsweise knapp 12 Mrd. US $ betragen. Eine weitere Unsicherheitsquelle sind reine Netzträger, deren FuE nicht im verarbeitenden Sektor veranschlagt wird (vor allem Bellcore). Der entsprechende Betrag kann aber 1 Mrd. US $ kaum überschreiten, auch wenn man die separaten FuE-Aktivitäten der regionalen Gesellschaften berücksichtigt, da 1985 alle nichtverarbeitenden Unternehmen zusammen nicht mehr als 2,85 Mrd. US $ für FuE aufgewendet haben. Lediglich die 0,9 Mrd. $, die auf Bellcore entfallen, lassen sich sicher angeben; für die anderen Netzträger wird 0,2 Mrd. $ abgeschätzt. Von daher ist es unwahrscheinlich, daß die nationalen FuE-Aufwendungen für 1987 mehr als 13 Mrd. US $ betragen haben.

Die für Telekommunikationstechnik zur Verfügung stehenden FuE-Mittel ausgewählter Ministerien und Behörden in den Haushaltsjahren 1987, 1988 und 1989 zeigt Tabelle 1.2-2. Abbildung 1.2-3 gibt die Anteile 1988 graphisch wieder. Die im militärischen Bereich vorgesehenen FuE-Mittel liegen bei 4,5 Mrd. US $ für 1989. Abgesehen von den FuE-Mitteln der Federal Aviation Administration in Höhe von 165 Mio. US $, liegen die entsprechenden FuE-Mittel der anderen Behörden alle unter jeweils 20 Mio. US $. Der Gesamtbetrag fügt sich gut in Abbildung 1.2-1 ein, so daß trotz der verschiedenen Quellen von ähnlichen Abgrenzungen ausgegangen werden kann.

Tabelle 1.2-2: FuE-Mittel für Kommunikationstechnik ausgewählter Ministerien und Behörden in den Haushaltsjahren 1987, 1988 und 1989 (in Mio. US $) (Quelle: AAAS 1988)

	Haushaltsjahr		
	1987 Ist	1988 Schätzung	1989 Haushalts-plan
Department of Defense Intelligence and communications programs	4 702,3	4 882,1	4 469,8
National Aeronautics and Space Administration Communications	103,4	94,9	16,2
Department of Transportation Federal Aviation Administration	167,3	165,7	164,7
Department of Commerce National Telecommunications and Information Administration	7,8	8,6	8,1
National Science Foundation Network and Communications Research and Infrastructure	9,8	11,6	17,7

Abbildung 1.2-3: Öffentliche Finanzierung der Kommunikations-FuE im Jahre 1987 nach Herkunft der Mittel (Quelle: AAAS 1988)

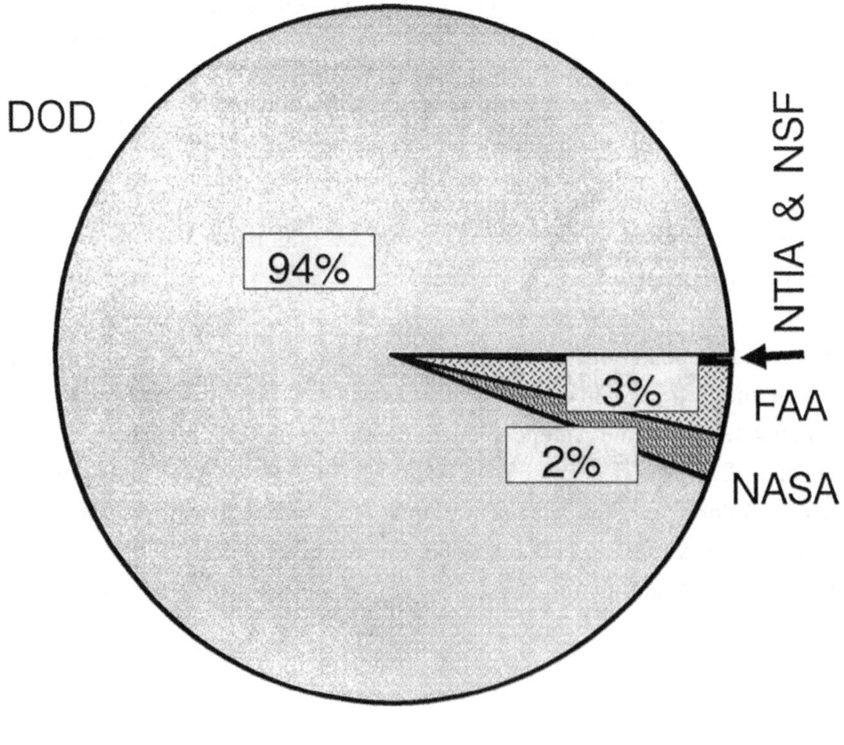

Die Zeitschrift "Business Week" stellt jährlich die Umsätze, Gewinne und FuE- Aufwendungen der großen Industrieunternehmen in den USA in einem sog. "R&D Scoreboard" zusammen. Die Daten beruhen auf der COMPUSTAT-Datenbank des Unternehmens Standard & Poor Corporation, die alle Angaben, welche der Securities & Exchange Commission auf dem Formblatt 10-K gemeldet werden, auswertet. Hierbei ist zu berücksichtigen, daß viele der im Bereich der Telekommunikation aufgezählten Unternehmen auch in anderen Bereichen, die nicht der Telekommunikation zuzuordnen sind, unternehmerisch tätig sind, häufig sogar zum überwiegenden Teil (z. B. IBM, General Electric, Westinghouse, Xerox). Daher sind die Daten für eine Abschätzung der Aufteilung der nationalen FuE-Aufwendungen für Kommunikationstechnik auf einzelne Unternehmen nicht zu gebrauchen.

Schutzrechtsaktivitäten im Bereich der Telekommunikation

Zur Beschreibung der Strukturen von Forschung und Entwicklung in den verschiedenen Technikbereichen können nicht nur Input-Indikatoren wie die finanziellen und personellen Aufwendungen für Forschung und Entwicklung herangezogen werden; es gibt auch eine Reihe von Output-Indikatoren, die einen Einblick in die FuE-Strukturen verschaffen. Hierzu zählen patentstatistische und publikationsstatistische Indikatoren. Eine ausführliche Diskussion dieser Indikatoren findet sich im Kapitel 0 (methodische Einleitung).

Der Bereich der Telekommunikatikon wurde in 11 Teilgebiete aufgeteilt (vgl. Tabelle 0.2-1). In neun dieser Teilgebiete gibt es die Möglichkeit, gewerbliche Schutzrechte zu erwirken.

Tabelle 1.2-3 gibt einen Überblick über Patenterteilungen des US-amerikanischen Patentamtes für Erfindungen US-amerikanischer Herkunft in den neun Teilgebieten der Telekommunikation für die Jahre 1975, 1980 und 1984. Die Tabelle zeigt nicht nur die aggregierten Daten, sondern auch die Patentzahlen der 10 aktivsten Unternehmen in diesem Bereich. An vorderster Stelle steht AT&T mit den weltberühmten Bell Laboratories, die seit der Gründung im Jahre 1925 bis zum Jahre 1983 über 20 000 Patente erhielten; das entspricht einem Patent pro Tag (!), solange die Bell Laboratories bestehen (vgl. OTA 1985, 112). An zweiter Stelle steht die RCA Corp. mit ihrem ebenfalls berühmten David Sarnoff Research Center. Die RCA Corp. wurde im Jahre 1986 von General Electric Co. übernommen. RCAs Forschungszentrum ging am 31. März 1987 als Tochterunternehmen an das ebenfalls weltbekannte Vertragsforschungsunternehmen Stanford Research Institute (SRI) International. An dritter Stelle steht Motorola, das im Bereich der

Telekommunikation seinen Forschungs- und Entwicklungsschwerpunkt auf dem Gebiet der Funktechnik besitzt.

Die zehn bezüglich der Patenterteilungen im Bereich der Telekommunikation aktivsten Unternehmen erhielten, gemittelt über die drei Erhebungsjahre 1975, 1980 und 1984, 42 % der an alle US-Unternehmen erteilten Patente. Von den 5 191 Patenterteilungen in den drei Erhebungsjahren gingen 89 % an US-Unternehmen, 1,5 % an Hochschulen und 9,5 % and die US-Bundesregierung. Die von der Bundesregierung gehaltenen Schutzrechte sind hauptsächlich von militärtechnischem Interesse und liegen überwiegend in den Teilbereichen Hochfrequenztelemetrie (Radar, Radionavigation) und Funktechnik. Bei den von der Bundesregierung gehaltenen Patenten ist über den Erhebungszeitraum eine deutliche Abnahme zu erkennen: wurden 1975 noch rund 12 % aller Patentrechte im Bereich der Telekommunikation von der Bundesregierung erworben, so waren es 1984 nur noch 6,5 %. Dies ist das Ergebnis der von der US-Bundesregierung seit den 70er Jahren verfolgten Politik des Technologie-Transfers (vgl. Bräunling, Harmsen 1975, 85ff, insb. 91).

Tabelle 1.2-3: Überblick über Patenterteilungen des US-Patentamts für Erfindungen US-amerikanischer Herkunft (Inlandspatente) aus den Erfindungsjahren 1975, 1980 und 1984

	LE			FU			BU			BK		
	'75	'80	'84	'75	'80	'84	'75	'80	'84	'75	'80	'84
AT&T	62	66	70	16	24	12	16	3	10	1	2	1
RCA Corp.	6	2	3	13	26	12	44	88	94	2	1	
Motorola Inc	13	6	17	20	25	27	2	7		1		
ITT	13	13	30	13	7	12		2		1		
GTE	28	16	26	8	3	8	11	5		2		1
General Electric Co.		10	8	15	11	5	3	5	11			1
IBM	14	11	11	3	3	4	6		1	1	3	2
Westinghouse Electric Corp.	10	5	5	4	7	5	7	3	2			1
Zenith Radio Corp.	1	2		6	9	2	13	37	20		2	2
Xerox Corp.	2	2	1				1	2	2	5	14	7
restl. US-Unternehmen	215	194	206	155	144	121	95	126	114	23	24	24
Hochschulen	1	3	3	2	1	1	2	1	7	1		
staatl. Inst. u. Regierungsstellen	10	19	7	56	39	27	13	11	7		1	1
Gesamtsumme	375	349	387	311	299	236	213	290	268	37	47	40

	DI			LL			HF			FS			SG			Summe
	'75	'80	'84	'75	'80	'84	'75	'80	'84	'75	'80	'84	'75	'80	'84	'75-'84
AT&T	28	31	26	25	28	49	3	2	4	1	4	1	6	9	4	504
RCA Corp.	5	13	6	17	7	6	19	11	13		1			1		390
Motorola Inc	14	18	11	1	1	3	10	2	6	1		1	1	2	5	194
ITT	7	6	12	16	6	5	12	1	11			3	1			171
GTE	5	5	4	2	2	5	1	1		1			1	1	4	140
General Electric Co.	7	4	7	4	13	6	6	4			1	1		1	4	127
IBM	16	7	6	11	4		1	1		4	1		1	4	4	119
Westinghouse Electric Corp.	5	2	4	4	6	5	9	7	4	3	2	2		2		104
Zenith Radio Corp.			4			1			3							102
Xerox Corp.		2		21	24	9	1			2			1	1	4	101
restl. US-Unternehmen	114	119	124	74	114	135	119	86	81	51	41	41	38	62	36	2676
Hochschulen	4	3	2	6	12	14	6	1	2				1	3	3	79
staatl. Inst. u. Regierungsstellen	19	13	11	28	30	24	74	42	31	6	1		4	8	2	484
Gesamtsumme	224	223	217	209	247	262	261	158	155	69	51	49	54	94	66	5191

Tabelle 1.2-4: Überblick über Patentanmeldungen US-amerikanischer Herkunft mit Rechtsschutz in der Bundesrepublik Deutschland (Auslandsanmeldungen) aus den Erfindungsjahren 1980 und 1985

	LE		FU		BU		BK		DI		LL		HF		FS		SG		Summe		Summe
	'80	'85	'80	'85	'80	'85	'80	'85	'80	'85	'80	'85	'80	'85	'80	'85	'80	'85	'80	'85	'80-'85
AT&T	18	46	5	10		2		1	16	24	21	46			6		11	7	77	136	213
RCA Corp.	2		10	6	92	57		3	7	8		2		1				1	111	78	189
Motorola Inc	5	3	8	8	3	2			5	4			2			1		1	23	19	42
ITT		9	2	1		1			2	5	3	6	1					2	8	24	32
GTE		9								9		4						1	0	23	23
General Electric Co.	6		6	4	1	3		1	3	1	7	2	3	3	1		1		28	14	42
IBM	10	9	6	1	1	1	6	5	12	15	10	8		2	1		5	7	51	48	99
Westinghouse Electric Corp.	3		2	1					3			5	2	1	2				12	7	19
Zenith Radio Corp.	1					1													1	1	2
Xerox Corp.							14	2	5		7	8					5	2	31	12	43
restl. US-Unternehmen	92	87	46	63	74	73	35	50	46	79	74	151	50	75	30	24	31	26	478	628	1106
Hochschulen					1	1					5	9		1			1	2	7	13	20
staatl. Inst. u. Regierungsstellen			1																1	0	1
Gesamtsumme	137	163	86	94	172	141	55	62	99	145	127	241	58	83	40	25	54	49	828	1003	1831

Patentanmeldungen US-amerikanischer Herkunft am bundesdeutschen Markt für die Jahre 1980 und 1985 zeigt Tabelle 1.2-4 im Überblick. Hier fällt auf, daß IBM auf diesem Markt eine relativ viel stärkere Aktivität entwickelt hat als die anderen in der Entwicklung führenden Telekommunikationsunternehmen. AT&T hat seine ausländischen Anmeldeaktivitäten in Laufe der Jahre eindeutig intensiviert. Es sei an dieser Stelle erwähnt, daß die wenigen seit der Entflechtung von AT&T bei Bellcore und den Regionalen Bell Operating Companies (RBOC) entstandenen Patenterteilungen (insg. 9) bzw. -anmeldungen in den Jahren 1984 bzw. 1985 nicht von den Zahlen für AT&T getrennt wurden, damit ein Vergleich mit den Jahren vor der Entflechtung möglich bleibt.

Die Verteilung der in den USA 1984 erteilten Patente auf die neun Teilgebiete der Telekommunikation zeigt Abbildung 1.2-4. Die meisten Patenterteilungen lagen auf dem Teilgebiet der leitungsgebundenen Kommunikation (23 %), an zweiter Stelle liegen die Teilgebiete der allgemeinen Bildübertragung und der Lichtwellenleiter-Kommunikation (jeweils 16 %), den dritten Rangplatz nimmt das Teilgebiet der Funktechnik mit 14 % ein.

Die entsprechende Verteilung für die am bundesdeutschen Markt im Jahre 1985 angemeldeten Patente US-amerikanischer Herkunft zeigt Abbildung 1.2-5. Hier liegt das Teilgebiet der Lichtwellenleiter-Kommunikation mit 24 % aller Anmeldungen klar an erster Stelle, gefolgt von der leitungsgebundenen Kommunikation (16 %), der digitalen Telekommunikationstechnik (15 %) und der allgemeinen Bildübertragung (14 %). Das

Inlands- und das Auslandspatentaufkommen im Teilgebiet unterscheiden sich also gerade in den eher reglementierten Bereichen.

Abbildung 1.2-4: Prozentuale Verteilung der US-Schutzrechte auf die Teilgebiete der Telekommunikation (Basis: Inlandspatente in den USA 1984)

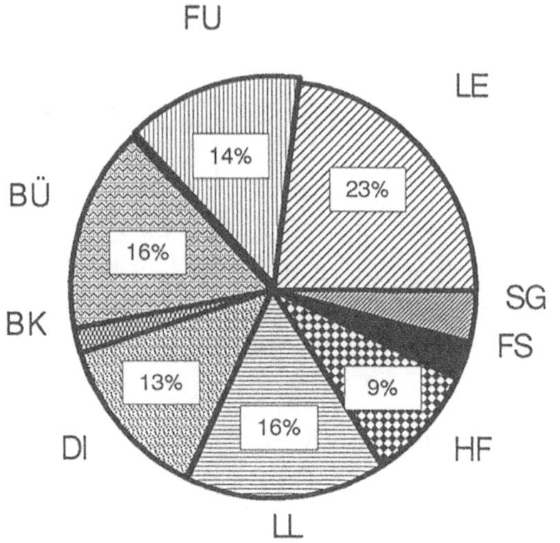

Abbildung 1.2-5: Prozentuale Verteilung der US-Schutzrechte auf die Teilgebiete der Telekommunikation (Basis: Auslandsanmeldungen mit Schutzwirkung in der Bundesrepublik Deutschland 1985)

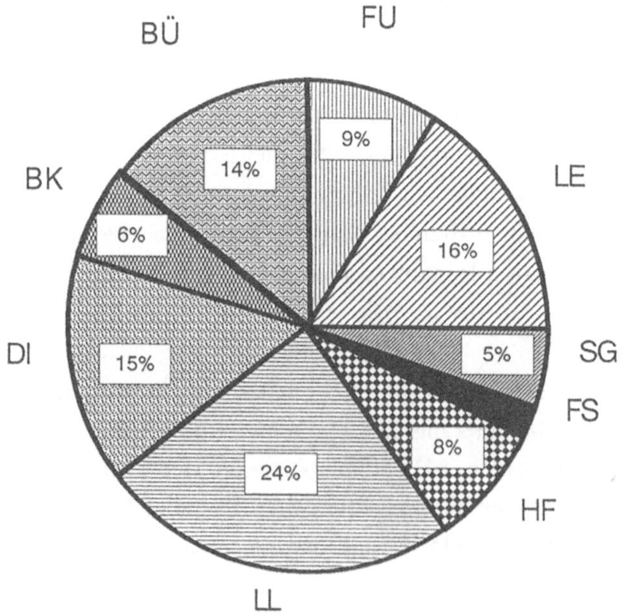

Publikationsaktivitäten im Bereich der Telekommunikation

Publikationen sind ein Indikator für eher wissenschaftliche Forschungsaktivitäten. Eine ausführliche Diskussion der Publikationsstatistik als forschungsrelevanter Indikator findet sich im Kapitel 0, Abschnitt 0.5.

Einen Überblick über die Publikationsaktivitäten US-amerikanischer Herkunft in den elf Teilgebieten der Telekommunikation gibt Tabelle 1.2-5 für das Jahr 1986. Die elf bezüglich der Patenterteilungen im Bereich der Telekommunikation aktivsten Unternehmen verfaßten auch rd. 37 % aller Veröffentlichungen aus dem Bereich der US-Unternehmen. 65 % der in 1986 insgesamt gezählten 5 605 Publikationen entstanden in US-Unternehmen, 29 % in Hochschulen und knapp 6 % im Bereich der Institute (einschließlich der Regierungsstellen). Schwerpunkte der Publikationsaktivitäten liegen in den Teilgebieten der digitalen Telekommunikationstechnik (22 %), der Lichtwellenleiter-Kommunikation (18 %) und der Funktechnik (16 %).

Tabelle 1.2-5: Weltweite US-Publikationsaktivitäten in den elf Teilgebieten der Telekommunikation im Jahre 1986

	TH	LE	FU	BÜ	BK	DI	LL	HF	FS	SG	SO	Summe
AT&T	56	75	30	2		123	215	2	1	25	78	607
RBOC (einschl. Bellcore)	10	61	14	4		97	56	1	1	10	82	336
RCA Corp.		3	23	11		10	6	5	1		4	63
Motorola Inc	1	11	10	1		15	4	2		2	4	50
ITT	4	1	4			4	1	5		3	6	28
GTE	11	19	6	2		13	21			2	15	89
General Electric Co.	4	3	11	1		6	3	8		2	2	40
IBM	8	10	2	3	1	41	11	3		4	17	100
Westinghouse Electric Corp.			3	1		1	1	6	2		2	16
Zenith Radio Corp.				1							1	2
Xerox Corp.						1	9					10
												0
restl. US-Unternehmen	126	161	439	56	6	540	340	245	56	146	210	2325
Hochschulen	242	97	284	26	5	345	254	155	15	73	130	1626
staatl. Forsch.einrichtungen	15	6	88	5		27	70	74	4	12	12	313
Gesamtsumme	477	447	914	113	12	1223	991	506	80	279	563	5605

Die relativ starke Partizipation amerikanischer Unternehmen im Bereich der wissenschaftlich-technischen Publikationen bedeutet nicht, daß diese sehr stark in der Grundlagenforschung aktiv wären. Von 60 Unternehmen, die FuE betreiben und der Industriegruppe Kommunikationsgüter zuzurechnen sind (SIC 366), geben nur 6 an, daß sie überhaupt Grundlagenforschung betreiben, davon 3 Größtunternehmen (NSF 1985, 45). Vielmehr muß man eher von anwendungsorientierten Forschungsergebnissen ausgehen, die gleichwohl publiziert werden.

Abbildung 1.2-6 zeigt die Arbeitsteilung in FuE zwischen Netzbetreibern, Geräteherstellern, Universitäten und Instituten (staatlichen Einrichtungen). Die Hochschulen sind besonders in der Theorie engagiert, was zu erwarten war. Die überstarken Aktivitäten der Netzträger in der Lichtleitertechnik und nicht vorrangig im leitungsgebundenen Bereich sind hingegen erwähnenswert und angesichts des Pionierunternehmens Corning Glass Works, das in Tabelle 1.2-5 bei den restlichen Unternehmen enthalten ist, nicht selbstverständlich. Unter der Kategorie Netzbetreiber wurden nur die drei Unternehmensgruppen AT&T, RBOC und GTE zusammengefaßt.

Abbildung 1.2-6: Arbeitsteilung in telekommunikationsbezogener FuE zwischen Herstellern, Hochschulen, Netzbetreibern und Instituten (staatlichen Einrichtungen) im Jahre 1986 auf der Basis der Publikationsstatistik

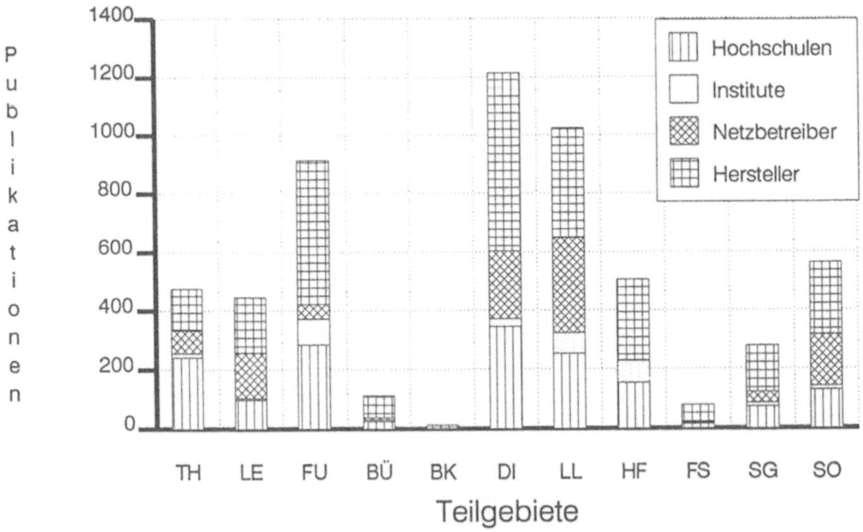

International vergleichende Patent- und Publikationsindikatoren

Im folgenden werden der Patentindikator "Relative Patentaktivität (RPA)" und der Publikationsindikator "Relativer Literaturanteil (RLA)" als Spezialisierungsindikatoren verwendet, um die Stellung der US-amerikanischen Forschung und Entwicklung im Bereich der Telekommunikation im internationalen Vergleich zu diskutieren (im übrigen siehe Kapitel 0).

Der RPA-Indikator nimmt (stark) positive oder negative Werte an, wenn das zu untersuchende Land (oder Unternehmen) einen (sehr viel) größeren oder kleineren Anteil an Patenten auf einem bestimmten Teilgebiet plaziert als im Weltdurchschnitt alle übrigen Länder (oder Unternehmen). Als Faustformel für die numerische Bedeutung der RPA-Indikatorwerte gilt, daß eine halb (doppelt) so große Anzahl an Patenten pro Teilgebiet, gemessen am Weltdurchschnitt und an der Patentierfreude des untersuchten Landes (oder Unternehmens), zu einem RPA-Wert von -70 (+70) führt (vgl. Abschnitt 0.4.3.).

Der RLA-Indikator mißt die in einem Forschungsgebiet festgestellte Aktivität eines Landes im Vergleich zur durchschnittlichen Aktivität dieses Landes in allen Gebieten der Telekommunikation und stellt daher komparative Vorteile oder Nachteile in den ausgewählten Teilgebieten heraus. Der RLA-Indikator entspricht in seiner Konstruktion dem Patentindikator RPA (vgl. Abschnitt 0.5.2).

Abbildung 1.2-7 zeigt die Spezialisierungsindikatoren für die USA für Patente (Entwicklung), gemessen in den USA (1984) und auf dem bundesdeutschen Markt (1985), und für die Publikationen (Forschung), gemessen weltweit im Jahre 1986.

Gemessen am Weltdurchschnitt sind die USA bezüglich der Schutzrechte auf dem inländischen Markt auf folgenden Teilgebieten der Telekommunikation aktiver:

- Hochfrequenzkommunikation,
- Funktechnik,
- Fernsignaltechnik,
- Leitungsgebundene Kommunikation,
- Digitale Telekommunikationstechnik,
- Sonstige Geräte (anderswo nicht enthalten).

Sehr viel schwächer sind die USA auf den Teilgebieten
- Bildkommunikation und
- Lichtwellenleiter-Kommunikation.

Betrachtet man den RPA-Indikator der USA, der aufgrund der Einbeziehung fast aller Patentanmeldungen am Europäischen Patentamt mit "Europa-Entwicklung" bezeichnet wird, auf dem bundesdeutschen Markt, so fällt auf, daß hier die USA auf folgenden Teilgebieten aktiver sind als der Weltdurchschnitt:
- Hochfrequenzkommunikation (wie im Inland),

- Digitale Telekommunikationstechnik (wie im Inland),
- Lichtwellenleiter-Kommunikation (anders als im Inland).

Abbildung 1.2-7: Spezialisierungsindikatoren für die USA für US-Inlandspatente (US-Entwicklung) 1984, europäische und bundesdeutsche Patentanmeldungen (Europa-Entwicklung) 1985 und für Publikationen (Forschung) 1986

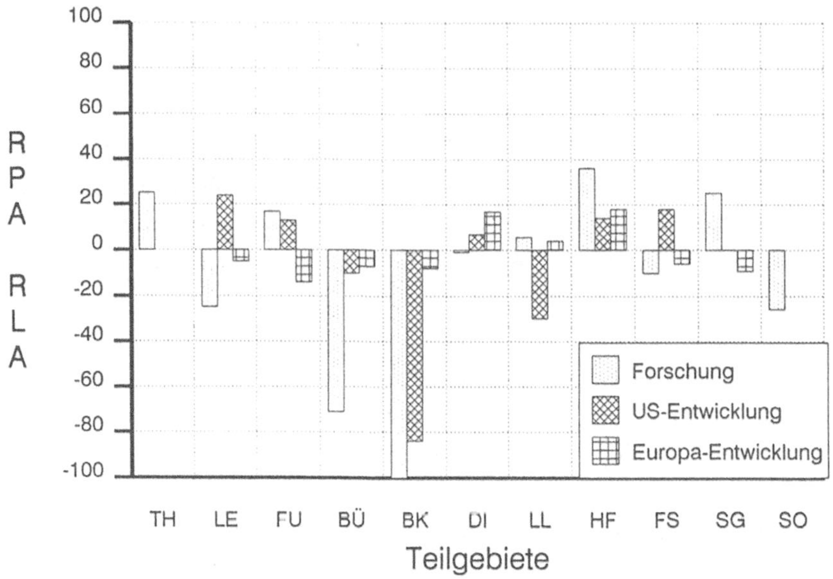

Bezüglich der Publikationen sind die USA auf folgenden Teilgebieten der Telekommunikation aktiver als der Weltdurchschnitt:

- Informationstheorie, künstliche Intelligenz,
- Hochfrequenzkommunikation,
- Sonstige Geräte (anderswo nicht enthalten),
- Funktechnik.

Sehr viel schwächer sind die USA auf den Teilgebieten:

- Bildkommunikation,
- Allgemeine Bildübertragung,
- Leitungsgebundene Kommunikation und
- Software, Anwendungsforschung.

Abbildung 1.2-8 zeigt die zeitliche Dynamik der inländischen Patentspezialisierung. Am stärksten fällt der negative Trend bei Bildkommunikation und Lichtleitern ins Auge, dem ein leicht positiver Verlauf bei der Funktechnik und ein stark positiver Verlauf in der leitungsgebundenen Technik gegenübersteht.

Abbildung 1.2-8: Zeitliche Entwicklung des Patentindikators RPA für die verschiedenen Teilgebiete der Telekommunikation 1975, 1980 und 1984

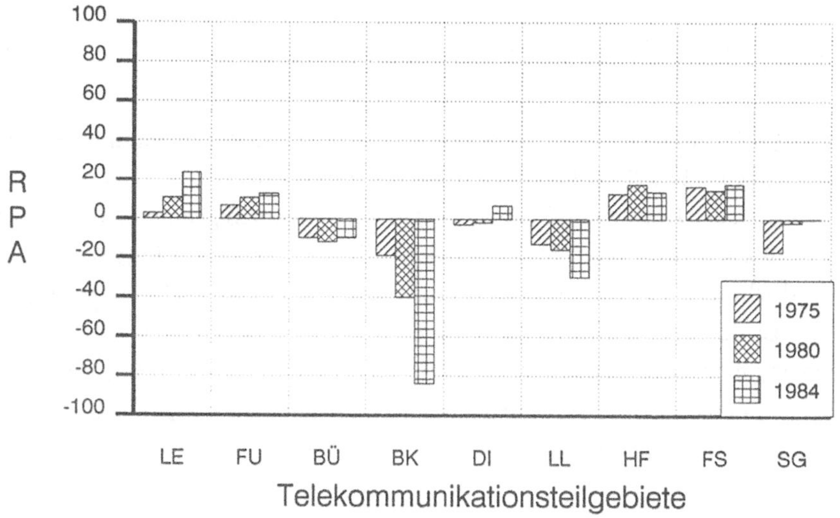

Die Entwicklung des Publikationsindikators RLA für die verschiedenen Teilgebiete der Telekommunikation im Zeitraum 1973 bis 1987 zeigt Abbildung 1.2-9. Etwa konstante

Abbildung 1.2-9: Zeitliche Entwicklung des Publikationsindikators RLA für die verschiedenen Teilgebiete der Telekommunikation 1973 bis 1987

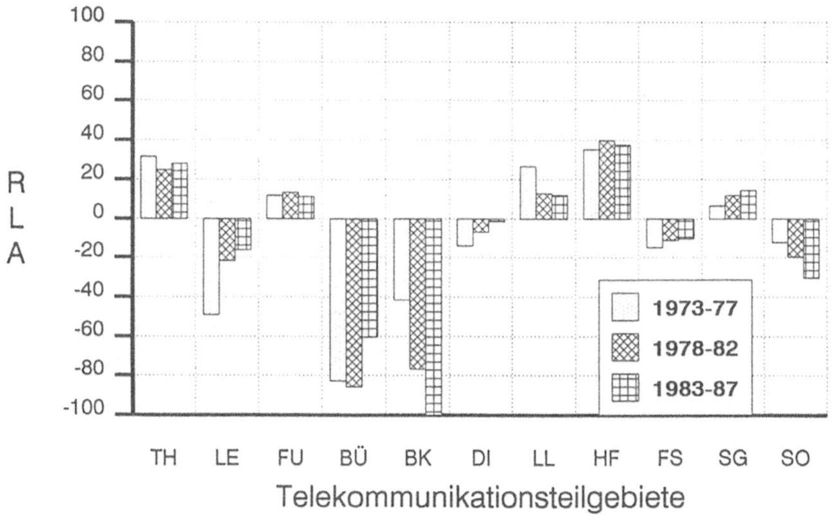

Verhältnisse zeigen sich in den Bereichen Theorie, Funktechnik, Lichtleitertechnik, Telemetrie (hochfrequent und niederfrequent) und bei den sonstigen Geräten. Die leitungsgebundene Forschung nähert sich aus dem Gebiet deutlich unterdurchschnittlicher Aktivität dem Weltschnitt an, ebenso die Digitaltechnik. Die ungünstige Spezialisierung in der Bildkommunikation wurde noch verschlechtert, was in geringerem Ausmaß erstaunlicherweise für die Software- und Anwendungsforschung ebenfalls gilt.

Gleichmäßigkeit der Beteiligung an telekommunikationsbezogener FuE

Die technologische Konkurrenz zwischen den Herstellern und den anderen FuE-treibenden Einrichtungen läßt sich gemäß Abbildung 1.2-10 sehr anschaulich aus dem Gleichmäßigkeitsmaß (oder Entropiemaß) ablesen, das die Gleichmäßigkeit der Beteiligung an den feldspezifischen Aktivitäten in den USA auf die verschiedenen FuE-Akteure mißt (vgl. methodische Einleitung; bei seiner Berechnung wurden die nicht im gewerblichen Bereich anzusiedelnden Einzelerfinder weggelassen). Berücksichtigt wurden die zehn Unternehmen, die in den Tabellen 1.2-3, 1.2-4 und 1.2-5 einzeln aufgeführt sind (RBOC und AT&T zusammen) sowie die restlichen Unternehmen, die Hochschulen und die Institute jeweils als Block (also insgesamt 13 Akteure). Demnach ist die Gleichmäßigkeit in

Abbildung 1.2-10: Verteilungsbreite der Telekommunikations-FuE in den Vereinigten Staaten nach durchführenden Institutionen auf der Basis von Publikationen, Inlands- und Auslandspatenten aus den Jahren 1986, 1984 bzw. 1985

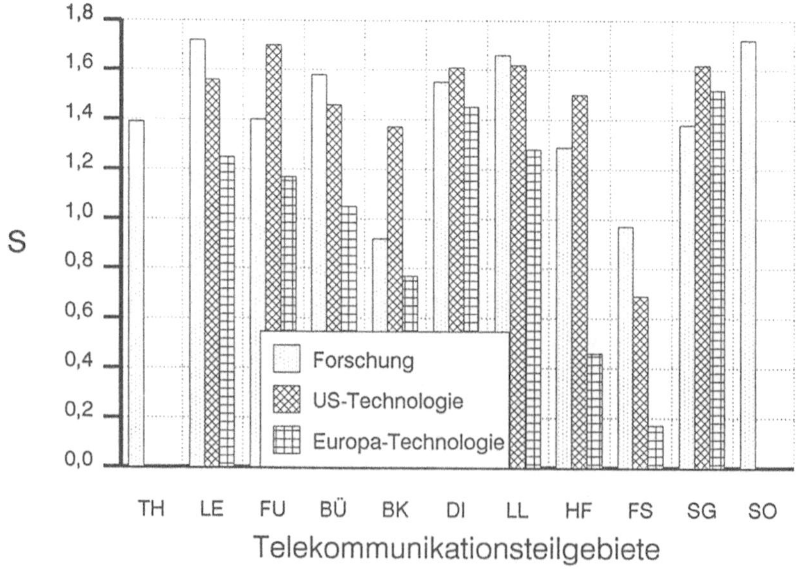

der amerikanischen Telekommunikations-FuE generell groß (das heißt, die Entropie nimmt große Werte um etwa 1,5 an). Die Abbildung unterscheidet nach Publikations- bzw. Patentstatistik oder - etwas verkürzt - nach Forschung und Entwicklung sowie nach Inlands- und Auslandspatenten.

Die Inlandspatente und die Publikationen sind fast in allen Teilgebieten in ähnlicher Weise auf die FuE-Akteure verteilt. Eine größere Abweichung ist nur bei der Bildkommunikation festzustellen, wo der marktfernere Forschungsbereich institutionell wenig besetzt ist. Die Auslandspatente stammen hingegen durchweg von einer kleineren Zahl von FuE-Akteuren; die Ursache hierfür liegt aber im strategischen Marktverhalten und nicht in der Technologieentwicklung, da Inlands- und Auslandspatente technologisch identisch sind. Drastisch verschieden ist das abweichende Auslandspatentierverhalten in der (militärnahen) Hochfrequenzkommunikation und in der Fernsignaltechnik, wo im Ausland nur sehr wenige Unternehmen Schutzrechte in Anspruch nehmen.

Abbildung 1.2-11: Dynamik in der Verteilungsbreite der FuE-Akteure seit 1975 auf der Basis von US-Inlandspatenten

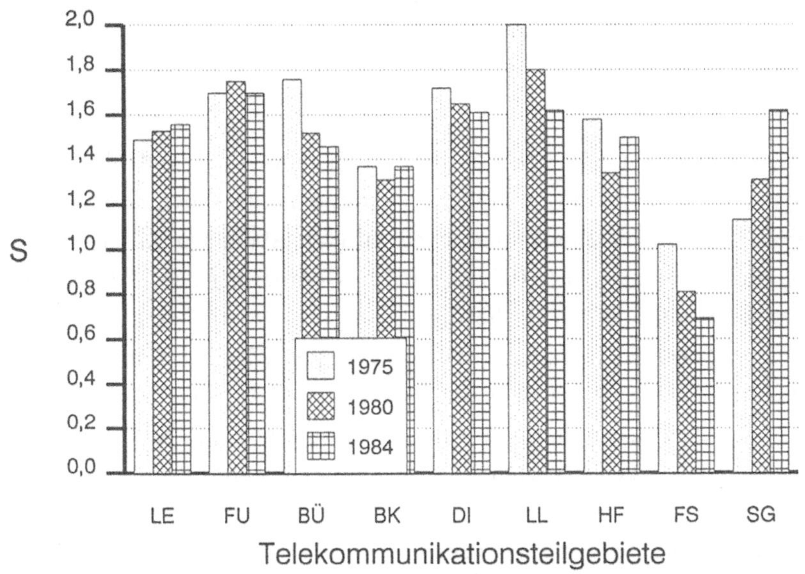

Abbildung 1.2-11 verdeutlicht den zeitlichen Trend bezüglich der institutionellen Gleichmäßigkeit. Kaum eine Veränderung läßt sich bei der leitungsgebundenen, der Funk- und der Bildkommunikation beobachten. Zunehmende Konzentration - d. h. ein Rückzug einzelner FuE-Institutionen - liegt im Bereich (der ohnehin defizitären) Bildübertragung, der Lichtleiter- und der Fernsignaltechnik vor. Eine kaum merkliche Verengung der FuE-Aktivitäten findet auch in der Digitaltechnik statt. Der Bereich der "son-

stigen Geräte" ist hingegen zumindest im Bereich von FuE diffuser geworden, während die Hochfrequenzkommunikation von uneinheitlicher Tendenz gekennzeichnet ist. Aufgrund des Zeitverlusts bezüglich der Erteilung von US-Patenten (siehe Abschnitt 0.4.1) läßt sich derzeit keine sichere Aussage zur Konzentrierung der FuE-Aktivitäten nach der AT&T-Entflechtung machen.

1.3 ROLLENVERTEILUNG BEI FORSCHUNG UND ENTWICKLUNG IN DER TELEKOMMUNIKATION

1.3.1 ROLLE DES STAATES

Obwohl es gelegentlich Vorschläge für eine zentralisierte bundesstaatliche Einrichtung (Ministerium, nachgeordnete Behörde) für Forschung und Technologie gibt, werden wohl auch weiterhin mehrere Behörden mit verschiedenen Programmen in der FuE-Förderung tätig sein. Dies ermöglicht einen begrenzten Wettbewerb und gewährleistet Vielfältigkeit in der Forschung (OTA 1985, 19).

Wie bereits im Abschnitt 1.1.1 erwähnt, dienten im Jahre 1987 rund 74 % der von der Bundesregierung zur Verfügung gestellten FuE-Mittel militärischen Zwecken. Das trifft insbesondere für die Kommunikationstechnik zu (vgl. Abbildung 1.2-3). In den ersten Nachkriegsjahren war die rüstungsbezogene FuE- Förderung der Unternehmen noch dominanter als heute, weil damals die Eigenmittel der Unternehmen gering waren. So beziffert Flamm (1987, 96) den staatlichen Förderungsanteil in den Haushaltsjahren 1949 bis 1959 bei Bell Telephone and Western Electric auf 48 %, bei IBM auf 68 % und bei RCA auf 64 %. Diese frühe Starthilfe zum Aufbau eigener FuE-Kapazitäten sollte bei der Betrachtung der aktuellen Situation nicht vergessen werden.

Militärtechnische Forschung und Entwicklung

Die in Abbildung 1.1-4 gezeigte zeitliche Entwicklung des dem US-Verteidigungsministerium zur Verfügung stehenden Haushaltsanteils für Forschung und Entwicklung macht deutlich, daß im Jahre 1987 ein Maximum von rd. 38 Mrd. US $ erreicht worden ist. Hiervon werden 4,7 Mrd. US $ für militärisch orientierte Telekommunikations-FuE aufgewendet (vgl. Tabelle 1.2-2). Ein wesentlicher Teil dieser Mittel fließt in die Industrie. Nahezu alle Unternehmen, die für militärische Zwecke forschen und entwickeln, haben hierfür vom zivilen Bereich abgetrennte Unternehmensabteilungen eingerichtet. Als Beispiele seien genannt die GTE Government Systems Corp., die Motorola Government Electronics Group (mit Abteilungen für Kommunikation, Radarsysteme, Strategische Elektronik und Taktische Elektronik) und General Electric-RCA Aerospace & Defense. Daneben wird in regierungseigenen Labors militärische Forschung und Entwicklung im Umfang von etwa 780 Mio. $ (siehe Abschnitt 1.2) im Jahr 1987 auf dem Gebiet der Telekommunikation betrieben. Zu nennen sind hier im Bereich des

Department of Defense (DOD)

- Defense Communication Agency, Washington D.C. und Arlington, VA
- Defense Communication Eng. Center, Reston, VA

Department of the Army

- Aberdeen Proving Ground, MD
- US Army Communic. Electron. Command, Fort Monmouth, NJ
- US Army Satellite Communic. Agency, Fort Monmouth, NJ
- US Army Electronics Technol. & Devices Lab., Fort Monmouth, NJ
- US Army Missile Command, Redstone Arsenal, AL
- US Army Harry Diamonds Lab., Adelphi, MD
- US Army Communications Command, Fort Hauchuca, AZ
- US Army Armament R&D Center, Dover, NJ
- US Army Fort Meade, MD
- US Army Night Vision & Electro-Opt. Center, Fort Belvoir, VA
- US Army Research Institute, Alexandria, VA
- Walter Reed Army Medical Center, Washington, D.C.

Department of the Navy

- US Naval Research Laboratory, Washington, D.C.
- US Naval Underwater System Center, New London, CT
- US Naval Underwater System Center, Newport, RI
- US Naval Ocean System Center, San Diego, CA
- US Naval Ocean System Center, Kailua, HI
- US Naval Electronics Lab. Center, San Diego, CA
- US Naval Surface Weapons Center, Dahlgren, VA
- US Naval Surface Weapons Center, Silver Spring, MD
- US Naval Weapon Center, China Lake, CA

- US Naval Missile Center, Point Mugu, CA
- US Naval Air Defense Center, Warminster, PA
- US Naval Observatory, Washington, D.C.
- US Naval Ordnance Station, Louisville, KY
- US Naval Post-Graduate School, Monterey, CA
- US Naval Center for Naval Analyses, Arlington, VA

Department of the Air Force

- Wright-Patterson Air Force Base (AFB), OH
- Griffiss AFB, NY
- Hanscom AFB, Bedford, MA
- Langley AFB, VA
- Williams AFB, AZ
- US Air Force Cambridge Res. Labor., Bedford, MA
- US Air Force Space Division, Los Angeles, CA
- Kelly AFB, TX
- Tinker AFB, OK
- Kirtland AFB, NM
- Randolph AFB, TX
- Eglin AFB, FL
- McClellan AFB, CA
- Air Force Institute of Technology, Dayton, OH
- Air Force Academy, Colorado Springs, CO.

Es sind im wesentlichen vier Programme, welche die elektronische FuE beeinflussen:
- das Programm für schnelle integrierte Schaltungen (VHSIC - Very High Speed Integrated Circuit), dessen Phase 1 seit 1980 vorbereitet wird und das 1984 begann (IBM, Motorola, RCA, AT&T, ITT sind u.a. beteiligt),
- das Programm "Softwaretechnologie für anpassungsfähige, verläßliche Systeme",
- das Programm "Strategisches Rechnen" ebenfalls seit 1984, das Bild- und Spracherkennung, Netzwerksysteme und die Interoperabilität einschließt sowie
- die strategische Initiative zur Verteidigung (SDI), in der - mindestens zwischen 1983 und 1986 - IBM, GTE, Motorola und Teledyne (letztere mit 180 Mio. US $) unterstützt werden.

Kürzlich wurde ein neues Programm "Balanced Technology Initiative (BTI)" vorgestellt, das auf die Verbesserung der nichtatomaren Rüstungstechnologie zielt und dabei FuE-

Arbeiten zu intelligenten Waffenlenksystemen, intelligenten Sensoren, Kommunikation und Fernkontrolle einschließt.

Ein weiteres Programm zielt auf das hochauflösende Fernsehen (HDTV). Am 23.2.1989 fand eine Kongreßanhörung statt, in der die meisten Befragten für ein gelockertes Kartellrecht eintraten, um die FuE-Zusammenarbeit amerikanischer Unternehmen auf diesem Gebiet zu erleichtern. Das DOD hat für den Haushalt 1990 rund 30 Mio. US $ für das HDTV eingestellt.

Die zentrale Koordinationsagentur ist die DARPA (Defense Advanced Research Projects Agency). Sie nimmt die im zivilen Bereich nicht für wünschenswert gehaltenen Funktionen eines Quasi-Forschungsministeriums wahr (OTA 1985, 29, 58, 93). Die DARPA nahm beispielsweise bis zum 13.2.1989 FuE-Angebote für HDTV-Display und -Prozessortechnologien an.

In den 80er und 90er Jahren spielt die Elektronik für das Militär eine immer größere Rolle. Schon 1984 wurden 48 % aller FuE-Mittel des DOD für Elektronik-FuE ausgegeben, 1988 bereits die Hälfte, während für 1994 eine Quote von 53 % geplant ist. Die Beschaffung elektronischer Güter betrug 1984 (1988) noch 32 (34) % und soll bis 1994 auf 38 % unter allen beschafften Geräten anwachsen. Die militärische Beschaffung elektronischer Güter belief sich 1987 auf etwa 27 Mrd. US $ (siehe am Ende dieses Abschnitts 1.3.1).

Das finanzielle und institutionelle Gewicht des DOD wurde im Zusammenhang mit der ordnungspolitischen Debatte um das Fernmeldewesen für eine Behinderung der Entflechtungspläne eingesetzt. Das Militär hat "in seiner Gegnerschaft zur Entflechtung nie gewankt" (Wieland 1985, 87), war aber in der Regierung mit diesem Standpunkt isoliert und hat sich schließlich nicht durchsetzen können.

Weltraumbezogene Forschung und Entwicklung (NASA)

Das NASA-Budget für Forschung und Entwicklung für die Haushaltsjahre 1987 bis 1989 zeigt Tabelle 1.3-1. Während die FuE-Mittel insgesamt zwischen 1988 und 1989 um 39 % aufgestockt wurden (hauptsächlich für die Raumstation) wurden die FuE-Mittel für die Telekommunikation systematisch heruntergefahren (von 94,9 Mio. US $ auf 16,2 Mio. US $, entsprechend -83 %). Der überwiegende Teil der FuE-Mittel wird - ähnlich wie im militärischen Bereich - an Industrieunternehmen in Form von Aufträgen weitergereicht. Darüber hinaus forschen und entwickeln die folgenden zur NASA gehörenden FuE-Zentren:

- Ames Research Center, Moffett Field, CA
- Goddard Space Flight Center, Greenbelt, MD
- Jet Propulsion Laboratory, Pasadena, CA
- Lynden B. Johnson Space Center, Houston, TX
- John F. Kennedy Space Center, Cape Canaverel, FL
- Langley Research Center, Hampton, VA
- Lewis Research Center, Cleveland, OH
- George C. Marshall Space Flight Center, AL.

Tabelle 1.3-1: NASA-Budget für Forschung und Entwicklung für die Haushaltsjahre 1987 bis 1989 (in Mio. US $) (Quelle: AAAS 1988, 140)

	1987 Ist	1988 Schätzung	1989 Budget
FuE-Mittel insgesamt	3 153,7	3 199,4	4 446,7
Kommunikations-FuE	103,4	94,9	16,2

Die NASA spielte in den vergangenen Jahrzehnten die weltweit maßgebende Rolle für die Entwicklung der Telekommunikations-Satellitentechnik. Welche Bedeutung Kommunikationssatelliten heute haben, mag ein kurzer Rückblick auf die globale Kommunikationsentwicklung unterstreichen. Der transatlantische Selbstwähl-Telefonverkehr begann erst vor etwa 32 Jahren, als das erste Unterwasserkabel TAT-1 mit 36 Leitungen verlegt worden war. 1965 gab es vier solcher Unterwasserkabel mit einer Kapazität von insgesamt 328 Leitungen. Der erste Kommunikationssatellit, Intelsat-I, fügte weitere 300 Verbindungen hinzu. 1987 gab es 30 000 Verbindungen über den Nordatlantik. Die Entwicklung der Satelliten-Kommunikation läßt sich an der Zahl der bisher im Weltraum positionierten (geostationären) Kommunikationssatelliten ablesen. Mittlerweile sind es rund 100 kommerzielle Satelliten, die sowohl internationale als auch nationale Kommunikationsdienstleistungen anbieten.

Satellitengestützte Kommunikationssysteme haben gegenüber terrestrischen Systemen (Koaxialkabel, Glasfaserkabel oder Richtfunkstrecken) in bestimmten Bereichen fundamentale Vorteile (siehe etwa NASA 1987).

Abbildung 1.3-1: Budgets für Kommunikationssatelliten-FuE in den USA (NASA), Europa (ESA) und Japan (NASDA) 1959 bis 1986 in Mio. konstanter US $ (1986) (Quelle: NASA Advisory Council 1987)

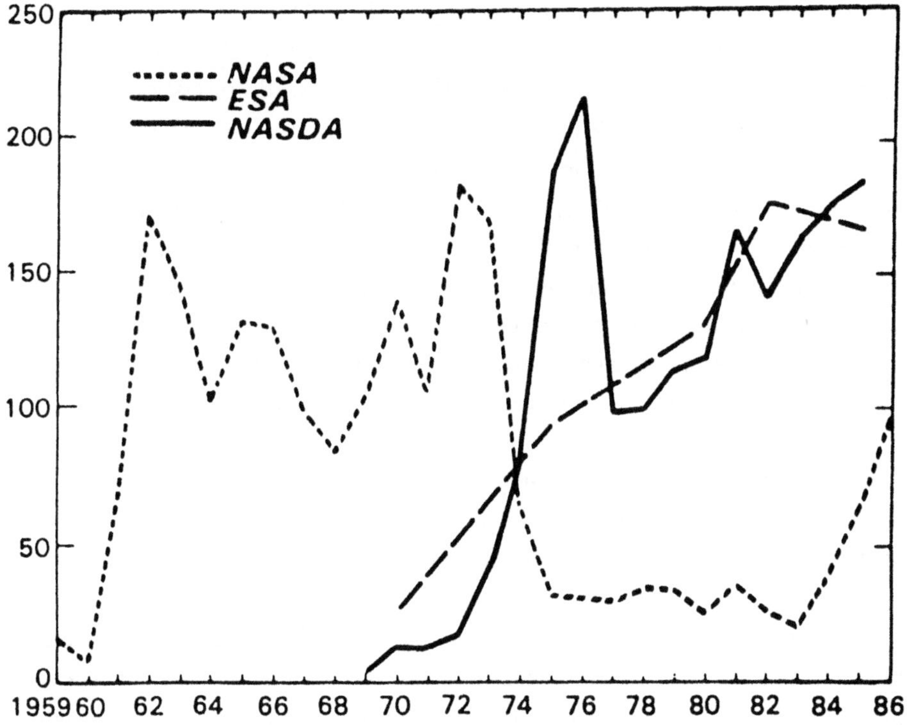

Der Erfolg der Satellitenkommunikationsindustrie (vgl. COMSAT, INTELSAT, INMARSAT) in den 70er und 80er Jahren beruhte im wesentlichen auf den entsprechenden Forschungs- und Entwicklungsanstrengungen der NASA in den 60er Jahren (vgl. Abbildung 1.3-1). Seit Anfang der 60er Jahre bis Anfang der 70er Jahre wendete die NASA jahresdurchschnittlich rund 130 Mio. US $ (konstante US $ von 1986) pro Jahr für kommunikationssatellitentechnische Forschung und Entwicklung auf. Der Kongreß stoppte 1973 dieses massive Entwicklungsprogramm in der Meinung, daß nun die interessierte Industrie aus eigenen Mitteln diese Technik weiterentwickeln könne. Japan und die in der ESA zusammenarbeitenden europäischen Staaten nutzten die Zeit, um den US-amerikanischen Vorsprung in dieser Technologie aufzuholen. Erst 1984 wurden die seit 1975 auf 30 Mio. US $ (1986) zurückgegangenen FuE-Mittel für die Kommunikationssatellitentechnik wieder aufgestockt. Im wesentlichen dienen diese Mittel der Entwicklung des Advanced Communications Technology Satellite (ACTS), der im Mai 1992 gestartet werden soll. Mit rund 100 Mio. US $ im Haushaltsjahr 1987 erfuhr diese Technologie ihre maximale Förderhöhe; im Haushaltsjahr 1989 betragen die FuE- Mittel für

Kommunikationssatellitentechnik nur noch 16 Mio. US $. 90 % bis 95 % der Entwicklungsmittel in Höhe von 499 Mio. US $ im Zeitraum 1983 bis 1992 gehen an Industrieunternehmen.

NASAs Advanced Communications Technology Satellite (ACTS) verwendet elektronisch gesteuerte Spot-Beam-Antennen, Ka-Band-Übertragung sowie Datenverarbeitung und -vermittlung im Satellit (Naderi, Campanella 1988). ACTS wird drei stationäre und zwei elektronisch steuerbare Spot-Beams haben, die die bevölkerungsreichen Gebiete der USA untereinander verbinden. Eine mechanisch steuerbare Antenne erlaubt, jeden gewünschten Punkt in den USA einschließlich Alaska und Hawaii telekommunikativ zu erreichen. Die drei stationären Strahlen sind auf die Gebiete Cleveland, Atlanta und Tampa/Orlando gerichtet, der eine elektronisch steuerbare Strahl kann zu sechs diskreten über die USA verteilten Gebieten sowie zu jedem gewünschten Gebiet innerhalb des sogenannten Ost-Sektors springen, der andere elektronisch steuerbare Strahl versorgt sieben andere diskrete Gebiete sowie den sogenannten West-Sektor.

Die im ACTS eingesetzte Technik ermöglicht die terrestrische Nutzung der sogenannten VSAT-Antennen (Very Small Aperture Terminals) mit einem Durchmesser von ca. 2 m gegenüber den sonst notwendigen Antennen mit einem Durchmesser von 10 m.

Das ACTS-Projekt ist als Verbundvorhaben zwischen öffentlichen und privaten FuE-Einrichtungen anzusehen. Das Projekt-Management liegt beim NASA Lewis Research Center, Hauptauftragnehmer ist General Electric/RCA Astro Electronics mit den Unterauftragnehmern TRW, Motorola, Electromagnetic Sciences, Inc. (EMS), Watkins Johnson sowie COMSAT Labs.

Für die erdnahe Weltraumfahrt hat die NASA ein Netzwerk aus geostationären Kommunikationssatelliten und dazugehörigen terrestrischen Stationen, das sogenannte "Tracking and Data Relay Satellite System (TDRSS)", aufgebaut. Es besteht gegenwärtig aus drei Satelliten und dem NASA Ground Terminal in White Sands, NM (vgl. NASA 1985). Dieses System läßt gegenwärtig einen toten Winkel im Bereich 74° Ost bis in eine Höhe von 1 200 km, innerhalb dessen keine direkte Kommunikation über TDRSS möglich ist. Für den Betrieb der Raumstation in den 90er Jahren werden deshalb mindestens vier aktive TDRS benötigt.

Weil das TDRS-System gegenwärtig "lediglich" eine maximale Datenrate von 300 Mbps verarbeiten kann, die für die zukünftigen Raumfahrtaktivitäten als nicht mehr ausreichend angesehen wird, ist mit der Entwicklung eines Advanced TDRSS (ATDRS) begonnen worden (Stern 1988). ATDRS sollen ab 1996 in Dienst gestellt und für Raumfahrtaktivitäten bis zum Jahre 2010 genutzt werden. Die maximale Datentransferrate der ATDRS soll bei 650 Mbps liegen. Die Arbeiten für ATDRS befinden sich gegenwärtig in der Konzeptionsphase. Die Forschungs- und Entwicklungsaufwendungen für die ATDRS-Technologie liegen bei 300 bis 400 Mio. US $ pro Jahr. Mit der Forschung und Entwicklung sind hauptsächlich Industrieunternehmen beauftragt.

In einem vom NASA Advisory Council herausgegebenen Bericht des Communications Subcommittee des Space Applications Advisory Committee (SAAC) werden Beobachtungen und Empfehlungen für eine Politik im Hinblick auf die zukünftige Satellitenkommunikation ausgesprochen. Sie sollen die Aufgaben der NASA verstetigen (NASA Advisory Council 1987, 8) und weisen insbesondere auf einen Bedarf an langfristig orientierten, spekulativen Forschungsarbeiten hin, welche die NASA im Rahmen des Weltraum-Kommunikationsprogramms in Angriff nehmen soll.

Verkehrsbezogene Forschung und Entwicklung

Die dem amerikanischen Transportministerium zur Verfügung stehenden Forschungs- und Entwicklungsmittel für den Bereich der Telekommunikation und der Radionavigation sind - gemessen an den Budgets des Verteidigungsministeriums und der NASA - sehr bescheiden. Im Haushaltsjahr 1989 können insgesamt 8,3 Mio. US $ für telekommunikationstechnische FuE verbraucht werden (vgl. Singer 1988):

- 3,475 Mio. US $ für die Federal Aviation Administration zur Modernisierung, Ausdehnung und Verbesserung des landesweiten Flugsicherungs- und Navigationssystems,
- 4,67 Mio. US $ für die US Coast Guard zur Erhöhung der Sicherheit der zivilen Berufsschiffahrt,
- 0,2 Mio. US $ für die Research and Special Programs Administration (RSPA) zur Untersuchung zukünftiger Radionavigationssysteme.

Die Federal Aviation Administration (FAA) betreibt für die Flugsicherung das zweitgrößte private Netzwerk in den USA. Über das Netzwerk, das in 70 Segmente aufgeteilt ist und in dem die 20 nationalen En-Route-Kontroll-Zentren und die regionalen Traffic-Control-Zentren mittels Richtfunkstrecken untereinander verbunden sind, wird zu 75 % Sprachkommunikation abgewickelt. Das analog betriebene Netzwerk kostet mittels Leasing 250 Mio. US $ pro Jahr. Aus Sicherheitsgründen und wegen Überlastung und Überalterung des bestehenden Systems soll das Netzwerk digitalisiert und die Traffic-Control-Rechner vollständig modernisiert werden. Die Notwendigkeit für diese Umstellung wird durch einen Bericht des Office of Technology Assessment bestätigt, der im Sommer 1988 veröffentlicht wurde und auf die Mängel des gegenwärtig genutzten Systems hinwies (vgl. Carroll 1988). Im Juli 1988 hat die FAA an IBM einen Auftrag für 3,6 Mrd. US $ vergeben, das neue Flugkontrollsystem (Advanced Automation System, AAS) zu entwickeln. Dieses neue System, bei dem sämtliche Verkehrsmaschinen mit neuen Sendern und Empfängern auszurüsten sind, wird rd. 16 Mrd. US $ kosten. Die Installation des AAS soll bis spätestens 1998 abgeschlossen sein. Finanziert wird das Vorhaben mit der achtprozentigen Sondersteuer, die auf jedem Flugticket ausgewiesen ist (vgl. Schulz 1988).

Von den 50 000 Beschäftigten der FAA befassen sich etwa 1 500 Mitarbeiter mit FuE-Aufgaben in den Abteilungen Advanced Design & Managament Control, NAS Development und Technical Center unter der Leitung des Executive Director for System Development. Ein Schwerpunkt in diesem Bereich ist die Entwicklung analytischer Werkzeuge zur Netzwerkoptimierung.

Übrige staatliche Aktivitäten

Telekommunikationsrelevante Forschung und Entwicklung wird im Bereich des Handelsministeriums im National Institute for Technical Standards (Nachfolgeorganisation des National Bureau of Standards) mit Forschungsstätten in Boulder, CO, Gaithersburg, MD, und Washington D.C. sowie in der National Telecommunications and Information Administration (NTIA) durchgeführt. Die letztgenannte Behörde betreibt im wesentlichen wirtschaftswissenschaftliche Forschung. Das im Haushaltsplan des Ministeriums ausgewiesene FuE-Budget für die NTIA ist in Tabelle 1.2-2 detailliert (Abschnitt 1.2).

Des weiteren sind als sog. öffentlich geförderte Forschungs- und Entwicklungszentren (Federally Funded Research and Development Centers, FFRDC) bzw. als gemeinnützige Organisation zu nennen:

- Lincoln Laboratory (MIT), Lexington, MA
- Aerospace Corporation, El Segundo, CA
- MITRE Corporation, McLean, VA und Bedford, MA
- RAND Corporation, Santa Monica, CA,

in denen militärtechnische Forschung und Entwicklung im Umfeld der Telekommunikation betrieben wird. Unter diesen nichtakademischen, sonstigen FuE-Einrichtungen sollte die Rand Corporation, die "Denkfabrik" des US-Verteidigungsministeriums, besonders erwähnt werden, welche in den sechziger und siebziger Jahren intensiv auf dem Gebiet der Telekommunikation gearbeitet hat (Fernseh- und Kommunikationspolitik, Kommunikationssysteme, Kommunikationssatelliten). Im Zeitraum 1970 bis 1988 ging die Zahl der Veröffentlichungen auf diesem Gebiet jedoch von 123 (1970 bis 1974) über 93 (1975 bis 1979) und 36 (1980 bis 1984) auf 20 (1985 bis 1988) zurück (RAND 1988).

Abbildung 1.3-2: Spezialisierungsindikatoren der Institute (und Regierungsstellen) für Patente (Entwicklung in den USA 1984) und für Publikationen (Forschung weltweit 1986)

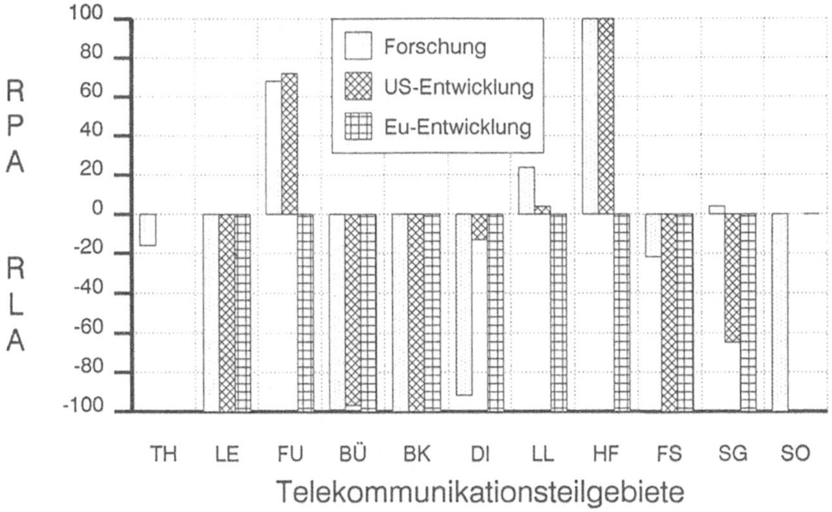

Betrachtet man die Spezialisierungsindikatoren für Schutzrechte und Veröffentlichungen aller öffentlichen und halböffentlichen Institute und von Regierungsstellen (vgl. Abbildung 1.3-2), so wird deutlich, daß sie insbesondere in den Teilgebieten der Hochfrequenzkommunikation und Funktechnik aktiver als der Weltdurchschnitt sind. Auch auf dem Teilgebiet der Lichtwellenleiter-Kommunikation liegen sie über dem Weltdurchschnitt. Dies sind die Auswirkungen der militärischen Forschung und Entwicklung, die sich mithin deutlich auch auf die Ertragsindikatoren auswirken.

Zu beachten ist, daß die Vereinigten Staaten aufgrund eines Gesetzes von 1980 ihre Patentpolitik geändert haben. Mittelständische Unternehmen, gemeinnützige Organisationen und Hochschulen können nunmehr Patentrechte aus staatlich geförderten Projekten selbst ausüben. Dieser Schwenk blieb nicht unwidersprochen, weil auch gute Gründe dafür sprechen, daß Schutzrechte in der öffentlichen Hand verbleiben. Nichtsdestoweniger hat ein Memorandum des Präsidenten vom Februar 1983 die neue Linie bekräftigt (OTA 1985, 31).

Staatliche Beschaffung

Der Aufkauf von Kommunikationsgeräten ist neben der FuE-Förderung der zweitwichtigste Kanal zur Unterstützung von Innovationen in Unternehmen. Auch bezüglich der Beschaffung dominiert das DOD. Abbildung 1.3-3 zeigt den Umfang der Beschaffung von elektronischen und Kommunikationsgütern seit 1975. Im Haushaltsjahr 1985 erhielt beispielsweise IBM Beschaffungsverträge (alle Güter) in Höhe von 1,8 Mrd. US $, ITT in Höhe von 1,5 Mrd. US $, AT&T in Höhe von 688 Mio. und GTE in Höhe von 611 Mio US $. Insofern, als modernstes Gerät teilweise in Kleinserienfertigung nachgefragt wird, werden durch die Beschaffungsverträge direkt FuE-Arbeiten angestoßen.

Abbildung 1.3-3: DOD-Beschaffungsprogramm für elektronische und Kommunikationsausrüstungen 1975 bis 1987 in Mrd. US $ (Quelle: DOD)

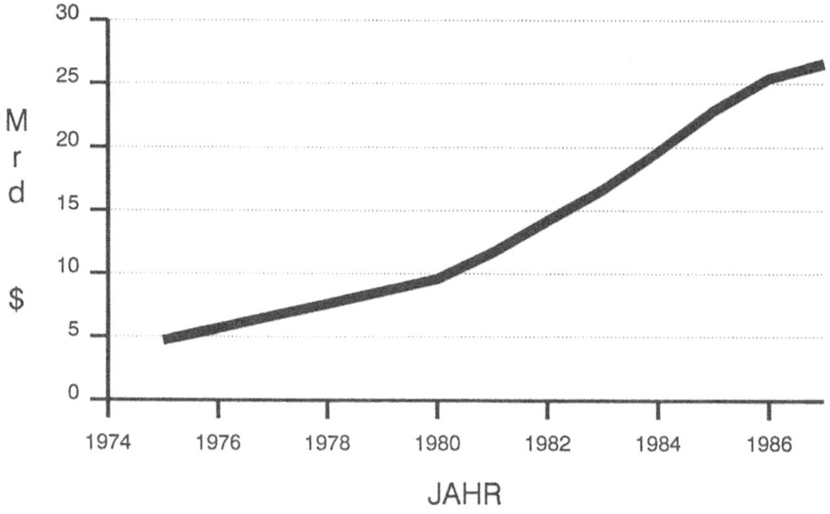

1.3.2 ROLLE DER NETZBETREIBER

In Abschnitt 1.1.2 wurde bereits die Industriestruktur im Bereich der Telekommunikationsdienstleistungen erläutert. Wesentliche Forschungs- und Entwicklungsaktivitäten sind bei folgenden netzbetreibenden Unternehmen zu beobachten:

- AT&T,
- Regional Bell Operating Companies,
- GTE,
- Communications Satellite Corp.,
- United Telecommunications,
- Western Union.

Außer bei den drei erstgenannten Unternehmensgruppen ist die Verfügbarkeit von FuE-Daten ausgesprochen dürftig. Im Rahmen der vorliegenden Untersuchung war es auch nicht möglich, alle sechs obengenannten Unternehmensgruppen ausführlich zu befragen. So entsprechen die Ausführungen in diesem Abschnitt eher einem Fleckenteppich als einem ganzheitlichen Bild.

AT&T

Vor der Entflechtung von AT&T im Jahre 1984 waren die Bell Telephone Laboratories die größte industrielle Forschungseinrichtung in den USA. Im Gründungsjahr 1925 hatten sie bereits 3560 Mitarbeiter; die Forschungsabteilung zählte 598 Mitarbeiter. 1983 besaßen die Bell Labs über 22000 Mitarbeiter; das FuE-Budget lag bei 2 Mrd. US $. Mit der Entflechtung mußten sich die Bell Labs umbenennen in AT&T Bell Laboratories.

Die AT&T Bell Labs bestehen nunmehr aus den drei organisatorischen Einheiten Kundensysteme, Netzwerksysteme und Forschung (vgl. Noll 1987). Die Einheit Kundensysteme befaßt sich mit der Entwicklung und dem Design integrierter Schaltkreise, mit elektronischen und optischen Bauelementen, mit der Verbindungstechnik, der Leistungselektrik, der Computer- und Verfahrenstechnik sowie mit militärischen Systemen. Rüstungsaufträge waren einstmals für die Bell Labs sehr bedeutend (nämlich etwa 30 % aller Aufträge im Jahr 1971. Der Anteil der militärischen Forschung und Entwicklung wurde danach jedoch nahezu vollständig heruntergefahren und lag 1976 bei 2 % und 1983 bei 3 %. Als ein weiteres Ergebnis der Entflechtung von AT&T wird die militärische Forschung und Entwicklung innerhalb der Bell Labs wieder ausgebaut werden (OTA 1985, 122-123).

Die für Netzwerksysteme verantwortliche Einheit ist im klassischen Telekommunikationsbereich tätig: Übertragungssysteme, Regelkreistechnologie, Vermittlungssysteme, Netzwerkanalyse und -topologie sowie Netzwerkplanung. Die Forschungseinheit gliedert sich in vier Abteilungen für Kommunikationswissenschaft, Informationswissenschaft, Materialforschung und -Engineering sowie "Physik und akademische Angelegenheiten".

Eine Übersicht über die Zahl der Beschäftigten bei Bell Labs insgesamt und im Forschungsbereich vermittelt Abbildung 1.3-4. Im Zeitraum 1965 bis 1980 wuchs die Zahl der Beschäftigten im Forschungsbereich um jährlich ca. 23. Die Abnahme um rund 200 Mitarbeiter im Jahre 1981 beruhte auf einer Versetzung von Operations-Research-Mitarbeitern aus dem Bereich Forschung in einen anderen nicht forschenden, sondern entwickelnden Bereich innerhalb der Bell Labs. Die Personalaufstockung im Jahre 1983 um 230 Mitarbeiter stand im Zusammenhang mit dem für 1984 geplanten Transfer von Mitarbeitern zur Bell Communications Research, Inc. (Bellcore), der Forschungstochter der bei der Entflechtung gebildeten sieben Regional Bell Operating Companies. Die von

1978 bis 1983 zu beobachtende Personalaufstockung im Entwicklungsbereich der Bell Labs beruhte auf der Inangriffnahme des großen Entwicklungsprojekts "No. 5 electronic switching system (5ESS™)", der Personalrückgang im Jahre 1983 auf einem Transfer von 3559 Entwicklungsingenieuren von den Bell Labs zu AT&T Information Systems. 1984 mußten 3143 Forschungsmitarbeiter und Systemingenieure von den Bell Labs zur neugegründeten Bellcore transferiert werden. Schließlich wurden im Jahr 1985 nochmals 1173 Mitarbeiter von den Bell Labs zu AT&T Information Systems überstellt (vgl. Noll 1987). 1986 waren in der AT&T-Gruppe insgesamt gleichviele Mitarbeiter in Forschung und Entwicklung tätig wie 1983, im Jahre vor der Entflechtung. (Eine Visualisierung der Personalverschiebungen gibt Abbildung 1.3-10 unten.)

Abbildung 1.3-4: Beschäftigte bei Bell Labs (später AT&T Bell Labs) in Forschung und Entwicklung 1965 bis 1986 (Quelle: Noll 1987)

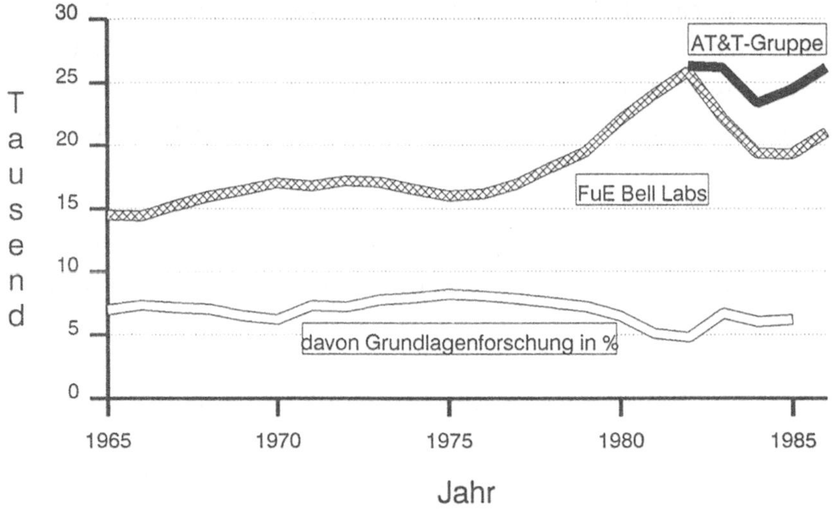

Es trifft nicht zu, daß die Bell Labs ausschließlich FuE für Telekommunikation betreiben. Ein statistischer Überblick über alle von den Mitarbeitern der Bell Labs angemeldeten und erteilten Schutzrechte sowie alle Publikationen (aus Noll 1987) verweist auf höhere Zahlen, als die in dieser Untersuchung erhobenen. In diesen Zahlen sind für die letzten Jahre allerdings auch die Schutzrechte und Veröffentlichungen der Mitarbeiter aus den Konzernbereichen AT&T Consumer Products Laboratories und AT&T Information Systems Laboratories enthalten, da diese beiden Gruppen seinerzeit aus den Bell Labs hervorgegangen sind. Auch enthält die Publikationsstatistik sogenannte "graue" Literatur, so daß im strengen Sinn nur die amtlichen Patentzahlen vergleichbar sind. Aber auch hier ist keine direkte Vergleichbarkeit herzustellen, da einerseits die erteilten Patente nach

Erteilungsjahr (aber nicht nach Anmeldejahr) aufgeschlüsselt sind und andererseits nach Anmeldejahr alle Erfindungsmeldungen, auch die später zurückgezogenen oder nicht erteilten. Die Bell Labs können auf eine Erfolgsrate von etwa 60 % verweisen (vgl. Abbildung 1.3-5), die für die USA durchschnittlich ist. Ein Vergleich der Patentzahlen aus der vorliegenden Untersuchung (aus Tabelle 1.2-3) mit denen der Abbildung 1.3-5 ergibt unter Beachtung der obengenannten Einschränkungen, daß etwa 45 bis 50 % aller Schutzrechtsaktivitäten auf die Telekommunikation entfallen.

In den zurückliegenden 20 Jahren hat sich gemäß Abbildung 1.3-5 die Zahl der Veröffentlichungen in allen FuE-Gebieten um nahezu 150 Prozent erhöht. Eine von vielen befürchtete Änderung der Publikationspolitik des Unternehmens nach seiner Entflechtung in Richtung auf eine restriktivere Handhabung der Veröffentlichungen ist offensichtlich nicht eingetreten. Vielmehr ist zwischen 1983 und 1986 die Zahl der Publikationen nochmals stark gewachsen.

Abbildung 1.3-5: Patente und Publikationen der Bell Labs zu allen Gebieten von FuE 1965 bis 1986 (Quelle: Noll 1987)

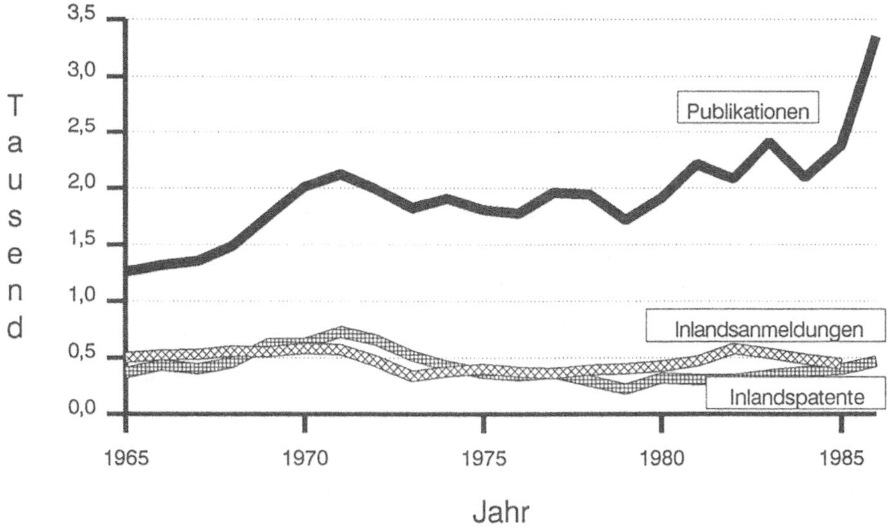

Die Zahl der Inlandspatentanmeldungen war zwischen 1965 und 1970 von 503 auf 587 angestiegen. Bis zum Jahre 1977 nahm die Zahl der jährlichen Schutzrechtsanmeldungen auf 364 ab, um dann bis 1982 wieder auf einen Wert von 582 anzusteigen. Entsprechend fluktuierte die Zahl der jährlich erteilten Patente. 1971 wurde ein Maximum von 733 erteilten Patenten erreicht. Diese Zahl ging bis 1979 auf 227 erteilte Patente zurück. 1983 wurden 350 Schutzrechte erteilt und 1986 insgesamt 469 Schutzrechte.

Betrachtet man die Spezialisierungsindikatoren für Patente und Publikationen nur im Telekommunikationsbereich (vgl. Abschnitt 1.2 sowie 11.4.3 und 11.5.2), so ist AT&T auf folgenden Teilgebieten der Telekommunikation aktiver als der Weltdurchschnitt (vgl. Abbildung 1.3-6):

- Leitungsgebundene Kommunikation,
- Lichtwellenleiter-Kommunikation und
- digitale Telekommunikationstechnik.

Abbildung 1.3-6: Spezialisierungsindikatoren für AT&T für Auslandspatente auf dem bundesdeutschen Markt 1985 (Europa-Entwicklung) und für Publikationen (Forschung) im Jahre 1986

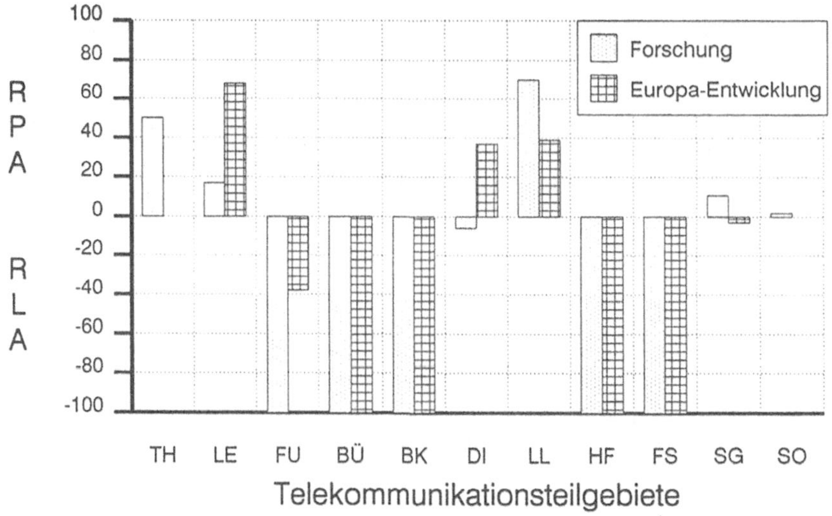

Auch im Bereich der Informationstheorie und der künstlichen Intelligenz nimmt AT&T eine weltweit führende Position ein. Die Spezialisierungsindikatoren auf dem US-Markt sind denen auf dem bundesdeutschen Markt so ähnlich, daß wegen der größeren Aktualität nur die europäischen Verhältnisse dargestellt werden. Es gibt nur einen auffälligen Unterschied: am US-Markt ist die Spezialisierung auf sonstige Geräte schwächer ausgeprägt.

Die Entwicklung der Kosten für Forschung und Entwicklung bei AT&T ist aus Abbildung 1.3-7 zu ersehen. Vor der Entflechtung beinhalteten die FuE-Aufwendungen von AT&T lediglich Forschung und systemtechnische Arbeiten für die Bell Telephone Companies und für AT&T Long Lines. Entwicklungsarbeiten bei Bell Labs für Western Electric erschienen im Haushalt von Western Electric Co. (WECO) als Entwicklungsausgaben. Die Addition der Entwicklungsaufwendungen von Western Electric und der FuE-

Aufwendungen von AT&T ergeben die Gesamt-FuE-Aufwendungen. Sie betrugen im Jahr 1983 kurz vor der Entflechtung 2221,1 Mio. US $ bei einem Umsatz von 70 319 Mio. US $. Dieser Umsatz beinhaltet zum überwiegenden Teil Einnahmen aus dem traditionellen Fernsprechgeschäft. Die FuE-Intensitäten von AT&T betrugen in der Periode 1973 bis 1983 im Durchschnitt nur 2,6 % des Umsatzes (operating revenues). Nach der Entflechtung sprangen die FuE-Aufwendungen auf durchschnittlich über 7 % des Umsatzes (z. B. im Jahre 1984 wurden bei einem Umsatz von 33,2 Mrd. US $ etwa 2,4 Mrd. US $ für Forschung und Entwicklung aufgewendet). Der scheinbare Sprung in der FuE-Intensität von AT&T kann auf drei zum Teil gegenläufige Vorgänge zurückgeführt werden. Die Einnahmen aus dem traditionellen Telefongeschäft werden seit der Entflechtung nicht mehr der AT&T, sondern den entflochtenen regionalen Bell Operating Companies (RBOC) zugeschlagen. Dafür werden die Verkäufe von Telekommunikationssystemen und -geräten von Western Electric an die Bell Operating Companies nach 1983 zum Umsatz gezählt, während sie vor der Entflechtung intern verrechnet und nicht als Teil des Umsatzes gewertet wurden. Andererseits werden die Zugangsgebühren in die lokalen Netze der traditionellen Telefonbetriebsgesellschaften, die AT&T Communications (als long distance common carrier) zu bezahlen hat (19,6 Mrd. US $ im Jahr 1986), nicht als Umsatz, sondern als durchlaufende Mittel deklariert.

Abbildung 1.3-7: FuE-Aufwendungen der AT&T-Gruppe 1967 bis 1987 (Quellen: Noll 1987, COMPUSTAT)

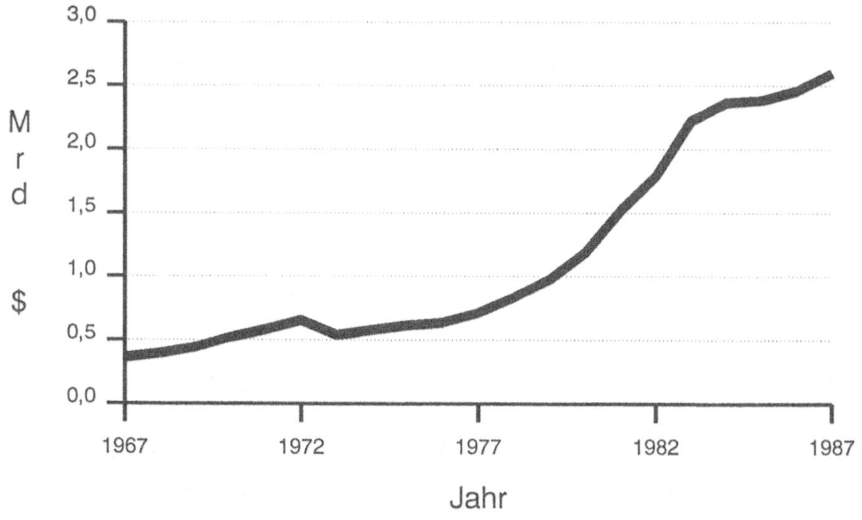

Vor der Entflechtung finanzierte AT&T die Aufwendungen für Forschung und dienstebezogene Entwicklungen (inklusive Software-Entwicklungen) aus Lizenzeinnahmen. Die Telefonbetriebsgesellschaften innerhalb des Bell Systems waren Lizenznehmer der

AT&T gehörenden Schutzrechte und hatten hierfür bis zu maximal 2,5 % der Umsätze als Lizenzgebühren an AT&T zu entrichten. (Bis einschließlich 1974 betrug diese Lizenzgebühr lediglich 1 % des Umsatzes.) 1978 betrugen die Lizenzeinnahmen 885,5 Mio. US $. 36,1 % hiervon wurden für Forschung und dienstebezogene Entwicklungen aufgewendet (vgl. OTA 1985, 120; Noll 1987; Mowery 1987). Das Office of Technology Assessment stellte hierzu fest:

> "The license contract fee was essentially a "tax" on telephone calls. The revenues generated provided a regular source of income that could be counted on year after year. AT&T was free to use those funds much as a government might use tax revenues, allocating some portion of those revenues to support activities that were for the general good but provided no immediate commercial benefit. While some research eventually paid off in discoveries useful to AT&T, some never paid off at all. Many research results that were not of direct benefit to AT&T were made available to others through licenses of patents or through scientific and technical publication" (OTA 1985, 129).

Mit der Entflechtung der Regional Bell Operating Companies von AT&T fanden auch die Lizenzzahlungen für die Nutzung der AT&T gehörenden Schutzrechte ein Ende. So muß AT&T die FuE-Aufwendungen seit 1984 mittels anderer interner Mechanismen finanzieren. Nach einem von AT&T entwickelten und von der FCC genehmigten sogenannten "composite allocator"-Verfahren werden jetzt etwa 50 % der Forschungsaufwendungen von AT&T Communications (long distance common carrier) und weitere 50 % von AT&T Technologies (ehemals Western Electric, Herstellung von Telekommunikationsprodukten) und AT&T Information Systems (Computer- und Softwareentwicklung (UNIX)) finanziert (vgl. OTA 1985, 129). Mit der Annahme des Modified Final Judgement mußte AT&T einwilligen, vom Zeitpunkt der Entflechtung an den sieben Regionalen Bell Operating Companies und Bellcore fünf Jahre lang gebührenfreie Lizenzen auf die AT&T gehörenden Patente zu gewähren, die diese sogar an im Wettbewerb stehende Hersteller weiterlizenzieren durften. Ende 1988 begannen Verhandlungen zwischen AT&T Bell Labs, Bellcore und sechs der sieben RBOC (d. h. ohne Ameritech), um neue bilaterale Patentabkommen abzuschließen, die mit Wirkung vom 1. Januar 1989 allen Vertragspartnern gegenseitige Lizenzrechte einräumen und Verfahren zur Zahlung von Lizenzgebühren festlegen (W. Keefauver, Vizepräsident der AT&T Labs: " We are as interested in the rights we get under the patent agreements as we are in the revenue", zitiert nach Nelson-Rowe 1989a).

AT&Ts gegenwärtige FuE-Strategie läßt sich folgendermaßen beschreiben:

- Die Zentralisierung der Forschungs- und Entwicklungsaktivitäten bleibt imPrinzip erhalten, weil das AT&T-Management davon ausgeht, daß die marginalen Vorteile aus der Dezentralisierung mehr als aufgewogen werden durch zu erwartende geringere Effizienz.

- Etwa 65 % aller FuE-Aktivitäten von AT&T sind in den AT&T Bell Labs konzentriert. Etwa 21 % finden in Laboratorien statt, die den produzierenden Unternehmensdivisionen direkt zugeordnet sind (AT&T Consumer Products Laboratories, AT&T Information Systems Laboratories; siehe oben). Der Rest umfaßt die direkte Unterstützung im Herstellungsprozeß und andere spezielle Aktivitäten. Somit wird der weit überwiegende Teil der Forschung und Entwicklung für die von AT&T vertriebenen Produkte und Systeme innerhalb der sogenannten R&D Community des Konzerns durchgeführt. Die Verantwortung für die Finanzierung und die Durchführung von marktnaher Entwicklung liegt beim jeweiligen Produktmanagement (siehe unten).

- Zur Koordinierung aller FuE-Aktivitäten dient ein R&D Council, in dem dieleitenden FuE-Manager unter Vorsitz des Präsidenten der AT&T Bell Labs einmal monatlich zusammentreffen. Darüber hinaus gibt es über 100 formell bestehende Kommittees (übergreifend und interdisziplinär) und Arbeitsgruppen für spezifische Aufgaben, die regelmäßig zusammenarbeiten.

- Der FuE-Planungsprozeß wird synchronisiert mit dem strategischen Geschäftsplanungsprozeß, wie in Abbildung 1.3-8 veranschaulicht. Die Ergebnisse der FuE-Programmplanungen und die Diskussion wichtiger forschungspolitischer Fragen und Probleme werden in einem R&D Annual Report zusammengefaßt.

- Der Informationstransfer zwischen den FuE-Einrichtungen und den produzierenden Unternehmensdivisionen des Konzerns wird dadurch gefördert, daß die FuE-Manager den Projektteams zuarbeiten, die gewöhnlich von einem Produktmanager geleitet werden und auch Vertreter aus dem Bereich der Herstellung und des Vertriebs umfassen können.

- Ferner gibt es 25 bis 30 geschäftsbereichsübergreifende Beiräte, an denenVertreter von FuE teilnehmen und die spezifische Fragen der Technologie oder des Absatzes behandeln. Der FuE-Bereich unterstützt Vertrieb und Dienstleistungen auch dadurch, daß in einigen Fällen die FuE-Manager in das Produktmanagement wechseln (ca. 12 Personen pro Jahr) oder im Außenraum tätig werden und dabei die Kunden unterstützen (ca. 100 Personen pro Jahr; Wilcox 1988).

- Die strategischen Schwerpunkte der Forschung und Entwicklung innerhalb desAT&T-Konzerns bleiben die Telekommunikationsnetze, die Datennetze, die technologische Erschließung des internationalen Geschäfts und der Gerätebau.

- Die langfristige Forschungsplanung stellt sich die Aufgabe, genügend vorausschauend und rechtzeitig in neue Technologien zu investieren, z. B. in das ISDN, und zur Verwirklichung der Produkte der nächsten Generation beizutragen (Wilcox 1988). Es ist aber nicht von der Hand zu weisen, daß eine Verlagerung auf kurzfristig anwendungsorientierte FuE eingetreten ist, die einen negativen Effekt auf die amerikanische Grundlagenforschung ausüben wird (OTA 1985, 15f).

- Über 80 % der FuE-Mittel kommen aus den produzierenden Unternehmensbereichen und werden für marktnahe, spezifische aber auch vorausschauende Entwicklungsarbeiten eingesetzt. Die restlichen FuE-Mittel (ca. 500 Mio. US $) werden vom Konzern zentral aufgebracht und dienen der Grundlagenforschung, der Pflege strategischer Technologie (z. B. wird in Pennsylvania ein Solid State Technology Center (SSTC) als "Leading Edge Facility" aufgebaut) und der Qualitätssicherung. Diese Mittel sind mit einem 20 %-Anteil am FuE-Budget im internationalen Vergleich immer noch als sehr hoch zu bewerten.

Abbildung 1.3-8: AT&Ts Koordinierung der strategischen Geschäfts- und der FuE-Planung (Quelle: Wilcox 1988)

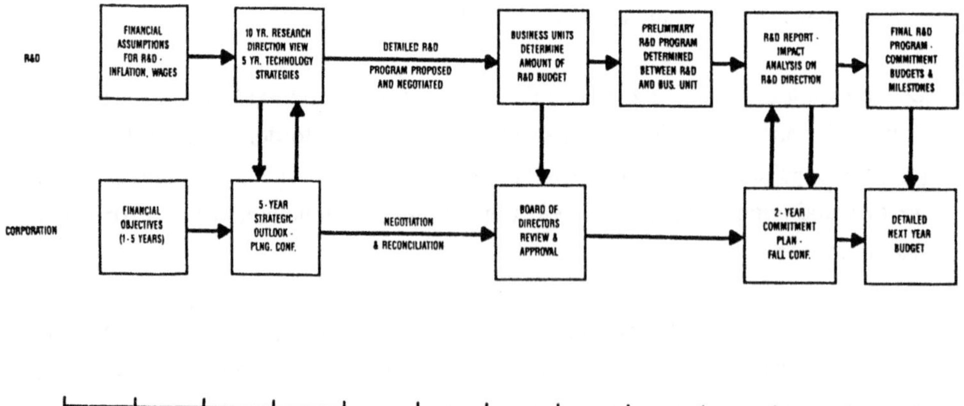

Die im Jahre 1978 begonnene Entwicklung des digitalen Telefonvermittlungssystems 5ESS trägt seit 1984 ihre kommerziellen Früchte. Bis zum 1. Mai 1988 waren weltweit 2389 Zentralvermittlungssysteme mit über 33,5 Millionen Hauptanschlüssen ausgeliefert worden. Außer in den USA waren im Januar 1988 in folgenden Ländern 5ESS-Zentralvermittlungssysteme im Einsatz: Niederlande (25), Saudi-Arabien (10), Taiwan (5), Großbritannien (2), Volksrepublik China (1) und Bahamas (1). Noch in der Entwicklung befindet sich das digitale Breitband-Vermittlungssystem "Starlite". Es soll ab Mitte 1990 ausgeliefert werden.

Die Entwicklung des sogenannten intelligenten Netzwerks erlaubt den Telefonbetriebsgesellschaften, computergesteuerte Mehrwertdienste mit guten Profitmargen anzubieten. Ein gutes Beispiel hierfür ist der sogenannte 800-Service (das Äquivalent in der Bundesrepublik Deutschland ist der 130-Dienst), der im Jahre 1985 in den USA über 3,5 Milliarden Mitteilungen beförderte. Der Dienst wird hauptsächlich zum Kauf von Gütern und Dienstleistungen genutzt. Dieses AT&T- Produkt wird demnächst auch in Großbritannien und den Niederlanden angeboten.

Bell Communications Research, Inc., (Bellcore) und die Regional Bell Operating Companies (RBOC)

Die Ausführungen in diesem Abschnitt beziehen sich neben eigenen Untersuchungen wesentlich auf Erhebungen, die Noll (1987) durchgeführt hat. Bell Communications Research, Inc., (Bellcore) existiert seit dem 1. Januar 1984 und ist das direkte Ergebnis der Entflechtung von AT&T. Bellcore ist eine gemeinsame Tochter der sieben Regional Bell Operating Companies (RBOC) und hat die Aufgabe, den gemeinsamen Forschungs-, Entwicklungs- und dienstebezogenen Bedarf der RBOC zu decken. Darüber hinaus ist Bellcore die zentrale, landesweite Anlaufstelle für Fragen der Nationalen Sicherheit und der Notfall-Bereitschaft.

Zum Gründungszeitpunkt besaß Bellcore 7925 Mitarbeiter. Rund 44 % kamen von den Bell Labs aus den Bereichen Forschung und Systemtechnik, 21 % von AT&T, 11 % von Western Electric, während der Rest entweder neu eingestellt oder zeitweilig aus den RBOC übernommen wurde.

Abbildung 1.3-9: FuE-Aufwendungen bei Bell Communications Research 1984 bis 1987 (Quelle: Bellcore)

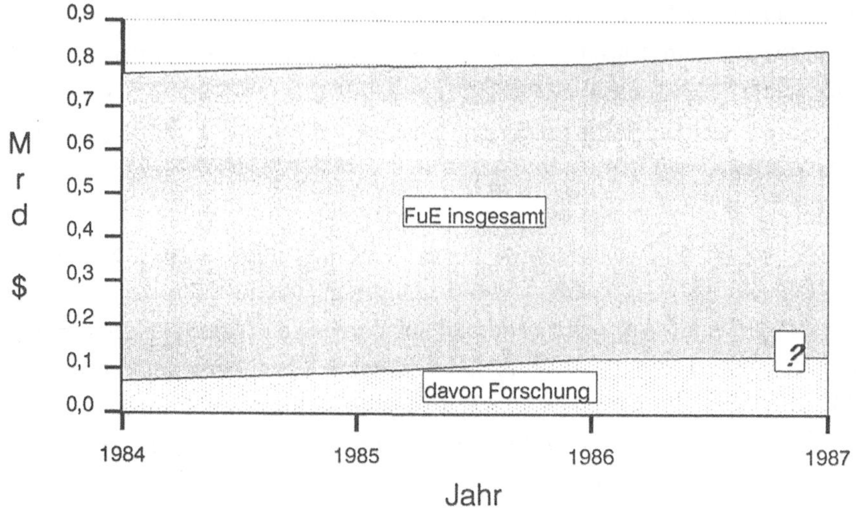

Abbildung 1.3-10: FuE-Personalverschiebungen bei AT&T und Bellcore

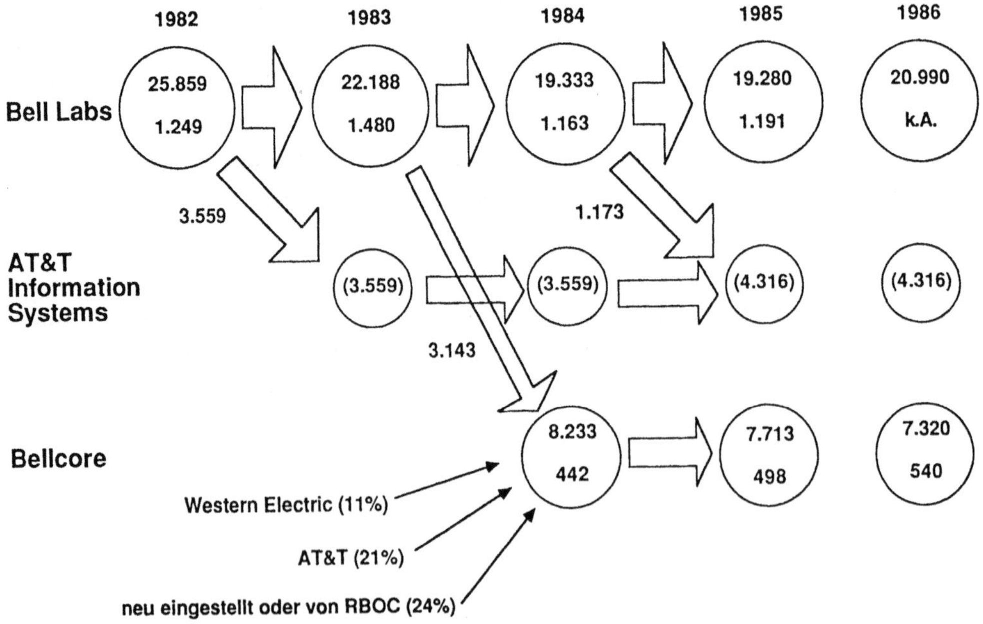

Über die Hälfte der Mitarbeiter (4600) arbeitet im Bereich der technischen Dienstleistungen, der verantwortlich ist für Angewandte Forschung, Netzwerkplanung, Software-Entwicklung, Qualitätskontrolle und Planung neuer Dienste.

Forschung bei Bellcore wird in der Abteilung für angewandte Forschung durchgeführt. Sie besteht aus vier Forschungslaboratorien:

- Solid State Science & Technology Research Laboratory,
- Mathematical, Communications & Computer Science Research Laboratory,
- Network Technology Research Laboratory,
- Network Systems & Services Research Laboratory.

Die insgesamt für Forschung zur Verfügung stehenden Mittel werden gegenwärtig zu etwa gleichen Teilen auf die vier Laboratorien aufgeteilt. Sie entsprechen im Jahre 1986 rd. 15 % der Gesamtaufwendungen von Bellcore für FuE (vgl. Abbildung 1.3-9; eine Angabe für 1987 existiert nicht). Die Applied Research Division begann am 1. Januar 1984 mit 374 Mitarbeitern, Ende 1986 hatte sie bereits 540 Mitarbeiter.

Abbildung 1.3-11: Spezialisierungsindikatoren für Publikationen der Bellcore Inc. und der sieben Regional Bell Operating Companies (RBOC) weltweit im Jahre 1986

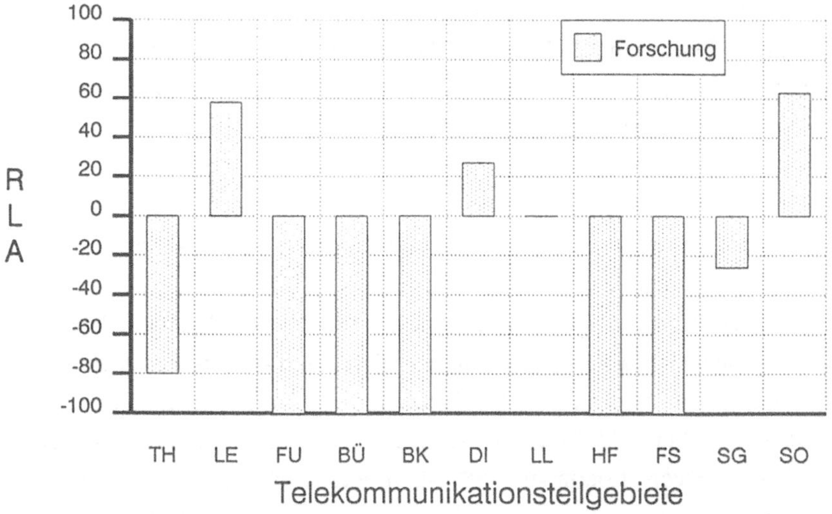

In den ersten 2,5 Jahren ihres Bestehens hat Bellcore 45 Schutzrechte angemeldet und 3 Patente erhalten. Die Zahl der Veröffentlichungen (incl. "grauer" Literatur) von Bellcore-Mitarbeitern stieg von 377 im Jahre 1984 auf 679 im Jahre 1986. Betrachtet man den Spezialisierungsindikator für Publikationen für die Gruppe der RBOC (d. h. Bellcore plus die sieben Regional Bell Operating Companies), der auf 336 Publikationen aus dem Jahre 1986 beruht (vgl. Tabelle 1.2-5), so ist diese auf folgenden Teilgebieten der Telekommunikation aktiver als der Weltdurchschnitt (vgl. Abbildung 1.3-11):

- Software, Anwendungsforschung,
- leitungsgebundene Kommunikation,
- digitale Telekommunikationstechnik.

Ungefähr ein Drittel des jährlichen Bellcore-Budgets wird von allen sieben RBOC für sogenannte Gemeinschaftsprojekte finanziert. Die restlichen zwei Drittel werden durch Auftragsforschung und -entwicklung für eine oder mehrere der sieben RBOC finanziert oder durch technische Analysen von Telekommunikationssystemen, die im Auftrag der Systemanbieter durchgeführt werden (vgl. TE&M 1987).

Von den sieben RBOC haben sechs in der Zwischenzeit eigene Forschungs- und Entwicklungsgruppen aufgebaut (vgl. Noll 1987). Lediglich von NYNEX liegen COMPUSTAT-Daten (vgl. Abschnitt 1.2) über die FuE- Aufwendungen vor, die sich 1985 auf 121,3 Mio. US $ beliefen. Vermutlich ging der überwiegende Teil dieser Gelder (etwa 2/3) an Bellcore. Ameritech in Chicago hatte 1988 eine FuE-Gruppe mit unter 50 Mitarbeitern und beabsichtigt, diese innerhalb einiger Jahre auf mehrere 100 Personen aufzustocken. Im Dezember 1985 und Januar 1986 übernahm Ameritech alle Aktien des Software-Hauses Applied Data Research, Inc. (ADR), das im Jahr 1987 etwa 18 % seines Umsatzes für FuE aufwendete (Ameritech 1988, 22). 1987 führte ADR ein neues Produkt auf dem US-Markt ein, eMAIL-VOICE, ein Softwaresystem, das den Informationstransfer in Form von Sprache oder Text von großen Datenbanken zu jedem beliebigen Telefon oder Computerarbeitsplatz ermöglicht.

Betrachtet man den Gesamtumsatz der RBOC und den FuE-Aufwand von Bellcore, so liegt dieser bei etwa 1,4 % des Gesamtumsatzes und damit nach internationalen Maßstäben im unteren Drittel (siehe den internationalen Vergleich; Kapitel 11). Dies läßt den Schluß zu, daß die RBOC zu wenig in FuE investieren. Mit den verschiedentlich geäußerten Ausbauplänen eigener FuE-Gruppen mag sich dieses Bild ändern. Fest steht jedoch, daß die Forschungsaktivitäten durch die Entflechtung von AT&T keinen Einbruch erlitten haben. Gab es 1983 bei AT&T im Forschungsbereich 1 480 Mitarbeiter, so waren es 1985 bei AT&T und Bellcore zusammen 1 689 Mitarbeiter, 14 % mehr als zwei Jahre zuvor. Ob dieses positive Bild auch längerfristig Bestand hat, ist schwer vorauszusagen, aber nicht unwahrscheinlich.

GTE Laboratories

GTE Laboratories, Inc., ist das zentrale Forschungs- und Entwicklungslabor des GTE-Konzerns, dessen Umsatz zu über 85 % durch Telekommunikationsprodukte und -dienstleistungen erwirtschaftet wird. Im Jahre 1987 wendete GTE für Forschungs- und Entwicklungsprogramme insgesamt 251 Mio. US $ auf. An diesen FuE-Projekten waren mehr als 1845 Wissenschaftler und Ingenieure beteiligt. Bei GTE Laboratories übertrifft die Zahl der FuE-Personen mit akademischem Grad (Doktor, Master, Bachelor) die Zahl der Techniker um das Zwei- bis Dreifache. Etwa 75 % der FuE-Aufwendungen von GTE können dem Bereich der Telekommunikation zugeordnet werden.

Das für Forschung und Entwicklung zur Verfügung stehende Budget wird zu 60 % im Rahmen des Unternehmensstrategieplans für bestimmte Aufgaben festgelegt, über die restlichen 40 % können die GTE Laboratories eigenständig verfügen. Rund 10 % der Mittel dienen der reinen Forschung. Wie sich das FuE-Budget im Zeitraum 1981 bis 1987 entwickelt hat, zeigt Abbildung 1.3-12. Mit 296 Mio. US $ in 1985 hatte das FuE-Budget einen Höhepunkt erreicht. In den darauf folgenden zwei Jahren fiel es um 13,7 % auf 251 Mio. US $. Entsprechend wurde auch die Zahl der FuE-Beschäftigten von 2 900 (1986) auf 1 845 (1987) reduziert. Die FuE-Intensität betrug 1987 nur noch 1,6 % (gemessen am Umsatz).

Abbildung 1.3-12: Zivile FuE-Aufwendung bei GTE 1980 bis 1987 (Quelle: GTE, COMPUSTAT)

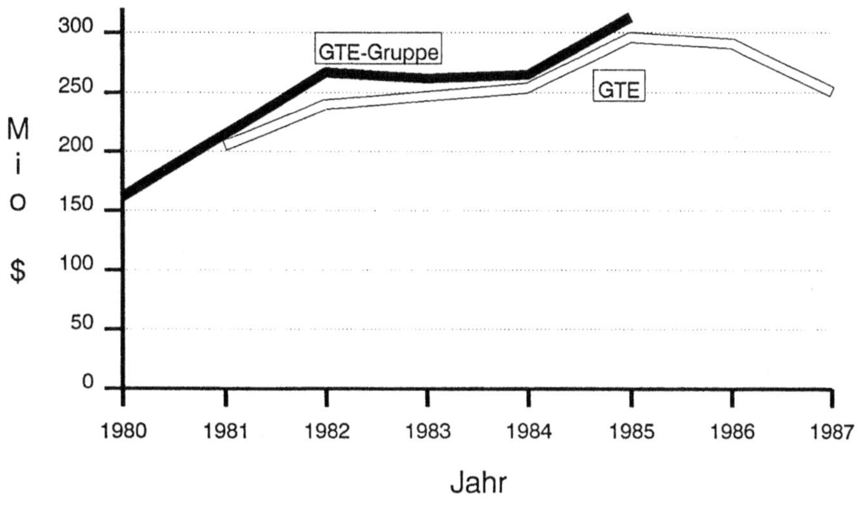

Am 1. Juli 1986 wurde die US Sprint Communications Company (US Sprint) als Joint Venture von GTE und United Telecommunications, Inc. (jeweils 50 %-Anteil) gegründet. GTE brachte die GTE Sprint long-distance telephone und GTE Telenet data transmission Aktivitäten in das Joint Venture ein. Die GTE Sprint und GTE Telenet zuzuschreibenden FuE-Aufwendungen wurden in Abbildung 1.3-11 aus den Angaben für die Jahre 1981 bis 1986 herausgerechnet, so daß die Zahlen innerhalb der gesamten Reihe miteinander verglichen werden können.

Das Gremium, in dem die FuE-Politik formuliert und festgelegt wird, ist der GTE Engineering Council. Es tagt vierteljährlich. Seine Mitglieder sind der Präsident der GTE Laboratories und die leitenden Manager der verschiedenen Unternehmensteile.

Betrachtet man die Spezialisierungsindikatoren für Inlandspatente und Publikationen, so ist GTE auf folgenden Teilgebieten der Telekommunikation aktiver als der Weltdurchschnitt (vgl. Abbildung 1.3-13):

- Leitungsgebundene Kommunikation,
- sonstige Geräte,
- Funktechnik.

Bei der Lichtwellenleiter-Kommunikation ist immerhin der Publikationsindikator positiv.

Abbildung 1.3-13: Spezialisierungsindikatoren für GTE für Inlandspatente (US-Entwicklung) auf dem amerikanischen Markt (1984) und für Publikationen (Forschung) weltweit im Jahre 1986

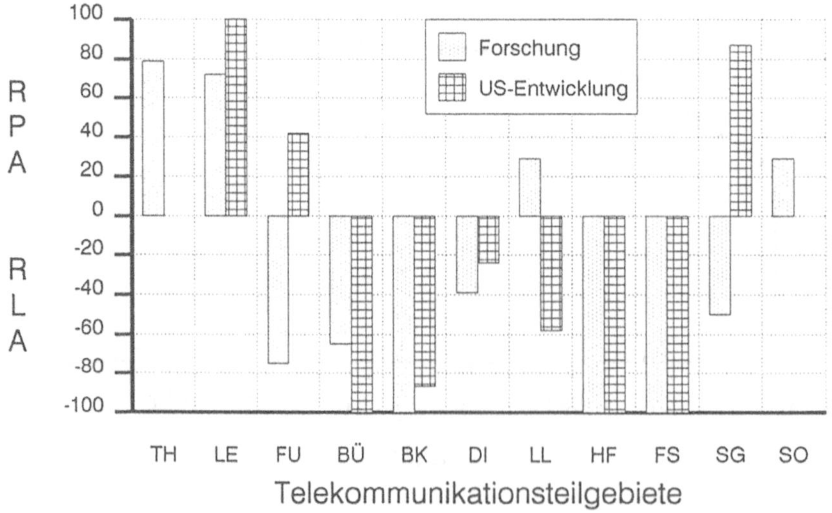

Das strategische Patentverhalten für den westdeutschen Markt weist zwei bemerkenswerte Unterschiede auf: es finden keine Aktivitäten in der Funktechnik statt, aber sehr starke Bemühungen im digitalen Bereich und bezüglich der sonstigen Geräte (ohne Abbildung). Insgesamt besitzt GTE wenige Auslandspatente, so daß die Auffälligkeiten statistisch nicht gut abgesichert sind.

US Sprint, das Joint Venture von GTE und United Telecommunications, hat im Jahre 1987 als erster "long-distance common carrier" der USA sein digitales, 23 000 Meilen langes Glasfaser-Netzwerk nahezu fertiggestellt. Bereits knapp 90 % aller Ferngespräche innerhalb des US-Sprint-Netzes wurden am Jahresende über dieses Glasfasernetz abgewickelt. US Sprints Marktanteil bei Ferngesprächen betrug Ende 1987 etwa 6 %. Die Forschungs- und Entwicklungsaufwendungen bei US Sprint liegen vermutlich in der Größenordnung von 17 bis 20 Mio. US $.

<u>Sonstige Netzbetreiber</u>

Im begrenzten Rahmen der vorliegenden Untersuchung konnten verläßliche Primärinformationen über die Forschungs- und Entwicklungsanstrengungen der bisher noch nicht behandelten Netzbetreiber nicht eingeholt werden. Für United Telecommunications, Western Union und Communications Satellite Corp. wurden die FuE-Daten in Abbildung 1.3-14 zusammengefaßt.

Abbildung 1.3-14: FuE-Aufwendungen von diversen Netzbetreibern 1979 bis 1984 (Quelle: COMPUSTAT)

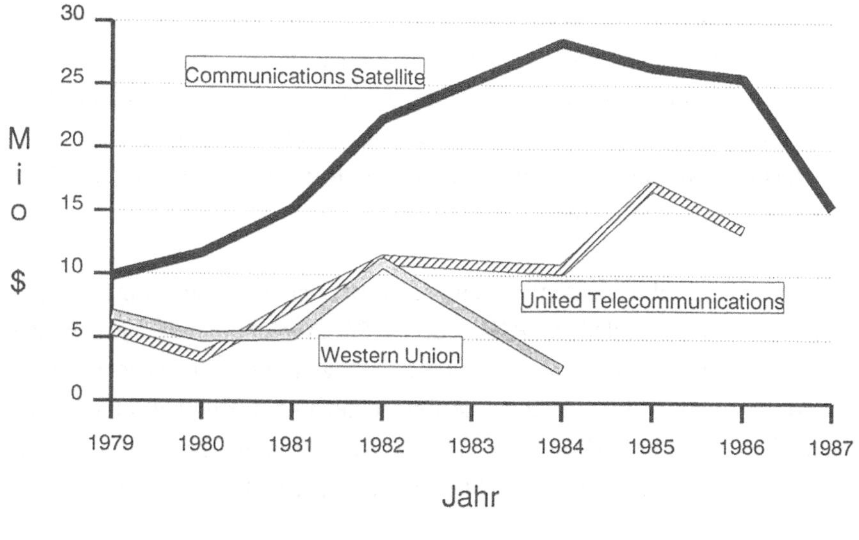

Die FuE-Intensität, gemessen am Umsatz, von United Telecommunications, liegt 1986 bei nur 0,4 %, von Communications Satellite Corp. 1987 bei 4,6 % (aber noch 1984 bei 6,4 %) und von Western Union 1984 bei 0,2 %.

1.3.3 ROLLE DER HERSTELLERINDUSTRIE

In den großen US-amerikanischen Unternehmen der telekommunikationstechnischen Herstellerindustrie zählen AT&T Technologies (ehemals Western Electric), GTE, Genenral Electric/RCA, Motorola, ITT, IBM, Westinghouse, Zenith Radio Corp. und Xerox Corp. Die beiden erstgenannten Unternehmen wurden bereits bei den Netzbetreibern im vorangegangenen Abschnitt auch bezüglich ihrer FuE-Aktivitäten im Gerätebau diskutiert. Die anderen Hersteller, welche nicht im Netzgeschäft aktiv sind, werden in diesem Abschnitt behandelt. Dazu kommt ein Exkurs zu dem kanadischen Hersteller Northern Telecom (NT), der auf dem US-Markt von Bedeutung ist (siehe Abbildung 1.1-9). Die Zusammenhänge von NT mit dem kanadischen Netzbetreiber Bell Canada können dabei nur kurz gestreift werden. Abschließend folgen einige Angaben zu dem für die Telekommunikationsindustrie wichtigen Wirtschaftsverband EIA, der vor allem bei der Standardisierung entscheidende Funktionen übernimmt.

General Electric / RCA

Im Jahre 1986 wurde RCA von General Electric übernommen. RCAs weltberühmtes Forschungszentrum, das David Sarnoff Research Center in Princeton, wurde als Folge dieser Übernahme am 31.3.1987 dem Stanford Research Institute (SRI) International als Tochterunternehmen geschenkt und arbeitet seitdem als Vertragsforschungsinstitut ähnlich wie SRI oder Battelle, allerdings auf Gewinn orientiert. Die im folgenden diskutierten Daten spiegeln die Situation vor der Übernahme. Das General Electric Research Center Schenectady, New York, war nicht bereit, im Rahmen dieser Untersuchung Informationen über den gegenwärtigen Stand der FuE-Unternehmenspolitik des Konzerns GE/RCA zu geben mit der Begründung, daß für den Konzern der Bereich der Telekommunikation nicht mehr zentral sei.

Betrachtet man die Zahl der Patenterteilungen im Bereich der Telekommunikation (vgl. Tabelle 1.2-3), so fällt auf, daß die RCA Corp. 1984 an zweiter Stelle nach AT&T lag. Besonders ausgeprägt ist die Zahl der Patenterteilungen auf dem Teilgebiet der allgemeinen Bildübertragung, das vor allem die Fernsehtechnologie enthält (1984 insgesamt 94 Patente). Das David Sarnoff Research Center hat seit seiner Gründung im Jahre 1942 auf dem Gebiet des Fernsehens geforscht und entwickelt und viele bahnbrechende Erfindungen gemacht. Die Entwicklung des Farbfernsehens ist wesentlich in diesem Forschungszentrum vorangetrieben worden. In den fünfziger Jahren war das Forschungslabor maßgebend an der Entwicklung des in vielen Ländern akzeptierten sog. NTSC-Standards für Farbfernsehen mit 525 Linien pro Bild beteiligt. In jüngerer Zeit entwickelte das Forschungslabor in Zusammenarbeit mit RCA und NBC das "Advanced Compatible Television - ACTV", ein hochauflösendes Farbfernsehen (HDTV) mit 1 050 Zeilen pro Bild, das mit den gegenwärtig genutzten NTSC-Standards insofern kompatibel ist, als die 140 Millionen NTSC-Fernsehempfänger auch weiterhin noch verwendet werden können, auch wenn die Sender ihre Programme mit dem neuen ACTV-Standard ausstrahlen (vgl. David Sarnoff Research Center 1988a).

Betrachtet man RCAs Spezialisierungsindikatoren für Inlandspatente (US-Entwicklung) 1984 sowie für Publikationen (Forschung) weltweit 1986 (vgl. Abbildung 1.3-15), so scheint das Unternehmen tatsächlich aktiver als der Weltdurchschnitt im Gebiet der allgemeinen Bildübertragung sowie der Hochfrequenzkommunikation zu sein. Im Bereich Funktechnik liegen lediglich die Publikationen über dem Weltdurchschnitt. Das Patentprofil in der Bundesrepublik (Europa-Entwicklung) reproduziert die Verhältnisse für das Jahr 1985, wobei aber die Anmeldungen im Hochfrequenzbereich zurückgehalten werden.

Die General Electric Co. steht bezüglich der im Telekommunikationsbereich erteilten Patente innerhalb der USA an sechster Stelle und erhielt 1984 nur ein Drittel der Patente, die RCA erwirkte (vgl. Tabelle 1.2-3). Im Vergleich mit dem Weltdurchschnitt erscheint GE bei den Publikationen sehr aktiv in den Teilgebieten (vgl. Abbildung 1.3-16) der Hochfrequenztelemetrie, der Funktechnik und der Informationstheorie sowie der künstlichen Intelligenz. Dies beruht im wesentlichen auf den rüstungs- und raumfahrttechnischen Arbeiten des Unternehmens. Was die Patenterteilungen in den USA anbetrifft, so liegen die Aktivitäten in den Teilgebieten der allgemeinen Bildübertragung und der digitalen Telekommunikationstechnik über dem Weltdurchschnitt.

Die FuE-Aufwendungen von GE und RCA zeigt Abbildung 1.3-17; es darf aber keinesfalls davon ausgegangen werden, daß sie vollständig der Telekommunikation zugute kommen. Die FuE-Intensitäten von GE liegen konstant um 8 %, diejenigen von RCA bei 2,5 %.

Abbildung 1.3-15: RCAs Spezialisierungsindikatoren für Inlandspatente (US-Entwicklung) 1984, für Auslandspatente (Europa-Entwicklung) 1985 sowie für Publikationen (Forschung) weltweit im Jahre 1986

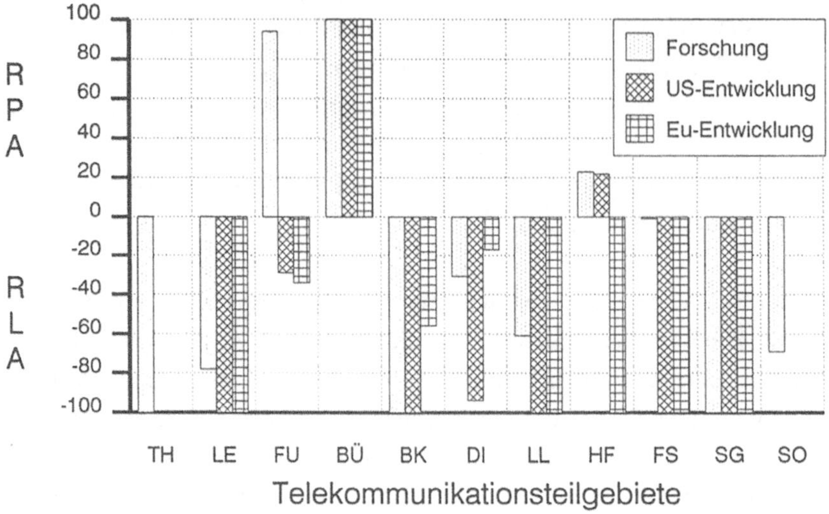

Abbildung 1.3-16: General Electrics Spezialisierungsindikatoren für Inlandspatente (1984), Auslandspatente (1985) und für Publikationen (1986)

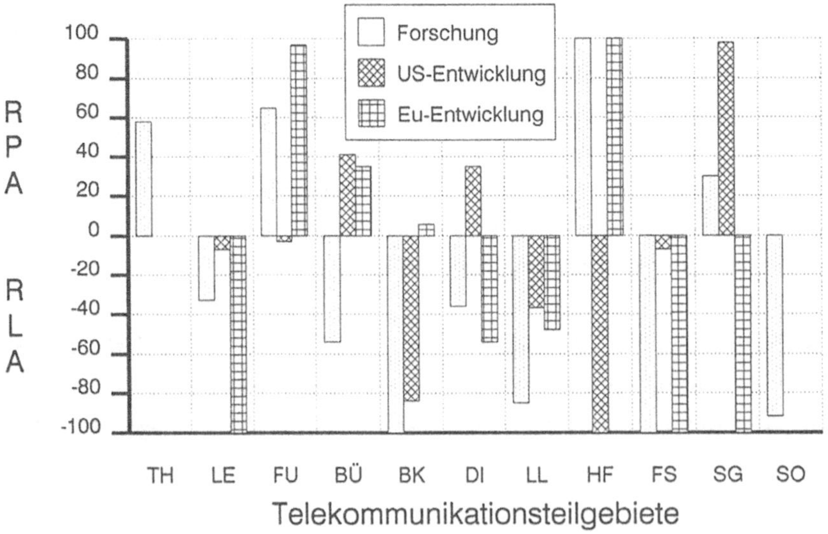

Abbildung 1.3-17: FuE-Aufwendungen von GE und RCA für alle Geschäftsbereiche der Unternehmen (Quelle: COMPUSTAT)

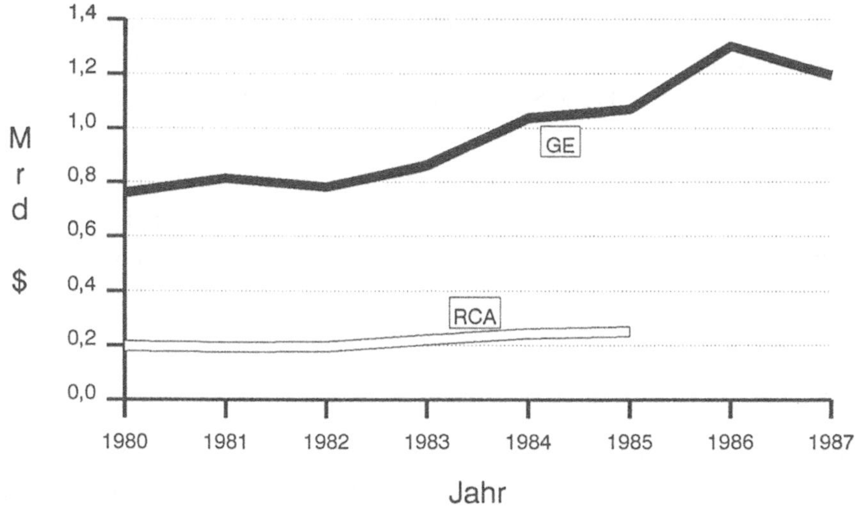

<u>David Sarnoff Research Center, Inc.</u>

Das David Sarnoff Research Center arbeitet seit dem 1. April 1987 als Vertragsforschungsinstitut. Die Forschungs- und Entwicklungsschwerpunkte des Instituts sind (vgl. David Sarnoff Research Center 1987):

- Konsumelektronik und Informationswissenschaft (Angewandte Mathematik, Physikalische Forschung, Kommunikationsforschung, Digitale Bauelemente, Fernsehen),
- Verfahrenstechnik und Materialforschung und
- Festkörperforschung (Display, Integrierte Schaltungen, Mikrowellen, Optoelektronik und Höchstintegration).

Im Juli 1987 bildeten GE und Thomson (Frankreich) ein neues Unternehmen, Thomson Consumer Electronics, in das die früheren RCA- und GE-Unternehmensbereiche in der Konsumelektronik eingingen. Für dieses neue Unternehmen wird das David Sarnoff Research Center für fünf Jahre Forschungs- und Entwicklungsaufgaben mit einem Gesamtvolumen von 250 Mio. US $ durchführen.

Im Jahre 1988 lag der Staatsanteil der FuE-Aufträge bei 10 bis 15 %. Es wird angestrebt, diesen Anteil auf etwa 40 % anzuheben. 60 % der Forschungsaufwendungen sollen durch Aufträge kommerzieller Unternehmen abgedeckt werden. Offensichtlich hat man bereits recht erfolgreich im ostasiatischen Raum akquiriert.

Darüber hinaus wird angestrebt, gemeinsame Forschungsprogramme zusammen mit Universitäten in Angriff zu nehmen. So haben das David Sarnoff Research Center zusammen mit der Princeton University, dem New Jersey Institute of Technology, dem Stevens Institute of Technology und der Rutgers University ein Konsortium für Oberflächentechnik gebildet und einen Auftrag erhalten, der in der Größenordnung von jährlich 0,5 bis 1,5 Mio. US $ liegt (vgl. David Sarnoff Research Center 1988b).

Die Zahl der Mitarbeiter wurde von 1 250 im April 1987 auf 850 im Juli 1988 reduziert, worunter 600 wissenschaftlich-technische Mitarbeiter verblieben. Im Rumpfgeschäftsjahr April bis Dezember 1987 betrugen die Forschungsaufwendungen 51,4 Mio. US $ (vgl. David Sarnoff Research Center 1988c).

Motorola

Motorola, Inc., einer der führenden US-Hersteller von elektronischen Geräten, Systemen und Komponenten, erwirtschaftete im Jahre 1987 mit 97 700 Mitarbeitern einen Umsatz von 6,7 Mrd. US $ (vgl. Motorola 1988). Die in den sieben Unternehmensbereichen

- Communications Sector,
- Semiconductor Products Sector,
- Information Systems Group,
- Government Electronics Group,
- General Systems Group,
- Automotive and Industrial Electronics Group und
- New Enterprises

hergestellten Produkte sind nur teilweise für die Telekommunikation relevant. Die Umsätze der verschiedenen Unternehmensbereiche im Jahre 1987 zeigt Abbildung 1.3-18. Man kann davon ausgehen, daß etwa 55 % des Umsatzes mit Telekommunikationsprodukten erwirtschaftet werden. Im zivilen Bereich besonders stark ist Motorola bei mobilen Funksystemen, insbesondere bei zellularen Radiotelefonsystemen. Ende 1987 waren mehr als 120 von Motorola gelieferte zellulare Radiotelefonsysteme in 10 Ländern in Betrieb. In Europa ist es vor allem das in Großbritannien installierte Cellnet-System.

Abbildung 1.3-18: Motorolas Jahresumsätze im Jahre 1987 nach Unternehmensbereichen gegliedert (Quelle: Motorola 1988)

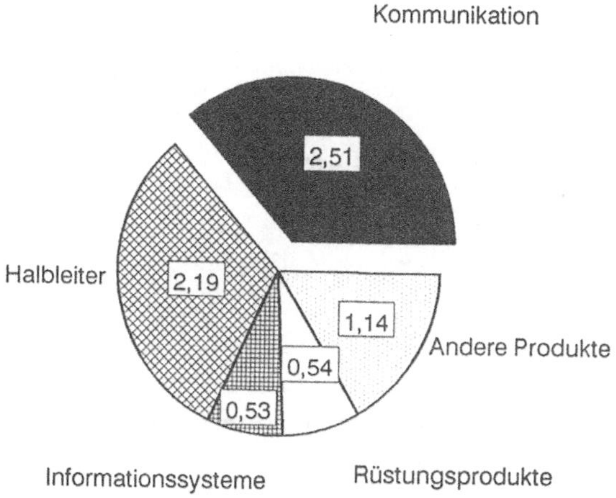

Einen Überblick über die zivilen FuE-Aufwendungen der Motorola, Inc., im Zeitraum 1980 bis 1987 gibt Abbildung 1.3-19. Unter der Annahme, daß die prozentuale Aufteilung der FuE-Mittel auf die verschiedenen Produktbereiche der Aufteilung des Gesamtumsatzes entspricht, wurden im Jahr 1987 für FuE-Projekte im Telekommunikationsbereich 288 Mio. US $ aufgewendet. Die FuE-Intensität liegt in den letzten Jahren zwischen 7 und 8 %.

Das Verfahren für die Auswahl der FuE-Projekte beinhaltet (van der Heuvel 1988) eine Identifizierung der "treibenden Kräfte", die Identifizierung der Schlüsselziele des Programms, die Identifizierung der Auswirkungen des Programms im Erfolgsfall, die Identifizierung der kritischen Punkte und ein langfristiger Plan. Im Sommer 1988 standen im Telekommunikationsbereich folgende FuE-Aufgaben im Vordergrund:

- wirksame Modulation des Spektrums,
- Sprachkompressionstechnologien,
- effiziente Netzsystemorganisation,
- tragbare Funkgeräte,
- neue Funkanwendungen.

Abbildung 1.3-19: FuE-Aufwendungen Motorolas 1980 bis 1987 für alle Geschäftsfelder (Quelle: Motorola, COMPUSTAT)

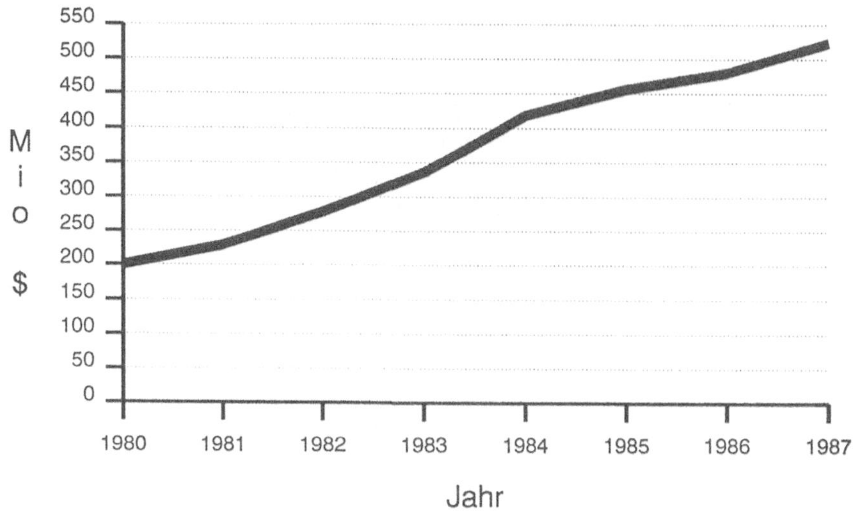

Betrachtet man die Patenterteilungen am US-Patentamt im Zeitraum 1975 bis 1984 (vgl. Tabelle 1.2-3), so sieht man Motorolas Stärke insbesondere in den Telekommunikations-Teilgebieten der Funktechnik, der digitalen Telekommunikationstechnik, der leitungsgebundenen Kommunikation, der Hochfrequenztelemetrie sowie bei den sonstigen Geräten.

Dies spiegelt sich auch in den Spezialisierungsindikatoren für Patente und Veröffentlichungen wieder (vgl. Abbildung 1.3-20). Am westdeutschen Markt reproduzieren sich diese Verhältnisse, wobei - wie im Falle von RCA - die militärnahe Technologie im Hochfrequenzbereich zurückgehalten wird. Ferner sind die leitungsgebundenen Schutzrechte unterdurchschnittlich; der Funkbereich ist eher noch stärker.

ITT, IBM, Siemens, Westinghouse, Zenith Radio Corp. und Xerox Corp.

Im Rahmen der vorliegenden Untersuchung war es wegen der Größe der USA nicht möglich, Primärangaben zu weiteren wichtigen Unternehmen, die Telekommunikations-Forschung und -Entwicklung betreiben, in gleicher Detaillierung beizubringen. Darüber hinaus waren IBM und ITT nicht bereit, entsprechende Angaben zur Verfügung zu stellen. Dies liegt vor allem an den auch im FuE-Bereich bedeutsamen Veränderungen der Konzernstrukturen. ITT hatte Ende 1986 die europäischen informationstechnischen Tochterunternehmen sowie die kommunikationstechnischen Produktionsgesellschaften in den USA zusammen mit ähnlichen Unternehmensbereichen der französischen Unternehmensgruppe CGE (vgl. Kapitel 3) in das neugegründete Unternehmen Alcatel NV eingebracht. Aufgrund der auch noch im Sommer 1988 andauernden Umstrukturierungsprozesse im FuE-Bereich des Konzerns (Alcatel NV besitzt in Europa 27, in den USA 6 und in der übrigen Welt weitere 3 FuE-Zentren), wovon auch das Alcatel-Forschungszentrum in Raleigh, NC, betroffen ist, mag auch aus unternehmensinterner Sicht zur Zeit ein Wirrwarr bestehen. So können im folgenden für die fünf obengenannten Unternehmen die telekommunikationstechnischen FuE-Aktivitäten lediglich anhand der Patentstatistik (Tabelle 1.2-3), der Publikationsstatistik (Tabelle 1.2-5) und der entsprechenden Spezialisierungsindikatoren diskutiert werden. Aber auch die Spezialisierungsindikatoren für Publikationen von ITT, Westinghouse, Zenith Radio und Xerox besitzen nur geringen Aussagewert, weil ihre statistische Basis sehr beschränkt ist.

Abbildung 1.3-20: Spezialisierungsindikatoren für Inlandspatente (1984), Auslandspatente (1985) und Publikationen (1986) für Motorola

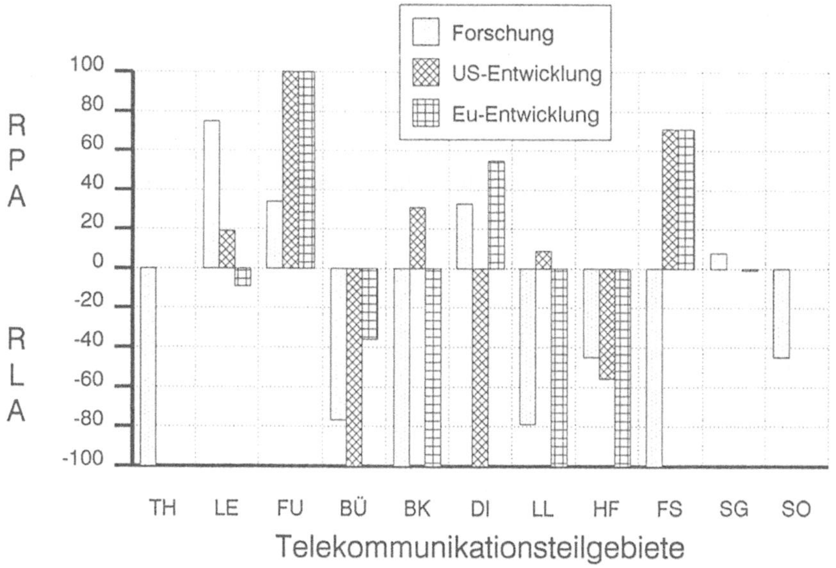

Angaben über FuE-Aufwendungen, jeweils für die Gesamtkonzerne, finden sich in der Datenbank COMPUSTAT. Der telekommunikationstechnische Anteil an diesen Daten ist daran nicht abzulesen (vgl. Abbildung 1.3-21).

ITTs telekommunikationstechnische FuE-Aktivitäten lagen in der Zeit bis 1984 - mißt man sie an der Zahl der erteilten US-Patente (vgl. Abbildung 1.3-22 und Tabelle 1.2-3) - auf den Teilgebieten der leitungsgebundenen Kommunikation, der Funktechnik, der

Hochfrequenztelemetrie, der Lichtwellenleiter-Kommunikation sowie der digitalen Telekommunikationstechnik.

Abbildung 1.3-21: FuE-Aufwendungen von fünf ausgewählten Konzernen für alle Geschäftsbereiche 1980 bis 1987 (Quelle: COMPUSTAT)

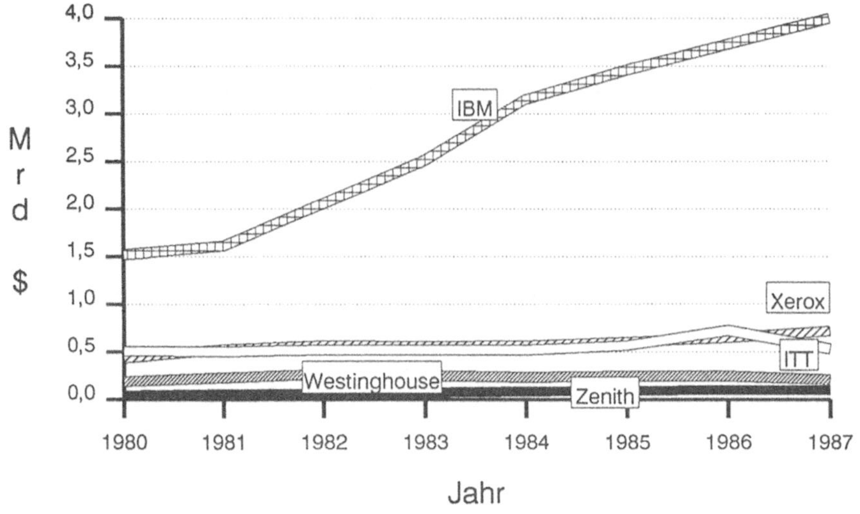

Abbildung 1.3-22: Spezialisierungsindikatoren für Inlandspatente (1984) und Publikationen (1986) für ITT

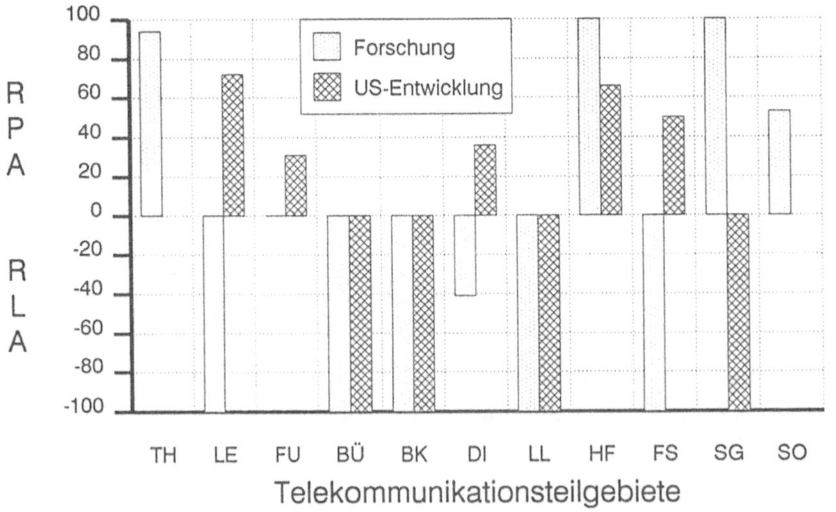

Gemessen an den Patentaktivitäten sind die Publikationsaktivitäten als gering einzuschätzen (vgl. Tabelle 1.2-5). Die entsprechenden Spezialisierungsindikatoren für Europa

werden im Kapitel 3 im Zusammenhang mit Alcatel betrachtet. ITTs FuE-Intensität lag Anfang der achtziger Jahre bei 3 % und hat sich nach der Reorganisation verdoppelt (1987: 6,1 %).

IBM konzentrierte seine telekommunikationsrelevanten FuE-Aktivitäten auf die Teilgebiete der leitungsgebundenen Kommunikation und der digitalen Telekommunikationstechnik sowie die sonstigen Geräte. Die entsprechenden Spezialisierungsindikatoren zeigt Abbildung 1.3-23.

Für den bundesdeutschen Schutzrechtsmarkt 1985 ergeben sich kaum andere Verhältnisse, obwohl dort die leitungsgebundenen Aktivitäten deutlich schwächer ausfallen. Die Telekommunikationsaktivitäten IBMs werden weitgehend vom Tochterunternehmen Rolm wahrgenommen, das unter anderem Fernsprechnebenstellenanlagen herstellt. Rolm wird von Siemens übernommen, so daß die Schlußfolgerung naheliegt, daß IBM sich aus der Telekommunikationsbranche im engen Sinne zurückzieht. Auch von daher bietet sich momentan eine Darstellung der diesbezüglichen FuE-Aktivitäten nicht an, die mit großer Sicherheit verändert werden. Auch hat IBM im Sommer 1989 - wohl unberechtigte - Schlagzeilen gemacht, als der von IBM ins Sematechzentrum (siehe unten) nach Austin geschickte Top-Manager nicht gehalten werden konnte. Von Verstimmungen zwischen IBM und dem übrigen Konsortium war die Rede. Auch dies muß als Anzeichen dafür gedeutet werden, daß IBMs strategische FuE-Planung zur Zeit auch von Insidern kaum überblickt wird.

Abbildung 1.3-23: Spezialisierungindikatoren für Inlandspatente (1984), Auslandspatente (1985) und Publikationen (1986) für IBM

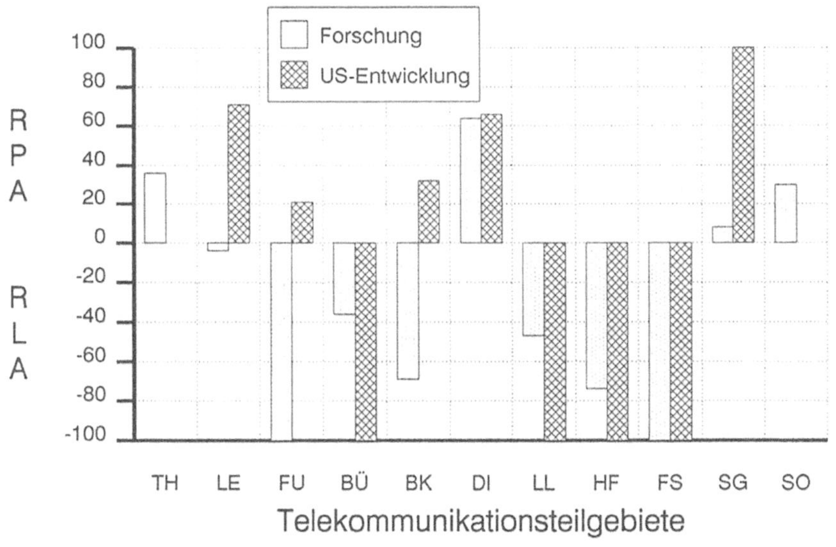

Bezüglich der weltweiten FuE-Aktivitäten von Siemens vergleiche die Kapitel über Großbritannien (Kapitel 4) und die Bundesrepublik Deutschland (Kapitel 10). Bezüglich der USA kann festgestellt werden, daß sich die Geschäftsinteressen von IBM und Siemens und auch ihre jeweilige technologische Basis gut ergänzen: IBM hat Stärken in der Datentechnik, Siemens solche in der Fernmeldetechnik.

Die FuE-Schwerpunkte von Westinghouse im Telekommunikationsbereich lagen auf den Teilgebieten der Fernsignaltechnik (Verbindung zur Westinghouse-Nukleartechnik!), der Hochfrequenztelemetrie und der Funktechnik. Insgesamt ist zwischen 1975 und 1984 eine abnehmende Tendenz der Zahl der erteilten Patente zu erkennen. Die entsprechenden Spezialisierungsindikatoren zeigt Abbildung 1.3-24. Die Zahl der auf Europa gerichteten Auslandsanmeldungen ist gering. Die FuE-Intensitäten von Westinghouse liegen mit etwas über 2 % seit 1980 durchgängig niedrig.

Das Unternehmen Zenith Radio Corporation betrieb Anfang der achtziger Jahre zunehmend FuE; die Intensitäten, gemessen am Umsatz, stiegen von 4,0 % (1980) auf 5,9 % (1985) an. Seitdem stagnieren die entsprechenden Bemühungen (1986: 5,3 % und 1987: 4,4 %).

Abbildung 1.3-24: Spezialisierungsindikatoren für Inlandspatente (1984) und Publikationen (1986) für Westinghouse Electric Corp.

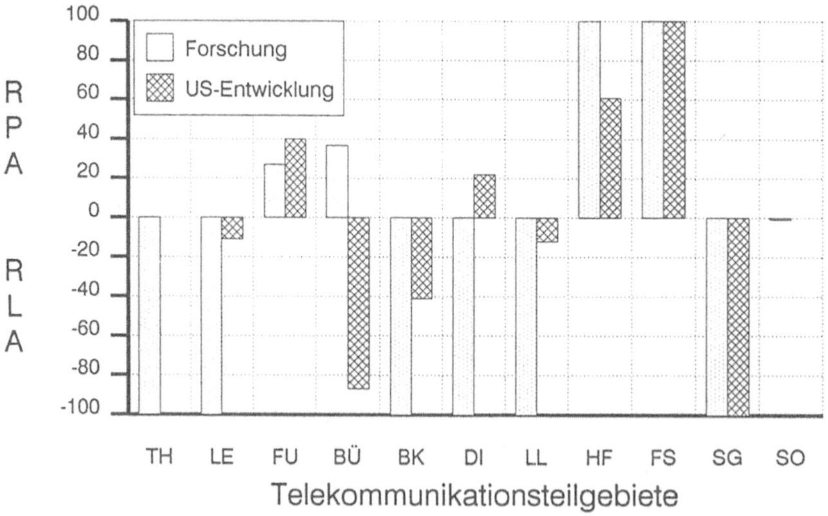

Abbildung 1.3-25: Spezialisierungsindikatoren für Inlandspatente (1984) und Publikationen (1986) für Zenith Radio Corp.

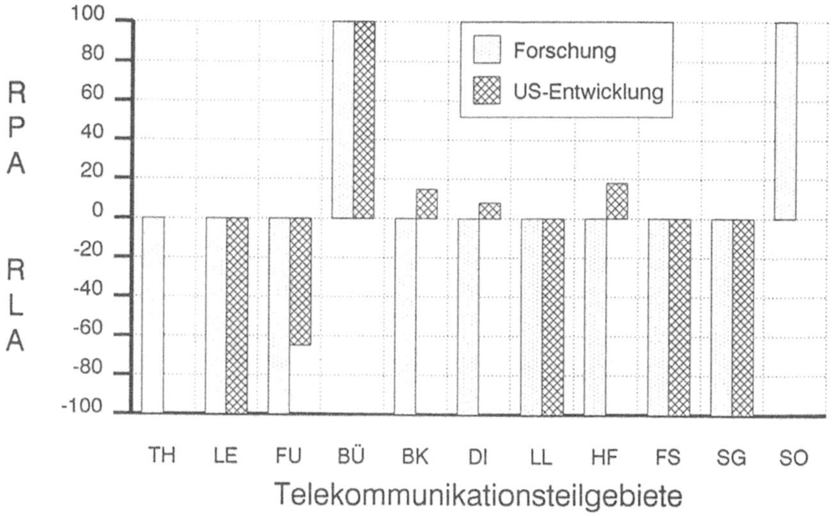

Zenith, der letzte Fernsehgeräte-Hersteller in amerikanischem Kapitalbesitz, hat im Rahmen des anlaufenden, neuen DARPA-FuE-Programms zur Entwicklung des HDTV zwei Förderanträge gemeinsam mit AT&T gestellt (13 Mio. $ für HDTV-Mikroprozessoren und 10 Mio. $ für HDTV-Maskentechnologie). Insofern wird die eindeutige Schwerpunktsetzung im Bildbereich (siehe Abbildung 1.3-25) beibehalten. Dies gilt für die USA wie den bundesdeutschen Markt, an dem aber kaum Patentschutz besteht. Darüber hinaus gab es einige Forschungsaktivitäten auch im Teilgebiet der Dienste und Software. Die entsprechenden Spezialisierungsindikatoren zeigt Abbildung 1.3-25.

Die Firma <u>Xerox</u> weist nur zwei FuE-Schwerpunkte im Telekommunikationsbereich auf, nämlich die Lichtwellenleiter-Kommunikation und die Bildkommunikation (Faksimile). Die entsprechenden Spezialisierungsindikatoren zeigt Abbildung 1.3-26. Die FuE-Intensitäten von Xerox liegen in den achtziger Jahren beständig um 7 %. Im übrigen siehe Abbildung 1.3-20.

Abbildung 1.3-26: Spezialisierungsindikatoren für Inlandspatente (1984) und Publikationen (1986) für Xerox Corp.

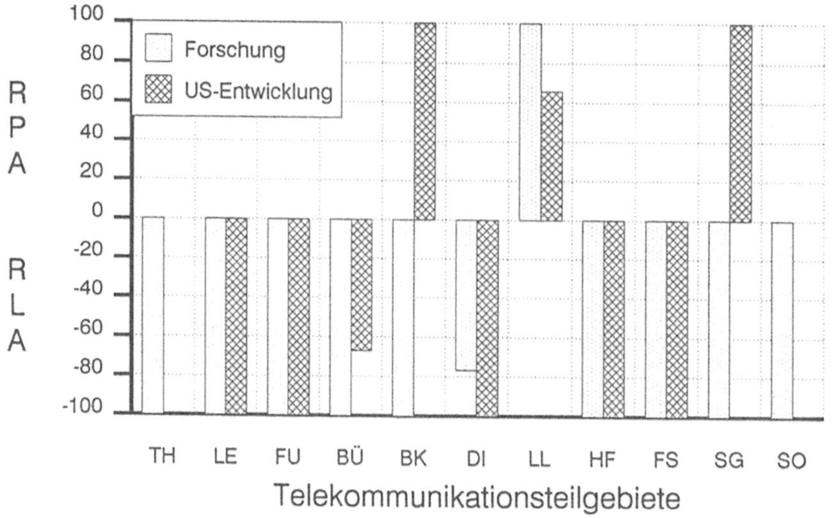

Northern Telecom

Northern Telecom (NT) ist zum zweitgrößten Gerätehersteller in den USA aufgestiegen. Das Unternehmen ist aber nicht nur als großer Ausrüster zu sehen, da es zusammen mit dem kanadischen Netzträger Bell Canada zur Holding Bell Canada Enterprises (BCE) gehört. Der Konzern kann in ähnlicher Weise wie AT&T Synergismen zwischen der Netz- und der Geräteforschung organisieren. Bell Canadas FuE-Aktivitäten können in diesem Buch nicht detailliert behandelt werden, weil Kanada nicht zu den betrachteten 10 Ländern gehört. Nichtsdestoweniger hat das Netzunternehmen große Bedeutung für NTs-Aktivitäten in den USA und weltweit: Fast alle NT-Produkte werden bei Bell Canada im Feldeinsatz durchgetestet (Northern Business Information 1986, 88).

NT bevorzugt die Eigenentwicklung innerhalb des Gesamtkonzern. Der Zukauf erfolgt aus Gründen des Geschäftsinteresses, aber nicht zum Zweck des Know-How-Transfers. Diese Strategie wird seit etwa 1870 mit Kontinuität verfolgt (Olley 1982). Ob die bisher überaus erfolgreiche Strategie bei weiterhin anwachsenden FuE-Kosten etwa bei digitalen Vermittlungszentralen aufrecht erhalten werden kann, ist dabei durchaus fraglich.

Die FuE-Aktivitäten von NT sind überwiegend, nämlich zu 70 %, in dem Unternehmen Bell-Northern Research (BNR) konzentriert. Die Anteilseigner sind zu 70 % NT und zu 30 % Bell Canada. Beide Anteilseigner schließen mit BNR in jedem Einzelfall und auf Projektbasis FuE-Verträge ab, die ein ganzes System von Kontrollvorgängen und Fortschrittsüberprüfungen einschließen. Die Projektvolumina müssen den Kapitalanteilen nicht folgen (siehe unten). BNR besitzt 3 FuE-Abteilungen für

- Netzvermittlungssysteme,
- Glasfasersysteme und
- Geschäftskommunikationssysteme

neben einer Verwaltungs- und einer Finanz- und Kontrollabteilung. Trotz dieser zentralen Struktur operiert BNR an 10 einzelnen FuE-Stätten in 3 Ländern:

- in Kanada an 4 Orten (Ottawa, Nepean, Ontario etc.)
- in den USA an 5 Orten (Research Triangle Park, Richardson, Ann Arbor, Raleigh) und
- in Großbritannien in Maidenhead.

Die anderen FuE-Aktivitäten von NT (30 %) verteilen sich auf 24 Produktionsstätten von NT weltweit.

Abbildung 1.3-27 zeichnet die FuE-Aufwendungen der BCE-Gruppe (konsolidiert) nach. Dabei wird nach Eigenfinanzierung durch NT und nach Durchführung durch NT und BNR unterschieden. Der Differenzbetrag zeigt im wesentlichen die von BNR für Bell Canada durchgeführten FuE-Arbeiten an. Seit 1977 haben sich die FuE-Aufwendungen demnach mehr als verzehnfacht. Unter Beachtung des Durchschnittswerts von 70 %, den NT bei BNR unter Vertrag hat, ergibt sich auch das Verhältnis der Auslastung von BNR zwischen NT und Bell Canada. Es liegt im Jahr 1988 bei etwa 90 : 10. Welche Anteile in den USA aufgebracht und ausgegeben werden, ist nicht bekannt.

Die Angaben in Abbildung 1.3-27 sind nicht inflationsbereinigt (im Jahr 1988 769,9 bzw. 710,6 Mio. US $). Die FuE-Intensitäten zeigen dagegen das reale Wachstum: Die FuE-Aufwendungen sind, gemessen am Umsatz, von 7,1 % im Jahr 1981 auf 10,1 % im Jahr 1985 angewachsen. Im Jahr 1988 betrugen sie 13,1 %. Die relativen FuE-Aufwendungen haben sich seit 1981 also fast verdoppelt. Für das Jahr 1985 sind die FuE-Intensitäten einzelner FuE-Bereiche bekannt. Sie betragen im Falle

- der Zentralvermittlung 9,8 %,
- der Geschäftskommunikation 9,5 %,
- der Übertragung 16,7 % und
- der Kabel 3,8 %.

Dabei verteilen sich die FuE-Aktivitäten auf diese vier Bereiche ungleich. Für die Zentralvermittlung wird fast das halbe Budget aufgewendet und für die Geschäftskommunikation fast 30 %. Die Übertragung macht ein Fünftel aus. Wie bei anderen Fernmeldeunternehmen werden die Softwareanteile immer höher. Sie liegen bei NT jetzt bei 70 % der FuE-Kosten.

Abbildung 1.3-27: FuE-Finanzierung und Durchführung in der BCE-Gruppe 1977 bis 1988 in US $

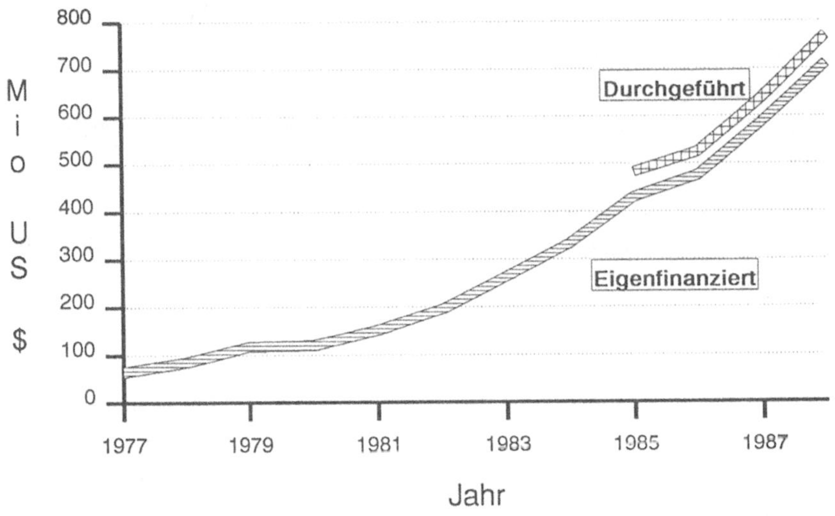

Abbildung 1.3-28 veranschaulicht die Spezialisierung der BCE-Gruppe in Forschung und Entwicklung. Dabei wurden alle Patente und Publikationen der Gruppe weltweit zusammengefaßt. Die Entstehungsorte sind - siehe die Lage der FuE-Stätten - in den USA, Kanada und Großbritannien. Eine eindeutige Spezialisierung liegt im leitungsgebundenen Bereich vor. Ebenso eindeutig liegt eine Stärke bei der Digitaltechnik, wobei hier aber eine niedrige Patentaktivität in den USA festzustellen ist. Im Bereich der Software und der Diensteforschung kann ein weiterer Schwerpunkt von BCE festgemacht werden, während im Bildkommunikationsbereich die Patente, aber nicht die Forschungsergebnisse fehlen. Insgesamt liegt das typische Profil eines klassischen Fernmeldeunternehmens mit engen Bezügen zum Netzgeschäft vor (siehe auch die überdurchschnittliche Patentaktivität in den USA bei Lichtleitern). Das FuE-Profil von BCE ist somit überraschungsfrei.

Abbildung 1.3-28: Spezialisierungsindikatoren für US-Patente (1984), Patentanmeldungen für den westdeutschen Markt (Europa-Entwicklung 1985) und Publikationen weltweit (1986) für Bell Canada Enterprises

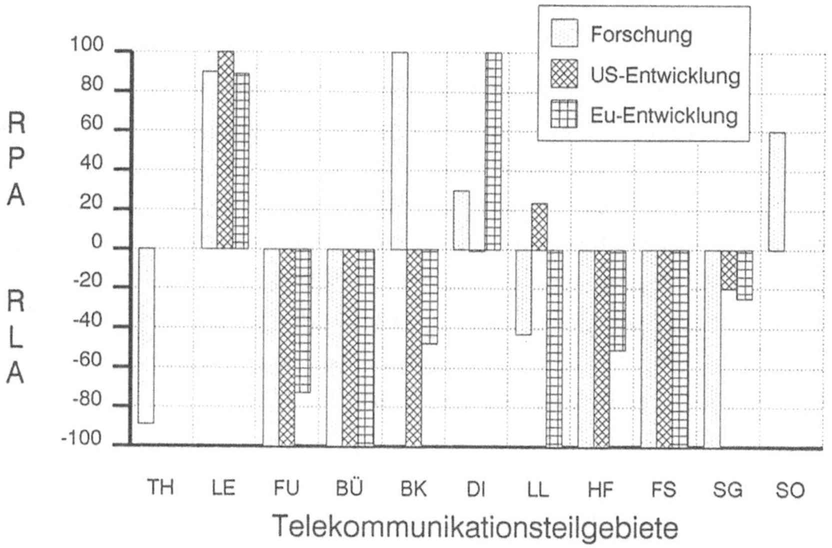

Standardisierung

Neben den Unternehmen, die zur Herstellung von Telekommunikationssystemen forschen und entwickeln, spielen auch die entsprechenden Industrieverbände eine wichtige Rolle, insbesondere im Hinblick auf die Entwicklung von nationalen Industrie-Standards (vgl. EIA 1988b). Der wichtigste Verband ist die Electronic Industries Association (EIA).

Die Electronic Industries Association gliedert sich in fünf Industriegruppen:

- Industrial Electronics Group,
- Components Group,
- Consumer Electronics Group,
- Information and Telecommunications Technologies Group,
- Government Division.

Die hier interessierende Gruppe Informations- und Telekommunikationstechnologie umfaßt vier Abteilungen für Faseroptik, Mobile Kommunikation, Netzausrüstungen und Endverbraucherzubehör sowie rd. 70 Unternehmen. Sie hat sich im Jahre 1988 mit der United States Trade Show Association (USTSA), der etwa 500 Mitgliedsfirmen angehören, zur Telecommunications Industry Association (TIA) zusammengeschlossen.

Tabelle 1.3-2 gibt einen Einblick, welche Unternehmen Mitglied in einer der vier Abteilungen sind. Es ist anzunehmen, daß der überwiegende Teil der hier aufgezählten Unternehmen Forschung und Entwicklung auf den entsprechenden Teilgebieten betreibt. Man erkennt, daß japanische Firmen vertreten sind; ihre FuE-Aktivitäten in den USA sind aber - verglichen mit denen in Japan - gering.

Eine wesentliche Aufgabe der Electronic Industries Association seit den 20er Jahren ist die Entwicklung freiwilliger Industriestandards (vgl. EIA 1988b). Solche Standards werden in verschiedenen Engineering Committees erarbeitet und verabschiedet und werden häufig auch offizielle American National Standards. Heute dienen die Engineering Committees der EIA der US-Regierung als Berater und vertreten die USA in den relevanten internationalen Organisationen wie CCITT, CCIR und ISO. Die Bedeutung der EIA auf dem Gebiet der Standardisierung mag vielleicht durch folgende Bemerkung verdeutlicht werden: der heute weltbekannte Datenübertragungs-Schnittstellenstandard RS232 (V.24- Schnittstelle) ist zunächst innerhalb der EIA entwickelt und eingeführt worden.

Die Entwicklung von Standards durch die EIA im Bereich des ISDN wurde seinerzeit nicht in Angriff genommen, weil zu jener Zeit ein Mitglied der Firma IBM dem Data Transmission Committee der EIA vorsaß und IBM die Meinung vertrat, daß ISDN niemals nach Nordamerika kommen würde. So dachte auch AT&T bis zum Zeitpunkt der Entflechtung. Die Anfang 1984 bei der Entflechtung entstandene Bellcore sprach sich voll für ISDN aus und baute die Exchange Carriers Standards Association als Gremium für die Standardisierung auf. So liegt die Führung bei der Standardisierung im ISDN-Bereich in den USA heute bei Bellcore und nicht bei der EIA.

Die EIA unterhält im Telekommunikationsbereich eine enge Verbindung mit der FCC. Wenn es hier Handlungsbedarf gibt, so kann entweder die FCC aus eigenem Ermessen oder auf Antrag von beliebiger Stelle ein Verordnungsverfahren in Gang setzen, das mit der sog. Notice of Inquiry (NOI) beginnt. Nach einer Periode, in der Kommentare hierzu abgegeben werden können, gibt es eine Anhörung (reply meeting), auf dessen Grundlage eine Notice of Proposed Rule Making (NPRM) verfaßt wird. Die sich hieran anschließende Diskussionsperiode kann zwischen 60 und 120 Tagen dauern. Als Ergebnis der Auswertung aller Bemerkungen wird schließlich die sog. Final Order (Verordnung) verkündet.

Tabelle 1.3-2: Mitgliedsunternehmen in der Gruppe für Informations- und Telekommunikationstechnologie der Electronic Industries Association 1988 (Quelle: EIA 1988)

Unternehmen	Mobile Kommunikation	Netzausrüstungen	Endverbraucherzubehör
The Antenna Specialists Company	•		
AMP Inc.		•	•
Anixster Bros., Inc.		•	
Armiger Company			•
Astronet Corp.	•		
AT&T	•	•	•
Brother Int. Corp.			•
Celwave R.F.	•		
Communication Certification Laboratory			•
Compaq Telecommunications Corp.			•
Contel Corporation	•	•	•
Cord Electronics Inc.	•		
Dash, Straus & Goodhue, Inc.			•
DSC Communications Corp.		•	
Dynascan Corp.	•		
Ericsson	•	•	•
Fujitsu Business Communication			•
General Electric Company	•	•	
General Motors Hughes Electronics		•	
GTE Corp.	•	•	•
Harris Corp.		•	
Hitachi Sales Corp.	•		
IBM			•
International Mobile Machines	•		
Jetronic Industries Inc.		•	
E.F. Johnson Company	•	•	
King Radio Corp.	•		
Maxon Systems Inc.	•		
Midland International Corp.	•		
Motorola Inc.	•	•	•
NEC America Inc.	•	•	•
Nokia-Mobira Corp.	•		
Northern Telecom Inc.	•	•	•
Nov Atel Communications, Inc.	•		
Octocom Systems Inc.			•
Oki America	•		
Panasonic (Matsushita)			•
Phone Mate Inc.	•		•
Plexsys Corp.	•		
Redcom Labs			•
Regency Land Mobile Inc.	•		
Reliance Comm/Tec		•	•
Repco Inc.	•		
Rockwell International Corp.		•	•
Scientific-Atlanta Inc.		•	
Shure Brothers Inc.	•		
Siemens Capital Corp.		•	•
Uniden Corp.	•		•
Verilink Corp.			•
Summe	28	19	24

Dieses Verfahren kann, je nach Notwendigkeit, mehrfach wiederholt werden. Die Gesamtdauer des Abstimmungs- und Entscheidungsprozesses der FCC erstreckt sich über Monate und Jahre. EIA besitzt hingegen die Möglichkeit, den Ablauf des Verfahrens zeitlich wesentlich zu verkürzen. Ein sehr schönes Beispiel hierfür ist eine Entscheidung der FCC zum zellularen Mobilfunk. Über 13 Jahre lang kam die FCC aus politisch motivierten Gründen zu keiner Entscheidung, wie ein solches zellulares Mobilfunknetz aufgebaut werden und wer es betreiben sollte. Das für dieses Gebiet zuständige Engineering Committee der EIA begann schließlich, die technische Beschreibung für ein kompatibles, zellulares Mobilfunknetz auf der Grundlage eines von AT&T erarbeiteten Entwurfs zu formulieren. Ein Mitglied der FCC wohnte allen Besprechungen hierzu bei. Nachdem alle betroffenen Parteien, die in diesem Committee vertreten waren, eine Einigung über den der FCC vorzuschlagenden Standard erzielt hatten, verkündete die FCC an dem der Einigung folgenden Tag eine Verordnung, in der dieser Standard als Anhang der Verordnung festgeschrieben wurde. So schnell ist vorher noch niemals eine Übereinkunft auf Industrieseite in eine Verordnung umgesetzt worden.

Gemeinschaftsforschung und -entwicklung

Die starke Konkurrenzorientierung (bis auf Rüstungsgüter), Eigenständigkeit in FuE und der große Binnenmarkt haben bislang wenig kohärentes Vorgehen der Unternehmen in den USA als denkbar erscheinen lassen. Dies scheint sich langsam zu ändern. Hartnäckig halten sich Gerüchte, daß die Elektronikindustrie der Vereinigten Staaten mit der Regierung enger kooperieren will und auch unter sich daran denkt, "an einem Strang zu ziehen". Von Preisabsprachen und Produktionsquoten ist die Rede. Ein Beispiel, an dem man die neue Entwicklung feststellen kann, ist die Gründung der Sematech. Das Sematech-Konsortium ist eine Interessengemeinschaft, die mit öffentlicher Unterstützung (100 Mio. $ des DOD sind bereits zugesagt) die Produktion preisgünstiger Halbleiter fördern soll. Im Konsortium sind außer der Bundesregierung die namhaften Konzerne der Elektronikbranche sowie kleinere und mittlere Telekommunikationsunternehmen vertreten. Insgesamt kann man nach vier Jahren weitgehender Liberalisierung des Telekommunikationssektors vielleicht doch von einem beginnenden Gesinnungswandel sprechen. Inwieweit neue, konzertierte FuE-Aktivitäten zu erwarten sind (beispielsweise bei der Entwicklung eines Halbleiters des Typs DRAM), läßt sich momentan schwer abschätzen.

1.3.4 ROLLE DER HOCHSCHULEN UND ANDERER FORSCHUNGSINSTITUTE

Bundesmittel für die akademische Telekommunikationsforschung und -entwicklung werden im wesentlichen über die National Science Foundation bereitgestellt. Die entsprechenden Budgetmittel betragen in den Haushaltsjahren 1987, 1988 und 1989 jeweils 9,8 bzw. 11,6 bzw. 17,7 Mio. US $.

Immerhin haben die Hochschulen in den drei ausgewerteten Jahren 1975, 1980 und 1984 insgesamt 79 Patente am USPTO erworben, das entspricht 1,5 % der insgesamt 5 191 erfaßten Patente (vgl. Tabelle 1.2-3). Diese 79 Patente wurden an 29 verschiedene Hochschulen und andere Forschungseinrichtungen (z. B. SRI International oder IIT Research Institute) erteilt. Auf dem ersten Rangplatz liegt das MIT mit 17 Patenten (allein 8 auf dem Gebiet der Lichtwellenleiter-Kommunikation), auf zweitem Rangplatz die Leland Stanford Junior University mit 8 Patenterteilungen. Den dritten Rangplatz teilten sich mit jeweils 4 Patenterteilungen das New York Institute of Technology, die Ohio State University und SRI International. Von den 79 Patenten wurden allein 32 (entsprechend 40,5 %) im Gebiet der Lichtwellenleiter-Kommunikation erteilt.

Sehr aktiv sind die Hochschulen erwartungsgemäß beim Veröffentlichen: 1 626 Publikationen von insgesamt 5 605 Veröffentlichungen mit US-amerikanischem Ursprung im Jahre 1986 stammten von Hochschulen; das entspricht 29 % (vgl. Tabelle 1.2-5). Die meisten Veröffentlichungen aus dem Hochschulbereich sind dem Teilgebiet der digitalen Telekommunikationstechnik zuzuordnen (345; siehe Tabelle 1.3-3).

Tabelle 1.3-3: Publikationsaufkommen der 18 aktivsten US-Hochschulen in der Telekommunikationsforschung im Jahre 1986

Hochschule	Staat	TH	LE	FU	BÜ+K	DI	LL	HF	FS	SG	SO	AL
University of California	CA	33	14	24	2	24	27	4		7	16	151
MIT	MA	17	6	18	1	10	34	10	1	10	5	112
University of Illinois	IL	11	1	18		11	13	13		1	2	70
Stanford	CA	8		14	1	11	14	10			3	61
University of Southern Ca.	CA	4	4	12		9	5	4	1		6	45
Columbia University	NY	3	4	2	1	16	11				3	40
Georgia Inst. of Techn.	GA	4	5	9	3	9	2	4			2	38
Massachusetts Univers.	MA	1	1	21		7		4			1	35
Arizona University	AZ		1	2	2	2	22	1				30
State University	NY	6	5	4		7	1	2	1		3	29
Texas University	TX	4	1	5		10	3	6				29
Pennsylvania Univ.	PA	2	1	11		2	2	3		3	4	28
Carnegie-Mellon Univ.	PA	9			1	8			1	5	2	26
North Carolina State Univ.	NL	5	4		1	8	3		1	1	1	24
Ohio State Univ.	OH	1		9		4	2	2				18
Princeton University	NJ	5	3	1		3	2				2	16
Rensselaer Polytechnic	NY	5	1	4		3	1	1	1			16
New Mexico University	NM	1		2		1	11					15
Zwischensumme (in %)		49%	53%	55%	39%	42%	60%	41%	40%	37%	38%	48%
Andere Hochschulen		123	46	128	19	200	101	91	9	46	80	843
Alle Hochschulen		242	97	284	31	345	254	155	15	73	130	1626

An zweiter Stelle steht das Teilgebiet der Funktechnik mit 284 Publikationen. Der bezüglich der Patentstatistik dominierende Bereich der Lichtwellenleiter- Kommunikation sowie die Informationstheorie inklusive der künstlichen Intelligenz stehen mit 254 bzw. 242 Veröffentlichungen auf dem 3. und 4. Rangplatz. Einen Überblick über die 18 meist–

publizierenden Hochschulen in der Telekommunikationsforschung gibt Tabelle 1.3-3. In der Tabelle werden alle Hochschulen mit mindestens 15 telekommunikationsbezogenen Publikationen im Jahre 1986 wiedergegeben. Deren Aufkommen macht durchschnittlich 48 % aller Publikationen aus (in der Lichtleiterforschung sogar 60 %), so daß man feststellen kann, daß die Hälfte der telekommunikationsbezogenen, akademischen FuE-Arbeiten auf 18 Hochschulorte konzentriert ist.

Überträgt man die Standorte dieser Hochschulen - wohlgemerkt, unter Weglassung der Hälfte der weitverzweigten Aktivitäten anderer Hochschulen - auf die geographischen Verhältnisse (Abbildung 1.3-29), wird unschwer die Konzentration der akademischen, telekommunikationsbezogenen Aktivitäten auf den Nordosten und Kalifornien deutlich, wie sie auch für viele andere FuE-Gebiete zutrifft.

Abbildung 1.3-29: Geographische Verteilung der telekommunikationsrelevanten FuE-Aktivitäten der 18 bedeutendsten Hochschulen

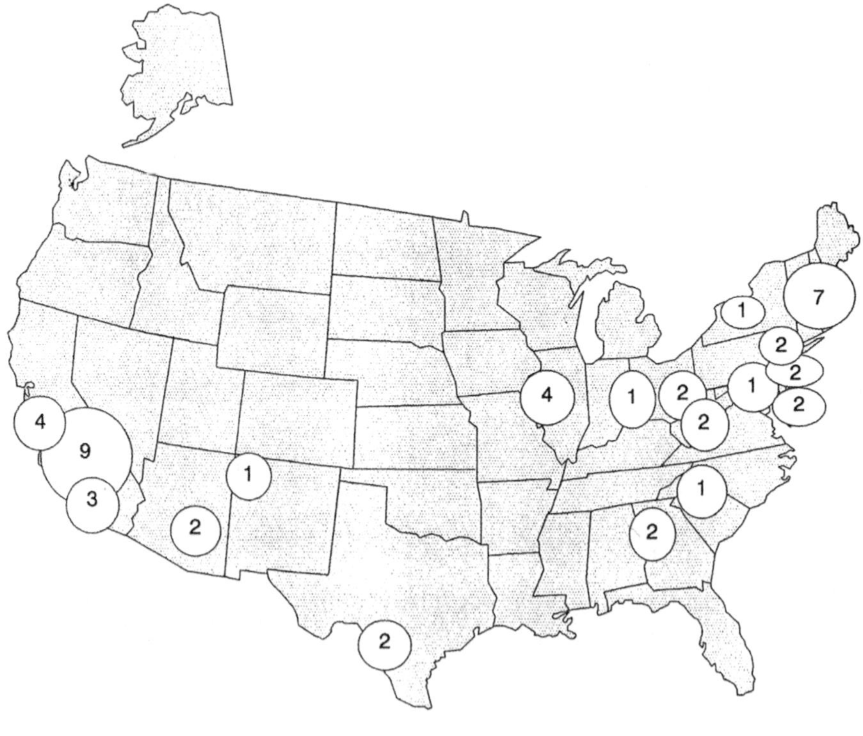

Abbildung 1.3-30 gibt das Spezialisierungsprofil aller Hochschulen wieder. Demnach liegen - wie es nicht anders zu erwarten war - die Stärken in der Theorie, aber auch in der Funk- und im (rüstungsbezogenen?) Hochfrequenzbereich. Im großen Gebiet der Licht-

leiterforschung führt die Vielzahl von entsprechenden Publikationen nur zu einem durchschnittlichen Wert. Ganz defizitär ist durchgängig der Bildbereich.

Abbildung 1.3-30: Spezialisierungsprofil der US-Hochschulen 1986 auf der Basis der Publikationsstatistik

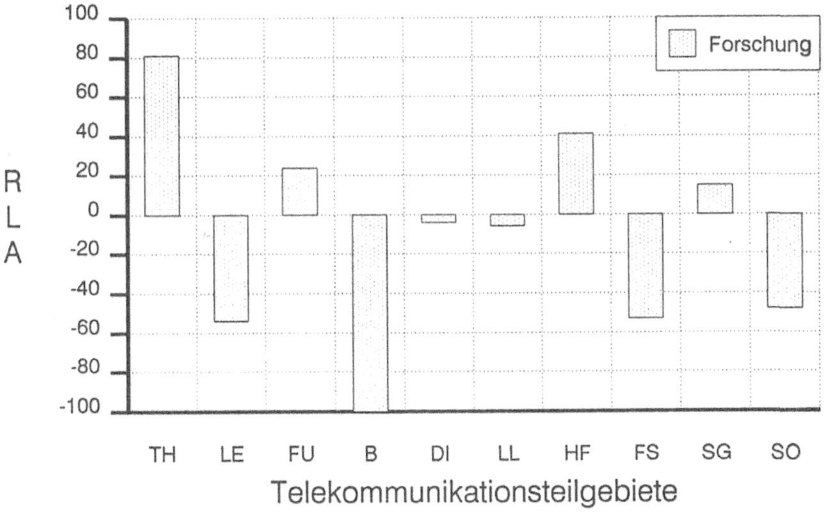

Abbildung 1.3-31: Spezialisierungsprofil der Universität von Kalifornien 1986 auf der Basis der Publikationsstatistik

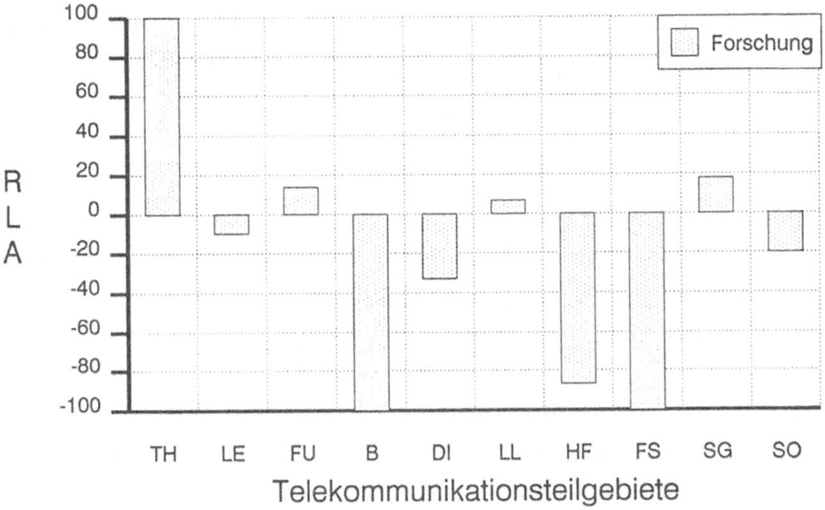

Die meisten Beiträge stammen von der Universität von Kalifornien (vgl. Tabelle 1.3-3). Es wurden alle Standorte zusammengefaßt (Berkeley, Davis, Los Angeles, San Diego,

Santa Barbara, aber nicht: University of Southern California). Im Profil (Abbildung 1.3-31) zeigt sich erneut eine Dominanz im theoretischen und im Funkbereich und ein ansonsten recht ausgewogenes weltdurchschnittliches Profil (mit Ausnahme der defizitären Bildtechnik und der beiden telemetrischen Teilgebiete).

Abbildung 1.3-32: Spezialisierungsprofil des MIT 1986 auf der Basis der Publikationsstatistik

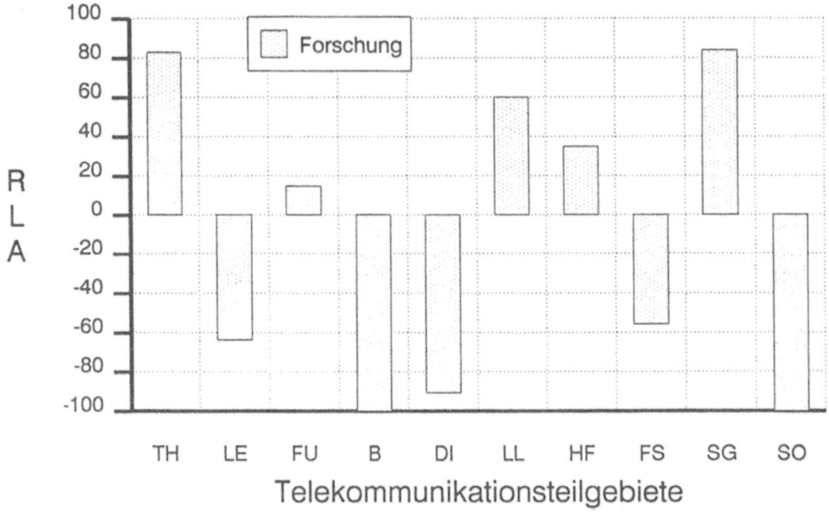

Den zweiten Rangplatz nimmt das MIT ein (siehe Abbildung 1.3-32) mit wesentlichen Beiträgen zur Theorie, zur Lichtleitertechnik, zum Funk- und Hochfrequenzbereich sowie zum Bereich der sonstigen Geräte. Das MIT-Profil ist wesentlich akzentuierter als dasjenige der Universität von Kalifornien und läßt deshalb auch deutlich die Gebiete mit geringer Befassung (z. B. Software und Dienste) erkennen.

Noch akzentuierter erscheint das Profil der Universität von Illinois (Abbildung 1.3-33) mit einer eindeutigen Dominanz in Funk- und Hochfrequenztechnik sowie der Theorie. Alle anderen Teilgebiete (außer den Lichtleitern) werden - zum Teil sehr - vernachlässigt. Schließlich werden die Aktivitäten der Universität Stanford (auf Platz 4 unter den Hochschulen) beleuchtet (Abbildung 1.3-34). Es entspricht recht genau demjenigen der Illinois-Universität, ist aber bei Stärken und Schwächen mehr "zur Mitte" hin orientiert, also zum weltdurchschnittlichen Verhalten. Bis auf die Universität von Kalifornien (UC) vernachlässigen alle für die Telekommunikation bedeutsamen akademischen Forschungsstätten den leitungsgebundenen Bereich und haben - wieder bis auf die UC - eine ausgeprägte Vorliebe für Hochfrequenzkommunikation. Dies hat mit DOD-Drittmitteln zu tun, die aus einer zielorientierten DOD-Universitätsverbundforschung stammen (Turin u.a. 1986, 3-6). Ferner sind Drittmittel der NASA bedeutsam, die ebenfalls zu verstärkter FuE im Funkbereich führen.

Abbildung 1.3-33: Spezialisierungsprofil der Universität von Illinois 1986 auf der Basis der Publikationsstatistik

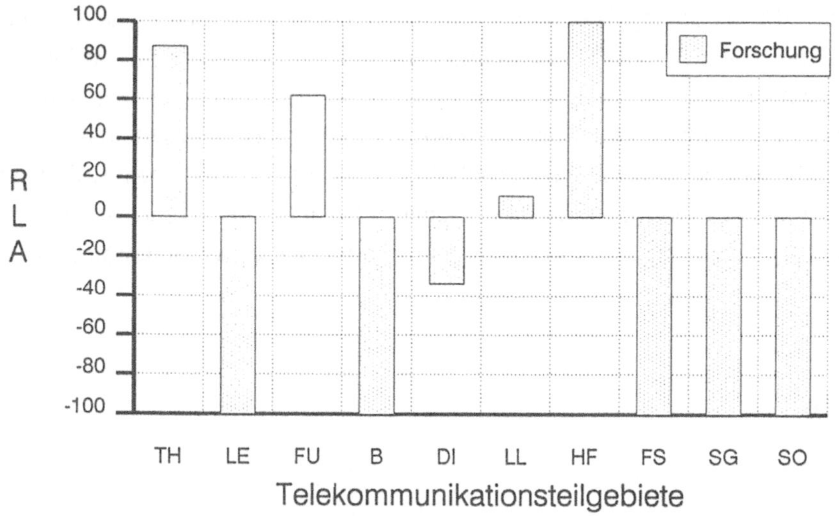

Abbildung 1.3-34: Spezialisierungsprofil der Stanford Universität 1986 auf der Basis der Publikationsstatistik

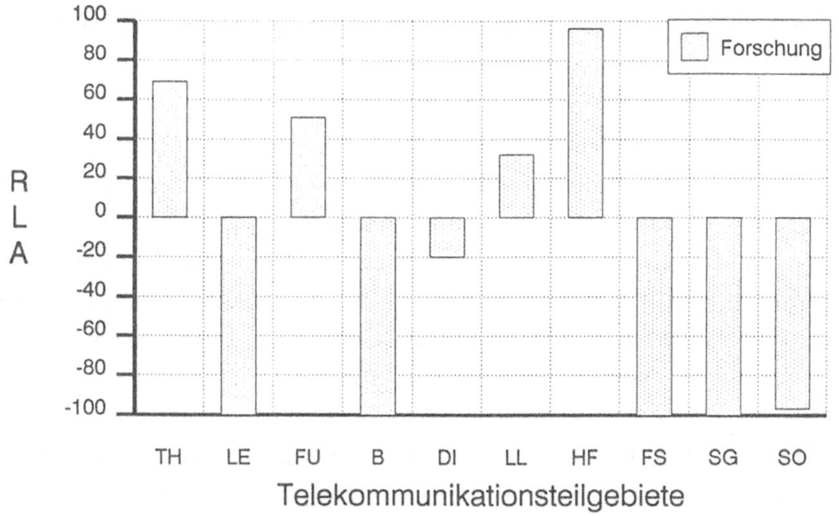

Aus europäischer Sicht sind die amerikanischen Universitäten besonders kooperationsoffen und auch gleichzeitig eine wichtige Ressource für die Unternehmensforschung. Aus

US-Binnensicht wird jedoch gerade im Telekommunikationssektor beklagt, daß die in den Hochschulen vorhandenen Kenntnisse zu wenig ausgenützt würden, um die industrielle Wettbewerbsfähigkeit effektiv zu unterstützen (Turin u.a. 1986, 1-26). Allerdings gibt es seit wenigen Jahren diesbezügliche Verbesserungen: auf Bundesebene wurde eine Halbleiter-FuE-Kooperation eingerichtet sowie durch die NSF eine spezielle Unterstützung von verfahrenstechnischen Hochschulzentren veranlaßt. Auf einzelstaatlicher Ebene fiel die Regierung Kaliforniens durch ein Mikroelektronik- und Computerforschungsprogramm "MICRO" auf. Dennoch werden in einer Studie für das DOC weitere Maßnahmen, vor allem die Einrichtung eines neuen bedeutenden, nationalen, zielorientierten informationstechnischen Forschungszentrums gefordert, das mit einer größeren Universität assoziiert werden soll (Turin u.a. 1986, 1-26). Auch wird erwartet, daß die Abspaltungen der Bell-Laboratorien mangels genügender eigener Kapazitäten in der Grundlagenforschung verstärkt die Zusammenarbeit mit Universitäten suchen.

1.4 FAZIT

Die USA haben sich eher der Spitzenforschung auf wenigen herausragenden Gebieten moderner Technik als der industriellen Breite gewidmet. Dies wird entsprechend mit einer überragenden Position im Welthandel im eng definierten Sektor der Hochtechnologieprodukte honoriert. Die USA verdanken ihren hohen Rang zu einem großen Teil dem Handel mit solchen Waren, bei denen die Vermutung groß ist, daß sie nicht unter Marktbedingungen getauscht werden.

Sofern man in den Vereinigten Staaten überhaupt von Industriepolitik sprechen kann, ist sie im wesentlichen auf Rüstungs- und neuerdings wieder Weltraumtechnik gerichtet. Zur Zeit dienen rd. drei Viertel der von der Bundesregierung zur Verfügung gestellten FuE-Mittel militärischen Zwecken. Das trifft insbesondere auch für die Kommunikationstechnik zu (vgl. Abbildung 1.4-1). In den ersten Nachkriegsjahren war die rüstungsbezogene FuE-Förderung der Kommunikationsunternehmen noch dominanter als heute, weil damals die Eigenmittel der Unternehmen gering waren.

Der seit über 20 Jahren im Telekommunikationssektor der USA zu beobachtende Trend in Richtung Deregulierung und Wettbewerb beruht auf dem Zusammenwirken technologischer, ökonomischer und ordnungspolitischer Faktoren. Die der Deregulierung zugrundeliegenden politischen Prinzipien sind die Förderung des freien Informationsflusses, der feste Glaube an die Marktkräfte sowie die Liberalisierung des internationalen

Handels für Güter und Dienstleistungen mit einem Minimum an staatlicher Beeinflussung. Zum 1.1.1984 wurde die Entflechtung des AT&T-Konzerns abgeschlossen. Viele Beobachter der Entwicklungen im Telekommunikationssektor in den USA sind der Meinung, daß der Wettbewerb Innovationen und technische Fortschritte maßgeblich stimuliert, Märkte ausgeweitet, Preise erniedrigt sowie neue und spezialisierte Konsumentennachfragen befriedigt hat.

Stark vereinfachend läßt sich über die nationale Struktur der Forschung und Entwicklung auf allen Gebieten in den USA festhalten, daß rund 75 % des für FuE insgesamt zur Verfügung stehenden Geldes in der privatwirtschaftlichen Industrie verbraucht werden. Die insgesamt für FuE zur Verfügung stehenden Mittel werden zur Hälfte von der Bundesregieurng und zur Hälfte von der Industrie bereitgestellt. Rund 10 % der FuE-Aufwendungen in der Industrie entfallen auf den Bereich der Telekommunikation. Es läßt sich abschätzen, daß der Gesamtaufwand für Forschung und Entwicklung im Bereich der Telekommunikation im Jahre 1987 schätzungsweise 13 Mrd. US $ betrug.

Abbildung 1.4-1 gibt eine geraffte Skizze der wichtigsten Akteure in der telekommunikationsrelevanten Forschung und Entwicklung in den USA. Die Abbildung unterstreicht die Bedeutung des Verteidigungsministeriums als wichtigen Financier und die Bedeutung der Unternehmen, insbesondere von AT&T.

Abbildung 1.4-1: Finanzierung und Durchführung von FuE im Telekommunikationsbereich nach Sektoren in den USA 1987 (in Mrd. US $; Beträge in den Kästen beziffern die Durchführung von FuE, Beträge an den Pfeilen die Finanzierung)

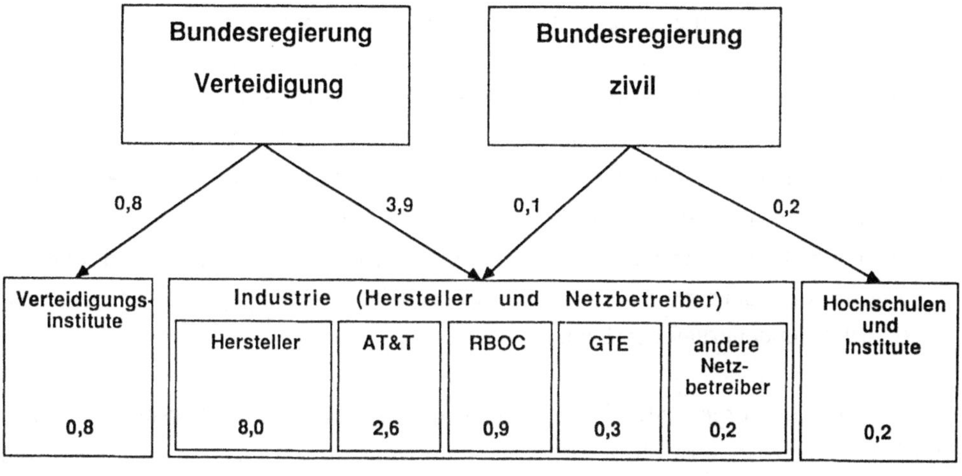

Innerhalb der Telekommunikations-FuE sind die USA im internationalen Vergleich besonders auf die militärnahe Hochfrequenztelemetrie, die leitungsgebundene Kommunikation, die Funktechnik, die digitale Telekommunikationstechnik und die Fernsignaltechnik spezialisiert. Die bildbezogene Technologie ist stark defizitär, die Lichtleiter-FuE schwach.

Die Entflechtung des bis dahin weltgrößten Telekommunikationskonzerns AT&T, bei der die regionalen Betriebsgesellschaften selbständig wurden und ein gemeinsames FuE-Unternehmen Bell Communications Research (Bellcore) gründeten, hat die Forschungsaktivität der bei AT&T verbleibenden weltberühmten Bell- Laboratorien (7 Mitglieder der Bell Labs erhielten Nobel-Preise) nicht reduziert, sondern zumindest mittelfristig intensiviert.

Die Zentralisierung der Forschungs- und Entwicklungsaktivitäten in den AT&T Bell-Laboratorien bleibt im Prinzip erhalten, weil das AT&T-Management davon ausgeht, daß die marginalen Vorteile aus einer betriebsinternen Dezentralisierung mehr als aufgewogen werden durch zu erwartende geringere Effizienz. Es ist aber nicht von der Hand zu weisen, daß eine Verlagerung auf kurzfristig anwendungsorientierte FuE eingetreten ist, die einen negativen Effekt auf die amerikanische Grundlagenforschung ausüben wird. Allerdings ist der Forschungsanteil von AT&T mit fast einem Fünftel im internationalen Vergleich immer noch sehr hoch. Über 80 % der FuE- Mittel von AT&T kommen aus den produzierenden Unternehmensbereichen und werden für marktnahe, spezifische, aber auch vorausschauende Entwicklungsarbeiten eingesetzt. Die restlichen FuE-Mittel (immerhin gegenwärtig rd. 500 Mio. US $) werden vom Konzern zentral aufgebracht und dienen der Grundlagenforschung, der Pflege strategischer Technologie (z. B. wird in Pennsylvania ein neues, ehrgeiziges Festkörperzentrum aufgebaut) und der Qualitätssicherung. Trotz der Entflechtung und dem damit verbundenen Verlust an qualifiziertem FuE-Personal in den Bell-Laboratorien an die Regionalgesellschaften steht fest, daß die Forschungsaktivitäten der Netzbetreiber insgesamt keinen Einbruch erlitten haben. Gab es 1983 bei AT&T im Forschungsbereich (d. h. ohne Entwicklung) 1 480 Mitarbeiter, so waren es 1985 bei AT&T und Bellcore zusammen 1 689 Mitarbeiter, 14 % mehr als zwei Jahre zuvor. Ob dieses positive Bild auch längerfristig Bestand hat, ist schwer vorauszusagen, aber nicht unwahrscheinlich. Es könnte jedoch auch Rückschläge geben, wenn die Anfangsstrategie, nach der jeder neue Netzträger seine unabhängige FuE-Kapazität aufbaute, sich nicht dauerhaft durchhalten läßt.

Im Rahmen der vorliegenden Untersuchung war es wegen der Größe der USA nicht möglich, Primärdaten zu allen wichtigen Unternehmen, die telekommunikationsrelevante FuE betreiben, in gleicher Detaillierung zu erheben. Darüber hinaus waren zwei prominente Unternehmen nicht bereit, entsprechende Angaben zur Verfügung zu stellen. Dies muß vor allem auf die auch im FuE-Bereich bedeutsamen Veränderungen der Konzernstrukturen zurückgeführt werden.

Gemessen an der Zahl der Patente ergibt sich Mitte der achtziger Jahre folgende Rangordnung bei den im Bereich der Telekommunikation FuE-betreibenden Organisationen: AT&T, Regierungsstellen und staatliche Forschungseinrichtungen, RCA Corp., Motorola Inc., ITT, GTE, General Electric Co., IBM, Westinghouse Electric Corp., Zenith Radio Corp. und Xerox Corp.

Gleichverteilungsprozesse im Bereich der Forschung und Entwicklung können mit Hilfe des Entropiemaßes erfaßt werden. Abnehmende Entropie indiziert abnehmende Gleichmäßigkeit der Beteiligung an FuE. Eine entsprechende Analyse der in den USA Forschung und Entwicklung betreibenden Organisationen anhand der Patenterteilungen in den letzten 10 Jahren ergibt, daß eine Intensivierung des technologischen Wettbewerbs im Teilgebiet leitungsgebundene Kommunikation und der sonstigen Geräte zu verzeichnen ist. Die technologische Diversifikation blieb in dem beobachteten Zehnjahreszeitraum in etwa konstant in der Funktechnik, der Bildkommunikation und der Hochfrequenztelemetrie. Konzentrationsprozesse sind zu beobachten bei der ohnehin defizitären allgemeinen Bildübertragung, der digitalen Telekommunikationstechnik, der Lichtwellenleiter-Kommunikation und der Fernsignaltechnik. Bei der allgemeinen Bildübertragung könnten FuE-Anstrengungen zur Entwicklung des hochauflösenden Fernsehens (HDTV) den bisherigen Trend umkehren.

Die starke Konkurrenzorientierung (bis auf Rüstungsgüter), Eigenständigkeit in FuE und der große Binnenmarkt haben bislang wenig kohärentes Vorgehen der Unternehmen in den USA als denkbar erscheinen lassen. Dies scheint sich langsam zu ändern. Hartnäckig halten sich Gerüchte, daß die Elektronikindustrie in den Vereinigten Staate mit der Regierung enger kooperieren will und auch unter sich daran denkt, "an einem Strang zu ziehen". Von Preisabsprachen und Produktionsquoten ist die Rede.

Insgesamt kann man nach vier Jahren weitgehender Liberalisierung des Telekommunikationssektors vielleicht doch von einem beginnenden Gesinnungswandel sprechen. Inwieweit neue, konzertierte FuE-Aktivitäten zu erwarten sind, läßt sich momentan schwer abschätzen.

Aus europäischer Sicht sind die amerikanischen Universitäten besonders kooperationsoffen und auch gleichzeitig eine wichtige Ressource für die Unternehmensforschung. Aus US-Binnensicht wird jedoch gerade im Telekommunikationssektor beklagt, daß die in den Hochschulen vorhandenen Kenntnisse zu wenig ausgenützt würden, um die industrielle Wettbewerbsfähigkeit effektiv zu unterstützen. Allerdings gibt es seit wenigen Jahren diesbezügliche Verbesserungen. Dennoch werden in einer Studie für das Handelsministerium weitere Maßnahmen, vor allem die Einrichtung eines neuen bedeutenden, nationalen, zielorientierten, informationstechnischen Forschungszentrums gefordert, das mit einer größeren Universität assoziiert werden soll. Auch wird erwartet (und von der Regierung finanziell und ideell unterstützt), daß die Abspaltungen der Bell-Laboratorien mangels genügender eigener Kapazitäten in der Grundlagenforschung verstärkt die Zusammenarbeit mit Universitäten suchen.

KAPITEL 2: JAPAN

(Von Hariolf Grupp)

2.1 RAHMENBEDINGUNGEN

2.1.1 ALLGEMEINE FuE-POLITIK

In einer japanischen Untersuchung zum sozioökonomischen Hintergrund der Entwicklung der Telekommunikationssysteme in Europa, den Vereinigten Staaten und Japan wurde provozierend - aber ernst gemeint - festgestellt, daß die europäischen Völker konservativ seien und eine neue Technologie erst nach einer langen Zeit des Ausprobierens akzeptierten. Umgekehrt wären die Amerikaner voll von Pioniergeist und lebhaft an jeglicher technischer Neuentwicklung interessiert. Über den eigenen Nationalcharakter sagte die japanische Untersuchung aus, daß die Japaner die Andersartigkeit nicht liebten und die Vereinheitlichung von allem und jedem auch technologisch suchten. Dies läge daran, daß die Japaner - anders als Amerikaner und Europäer - eine einheitliche Rasse darstellen würden (in Japan Techno-Economics Society 1985, 6f). Diese Aussagen mögen einfältig klingen, es darf aber nicht vergessen werden, daß nach Ansicht vieler Autoren die jahrhundertealte Inselmentalität ("Splendid Isolation") bis heute in vielen Punkten nicht überwunden ist, auch wenn die weltwirtschaftliche Verflechtung Japans eine ganz andere Sprache spricht. Von daher mag ein wahrer Kern im Vorwurf des konformistischen Hangs stecken.

Wirtschaftliche Entwicklung

Mit dem Beginn der Meiji-Restauration im Jahre 1868 hat Japan eine 200jährige Politik der Abschirmung des Landes aufgegeben, da sie angesichts der überlegenen westlichen Militärtechnik nicht mehr durchzusetzen war, ohne die nationale Unabhängigkeit einzubüßen. Mit der erzwungenen Öffnung der japanischen Häfen durch die Vereinigten Staaten begann die Entwicklung der Industrialisierung und damit der späte Eintritt in das Industriezeitalter, womit nicht gesagt sein soll, daß die Geschichte der Wissenschaft in Japan mit ihren Ursprüngen in der chinesischen Kultur nicht sehr viel weiter zurückgreift (von Krosigk 1985). Auch wenn argumentiert wird, daß die militärische, gewaltsame Öffnung Japans zu einem Zeitpunkt kam, in dem das Shogunat zwangsläufig fallen und durch ein progressives System ersetzt werden mußte, bleibt die Assimilation fremder Technologien, die über militärische Demütigung bekannt wurden, bei gleichzeitiger Erhaltung des national überkommenen Geflechts von Sozialbeziehungen in Japan ein weitgehend einmaliger Fall (Botskor 1988).

Es folgte das Zeitalter des japanischen Imperialismus, in dem die Nachbarstaaten aufgrund des eben erst gewonnenen industriellen und technischen Vorsprungs hart unterdrückt wurden und das seinen Abschluß in der Niederlage von 1945 fand, die auch ohne die beiden Atombombenangriffe bereits besiegelt war. Mit einer industriellen Infrastruktur, die nur noch zu 15 % arbeitsfähig war, begann der Wiederaufbau in der alten zentralistischen Tradition (Botskor 1988). Sie wurde von der Siegermacht USA anders als in Westdeutschland nicht gebrochen, so daß die Ministerien in ihrer autoritären Tradition eine langfristig vorgeplante Industrie- und Technologiepolitik durchsetzten, die sich inzwischen offensichtlich als sehr erfolgreich erwiesen hat. Es ist nicht verfehlt, den großen, heute herrschenden Wohlstand darauf zurückzuführen.

Noch im Jahr 1970 lag Japan innerhalb der OECD-Länder, gemessen am Bruttoinlandsprodukt je Einwohner, nur an 10. Stelle, etwa gleichauf mit Österreich. Daran änderte sich auch bis 1980 nichts (11. Stelle nach Österreich). Erst in den 80er Jahren überrundete Japan, gemessen an diesem Wohlstandsindikator, ein um das andere Land und lag 1986 nach den Vereinigten Staaten und der Schweiz noch vor der Bundesrepublik an 3. Stelle. Die Wirtschaftspolitik in den 80er Jahren wurde von der für japanische Verhältnisse überlangen Regierungszeit Nakasones (1982 bis 1987) geprägt. Sein Regierungsstil war von der Bereitschaft geprägt, auch hochsensible und tabuisierte Themen einer politischen Lösung zuzuführen. Er wich damit vom traditionellen politischen Stil Japans ab, der offene Konflikte vermeidet und sie bevorzugt "in den Hintergrund ausgewählter Zirkel" (Pohl 1988) verlagert. So legte sich seine Administration bei der Privatisierung der großen Staatsunternehmen (Telefon- und Telegraphenbehörden, Staatsbahnen) mit den militanten Gewerkschaften des öffentlichen Sektors an und ließ die Verteidigungsausgaben über die sakrosankte Grenze von einem Prozent des Bruttosozialprodukts anwachsen. Starke Popularitätsverluste des Regierungschefs 1987 ergaben sich in der Folge, die aber noch keine Bedrohung der seit dem Weltkrieg fast ausnahmslos regierenden liberal-demokratischen Partei darstellten, die ihrerseits in unterschiedliche Gruppierungen zerfällt und damit seit alters über eine starke innerparteiliche Opposition verfügt. Diese innerhalb der Regierungspartei rivalisierenden Fraktionen spielen, wie noch zu zeigen sein wird, bei der Umgestaltung der telekommunikationbezogenen FuE in Japan eine nicht unbedeutende Rolle, weshalb schon an dieser Stelle auf die politischen Rahmenstrukturen hingewiesen wird. Die sozialistische Partei war nur zwischen 1947 und 1949 an der Regierung, zuletzt in einer Koalition. Sie spielt beim Aushandeln politischer Lösungen heute eine kleinere Rolle als die jeweilige Oppositionsfraktion innerhalb der Regierungspartei.

Mit Takeshita übernahm 1987 ein Poliker der sogenannten Tanaka-Fraktion das höchste Partei- und Staatsamt, ein Typus, der wieder der japanischen politischen Tradition verpflichtet ist und der nachträglich den fast aggressiven politischen Stil seines Vorgängers als eine Episode erscheinen läßt. Unter seinen Hauptzielen ist neben einem beabsichtigten Strukturwandel im produzierenden Gewerbe zur Erreichung einer weiteren Stärkung der mittelständischen Unternehmen auch eine Verstärkung der Binnennachfrage und damit ausdrücklich die Abkehr von einer exportgerichteten Wirtschaftsentwicklung. Im Strudel politischer Skandale und konfrontiert mit öffentlichem Druck mußte Takeshita ebenso wie sein nur kurz im Amt befindlicher Nachfolger vorzeitig zurücktreten. Männer aus der zweiten Reihe übernahmen die vakanten Positionen; die Regierungspartei erlitt herbe Verluste in Wahlen.

Die Wettbewerbsstärke Japans braucht nicht gesondert hervorgehoben zu werden, vielmehr verdient der Umstand Beachtung, daß der technologische Spätstarter heute gerade bei forschungsintensiven Waren noch höhere Exportüberschüsse erzielt als im Durchschnitt aller verarbeiteten Güter (Grupp, Legler 1989). Die besondere Exportstärke bei forschungsintensiven Waren wurde schon Ende der 70er Jahre erreicht und gründet sich auf die sogenannte gehobene Gebrauchstechnologie (Automobile, Unterhaltungselektronik, Maschinenbau, Fabrikautomatisierung, Büromaschinen, Datenverarbeitungsanlagen, Optik). Die internationale Position konnte seit 1979 nicht mehr verbessert werden. Hingegen schneidet Japans Wettbewerbsfähigkeit auf den Weltmärkten im engeren Bereich der Spitzentechnologie (Luft- und Raumfahrt, Spalt- und Brutstoffe, Agrarchemie) ungünstiger ab als im Durchschnitt aller verarbeiteten Waren und liegt diesbezüglich hinter den Vereinigten Staaten, der Bundesrepublik Deutschland, Großbritannien und Frankreich (Grupp, Legler 1989). Eine stetige Positionsverbesserung in der Spitzentechnologie von niedrigem Niveau aus ist zu beobachten.

Die weiterhin guten wirtschaftlichen Rahmenbedingungen weisen jedoch seit dem Jahre 1988 auch zunehmende Schwachpunkte auf: Der fallende US-Dollar hat zwar die Exportchancen Japans nur vorübergehend beeinträchtigt, aber dauerhaft zur Verlagerung ganzer Fertigungsbereiche in das benachbarte ostasiatische Ausland geführt (Pohl 1988). Die an sich geringe Arbeitslosenrate war beim Amtsantritt Takeshitas höher als je (über 3 %), ohne daß eine Bereitschaft in der breiten Bevölkerung zu erkennen wäre, von der Gewohnheit, den ohnehin knapp bemessenen Jahresurlaub (von höchstens 20 Tagen) für Krankheitsphasen einzusetzen, abzulassen. Der Trend zur 40-Stunden-Woche ist zwar erkennbar, aber noch gilt in der Regel die 48-Stunden-Woche. Zweifellos hat die Eroberung der Weltmärkte komplizierte Probleme und Widersprüche in der sozialen Entwicklung zur Folge gehabt.

Allgemeine FuE-Politik

Es ist schwierig, die FuE-Politik in Japan unzweideutig zu beschreiben, da alle wichtigen Entscheidungen in informellen Verhandlungen fallen. Das bedeutet, daß die bürokratischen Einrichtungen aller Art in Japan über sehr flexible Strukturen verfügen, welche es nicht zulassen, die Entscheidungsmechanismen von institutionellen Gegebenheiten her zu verstehen. Wichtige Studiengruppen, Beiräte und ähnliche Einrichtungen werden oft nur zeitweilig tätig und haben in der Regel keinerlei bzw. unklare Kompetenzen.

Diese Art der FuE-Politik hat eine entscheidende Eigenart: Sie ist nicht relevant für die Staatsfinanzen. Die letztendlichen finanziellen Entscheidungen liegen fest in der Hand des Finanzministeriums (MOF). Während die große Sachkunde der Haushaltsbeamten im juristischen, wirtschaftlichen und sozialen Bereich nicht in Frage steht, werden immer wieder Zweifel laut, ob sie in der Lage sind und über den notwendigen technischen Sachverstand verfügen, Angelegenheiten von Forschung und Wissenschaft haushaltsrechtlich zu regeln. Das Zusammenwirken der informellen, dezentralen Entscheidungsstrukturen einzelner Ministerien und Agenturen mit der Zentralgewalt im Haushaltsbereich, die an Forschungsfragen kein Interesse hat, führte zu einem FuE-System in Japan, das auf monetäre Zuwendungen von Seiten des Staates weitgehend verzichtet. Direkte Projektförderung ist eigentlich nur im Bereich von nationalen Großprogrammen (Weltraum, Kernenergie) von Bedeutung, während ansonsten indirekte Maßnahmen (Steuersubventionen und dergleichen) überwiegen. Auch sie haben jedoch ein im Verhältnis zu anderen Ländern nur geringes Ausmaß.

Auch die vielgerühmten Großforschungsprogramme (Large Scale Projects) des Ministeriums für Handel und Industrie (MITI) wirken wesentlich über Forschungsverbünde und Eigenbeteiligung seitens der Industrie und kommen mit einem begrenzten Finanzvolumen zurecht. Es trifft zu, daß der große japanische Telekommunikationsnetzbetreiber NTT (Nippon Telelegraph and Telephone Corporation) mehr für FuE ausgibt, als das gesamte MITI (vergleiche Abschnitt 2.2). Außerdem beruhen selbst die Großforschungsprogramme, die technologisch spezifisch sind in dem Sinne, daß das Forschungsthema vorgegeben ist (z. B. "Computer der 5. Generation"), auf zwei gänzlich verschiedenen Zuwendungsmodellen, die von den meisten Autoren zu Unrecht weder erkannt noch unterschieden werden. Das Itakuhi-System entspricht der eigentlichen Auftragsforschung durch das MITI bei direkter Vergütung der Kosten. Patente aus solchen Projekten gehören in der Regel der Regierung. Das Hojokin-System besteht hingegen in bedingten, zinsfreien Krediten, deren Rückzahlung von der erfolgreichen Vermarktung durch den Kreditempfänger abhängt. Die Kredite decken in der Regel nur 40 bis 50 %

der FuE-Kosten ab, während evtl. entstehende Patente in der Regel beim Empfänger verbleiben. Während das Projekt "Computer der 5. Generation" nach dem Itakuhi-Prinzip finanziert wird, beruhte das MITI-Programm "Höchstintegrierte Schaltkreise" von 1976 bis 1979 auf dem Hojokin-Prinzip. Daneben gibt es unspezifische Maßnahmen, die in der Regel über spezielle Banken abgewickelt werden. Ein neues Förderinstrument, das Key Technology Center, das aus den Dividenden des Staatsanteils an NTT finanziert wird, wird im Abschnitt 2.3.1 erläutert.

Eine weitere grundsätzliche Besonderheit in Japans FuE liegt im Verständnis dessen begründet, was Grundlagenforschung ("basic research") sei. Japanische Grundlagenforschung ist in höherem Maße zielgerichtet und anwendungsorientiert als es der westlichen Auffassung entspricht. Auch die Verwendung der Begriffe "Forschung" und "Entwicklung" unterscheidet sich in Japan von westlichen Ländern (Europa, Nordamerika). Turin et al. (1986) schlagen sogar vor, die japanische Grundlagenforschung als "advanced development", also etwa "vorwärtsgerichtete Entwicklung" zu bezeichnen (im Unterschied zur Produktentwicklung). Von der japanischen Grundlagenforschung wird erwartet, daß sie in fünf bis höchstens zehn Jahren neue Produkte erbracht hat. Eine solche Erwartung wird im Westen in der Regel mit einer Tätigkeit in der Grundlagenforschung nicht verbunden.

Die Vorformulierung lang- und mittelfristiger politischer Zielsetzungen in der FuE-Politik sind auf das Amt des Ministerpräsidenten, die Stabstelle des Regierungschefs, konzentriert. Dort sind auch die wichtigsten Konsultativgremien installiert: Der Rat für Wissenschaft und Technik sowie verschiedene Kommissionen, die die Großforschung betreffen. Daneben spielt seit 1949 der von der damaligen sozialistischen Regierung eingesetzte Wissenschaftsrat, ein von Wissenschaftlern gewähltes und vom Amt des Ministerpräsidenten oft hart kritisiertes Gremium, eine regierungsunabhängige Rolle (Eto 1984). In den Rat für Wissenschaft und Technik ist hingegen der Regierungschef mit einer Reihe von Ressortministern unmittelbar eingebunden: Er hält den Ratsvorsitz inne, vier Kabinettsmitglieder (MESC, MOF, MITI und STA) sind kraft Amtes Mitglied. Hinzu kommen der Präsident des japanischen Wissenschaftsrates und fünf Persönlichkeiten aus Wirtschaft und Wissenschaft, die vom Ministerpräsidenten mit Zustimmung des Parlaments ernannt werden. Die Empfehlungen des Rates für Wissenschaft und Technik haben in der Regel unmittelbar Politikrelevanz: sie werden per Kabinettsbeschluß als "Allgemeine Regierungsrichtlinie für FuE-Politik" übernommen.

Abbildung 2.1-1: Schematischer Überblick über das Forschungsystem Japans (mit Schwerpunktsetzung im Bereich der Telekommunikation; strichpunktiert: finanzieller Einfluß, gestrichelt: informeller Einfluß)

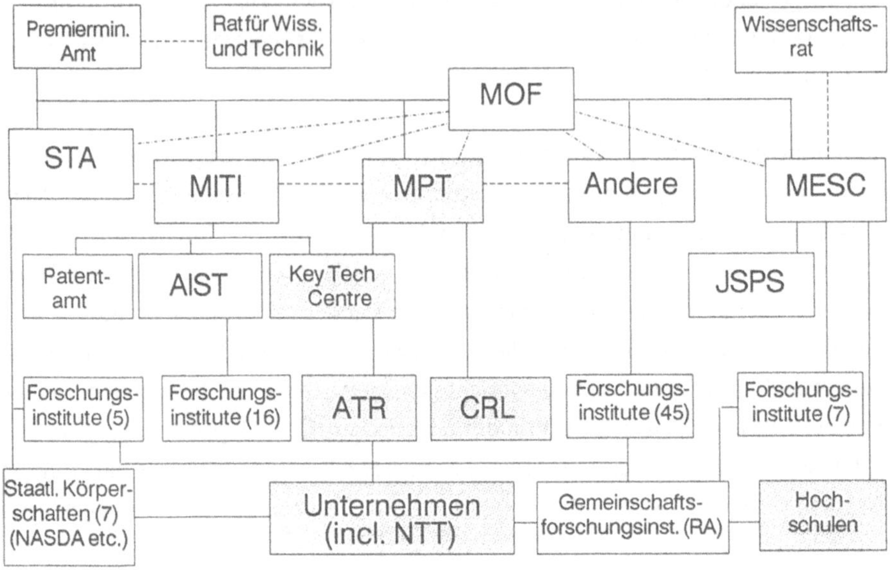

Die wichtigsten Ministerien bzw. Behörden für die Forschungs- und Technologiepolitik sind die dem Amt des Ministerpräsidenten nachgeordnete Science and Technology Agency (STA), das auch die FuE-Aktivitäten im MITI, MPT und anderen Ministerien, aber nicht im MESC, koordiniert, dem aber nur ein Staatsminister vorsitzt. Im übrigen ist auch der Verteidigungsbereich mit äußerst geringen FuE-Aktivitäten nur im Rang einer "Agency" und untersteht einem Staatsminister, der ebenso wie die Fair Trade Commission und die STA Weisungen vom Amt des Premierministers erhält (Management and Coordination Agency 1987). Ferner sind das Kultusministerium (japanisch "Mombusho" oder englisch "Ministry of Education, Science and Culture - MESC) mit Zuständigkeit für die Universitäten, das Ministerium für Außenhandel und Industrie (Ministry for International Trade and Industry - MITI), das Ministerium für Post und Telekommunikation (MPT) sowie andere Ministerien mit Forschungseinrichtungen zu erwähnen.

Trotz der Existenz der STA, die noch relativ neu ist und erst 1959 gegründet wurde, liegt die Ressortzuständigkeit für FuE nicht eindeutig nur dort. Die STA hat im Vergleich zu den Ministerien nur begrenzte Entscheidungsbefugnisse und sucht sich daher vor allem durch attraktive Pläne zu profilieren. Bedeutung hat die STA für die fünf nationalen Großforschungseinrichtungen im eigenen Zuständigkeitsbereich (Weltraum, Kernenergie, etc.), aber nicht für die Großforschungseinrichtungen anderer Ministerien. Im Zuständigkeitsbereich des MITI ist vor allem die Agency of Industrial Science and Technology (AIST) zu erwähnen, welche die Forschungsanstrengungen des Ministeriums im Bereich der "Zukunftstechnologien" zwischen der Wirtschaft und den staatlichen Forschungseinrichtungen koordiniert. Zum MITI gehört auch das Patentamt, dem nicht nur die administrative Abwicklung von Patentangelegenheiten obliegt, sondern auch die Wirtschaftsförderung. Auf die begrenzte Einflußnahme auf die private FuE in monetären Größen wurde schon hingewiesen. Statt dessen bedient sich das MITI häufig des Instruments der "Administrativen Anleitung". Hiermit sind Maßnahmen ohne Rechtswirkung zum Zwecke der Wirtschaftslenkung gemeint, die einer Weisung, Aufforderung, Warnung oder Empfehlung sowie Ermunterung gleichkommen (Rahn 1982, 579). Auch mit technisch orientierten Zukunftsvisionen versucht das MITI trotz der geringen monetären Maßnahmen auf die Ausrichtung der industriellen FuE einzuwirken.

Abbildung 2.1-2: Gesamtwirtschaftliche Aufwendungen für FuE in Prozent des Bruttoinlandsprodukts 1969 bis 1987

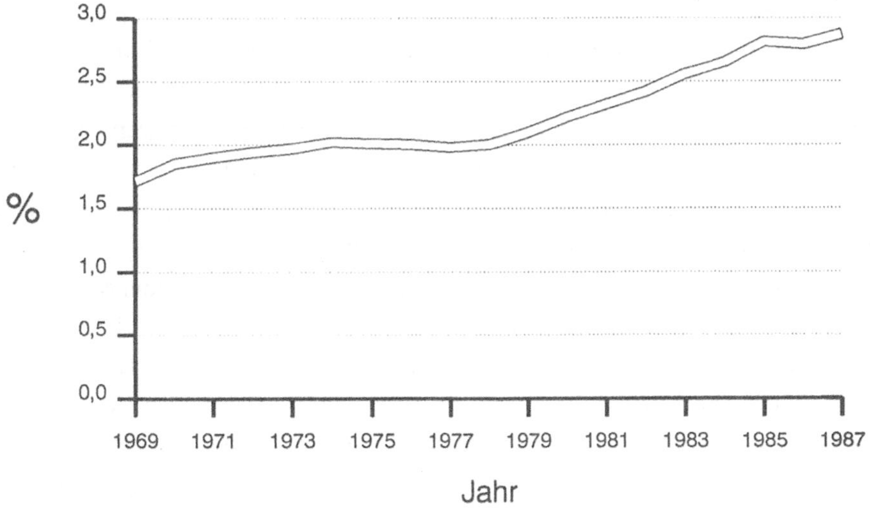

Das Ministerium für Post- und Telekommunikation hat überraschenderweise im Zuge der Regulierung des Telekommunikationsbereichs zusätzliche neue Aufgaben in FuE übernommen und kann als der eigentliche Gewinner dieser Reorganisation im staatlichen Bereich bezeichnet werden (siehe ausführlich Abschnitt 2.3.1). Insbesondere ist es zusammen (bzw. im Streit) mit dem MITI für das Key Technology Center (KTC) verantwortlich, einem neuen Instrument der FuE-Politik, dem möglicherweise sehr große Bedeutung zuwachsen wird. Eine Konkurrenzsituation von MITI und MPT liegt auch im Bereich der Normung der Informationstechnologie vor.

Über die FuE-Politik in Japan ist gerade in den letzten Jahren viel publiziert worden, so daß eine annähernd vollständige Darstellung an dieser Stelle entfallen kann (siehe etwa Nomura 1983 und Kuntze et al. 1987).

Die Gesamtaufwendungen für FuE in Japan seit 1969 zeigt Abbildung 2.1-2. Bezogen auf das Bruttoinlandsprodukt zeigt sich, daß - nach einer Phase mäßigen Wachstums - von 1974 bis Ende der 70er Jahre die FuE-Aufwendungen der Gesamtwirtschaft am Bruttoinlandsprodukt bei 2 % lagen. Danach beginnt eine rapide, über dem Wirtschaftswachstum (das ohnehin stark war) liegende Intensivierung in Forschung und Entwicklung, die - wenn die Anzeichen nicht trügen - erst Mitte der 80er Jahre verlangsamt wurde. Inzwischen liegen die gesamtwirtschaftlichen FuE-Intensitäten bei 2,9 % und sind damit weltweit am höchsten Niveau angekommen (zusammen mit Schweden und den Vereinigten Staaten im Bereich der OECD-Länder). Japan ist damit in sehr kurzer Zeit eine der forschungsintensivsten Volkswirtschaften der Welt geworden.

Das in Abbildung 2.1-2 gezeigte überproportionale Wachstum im Bereich der japanischen Forschung und Entwicklung wurde und wird ganz überwiegend von den Unternehmen getragen. Die öffentliche Hand hält sich - wie oben aufgrund der Entscheidungsmechanismen verdeutlicht - mit finanziellen Aufwendungen zurück. Japan hat traditionell die niedrigste öffentliche Finanzierungsquote im Bereich von Forschung und Entwicklung in den OECD-Ländern. Dies gilt insbesondere, wenn man die rüstungsbezogene FuE einrechnet. Abbildung 2.1-3 schlüsselt die FuE-Aufwendungen nach institutioneller Herkunft und Verwendung auf. Fast drei Viertel der FuE werden in den Unternehmen durchgeführt, die sich weit überwiegend selbst finanzieren. Kleine Anteile ihrer FuE-Mittel vergeben die Unternehmen an private Hochschulen (was dort aber den Löwenanteil der Einnahmen ausmacht); ebenfalls geringe Mittel gehen an private, gemeinnützige Institutionen. Letztere erhalten die restlichen Zuwendungen von der Zentralregierung und den Präfekturen; das Ausland spielt bezüglich der Finanzierung praktisch keine Rolle. Die lokale und die zentrale Regierung finanzieren knapp 20 % der gesamtwirtschaftlichen Ausgaben für FuE und zwar vor allem die staatlichen Hochschulen und die weit verzweigten Regierungsinstitute, die den einzelnen Ministerien zugeordnet sind. Aus Abbildung 2.1-3 erkennt man auch, daß die Unterscheidung zwischen staatlichen und privaten Hochschulen im wesentlichen eine Unterscheidung nach Herkunft der Mittel, weniger nach Rechtsstatus ist.

Abbildung 2.1-3: Finanzierung und Verausgabung von FuE-Mitteln 1985 nach Institutionentypen in Milliarden Yen
(Quelle: STA 1986)

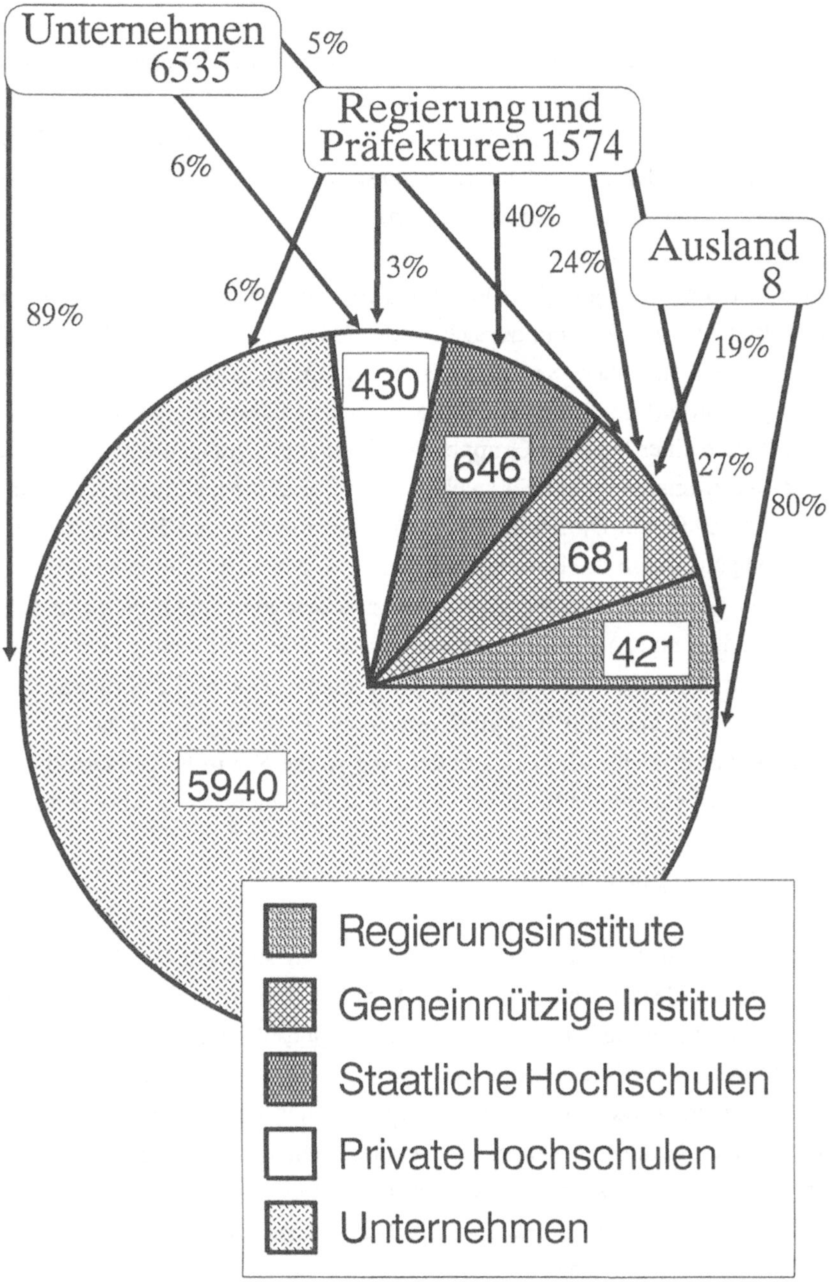

2.1.2 STRUKTUR DER TELEKOMMUNIKATIONSINDUSTRIE UND ORDNUNGSPOLITIK

Besonderheiten der japanischen Wirtschaftsstruktur

Zur Erklärung der Nachkriegserfolge in der Wirtschaft wird im allgemeinen das große Ausmaß an internem Wettbewerb zwischen mehreren, pro Produktgruppe jeweils verschiedenen Herstellergruppen angeführt. Bei einer genaueren Analyse der Verhältnisse muß allerdings der Begriff der "Unternehmensgruppe" definiert werden, um die Spezifika des japanischen Wirtschaftssystems zu erfassen.

Typisch ist, daß sich um jeweils eine Bank herum ein Firmenagglomerat gebildet hat, dem eine Bedeutung beikommt, die sich an der Höhe der Kapitalbeteiligung nicht ablesen läßt. Solche Konglomerate wurden bis 1945 Zaibatsu genannt und von einer Hauptverwaltung (Honsha) gesteuert. Die Besatzungsmacht löste dieses System auf (Hotta 1986). Innerhalb einer heutigen Gruppe sind Kapitalbeteiligungen von 50 oder auch nur 25 % eher die Ausnahme, vielmehr spielt sich der Zusammenhalt im Bereich von Beteiligungen unter 10 % ab. Die Rolle der Honsha wurde von den Banken übernommen, deren Beteiligung durch das Kartellgesetz auf 10 % des Aktienkapitals begrenzt ist. Die Beteiligungen sollen im wesentlichen einen wechselseitigen Einblick in die Geschäftsführung ermöglichen und zum Informationsaustausch sowie zur Planung der "großen Linie" beitragen. Für diese lose Form des modernen Zaibatsu wird in folgendem der Begriff "Großgruppe" oder auch nur "Gruppe" verwendet. Eine enge Kontrolle durch die führende Bank gibt es nicht. Allerdings findet eine starke Kontrolle der Distribution statt, die vielfältige Aspekte aufweist und schwer zu durchschauen ist (vgl. aber Hotta 1986).

Telekommunikationsindustrie

Die vier dominierenden Firmen im Telekommunikationsbereich sind die Firmen Fujitsu, Hitachi, Nippon Electric Compagny (NEC) sowie Oki. Nach der japanischen Bezeichnung für "Telegraph und Telephon", nämlich "Denshin Denwa", werden diese vier Unternehmen auch die "Denden-Familie" genannt. Jedes Unternehmen gehört zu einem anderen der zehn größten Großgruppen; daneben sind noch einige kleinere Unternehmen der Denden-Familie im weiteren Sinne zuzurechnen (z. B. Iwatsu oder Kanda). Alle Gesprächspartner in Japan gehen davon aus, daß die Denden-Familie auch in Zukunft die wichtigste Rolle in der Telekommunikationsindustrie spielen wird, auch wenn sich durch die Regulierung einige Verschiebungen ergeben. Inwieweit es berechtigt ist, die Herstellerstruktur auf die FuE-Struktur zu übertragen, wird im Abschnitt 2.3.3 diskutiert.

Tabelle 2.1-1: Überblick über die größeren Telekommunikationsunternehmen in Japan und ihre Zugehörigkeit zu den Großgruppen (Quelle: Japan Company Handbook 1987)

Unternehmen	Großgruppe	Hauptanteilseigner in %	Umsätze mit Telekommunikationsgütern um 1987 Mrd. Yen
NEC	Sumitomo	Sumitomo: 19,3	784
Toyo Communication	"	NEC: 40	26
Nitsuko	"	NEC: 34	53
Anritsu	"	NEC: 26	40
Ohkura	"	NEC: 10,7	6
Meisei Electric	"	NEC: 8,7	5
Tamura	Sumitomo/Fuyo	NEC: 15,6	19
Gruppensumme ca.			930
Fujitsu	Dai-Ichi-Kangyo (DKB)	Fuji: 15,3	286
Fuji Electric	"	Fujitsu: 8,2, DKB: 3,7	54
Kanda Tsushin	"	Fujitsu: 12,2	17
Fanuc	"	Fujitsu: 41,7	(?)
Gruppensumme ca.	"		360
Oki	Fuyo	-	114
Taiko	"	Oki: 20	12
Tamura	Fuyo/Sumitomo	Oki: 15,6 (s.o.)	19
Gruppensumme ca.			150
Hitachi	Sanwa	Sanwa: 2,4	135 (?)
Hitachi Electric	"	Hitachi: 65,6	45
Nakayo	"	Hitachi: 20,9	21
Yagi	"	Hitachi: 42,6	7
Kokusai Electric	"	Hitachi: 21	20
Gruppensumme ca.			228
Iwatsu	Sanwa	Sanwa: 6,6	47
Toshiba	Mitsui	Mitsui: 8,1	330 (?)
Mitsubishi Electric	Mitsubishi	Mitsubishi: 7	(?)
Matsushita Electric	Sumitomo	Sumitomo: 9,2	(?)
Matsushita Communication	Sumitomo	Matsushita: 61,2	48 (?)

Tabelle 2.1-1 gibt einen Überblick über die Telekommunikationsumsätze einiger wichtiger Firmen sowie ihre jeweilige Zugehörigkeit zu den Großgruppen, die wie folgt charakterisiert werden können: NEC gehört zur Sumitomo-Gruppe, die zur Sumitomo-Bank gerechnet wird; in dieser Gruppe sind die inneren Zusammenhänge nach japanischen Maßstäben eher locker. Hitachi ist zu der um die Sanwa-Bank gruppierte Sanwa-Gruppe zu rechnen, die als eine der engsten japanischen Großgruppen anzusehen ist. Die Furakawa oder Dai-Ichi-Gruppe um die Dai-Ichi-Kangyo-Bank enthält außer Fujitsu auch Fuji und stellt ebenfalls eine eng verwobene Gruppe dar. Oki gehört schließlich zur Fujo-Gruppe, in der das Unternehmen aber ziemlich unabhängig agieren kann.

Summiert man die in Tabelle 2.1-1 aufgeführten Unternehmensgruppen trotz aller Unsicherheiten auf, findet man einen Umsatz mit Telekommunikationsgütern um das Jahr 1987 von etwas über 2 Billionen Yen. Diese Zahl wird auch in diversen anderen Quellen für den Gesamtumsatz mit diesbezüglichen Gütern in Japan gehandelt, so daß einige der mit Fragezeichen versehenen Angaben eher zu groß sein dürften. Dies liegt daran, daß die Geschäftsberichte der Unternehmen in der Regel nicht scharf zwischen Telekommunikation und Datenkommunikation unterscheiden; vor allem Hitachi legt Wert auf die Integration der Daten- mit der sonstigen Kommunikation und publiziert deshalb besonders schwierig zu interpretierende Wirtschaftsdaten. Mit Sicherheit kann aber gesagt werden, daß Hitachi nicht das kleinste Mitglied der Denden-Familie ist, wie viele Quellen behaupten. Diese beziehen sich in der Regel nur auf das Teilunternehmen Hitachi Electric und berücksichtigen nicht, daß in der Muttergesellschaft eine erhebliche telekommunikationsbezogene Produktion stattfindet.

Bis auf Hitachi gibt Tabelle 2.1-1 die Größenverhältnisse in der Telekommunikationsindustrie in Japan so wieder, wie sie auch viele andere Quellen nennen: Demnach ist NEC der eindeutige Marktführer, gefolgt von Fujitsu. Oki liegt an dritter Stelle, während Hitachi in der Regel auf den 4. Platz gesetzt wird (was für Hitachi Electric allein auch zutrifft). Qualitative Einschätzungen weisen jedoch ebenfalls wie auch Tabelle 2.1-1 darauf hin, daß zumindest in der zweiten Hälfte der 80er Jahre Hitachi die Oki-Gruppe in der Telekommunikation überflügelt hat und heute von ähnlicher Bedeutung wie Fujitsu ist. Diese Einschätzung beruht auf der mehrfach erwähnten aber letztlich unbelegten Einschätzung, daß 5 % der Umsätze von Hitachi auf Telekommunikationsgüter entfallen. Bei Toshiba soll es sich dabei um eine Quote von 10 % handeln, so daß auch dieses Unternehmen in der zweiten Hälfte der 80er Jahre von ähnlicher Bedeutung wie Fujitsu und Hitachi sein dürfte. Ein Gesprächspartner bezeichnete Toshiba als das "fünfte, aber stille" Denden-Mitglied. Die beiden anderen großen Elektrokonzerne, Mitsubishi und Matsushita (im Ausland: Panasonic), sind bezüglich ihrer heutigen Telekommunikationsaktivitäten schwer zu durchschauen. Der Geschäftszweck von Matsushita Communication Industrial ist aber eindeutig auf die Nachrichtentechnik gerichtet, weshalb in Tabelle 2.1-1 nur die Umsätze dieses Tochterunternehmens angegeben wurden. Das Engagement des Gesamtkonzerns dürfte aber - ähnlich wie bei Mitsubishi - eher noch größer ausfallen als dasjenige von Matsushita Communication Industrial.

Eine genauere Aufschlüsselung der Geschäftsbereiche innerhalb der Telekommunikation anhand von zuverlässigen quantitativen Angaben ist nicht möglich. Mit Tabelle 2.1-2 wird daher versucht, die hauptsächlichen Geschäftsbereiche der wichtigsten Unternehmen qualitativ abzuschätzen. Die Tabelle enthält ferner grobe Angaben für die vermutlichen Produktionsanteile der einzelnen Produktgruppen in der zweiten Hälfte der 80er Jahre.

Tabelle 2.1-2: Qualitativer Überblick über die Firmenschwerpunkte bei der Produktion von Telekommunikationsgütern in Japan
(Quelle: Electronics Association of Japan 1986;
■ : wichtigste Produzenten für diese Produktguppe,
• : wichtige Produzenten,
o : aktiv, aber nicht stark)

Produktgruppe	Vermittlungssysteme	Endgeräte	Drahtübertragung inkl. Fasern	Funk, Mobilfunk	Funknavigation	Satellitenkommunikation	Rundfunkübertragung	Marineradar	Meteorologischer Radar	Luftkontrollkommunikation
Unternehmen										
NEC	o	•	■	o	■	•	•	■	•	o
Fujitsu	•	•	•	■	■	■	•	o		
Hitachi	■	■	■	•		■	o			
Oki	■	o	•	■		o	o	•		
Toshiba	o	•	■	o	•	■	o		o	■
Mitsubishi	•	■	o	•	o	■	■		■	•
Matsushita	•	■	■	•		•	•			
Anritsu	■	■	■	•		■		■		
Meisei	■	o		■	•					
Iwatsu	o	•								
Sony	•	■				■				
Ricoh		■								
Tamura		■								
Sanyo		•								
Sumitomo Electric		•	o			•				
Furukawa Electric		o	o	■		•		•		
Kokusai		o		■			■			■
Sharp		o								
AIWA				■						
Denki Kogyo				■		•	■			
Pioneer				•						
Produktionsanteil ca. in Prozent	20	20	20	25			5	10		

Man entnimmt der Tabelle, daß in der Tat die großen vier Unternehmen der Denden-Familie ein sehr weit gefächertes Produktionsprogramm haben. Die anderen großen Elektronikkonzerne stehen dem aber kaum nach. Die dominierende Rolle von NEC wird vollends deutlich, wenn man die verbundenen Unternehmen der Großgruppe mitberücksichtigt, vor allem Anritsu und Meisei. Eine Reihe von Firmen sind im Telekommunikationsgeschäft nur punktuell tätig, vor allem im Mobilfunk und bei den Endgeräten. Dies hat sicherlich mit der Regulierungsdichte bezüglich der einzelnen Produktgruppen zu tun.

Da die Telekommunkations- wie auch die gesamte Informationsindustrie sich in einem starken Wachstum und damit auch Umbruch befindet, ist die Entwicklung der Teilmärkte in der nächsten Zukunft besonders interessant. Der Rat für Telekommunikation, ein Beratungsorgan des Postministeriums (MPT), hat eine relativ sorgfältige makroökonomische Input-Output-Rechnung für das Jahr 1991 vorgelegt. Demnach (vgl. Tabelle 2.1-3) wird das jährliche Wachstum bei den Telekommunikationsnetzbetreibern des Typs 2 (s.u.) mit über 30 % am größten ausfallen, noch vor den Software-Produzenten mit einem prognostiziertem Wachstum von 20 %. Stagnieren dürfte demnach lediglich der Telefon- und Kabelfernsehbereich. Die Tabelle 2.1-3 gibt im übrigen für 1985 die tatsächlichen Zahlen wieder, so daß auch von daher eine Einschätzung der Telekommunikationsindustrie in Japan möglich ist.

Im Bereich der Telekommunikation waren im Jahre 1984 etwas über 320000 Personen beschäftigt. Diesbezüglich wird ein Wachstum der Beschäftigung bis auf 470000 Personen im Jahr 2000 erwartet. Dies entspräche einem Wachstum von etwa 2 % pro Jahr (Imai 1987, 11).

Tabelle 2.1-3: Makroökonomische Prognose des Wachstums der Telekommunikationsindustrie in Milliarden Yen
(Quelle: Telecommunication Council 1987)

Sektor	1985 (IST)	1991 (PROGNOSE)	WACHSTUM pro Jahr
Netzträger (Typ 1)	5307	7851	7 %
Netzträger (Typ 2)	520	2827	33 %
Rundfunkindustrie	1624	2374	7 %
Kabelnetze	19	17	-1 %
Kabelhersteller	1238	1429	2 %
Softwareindustrie	691	2091	20 %
Informationsdienstleistungen	670	1153	10 %
Informationsgerätehersteller	30300	53727	10 %

Der technische Stand der japanischen Telekommunikationsindustrie im allgemeinen muß unterschiedlich beurteilt werden. Auf der Ebene von Komponenten (Halbleiter, Optoelektronik) ist Japan eine der führenden Nationen der Welt, während bei komplexeren Systemen der Leistungsstand zu differenzieren ist. In einigen Bereichen, wie etwa dem Mobilfunk, der Übertragungstechnik inklusive der Digitalisierung und der Lichtleitersysteme, ist die japanische Technologie ebenfalls exzellent. Schwach schneidet das Land jedoch bei der Software und allen damit verbundenen Systemfragen ab. Insbesondere auf der Ebene kompletter Netzwerke ist Japan international gesehen noch keine Führungsmacht. Dies wird vor allem bei der öffentlichen Vermittlungstechnik deutlich, wo der anfängliche Versuch, auf dem US-amerikanischen Markt Fuß zu fassen, schnell wegen Anpassungs- und Softwareproblemen gescheitert ist (Turin u.a. 1986). Allerdings werden hier erhebliche Anstrengungen unternommen. Generell gesagt, nimmt die Qualität der japanischen Technologie vom Kleinen zum Großen ab, was letztlich durch den historischen Prozeß der Aneignung technologischen Know-Hows erklärt werden kann, die immer am Detail ansetzte.

Bereits vor Jahren haben gezielte Anstrengungen begonnen, die verbleibenden Schwächen im Telekommunikationsgebiet auszubügeln. Hier ist an erster Stelle das sogenannte INS (Informationsnetzwerk-System) zu nennen. Das INS ist ein voll digitalisiertes Netzwerk auf der Basis von Glasfaserkabeln. Die Breitband- und Vielkanalübertragungskapazität soll alle fortgeschrittenen Funktionen wie Telekonferenzen, schnelles Faksimile und universelle Datenkommunikation ermöglichen. INS bietet im Prinzip diesselben Zukunftsvisionen wie das ISDN. Seit April 1988 ist nach ISDN-Spezifikationen das sog. INS 64 festgelegt, seit Juni 1989 das sog. INS 1500. Weil keine CCITT-Spezifikationen vorliegen, gibt es noch kein Äquivalent zum B-ISDN. Die Einführung des INS wird sich bis in das 21. Jahrhundert hinziehen.

Eine besondere Erwähnung verdient der Bereich des Fernkopierens (Faksimile). Aus europäischer Sicht ist die rasante Entwicklung in Japan nur dann zu verstehen, wenn man bedenkt, daß sich die vielen tausend japanischen Schriftzeichen einer Telexübertragung entziehen. Durch das Fernkopieren findet daher nicht in erster Linie eine Subsitution des Telexverkehrs statt, vielmehr wird eine bisher nicht vorhandene Kommunikationsmöglichkeit quasi neu geschaffen. Man muß sich auch vergegenwärtigen, daß das heutige japanische Büro immer noch weitgehend mit handschriftlichen Unterlagen arbeitet, da die mechanischen Schreibmaschinen bezüglich ihrer Anschaffungskosten unseren Setzmaschinen vergleichbar sind. Deshalb ist bis heute das Schönschreiben eine hohe Tugend jedes Büroangestellten, was jegliches graphikfähige Kommunikationssystem in Einführung und Verbreitung begünstigt. Vor diesem Hintergrund mag es eher verständlich werden, daß zahllose Tante-Emma-Läden und alle besseren Hotels inzwischen über ein Faksimile-Gerät verfügen. In Osaka haben Taxifahrer mobile Faxgeräte installiert, die die Kunden während der Fahrt bedienen können. Fernstudenten bekommen leihweise Faxgeräte, welche außer Schwarz auch Rot übertragen, damit der Repetitor deutlich sichtbar korrigieren kann. Unter den japanischen Herstellern liegt die Firma Ricoh mit einem weltweiten Marktanteil von rund 24 % in Führung vor Matsushita, dem bisherigen Spitzenreiter, der auf 22 % zurückfiel.

Es ist fast unnötig zu ergänzen, daß fast alle japanischen Hersteller vertikal integrierte Elektronikkonzerne sind, die - zumindest im Verbund ihrer jeweiligen Großgruppe - von Komponenten über Teilsysteme und komplette Systeme bis hin zur Unterhaltungselektronik nahezu alles produzieren (im übrigen vergleiche Tabelle 2.1-2). Aufgrund der Neuordnung des Fernmeldewesens sind einige dieser Konzerne auch zu Netzbetreibern geworden, während es immer noch offen, wenn auch kaum wahrscheinlich ist, inwieweit und in welchem Umfang NTT über verbundene Unternehmen in die Geräteproduktion einsteigt.

Ordnungspolitik

Nach den USA und Großbritannien war Japan das dritte westliche Industrieland, das den Telekommunikationsbereich umfassend liberalisiert hat. Die Monopolrechte wurden umgestaltet und der Monopolinhaber - NTT - privatisiert. Neumann weist jedoch zurecht daraufhin, daß - obwohl liberalisiert - in Japan anders als in den Vereinigten Staaten nicht dereguliert wurde (Neumann 1987). Denn die Neugestaltung des Telekommunikationssektors wurde nicht den wettbewerbenden Unternehmen selbst überlassen, sondern der alte Regulierungsrahmen wurde durch einen neuen ersetzt. Dieser wurde zwischen den Unternehmen und den diversen Ministerien, Agenturen und Industrieverbänden ausgehandelt. Die liberale Regierungspartei mit ihren verschiedenen gegeneinander teilweise opponierenden Fraktionen hat hierbei eine wichtige Rolle gespielt, weil die rivalisierenden Ministerien MITI und MPT jeweils auch in der Partei ihre Hausmacht bemühten. Insofern als das amerikanische Beispiel lehrt, daß starke Deregulierung letztlich zur Fragmentierung und Zerteilung führt, zeigt die Reregulierung in Japan, die von einem starken Willen nach Konsens geprägt wurde, daß auch wieder ein in sich geschlossenes aber verändertes Konzept entstehen kann.

Nur zum Zwecke der Vollständigkeit erfolgt eine kurze Rekapitulation des Reregulierungsprozesses in Japan. Die nachfolgende Darstellung beruht auf Musashi (1984) und Neumann (1987). Das Startsignal gab das MPT im Oktober 1980 mit einer Konferenz unter dem Titel "Die ideale Telekommunikationspolitik in den 80er Jahren". Bei dieser Konferenz wurde auch die Datenkommunikation behandelt, die - nach Verständnis des MITI - in seine Zuständigkeit fällt. Wenn man so will, nennt das MPT die Datenkommunikation Kommunikation, während das MITI davon ausgeht, daß die Datenkommunikation eine spezielle Form der Datenverarbeitung darstellt. Der Streit zwischen den beiden Häusern brach also am Beispiel der Mehrwertdienste auf. Bei der Schlichtung wirkte entscheidend der Direktor des Politikforschungsrats der Regierungspartei mit, so daß schließlich ein Kompromiß ermöglicht wurde. Auf den Plan trat nun das Finanzministerium mit dem Wunsch, den verschuldeten Staatshaushalt durch einen Verkauf von NTT am Aktienmarkt zu verbessern. Dagegen stemmte sich neben dem MPT ein Teil der liberalen Partei, wobei das Argument eine Rolle spielte, daß FuE im Telekommunikationsbereich dadurch geschwächt würde.

Die politisch-wirtschaftliche Debatte wird als außerordentlich komplex bezeichnet, wobei die Fragen nach Monopol versus Wettbewerb und nach öffentlicher versus privater Kontrolle immer unwichtiger wurden und im Streit von Ministerien, Fraktionen und Personen untergingen. Auf Seiten des MITI ergriff der zentrale Industrieverband Keidanren Partei, während die MPT-Position selbstredend vom NTT-Imperium unterstützt wurde. Schließlich setzte sich innerparteilich die MPT-Position durch, die eine vorsichtige Reregulierung verfolgte, wie sie schließlich realisiert wurde. Ausschlaggebend hierfür waren - soweit man das von außen nachvollziehen kann - wohl zwei Umstände (vgl. Abschnitt 2.3.1): Der Postminister gehörte der konservativeren Tanaka-Fraktion an, die mit dem, gemessen an den Vorgängern, aggressiveren Regierungsstil Nakasones ohnehin nicht einverstanden war. Auch hatten die lokalen Gliederungen der Postverwaltung es immer verstanden, größere Wählermassen für die liberaldemokratische Partei zu mobilisieren. Das neue Telekommunikationsgesetz wurde 1984 verabschiedet, und NTT mit dem Haushaltsjahr 1985, d. h. am 1.4.1985, in eine Aktiengesellschaft umgewandelt, aus der der Staat sich zunehmend zurückzieht. Vor allem von industriellen Partnern wird der Streit der beiden Ministerien als störend und unnötig empfunden; wenn man jedoch die neue Situation betrachtet - soweit man das schon kann -, scheinen die zähen Verhandlungen einen für Japans Wirtschaft nicht ungünstigen Kompromiß hervorgebracht zu haben. Im Herbst 1989 wurde von internen Papieren aus dem MPT berichtet, nach denen NTT in zwölf einzelne Unternehmen entflochten werden soll. Zu den Gegnern dieser Pläne zählen neben NTT und den Gewerkschaften auch das MOF. Die zwölf Unternehmen sollen elf regionale Netze betreiben sowie eines den internationalen Verkehr bedienen. Im Rahmen dieses Buches bleiben derartige Pläne außer Beachtung.

Aufgrund der Kürze der Darstellung darf nicht übersehen werden, daß eine große Zahl weiterer Akteure die japanische Reregulierungspolitik bestimmt haben. Insbesondere spielten Eigeninteressen des Transportministeriums (im Hinblick auf ein Telekommunikationsgeschäft der Bahn) und des Bauministeriums (im Hinblick auf ein Telekommunikationsgeschäft entlang der Autobahnen) eine Rolle. Lediglich die STA und das Hochschulministerium waren in den Streit nicht eingebunden. Wenn man die Kräfteverhältnisse in Regierung und Partei etwas platt aber nicht unrichtig zusammenfassen will, so standen die Kräfteverhältnisse 3:1 gegen das MITI und dessen weitreichende Liberalisierungsvorschläge.

Es gibt nunmehr zwei Typen von Netzträgern. Seit September 1987 sind andere Unternehmen als NTT als "New Common Carriers" (NCC) ebenso wie NTT und KDD zum Netzbetrieb "Typ I" zugelassen. Bezüglich der irdischen Telekommunikation werden bis jetzt sieben solcher Netzträger gezählt: Die Eisenbahnen (Japan Telecom., Railway

Telecommunication), die Autobahnbetreiber (Teleway Japan), Elektrizitätsgesellschaften (Tokyo Telecommunication Network, Osaka Media Port) und Gerätehersteller (Daini Denden, ein mit Kyocera verbundenes Unternehmen). Ferner gibt es zwei Satellitennetzträger (einer um den Mitsubishi-Konzern, der andere um Itoh-Mitsui herum) sowie zwei weitere internationale Netzbetreiber (Satelliten- und Unterseekabel), die ebenfalls zu den beiden genannten Konzernen gehören (International Telecom. Japan - ITJ, und International Digital Communication - IDC).

Die Unternehmen gemäß Typ II sind solche, die Mehrwertdienste anbieten, aber keine eigenen Netze unterhalten. Unter diesen werden spezielle Netzträger und gewöhnliche Netzträger unterschieden. Spezielle Netzträger sind solche, die mehr als 500 Leitungen betreiben und Zugang (über Netzträger des Typs I) zu internationalen Netzen besitzen. Die gewöhnlichen Netzbetreiber des Typs II unterhalten dementsprechend weniger als 500 Leitungen und haben keinen internationalen Zugang. Derzeit haben 17 spezielle Netzträger eine Lizenz, darunter sehr viele Hersteller, die sich somit weitestgehend auf alle Geschäftsfelder zwischen Komponenten, Systemen und Diensten ausgedehnt haben. Hierzu gehört zum Beispiel Fujitsu, NEC und Oki, aber auch IBM. Am 1. Mai 1988 betrieben 525 Unternehmen - meistens regional orientiert - ein Geschäft im Sinne des gewöhnlichen Typs II. Hiervon fallen 188, oder ungefähr 36 %, in das Gebiet von Groß-Tokio, 57 Unternehmen in das Gebiet von Groß-Osaka.

Trotz der Abstufung in drei verschiedene Typen von Netzbetreibern kann man nicht von einer weitgehenden Deregulierung sprechen. Das MPT ist für alle Netzbetreiber die regulierende Kraft mit interventionistischen Möglichkeiten. In jedem Fall wird, wenn nicht eine Registrierung, so doch mindestens eine Notifizierung erforderlich. Während die Netzträger vom Typ I eine Lizenz in vollem Umfang benötigen, genügt bei den speziellen Trägern vom Typ II die Registrierung beim MPT. Die gewöhnlichen Typ II-Netzträger müssen ihre Dienstleistung beim MPT lediglich notifizieren. Jedoch ist weder die Registrierung noch die Notifizierung für den Betrieb hinreichend. Vielmehr ist in jedem Fall eine zustimmende Reaktion des MPT erforderlich (US Senate 1987, 82). Auch von daher ist der Begriff Reregulierung zur Beschreibung der neuen japanischen Situation im Bereich der Telekommunikation geeigneter als der Begriff Deregulierung.

2.2 GRUNDSTRUKTUREN VON FORSCHUNG UND ENTWICKLUNG IN DER TELEKOMMUNIKATION

Budgetärer Umfang der Telekommunikations-FuE

Die Problematik der FuE-Statistik wird im Methodenteil allgemein erläutert (siehe Abschnitt 0.3). Im Unterschied zu vielen anderen Ländern ist die Situation in Japan befriedigend, da das statistische Büro der Management and Coordination Agency, welches früher beim Premierministeramt angesiedelt war, seit vielen Jahren eine nach gleichartigen Gesichtspunkten abgegrenzte Erhebung der FuE-Aufwendungen in der Industrie durchführt. Die Erhebung beruht auf dem Statistikgesetz, gemäß dem nur Unternehmen mit einem Kapitalstock von 100 Millionen Yen oder mehr auskunftspflichtig sind. Der wesentliche Unterschied zur FuE-Statistik der Bundesrepublik Deutschland oder der Vereinigten Staaten liegt ferner darin, daß neben den laufenden Aufwendungen für FuE auch Kapitalaufwendungen ununterscheidbar miterfaßt werden, wodurch eine strenge Vergleichbarkeit im internationalen Maßstab nicht mehr gegeben ist. Wenn man jedoch bedenkt, daß die laufenden Aufwendungen die Kapitalaufwendungen in der Regel weit überwiegen, und unter den laufenden Aufwendungen diejenigen für das FuE-Personal wiederum stärker zu Buche schlagen als Sachaufwendungen, ist dieser Unterschied nicht als gravierend zu bewerten.

Besonders wichtig für den vorliegenden Zweck ist die Kreuzmatrix, welche die Aufwendungen für FuE nach Erzeugnisbereichen mit denjenigen nach Wirtschaftssektoren verknüpft. Denn wegen der starken Verflechtung der japanischen Wirtschaft (siehe Abschnitt 2.1.2) ist die Branchenzugehörigkeit in der Regel wenig aussagefähig. Einschlägig für die vorliegende Untersuchung ist der Wirtschaftssektor "Kommunikation und elektronische Ausrüstungen". Nach der japanischen Standard-Industrieklassifikation handelt es sich hierbei um die Wirtschaftssektoren 304 (Herstellung von Kommunikationsgeräten und zugehörigen Produkten), 305 (Elektronische Datenverarbeitungsanlagen, digitale und analoge Computer, sowie Zubehör), 306 (Herstellung elektronischer Ausrüstungen), 307 (Elektrische Meßgeräte) und 308 (Herstellung von Teilen für elektronische Geräte und Kommunikationsgeräte). Man erkennt ohne weiteres, daß die FuE-Daten dieser fünf Wirtschaftszweige, die in der Statistik nur zusammengefaßt auftreten, zu umfangreich und damit nicht brauchbar sind. Insbesondere der Einschluß der Datenverarbeitung stört wegen seiner quantitativen Bedeutung. Auch die Kreuzmatrix bietet nur die Möglichkeit, die FuE-Aufwendungen aller Wirtschaftszweige für den Erzeugnisbereich "Kommunikation und Elektronik" zu erfassen. Dieser Erzeugnisbereich, der verbal und nicht durch eine Wirtschaftsklassifikation beschrieben ist, enthält neben den Telekommunikationsgütern ebenfalls die Datenverarbeitungsanlagen, aber definitiv nicht die Büromaschinen. Insofern ist dieser Erzeugnisbereich immer noch größer als der eigentlich interessierende Bereich der Telekommunikation. Aus den Produktionswerten für Telekommunikationsgüter und Computer (Electronics Association of Japan, 1986, 69, und andere Quellen) ergibt sich übereinstimmend ein Verhältnis von 6:4. Unter der Annahme gleicher FuE-Intensität sollten daher 60 % der produktbezogenen FuE-Aufwendungen zum Bereich der Telekommunikation gehören (siehe Abbildung 2.2-2).

Daneben existiert eine Statistik, die die FuE-Aufwendungen der öffentlichen Hand und der Privatwirtschaft nach sogenannten nationalen Zielen enthält, worunter die Kategorie "Informationstechnologie" fällt, die aber für den hier vorliegenden Untersuchungszweck noch weniger brauchbar ist als der genannte Erzeugnisbereich.

Die Netzbetreiber, allen voran NTT, werden zusammen mit vielen anderen Dienstleistungsunternehmen in der Kategorie "Transport, Kommunikation und öffentliche Werke" erfaßt, welche insgesamt 43 Wirtschaftszweige zusammenfaßt. Hierin sind die Gruppen 472 (Telefon und Telegraphie), 473 (drahtloses Telefon), 474 (nachgeordnete Dienstleistungen im Bereich der Kommunikation), 791 (öffentliches Radio und Fernsehen), 792 (privates Radio und Fernsehen) und 793 (Kabelfernsehen und Radio) relevant. Die Kreuzmatrix schließt die Aufwendungen dieser Dienstleistungsunternehmen unter demselben Erzeugnisbereich ein, der oben diskutiert wurde.

Abbildung 2.2-1 zeigt gemäß der Kreuzstatistik den Zeitverlauf der unternehmensseitigen Aufwendungen für FuE im Erzeugnisbereich Kommunikation und Elektronik. Es wird zunächst deutlich, daß kaum ein Unterschied besteht, ob die Diskontierung mit dem Bruttoinlandsprodukt oder mit einer konstanten Währung erfolgt; in jedem Falle zeigt sich ein mehr oder weniger lineares Anwachsen der FuE-Aufwendungen. Bedenkt man, daß auch das Wirtschaftswachstum in Japan rasant verläuft, wird der fast ungeheure FuE-Zuwachs dieses Zweigs der Wirtschaft und Technik in Japan deutlich: Zwischen 1983 und 1987, also in nur vier Jahren, wurden die realen Aufwendungen verdoppelt. Die Entwicklung scheint erst seit 1986 etwas langsamer zu verlaufen. Im Vergleich zu den Gesamtaufwendungen für FuE (Abbildung 2.1-3) wird unübersehbar deutlich, daß dieser FuE-Bereich noch schneller wächst, als die übrigen Bereiche von Forschung und Technik.

Abbildung 2.2-1 enthält zwar die Netzträger, aber nicht die öffentlichen Institutionen. Diese sind in der Darstellung gemäß Abbildung 2.2-2 für das Jahr 1987 enthalten. In früheren Jahren hat sich die Struktur (bei jeweils niedrigeren Beträgen!) kaum verändert.

Abbildung 2.2-1: Reale FuE-Aufwendungen aller Wirtschaftszweige für Kommunikation und Elektronik in konstanten US-Dollar 1987 bzw. in % des **Bruttoinlandprodukts**

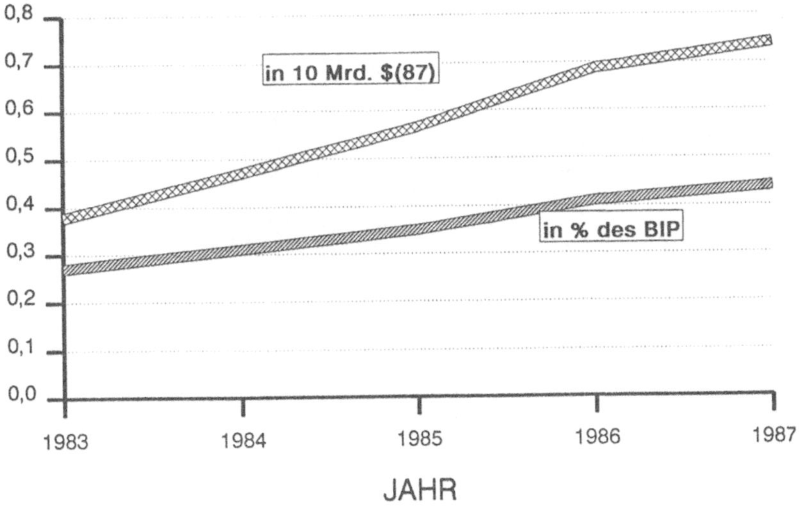

Die Abbildung 2.2-2 zeigt im oberen Teil die drei bedeutenden Sektoren in bezug auf Durchführung von Telekommunikations-FuE. Es sind dies der Wirtschaftssektor "Kommunikation und elektronische Ausrüstungen", der Wirtschaftssektor "Elektrotechnik" sowie die Netzträger. (In Abbildung 2.2-2 sind gemäß den Abschätzungen zur FuE-Intensität und zum Produktionswert für die verarbeitenden Unternehmen nur 60 % der produktbezogenen FuE-Aufwendungen aus Abbildung 2.2-1, aber 100 % der entsprechenden Aufwendungen der Netzträger eingesetzt worden.) Unter diesen überwiegt der zuerst genannte Wirtschaftszweig weitgehend und ist allein für mehr als die Hälfte aller FuE- Arbeiten maßgebend. An zweiter Stelle folgt die Elektrobranche im wesentlichen deswegen, weil sich einige breitgefächerte Konzerne wirtschaftsstatistisch nach dem Schwerpunktprinzip unter dieser Kategorie einreihen. De facto dürften sich dahinter Hersteller von Haushaltselektronik, Unterhaltungselektronik und dergleichen verbergen. Erst an dritter Stelle folgen die Netzträger; alle übrigen Institutionen machen im nationalen Maßstab gerade 14 % aus. Der untere Teil der Abbildung 2.2-2 veranschaulicht, daß auch unter den übrigen Institutionen die privaten Einrichtungen überwiegen: andere Wirtschaftssektoren, der Instrumentenbau, der Maschinenbau, die Nichteisenmetalle und die Chemie geben hierin zusammen ungefähr zwei Drittel der Aufwendungen aus, während die Regierungsinstitute, die Hochschulen sowie die gemeinnützigen Institute zusammen auf etwas mehr als ein Drittel unter den übrigen Einrichtungen kommen. Im Vergleich zum gesamten Budget ist dies verschwindend wenig. Allerdings läßt sich die

Abbildung 2.2-2: Geschätzte FuE-Aufwendungen in der Telekommunikation 1987 nach durchführender Institution (oben: die drei großen Sektoren, unten: alle übrigen Institutionen; alle Angaben in Milliarden Yen)

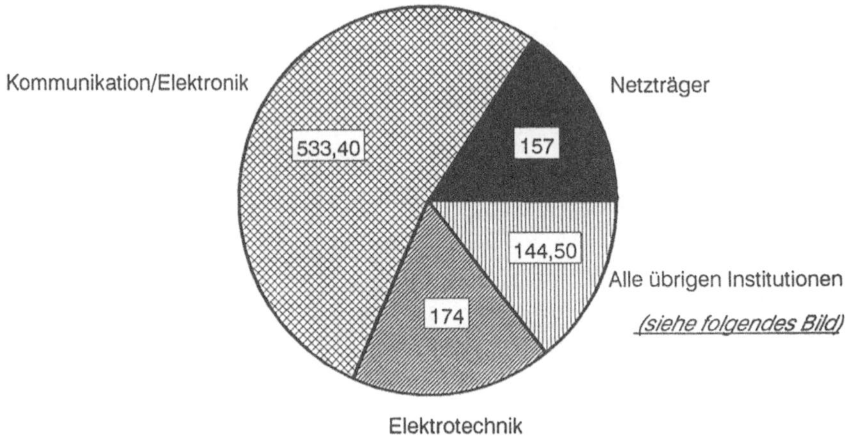

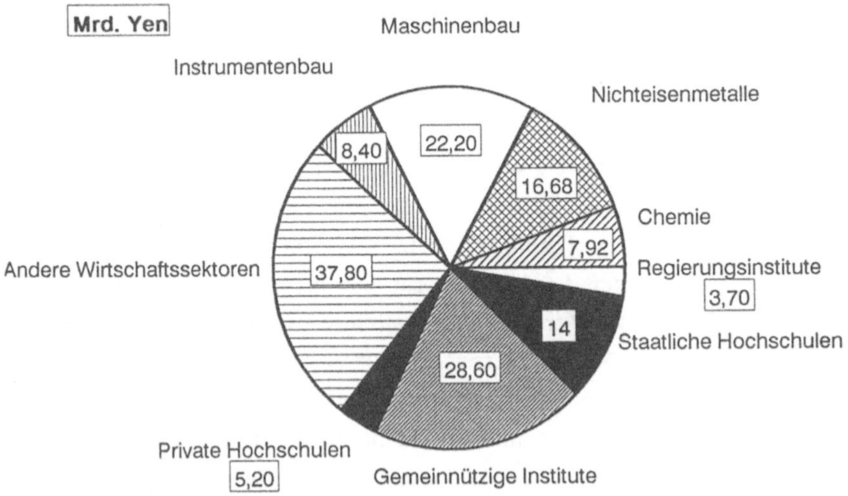

akademische Forschung dem Telekommunikationsbereich nur in wenigen Fällen klar zuordnen, so daß alle vorwettbewerblichen Forschungsbereiche, die unter anderem auch der Telekommunikation dienen, ohnehin nicht erfaßt werden können. Die geringfügigen verteidigungsbezogenen Aktivitäten sind bei den Regierungsinstituten enthalten und somit marginal.

Da die Unternehmen ihre FuE überwiegend selbst finanzieren, ist eine Betrachtung der Mittelherkunft in diesem Bereich wenig interessant. Es ergeben sich im wesentlichen dieselben Verhältnisse wie mit Bezug auf die Durchführung von FuE. Im öffentlichen Bereich hat sich mit Einführung des Key-Tec-Centers, also einer einzelnen Maßnahme, die Situation verändert, da dieses neue Instrument der Technologiepolitik bei den geringen finanziellen Mitteln der öffentlichen Hand von ausschlaggebender Bedeutung ist. Abbildung 2.2-3 verdeutlicht für das Jahr 1988 die relativen Anteile. Direkte Fördermittel des MPT sowie des MITI sind gering, diejenigen vom Hochschulministerium Mombusho überwiegen deutlich, betreffen aber nur den Hochschulsektor mit unklarer Abgrenzung zur Lehre. Andere öffentliche Einrichtungen spielen eine kleine Rolle, darin auch der Rüstungsbereich. Zu Einzelheiten der Finanzierung des Key-Tec-Centers durch das Finanzministerium auf der Grundlage der Dividendenausschüttung von NTT siehe Abschnitt 2.3.1.

Abbildung 2.2-3: Geschätzte öffentliche Finanzierung der Telekommunikations-FuE im Jahr 1988 (in Milliarden Yen)

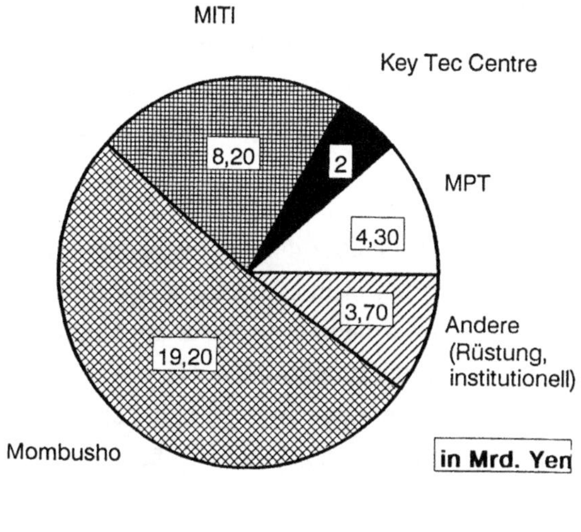

FuE-Arbeitsteilung in den Unternehmen

Die FuE-Struktur im Telekommunikationsbereich kann durch patent- und literaturstatistische Analysen im Sinne von Indikatoren für den Ertrag von FuE weiter aufgeklärt werden (siehe Methodenteil, Kapitel 0). Dabei ist die Patentstatistik besonders geeignet, Ergebnisse industrieller Entwicklungsarbeiten aufzuzeigen.

Für die patentstatistische Analyse wird das Gesamtgebiet der Telekommunikation in neun technologische Felder aufgeteilt, deren Kurzbezeichnung im Abschnitt 0.2 näher bestimmt ist. An sich wäre es angezeigt gewesen, die Inlandsanmeldungen am japanischen Patentamt zugrunde zu legen; jedoch fällt das japanische Patentamt in so vielen Punkten aus dem international üblichen Rahmen, daß davon Abstand genommen wurde. Da die Aufgaben des japanischen Patentwesens andere sind als beispielweise in Europa oder den Vereinigten Staaten, muß der Nichtvergleichbarkeit Rechnung getragen werden. Als Muster für Patenterwerb dient den Beschäftigten in Japan das betriebliche Vorschlagswesen. Patentanmeldungen werden dadurch aus dem Bereich des genialen in den normalen Alltag geholt. Es werden äußerst geringe Vergütungen gezahlt (etwa 60 DM pro Patent). Daher sind viele Patente in ihrer Erfindungshöhe sehr niedrig, bzw. es müssen die amtlichen Anforderungen an die Erfindungshöhe aus eben diesen Gründen niedrig gehalten werden. Die hohe Zahl von Inlandspatentanmeldungen in Japan ist also nicht unter Wettbewerbsgesichtspunkten sondern aus Sicht des internen Belohnungssystems der Unternehmen zu sehen. Die geringe Qualität wird vom japanischen Patentamt offiziell bestätigt (Schmoch u.a. 1988, 46f); die Berücksichtigung japanischer Inlandsanmeldungen ist daher von fraglichem Wert. Aus diesem Grunde werden für die nachfolgende Analyse Auslandspatente aus Japan, welche entweder am europäischen oder am deutschen Patentamt registriert wurden, zugrunde gelegt. Damit sinkt die Absolutzahl zwar drastisch ab, aber es wird eine Meßlatte bezüglich der Qualität zugrunde gelegt, wie sie dem Weltniveau entspricht.

Tabelle 2.2-1 gibt einen Überblick über die Arbeitsteilung in der Telekommunikations-FuE. In diesem Überblick werden nicht alle Anmeldergruppen einzeln aufgeführt, sondern nur die im Durchschnitt der neun Teilgebiete am häufigsten vorkommenden. Die restlichen Anmelder sind entweder unter "andere Hersteller" oder unter "Einzelerfinder" zusammengefaßt worden. Die Gesamtsumme enthält also keine Weglassungen. Ferner wurden die Unternehmensgroßgruppen zusammengefaßt.

Unter den vier großen Herstellern ragen die NEC- und die Hitachigruppe besonders hervor. Während die anderen beiden Mitglieder der Denden-Familie etwas zurückfallen, schieben sich Toshiba und Sony sowie auch Canon, vor allem im Bereich der Bildüber-

Tabelle 2.2-1: Spezialisierung in der industriellen Telekommunikationsentwicklung (Auslandspatentanmeldungen am europäischen oder deutschen Patentamt aus Japan in den Erfindungsjahren 1980 (links) und 1985 (rechts)

Institution	LE	FU	BÜ	BK	DI	LL	HF	FS	SG	ALLE
Hersteller										
NEC-Gruppe	12/27	3/28	2/3	2/ 2	13/27	4/14	1/3		2/9	39/113
Fujitsu-Gruppe	0/ 9	1/ 3	3/7	12/18	6/14	10/11	1/2	2/0	5/3	40/ 67
Oki-Gruppe				2/ 1	0/ 4	2/ 0	1/0		0/1	5/ 6
Hitachi-Gruppe	7/ 7	7/ 8	25/22	10/ 8	5/20	28/35	1/3	1/2	12/6	96/111
Toshiba	7/ 5	1/ 3	13/24	8/17	6/ 6	15/26	2/1	1/0	7/7	60/ 89
Mitsubishi		4/ 2	0/ 9		1/ 2	2/15	0/1	0/2	0/1	7/ 32
Matsushita	6/ 4	0/ 3	23/25	4/ 5	2/ 2	3/ 7	1/2		2/5	41/ 53
Sony	10/ 7	13/ 4	57/56	4/ 1	10/ 8	2/ 7	0/5			96/ 88
Canon	0/ 4		8/ 9	25/36	0/ 5	18/42			4/22	55/118
Andere Hersteller	49/29	26/36	118/67	56/86	24/25	69/159	13/14	7/8	48/42	410/465
Netzbetreiber										
NTT	4/ 6	3/ 4		4/ 2	9/ 4	13/ 4			1/0	34/20
KDD	1/ 0	1/ 0								2/ 0
Institute										
Öff. Institute/Universitäten	0/ 1	1/ 0				3/ 2			1/0	5/ 3
Summe (geschäftl. Bereich)	96/99	60/91	249/222	127/176	76/117	169/322	20/31	11/12	82/96	890/1166
Einzelerfinder	1/1	1/2	0/1	0/1	0/1	6/7	1/1			9/14
Summe	97/100	61/93	249/223	127/177	76/118	175/329	21/32	11/12	82/96	899/1180

tragung, weiter in den Vordergrund. Die Dominanz von NTT gegenüber dem internationalen Netzträger KDD ist offensichtlich, ebenso wie die Nachrangigkeit der öffentlichen Institute und Universitäten. Zu den Schwerpunktsetzungen der einzelnen Institutionen in bezug auf die technologischen Teilgebiete siehe die Abschnitte 2.3.2 und 2.3.3. An dieser Stelle soll lediglich die Grobstruktur japanischer Aktivitäten verdeutlicht werden. Abbildung 2.2-4 faßt demnach alle Patentanmeldungen, gleich welcher institutionellen Herkunft, zu einem nationalen Spezialisierungsprofil zusammen. Es zeigt ausgeprägte Stärken im Bildbereich sowie bei den sonstigen Geräten und etwa weltdurchschnittliche Aktivitäten im Bereich der Digitaltechnik und der Lichtleitertechnik. Die beiden kleinen Bereiche der Telemetrie sind ganz unterentwickelt, was weniger stark auch für die leitungsgebundene Technik und die Funkübertragung zutrifft. Zwischen 1980 und 1985 zeigen sich keine sehr dramatischen Trendänderungen. Fast in allen Fällen hat sich eine Niveauangleichung hin zur Mitte ergeben. Stärken und Schwächen wurden in der ersten Hälfte der 80er Jahre eher ausgeglichen als vergrößert.

Abbildung 2.2-4: Spezialisierungsprofil Japans in der Telekommunikationsentwicklung auf der Basis von Auslandspatenten in Europa 1980 und 1985

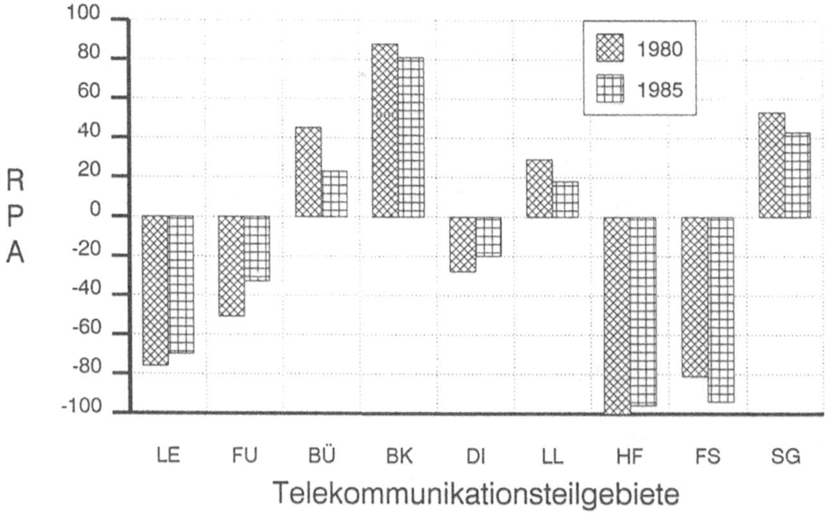

Arbeitsteilung zwischen Industrie, Hochschulen und sonstigen Forschungseinrichtungen im Bereich der angewandten Forschung

Die Publikationsstatistik ist - in komplementärer Ergänzung zur Patentstatistik - eher bei der Identifikation der Forschungsergebnisse hilfreich und weniger für eine Beobachtung der Entwicklungsergebnisse geeignet (siehe methodische Einführung, Abschnitt 0.5). Wie

Tabelle 2.2-2 zeigt, findet die telekommunikationsbezogene Forschung in Japan keinesfalls überwiegend in den Hochschulen statt. Aus diesem Bereich stammen nur etwas mehr als ein Fünftel aller telekommunikationsrelevanten Publikationen im Jahre 1986. NTT allein publiziert um die Hälfte mehr als alle Hochschulen zusammen und kommt damit fast auf eine Publikationszahl, die derjenigen aller herstellenden Unternehmen entspricht. Die Publikationsstatistik für Japan ist besonders aussagefähig, da die verwendete Datenbank auf eine repräsentative Abdeckung japanischsprachiger Publikationen großen Wert legt und diesbezüglich besonders vollständig ist.

Tabelle 2.2-2: Spezialisierung in der angewandten Telekommunikationsforschung in Japan im Jahr 1986 auf der Basis der Publikationsstatistik

Institution	TH	LE	FU	BÜ	BK	DI	LL	HF	FS	SG	SO	Alle
Hersteller												
NEC-Gruppe	18	49	32	35	7	68	47	4	4	18	48	330
Fujitsu-Gruppe	7	24	5	2		39	35	1		8	12	133
Oki-Gruppe	7	5			1	6	4			5	4	32
Hitachi-Gruppe	5	5	2	10	2	33	33	2		5	8	105
Toshiba	5	3	4	2	1	12	19	1		3	3	53
Mitsubishi	2	2	9	5	1	16	30	6	1	5	4	81
Matsushita	6	13	3	23	8	23	28		5	8	18	135
Andere	8	17	13	11	6	39	71	5	9	6	17	202
Netzbetreiber												
NTT	66	195	76	7	20	172	239	1	1	32	123	932
KDD	6	17	16	7	3	21	24			3	13	110
NHK	4	1	10	43	4	27	2		1	3		95
Andere		1	3	6	1	3	3				2	19
Institute												
CRL	1		31	7		2		4		2	2	49
ETL	31		1			2	5				1	40
Andere incl. Behörden	5	3	31	5	2	10	21	14	4	2	5	102
Universitäten	114	24	113	12	4	84	203	64	6	17	24	665
Summe	285	359	349	175	60	557	764	102	31	117	284	3083

Neben dem Netzbetreiber NTT spielt auch KDD bezüglich der wissenschaftlichen Veröffentlichungen eine wichtige Rolle. Andere Institutionen im öffentlichen Bereich sind ebenfalls aktiv. Im Bereich der Hersteller nimmt die NEC-Gruppe den führenden Platz vor Fujitsu und überraschend Matsushita ein. Die übrigen in Tabelle 2.2-2 nicht einzeln aufgeführten Unternehmen fallen deutlich ab und kommen auf ein Publikationsvolumen, das zusammen nur etwa zwei Drittel der NEC-Gruppe ausmacht.

Die telekommunikationsbezogenen Forschungen der Hochschulen werden ausführlicher im Abschnitt 2.3.4 erörtert. Wie aus der zusammenfassenden Darstellung in Tabelle 2.2-2 hervorgeht, sind die Hauptaktivitätsgebiete der japanischen Hochschulen die Informationstheorie sowie die Lichtleiterforschung. Dies zeigt auch Abbildung 2.2-5, welche das Ausmaß und die Arbeitsteilung bei den FuE-Arbeiten im Jahr 1986 zwischen der Industrie, den Hochschulen, den sonstigen Forschungseinrichtungen und den Netzbetreibern verdeutlicht. Die Institute (Rundfunkstationen, Ressortforschung) sind lediglich im Bereich der Theorie und der Funkkommunikation merklich vertreten, während die Netzbetreiber natürlicherweise ihre Aktivitäten auf die leitungsgebundene, digitale sowie Lichtleiter-FuE richten. Auch im Bereich der Software und der Dienste sind die Netzbetreiber stark vertreten. Die Hersteller sind hingegen im Bereich der Digital- und Lichtleiter-FuE prominent engagiert sowie ebenfalls im leitungsgebundenen und Softwarebereich. Defizitär in Japan ist die Fernsignaltechnik; hierzu liegen Beiträge praktisch ausschließlich von Unternehmen vor.

Abbildung 2.2-5: Arbeitsteilung in telekommunikationsbezogener FuE zwischen Industrie, Hochschulen, Netzbetreibern und sonstigen Forschungseinrichtungen im Jahre 1986 auf der Basis der Publikationsstatistik

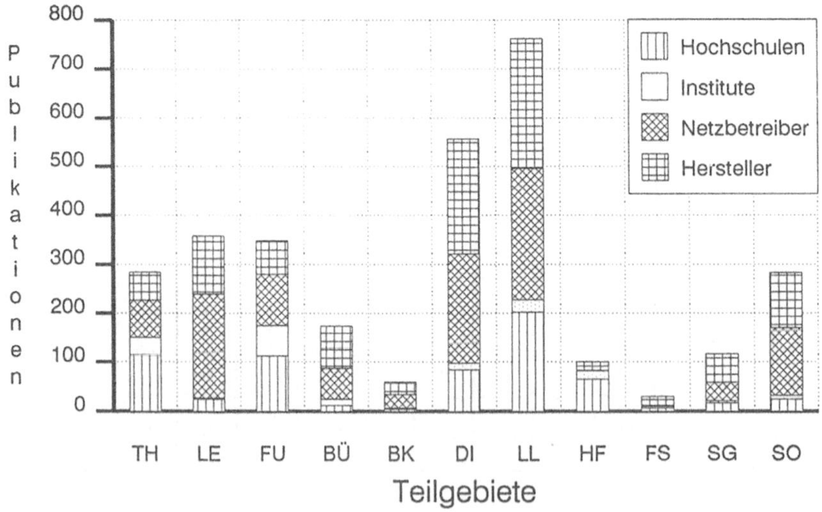

Die relativ ausgeprägte Beteiligung von Unternehmen im Bereich der Publikationen wirft die Frage auf, ob diese wirklich Grundlagenforschung betreiben. Im Abschnitt 2.1.1

ist verdeutlicht worden, daß schon der Sprachgebrauch ("basic research") in Japan von der Üblichkeit abweicht. Deshalb ist an dieser Stelle eine Erörterung des Typs der FuE im Unternehmensbereich erforderlich. Die japanische amtliche FuE-Statistik enthält eine nach Industriezweigen gegliederte Aufteilung der FuE-Mittel nach Forschungstyp. Abbildung 2.2-6 zeigt die Mittelverteilung der FuE-Aufwendungen im Wirtschaftszweig "Kommunikation und Elektronik". Demnach werden drei Viertel der Mittel tatsächlich für Entwicklung aufgewendet, etwa 20 % für angewandte Forschung und weniger als 5 % für Grundlagenforschung. Der Zeittrend seit 1983 zeigt sogar, daß der Anteil der Entwicklungsarbeiten noch zugenommen hat. Die Tatsache, daß japanische Hersteller am internationalen Publikationsgeschehen beteiligt sind, bedeutet also nicht, daß sie starke Akzente im Bereich der Grundlagenforschung setzten.

Abbildung 2.2-6: Verwendung der FuE-Aufwendungen im Wirtschaftszweig "Kommunikation und Elektronik" nach FuE-Typ 1983 bis 1987

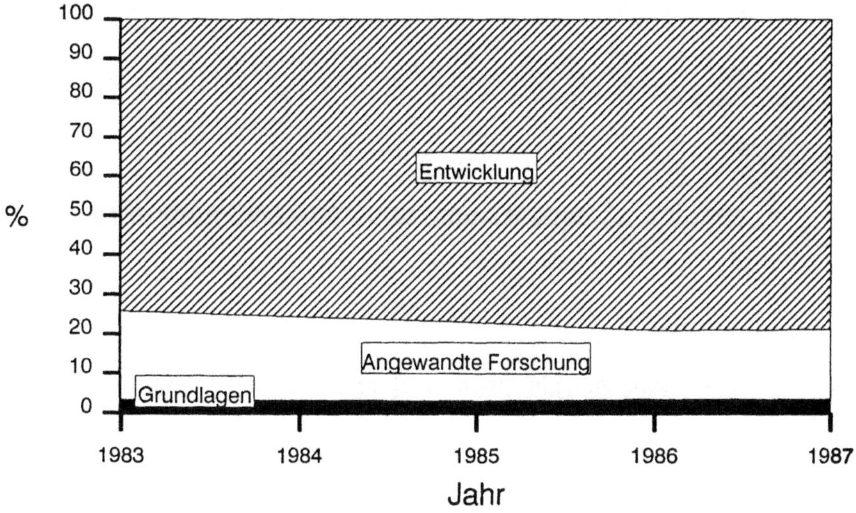

Etwas andere Verhältnisse ergeben sich für die Telekommunikationsnetzträger. Zur Abgrenzung ist zu sagen, daß sie zusammen mit anderen Dienstleistungsunternehmen im Bereich Transport und Versorgung (siehe oben) erfaßt werden, so daß statistisch ein Störeinfluß vorliegt, der jedoch aufgrund eines Vergleichs der statistischen Zahlen mit den unternehmensbezogenen FuE- Aufwendungen von NTT und KDD nicht sehr groß ist (im Jahr 1983 betrugen die FuE-Aufwendungen von NTT allein mehr als 50 % der Gesamtaufwendungen dieses Wirtschaftszweigs für alle Bereiche von Forschung und Technik). Die Netzträger und öffentlichen Werke zusammen verwenden etwa zwei Drittel ihrer internen FuE-Mittel für Entwicklungsarbeiten, 25 bis 30 % für angewandte Forschung und etwas mehr als 5 % für Grundlagenforschung. Das Bild unterscheidet sich von den herstellenden Unternehmen also nicht sehr, wenngleich die angewandte Forschung einen etwas bedeutenderen Anteil ausmacht, der zudem (vgl. Abbildung 2.2-7) im Anwachsen begriffen ist. Auch der erhebliche Umfang von Publikationen aus den NTT-Labors darf also nicht mit einem entsprechenden Anteil an Grundlagenforschung verwechselt werden.

Abbildung 2.2-7: Verwendung der FuE-Aufwendungen der Netzträger und anderer Dienstleistungsunternehmen auf FuE-Typen 1983 bis 1987

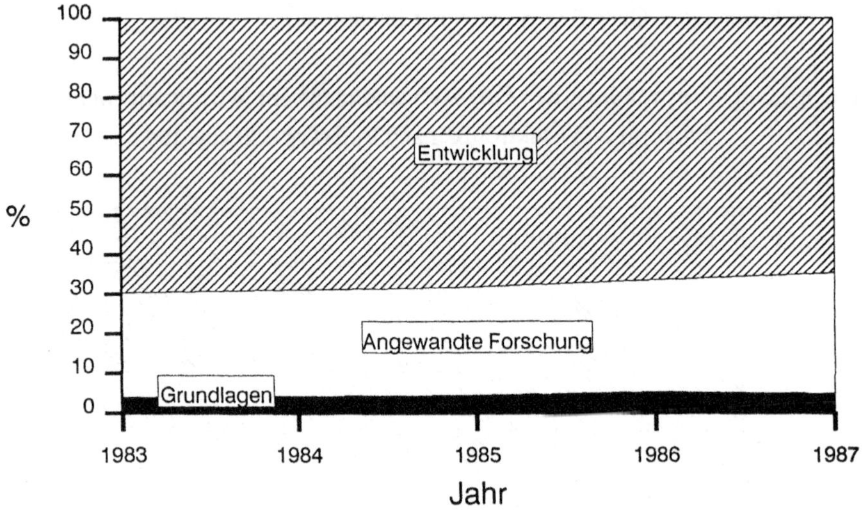

Gleichmäßigkeit der Beteiligung in Japans telekommunikationsbezogener FuE

Die Konzentration zwischen den Herstellern des Wirtschaftszweigs "Kommunikation und Elektronik" im Bereich von FuE zeigt Abbildung 2.2-8. Während 1987 in dieser Branche die fünf größten Unternehmen nur 41 % des Umsatzes erwirtschafteten, bestreiten diese fünf Unternehmen 55 % der FuE (nach den hier vorgenommenen produktbezogenen Abschätzungen etwa 440 Mrd. Yen 1987). Die zehn größten Unternehmen der Branche mit einem Umsatz von 55,4 % decken bereits 70 % der FuE ab (oder 560 Mrd. Yen) und die größten zwanzig Unternehmen 80 %. Der Wirtschaftszweig ist also im Bereich von FuE wesentlich stärker konzentriert als im Bereich der Produktion. Forschung und Entwicklung wird vornehmlich von den Großunternehmen durchgeführt. Dies ist in guter Übereinstimmung mit der Patent- und Publikationsstatistik, aus der ersichtlich wird, daß die etwa zehn größten Unternehmen (zu Gruppen zusammengefaßt) große Teile des Aufkommens bereits abdecken.

Abbildung 2.2-8: Konzentration der FuE-Aufwendungen im Bereich des Wirtschaftszweigs "Kommunikation und Elektronik" 1987 nach den 5, 10 bzw. 20 größten Unternehmen

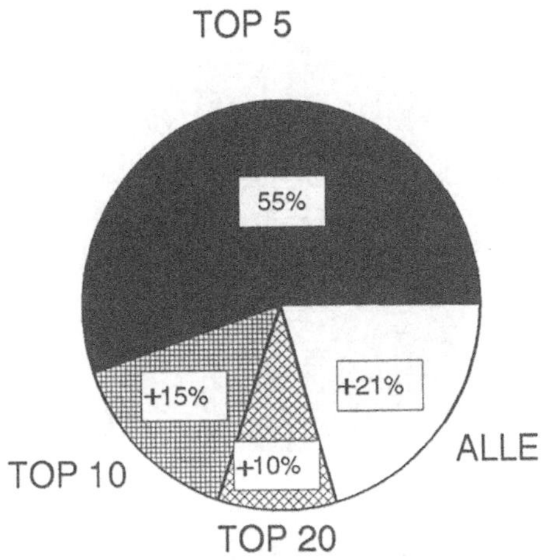

Im Bereich der Netzträger und der anderen Dienstleistungsunternehmen ist die Konzentration naturgemäß noch höher, weil hier Kleinunternehmen noch weniger eine Rolle spielen. Dies gilt in diesem Fall sogar für die Umsätze. Die fünf größten Unternehmen (darunter natürlich NTT) setzen zwar nur 40 % der Branche um, sind aber für mehr als 80 % der FuE-Aktivitäten verantwortlich (vgl. Abbildung 2.2-9). Dies ist ein sehr extremes Verhältnis von Umsatz zu FuE. Die zehn größten Unternehmen mit 72 % des Umsatzes decken fast 93 % der FuE ab und die größten zwanzig Unternehmen machen fast schon die ganze Branche aus (90,5 % der Umsätze und 98,9 % der FuE). Beachtet man zudem, daß neben NTT und KDD auch etwa die Eisenbahnen eigene Kommunikationsnetze unterhalten und mutmaßlich hierfür Forschung und Entwicklung betreiben, wird deutlich, daß die Vielzahl von neuen Netzbetreibern (vgl. Abschnitt 2.1.2), die in die Hunderte geht, für FuE keine Bedeutung hat.

Die technologische Differenzierung der FuE-treibenden Einrichtungen läßt sich gemäß Abbildung 2.2-10 sehr anschaulich aus dem Gleichmäßigkeitsmaß (oder Entropiemaß) ablesen, das die Gleichmäßigkeit der Verteilung der feldspezifischen Aktivitäten in Japan auf die verschiedenen FuE-Stätten mißt (vgl. Methoden-Kapitel; bei seiner Berechnung wurden die nicht im gewerblichen Bereich anzusiedelnden Einzelerfinder weggelassen). Demnach ist die Gleichmäßigkeit der Beteiligung in der japanischen Telekommunikation-FuE generell hoch (das heißt, die Entropie nimmt große Werte zwischen 1,5 und 2 an). Abbildung 2.2-10 unterscheidet nach Publikations- bzw. Patentstatistik oder - etwas verkürzt - nach Forschung und Entwicklung.

Abbildung 2.2-9: Konzentration der FuE-Aufwendungen des Wirtschaftszweigs "Netzträger und andere Dienstleistungsunternehmen" 1987 für die 5, 10 bzw. 20 größten Unternehmen

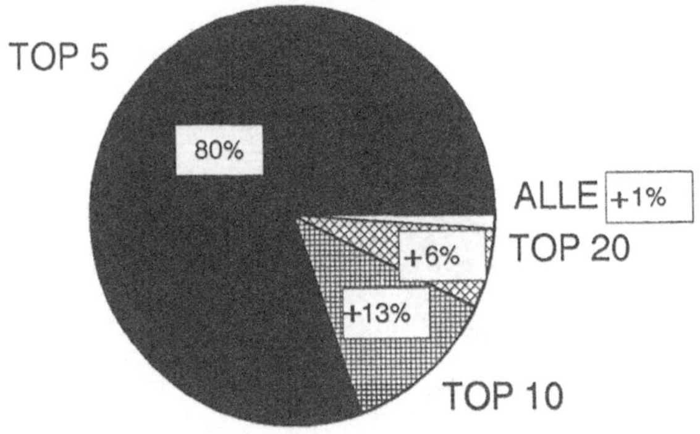

Abbildung 2.2-10: Gleichmäßigkeit der Beteiligung an der Telekommunikations-FuE in Japan nach durchführenden Institutionen auf der Basis von Publikationen ("Forschung") und Patenten ("Entwicklung") aus den Jahre 1986, 1985 bzw. 1980

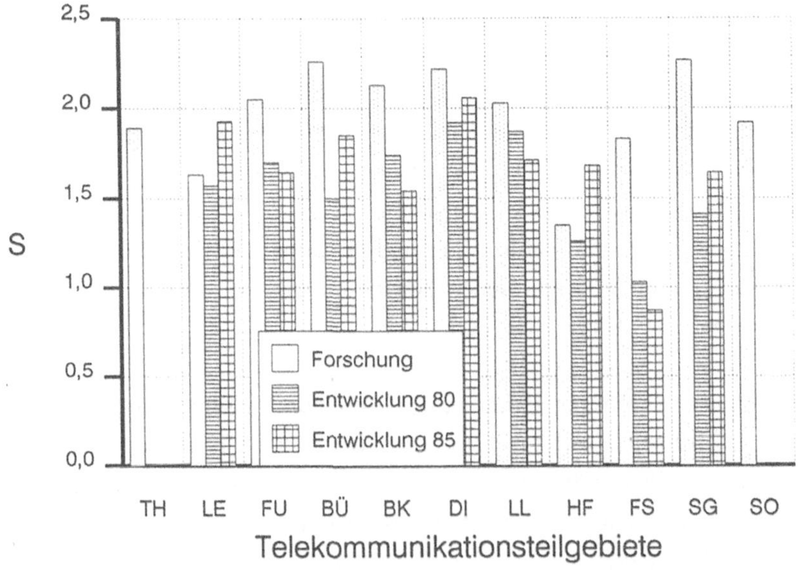

Zunächst werden die Forschungs- mit den Entwicklungsaktivitäten Mitte der 80er Jahre verglichen. Ins Auge springt die Fernsignaltechnik mit breit verteilten Forschungs- aber

höchst konzentrierten Entwicklungsaktivitäten auf. Dies liegt im wesentlichen daran, daß anwendungsnahe Entwicklungen von wenigen Elektrizitätsunternehmen bzw. Automobilfirmen durchgeführt werden, während die Grundlagenarbeiten auch in Universitäten und Ressortforschungsinstituten stattfinden. Ebenfalls relativ hoch konzentriert ist der Bereich der Hochfrequenz-Kommunikation, während alle übrigen Teilgebiete unauffällig sind. In aller Regel sind die Forschungsaktivitäten wegen der Partizipation von Forschungsinstituten und Universitäten breiter gestreut als die Entwicklungsaktivitäten, wie es der Erwartung entspricht. Beim Übergang von Forschungsarbeiten zu industrieller Entwicklung findet eine Verengung auf etwas weniger Akteure statt. Dies weicht durchaus von anderen Ländern wie etwa Großbritannien ab, wo die "Unübersichtlichkeit" des FuE-Geschehens in der Telekommunikation bei marktnahen Aktivitäten eher größer ist. Für Japan trifft dies nur im Bereich der Hochfrequenz-Kommunikation mit ohnehin großer Konzentration und im Bereich der leitungsgebundenen Technologie zu. Letztlich hat dies mit der überragen den Dominanz der NTT-Labors auch im Bereich der weniger marktnahen FuE-Arbeiten zu tun.

Vergleicht man nun die Gleichmäßigkeit der Beteiligung der FuE-Akteure im Bereich der Technologieentwicklung (Patentstatistik) zwischen 1980 und 1985, so ergibt sich ein uneinheitliches Muster, das aber an keiner Stelle wesentlich andere Verhältnisse aufzeigt. Wenig Veränderung zeigen der Funkbereich, die Digital- und Lichtleitertechnik und die hochkonzentrierte Fernsignaltechnik. Eher mehr Akteure treten im Bereich der Geräteentwicklung, der Bildübertragung (aber nicht der Bildkommunikation), der Hochfrequenztelemetrie und der Leitungstechnik auf. Insgesamt läßt sich eher eine Verbreiterung der industriellen Technologie in Japan auf mehr Akteure diagnostizieren.

Bei der mit Abbildung 2.2-10 beschriebenen Konkurrenz handelt es sich im übrigen nicht um Produktkonkurrenz, sondern um technologische. Da Produkte auch mit Fremd-Know-how hergestellt werden können und nicht immer auf eigenständigen FuE-Leistungen beruhen müssen, kann aus der Abbildung bezüglich der Produktkonkurrenz keine Schlußfolgerung gezogen werden.

Das Entropiemaß als Maß für die Gleichmäßigkeit der Verteilung von FuE-Aktivitäten läßt sich auch auf die wichtigsten Unternehmen beziehen. Man erhält dann eine Aussage über die Verfolgung von FuE-Aktivitäten im Telekommunikationsbereich in der Breite. Abbildung 2.2-11 stellt dar, inwieweit sich die betrachteteten Unternehmen auf allen Teilgebieten der Telekommunikation betätigen oder selektiv vorgehen. Das am breitesten gefächerte Technologieprofil unter den betrachteten neun Unternehmen haben

Fujitsu und Hitachi. Das dritte Mitglied der Denden-Familie, NEC, steht aber nur wenig nach, ebenso wie Toshiba. Weniger in die Breite gehen Matsushita, Oki (ein Denden-Mitglied!) und Mitsubishi. Die beiden Netzbetreiber NTT und KDD sind kaum stärker an den Kernbereichen der Telekommunikation beteiligt als die Hersteller, obwohl sie sich bei der Geräteherstellung zurückhalten.

Abbildung 2.2-11: Gleichmäßigkeit der Beteiligung an FuE-Teilgebieten durch die neun wichtigsten japanischen Unternehmen im Bereich der Telekommunikation (auf der Basis der Literaturstatistik 1986 und der Auslandspatentstatistik von 1984/85)

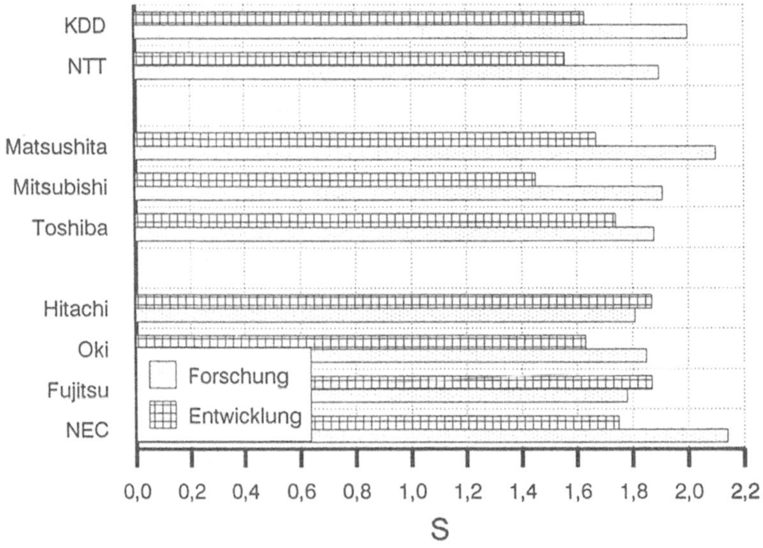

Das Entropiemaß im Bereich der Forschung, welches in diesem Falle auf der Literaturstatistik beruht, verweist insgesamt auf eine breitere Strategie im Vergleich zur patentierten Technologie. Dies hat vornehmlich damit zu tun, daß im Falle der Literaturstatistik zwei weitere Teilbereiche mit einbezogen sind (Software und Theorie). Ein breites Forschungsportfolio kann NEC sowie überraschenderweise KDD und Matsushita attestiert werden. NTT steht kaum nach, während die übrigen Mitglieder der Denden-Familie eine eingeschränktere Linie verfolgen. Insgesamt zeigt Abbildung 2.2-11 sehr deutlich, daß sich die FuE- Strategien des traditionellen Lieferkartells der vier großen Elektronikkonzerne im Bereich der Telekommunikation kaum von den anderen Großkonzernen unterscheiden läßt. Alle dargestellten Unternehmen beteiligen sich mehr oder weniger ähnlich breit an allen Teilgebieten in FuE. Der breite Ansatz, vor allem im Bereich der marktferneren FuE- Gebiete, ist typisch für die großen japanischen Elektronikkonzerne und steht in einem klaren Gegensatz zu der vor allem in Europa und den Vereinigten Staaten wahrgenommenen zielgerichteten Invasion der Märkte durch japanische Firmen mit selektierten Produkten (das sogenannte Targeting). Auch die Netzträger können auf ihre breite FuE-Palette stolz sein, die keine Entsprechung in der Produktion von Telekommunikationsgütern hat.

FuE-Dynamik im internationalen Vergleich

Auf der Basis der Literaturstatistik läßt sich auch der Indikator für die internationale Publikationsspezialisierung berechnen (siehe Methodenkapitel, Abschnitt 0.5). Er zeigt, wie sich die Trends im nationalen Publikationsaufkommen im Verhältnis zum Weltdurchschnitt verhalten und gibt somit spezifische Stärken und Schwächen der gesamten japanischen Telekommunikations-FuE wieder. In drei zeitliche Blöcke zusammengefaßt läßt sich die Dynamik in den Teilgebieten erkennen.

Abbildung 2.2-12: FuE-Dynamik (RLA-Indikator) Japans im internationalen Vergleich 1973 bis 1987 in elf Teilgebieten

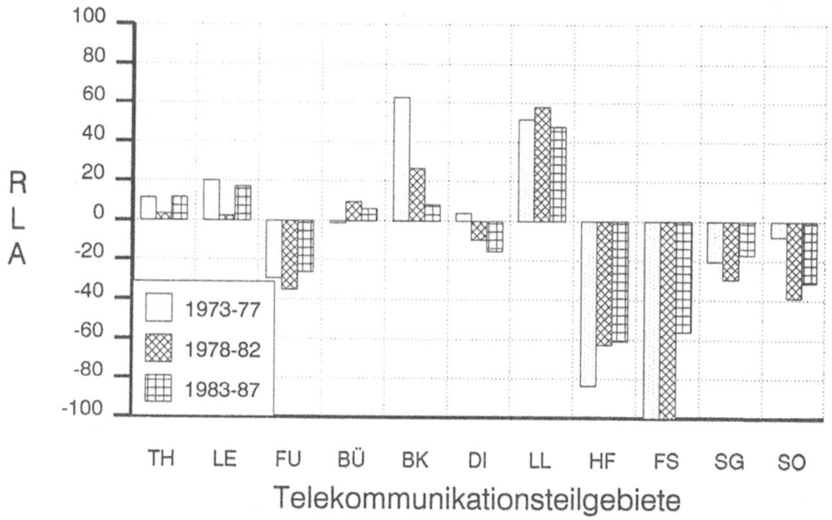

Wie Abbildung 2.2-12 zeigt, liegt eine durchschnittliche Partizipation im Bereich der Theorie vor, im wesentlichen deswegen, weil die ausgeprägte und fein differenzierte Hochschulstruktur Japans sich bislang nur wenig von theoretischen Bezügen gelöst hat. Verschlechtert hat sich der Bereich der Software und der Telekommunikationsdienste, was den bekannten Sachverhalt bestätigt, daß japanische Forschungsstätten Probleme haben, sich an die weltweit rasante Entwicklung der Softwaretechnik anzupassen. Dies wird im allgemeinen als wesentliches Handicap auch im Zusammenhang mit der Entwicklung komplexer Telekommunikationsnetzwerke gesehen (vgl. Abschnitt 2.1.2). FuE-Aktivitäten im Bereich der sonstigen Geräte sind schwankend und kaum im Aufwärtstrend, auch in den 80er Jahren liegen sie unter dem Weltdurchschnitt. Die militärnahe Hochfrequenztechnologie ist defizitär; nach gewissen Aufholbemühungen bis Anfang der 80er Jahre bleiben die unterdurchschnittlichen Aktivitäten auf niedrigem Niveau. Ähnliches läßt sich von der Fernsignaltechnik (inklusive der Fernwirktechnik) sagen, die im letzten Jahrzehnt fast völlig vernachlässigt wurde, aber seitdem weniger stark vernachlässigt wird. Das Weltniveau dürfte auch heute nicht erreicht oder überschritten sein.

Einen Frühstart legte Japan im Bereich der Bildkommunikation hin, was angesichts der Bedeutung der Faksimilegeräte für die Übertragung japanischer Schriftzeichen verständlich ist (siehe Abschnitt 2.1.2). Diese frühen Aktivitäten, die sich inzwischen in Richtung eines Normalmaßes abschwächen, müssen vor dem Hintergrund der Eigennutzung in der Bürokommunikation gesehen werden und waren - zumindest zunächst - nicht vornehmlich exportorientiert. Die Lichtleitertechnik hat hingegen unter allen Teilgebieten, die hier betrachtet werden, den dauerhaft höchsten Stellenwert. Dies wird auch von vielen anderen Quellen bestätigt (vgl. etwa Turin u.a. 1986, 3-17). Die entsprechenden Aktivitäten erfassen nicht nur die Lichtleiterkabel, sondern ganz wesentlich die optoelektronischen Elemente, allgemein die "Photonik" sowie die Halbleiterlichtquellen und Photodetektoren. Eine schwach überdurchschnittliche Forschungsposition kommt Japan im Bereich der allgemeinen Bildübertragung sowie der leitungsgebundenen Technik zu. Hierbei sind allerdings die eher konventionellen Bereiche gemeint, während im Bereich der Digitaltechnik, mit zentraler Bedeutung auch im leitungsgebundenen Bereich, die Aktivitäten Japans nicht ganz so gut aussehen wie sonst. Die Digitaltechnik ist zudem rückläufig. Auch die Funktechnik (inklusive der Satellitentechnik) blieb seit den 70er Jahren zurück. Die Satellitenkommunikation in Japan ist einerseits behindert durch sehr geringe Luft- und Raumfahrtaktivitäten in der Nachkriegszeit, andererseits erstrebenswert wegen der auf den japanischen Inseln erhöhten Erdbebengefahr. Erdbeben würden leitungsgebundene Telekommunikationseinrichtungen vermutlich lahmlegen und somit erscheint die Satellitenkommunikation als ideale Technologie, um nach Erdstößen rasch die Kommunikationsverbindungen wiederherzustellen.

Die Betrachtung der FuE-Trends in Japan zeigt sehr deutlich auf die große Bedeutung der lichtleiterbezogenen Forschung und Entwicklung für dieses Land. Zudem sind die langfristigen Perspektiven klar vorgezeichnet und sehr ehrgeizig. So sollen die größeren Hersteller und NTT bereits jetzt an experimenteller Vermittlungstechnik auf der Basis von Licht (photonischer Schalter) arbeiten und experimentelle Systeme in den 90er Jahren anstreben. Ebenso wird dem Gebiet der Bioelektronik Aufmerksamkeit gerade von NEC und NTT geschenkt. Fujitsu und Hitachi versuchen, sogenannte Biochips zu entwickeln, die biologische Prozesse benützen, um logische und Speicherfunktionen auszuführen. Die Unternehmen gehen dabei davon aus, daß ein einziger Biochip mehr als 1000 Megabit speichern könne. Die stringente Zukunftsorientierung der japanischen Telekommunikationsforschung und -entwicklung wird auch auf Symposien der NTT deutlich, wo man zukünftige Netzwerke nach ISDN diskutiert, so etwa die dreidimensionale Bildkommunikation und die mehrsprachige automatische Maschinenübersetzung im laufenden Telefongespräch. Wenn nur ein Bruchteil der utopisch anmutenden Langfristpläne realisiert wird, dürfte die führende Rolle, die sich in den augenblicklichen Trends (im internationalen Vergleich (siehe Kapitel 11)) bereits zeigt, noch lange anhalten.

2.3 ROLLENVERTEILUNG IN DER TELEKOMMUNIKATIONS-FuE

In diesem Abschnitt werden die Aktivitäten der FuE-Träger in der Abgrenzung Staat, Netzbetreiber, herstellende Unternehmen und Hochschulen im Detail untersucht. Die meisten der öffentlichen oder halböffentlichen Institute werden unter der Überschrift "Staat" (Abschnitt 2.3.1) abgehandelt, weil sie von staatlichen Organen abhängen und beeinflußt werden. Im Hochschulkapitel (2.3.4) werden hingegen staatliche wie private Hochschulen zusammen betrachtet. Da einige Hersteller inzwischen mit Firmen verbunden sind, die zu den neuen Netzbetreibern gehören, wird die Unterscheidung zwischen (alten) Netzbetreibern und (alten) Herstellern zunehmend schwieriger. Im Abschnitt "Netzbetreiber" (2.3.2) werden daher lediglich NTT, KDD und die Rundfunkgesellschaft NHK betrachtet, während die traditionellen Hersteller auch dann unter "Hersteller" (Abschnitt 2.3.3) diskutiert werden, wenn sie ins Netzgeschäft eingestiegen sind. Mit den folgenden Abschnitten wird die bisher dargestellte Grobstruktur des institutionellen Zusammenspiels der FuE-Träger sowie der technologischen Schwerpunktsetzung ergänzt durch Einzelbetrachtungen sowohl bezüglich der internen FuE-Organisation der wichtigsten Institutionen als auch ihrer Strategien für die externe FuE-Zusammenarbeit.

2.3.1 ROLLE DES STAATS UND SEINER INSTITUTE

Die öffentliche Förderung der Informationstechnologie in Japan beschäftigt sehr viele Ministerien und Agenturen. Für die Errichtung von Katastrophenmeldenetzen, die digitalen mobilen Funknetze für die Polizei, die Mikrocomputernutzung in der Ausbildung, die medizinischen Informationssysteme und vieles mehr sind jeweils andere Häuser zuständig. Es ist schwierig, eine systematische Übersicht zu gewinnen. In vielen Fällen handelt es sich hierbei nicht um FuE, sondern um die Errichtung entsprechender Systeme. Mit Bezug auf die Telekommunikation werden in folgendem die Aktivitäten der Agentur für Wissenschaft und Technik (STA), die einem Forschungsministerium entspricht, des Handels- und Industrieministeriums (MITI) und des Postministeriums (MPT) vorgestellt. Zur Gesamtstruktur des Forschungssystems in Japan siehe Abschnitt 2.1.1.

Agentur für Wissenschaft und Technik (STA)

Die STA ist hauptsächlich für die Großforschung wie etwa die Kern- und Weltraumforschung zuständig, betreibt aber auch große Forschungsinstitute für Materialforschung und anorganische Chemie. Beispielsweise beschäftigt sich das Institute of Physical and Chemical Research (RIKEN) in einem Labor für Informationswissenschaft mit neuen Rechnerarchitekturen und intelligenter Bildverarbeitung. Das RIKEN beschäftigt 619 Mitarbeiter (Haushaltsjahr 1987). Zur STA gehört ferner das Japan Information Center for Science and Technology (JICST), das eine große Anzahl wissenschaftlich-technischer Datenbanken anbietet, zum Teil auch selbst produziert und in der Bundesrepublik Deutschland im Verbund mit STN vertreibt. Zu erwähnen ist ferner die Zuständigkeit für das nationale Raumfahrtlabor (NAL) und die nationale Raumfahrtagentur (NASDA). Diese sind im Zusammenhang mit der Erschließung des Weltraums für Satellitenkommunikation von Bedeutung. Die Telecommunications Satellite Corporation of Japan (TSCI) untersteht aber dem Postministerium.

Eine weitere wichtige übergreifende Aktivität der STA ist das ERATO-Programm, das sehr weitreichende, explorative Forschungsprogramme umfaßt. Einige von diesen Projekten haben einen engen Bezug zur Telekommunikation (etwa: Halbleiterstrukturen, Gallium-Arsenid-Kristalle höchster Reinheit, Bildsensoren). Insgesamt gesehen ist die STA jedoch in der Forschung und Entwicklung im Telekommunikationsbereich von untergeordneter Bedeutung.

Handels- und Industrieministerium (MITI)

Das MITI gilt als der mächtige Wirtschaftslenker und Förderer von FuE in Japan, wobei aber in der Regel die finanzielle Bedeutung des MITI überschätzt wird. Es vertraut auf Information und Koordination mehr als auf Mittelvergabe (siehe Abschnitt 2.1.1). Die überragende Bedeutung des MITI für die technologische Entwicklung in Japan kann nicht ohne weiteres auf den Telekommunikationsbereich übertragen werden. Im Zuge der Reregulierung in Japan hat sich das MPT auf geschickte Art auch im Bereich der FuE in den Vordergrund gespielt, so daß man heutzutage wenigstens von einem Patt zwischen diesen sich oft im Streit befindenden Ministerien, wenn nicht von einer Überlegenheit des MPT, ausgehen sollte. Aufgrund der eigenen Einschätzungen und Beobachtungen wird dem MITI zukünftig die zweitwichtigste Rolle im Bereich der Telekommunikations-FuE zugewiesen (Näheres siehe unten). Für die 70er und die erste Hälfte der 80er Jahre war das MITI jedoch die bei weitem bedeutendste staatliche Einrichtung zur Förderung der Telekommunikations-FuE. Dies schon deshalb, weil in den Großforschungsprogrammen immer wieder dieselben beherrschenden Konzerne partizipieren, die auch für die Telekommunikation bedeutsam sind. So nahmen am MITI-Projekt "Höchstintegrierte Schaltkreise" (Laufzeit bis 1979) beispielsweise NEC, Hitachi, Oki, Toshiba, Fujitsu, Mitsubishi, NTT und öffentliche Labors des MITI zusammen teil. Obwohl dieses Programm auf Bauelemente gerichtet war, partizipierte schon damals der noch staatliche Netzbetreiber NTT an den Ergebnissen. Die vom MITI finanzierten FuE-Programme haben eine unterschiedliche Bedeutung im Bereich der Telekommunikation. Eine einfache Klassifikation (nach Turin 1986) gibt Tabelle 2.3-1 wieder. Die Tabelle zeigt vor allem auch, welche Programme überhaupt für den Telekommunikationsbereich von Bedeutung sind.

Das ehrgeizige Projekt "Computer der 5. Generation" sollte bis zum Jahre 1991 die Grundlagen für den Bau neuartiger Rechnersysteme schaffen, die eine natürlichsprachige, d. h. menschlichem Ausdrucks- und Wahrnehmungsvermögen angepaßte Benutzerschnittstelle haben sollten (Evers 1986, 67). Obwohl die Auswirkungen auf die gegenwärtige Telekommunikationstechnik klein sind, wurde ursprünglich ein Einfluß in den 90er Jahren erwartet. Der Leiter des durchführenden Labors, des New Generation Computer Technology (ICOT) Instituts, kommt vom ETL, das zum MITI gehört, und führt frühere Aktivitäten in personeller Kontinuität weiter (zu den Aufgaben des ETL siehe unten). An diesem Projekt sind Fujitsu, NEC, Toshiba, Hitachi, Oki, Sharp, Mitsubishi und Matsushita mit Mitarbeitern, die befristet an das ICOT entsandt werden, beteiligt. Es arbeiten derzeit etwa 60 Mitarbeiter daran. Ebenfalls beteiligt (in Leitungsfunktionen) sind Laborleiter aus den Labors der NTT. Das äußerst ehrgeizige Projekt gilt inzwischen als Fehlschlag. Im Dezember 1988 haben die Initiatoren des Programms auf einer Konferenz in Tokio zugegeben, daß ihre ursprünglichen Ziele nicht zu realisieren seien. Das Institut will sich jetzt verstärkt den neuronalen Netzwerken und der Parallelverarbeitung zuwenden. Dieses Eingeständnis ist insofern von Beachtung, weil die Ankündigung des Projekts in Europa Überraschung ausgelöst hatte und unter anderem zur Forschungsinitiative EUREKA führte. Tabelle 2.3-1 verdeutlicht in subjektiver Beurteilung, welche Zielbeiträge zur Telekommunikation erwartet werden dürfen bzw. können.

Tabelle 2.3-1: Grobklassifikation der großen Forschungsprogramme in Japan im Hinblick auf ihre Bedeutung für die Telekommunikation (Quelle: nach Turin u.a. 1986)

Forschungsprogramm	Halbleiterbauelemente	Optoprojekt	SIGMA	Computer 5. Generation	Schnelle Computer	Interoperable Datenbasis
Laufzeit	1981 bis 90	1979 bis 86	1985 bis 90	1982 bis 91	1981 bis 91	1985 bis 92
Volumen (Mrd. Yen)	104	18	25	100	23	30
Auswirkungen auf						
Vermittlungstechnik/ISDN	■	•	■	■	■	•
Vermittlungstechnik/Breitband	■	■	■	■	■	o
Lichtleitertechnik	■	■	•	0	o	o
Tiefseekabel	■	■	•	0	o	o
Multiplextechnik	■	■	•	•	•	•
Digitalfunk	■	0	•	0	0	0
Telefontechnik	■	0	0	0	0	0
Sprach-, Daten-Endgeräte	■	•	•	•	0	•
Faksimile	■	■	•	•	•	0
Nebenstellen	■	■	■	■	■	0

■ sehr starker Einfluß • Einfluß 0 kaum Einfluß

Ziel des Großprojekts "Interoperable Datenbasen" ist es, zu gewährleisten, daß die Geräte verschiedener Hersteller in künftigen dienstintegrierten Netzen und Sondernetzen in einer bestmöglichen Mischung aus Standardisierung und Protokollwandlung zueinander passen. Die Ergebnisse zielen auf eine wirtschaftliche Nutzung von Mehrwertdiensten. Das Projekt "Superschnelle Computer", oft auch als "Super-Computer"-Projekt bezeichnet, dient der Entwicklung von Rechnern mit einer gegenüber heute zehnfach erhöhten Leistung. Hierfür werden schnelle Komponenten (etwa auf Gallium-Arsenid-Basis) entwickelt. Auch die Konzipierung von Architekturen, welche die Parellelverarbeitung unterstützen, ist einbezogen. Ein gemeinsames Forschungsinstitut gibt es nicht, vielmehr sind die Arbeiten auf das ETL des MITI und sechs beteiligte Unternehmen aufgeteilt (Evers 1986, 68).

Ziel des Opto-Projekts ist die Schaffung der Grundlagen für künftige breitbandige, lokale Glasfasernetze in industrieller Umgebung. Es werden optoelektronische integrierte Schaltkreise und Sensoren entwickelt. Beteiligt sind neben 15 Unternehmen das ETL und ein Gemeinschaftsinstitut Optoelectronic Joint Research Laboratory (OEJRL), in das neun der beteiligten Unternehmen Forscher entsenden. Das heutige Halbleiterbauelementeprojekt baut auf das ursprünglich sehr erfolgreiche Gemeinschaftsprojekt zur Entwicklung von höchstintegrierten Schaltkreisen auf. Vierzehn Unternehmen sind beteiligt und beschäftigen sich mit Übergitterstrukturen, dreidimensionalen, integrierten und gehärteten Schaltkreisen für extreme Umweltbedingungen wie z. B. in Satelliten.

Das SIGMA-Projekt hat zum Ziel, die Voraussetzungen für eine Automatisierung der Softwareentwicklung zu schaffen und setzt damit am zentralen Schwachpunkt der japanischen FuE an. Neben NTT ist auch AT&T beteiligt. Damit soll sichergestellt werden, daß das SIGMA-Projekt (Software Industrialized Generator and Maintenance Aid) das UNIX-Betriebssystem verwenden kann. Dieses Projekt ist sehr anwendungsorientiert und es darf ein unmittelbarer Einfluß auf die Telekommunikation erwartet werden. Projektträger ist die ITA (Information Technology Promotion Agency), eine gemeinnützige öffentliche Unternehmung, welche auch ein Softwarezentrum betreibt, das als neutrale Organisation Softwareprodukte beurteilt und sozusagen eine Art "Stiftung Warentest" für Softwareprodukte ist. Das ITA hat auch die Aufgabe, den Einsatz von Software zu fördern und damit den Personalengpaß in Japan überbrücken zu helfen.

In Tabelle 2.3-1 sind einige neuere MITI-Projekte noch nicht erwähnt, weil man ihre Auswirkung auf die Telekommunikation derzeit nicht überblickt. Hierzu gehören etwa das Projekt "FRIEND 21" (Future Oriented Information Environment Development), ein Projekt, das sich mit der Mensch-Maschine-Kommunikation beschäftigt und eine bessere Adaptierung auf den Menschen als bisher erreichen soll. Das Sechsjahresprogramm begann im Haushaltsjahr 1988 und ist nur auf die Verarbeitung der japanischen Sprache gerichtet. Die finanziellen Aufwendungen sollen nicht sehr hoch sein.

Neben den genannten Projekten darf der erhebliche Umfang indirekter Forschungsförderung nicht übersehen werden, der vor allem auf zinslosen Darlehen und ähnlichen Maßnahmen beruht (vgl. Kuntze u.a. 1986). Mit Hilfe solcher Maßnahmen werden gezielt vor allem mittelständische Unternehmen ermuntert, sich zu "informatisieren", d. h., in neue Kommunikationsgeräte (Videotex etc.) zu investieren. Derartige Maßnahmen haben zuletzt jährlich mehr als 300 Milliarden Yen ausgemacht; die Subvention ist jedoch inzwischen abgeschafft worden.

Trotz der insgesamt geringen finanziellen Aufwendungen des MITI im Telekommunikationsbereich muß man deren Wirkung hoch einschätzen, da sie auf einige wenige, aber sehr zentrale Projekte konzentriert wurden. Die geringen finanziellen Mittel haben im übrigen eigene FuE-Anstrengungen der Unternehmen stimuliert. Außerdem wurden spätere Wettbewerber zusammengebracht, was letztlich bedeutet, daß im vorwettbewerblichen Bereich Doppelentwicklungen unterdrückt werden. Außerdem trägt die befristete Abordnung der beteiligten Forscher zu einem schnellen Ergebnistransfer in spätere firmeneigene Entwicklungen bei (Evers 1986, 71). Die MITI-FuE-Förderung muß daher als äußerst effizient eingeschätzt werden, so daß die geringen finanziellen Mittel kein Erfolgsmaß darstellen können.

Ein weiteres Betätigungsfeld des MITI ist die Regionalpolitik. Hier liegt auch das hauptsächliche "Schlachtfeld" des MITI in der Auseinandersetzung mit dem Postministerium (MPT). NTT hat zusammen mit der Ankündigung des INS ein Programm TELETOPIA des MPT angestoßen, das die Erprobung von Anwendungen der Funktionen des INS in Feldversuchen unterstützen soll. Auf das TELETOPIA- Projekt hat das MITI mit dem Vorhaben "New Media Community" reagiert. Es hat das gleiche Ziel wie TELETOPIA, soll nämlich in insgesamt acht Regionen unterschiedliche Anwendungssysteme unter Nutzung der vorhandenen Kabelnetze der NTT, von Kabelfernsehnetzen und Kommunikationssatelliten testen. Das MPT und NTT haben hingegen 21 Städte ausgesucht, wobei am Ort eines der großen NTT-Labors begonnen wurde. Das MPT hat im übrigen angekündigt, sein TELETOPIA-Projekt auf 63 Gebiete auszudehnen und damit klargemacht, daß es der regionalen FuE-Politik weiterhin Vorschub geben will und seinerseits auf die Reaktionen des MITI mit weiterer Ausdehnung reagiert. Der Zusammenhang der regionalen FuE-Politik mit der Zementierung der Machtverhältnisse innerhalb der Regierungspartei wird weiter unten angesprochen.

Ministerium für Post und Telekommunikation (MPT)

Neben dem bereits erwähnten TELETOPIA-Projekt, dem Streitobjekt mit dem MITI, strebt das MPT in seiner neuen Rolle als Förderer von FuE einige Telekommunikationsforschungsparks an und will damit auch im Hinblick auf die Gründung bzw. Initiierung von Forschungsstätten mit dem MITI konkurrieren.

Die Grundlage hierfür ist ein spezielles Gesetz aus dem Jahre 1986, das den Zweck verfolgt, die Zusammenarbeit mit Forschungsstätten der Privatwirtschaft zu intensivieren. Der bisher größte derartige Forschungspark ist das ATR (siehe ausführlich unten) in Osaka. Man erkennt am Standort, daß auch das Forschungsparkkonzept gleichzeitig der Dezentralisierung der Forschungsförderung dient und daß sich das MPT hieran maßgeblich beteiligen will. Der provisorische Standort des ATR in Osaka ist gewählt worden, weil in der Nähe von Osaka die sogenannte Kansai Science City (KSC) entsteht, in die das ATR inzwischen verlegt wurde. Die KSC ist eine Nachbildung der Wissenschaftsstadt Tsukuba nördlich von Tokio, und soll neben vielfältigen naturwissenschaftlichen Aufgabenstellungen vor allem auch Sozial-, Gesellschafts- und Geisteswissenschaften beherbergen. Von vorneherein ist eine Zusammenarbeit der Hochschulen, der Regierung und der Industrie geplant.

Die genannten Aktivitäten stehen aber nicht im Zentrum des Tätigkeitsprofils des MPT, sondern sind lediglich deshalb zuerst angesprochen worden, um die vielfältigen Parallelitäten zum Vorgehen des MITI zu verdeutlichen. Tatsächlich ist das MPT von einer großen Aufgabenvielfalt gekennzeichnet, die im Zuge der Reregulierung eher zu-, als abgenommen hat. Das MPT ist neben den Postdiensten weiterhin für das gesamte Fernmelde- und Rundfunkwesen zuständig. Ihm obliegen Planungsaufgaben sowie die Formulierung der grundsätzlichen Fernmelde- und Rundfunkpolitik, aber nun auch verstärkt der Technologie- und Forschungspolitik inklusive der Forschungsförderung. Neben internationalen Angelegenheiten ist es im Fernmeldebereich für die Zulassung zuständig, für die Aufsicht über die Betriebsgesellschaften und vergibt Rundfunklizenzen an die Rundfunkgesellschaft NHK sowie an private Anstalten. Die wesentlichen Organisationseinheiten veranschaulicht Abbildung 2.3-1. Neu geschaffen wurden am 1. Juli 1984, also vor der NTT-Liberalisierung, das Büro für Kommunikationspolitik, das Telekommunikationsbüro und das Rundfunkbüro. Unter einem Büro hat man sich eine Hauptabteilung vorzustellen.

Wie schon im Abschnitt 2.1.1 ausgeführt, verläßt sich das japanische FuE-System sehr stark auf das Instrument administrativer Hilfen an die Industrie, wobei das stärkste derartige Mittel die "administrative Anleitung" darstellt. Es handelt sich dabei um eine rechtlich unverbindliche Formulierung von Zielen im Bereich der industriellen FuE, die quasi zum Staatsziel erhoben werden. Sie sollen ein kohärentes Herangehen der Unternehmen unter Vermeidung von Benachteiligungen bei der Informationsbeschaffung dienen und führen manchmal - wie ein spitzfindiger Beobachter erläutert - auch dann, wenn die Ministerien mangels Fachkunde nicht ganz richtig lagen, zum vorausgesehenen Zweck im Sinne einer sich selbsterfüllenden Prophezeiung. Seit sich das MPT

Abbildung 2.3-1: Aufbau des MPT im Hinblick auf Funktionen im Telekommunikationsbereich

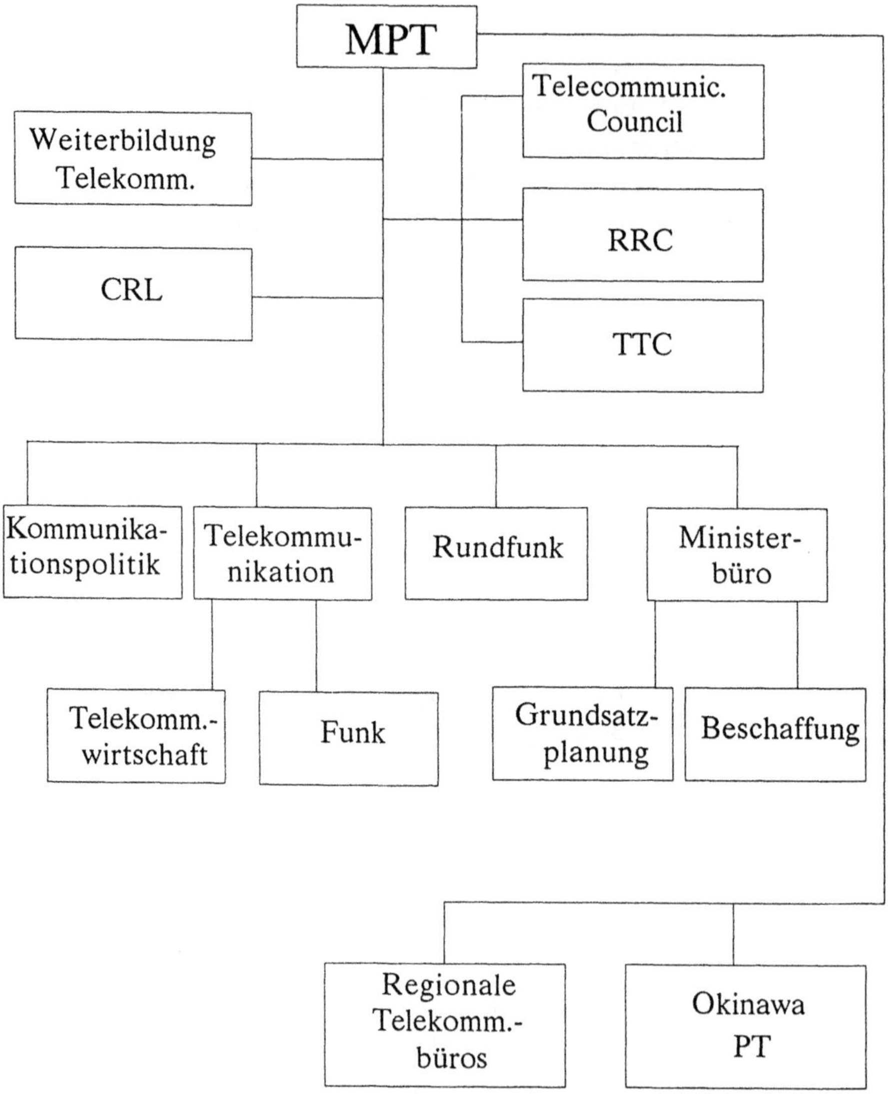

stark der FuE- Politik zugewendet hat, vermag es diese Mittel ebenfalls effektiv einzusetzen. So hat das MPT 1986/87 zum ersten Mal die FuE-Ziele in der Telekommunikationstechnologie öffentlich gemacht und damit die strategischen Entscheidungen der beteiligten Unternehmen stark beeinflußt. Die mehrfach überarbeiteten "Richtlinien für die Telekommunikationstechnologie" gehen sehr weit ins Detail, so daß auf eine vollständige Wiedergabe an dieser Stelle verzichtet werden muß (vgl. MPT 1987). In den Richtlinien werden drei Oberziele definiert, nämlich die Entwicklung von

- Breitband-ISDN und fortgeschrittenen Diensten,
- Spitzentechnologie im Hinblick auf intelligente Kommunikation und
- interdisziplinärer Technologie mit dem Ziel der harmonischen Integration der Telekommunikation, der Gesellschaft und der Individuen.

Jedes dieser Oberziele wird in zehn bzw. sechs bzw. vier Einzelziele zerlegt, wobei beispielsweise die optische, die Satelliten- und die mobile Kommunikation sowie das hochauflösende Fernsehen einzeln ausgeführt und bezüglich der gesellschaftlichen Ziele - etwa der Netzwerksicherheit und der regionalen Aspekt - angesprochen werden. Ferner enthalten die Richtlinien Ausführungen zur Standardisierung und zur Rolle der diversen Forschungseinrichtungen. Neben diesen recht konkreten Zielen hat das MPT - wiederum in Kopie des MITI - Visionen für den Fortschritt der Telekommunikation veröffentlicht, welche die weiter in der Zukunft liegenden Entwicklungslinien vorzeichnen.

Alle diese Richtlinien und Verlautbarungen sind binnenorientiert und sollen die japanischen Unternehmen ansprechen. Im Hinblick auf die internationale Standardisierung strebt das MPT Übereinkünfte an und beteiligt sich entsprechend an den internationalen Organisationen. Aufgrund der geopolitischen Lage Japans geht das MPT in seinen Verlautbarungen ausführlich auf die Bedeutung der Telekommunikationstechnik für die Entwicklungshilfe ein. Im Haushaltsjahr 1985 bestanden 18 technische Kooperationsabkommen mit Entwicklungsländern vornehmlich in Asien, aber auch in Afrika und Mittel- und Südamerika, die entweder eine projektifizierte Zusammenarbeit beinhalten oder die technische Weiterbildung von Personal aus diesen Ländern bezwecken. In mehreren unter den 18 Ländern wird mehr als ein derartiges Kooperationsabkommen durchgeführt, so daß insgesamt fast 30 Einzelprojekte bekannt wurden. Auf japanischer Seite ist interessanterweise entweder das MPT selbst oder die beiden Netzträger KDD und NTT oder die Rundfunkgesellschaft NHK zuständig. Alle genannten Organisationen fallen auch nach der Reregulierung noch in den Zuständigkeitsbereich des MPT.

Zum schlagkräftigsten Instrument des MPT in der Neugestaltung der telekommunikationsbezogenen Technologiepolitik ist das sogenannte Key Technology Center (KTC) geworden, welches z. B. die neugeschaffene ATR-Organisation finanziert. Wegen seiner Bedeutung wird das KTC unten gesondert betrachtet. Eine weitere Parallele zwischen MITI und MPT stellen zwei Programme dar, die das japanische Defizit im Bereich der Grundlagenforschung beheben helfen sollen. Das MITI hat 1987 ein sogenanntes Human

Frontiers Science Programme (HFSP) vorgeschlagen, das in internationaler Zusammenarbeit die grundlegenden biologischen Funktionen klären soll. Die Nachahmung des MPT nennt sich entsprechend Telecommunication Frontier Project (TFP). Es wurde vom MPT im Haushaltsjahr 1988 gestartet. Das Programm zielt ebenfalls auf eine Verbesserung derjenigen Aspekte in der Grundlagenforschung, die später (nicht kurzfristig) für die Telekommunikation relevant werden kann. Es handelt sich um risikobehaftete, innovative Forschung mit interdisziplinärem Charakter. Im einzelnen werden folgende Forschungsbereiche genannt:

- Kommunikationstechnologie mit höchster Geschwindigkeit auf der Basis von supraleitenden Quanteneffekten und anderen Phänomenen; das Ziel ist die Entwicklung von Geräten mit großer Kapazität, welche sehr komplexe Telekommunikationsdienste vor allem im Bereich der Bildverarbeitung ermöglichen können.
- Netzwerktechnologie mit höchster Leistungsfähigkeit; hier ist vor allem an eine technologische Fusion der leitungsgebundenen und der drahtlosen Kommunikation gedacht, um höhere Freiheitsgrade in Telekommunikationsnetzen zu erreichen.
- Intelligente Kommunikationstechnologien unter Einbezug biologischer Phänomene; es wird an die Erforschung der Musterverarbeitung, der Parallelverarbeitung und der intelligenten Sensoren unter Analogiebildung zu den Gehirnfunktionen gedacht.

Die Durchführung dieses Forschungsprogramms soll wesentlich vom ministeriumseigenen Forschungslabor CRL (siehe unten) koordiniert werden. Hochschulen und Unternehmen sowie das MPT-Labor sollen zusammenarbeiten. Zur zentralen Steuerung soll im MPT selbst ein <u>Komitee zur Forschungsförderung</u> (vorläufiger Name) eingerichtet werden.

Das MPT läßt sich bei der Durchführung dieses ehrgeizigen Projekts durch ein Beratergremium unterstützen, dem eine Reihe von Hochschullehrern, der Vizepräsident von NEC und Vertreter folgender Unternehmen angehören: NHK, Mitsubishi, Fujitsu, NTT, KDD, Hitachi, Matsushita, Oki, Sumitomo und IBM Japan. Ferner ein Vertreter des MPT. Die finanzielle Ausstattung des Programms ist zum Zeitpunkt der Abfassung dieser Zeilen noch nicht klar. Wenn Hinweise nicht trügen, wurden für das Haushaltsjahr 1989 25 Milliarden Yen eingestellt.

Aus den bisher dargelegten Umstrukturierungsprozessen in telekommunikationsbezogener Forschung und Entwicklung (die einzelnen Stufen des MPT-Aufstiegs zeichnet Abbildung 2.3-2 zusammenfassend nach) zeichnet sich eine wesentliche Stärkung des MPT ab. Dies wird in den meisten Analysen der Reregulierungspolitik in Japan bislang noch

Abbildung 2.3-2: Übersicht über die einzelnen Abschnitte des Aufstiegs des MPT zu einem zweiten Forschungsministerium

Telecommunications Frontiers Project seit 1989
Koordination: CRL
analog zu MITIs "Human Frontiers Science Programme"
Ziele: Risikobehaftete Forschung, Verschmelzung Elektronik und Biotechnologie, Langfristforschung

FuE-Richtlinie für die Telekommunikationstechnik
Erstmalige Veröffentlichung: 1986/87
Themen: Integriertes Breitbandnetz, intelligente Kommunikation, interdisziplinäre FuE bei Integration sozialer Aspekte

Key Technology Centre (KTC) 1985
Technologieparkkonzept zusammen mit MITI
(siehe gesondert Abbildung 2.3-4)

Communications Research Laboratory (CRL)
umgewandelt 1985
aus dem Radio Research Laboratory;
erweiterte Aufgaben, FuE-Personal: 424

Teletopia
regionale Versuchnetze seit 1984
analog: MITIs NEW MEDIA COMMUNITY
regionalpolitisches Instrument,
über 60 Projekte

Telekommunikationstechnik
per Entwicklungshilfe
mehr als 30 Abkommen

übersehen. Der partielle Machtgewinn des MPT verlangt nach einer politischen Erklärung.

Aus historischen Gründen hat das MPT schon immer einen stärkeren Einfluß und Rückhalt in der regierenden liberaldemokratischen Partei gehabt als das MITI. Sie gehen bis in das Restaurierungsprogramm des Kaisers Meiji zurück. Damals wurde unter ungeheurem Zeitdruck und bei äußerst knappen Ressourcen im ganzen Land ein Telegraphennetz aufgebaut. Um das ehrgeizige Modernisierungsprogramm durchzuführen, hat das damalige MPT einflußreiche Parteimitglieder vor Ort gebeten, aus eigenen Mitteln Holz für Telegraphenmasten bereitzustellen und die Leitungen inklusive der Poststationen zu errichten. Als Gegenleistung wurden besondere Staatstitel und Informationen vom Kaiserhof aus erster Hand geboten. Dieses Geschäft auf Gegenseitigkeit führte zu einer starken Verankerung der lokalen Parteiorganisationen im Post- und Telekommunikationswesen. Diese Struktur hat sich grundsätzlich bis heute erhalten. Die lokal mit dem MPT zusammenarbeitenden Parteimitglieder üben großen Einfluß auf die innerparteiliche Meinungsbildung und die Bevölkerung, insbesondere vor Wahlen, aus. Ohne die Unterstützung dieses Personenkreises würde das liberaldemokratische Wahlergebnis vermutlich weniger günstig ausfallen; jedenfalls kann man damit drohen. Deshalb hat das MPT seit alters und unabhängig vom jeweiligen Minister in der Regel eine starke Parteiposition eingenommen.

Hinzu kommt in den 80er Jahren, daß der jeweilige MPT-Minister von der sehr einflußreichen Tanaka-Fraktion innerhalb der Partei gestützt wurde, während die großen Industrieverbände und die großen Unternehmen zusammen mit dem MITI zum Einflußbereich Nakasones zählen. Aus innerparteilicher Sicht ging in der Mitte der 80er Jahre der aggressivere Stil der Nakasone-Regierung mit den weitgehenden Liberalisierungsvorstellungen des MITI in bezug auf das Fernmeldewesen einher. Die Popularitätskrise (siehe Abschnitt 2.1.1) fällt zeitlich damit zusammen, daß sich das MPT mit seiner restriktiveren Reregulierungspolitik in den Vordergrund spielte. Hinzu kommt, daß zwei weitere Ministerien das MPT unterstützten, nämlich das Transport- und das Bauministerium. Beide verfolgen eigene Kommunikationspläne (nämlich Linien unter den Eisenbahnen bzw. den Autobahnen) und waren am Erhalt hoher und regulierter Tarife interessiert.

Schließlich hat sich auch das MITI mit der jetzigen Lösung einverstanden erklärt, weil auch der einflußreiche Industrieverband Keidanren auf Druck des etablierten Herstellerkartells gegen allzuweite Liberalisierung eintrat. Diese Vorgänge erklären hinreichend die starke ordnungspolitische Stellung des MPT.

Zum Verständnis des Machtzugewinns im Bereich der FuE muß noch darauf hingewiesen werden, daß der Ausgangspunkt für das verstärkte FuE-Engagement bei den dem MPT verbundenen Parteigliederungen lag, also erneut mit dem Erhalt der oben beschriebenen Strukturen zu tun hat. Während das MPT in vielen FuE-bezogenen Aspekten bewährte MITI-Vorgehensweisen kopierte, war es mit der Einrichtung des Programms TELETOPIA dem MITI voraus. Das TELETOPIA-Konzept war wiederum ein starker Anreiz für die lokalen Parteiorganisationen, frühzeitig von den INS-Plänen der NTT erfaßt zu werden. Insofern ist das FuE-Engagement des MPT "von unten" vorangetrieben worden. Zudem besitzt das MPT bzw. NTT über das Beschaffungswesen einen ähnlich guten Zugang zur Großindustrie wie MITI. Möglich ist es, daß in naher Zukunft das MPT zu einem "zweiten MITI" wird. Umgekehrt können die komplexen Strukturen in Japans Technologiepolitik auch zu einer Gegenbewegung führen und später zu einer Reorganisation des fast schleichend erfolgten Machtzuwachses des MPT, wenn dieser vollends erkannt wird.

Patentpolitik der japanischen Regierung

Die Ergebnisse der vom MITI geförderten Auftragsarbeiten verbleiben im Besitz des Ministeriums. Hiervon sind sowohl Patente als auch nichtpatentfähiges Know-how betroffen. Das MITI bzw. die Agentur für industrielle Wissenschaft und Technologie (AIST) setzen anhand der jährlichen Projektberichte fest, welche Geräte, Schaltungen und Verfahren Know-how im Sinne des Vertrages sind (Evers 1986, 64). Die daraus erstellte Liste zusammen mit den Patenten wird der Japan Industrial Technology Association (JITA), einer halbstaatlichen Einrichtung zur Ergebnisverwertung öffentlicher Projekte, übergeben. Diese Organisation vergibt nur nichtexklusive Lizenzen. Die Nutzung der Ergebnisse steht daher jedem offen, der das entsprechende Entgeld aufbringt und die Gewähr einer sinnvollen Verwertung bietet. Die JITA ist eine weit verzweigte Organisation mit fünf Abteilungen und zwölf Referaten. Sie verfügt über fast 20000 gewerbliche Schutzrechte. Im Frühjahr 1988 hat das MITI die bewährte Prozedur verändert: Wegen des Wunsches nach Internationalisierung der japanischen FuE wurde die Patentrechtsvergabe liberalisiert, so daß nun auch ausländische Unternehmen, sofern sie mit japanischen zusammenarbeiten, davon profitieren können. Ein vergleichbares Instrument im Bereich des MPT ist nicht bekannt, war aber bisher auch nicht erforderlich.

Öffentliche Beschaffung

Die Beschaffung durch NTT steht in diesem Abschnitt nicht mehr zur Debatte, nachdem NTT ein Unternehmen wurde. Die Beschaffung von Telekommunikationsgütern der öffentlichen Hand (Ministerien, nachgeordnete Behörden, Großforschungszentren etc.) macht volumenmäßig etwa ein Drittel der Beschaffung durch NTT aus. Dieselben vier Konzerne (Denden-Familie) dominieren auch hier. Während die STA bei der direkten Projektförderung im Telekommunikationsbereich praktisch keine Rolle spielt (siehe oben), tritt sie mit ihren vielfältigen Forschungseinrichtungen größter Dimension im Beschaffungswesen dann doch in Erscheinung. Auch die japanischen Eisenbahn- und Autobahnbehörden dürfen hierbei nicht übersehen werden. Das MPT selbst spielt insofern eine unabhängige Rolle neben NTT, als die Ausstattung der Post-, Postbank- und Postversicherungsdienste, soweit sie Telekommunikationseinrichtungen nutzen, direkt durch das Ministerium erfolgt und also inzwischen an NTT vorbeiläuft. Die Lieferantenstruktur hat sich dadurch aber nicht verändert. Die Verteidigungsagentur (Defence Agency; entspricht einem Verteidigungsministerium) unterstützt die Telekommunikations-FuE im wesentlichen nur indirekt durch den Kauf von Ausrüstungen. Diese sind dem Volumen nach nicht sehr erheblich, da häufig Sonderanfertigungen für Testzwecke gewünscht werden, können dadurch allerdings die privatwirtschaftliche FuE zu einem kleinen Teil stimulieren.

Beratungsgremien und Normung

Auch die Standardisierung im Bereich der Informationstechnik steht unter der Aufsicht beider Ministerien: das MITI beaufsichtigt den privatrechtlichen Bereich (z. B. Endgeräte) und ist somit die nationale Entsprechung der ISO, das MPT den öffentlich-rechtlichen Bereich (z. B. Netze) und korrespondiert somit zum CCITT (Müller, Kuhn 1989). Eine offizielle Absprache wie zwischen ISO und CCITT existiert auf nationaler Ebene aber nicht, auch ist die grundsätzlich klare Trennung im Einzelfall durchaus umstritten (siehe unten). Dennoch sind Absprachemöglichkeiten vorhanden, da die meisten Gremien auf den unteren Ebenen aus Kreisen der Hersteller, Netzbetreiber, Anwender, Behörden und Universitäten besetzt sind.

Im Bereich des MPT sind im wesentlichen drei Beratungsgremien zu erwähnen (vgl. auch Abbildung 2.3-1). Der Telekommunikationsrat (Telecommunications Council) führt eher allgemeine Untersuchungen durch und gibt Empfehlungen im engeren Gebiet der Telekommunikation. Die Regulierung der Frequenzen und das Rundfunkwesen sind ausgenommen. Hierfür ist der Radio Regulatory Council (RRC) zuständig. Er nimmt die komplementäre Aufgabe im Bereich der Frequenzen und des Rundfunkwesens war. Für die technische Entwicklung bei weitem am wichtigsten ist der Telecommunications Technology Council (TTC), der durch seine vielfältigen Untergliederungen sehr detailliert in telekommunikationsbezogene FuE eingreift. Der TTC versucht, auf privatwirtschaftlicher Ebene nichtregierungsamtliche Standards zu etablieren und die Herstellerfirmen dazuzubringen, sie einzuhalten. Diese Vorgänge geschehen mit Willen und unter Beobachtung durch das MPT, das jedoch an der privatwirtschaftlichen Organisation festhält. Der TTC hat vier Subkomitees und insgesamt dreizehn Arbeitsgruppen zu Einzelfragen. Unter den Mitgliedern sind nicht nur alle wichtigen japanischen Netzträger und Hersteller vertreten, sondern auch ausländische Unternehmen wie etwa IBM oder Siemens. Die Beteiligung ausländischer Unternehmen wird keineswegs blockiert, ist jedoch aus der Natur der Sache heraus für sie nicht ohne weiteres lohnend. Wegen der vielen Arbeitsgruppen und wegen der Voraussetzung des guten Beherrschens der japanischen Sprache kommt im allgemeinen für eine Teilnahme nur qualifiziertes, genügend hochrangiges japanisches Personal in Frage. Wenn das ausländische, interessierte Unternehmen kein breitgefächertes Geschäft in Japan betreibt, wird es in der Regel nicht über solches Personal verfügen und die erheblichen personellen Aufwendungen scheuen. Auf eine kurze Formel gebracht: Von ausländischen Unternehmen können die möglichen und zugelassenen, ja gewünschten Funktionen im Beratungswesen und bei der Standardsetzung gar nicht alle wahrgenommen werden. Dies ist der Grund, daß nur wenige, international operierende Größtfirmen die entsprechenden Funktionen tatsächlich ausüben.

Zulassungsbehörden

Netzlizenzen (bzw. Registrierungen und Notifizierungen; siehe Abschnitt 2.1.2) werden direkt durch das MPT gehandhabt. Telekommunikationsgeräte fallen hingegen seit der Privatisierung der NTT in den Zuständigkeitsbereich einer hierfür geschaffenen Organisation. Sie regelt auch die Festlegung der Normen. Das Japan Approvals Institute for Telecommunication Equipment (JATE) ist eine unabhängige Stiftung unter Aufsicht des MPT (also nicht des MITI, wie auf Grund der scheinbar klaren Trennung im Normungswesen zwischen den beiden Ressorts zu erwarten gewesen wäre). Die Normen sind so modifiziert worden, daß sie im wesentlichen nur mehr den störungsfreien Betrieb der Netze sicherstellen und eine Schädigung der Teilnehmer verhindern sollen. Die Typzulassung im Endgerätebereich stellt auch für ausländische Hersteller kein Problem dar. Diese können auch an den Fachausschüssen der JATE partizipieren, haben aber in der Regel ebenso wie im Standard- und Beratungswesen dafür keine Kapazitäten frei.

Nachfolgend werden wichtige Forschungseinrichtungen im Umfeld der Ministerien erörtert. Im Zuständigkeitsbereich des MPT sollen u. a. die Telecommunication Satellite Corporation of Japan (TSCJ), das Research Institute of Telecommunications and Economics (RITE) und das Communications Research Laboratory (CRL) vorgestellt werden. Hinzu kommen das Electrotechnical Laboratory (ETL) im Zuständigkeitsbereich des MITI sowie militärische Forschungsinstitute. Abschließend wird ausführlich die Bedeutung der KTC analysiert.

Satellitenforschungsinstitute

Die TSCJ wurde 1979 errichtet, um die Funkkommunikation mit Hilfe von Satelliten zu entwickeln. Die Organisation gehört zum MPT und unterhält auch ein Satellitenkontrollzentrum zum Zwecke der Überwachung bereits im Betrieb befindlicher Telekommunikationssatelliten. Die Entwicklungsarbeiten der TSCJ betreffen ebenfalls das hochauflösende Fernsehen. Auch das Transportministerium verfügt über ein Forschungsinstitut (Electronic Navigation Research Institute - ENRI), welches sich der Navigation und der Verkehrskontrolle mit Hilfe von Satelliten widmet. Der Einsatz von Telekommunikation im Bereich der Schiffahrt gehört ebenfalls zu den FuE-Arbeiten des ENRI. Auch das Hochschulministerium (MESC) unterhält mehrere nichtuniversitäre Forschungszentren für Weltraum-, Fernerkundungs- und optische Forschung. Außerhalb der direkten Zuständigkeit des Transportministeriums unterhält die japanische Staatsbahn ein technisches Forschungsinstitut mit nicht unerheblichen FuE-Arbeiten. Diese beziehen sich, soweit Telekommunikation betroffen ist, auf Fernkontrolle, Übertragung und Fernsteuerung.

RITE

Das RITE ist eine gemeinnützige unabhängige Stiftung im Zuständigkeitsbereich des MPT. Es werden interdisziplinäre Arbeiten im volkswirtschaftlichen und sozialwissenschaftlichen Bereich durchgeführt. Das Institut beschäftigt fast 100 Personen, davon etwa 70 Vollzeitkräfte im Bereich von FuE. Durchgeführt werden Strukturanalysen, wirtschaftswissenschaftliche Studien sowie Arbeiten zur Anwendungs- und Diensteentwicklung.

ETL

Das ETL (Electrotechnical Laboratory), das bereits 1891 errichtet wurde, ist eines der größten und ältesten Großforschungszentren im Bereich von Elektrizität und Elektronik in Japan. Es gehört in die Zuständigkeit des MITI (genauer: der AIST). Das Forschungsbudget liegt deutlich über 10 Mrd. Yen pro Jahr bei einem Personalstand von über 700 Personen. 1979 wurde das ETL in die Wissenschaftsstadt Tsukuba verlegt. Das ETL führt heute Grundlagen- und angewandte Forschung im Bereich der Elektronik, der Informationsverarbeitung, der Energietechnologie und im Hinblick auf das Meßwesen und die Standards durch. Es ist an vielen nationalen Forschungsprojekten des MITI beteiligt. Im Bereich der Telekommunikation kommt dem ETL eine wichtige Geburtshelferfunktion zu, weil sowohl die Forschungsinstitute der KDD als auch der NTT daraus hervorgegangen sind. Bereits im Jahre 1948 wurden die NTT-Laboratorien vom damaligen "Elektrischen Laboratorium" abgetrennt. 1953 erfolgte schließlich die Ablösung des KDD-Laboratoriums, wonach das ETL unter dem heutigen Namen verblieb. Das ETL zerfällt derzeit in 16 einzelne Teilinstitute; telekommunikationsbezogene Arbeiten machen etwa ein Viertel der Aktivitäten aus.

Die Publikationsaktivitäten gemäß Tabelle 2.2-2 verweisen auf ein äußerst starkes Engagement des ETL im Bereich der Kommunikationstheorie. Wenige Publikationen im Bereich der Digital- und Lichtleitertechnik sind zu verzeichnen, während sich das Labor aus allen anderen Teilgebieten der Telekommunikation nunmehr zurückgezogen hat. Wegen der Eindeutigkeit des Forschungsprofils (vgl. Tabelle 2.2-2) wird auf eine graphische Darstellung verzichtet.

Rüstungsforschungsinstitute

In Japan wird im Vergleich zu Konkurrenzländern sehr wenig rüstungsbezogene Forschung betrieben. Der Rüstungsbereich ist daher auch kein Motor für die Telekommunikations-FuE. Dies wird im Land allgemein nicht als Nachteil betrachtet, es kommen jedoch gelegentlich Bedenken auf, ob die ungenügende Ausstattung der japanischen Forschung im Hinblick auf Grundlagenarbeiten auch damit zu tun hat, daß derartige Forschung ausschließlich aus zivilen Budgets finanziert werden müsse. In anderen Ländern stünde hierfür der Verteidigungsetat zur Verfügung. Das einzige Rüstungsforschungsinstitut von Bedeutung im Bereich der Telekommunikation ist das Technical Research and Development Institute (TRDI), das direkt der Verteidigungsagentur untersteht. Es führt einige telekommunikationsbezogene FuE-Arbeiten durch. Hierzu gehören der Radar, die Galliumarsenid-Technologie, die Glasfaserforschung und die Erforschung computergestützter Kontrollgeräte für Flugzeuge. Diese Forschungsprojekte werden in Zusammenarbeit mit der privaten Wirtschaft durchgeführt. Das TRDI wendet für telekommunikationsbezogene FuE jährlich etwa 4 Milliarden Yen auf.

CRL

Das 1952 gegründete Forschungsinstitut des MPT, das Radio Research Laboratory (RRL), wurde im Zuge der Reregulierung umbenannt. Die Namensänderung in Communications Research Laboratory (CRL) ist jedoch nicht von einer Ausweitung der Kapazitäten begleitet worden. Vielmehr verbleibt das Laboratorium in gleicher Größe mit einem projektierten geringen Wachstum in den nächsten drei Jahren. Das Wachstum hat mit der Übertragung neuer Aufgaben durch die Initiierung des "Frontprogramms" des MPT zu tun (siehe oben). Die Namensänderung wird damit begründet, daß mit der Privatisierung der NTT und damit der zugehörigen Labors eine merkliche und sichtbare FuE-Kapazität in der direkten Zuständigkeit des MPT verbleiben müsse. Während sich das ursprüngliche RRL ausschließlich mit dem Funkbereich beschäftigte, hat das CRL nun auch FuE-Zuständigkeit im Bereich der leitungsgebundenen Kommunikation bekommen. Im Jahr 1988 verfügte das CRL über eine Personalstärke von 424 Personen und ein Budget von 4,2 Milliarden Yen. Die Reorganisation fand gleichzeitig mit der Privatisierung der NTT im April 1985 statt.

Das CRL zerfällt im Bereich der Forschung (Administration ausgenommen) in sechs Abteilungen und insgesamt 26 Forschungsgruppen. Diese sind

- Telekommunikation (Netzwerke, Computerkommunikation, Rundfunktechnologie etc.),
- Weltraumkommunikation (Satellitenkommunikation, mobile Satelliten, Weltraumtechnologie, Weltraumkommunikation),
- Kommunikationstechnologie (Spracherkennung, Bildverarbeitung, Digitaltechnik, Antennenforschung etc.),
- Funktechnologie (Wellenausbreitung in der Ionosphäre, Wellenausbreitung in der Atmosphäre, Funkwellen),
- Anwendungen (Fernmessung, optische Anwendungen, Weltraumumgebung, Funkanwendungen),
- Standards und Meßwesen (Atomstandards, Frequenz- und Zeitstandards, Funkmessung, Kalibrierung und Typenzulassung).

Ausgelagert ist ein Weltraumforschungszentrum sowie ein Solarenergiezentrum. Rechnet man die diversen Observatorien hinzu, ist das CRL auf insgesamt acht Standorte verteilt.

Abbildung 2.3-3 gibt einen Überblick über die FuE-Aktivitäten des CRL anhand der Publikationsstatistik. Man erkennt die eindeutige Konzentration der Arbeiten im Bereich der Funkkommunikation sowie im Bereich der Bildübertragung (mit Satellit). Überdurchschnittlich aktiv ist das Laboratorium im Bereich der Hochfrequenzkommunikation und bei den sonstigen Geräten, während alle übrigen Teilgebiete im Jahr 1986 noch defizitär waren: die Hinwendung zur leitungsgebundenen Technologie vollzieht sich wegen des geringen personellen Wachstums nur langsam.

Abbildung 2.3-3: Spezialisierungsprofil des CRL in der Telekommunikationsforschung (auf der Basis von Publikationen 1986)

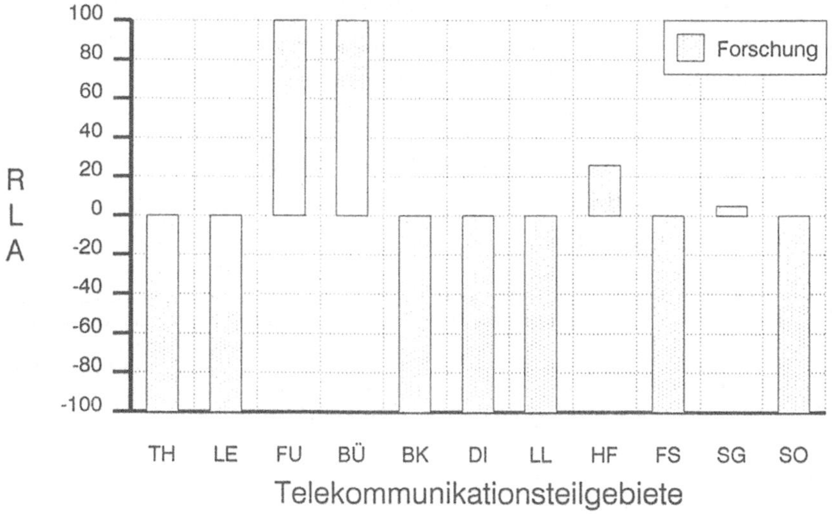

KTC und ATR

Das japanische Parlament hat im Juli 1985 ein Gesetz zur Erleichterung der Grundlagenforschung verabschiedet. Dies führte bis September 1985 zur Einrichtung des Japan Key Technology Center (KTC), eines gemeinnützigen Unternehmens, das jeweils zu 50 % zum Einflußberxmeich des MITI bzw. des MPT gehört. Es stellt - wenn man so will - den institutionellen Ausdruck für die neue Rolle des MPT in Forschung und Entwicklung dar, das neben MITI zu einem gleichberechtigten Partner wurde. Das KTC hat neben der Aufgabe, über Grundlagenforschung zu informieren und für sie zu werben sowie die internationale Zusammenarbeit zu unterstützen, vor allem einen Darlehensdienst und einen Investitionsdienst aufgebaut. Den Unternehmen werden Darlehen für FuE-Projekte gewährt, die nur im Falle eines wirtschaftlichen Erfolg des Projekts verzinst werden müssen. Kapital wird ausschließlich reinen FuE-Unternehmen zur Verfügung gestellt, also keinem produzierenden Unternehmen mit einer FuE-Abteilung, und auch nur dann, wenn Privatunternehmen ebenfalls in sie investieren. Es gibt satzungsgemäß eine Grenze bei 70 % des Kapitals, das höchstens von KTC stammen darf (vgl. Abbildung 2.3-4 unten). Die laufenden Kosten müssen die beteiligten Unternehmen so aufbringen, als ob es sich um ein internes FuE-Projekt handelte. Auf die Funktionen der Vermittlung und des Informationsaustausches wird hier nicht mehr eingegangen.

Der Gegenstandsbereich in der Grundlagenforschung, der in die Zuständigkeit des KTC fällt, ist genau abgegrenzt: Demnach sind die zu fördernden Grundlagentechnologien solche, die im Bergbau oder in der verarbeitenden Industrie oder bei den Telekommunikations- und Rundfunkdienstleistungen (inklusive des Kabelfernsehens) sowie im Bereich der Funktechnologien anwendbar sind. Außerdem muß der geförderte Bereich in den Zuständigkeitsbereich des MITI oder des MPT fallen.

Tabelle 2.3-2: Ausgewählte wichtige Projekte bzw. neugegründete FuE-Unternehmen und die jeweilige Kapitalausstattung (bzw. Darlehenssumme) durch KTC (Neuzugänge 1987)

Projektschwerpunkt	FuE-Unternehmen	Beteiligungen (nicht vollständig)	Projektdauer (Jahre)	KTC-Investition (Mio. Y)
Halbfeste Materialbearbeitung	Rhes Technology	3 Stahlproduzenten	7	105
Dreidimensionale Textilien	Textile Composites Research	Mitsubishi	7	49
Künstliche Intelligenz	AI Language Research Inst.	Oki Mitsubishi Fujitsu	4	95
Amorphe Magneten	Amorphous Magnetic Device Laboratories	Mitsubishi	6	77
Kleinleistungskommunikation	Small Power Comm. Systems Research Labs	NTT Toshiba	5	45
Digital integrierte Kabelnetze	Cable TV Key Tec Research Corp.	NEC Toshiba	5	160
Neue Sprache für Computerkommunikation	Advanced Systems Research Org.	Sumitomo Computer Software	5	135
Fernkontrolle mit Millimeterwellen	Robotech Lab	Meisei Nikko	5	120
Personalinformationssystem für den Mittelstand	Hiroshima City Industrial Info Service	Hiroshima City Fujitsu	4	55
Stadtinformationssystem	Media City Yokohama	Yokohama City NTT	4	20
Schneefallvorhersage	Sapporo Info Center	Sapporo City NTT	5	13

Finanziert wird das KTC im wesentlichen aus fünf Quellen:
- Die Unternehmen tragen pro Jahr etwa 5 Milliarden Yen bei,
- die Japan Development Bank etwas über 1 Milliarde Yen.

- Nicht näher bezifferte Beiträge stammen aus den Dividenden der Japanischen Tabakgesellschaft, die teilweise im Staatsbesitz ist.
- Beiträge in nicht näher bekannter Höhe werden von anderen Regierungsinstitutionen zur Verfügung gestellt.
- Die ganz wesentliche Finanzierungsrolle spielen die Dividenden aus den Regierungsanteilen an der privatisierten NTT.

Der letzte Punkt ist deshalb hoch zu bewerten, weil er den Einfluß des MPT auf das KTC ermöglicht und gesichert hat. Im Haushaltsjahr 1987 wurden auf diesem Wege 26 Milliarden Yen an das KTC transferiert.

Bis zum Haushaltsjahr 1988 wurden etwas über 20 neue FuE-Unternehmen mit Kapital vom KTC ausgestattet. Das größte darunter ist das bereits mehrfach erwähnte ATR-Forschungszentrum (Näheres siehe unten). Tabelle 2.3-2 gibt einen Überblick über die wichtigsten sonstigen Schwerpunkte.

Man entnimmt der Tabelle 2.3-2, daß es sich bei den Gründungen entweder um Zusammenschlüsse von verschiedenen produzierenden Unternehmen handelt (oberer Teil der Tabelle) oder um TELETOPIA-Projekte, die kommunale bzw. regionale Bezüge haben (unterer Teil der Tabelle). Neben den elf in Tabelle 2.3-2 erwähnten Projekten sind im Jahre 1987 weitere Investitionen von 166 Millionen Yen bekannt geworden. Im Jahr 1986 betrug die Gesamtinvestition 2,5 Milliarden Yen und verteilte sich auf 22 Projekte, von denen elf der Kategorie TELE TOPIA und eines der Kategorie New Media Project zugerechnet werden können. Alle Angaben beziehen sich auf das Haushaltsjahr, das erst am 31.3. des Folgejahres endet.

Die größte Bedeutung unter den KTC-Projekten im Bereich der Telekommunikation ist zweifellos die Gründung des ATR (Advanced Telecommunications Research Institute), das zunächst provisorisch in Osaka untergebracht war und in neue Gebäude in der Kansai Science City übersiedelt. Bezüglich der Kapitalausstattung der vier Labors wurde die Obergrenze des KTC ausgeschöpft, so daß 30 % von Unternehmen und 70 % von KTC stammen. ATR ist genau genommen eine Gruppe, die aus fünf unabhängigen FuE-Unternehmen besteht. Darunter sind vier Labors und eine Managementgesellschaft (vgl. Abbildung 2.3-4). Die Managementgesellschaft (ATR International) übernimmt die gesamte Verwaltungstätigkeit der vier Laboratorien, die Regelung der Außenbeziehungen, die Strategieplanung und die Haushalts- und Finanzplanung. ATR International beschäftigt etwas über 30 Personen. Die vier FuE-Unternehmen, welche ausschließlich mit Forschungspersonal, also völlig ohne Verwaltungspersonal arbeiten,

Abbildung 2.3-4: Schematischer Überblick über das reguläre Finanzierungssystem des KTC und den Sonderfall ATR

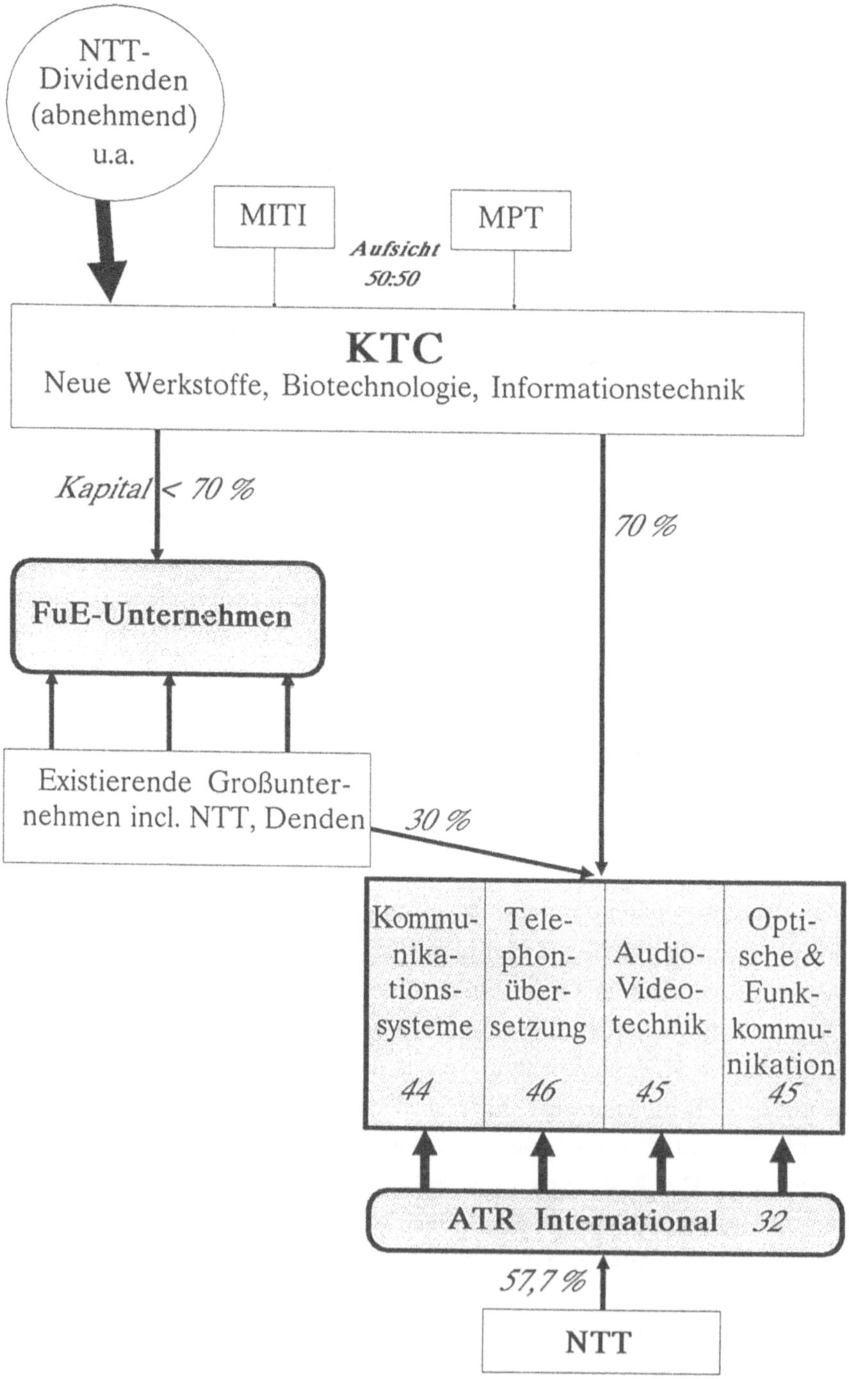

haben einen Personalstand von jeweils etwas über 40, so daß ATR insgesamt einiges mehr als 200 Personen beschäftigt. Davon sind ein gutes Dutzend ausländische Gastwissenschaftler.

Die Finanzierung der laufenden Kosten ist nicht völlig transparent: einerseits werden Verbundvorhaben anteilig finanziert, wobei die Regierung ihren Teil übernimmt, andererseits wird ein Teil des ATR-Personals vom abordnenden Unternehmen entlohnt (arbeitsrechtlich genauer: nur der Dienstort wird in das ATR verlegt) und schließlich werden die KTC-Kapitalzinsen dafür verwendet.

Die Schwerpunkte der vier Laboratorien sind

- ATR Kommunikationssysteme: Künstliche Intelligenz, automatische Produktion von Software, dreidimensionale Bildkommunikation, Mensch-Maschine-Schnittstellen, Zuverlässigkeit der Datensicherheit;
- ATR Telefonübersetzung: Sprachanalysen, Sprachverarbeitung, Spracherkennung, Kommunikationsstrukturen zwischen Personen, die verschiedene Sprachen sprechen, individuelle Sprachvariationen, morphologische Analysen;
- ATR Audio- und Videowahrnehmung: Visuelle Wahrnehmung, kognitive Prozesse, Hören und Sprachwahrnehmung, Mensch-Maschine-Schnittstelle, Gehirnmusterstruktur;
- ATR Optische- und Funkkommunikation: Funkkommunikation, Funksysteme, optische Elemente und Geräte, neue Materialien, Satellitenkommunikation, Laserstrahlkontrolle, integrierte Mikrowellenschaltkreise, Galliumarsenid, künstliche Supergitterstrukturen.

ATR ist eine außerordentlich bemerkenswerte neue FuE-Einrichtung, die zudem noch interdisziplinär besetzt ist (in den Teams befinden sich Psychologen, Soziologen und Sprachwissenschaftler neben vielen Ingenieuren und Naturwissenschaftlern). Die zukünftige Bedeutung des ATR-Komplexes für eine Verbesserung der verausschauenden Forschung in Japan kann nicht hoch genug veranschlagt werden. Das MPT reagiert mit dieser Gründung auf die Privatisierung der NTT, weil befürchtet wird, daß sich die FuE-Bemühungen der NTT weg von öffentlichen, langfristigen Belangen hin zu den eher kurzfristigen Aufgaben eines Privatunternehmens verschieben werden (siehe nächster Abschnitt). Neben der Umstrukturierung und dem geplanten moderaten Ausbau des CRL hat das Ministerium also in doppelter Weise auf die Reregulierung in Japan reagiert.

Für die neben den eigenen FuE-Arbeiten wahrgenommenen allgemeinen Aufgaben von ATR gilt das für den Gesamtbereich des KTC Gesagte, daß nämlich die Zusammenarbeit mit anderen Unternehmen und mit dem Ausland stimuliert werden soll. Durch die Einbindung in die Kansai-Wissenschaftsstadt werden auch regionale Aspekte im Großraum Osaka, Kyoto und Nara verfolgt und es wird damit eine Verlagerung wichtiger FuE- Aktivitäten aus dem Großraum Tokio ermöglicht. Nachdem die Wissenschaftsstadt Tsukuba nach dem sowjetischen Modell von Nowosibirsk fast ausschließlich in naturwissenschaftlichen FuE-Bereichen tätig ist, soll die Wissenschaftsstadt Kansai wesentliche Stärken im Bereich der Gesellschafts- , Kultur- und Geisteswissenschaften haben. So gesehen stellt die ATR-Gründung eine strukturelle und organisationelle Innovation mit mehreren Dimensionen dar.

Ein Publikations- oder Patentprofil läßt sich derzeit nicht darstellen, da wegen der Neugründung die ersten Ergebnisse erst 1988 und 1989 anfallen werden. Nach eigenen Angaben hat ATR bis zum 1. April 1988 327 Publikationen oder Konferenzbeiträge hervorgebracht und bis zum 1. Oktober 1988 97 japanische Inlandspatentanmeldungen vorgenommen. Der Betriebsbeginn des ATR in einem provisorischen Gebäude wird auf den 7. Juli 1987 datiert. Der Umzug in die neuen Gebäude in Kansai ging im Jahr 1989 vonstatten.

Außer den genannten Schwerpunkten werden in den neuen Gebäuden folgende zusätzliche Arbeiten angestrebt:

- Bioelektronik,
- Systemkonzepte für zukünftige Telekommunikationsstandards,
- Erforschung der Frequenzbänder zwischen Licht und Funk.

ATR ist eine Aktiengesellschaft und unterliegt daher nicht den Begrenzungen der Gemeinnützigkeit. Gewinne werden aber nicht angestrebt und sind nach dem Finanzierungsmodell auch kaum möglich. ATR International ist die Muttergesellschaft, die vier Laboratorien sind Töchter. Außer dem KTC sind mehr als 130 Unternehmen an der Aktiengesellschaft beteiligt. Darunter befinden sich nicht nur NTT und KDD sowie Hersteller aus dem Bereich der Denden- Familie sowie andere produzierende Unternehmen, sondern auch Banken, Versicherungen sowie - interessanterweise! - viele neu zugelassene Netzträger, so z. B. Japan Telecom, Teleway Japan, Daini Denden usw. Die Investitionen betrugen bis Anfang 1989, also bis vor dem Umzug nach Kansai, angeblich über 20 Mrd. Yen; die laufenden Kosten werden auf jährlich etwa 2 Mrd. Yen geschätzt.

ATR behauptet von sich, gegenüber allen Seiten "neutral" zu sein, also die traditionellen wie die neuen Netzbetreiber gleichermaßen zu unterstützen. Diese Aussage kann zwar nicht widerlegt werden, jedoch rechnen mehrere unabhängige Beobachter ATR eindeutig zum Einflußbereich des MPT und der NTT. Diese Ansicht drückt nicht nur "klimatische Verhältnisse" aus, sondern läßt sich durch die Analyse der recht filigranen Kapitalbeteiligungen auch direkt nachweisen: Denn neben der Vielzahl von Unternehmensbeteiligungen und der Ausgewogenheit des KTC zwischen MITI und MPT gibt es eine kleine Asymmetrie, die die ansonsten ausbalancierten Verhältnisse um das entscheidende "Quäntchen" zum Einflußbereich des MPT und der NTT hinneigt: NTT besitzt an ATR International mit 57,7 % eine klare Kapitalmehrheit. Dies trifft für die vier Laboratorien nicht zu; da diese über keine eigenen Verwaltungs- und Finanzkapazitäten verfügen, übt ATR International aber somit die volle administrative Kontrolle über die Labors inklusive der strategischen Planung aus. Durch diese sehr vermittelte Einflußnahme, die mehreren befragten Fachleuten unbekannt war, wird der kollektive Ansatz des ATR im Normalfall zwar in keiner Weise gefährdet. Es soll lediglich sichergestellt werden, daß in Streitfällen für den dominanten Netzbetreiber NTT keine Nachteile entstehen. Die zweite - vielleicht noch wesentlichere - Einflußnahme durch NTT ist in der Personalrekrutierung für ATR zu sehen. Die Schlüsselfiguren kommen allesamt von NTT, während die anderen Unternehmen (z. B. Fujitsu) zwar ohne Schwierigkeiten Personal an ATR entsenden können, das dort aber keine Schlüsselpositionen einnimmt.

2.3.2 ROLLE DER NETZBETREIBER

Auch nach der Privatisierung der NTT ist das Unternehmen hinsichtlich des Telefondienstes dem Gemeinwohl verpflichtet. Für alle anderen Dienste scheint diese Verpflichtung nicht zu existieren (Neumann 1987, 55). Der Artikel 2 des Privatisierungsgesetzes führt mit Bezug auf FuE ausdrücklich aus, daß Forschung und Entwicklung aktiv durchgeführt und die Ergebnisse verbreitet werden müssen.

Es muß an dieser Stelle aber deutlich gemacht werden, daß der Privatisierungsprozeß der NTT noch nicht abgeschlossen ist. Mit dem formalen Vorgang wurden zwar einige in bezug auf FuE erhebliche Änderungen begonnen bzw. durchgeführt, aber der Verkauf der staatlichen Anteile geht nur schleppend vor sich. Am Ende des Haushaltsjahres, am 31. März 1988, waren noch 77,5 % der Anteile in staatlicher Hand. Insofern ist es etwas früh, die faktischen Auswirkungen der Privatisierung zu beschreiben. Es ist auch zu beachten, daß alle privaten Anteilseigner aus dem Inland kommen. Ausländische Unternehmer oder Einzelpersönlichkeiten werden nicht beteiligt; japanische Unternehmen mit einer

Minderheitsbeteiligung aus dem Ausland (unter 50 %) sind allerdings zugelassen. Wegen der Eigenheiten der japanischen Firmenstruktur (siehe Abschnitt 2.1.2) werden neben dem Staat ausschließlich japanische Großgruppen die Kontrolle über NTT ausüben. Das Unternehmen wird also weiterhin ein nationales Unternehmen bleiben, auch wenn die öffentliche Beteiligung unter die 50 %-Marke abrutscht. Die öffentliche Hand will zudem eine Minderheitsbeteiligung von 30 % auch in Zukunft nicht aufgeben.

Tabelle 2.3-3: Ausgewählte Beteiligungen von NTT an anderen Unternehmen mit Schwerpunkt auf FuE-nahen Bereichen (Stand: März 1988; unvollständige Liste)

Unternehmen	Schwerpunkt	Eigenkapital (Mrd. Yen)	NTT-Anteil (%)
ATR International	FuE-Management	10,9	57,7
NTT International Corporation	Technische Beratung Übersee	3,0	52,7
Japan Mobile Telephone Service	Autotelefondienste	2,4	50,0
NTT PC Communications Inc.	Entwicklung und Vermarktung von PC-Netzen und -Geräten	1,4	90,0
Shin Nippon Mobile Telephone Service Co.	Autotelefondienste	1,4	50,0
Nippon Senpaku Tsushin	Zellulartelefon für Schiffe	1,3	51,9
Captain Service Co.	Videotexdienst	1,2	40,4
INS Engineering Co.	Entwicklung und Vermarktung des Denden-Informationsverarbeitungssystems (DIPS)	0,5	33,5
NTT Information Development Co.	Entwicklung, Anwendung und Wartung von Datenbanken	0,5	52,0
NTT Kyushu Telecontrol Corp.	Planung und Vermarktung von Fernüberwachungssystemen	0,4	34,0
NTT Intelligent Technology Co.	Konstruktion und Vermarktung von Systemen mit künstlicher Intelligenz	0,3	53,0
NTT Central Telecontrol Network Systems Co.	Planung und Vermarktung von Fernüberwachungssystemen	0,3	52,0
NTT Software Corp.	Konstruktion und Produktion von Software	0,2	97,5
Photonic Integration Research Inc.	Entwicklung und Vermarktung von Lichtwellenleitern	4,2 Mio. US$	49,0
NTT America Inc.	Technologietransfer u. FuE in Nordamerika	2,0 Mio. US$	100,0

An dieser Stelle wird der Geschäftserfolg der NTT nicht dargestellt. Lediglich die allerwichtigsten Rahmendaten seien kurz genannt: Die Umsätze erhöhten sich von 5354 Milliarden Yen im Jahr 1987 auf 5662 Milliarden Yen im Jahr 1988 und damit um 5,8 %. Das Unternehmen ist tätig im Bereich der Telefon- und Telegraphendienste, in der Datenkommunikation, im Faksimile-, Videotex- und Funkrufgeschäft und hat weit verzweigte Beteiligungen und Aktivitäten. Tabelle 2.3-3 gibt einen Überblick über die wichtigsten Tochterunternehmen, wobei die Auswahl nicht nach Größe oder Anteilshöhe, sondern mit Bezug auf FuE-nahe Aktivitäten erfolgte. Insbesondere im Bereich der technischen Beratung und Konstruktion ist die Abgrenzung zur eigentlichen FuE-Tätigkeit oft nicht deutlich, so daß alle diesbezüglichen Tochterunternehmen einbezogen wurden.

Auch die Zunahme im Netzbetrieb kann hier nicht diskutiert werden. Die allerwichtigsten Daten sind die folgenden: Die Zahl der Telefonanschlüsse wuchs von über 40 Mio. im Jahre 1984 auf fast 50 Millionen im Jahr 1988. Inzwischen sind etwa 230 Millionen Telefonkarten (Gebührenkarten) ausgegeben worden; 1984 gab es diese nicht. 1988 besitzen mehr als 140000 Kunden ein Autotelefon, mehr als 600000 Linien sind vermietet. Zu den 60000 digitalen Datenleitungen (überwiegend paketgeschaltet) kommen 2500 Kunden mit einem Taschenfunkrufgerät. Die Zahl der Faksimileanschlüsse beträgt nunmehr 200000 (1984: 10000); der überragende wirtschaftliche Erfolg von NTT Mitte der 80er Jahre ist wohl nicht ernsthaft zu bezweifeln (das Videotex-System Captain ist wohl der einzige wesentliche Fehlschlag). Der aufgrund der Privatisierung "entfesselte Riese" dringt in immer weitere Tätigkeitsfelder vor (siehe auch Tabelle 2.3-3), so daß die Bemerkung Neumanns (1987), aus dem Netzbetreiber NTT werde ein vertikal integrierter Telematikkonzern, von Jahr zu Jahr mehr zutrifft.

Die neue Organisationsstruktur der NTT mit Bezug auf die diversen Tätigkeitsfelder wird hier nicht wiedergegeben (vgl. Neumann 1987, 81). Vielmehr wird der für FuE relevante Ausschnitt in Abbildung 2.3-5 verdeutlicht (Stand: 1.7.1988). Die Umorganisation des FuE-Bereichs folgte der Reorganisation der sonstigen Geschäftsfelder verzögert und wird von NTT selbst als "hastig" bezeichnet. Deshalb hat sich erst 1988 die Struktur herausgebildet, die voraussichtlich bleiben wird.

Sie ist dadurch gekennzeichnet, daß das FuE-Hauptquartier den anderen unabhängigen Geschäftsbereichen gleichgestellt ist. Dem Hauptquartier nachgeordnet sind zwölf Forschungsinstitute an insgesamt sechs Standorten. Das Netzsystem-Entwicklungszentrum und das Software-Entwicklungszentrum unterstehen dem Hauptquartier direkt. Ebenbürtig zum Hauptquartier ist das Beschaffungswesen und die innerbetriebliche Aus- und

Abbildung 2.3-5: Ausschnitt aus der Organisationsstruktur von NTT mit Schwerpunkt auf FuE-Bereichen (Stand 1.7.1988; wesentlich unvollständig)

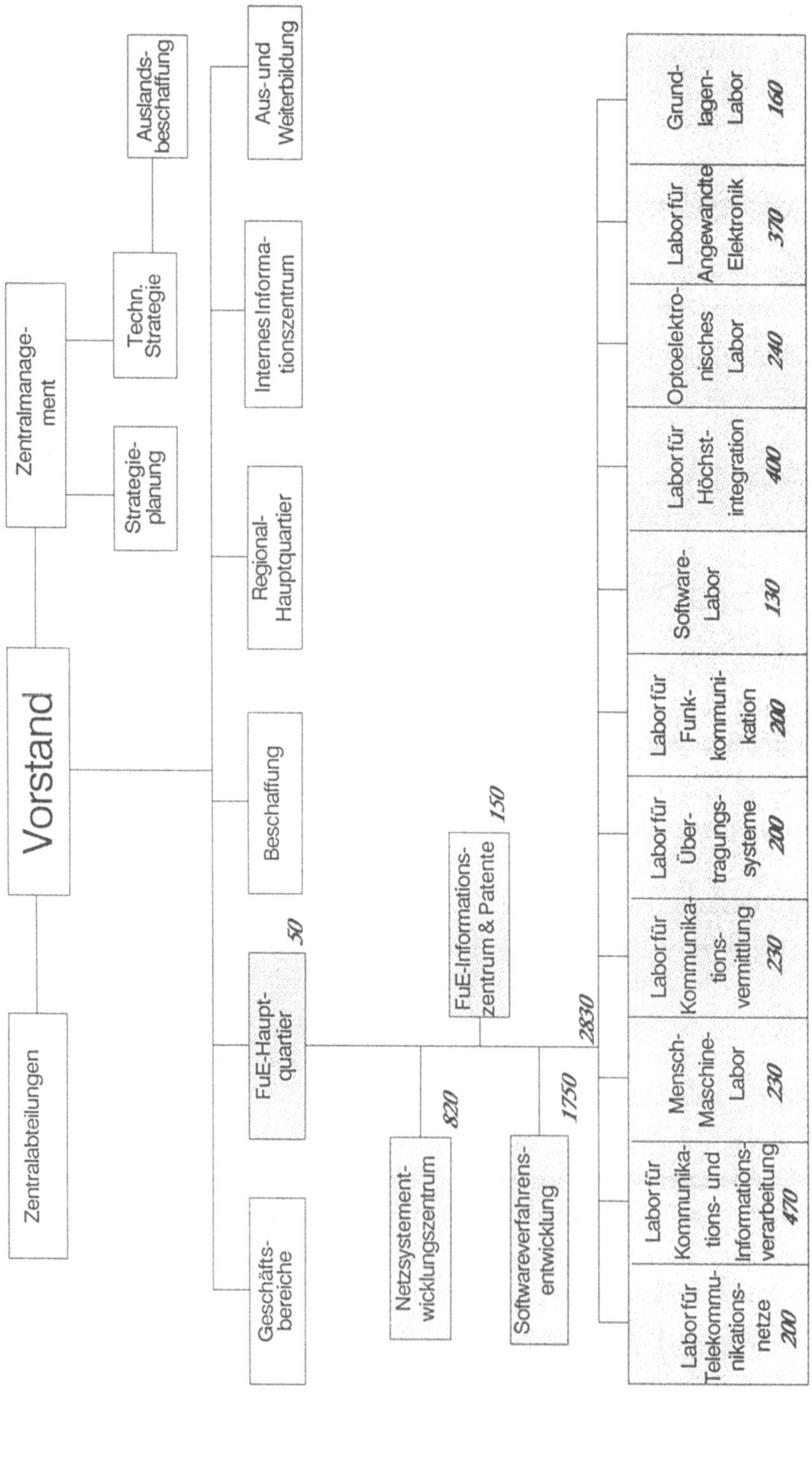

Weiterbildung. Die strategische Unternehmensplanung sowie die technische strategische Planung und die internationale Beschaffung sind hingegen direkt beim Vorstand angesiedelt.

Forschung und Entwicklung bei NTT

Die Laboratorien der NTT wurden 1948 vom ETL, dem Forschungsinstitut des MITI im Bereich der Elektronik, abgespalten. Sie bestanden bis zur Privatisierung aus vier Teilen und wurden bis dato Electrical Communication Laboratories (ECL) genannt. Die Bezeichnung ECL wird neuerdings nur noch selten verwendet; die Zahl 4 bezog sich im wesentlichen auf die Standorte und nicht die Inhalte und ist durch die neue Organisationsstruktur obsolet geworden. Aus Sicht von NTT wird die Herkunft aus dem ETL rhetorisch ins Gegenteil verkehrt: Das ETL wurde tatsächlich ursprünglich (1891) vom damaligen Kommunikationsministerium gegründet und gelangte 1948 nach der Abspaltung der ECL in die Zuständigkeit des MITI (der AIST). Insofern sollte man gerechterweise von einer gemeinsamen Geschichte bis 1948 und der darauf folgenden Differenzierung in einem Zuständigkeitsbereich des MITI, der NTT und dann 1953 der KDD ausgehen. Das Jahr 1948, also die Reorganisation der staatlichen, elektronischen FuE, fällt im übrigen in die kurze Regierungszeit der Sozialistischen Partei.

Von den elf Instituten (vgl. Abbildung 2.3-5) sind zehn nach funktionellen Aufgaben gruppiert und betreiben zu einem gewissen Anteil auch Grundlagenforschung, während das elfte Querschnittsaufgaben übernimmt und nur im Grundlagenbereich tätig ist. Das zwölfte Institut besitzt keine Labors, sondern betreibt Information über FuE, nimmt Patent- und Lizenzaufgaben wahr und ist daher sehr stark mit technischem Personal besetzt, das eng mit den elf anderen Labors zusammenarbeitet. Deshalb wird gelegentlich auch von nur elf NTT-Laboratorien gesprochen. Die anderen, dem Hauptquartier direkt unterstellten beiden Zentren betreiben ausschließlich Entwicklungsarbeiten, aber weder Grundlagen- noch angewandte Forschung. Ferner sollte beachtet werden, daß jeder der Geschäftsbereiche von NTT auch einige sehr marktnahe FuE-Aktivitäten durchführt (technische Beratung, Schnittstellenanpassung und dergleichen). Das NTT-Imperium beschäftigt etwa 6000 Personen im Bereich von FuE (Infrastrukturpersonal inbegriffen). Davon sind etwa 3000 Personen in den elf Laboratorien beschäftigt (zur Verteilung vgl. Tabelle 2.3-4). Die andere Hälfte des Personals ist mit Entwicklungsaufgaben in den beiden Zentren sowie in den anderen Geschäftsbereichen tätig.

Damit wird deutlich, daß Abbildung 2.3-5 eine wesentliche Strukturänderung nicht darstellen kann: die Verlagerung von marktnahen Entwicklungsaktivitäten von den zentralen Labors weg zu den operierenden Einheiten. Überspitzt kann man die Veränderung

Tabelle 2.3-4: Grober Überblick über die Arbeitsschwerpunkte der NTT-Zentrallaboratorien (Stand: 1.7.1988)

Labor	FuE-Schwerpunkte	Standort (Personal)
Labor für Telekommunikationsnetze	• Netzplanung • Netztechnologie • Private Kommunikation • Qualitätskontrolle	Musashino (200)
Labor für Kommunikations- und Informationsverarbeitung	• Kommunikationssysteme • Informationsverarbeitung • Expertensysteme • Sprachverarbeitung	Yokosuka (470)
Mensch-Maschine-Labor	• Spracherkennung • Visuelle Übertragung • Sprachübertragung • Akustische Medien • Visuelle Erkennung	Yokosuka (230)
Labor für Kommunikationsvermittlung	• Vermittlungssysteme • Verkehrstheorie	Musashino (230)
Labor für Übertragungssysteme	• Lichtwellenleiter • Übertragungssysteme • Übertragungslinien • Transportverarbeitung	Yokosuka (200)
Labor für Funkkommunikation	• Funkübertragung • Satellitentechnologie	Yokosuka (200)
Softwarelabor	• Software-Produktionstechnologie • Software-Managementsysteme • Software-Unterstützungssysteme	Shinagawa (130)
Labor für Höchstintegration	• Anwenderspezifisches Design • Herstellungs- und Verarbeitungssysteme • Fortgeschrittene Fabrikation	Atsugi (400)
Optoelektronisches Labor	• Integrierte Optoelektronik • Fotonische Funktionsbauelemente • Fotokomponenten • Fotomaterialien	Ibaragi (240)
Labor für Angewandte Elektronik	• Speichersysteme • Fortgeschrittene Bauelementfertigung • Elektromaterialien	Musashino (370)
Grundlagenlabor	• Informationswissenschaft • Physikalische Forschung • Materialforschung	Musashino (160)
FuE-Informationszentrum	• Auswärtige Angelegenheiten • Lizenzen • Patentverwaltung • Technische Beratung • Organisation von Spezifikationen • FuE-bezogene Öffentlichkeitsarbeit	Tokyo-Hibiya (150)

so formulieren, daß vor der Reorganisation in den vier zentralen Instituten Forschung und Entwicklung betrieben wurde, während jetzt in den elf Labors nur noch Forschung (im Bereich der Grundlagen und der Anwendungen) stattfindet, während die Entwicklung in die beiden Entwicklungszentren und die operierenden Einheiten verlegt wurde. Diese Verlagerung wurde durch Umsetzungen des Personals erreicht: die Ingenieure der Zentrallaboratorien wurden teilweise auf Dauer in die anderen Geschäftsbereiche versetzt; teilweise nur für begrenzte Zeit. Diese Reorganisation bedeutet zwar, daß der Anteil forschungsbezogener Tätigkeiten in den zentralen Labors zunimmt (im Vergleich zu früher), daß insgesamt NTT aber anwendungsnähere FuE-Arbeiten anstrebt. Im Bereich der Herstellerindustrie wird diese Entwicklung zwar bedauert, andererseits wird aber auf die kompensatorische Tätigkeit der neugegründeten ATR- Gruppe verwiesen. Tabelle 2.3-4 stellt die wichtigsten Schwerpunkte der Labors zusammen.

Ein anderer Zugang zum Studium der FuE-Aktivitäten NTTs kann über die Patent- und Publikationsstatistik erfolgen. Abbildung 2.3-6 zeigt die entsprechenden Aktivitäten. Demnach ist NTT in Forschung und Technologie im leitungsgebundenen Bereich sehr aktiv. Das erste digitale Vermittlungssystem NTTs wurde 1982 installiert, in der zweiten Hälfte der 80er Jahre dürften mehrere Dutzend D- 60-Systeme installiert worden sein. Inzwischen werden von der Denden-Familie praktisch identische Versionen des D-70-Systems angeboten, das zusammen mit NTT entwickelt wurde. Im internationalen Geschäft verwenden die vier Hersteller aber jeweils eigene Bezeichnungen. Auf ausländischen, vor allem nordamerikanischen Märkten, war der japanischen digitalen Vermittlungstechnik, die unter Federführung von NTT entwickelt wurde, allerdings kaum ein Erfolg beschieden. Trotz der erheblichen FuE-Aktivitäten muß man davon ausgehen, daß im wesentlichen der japanische Inlandsmarkt davon profitiert hat. Angesichts der eingeschränkten Konkurrenz auf dem Binnenmarkt ist dies für die internationale Wettbewerbsposition als ungünstig zu bewerten.

Im Funkbereich war NTT Mitte der 80er Jahre wenig in der Forschung, aber ebenfalls stark in marktnahen FuE-Aktivitäten engagiert. Der Bildbereich ist defizitär; es gibt jedoch Schutzrechte im Zusammenhang mit Faksimilegeräten. Digital- und Lichtleitertechnik sind komplementär in dem Sinn, daß im Bereich der Digitaltechnik sehr viele Anwendungen geschützt sind (wohl im Zusammenhang mit der Digitalisierung der Netze), während im Lichtwellenleiterbereich eher vorauslaufende FuE-Arbeiten stattfinden. Es ist bekannt, daß NTT in den 70er Jahren ganz von amerikanischer Technologie abhängig war, da Corning Glass alle zentralen Schutzrechte in Japan besaß. NTT blieb daher nichts anderes übrig, als in einer sehr großen Anstrengung und in Zusammenarbeit mit den bevorzugten Kabelproduzenten Sumitomo, Furakawa und Fujikura eine andere Herstellungsmethode zu entwickeln und schützen zu lassen. Die Unternehmen wurden veranlaßt, überstürzt in eine Massenproduktion einzutreten, die zu großen Überhangbeständen führte. Es wird behauptet, NTT habe seinen Produzenten um drei- bis viermal überhöhte Preise bezahlt, um dieses rasante Aufholprogramm zu ermöglichen (US Senate 1987, 79). Die entsprechenden Schutzrechte liegen bei den Herstellern, nicht bei NTT. Durch die Gemeinschaftsanstrengung zwischen Unternehmen und Netzbetreibern ist Japan heute eines der technologisch führenden Länder in der Produktion von Lichtwellenleitern. Die anderen Teilgebiete der Telekommunikation außer der Dienst- und Softwareentwicklung sind defizitär.

Abbildung 2.3-6: Spezialisierungsprofil der NTT-Gruppe in Forschung und Technologie (auf der Basis von Publikationen 1986 bzw. Auslandspatenten 1985)

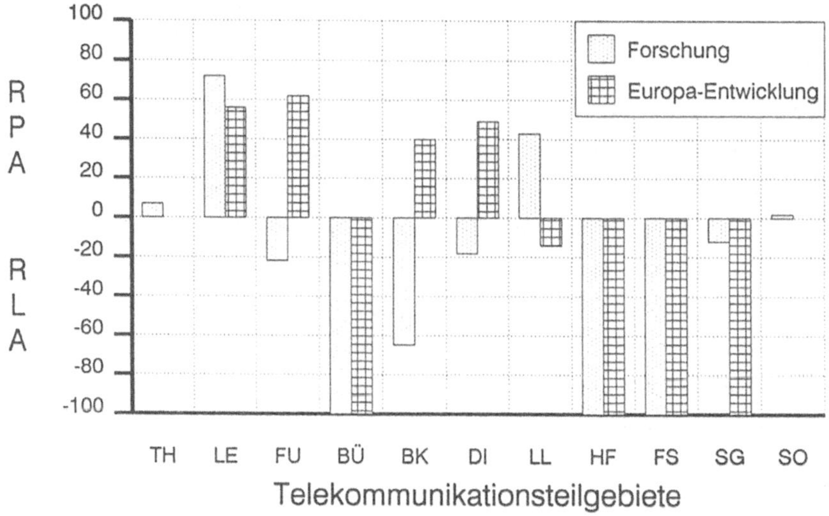

Die finanziellen Aufwendungen NTTs für FuE sind beständig angestiegen (Abbildung 2.3-7). Erst die Betrachtung der realen Zuwächse zeigt allerdings, daß zwischen 1971 und etwa 1976 keine Ausweitung der FuE-Tätigkeit erfolgte und auch in der zweiten Hälfte der 70er Jahre sich in realen Größen nur ein mäßiges Wachstum einstellte. Seit 1985 ist zu beachten, daß die FuE-Aufwendungen der NTT-Gruppe um etwa 30 % über denjenigen der Muttergesellschaft liegen. Die Zuwächse der FuE-Intensität seit der Privatisierung sind enorm: 1986 machten sie in der Muttergesellschaft noch 2,7 % der Umsätze aus, während 1988 bereits 3,2 % der Umsätze für FuE aufgewendet wurden.

Schutzrechte und Zusammenarbeit zwischen NTT und Herstellern

Die Zusammenarbeit und die Patentpolitik von NTT mit den Unternehmen vor der Privatisierung wird von Neumann (1987) und Evers (1986) beschrieben. Demnach fielen die in gemeinsamen Arbeiten entstandenen Schutzrechte auch NTT zu. Auf dem Inlandsmarkt konnte NTT die Schutzrechte prinzipiell zwar ausüben, die Geräteproduktion ist aber untersagt. NTT ignorierte folglich die Auslandspatentierung weitgehend, weil sich innerhalb einer öffentlichen Verwaltung die damit verbundenen Kosten nicht rechtfertigen ließen.

Dies gilt heute nicht mehr. Mit der Privatisierung wurde die Patentpolitik verändert; NTT strebt nun weltweite Schutzrechte an. Damit kann es künftig auch im Ausland zu Kollisionen mit japanischen Herstellern kommen, die bislang im Inland gelegentlich schon auftraten (siehe nächste Seite).

Die zentrale Mitwirkung NTTs bei der Vereinbarung von Standards ist selbstverständlich (vgl. Abschnitt 2.3.1). Aus Sicht der Unternehmen besteht gerade wegen der Einhaltung der voraussehbaren Spezifikationen durch die eigenen Produkte großes Interesse an der gemeinsamen FuE-Arbeit. Die bisherige Zusammenarbeit schloß auch den Personaltransfer zwischen Netzträger und Herstellerindustrie ein. Es wird ferner behauptet, NTT habe seinen Herstellern nicht nur überhöhte Preise bezahlt, damit diese die in den gemeinschaftlichen FuE-Vorhaben aufgewendeten eigenen Mittel zurückerstattet bekämen und habe sogar direkt die Subvention des Exports von Telekommunikationsgütern betrieben (US Senate 1987, 78). Auf diese Weise sei der internationale Preiswettbewerb im Bereich der Telekommunikationsausstattung unterboten worden. Derartige Angaben lassen sich schwer überprüfen und werden von NTT bestritten.

Abbildung 2.3-7: Finanzielle FuE-Aufwendungen NTTs in laufenden (oben) und realen Preisen (unten)

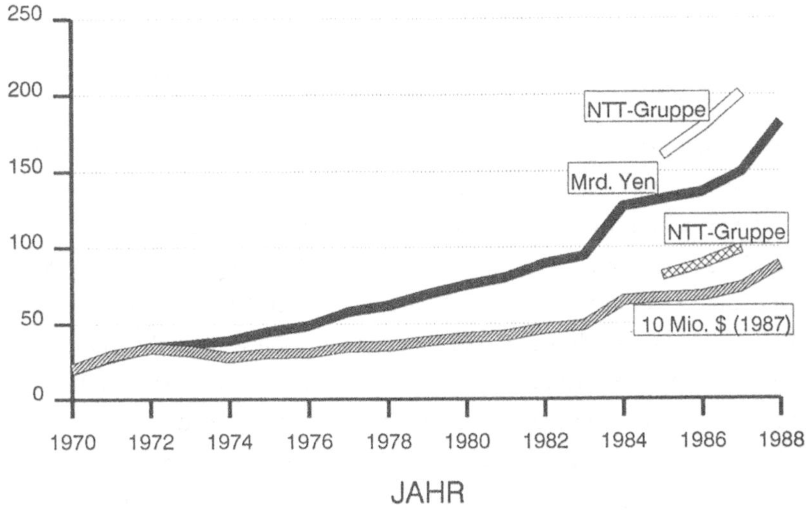

Tabelle 2.3-5: Ausmaß der gemeinsamen Inlandspatentanmeldungen von NTT mit Herstellern 1981 bis 1986
(Quellen: INPADOC, Kobayashi 1987, eigene Berechnungen)

Prioritäts jahr	Alle NTT Inlandsanmeldungen	Anteil der Gemeinschafts-anmeldungen	Alle Gemeinschaftsanmeldungen	Gemeinschaftsanmeldungen mit 1/ Denden-Partnern	mit 2/	mit 3/	mit 4/
1981	2897	23 %	669	426	59	20	164
1982	2674	24 %	652	479	33	8	132
1983	2667	25 %	655	487	49	25	94
1984	2979	18 %	540	374	28	5	133
1985	2474	15 %	375	270	18	15	72
1986	2527	26 %	655	532	53	22	48

Es ist schwierig, die Zahl der Kooperationsprojekte zwischen NTT und Geräteherstellern quantitativ darzustellen. Als Ersatzlösung sollen daher im folgenden die Gemeinschaftspatente nach Ausmaß und Verflechtungsgrad untersucht werden. Tabelle 2.3-5 stellt die Gemeinschaftsanmeldungen in Japan (Inlandspatente) den Gesamtzahlen von Patentanmeldungen gegenüber, die NTT allein oder mit anderen vorgenommen hat.

In der überwiegenden Zahl der Kooperationsfälle arbeitet NTT mit einem Denden-Unternehmen zusammen. Angesichts des japanischen Patentsystems, das in der Praxis nur einen Schutzanspruch pro Anmeldung zuläßt (Schmoch u.a. 1988, 44ff), also eine Vielzahl technisch eng begrenzter Anmeldungen produziert, während weltweit die Ansprüche kumuliert werden und nicht selten das Dutzend erreichen, und weil im Mittel 2 bis 3 Erfinder pro Patent auftreten (Schmoch u.a. 1988, 62ff), ist es plausibel, daß in Kooperationsfällen mit gemischten Entwicklungsteams von NTT-Personal und Hersteller-Personal Gemeinschaftsanmeldungen mit zwei Rechtsinhabern entstehen. Weniger plausibel sind Gemeinschaftsanmeldungen von drei oder gar vier Partnern (NTT mit zwei oder drei Denden-Unternehmen), was in der Praxis auch entsprechend selten vorkommt: Tabelle 2.3-5 verweist auf entsprechende Kooperationsquoten von 1,5 % bzw. 0,6 % 1981 bis 1986. Erstaunlich ist daher, daß der Extremfall der Kooperation aller Denden-Unternehmen relativ so oft festzustellen ist: Bis zu 25 % aller Kooperationsfälle sind solche mit allen Partnern. Hierbei dürfte es sich eher um firmenstrategische, als um sachlich begründete Gemeinschaftserfindungen handeln. Auffallend ist aber, daß die Zahl der Fünfer-Kooperationen fast kontinuierlich sinkt, während die Zahl der Kooperationen mit nur einem Partner seit der Privatisierung (1.4.1985) wieder anwächst, nachdem sie angesichts der Verhandlungen um ihre Ausgestaltung vorübergehend gesunken war.

Die Zusammenarbeit zwischen den Forschungslabors und den Entwicklungszentren von NTT mit anderen Unternehmen gestaltet sich seit der Privatisierung wie folgt: Innerhalb der NTT-Gruppe besteht ein reger Austausch von Ergebnissen der FuE und auch von Personal zwischen verschiedenen Unternehmensteilen und den FuE-Stätten (etwa im Softwarebereich oder im Ausland; vgl. Tabelle 2.3- 3). Die Zusammenarbeit zwischen den Zentrallabors und den FuE-treibenden Abteilungen der anderen Geschäftsbereiche wurde schon diskutiert. Daneben bestehen Geschäftsbeziehungen im Bereich von FuE sowohl zwischen den Zentrallabors und Komponenten- bzw. Geräteherstellern, als auch zwischen den anderen Geschäftsbereichen von NTT (mit ihren Entwicklungsabteilungen) und den Geräteherstellern. Im Bereich der Forschung geht NTT solche Beziehungen nur noch ein, wenn sie für die strategische Unternehmensplanung NTTs als vorteilhaft angesehen werden. Im Bereich der Beschaffung (siehe unten) gibt es allerdings nach wie vor gemeinsame FuE-nahe Arbeiten zur Herstellung von Prototypen. Dies hat sich seit der Privatisierung nicht verändert. Im Bereich der angewandten und der Grundlagenforschung wird nun aber das Prinzip der Forschungsverträge eingeführt, nachdem NTT entweder diejenigen FuE-Arbeiten vergütet, die andere Unternehmen durchführen (etwa Komponentenhersteller), oder sich bezahlen läßt, wenn NTT FuE-Arbeiten für andere Unternehmen oder die Regierung in seinen Labors durchführt. Für die Abwicklung von Technologietransferprozessen (Blaupausenaustausch, Lizensierung von Patenten, Software etc.) wurde das Tochterunternehmen NTT Technology Exchange Co. (NTEC) geschaffen. Der Austausch von FuE-Personal zwischen NTT und Herstellern findet in beiden Richtungen immer noch statt.

Wieviel das neue Kooperationsmodell in der Praxis tatsächlich verändert hat, läßt sich schwer abschätzen. Der ganze Fragenkomplex wird von allen Beteiligten als "äußerst sensibel" eingestuft, so daß eine Schlußbewertung schwer fällt, vor allem auch vor dem Hintergrund, daß der Reregulierungsprozeß bis hin zu einer Minderheitsbeteiligung der Regierung sich noch hinziehen wird. Insgesamt dürfte jedoch neben den Wettbewerbsgesichtspunkten auch den Zusammenarbeitsgesichtspunkten weiterhin Rechnung getragen werden. Verschiedene Experten verweisen auf die Möglichkeit einer "überwettbewerblichen" Situation, die zu Mehrfacharbeiten im Bereich von FuE (vor allem bei der öffentlichen Vermittlungstechnik) führen kann und damit letztlich zu einer Verschwendung von volkswirtschaftlichen Ressourcen. Es wird erwartet, daß ein Teil der diesbezüglichen FuE-Arbeiten einzelner Hersteller sich als umsonst herausstellen wird und am (weiterhin reglementierten) Markt nicht durchsetzen kann. Insofern dürfte dann doch mehr beim alten bleiben als es den offiziösen Ankündigungen zu entnehmen ist.

Beschaffung durch NTT

Die Beschaffung durch NTT geht auf drei verschiedenen Wegen vor sich. Im Fall I (Track I) werden Angebote unter Wettbewerbsgesichtspunkten eingeholt. Dies entspricht dem GATT-Abkommen und schließt im wesentlichen Geräte ein, die man "im Regal" kaufen kann (Faksimilegeräte, Meßgeräte, Endgeräte, Nebenstellenanlagen, Modems etc.). Der Weg II (Track II) wird beschritten, wenn es sich um die Beschaffung von Gerät handelt, das am Markt nicht angeboten wird und zuvor einige Entwicklungsarbeiten erfordert. In diesem Falle wird eine begrenzte Zusammenarbeit von NTT mit einzelnen Unternehmen angestrebt. Weg III (Track III) wird bei der Beschaffung von Gerät beschritten, das einerseits nicht am Markt angeboten wird und andererseits erhebliche FuE-Arbeiten für NTT erfordert. In diesem Falle strebt NTT die Zusammenarbeit mit Herstellern an, welche über "genügende" FuE-Kapazitäten verfügen. Im wesentlichen läuft dies auf eine Zusammenarbeit mit der Denden-Familie hinaus. Diese FuE- und Beschaffungsverträge sind diejenigen, für die sehr hohe Preise gezahlt werden und in welche kleinere Unternehmen und ausländische Hersteller kaum eintreten können. Zur Erneuerung ausgelaufener Verträge der Kategorie II und III gibt es noch besondere Verfahren (IIa und IIIa). Überhaupt ist anzumerken, daß sich Beschaffungs- und FuE-Verträge im Einzelfall kaum unterscheiden lassen. Die FuE-Mittel, die NTT bei seinen Herstellern für FuE ausgibt, sind nicht selten Bestandteil der Beschaffungsverträge. Flamm (1987, 137) weist sogar nach, daß praktisch überhaupt keine direkten FuE-Mittel von NTT an andere Unternehmen geflossen sind. Es scheint also zuzutreffen, daß der Gesamtbereich der externen und durch NTT finanzierten FuE im Rahmen von Beschaffungsverträgen abgewickelt wird.

Was die Beschaffung im Ausland angeht, so hat Japan mit den Vereinigten Staaten 1981 eine Übereinkunft abgeschlossen, aufgrund der die Beschaffung durch NTT auf dem amerikanischen Markt von ursprünglich 15 Millionen US-Dollar auf etwa 180 Millionen US-Dollar (1984) zunahm. Das Abkommen wurde 1983 und 1986 erneuert. NTT gibt an, daß die Beschaffung von nichtjapanischen Telekommunikationsgütern von 36 Milliarden Yen (1986) auf 38 Milliarden Yen (1988) angewachsen sei. Dies entspricht etwa dem oben angegebenen Betrag für 1984, so daß in der Tat kaum eine Ausdehnung der internationalen Beschaffung seit der Privatisierung festgestellt werden kann. Als bislang wohl einziges ausländisches Unternehmen hat Northern Telecom einen Siebenjahresvertrag im Wert von 250 Millionen US-Dollar abgeschlossen, um sein digitales öffentliches Vermittlungssystem in Japan einzuführen. Es geht allerdings das Gerücht um, daß dieser Vertrag für die kanadische Firma nicht profitabel sei. Sie muß sehr undankbare und kostenträchtige Aufgaben im Bereich der Software lösen und hat keinen Zugang zu den technischen Spezifikationen der Schaltzentralen. Vielmehr wird das Unternehmen nur mit den Endstationen vertraut gemacht und bekommt auch hier nur Zugang zu "ihrer" Seite der Schnittstelle. Ein anderes ausländisches Unternehmen, das sich um diesen Vertrag ebenfalls beworben hatte, ist heute sehr froh, den Zuschlag nicht bekommen zu haben.

KDD

Der zweite große japanische Netzträger, KDD, ist traditionell im internationalen Geschäft tätig. Die Firma ist 1953 als privatwirtschaftliches Unternehmen gegründet worden und folglich in diesem Jahrzehnt keiner Umstrukturierung unterlegen. Die Umsätze sind von 216 Milliarden Yen (1986) auf 248 Milliarden Yen (1988) angewachsen. Der größte Teil der Umsätze wird im Telefongeschäft erwirtschaftet; danach folgen das Telexgeschäft mit abnehmenden Umsätzen und andere Dienstleistungen.

Die Aufwendungen für Forschung und Entwicklung zeigt Abbildung 2.3-8. Sie machen knapp 2 % der Umsätze aus. Insgesamt beschäftigt KDD 125 Personen im FuE-Bereich, hinzu kommen 15 FuE-Organisatoren und 54 Personen im Infrastrukturbereich der FuE-Labors. Damit wird der Stellenwert der KDD-FuE im Verhältnis zu NTT deutlich: der Gesamtbereich bei KDD ist vom Umfang her etwa gleich groß wie eines der 11 zentralen NTT-Labors.

Abbildung 2.3-8: FuE-Aufwendungen von KDD seit 1983

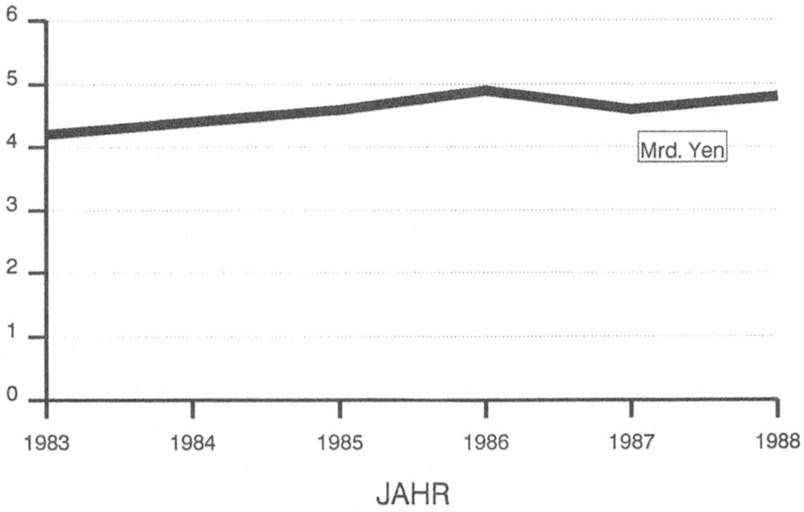

Das ursprüngliche Zentrallabor von KDD in Meguro ging 1953 ebenfalls aus dem ETL (bzw. den ECL) hervor und war 1960 voll betriebsbereit. 1987 wurde ein zweites Labor an einem anderen Standort (Kamifukuoka) errichtet. Das Forschungspersonal wurde dennoch kaum erhöht und auch das entsprechende Budget blieb unverändert (wie auch Abbildung 2.3-8 zeigt), weil die bisherigen Aktivitäten in Meguro teilweise auf den neuen Standort verlegt wurden. Auch das Personal ist entsprechend versetzt worden. Jedes der beiden Institute zerfällt in sechs Gruppen, in denen jeweils etwa zehn Personen beschäftigt sind. Am alten Standort Meguro finden nunmehr nur noch folgende Arbeiten statt:

- Satellitenkommunikation,
- Signalverarbeitung,
- Funkübertragung,
- Optische Elemente,
- Neue Materialien und Anwendungen,
- Lichtwellenleiterkommunikation,
- Instrumentierung und Meßwesen.

Am neuen Standort in Kamifukuoka (55 FuE-Personen, 70 in Meguro) wird an folgenden Schwerpunkten gearbeitet:

- Telekommunikationsbezogene Software,
- Netzsysteme,
- Computerkommunikation (seit 1987),
- Künstliche Intelligenz,
- Telematik (inklusive Viedeotex),
- Bildkommunikation (inklusive Videokonferenzen).

Es ist also unschwer zu erkennen, was zur Verlagerung auf einen neuen Standort geführt hat: Die ursprüngliche Laboreinrichtung in Meguro war für die neuen Forschungsarbeiten im Bereich der Software, der Systemforschung etc. nicht mehr geeignet. Alle Softwareforschung im weiteren Sinne findet inzwischen am neuen Standort statt, während physikalisch-technische Arbeiten wie bisher in Meguro durchgeführt werden.

Die Schwerpunkte der KDD-Aktivitäten im Bereich von Forschung und Entwicklung lassen sich auch an der Patent- und Publikationsstatistik ablesen. KDD hat - anders als NTT - immer Schutzrechte im Ausland angestrebt, was mit dem internationalen Telekommunikationsgeschäft zusammenhängt. Daher wird auch keine Änderung der Patentpolitik vorgenommen. Abbildung 2.3-9 verdeutlicht die Aktivitäten. Sie sind besonders stark im Bereich der Funktechnologie, der Lichtleitertechnik und der Bildkommunikation. Vorgelagerte Forschungsaktivitäten finden auch im leitungsgebundenen Bereich statt, wo aber die gewerblichen Schutzrechte nur weltdurchschnittlich sind. Der Bereich der Bildübertragung wird teilweise, Hochfrequenz- und Fernsignalmessung werden ganz ignoriert. Mit dem Bereich der Software und der Telekommunikationsdienste findet eine weltdurchschnittliche Befassung statt, was auch für die Digitaltechnik gilt.

Abbildung 2.3-9: Spezialisierungsprofil von KDD in Forschung und Technologie (auf der Basis von Publikationen 1986 bzw. Auslandspatenten 1984)

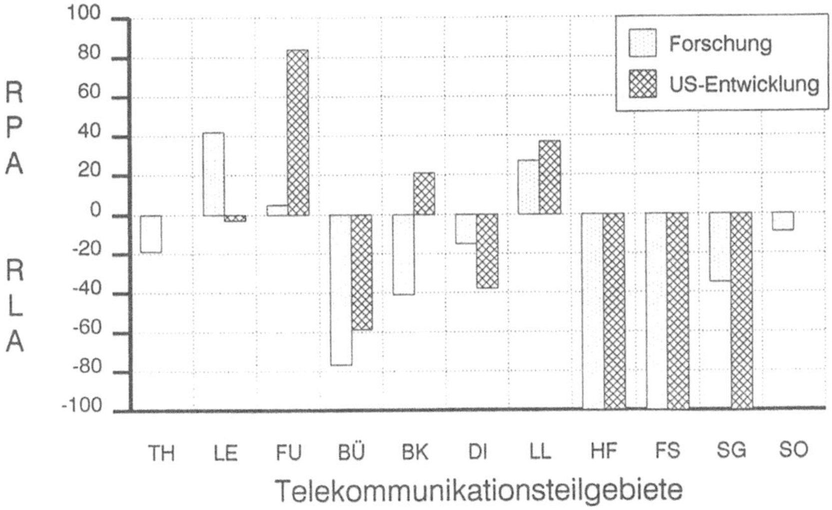

KDD arbeitet im Bereich von Forschung und Entwicklung mit anderen Unternehmen zusammen. Allen voran haben AT&T und die Bell-Laboratorien zusammen mit KDD im Pazifik Unterseekabel verlegt und entsprechende Vorlaufforschung hierfür betrieben. Weil die im internationalen Geschäft neu zugelassenen Netzträger keine FuE betreiben, ist eine Situation entstanden, in der KDD auch für die neuen Netzträger die Qualitätsstandards ausarbeitet und überprüft und für die Sicherheit der Netze der Konkurrenz zuständig ist. KDD ist deshalb technologisch gesehen weiterhin dominant und wird durch die Reorganisation in Japan lediglich vom Betrieb zusätzlicher Netze entlastet. Mit den japanischen Herstellern (der Denden-Familie) gibt es nur wenige Gemeinschaftsprojekte, die im wesentlichen den technischen Austausch betreffen. Es findet aber kein Personaltausch statt. KDD bezieht seine Geräte im wesentlichen aus denselben Quellen wie NTT.

NHK

Größer als die FuE-Aktivitäten von KDD sind diejenigen der Rundfunkgesellschaft NHK (Nippon Hoso Kyokai). NHK beschäftigt zur Zeit 330 Mitarbeiter im FuE-Bereich, wovon 260 eine akademische Qualifikation haben. Die NHK Science and Technical

Research Laboratories wurden 1930 errichtet, also fünf Jahre nach der ersten Rundfunksendung von NHK. Sie umfassen heute neun FuE-Abteilungen und zwei Infrastrukturabteilungen. Die Forschungsbereiche der NHK-Laboratorien sind zuständig für:

- Fortgeschrittene Fernsehsysteme,
- Bildelemente,
- Satellitenfernsehen,
- Rundfunktechnik,
- Videotechnik und Datenverarbeitung,
- Aufnahmetechnik,
- Akustik und Hörphysiologie,
- Visuelle Technologie,
- Festkörperphysik und Bauelemente.

Die Infrastrukturabteilungen sind im wesentlichen zur Koordination und Informationsvermittlung sowie zur Abwicklung von Patentgeschäften eingerichtet worden. Die Labors sind durch wichtige Beiträge im Bereich des hochauflösenden Fernsehens bekanntgeworden.

Abbildung 2.3-10: Spezialisierungsprofil von NHK in der Telekommunikationsforschung (Publikationsstatistik 1986)

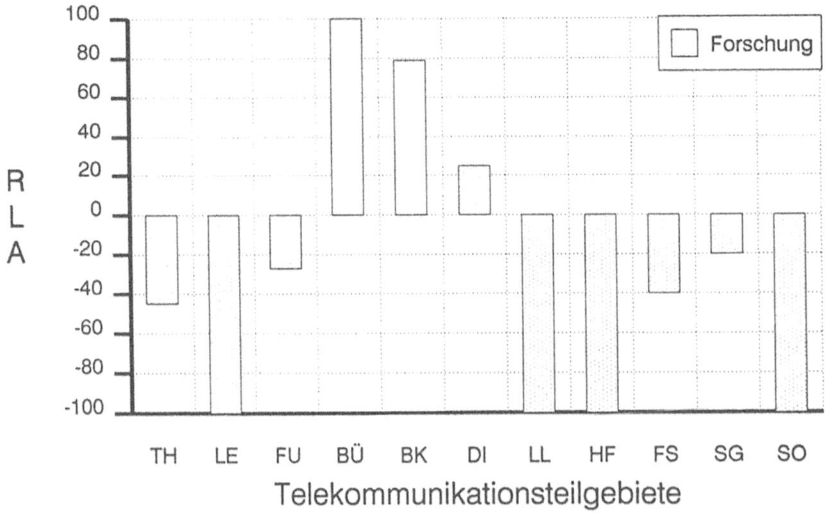

Abbildung 2.3-10 verdeutlicht das Spezialisierungsprofil anhand von Publikationen. NHK besitzt weit über 1000 Inlandspatente in Japan, wegen der Binnenorientierung jedoch fast keine Auslandspatente. Gemäß Abbildung 2.3-10 liegen die Stärken, wie zu erwarten

war, im Bereich der Bildübertragung, aber auch der Bildkommunikation und der Digitaltechnik. Im Bereich der Funkkommunikation, der Fernsignaltechnik und der Endgeräte sind die Forschungsaktivitäten nur knapp unterdurchschnittlich, während der leitungsgebundene Bereich inklusive der Lichtleiter, der Bereich Software und Dienste und die Hochfrequenzkommunikation nicht bearbeitet werden.

Neue Netzbetreiber

Die neuen Netzbetreiber besitzen nach allgemeiner Ansicht keinerlei FuE-Kapazitäten. Dies mag sich mit der Zeit ändern, zumal sie sich bereits anteilsmäßig an der ATR-Gruppe beteiligen. Eigene telekommunikationsbezogene FuE- Anstrengungen sind vor allem für solche Unternehmen wahrscheinlich, die bereits über FuE-Kapazitäten für andere Aufgaben verfügen. Hierzu gehören z. B. die Elektrizitätsgesellschaften, die Eisenbahnen und die Autobahnbehörde. Diese könnten sehr wohl mit vertretbarem Aufwand einen Teil ihrer bestehenden FuE-Infrastruktur im Hinblick auf die neuen Geschäftsfelder in der Telekommunikation umwidmen. Auch haben einige Hersteller von Telekommunikationsgeräten angefangen, qualifiziertes technisches Personal mit den neuen Netzbetreibern auszutauschen, im wesentlichen um zu sondieren, in welchem Umfang Adaptionen der herkömmlichen Geräte erforderlich werden könnten. Das gegenwärtige FuE-Vakuum der neuen Netzbetreiber wird auch offiziell bestätigt (MPT 1987, 5). Insoweit als die neuen Netzbetreiber mit klassischen Herstellern von Telekommunikationsgeräten kapitalmäßig verbunden sind, stellt sich die Frage eigener FuE-Kapazitäten aber ohnehin in einer anderen Weise, nämlich, ob der bestehende FuE-Bereich der Hersteller nunmehr bis hin zur Dienste-FuE ausgedehnt wird.

2.3.3 ROLLE DER HERSTELLER UND SONSTIGEN UNTERNEHMEN

Die Darlegungen in Abschnitt 2.1.2 und vor allem in Abschnitt 2.2 laufen darauf hinaus, daß das Herstellerkartell (die sogenannte Denden-Familie) zwar beschaffungsmäßig in der japanischen Telekommunikationsindustrie dominant ist, aber technologisch von anderen Unternehmen kaum abgrenzbar ist. Weder bezüglich der Aktivitätsprofile im Bereich von FuE, noch im Hinblick auf die Verfolgung einer breiten versus einer engen Struktur, und schließlich auch nicht bezüglich der Herstellung von Telekommunikationsgütern läßt sich eine klare Trennungslinie zwischen Denden- Unternehmen und anderen Unternehmen ziehen (vgl. insbesondere die fachliche Verteilungsbreite zwischen Netzträgern, den Denden-Unternehmen und anderen Unternehmen in Abbildung 2.2-11). Die Darstellung der FuE-Aktivitäten einzelner Herstellergruppen in diesem Abschnitt nimmt daher keine Rücksicht auf die Zugehörigkeit zum zentralen Lieferkartell. Die Denden-Familie scheint sich ohnehin in Auflösung zu befinden, wenn man etwa die Umsätze mit Telekommunikationsgütern gemäß Tabelle 2.1-1 betrachtet. Die Diskussion der einzelnen Firmengruppen erfolgt in der Reihenfolge des geschätzten Telekommunikationsumsatz gemäß dieser Tabelle.

NEC-Gruppe

NEC steht im Wettbewerb nicht nur mit den traditionellen Herstellern von Telekommunikationsgeräten, sondern auch mit einer Reihe von neu hinzutretenden Lieferanten. NEC bestätigt jedoch, daß neben dem Wettbewerbselement, das die Privatisierung von NTT ins Spiel gebracht hat, die bewährte Zusammenarbeit im Bereich von FuE aufrecht erhalten wird. Die Umsätze von NEC sind von 1889 Milliarden Yen (Haushaltsjahr 1985) auf schätzungsweise 2700 Milliarden Yen im Haushaltsjahr 1988 angestiegen. 32 % der Umsätze entfallen auf Telekommunikationsgeräte, 43 % auf Computer, 18 % auf elektronische Bauteile sowie 7 % auf anderes. Mit 28 % ist die Exportquote für japanische Verhältnisse recht groß. NEC wendete 1987 und 1988 jeweils etwa 250 Milliarden Yen für FuE auf, und besitzt damit eine FuE-Intensität von fast 10 %. Nach Angaben des Unternehmens sind nur 10 % des FuE-Personals und 9,4 % der FuE-Aufwendungen dem leitungsgebundenen Telekommunikationsbereich im engen Sinn gewidmet (ohne Bauteil -FuE, Funk, Mobilfunk etc.). Eigene Abschätzungen der Geschäftstätigkeit unter Annahme etwa gleicher FuE-Intensitäten in den Geschäftsfeldern führen auf einen Schätzwert von knapp 120 Mrd. Yen für FuE im Gesamtgebiet der Telekommunikation.

NEC betreibt mehrere FuE-Stätten, von denen zwei für Telekommunikation zuständig sind. Beide liegen in Kawasaki. Es handelt sich dabei um das C&C-Systemforschungslaboratorium, welches sich der digitalen Kommunikation, der digitalen Signalverarbeitung, der Telefonvermittlungstechnik, der Breitbandkommunikation und der Funk- und Satellitenkommunikation widmet. Das andere FuE-Institut ist das optoelektronische Forschungslabor. Es beschäftigt sich mit allen Fragen der optischen Kommunikation und mit der optischen Schalttechnik.

Abbildung 2.3-11 verdeutlicht das Spezialisierungsprofil der NEC-Gruppe. Die Stärken im Bereich der leitungsgebundenen und der Funktechnik sowie der Digitaltechnik und bei den Endgeräten werden durch alle übrigen Aussagen bestätigt. Im Bereich der Funktechnik betreibt NEC sehr marktnahe Arbeiten, während es im Bildbereich vorgelagerte FuE verfolgt. Überraschend gering ist das Patentprofil im Bereich der Lichtleitertechnik. Es ist denkbar, daß die bedeutsamen Beiträge von NEC zum optischen Schalten im Erhebungsjahr noch nicht zum Tragen kamen. Es ist ferner zu beachten, daß das Profil gemäß Abbildung 2.3-11 für die gesamte NEC-Gruppe gilt, so daß es durchaus auch zutreffen kann, daß die bedeutenden FuE-Arbeiten im Bereich der Photonik im Verhältnis zur Gesamtgruppe noch nicht den Stellenwert haben wie im Mutterunternehmen.

Abbildung 2.3-11: Spezialisierungsprofil der NEC-Gruppe in Forschung und Technologie auf der Basis von Publikationen 1986 bzw. Auslandspatenten 1985

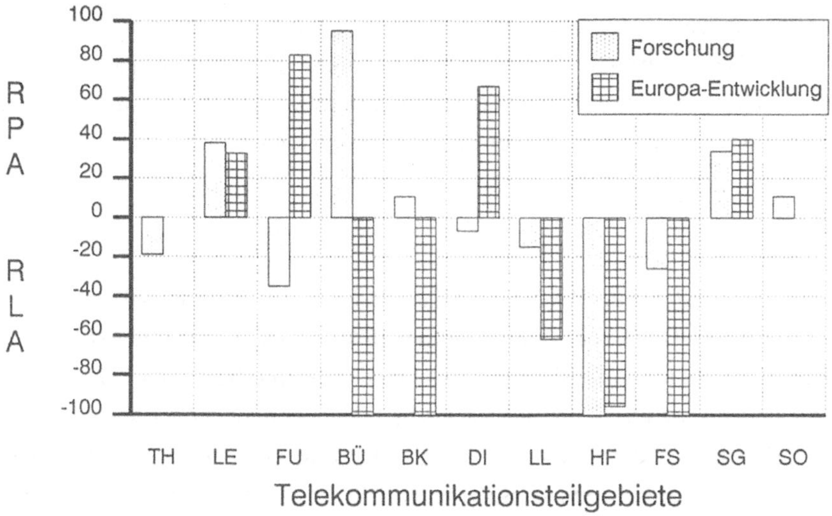

Auch die kleineren Firmen im Bereich der NEC-Gruppe treiben eigenständige FuE. Es ist allerdings schwierig, den Anteil zu ermitteln, der die Telekommunikationsgüter betrifft. Nimmt man alle FuE-Aufwendungen zusammen, dann ergibt sich folgendes Bild: Nizuko wendet 2,4 Milliarden Yen (1988) für FuE auf, wovon der meiste Teil auf Telekommunikation entfallen dürfte. Anritsu gibt 1988 6,2 Milliarden Yen für FuE aus, wovon aber weniger als die Hälfte den leitungsgebundenen Bereich betrifft. Toyo Communication verausgabte 2,2 Milliarden Yen, davon etwa die Hälfte für Telekommunikation. Die Summe der anderen Unternehmen im Bereich der NEC-Großgruppe reichen an die FuE-Aktivität der Muttergesellschaft bei weitem nicht heran, sind aber andererseits auch nicht zu vernachlässigen. Insgesamt werden die telekommunikationsbezogenen FuE-Aufwendungen (1987) in der NEC-Gruppe auf etwa 140 Mrd. Yen abgeschätzt.

Durch die Reregulierung des Telekommunikationssektors in Japan haben sich Forschung und Entwicklung bei NEC kaum verändert. Dies gilt sowohl für das Volumen als auch für die Gegenstände der eigenen Entwicklungsarbeiten. Allerdings hat eine starke Verschiebung hin zur Softwareforschung stattgefunden, was aber technologisch bedingt ist und nicht mit der Ordnungspolitik in Japan zusammenhängt. Durch die Zulassung neuer Netzträger sieht NEC wachsende Probleme der Standardisierung. Ein Großunternehmen wie NEC muß sich bezüglich der Produktdiversifikation schließlich den Wünschen der (neuen) Netzbetreiber anpassen und folglich - vor allem was den Export angeht - sich in immer größerem Umfang mit Lösungen im Bereich der Schnittstellen befassen. Auch ist für NEC die Belastung durch Teilnahme an immer mehr Arbeitsgruppen im Bereich des Standardwesens kostenrelevant.

Die starke Binnenorientierung NEC ist im Wandel begriffen: NEC errichtete im Mai 1989 ein neues FuE-Zentrum in Princeton (USA), in dem das Unternehmen vorwettbewerbliche Forschungsarbeiten für die Telekommunikation betreiben wird. Ein weiteres Forschungsinstitut wird dem Vernehmen nach in Europa aufgebaut.

Fujitsu-Gruppe

Fujitsu setzte im Haushaltsjahr 1985 1300 Milliarden Yen um, im Haushaltsjahr 1988 bereits 2000 Milliarden. Die Exportquote liegt bei 18 %. Das Unternehmen ist aber nicht auf Telekommunikation spezialisiert, vielmehr macht der diesbezügliche Umsatz 16 bis 17 % am Gesamtumsatz aus. Das hauptsächliche Geschäftsfeld (70 %) ist die Datenverarbeitung. Insgesamt wurden 170 Milliarden Yen für FuE ausgegeben (1988), was einer Intensität von 8 %, gemessen am Umsatz, entspricht. 15 % der gesamten FuE-Aufwendungen werden im Fujitsu- Zentrallabor, einer Tochtergesellschaft, ausgegeben. Die übrigen Aufwendungen entstehen in den einzelnen Geschäftsbereichen. In diesem Zentrallabor, das auf zwei Standorte verteilt ist, sind insgesamt 1280 Personen beschäftigt, davon 900 bis 1000 Personen mit akademischer Bildung. Schätzungsweise ein Viertel der Aktivitäten dieses Labors sind auf die Telekommunikation gerichtet. Eigenen Abschätzungen zufolge belaufen sich die FuE-Aufwendungen für Telekommunikation im weiteren Sinn auf etwa 50 Mrd. Yen (1987).

Fujitsu orientiert seine telekommunikationsbezogene FuE verstärkt auf optische Technologie und drahtlose Telekommunikation um, letzteres, um verstärkt in den Bereich der Satellitenkommunikation eintreten zu können. Auch für dieses Unternehmen ist der Anteil von softwarebezogenen Arbeiten ansteigend, ebenso wie die Befassung mit Standardisierungsfragen.

Abbildung 2.3-12: Spezialisierungsprofil der Fujitsu-Gruppe in Forschung und Technologie (auf der Basis von Publikationen 1986 bzw. Auslandspatenten 1985)

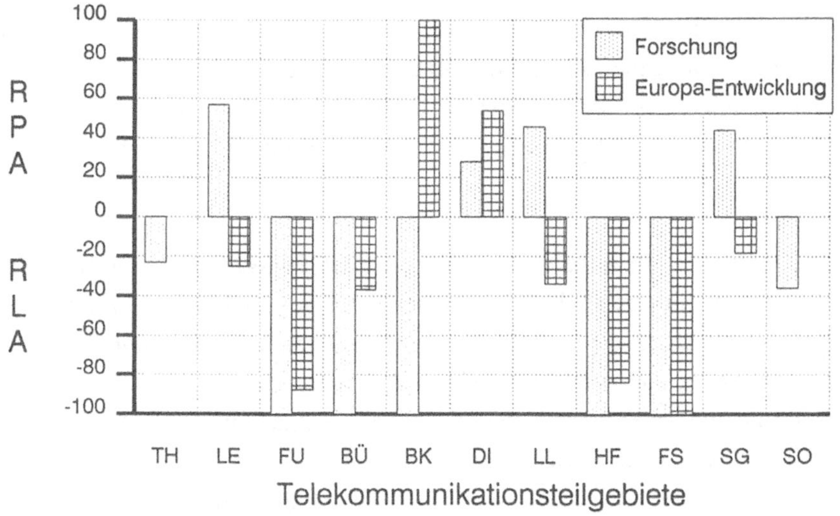

Abbildung 2.3-12 veranschaulicht das Aktivitätsprofil der Fujitsu-Gruppe. Es ist fraglich, ob im Falle der Fujitsu-Gruppe die Patentstatistik aussagefähig ist, da das Unternehmen bisher eher restriktiv war. Im Gegensatz zu NEC und Hitachi hat das Unternehmen nur die wichtigsten Schutzrechte im Ausland angemeldet, in der Regel aber auf eine breite Abdeckung verzichtet. Fujitsu ist dabei, seine Patentstrategie aufgrund des gestiegenen Wettbewerbs zu ändern und mit größerer Vollständigkeit im Ausland zu patentieren. Bezogen auf Abbildung 2.3-12 bedeutet dies insbesondere eine Fehleinschätzung im Bereich der Lichtleitertechnik und der Fernsignaltechnik. Fujitsu ist technologisch gesehen im Bereich der Telemetrie wesentlich stärker und vermutlich auch im Glasfasergebiet weltdurchschnittlich bzw. überdurchschnittlich aktiv. In den anderen Teilbereichen dürfte hingegen die Statistik zutreffen. Bemerkenswert ist, daß gerade im Bereich der Lichtleiter die Publikationstätigkeit der qualitativen Einschätzung der FuE-Aktivitäten Fujitsus entspricht, so daß hier lediglich eine selektiv zurückhaltende Auslandspatentierneigung zu diagnostizieren ist. Im Bereich der Bildkommunikation finden ausschließlich marktnahe Aktivitäten statt, im wesentlichen Adaptionen an die Anforderungen der ausländischen Faksimileschnittstellen, so daß auch in diesem Punkt das statistische Material zutreffende Aussagen macht.

Für die Fujitsu-Gruppe hat die Gemeinschafts-FuE mit NTT nachgelassen. Andererseits ist das Unternehmen an den Fortschritten der ATR-Laboratorien stark interessiert und sieht hier eine direkte Kompensationsmöglichkeit zur Erhaltung der Zusammenarbeit mit quasiöffentlichen Forschungseinrichtungen. Die Kooperation mit NTT wird allerdings in diesem Umfang aufrecht erhalten, wie er zur Gewährleistung der Qualitätsstandards bei Fujitsu-Produkten erforderlich ist. Da sich die neuen Netzbetreiber im wesentlichen ebenfalls von der Denden-Familie beliefern lassen, glaubt Fujitsu nicht daran, daß die technologische Stärke dieses Lieferkartells durch die Reregulierung Schaden nehmen wird. Fujitsu ist im Vergleich zur Konkurrenz im Bereich der Telekommunikation wenig internationalisiert und insofern von den Umstrukturierungen im Inland eher stärker betroffen als andere.

Es ist unklar, inwieweit die anderen Unternehmen der Fujitsu-Gruppe im Bereich der Telekommunikation mit eigenen FuE-Leistungen beteiligt sind. Die bekannte Automatisierungs- und Roboterfirma Fanuc gibt aber wohl Anlaß zu Synergismen im Bereich der Fabrikautomatisierung und -kommunikation, nämlich in bezug auf die Fernsteuerung, die Fernkontrolle und die Fernmessung. Möglicherweise hängt die Stärke Fujitsus im Bereich der Telemetrie mit der Produktionsstruktur innerhalb der Gruppe zusammen. Das Unternehmen Canda Tsushin ist fast völlig auf Telekommunikationsgüter, insbesondere auf Telefone, spezialisiert und wendet 850 Millionen Yen für FuE auf (1988). Auch dieses Unternehmen ist mit einem Exportanteil von 6 % binnenorientiert. Obwohl Angaben schwerfallen, kann der FuE-Aufwand (1987) der ganzen Gruppe wohl auf etwas über 60 Mrd. Yen veranschlagt werden.

Hitachi-Gruppe

Hitachi ist die drittgrößte Firmengruppe in Japan. Das Unternehmen begann als Computerfirma und hatte sehr früh Kontakt zu amerikanischen Computerherstellern. Es hat ebenfalls eine starke Stellung im Bereich der Unterhaltungselektronik und betreibt die Telekommunikation sozusagen nebenbei. Die Geschäftsanteile im Bereich der Telekommunikation im weiteren Sinne (inklusive Bauteile) werden auf 20 % geschätzt. Die Umsätze blieben mit etwa 3000 Milliarden Yen seit dem Jahre 1985 auf etwa gleicher Höhe. Insgesamt gibt das Unternehmen 259 Milliarden Yen für FuE aus, wovon aber ebenfalls nur ein kleiner Teil auf die Telekommunikation entfällt, nach eigenen Abschätzungen bei unterstellter einheitlicher FuE-Intensität etwa 50 Mrd. Yen (1987).

Hitachi betreibt fünf große Forschungsinstitute, wovon das Zentrallabor (in Kokubunji) sich neben der Materialforschung und der medizinischen Forschung auch den Kommunikations- und Informationsverarbeitungssystemen widmet. Das Zentrallabor beschäftigt etwa 1200 Personen mit einem unbekannten Anteil im Bereich der Telekommunikation.

Hitachi gibt sich in sämtlichen Informationsmaterialien und im Gespräch relativ verschlossen, was die interne Aufteilung der FuE betrifft.

Da das Unternehmen jedoch seit alters eine breite und relativ vollständige Patentstrategie auch im Ausland betreibt, sollte die entsprechende Statistik die FuE-Aktivitäten einigermaßen proportioniert wiedergeben. Nach qualitativen Einschätzungen ist Hitachi zusammen mit Fujitsu das zweitwichtigste FuE-treibende Unternehmen im Telekommunikationsbereich in der Denden-Familie nach NEC und vor Oki. Auch dieses paßt ins Bild der oben getroffenen quantitativen Abschätzungen bezüglich der Forschungsaufwendungen.

Abbildung 2.3-13 verdeutlicht die Spezialisierung der Hitachi-Gruppe. Forschungs- sowie Technologiespezialisierungen sind relativ zueinander meist im Einklang und konzentrieren sich im Bildbereich, in der Digital- und Lichtleitertechnik. Der eigentliche leitungsgebundene Bereich der Telekommunikation sowie die Funktechnologie werden eher vernachlässigt, während der Endgerätebereich und auch der Fernsignalbereich noch einigermaßen am Weltdurchschnitt orientiert sind.

Abbildung 2.3-13: Spezialisierungsprofil der Hitachi-Gruppe in Forschung und Technologie (auf der Basis von Publikationen 1986 bzw. Auslandspatenten 1985)

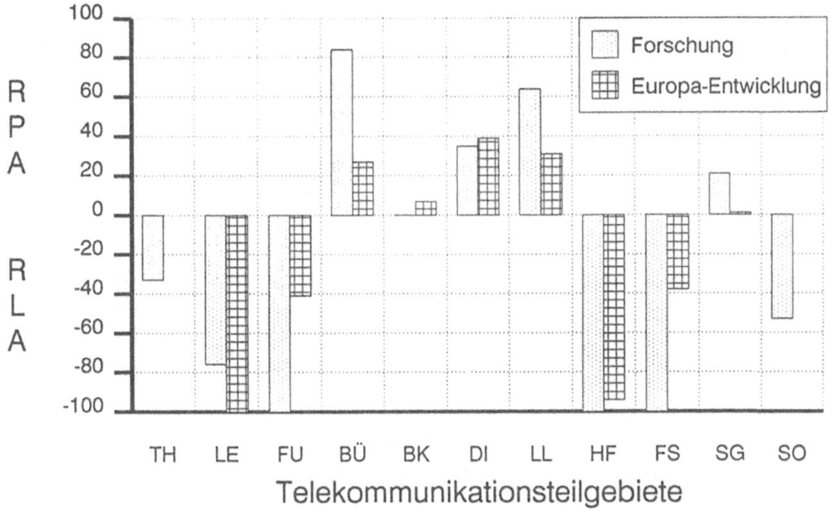

Hitachis FuE wird sich internationalisieren. Im April 1989 kündigte die Konzernspitze an, daß sie vier neue FuE-Zentren in Europa und den USA aufzubauen gedenke. Hitachi hat ein Zusammenarbeitsabkommen mit der Universität Cambridge abgeschlossen und finanziert FuE-Arbeiten im Bereich der Mikroelektronik im Cavendish-Laboratorium. Die Bedeutung dieser Maßnahmen für die Telekommunikation kann nicht quantifiziert werden.

Auch Hitachi Electronics ist neben Hitachi Ltd. im Telekommunikationsbereich aktiv, allerdings mit wesentlich geringeren Umsätzen. Hitachi Electronics verfügt nicht über eigene Forschungsmittel und FuE-Stätten und ist insofern im Bereich der Forschung zu übergehen. Unter den anderen Unternehmen der Hitachi-Gruppe darf Nakayo Telecommunication nicht vergessen werden: ein Unternehmen mit 22 Milliarden Yen Umsatz (1988), das praktisch ausschließlich im Telekommunikationsbereich tätig ist und hierfür auch 1 Milliarde Yen an eigenen FuE-Mitteln aufwendet. Kokusai Electric ist ein Unternehmen der Hitachi-Gruppe, dessen Umsätze zu einem Viertel auf Telekommunikationsgütern beruhen. Die Aufwendungen für eigene FuE betrugen im Jahr 1988 5,6 Milliarden; der Anteil, der für Telekommunikation verwendet wird, ist nicht bekannt. Das Unternehmen produziert mobile Telefone und andere drahtlose Kommunikationsgeräte. Die Hitachi-Gruppe dürfte insgesamt nicht mehr als 60 Mrd. Yen für telekommunikationsrelevante FuE aufwenden.

Oki-Gruppe

Die Oki-Gruppe ist nach subjektiver Expertenmeinung das schwächste Mitglied der Denden-Familie. Das Unternehmen versteht sich selbst als Computerunternehmen und ist im Bereich der Datenkommunikation stärker als im Bereich der sonstigen Kommunikation engagiert. Die Gesamtumsätze stiegen von 362 Milliarden Yen im Jahr 1985 auf 470 Milliarden Yen im Jahr 1988 an. Der Anteil an Telekommunikationssystemen (ohne Bauelemente) an den Umsätzen wird auf 28 % geschätzt; die Exportrate ist 24 %. Das Unternehmen wendet 25,5 Milliarden Yen (1988) für FuE auf, wobei nicht sicher ist, daß der Telekommunikationsbereich proportional zu den Umsätzen davon profitiert. Die Zusammenarbeit von Oki mit NTT scheint ungebrochen gut zu sein, betraf allerdings früher schon nur ausgewählte Bereiche.

Die Oki-Gruppe verfügt nur über relativ wenige Auslandspatente, die zudem stark auf die Vereinigten Staaten und weniger auf Europa konzentriert sind. Insofern ist das Spezialisierungsprofil (Abbildung 2.3-14) weniger verläßlich als bezüglich der anderen Unternehmen. Auch die Forschungsintensität von etwa 5 %, gemessen an den Umsätzen, deutet darauf hin, daß das Unternehmen nicht wesentlich auf eigene FuE setzt.

Abbildung 2.3-14: Spezialisierungsprofil der Oki-Gruppe in Forschung und Technologie (auf der Basis von Publikationen 1986 bzw. Auslandspatenten 1984/85)

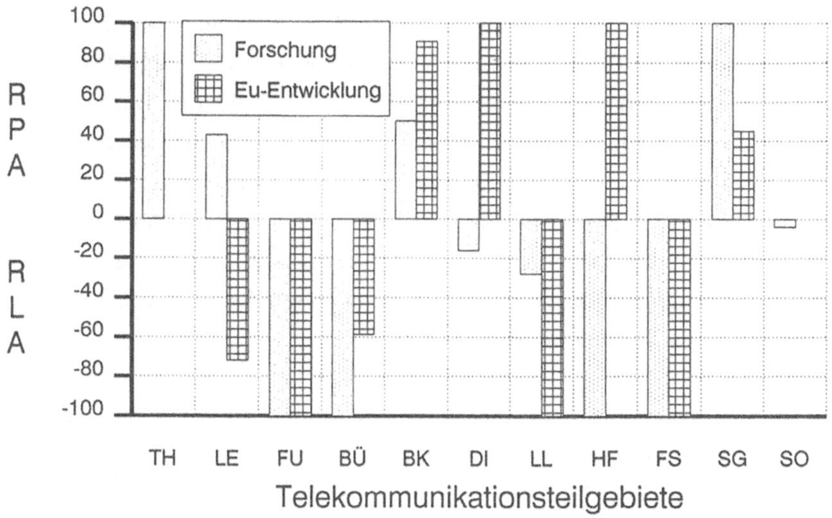

Das Profil verweist auf eigenständige FuE im Bereich der Bildkommunikation, der Digitaltechnik und der Endgeräte. Oki ist bekannt für seine vielfältig verwendbaren Endgeräte. Im leitungsgebundenen Bereich scheinen einige Forschungsarbeiten zu laufen, im Hinblick auf marktnahe gewerblich geschützte Erfindungen ist dieses Teilgebiet jedoch weniger ausgezeichnet.

Das Tochterunternehmen Tamura, an dem Oki und NEC jeweils 15,6 % Anteile halten, ist eine bekannte Telefongerätefirma. Der Marktanteil für öffentliche Telefonzellen wird zur Hälfte mit Anritsu geteilt; das Unternehmen exportiert seine öffentlichen Telefonanlagen in mehr als 100 Länder. Der heutige Präsident von Tamura wechselte von NTT in das Unternehmen über, das 3,3 Milliarden Yen für FuE ausgibt (1988). Auch Taiko ist ein Tochterunternehmen mit ausgeprägten Stärken im Telefonbereich. Die Taiko-Anlagen ergänzen die öffentlichen Telefone Tamuras im geschäftlichen Bereich. Das Unternehmen gab 1988 1,9 Milliarden Yen für FuE aus. Somit können die telekommunikationsbezogenen FuE-Ausgaben der Oki-Gruppe auf nicht ganz 20 Mrd. Yen (1987) abgeschätzt werden.

Mitsubishi

Mitsubishi Electric ist das drittgrößte Elektronikunternehmen Japans; es zählt nicht zur Denden-Familie. Das Unternehmen ist bekannt für seine Produkte im Bereich der

Rüstungselektronik und hat auch im Bereich der Kernenergie enge Verbindungen mit US-Unternehmen. Im Telekommunikationsbereich lassen sich die Aktivitäten von Mitsubishi nicht genau angeben; sie dürften im Bereich der Datenkommunikation liegen. Mit 120 Milliarden Yen (1988) wendet Mitsubishi einen hohen Anteil für eigene FuE auf; welcher Anteil der Telekommunikation zugute kommt, ist hingegen nicht bekannt. Abbildung 2.3-15 zeigt im Profil, daß Mitsubishi mit eigenen FuE-Ergebnissen im Bereich der Telekommunikation nur selektiv tätig ist. Dies betrifft den Bereich der Bildübertragung und der Lichtleitertechnik. Zu erwarten wäre ferner gewesen, daß im Bereich der (rüstungsnahen) Hochfrequenzkommunikation stärkere Akzente gesetzt werden; möglicherweise ist die Patentstatistik aber wegen einer geringen Auslandspatentierneigung verzerrt. Die Aktivitäten im Bereich der Fernsignaltechnik inklusive der Fernwirktechnik sind vor dem Hintergrund der anderen Geschäftsfelder von Mitsubishi zu verstehen (Kernenergie, Schwerindustrie).

Abbildung 2.3-15: Spezialisierungsprofil von Mitsubishi in Forschung und Technologie (auf der Basis von Publikationen 1986 bzw. Auslandspatenten 1985)

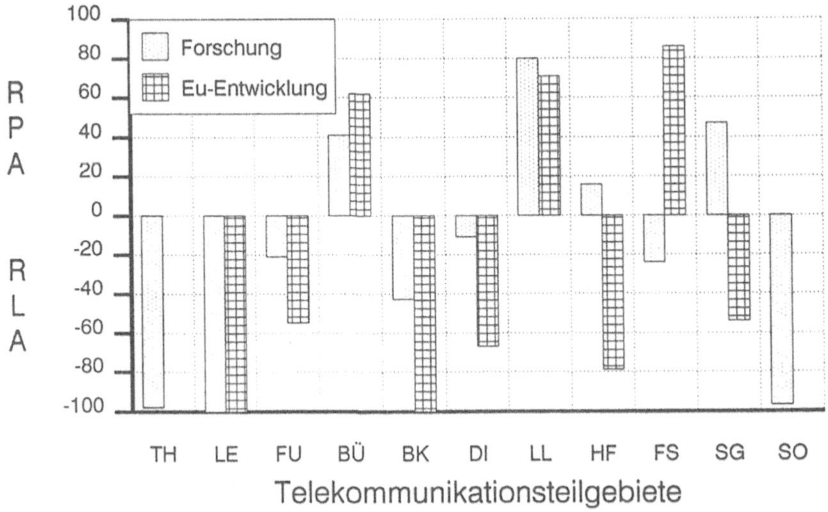

<u>Matsushita</u>

Innerhalb der Matsushita-Gruppe ist das Unternehmen Matsushita Communication Industrial zu 31 % im Telekommunikationsbereich tätig. Die Umsätze belaufen sich auf über 300 Milliarden Yen, die FuE-Aufwendungen auf 34,5 Milliarden Yen (1988). Das Unternehmen produziert Geschäftstelefone und auch Autotelefone. Zunehmend wendet es sich dem Bereich der privaten Telekommunikationsnetze zu. Das Spezialisierungsprofil (Abbildung 2.3-16) zeigt eine ausgeprägte Stärke im Bereich der Bildübertragung und der Bildkommunikation sowie bei den Endgeräten. Ansonsten ist das Profil uneinheitlich und - etwa im Bereich der Fernsignaltechnik - wegen der geringen Stichprobengröße auch nicht valide.

Abbildung 2.3-16: Spezialisierungsprofil der Matsushita-Gruppe in Forschung und Technologie (auf der Basis von Publikationen 1986 bzw. Auslandspatenten 1985)

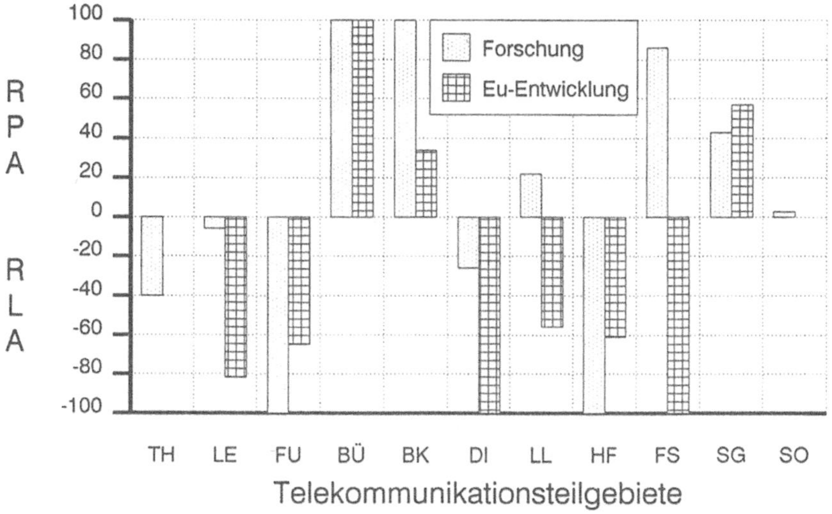

Das Spezialisierungsprofil in Abbildung 2.3-14 faßt die ganze Firmengruppe zusammen; die bildbezogenen Forschungsaktivitäten werden im Zuständigkeitsbereich des Firmenteils Matsushita Electric Industrial durchgeführt, welche keinerlei Aktivitäten im Bereich der Telekommunikation verfolgt, aber stark im Videogeschäft engagiert ist.

Toshiba

Toshibas Umsätze wuchsen von 2,5 Billionen Yen (1985) auf 3,5 Billionen Yen (1988). Toshiba ist wohl mit 20 bis 30 % im Telekommunikationssektor aktiv, eine Angabe, die sich auf die Umsätze bezieht. Ob die 185 Milliarden Yen, die Toshiba für FuE aufwendet, ebenfalls zu 20 bis 30 % im Telekommunikationssektor investiert werden, ist nicht bekannt. Unterstellt man gleiche FuE-Intensität in allen Geschäftsbereichen, errechnet man etwa 50 Mrd. Yen FuE-Aufwand für Telekommunikation. Von den Toshiba-Forschungsinstituten sind zwei Laboratorien im Bereich der Telekommunikations-FuE engagiert (in Kawasaki und im Toshiba-FuE-Zentrum beim Hauptquartier). Die dortigen FuE-Arbeiten beziehen sich auf die digitale mobile Kommunikation, die optische Kommunikation, die Kodierung von Information sowie die Bauelemente. Weitere Arbeiten im Bereich der Breitbandnetze, der Kabelnetze und der lokalen Netze werden ebenfalls verfolgt.

Abbildung 2.3-17: Spezialisierungsprofil von Toshiba in Forschung und Technologie (auf der Basis von Publikationen 1986 bzw. Auslandspatenten 1985)

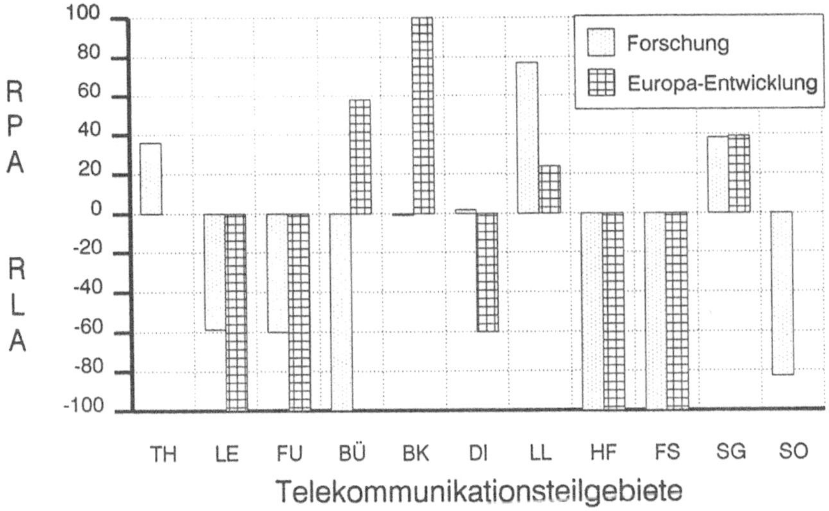

Gemäß dem Spezialisierungsprofil von Toshiba (Abbildung 2.3-17) ist das Unternehmen im Bereich der Endgeräte, der Lichtleiter und dem Bildbereich tätig. Zumindest durchschnittlich sind die Forschungsaktivitäten auch im Bereich der Digitaltechnologie und überraschend in der Informationstheorie. Die Telemetrie, der leitungsgebundene und der Softwarebereich werden ausgespart. Insgesamt ist die Befassung Toshibas mit dem Bereich der Telekommunikations-FuE zwar nicht sehr breit, aber doch unübersehbar. Die Arbeiten im Bereich der mobilen Kommunikation zeigen sich entweder 1985 noch nicht in Form von dokumentierten Ergebnissen oder sind im Ausland nicht geschützt.

Andere Hersteller

Es ist Willkür, an welcher Stelle man die Beschreibung der telekommunikationsbezogenen Forschungs- und Entwicklungsarbeiten einzelner japanischer Unternehmen oder Unternehmensgruppen abbricht. Weitere hervorragende Beiträge zur internationalen Weiterentwicklung der Telekommunikationstechnologie gehen von vielen Firmen aus;

beispielsweise ist der gesamte Kabelbereich hier übergangen worden. Gerade im Bereich der Lichtleiter sind aber wesentlich andere Unternehmen beteiligt als die hier diskutierten (siehe Abschnitt 2.3.2). Viele japanische Unternehmen geben mehr Mittel für ihre andersweitige FuE aus als die Telekommunikationsgiganten. Hier sind an erster Stelle die Automobilhersteller Toyota und Nissan zu nennen, die im Zusammenhang mit der Elektronisierung des Autos zunehmend elektrotechnische und elektronische Forschung betreiben. Auch gibt es mehrere Ansätze, den Bereich des Autotelefons in die eigene Regie zu übernehmen, denn die weltweiten Umsätze mit Kraftfahrzeugen werden voraussichtlich nicht in dem Maße steigen können wie bisher. Dies veranlaßt auch die japanischen Kraftfahrzeughersteller, in die telekommunikationsrelevanten Überschneidungsgebiete zu investieren.

In dieser Detailbetrachtung mußten auch alle ausländischen Hersteller weggelassen werden, die auf dem japanischen Telekommunikationsmarkt aktiv sind. Meistens handelt es sich dabei um multinationale Konzerne, die in Japan vergleichsweise wenig FuE-Arbeiten verfolgen. An erster Stelle ist hier IBM zu nennen, das - auch auf Druck der amerikanischen Regierung - inzwischen vielen telekommunikationsrelevanten Gremien in Japan angehört (vgl. Abschnitt 2.3.1). Für die europäischen Unternehmen, die in Japan tätig sind, lohnt sich in aller Regel eine Teilnahme an den diversen Standard- und technischen Gremien nicht. Das Europäische Business Council hat ein Unterkomitee für Telekommunikation und Informationsverarbeitung gegründet, das die japanische Telekommunikationspolitik verfolgt, Vorschläge an die Beratungsgremien und im Zusammenhang mit der Standardisierung einreicht, mögliche Benachteiligungen europäischer Firmen beim Marktzutritt in Japan verfolgt und die Mitgliedsunternehmen über alle damit zusammenhängenden Probleme informiert. Die Organisation vertritt sowohl Hersteller wie auch Netzträger. Der Organisation gehören beispielsweise an: die AEG, BT, GEC, Olivetti, Philips, Plessey, Siemens, Thompson u.a. (es sind nur Mitgliedsunternehmen erwähnt worden, die dem Unterkomitee für Telekommunikation beigetreten sind).

Am Beispiel eines Produzenten von Unterhaltungselektronik, Sony, soll verdeutlicht werden, wie andere Unternehmen ganz punktuell an der Weiterentwicklung von ausgewählten Fragen, die für die Telekommunikation von Relevanz sind, arbeiten. Wie Abbildung 2.3-18 verdeutlicht, ist Sony bezüglich seiner FuE-Ergebnisse in allen Telekommunikationsteilgebieten unterrepräsentiert (was nicht verwundert, da die Firma darauf nicht spezialisiert ist) außer im Bereich der Bildübertragung. Aufgrund der Befassung mit Videorekordern sind offenbar eine Reihe von telekommunikationsrelevanten Ergebnissen angefallen, die auch patentrechtlich geschützt wurden. Ein derartiges Unternehmen hat damit die technologische Basis gelegt, je nach dem Erfolg der angestammten Geschäftsbereiche gegebenenfalls auch diversifizieren und dann auf bestehenden Rechtsschutz aufbauen zu können. In dieser Lage sind sehr viele japanische Unternehmen, so daß auch auf der technologischen Ebene von einem weiterhin starken Konkurrenzgeschehen ausgegangen werden sollte.

Abbildung 2.3-18: Spezialisierungsprofil von Sony in der Telekommunikationsentwicklung (Auslandspatente 1985)

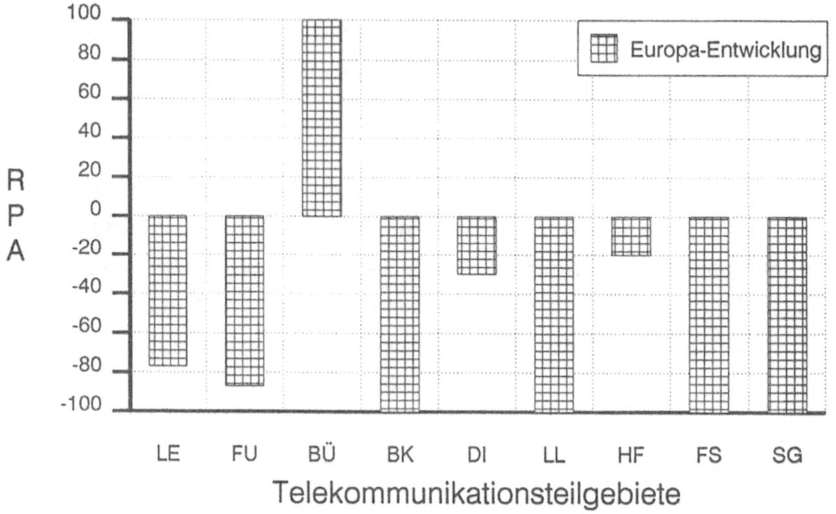

In Abbildung 2.2-8 im Abschnitt 2.2 ist die Konzentration in Japans Elektronik-FuE verdeutlicht worden. Demnach bringen 1987 nur die fünf größten Unternehmen der Branche (dies sind vermutlich Hitachi, Matsushita, NEC, Toshiba und IBM Japan) 55 %, oder 440 Mrd. Yen, für telekommunikationsrelevante FuE auf. Die vier Denden-Unternehmen NEC, Hitachi, Fujitsu und Oki sowie Toshiba wenden insgesamt nach den hier zusammengetragenen Daten etwa 330 Mrd. Yen (1987) auf. Da Fujitsu und Oki kleiner sind als Matsushita und IBM fügen sich die oben dargestellten grobschlächtigen Abschätzungen durchaus nahtlos in die Angaben der amtlichen Statistik ein und haben bei aller Vorsicht doch einen gewissen Grad an Verläßlichkeit. Die Denden-Unternehmen und Toshiba dürften also zusammen mit NTT und KDD wohl knapp die Hälfte des nationalen FuE-Budgets in der Telekommunikation von 1000 Mrd. Yen (1987) finanzieren.

2.3.4 ROLLE DER HOCHSCHULEN

Die japanischen Universitäten spielen nicht die Rolle in der Elektronikforschung, wie sie etwa von den amerikanischen Universitäten bekannt ist. Es gibt zwar herausragende Beiträge im Bereich der Halbleiterphysik, der Radiowellenausbreitung und der optischen Forschung; die eher angewandten Arbeiten im Bereich der Netztechnologie sind aber sicherlich ganz defizitär. Gerade auch die softwarebezogenen Arbeiten fehlen in japanischen Hochschulen fast völlig. Abbildung 2.3-19 gibt ein Gesamtprofil aller Hochschulen wieder und macht das Softwaredefizit besonders deutlich. Die größte Stärke liegt im Bereich der Theorie, was den akademischen Charakter der japanischen Hochschulforschung noch einmal unterstreicht. Ferner gibt es überdurchschnittliche Aktivitäten im Funk- und Hochfrequenzbereich und bei der Lichtleiterforschung. Alle übrigen Gebiete werden vernachlässigt.

Abbildung 2.3-19: Spezialisierungsprofil der japanischen Hochschulen in der Telekommunikationsforschung (Publikationen 1986)

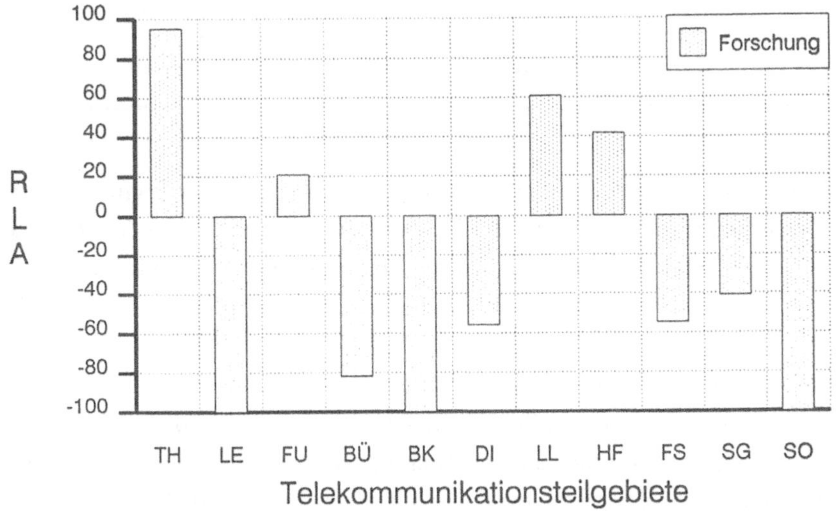

Die regionale Verteilung der Forschungsaktivitäten auf die neun bedeutendsten Universitäten Japans gibt Tabelle 2.3-6 wieder. Sie beruht ebenfalls auf der Publikationsstatistik und ist in Übereinstimmung mit Aussagen von Experten, die vor allem die Universitäten Tokio, Osaka und Sapporo hervorheben. Zusammen mit dem Technologieinstitut Tokios ergibt sich somit ein eindeutiger Schwerpunkt im Großraum Tokio, der aber auch industrieseitig besteht.

Tabelle 2.3-6: Publikationsstatistik wichtiger Hochschulen im Bereich der Telekommunikationsforschung (Publikationsstatistik 1986)

Hochschulen	TH	LE	FU	BÜ	BK	DI	LL	HF	FS	SG	SO	AL
Universität Tokio	7	5	5	3	1	12	24	2	1	2	7	69
Institut of Technology Tokio	7		10	3		1	32	8				61
Kyoto (Univ. + Inst. of T.)	6	1	13	2		10	2	6	1	1	1	43
Hokkaido Univ. (Sapporo)	9		7			2	28	13		1		60
Tohoku Univ. (Sendai)	10	1	6			3	11	1				32
Waseda Univ. (Tokio)	8	1		1	1	1	4			1	2	19
Nagoya (Univ. + Inst. of T.)	4	1	6			2	11	4			1	29
Universität Osaka	12	3	8			10	23	4	1	2	6	69
Keio Univ. (Yokohama)	3	2	6			4	9	2				26
Andere Hochschulen	48	10	52	3	2	39	59	24	3	10	7	257
Summe	114	24	113	12	4	84	203	64	6	17	24	665

Außerhalb des Großraums Tokio ist noch der Bereich Osaka und Kyoto zu erwähnen, in dem auch das neugegründete Kansai-Wissenschaftszentrum zu liegen kommt. Schließlich spielt die Hokkaido-Universität auf der nördlichen Insel eine Rolle. Die geographische Verteilung der telekommunikationsbezogenen Aktivitäten gibt Abbildung 2.3-20 wieder.

Die relative geringe Bedeutung der japanischen Hochschulen für die angewandte, industrienahe Forschung hat viele historische Ursachen, denen an dieser Stelle im einzelnen nicht nachgegangen werden kann. Pragmatisch gesehen wirkt sich aus Sicht der Industrie hemmend aus, daß Drittmittelforschung unter erschwerten Bedingungen zu leiden hat. Das Hochschulministerium (MESC) ist für die Universitätsforschung verantwortlich und finanziert im Bereich der Informationstechnologie durchaus ein breites Spektrum von Arbeiten (Evers 1986, 60). Allerdings haben die Universitätsinstitute de facto keinen Anreiz, sich an Projekten des MITI noch des MPT beteiligen, weil die Drittmittel, welche von anderen Ministerien akquiriert werden, von der Grundzuwendung des Hochschulministeriums in gleicher Höhe abgezogen werden. Im übrigen müßten Mittel von dritter Seite auch versteuert werden, was neben der Kürzung der Grundzuwendung die Drittmittelforschung noch einmal unattraktiver macht.

Abbildung 2.3-20: Geographische Verteilung der telekommunikationsbezogenen Hochschulforschung in Japan in % (Publikationsstatistik 1986)

Forschungsinstitute sind an Universitäten unüblich; vielmehr sind die Hochschulen im weitesten Sinne Ausbildungsbetriebe. Wird ein Forschungsinstitut errichtet, so wird es in der Regel an eine "Graduate School" angehängt, deren Errichtung aber ebenfalls nicht leicht fällt. Deshalb wird der wesentliche Beitrag der japanischen Hochschulen zum Bereich der Telekommunikation in der Ausbildung qualifizierter Nachwuchsforscher gesehen. Zwischen privaten und öffentlichen Hochschulen bestehen keine Unterschiede im Ausbildungs- bzw. Forschungsniveau. Lediglich die Finanzierungsseite unterscheidet sich. Auch Tabelle 2.3-6 hat nicht nach der Finanzierung unterschieden: die Waseda Universität ist beispielsweise privat, während die Universität Tokio öffentlichen Charakter hat.

Obwohl die projektmäßige Zusammenarbeit zwischen der Industrie und den Hochschulen sehr erschwert ist, gibt es dennoch Ebenen der Zusammenarbeit. Beispielsweise nehmen Hochschullehrer wichtige Funktionen in Gremien, Beratungskreisen und Ad-hoc-Ausschüssen ein, wo ihnen in der Regel der Vorsitz zukommt. Auch von daher findet ein Austausch über die jeweiligen Forschungsergebnisse bzw. Forschungsbedürfnisse statt, so daß man insgesamt von einem eher informellen als von einem projektmäßigen Zusammenarbeiten ausgehen sollte, was charakteristisch für das japanische Hochschulsystem ist.

Erst ganz kürzlich scheint etwas Bewegung in die festgefahrenen Strukturen gekommen zu sein, die symptomatisch dadurch charakterisiert ist, daß das Hochschulministerium eine Broschüre zur Forschungskooperation zwischen Hochschulen und der Industrie veröffentlicht und damit dieses Thema aus dem Schattendasein geholt hat (Monbusho 1988). Dort wird angegeben, daß im Jahr 1987 in ganz Japan 396 Zusammenarbeitsprojekte stattgefunden haben. 48 (12 %) davon bezogen sich auf die Softwareentwicklung, 23 (6 %) auf das Gesamtgebiet der Elektronik. Die überwiegende Mehrheit der Zusammenarbeitsgebiete liegt im Bereich der Materialwissenschaft (110 Projekte). Es handelt sich hierbei jedoch nicht um Drittmittelforschung in dem Sinne des Begriffs, wie er in Europa verwendet wird. Vielmehr hat das Hochschulministerium diese Forschungsprojekte vollständig finanziert und lediglich Personal sowie Forschungsgerät aus der Privatindustrie akzeptiert. 1988 hat das Hochschulministerium für solche Projekte (ihre Zahl ist inzwischen auf 390 zurückgegangen) 2,6 Milliarden Yen aufgewendet. Innerhalb dieser 390 Projekte wurden 555 Personen von Privatunternehmen beschäftigt. Auch diese Art der Gemeinschaftsprojekte scheint eher über informelle Kanäle (in diesem Fall "Köpfe") zu laufen als über die Finanzierungsseite.

Die echte Drittmittelforschung belief sich im Jahr 1966 zwar auf 1695 Projekte, also ein Vielfaches der Personalaustauschprojekte, hierfür haben die Universitäten aber nur 3,6 Milliarden Yen erhalten. Dies zeigt die geringe Resonanz, die der Annahme von Geldern von Dritten entgegengebracht wird.

Abbildung 2.3-21: Spezialisierungsprofil der Universität Tokio in der Telekommunikationsforschung (Publikationsstatistik 1986)

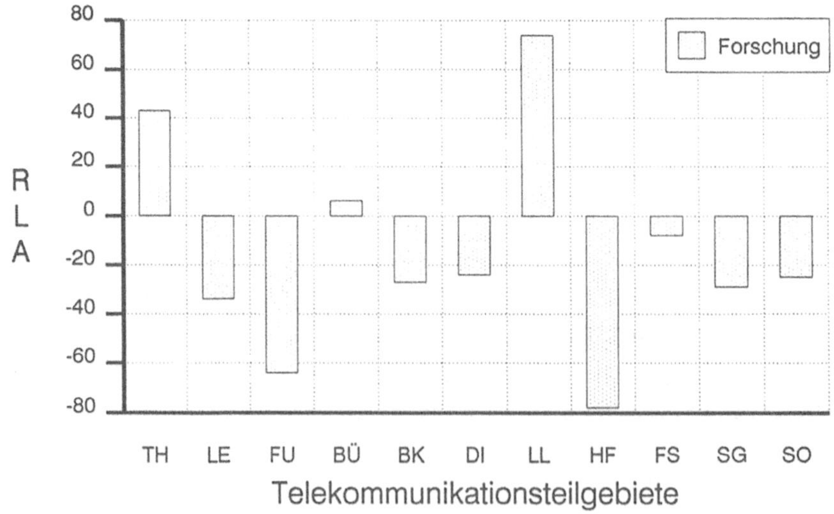

Wenn aus solchen Zusammenarbeitsprojekten zwischen Hochschulen und Universitäten Patente hervorgehen, so kann die Anmeldung gemeinsam geschehen. Im Prinzip wird das

Patent von beiden Seiten gehalten, und das Unternehmen bekommt bevorzugt Lizenzen. Dennoch spielt der gewerbliche Rechtsschutz im Bereich der Gemeinschaftsprojekte kaum eine Rolle, denn bis April 1987 wurden nicht mehr als 61 Inlandspatente für alle Bereiche von Forschung und Technik gemeinsam angemeldet.

Abbildung 2.3-21 zeigt das Forschungsprofil der Universität Tokio im Bereich der Telekommunikation. Es gibt praktisch nur zwei Schwerpunkte: neben der Theorie die Lichtleiterforschung. Im Bereich der Bildübertragung und der Fernmeßtechnik herrschen weltdurchschnittliche Verhältnisse, während die anderen Teilgebiete mit geringerem Nachdruck verfolgt werden. Ganz defizitär ist aber lediglich der Bereich der Hochfrequenzkommunikation.

Abbildung 2.3-22: Spezialisierungsprofil der Universität Sapporo in der Telekommunikationsforschung (Publikationsstatistik 1986)

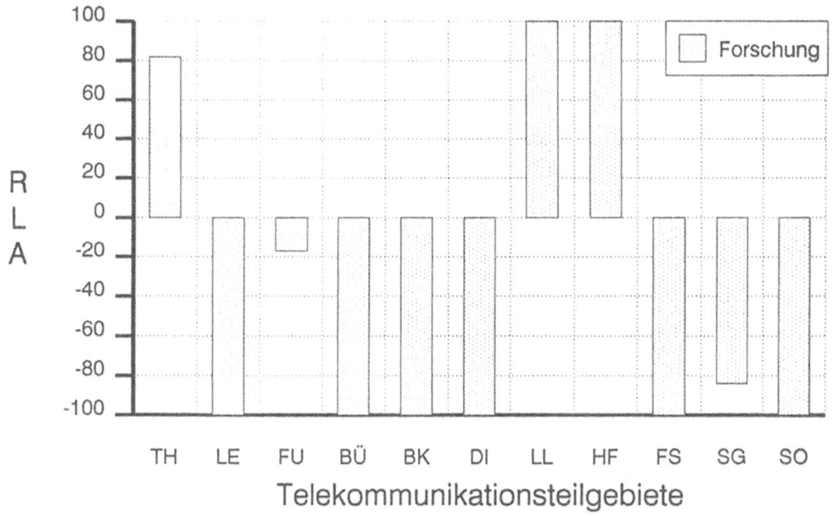

Hingegen ist die Universität Sapporo (Abbildung 2.3-22) im Bereich der HF- Telekommunikation engagiert. Der zur HF-Telemetrie verwandte Bereich der Funkkommunikation ist ebenfalls im Zentrum des Interesses, während alle anderen Gebiete außer der Theorie und der Lichtleitertechnik praktisch nicht verfolgt werden.

Schließlich wird noch das Spezialisierungsprofil der Universität Osaka (Abbildung 2.3-23) vorgestellt, das erneut neben der Theorie nur die Lichtleitertechnik hervorhebt und somit dem der Universität Tokio sehr ähnelt. Weitere Aktivitäten in Osaka betreffen die Funktechnik, die damit verbundene Hochfrequenzkommunikation und die Fernsignaltechnik. Insgesamt wird somit noch einmal unterfüttert, daß alle japanischen Hochschulen auf mehr oder weniger ähnlichen Gebieten aktiv sind; dies ist neben der Theorie jeweils die Lichtleitertechnik (vgl. auch Abbildung 2.3-19).

Abbildung 2.3-23: Spezialisierungsprofil der Universität Osaka in der Telekommunikationsforschung (Publikationsstatistik 1986)

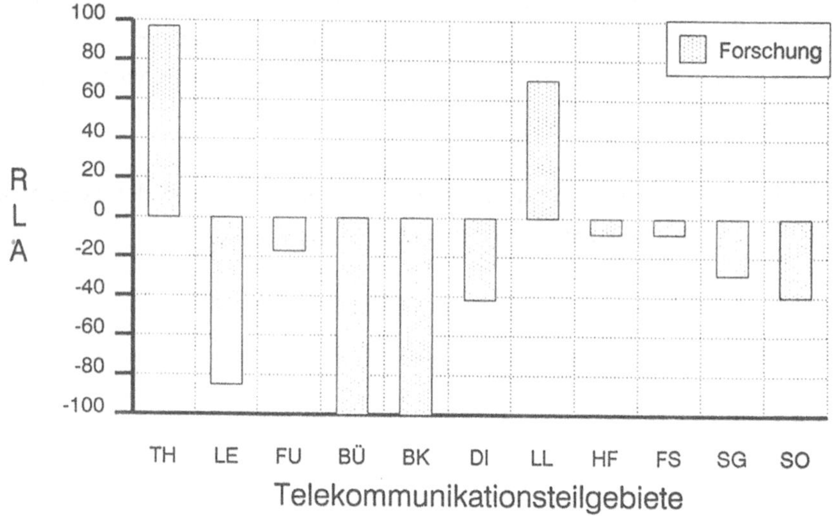

2.4 FAZIT

Die FuE-Organisation des japanischen Telekommunikationssektors war und ist durch eine im Ländervergleich sehr starke Zusammenarbeit der Netzträger und der Herstellerindustrie gekennzeichnet, die im wesentlichen aus vier Großunternehmen der Elektronikbranche besteht. Die Universitäten stehen sehr am Rande, und die sonstigen Forschungsinstitute spielen jeweils nur eine spezifische Rolle.

Abbildung 2.4-1 gibt eine geraffte Skizze über die wichtigsten Akteure in der japanischen Telekommunikations-FuE. Die Abbildung unterstreicht die relativ geringe Bedeutung der Mittelflüsse zwischen den Sektoren im Vergleich zur Eigenfinanzierung. Sie verdeutlicht auch die Schwerpunktsetzung bei FuE-Stätten der Hersteller.

Abbildung 2.4-1: Finanzierung und Durchführung von FuE im Telekommunikationsbereich nach Sektoren in Japan 1987 (in Mrd. US-$; Beträge in den Kästen beziffern die Durchführung von FuE, Beträge an den Pfeilen die Finanzierung)

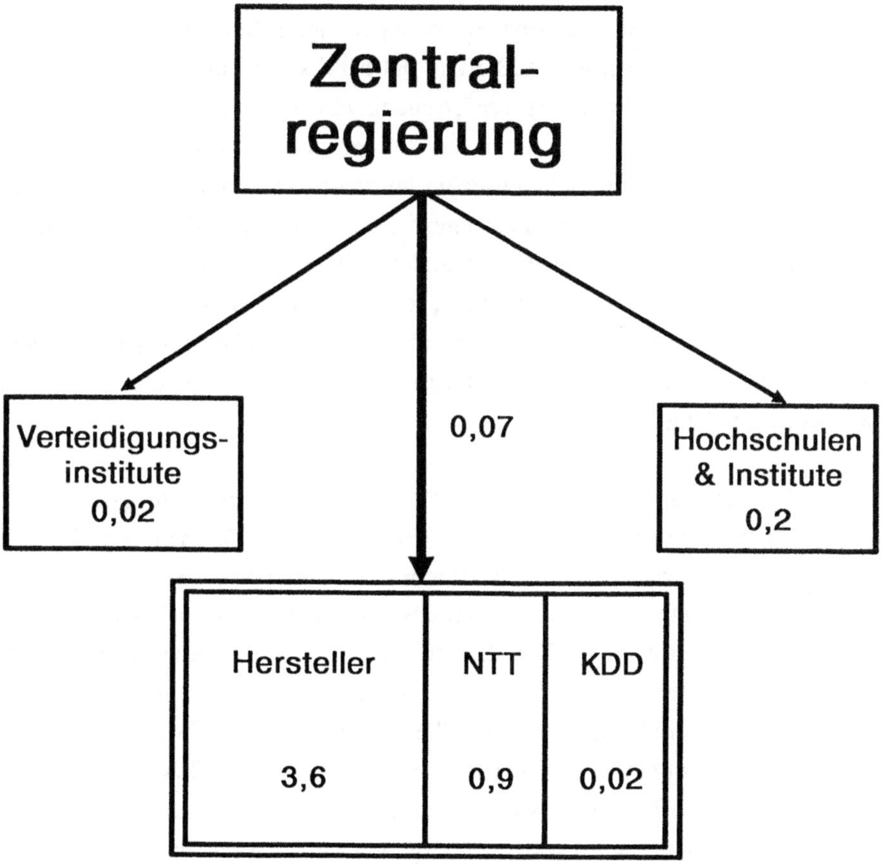

Diese zentrale Struktur ist durch die Reregulierung im Bereich der Telekommunikationsnetze kaum verändert worden. Zwar tritt der privatisierte Netzträger NTT zunehmend als vertikal integrierter Telematikkonzern auf, dennoch ist das Zulieferermonopol der Denden-Familie, die aus den Unternehmen NEC, Fujitsu, Hitachi und Oki besteht, kaum verändert worden. Auch wenn NTT versucht, im zunehmend wettbewerblicher werdenden Inlandsmarkt mehr seine eigenen Interessen im Bereich von FuE wahrzunehmen, geht der Personal- und Know-how-Austausch sowie das in drei Stufen gegliederte Beschaffungswesen, das FuE-Zuwendungen an die Herstellerindustrie über Beschaffungsverträge abwickelt, unverändert weiter. Vielleicht ist es zu früh, zum gegenwärtigen Zeitpunkt Änderungen zu erwarten, denn nach wie vor hat die öffentliche Hand nicht wie geplant zwei Drittel der Aktien an andere verkauft.

Vor dem Hintergrund relativ moderater Änderungen im Bereich der Ordnungspolitik erscheinen die Veränderungen im Bereich von FuE sehr schnell, sehr weitreichend und sehr selbstbewußt zu sein. Im Bereich des zentralen Netzträgers NTT wurde eine gewaltige Umstrukturierung vollzogen, die den operierenden Geschäftsbereichen große Teile der Entwicklungsarbeiten direkt überläßt. Die zentralen Labors (ursprünglich 4, nunmehr 11) betreiben zunehmend Arbeiten im angewandten Bereich der Forschung, sind aber personell reduziert worden. Außerdem hat NTT seine FuE-Arbeiten im Hinblick auf einen stärkeren Anteil der Softwareforschung verändert. Dies gilt auch für fast alle Hersteller, deren FuE-Aktivitäten aber sehr schwer zu durchschauen sind, weil es sich höchstens bei kleineren Unternehmensteilen um reine Telekommunikationsfirmen handelt. Es liegen nur wenige Angaben zur internen Struktur der FuE und zur Abgrenzung von telekommuninkationsbezogenen von anderen Arbeiten im Bereich der Elektronik vor. Dies ist aber kein statistisches Problem, sondern hängt damit zusammen, daß die jeweiligen Großgruppen ihre Aktivitäten auch integriert verstehen und jede für sich vom Bauelement bis zum Beteiligen an den neuen Netzträgern vertikal vollständig integriert ist oder werden möchte.

Trotz der Konzentration der zentralen NTT-Laboratorien auf mehr Forschung (statt Entwicklung) hat sich insgesamt das FuE-Volumen von NTT mehr im Hinblick auf marktnahe Arbeiten verändert. Als Kompensation hierzu hat das MPT (scheinbar in 50:50-Koordination mit dem MITI) ein großes neues Labor geschaffen, das die langreichenden Forschungsarbeiten im öffentlichen Interesse vorwärts bringt. Dieses ATR-Forschungsinstitut ist noch im Aufbau und wird das Herzstück einer neuen Wissenschaftstadt in der Kansai-Region in der Nähe von Osaka. Das ATR-Labor hat einen interessanten Aufbau insofern, als vier rechtlich selbständige, auf Gewinn orientierte Unternehmen Forschung betreiben, während ein fünftes Unternehmen alle Management-, Planungs- und Verwaltungsfunktionen übernimmt. An diesem Dachunternehmen hat NTT eine Aktienmehrheit. Eine weitere Kompensationsmaßnahme zum Erhalt der öffentlichen Forschung ist die Veränderung des eigenen Labors des Postministeriums (des CRL) von einem reinen Rundfunkinstitut zu einem Telekommunikationsinstitut. Der zweite große Netzbetreiber, KDD, hat ebenfalls in Richtung einer Verstärkung der softwarebezogenen FuE-Arbeiten umstrukturiert und sich somit insbesondere durch Umlagerungen in ein neues Institut rasch angepaßt. Die neuen Netzträger haben kaum FuE-Aktivitäten.

Bei der überaus schnell veränderten FuE-Struktur und mit dem deutlichen Willen zum Erhalt langfristiger Arbeiten in dem verstärkten Wettbewerb zwischen Netzträger und Hersteller hat das japanische Postministerium außerordentliche Weitsicht und auch

Durchsetzungsfähigkeit bewiesen. Es ist neben dem MITI zum zweiten wichtigen Ministerium im Bereich der angewandten Forschung aufgestiegen. Durch eine geschickte Koppelung von regionalpolitischen mit forschungspolitischen Aspekten hat es auch seine Machtbasis innerhalb des japanischen Regierungssystems ausgebaut. Insgesamt kann von einer langfristigen und sorgfältig geplanten aber rasch realisierten vollständigen Reregulierung des FuE-Bereichs in der Telekommunikation gesprochen werden. Die Bezeichnung "Deregulierung" wäre gerade im Bereich von Forschung und Entwicklung ganz falsch am Platz.

Japan scheint eines der wenigen Länder zu sein, die auf die Herausforderung der Telekommunikation mit einer umfassenden Reorganisation reagiert haben, so daß die weitere Beibehaltung einer Führungsfunktion unter internationalen Maßstäben ungefährdet erscheint und im Verlauf der Zeit eher zunehmen dürfte, auch wenn einige der sehr ehrgeizigen Projekte nicht, wie ursprünglich geplant, durchgehalten werden können. Das einzige wirklich wesentliche Defizit scheint der Softwarebereich zu sein, der aber von allen Seiten nun gezielt angegangen wird. Ob dies allerdings zu entsprechenden Erfolgen führt, muß offen bleiben, da auch und gerade im Bereich von FuE der breit in der japanischen Gesellschaft verankerte Konformismus hemmend im Hinblick auf die Findung von kreativen Lösungen sein kann.

Für das japanische Forschungs- und Entwicklungssystem haben öffentliche finanzielle Mittel bislang kaum eine Rolle gespielt; auch der militärische Bereich hält sich fast völlig zurück. Das Zusammenwirken zwischen der öffentlichen Hand und den privaten Unternehmen geschah immer auf anderem Wege; hieran wird sich nichts ändern. Auch wenn die Tatsache erheblicher Staatseingriffe in der Technologiepolitik nicht von der Hand zu weisen ist, haben die japanischen Elektronikkonzerne dennoch eigenfinanzierte Leistungen erbracht, die nur mit dem Verweis auf Staatsdirigismus nicht erklärt werden können. Zielstrebige pragmatische FuE-Leistungen im Bereich der Telekommunikation kennzeichnen sowohl die öffentliche Hand, die großen Netzträger und die herstellenden Unternehmen.

KAPITEL 3: FRANKREICH

(Von Ulrich Schmoch)

3.1 RAHMENBEDINGUNGEN

3.1.1 ALLGEMEINE FuE-POLITIK

Frankreich ist bezogen auf seine Fläche das größte Land des westlichen Europas, liegt aber hinsichtlich seiner Bevölkerung an vierter Position hinter der Bundesrepublik Deutschland, Italien und Großbritannien. Während noch im Jahre 1945 im Flächenstaat Frankreich rund die Hälfte der Bevölkerung von der Landwirtschaft abhängig war, konnte durch intensive Industrialisierungsanstrengungen diese Quote in den 80er Jahren auf 7 bis 8 % reduziert werden (Petzinger 1985).

Charakteristisch für das französische Wirtschaftssystem ist die sehr weitreichende staatliche Planung, die in ihren historischen Wurzeln bis ins 17. Jahrhundert zurückreicht. Die staatliche Einflußnahme äußert sich neben allgemeinen Planvorgaben immer wieder in direkten Interventionen, wie z. B. der finanziellen Unterstützung von Unternehmen oder dem Eingriff in laufende Exportgeschäfte. Auch die FuE-Politik ist dabei ein wichtiges Instrument staatlicher Lenkung und hat daher eine größere Bedeutung als in anderen Industrieländern. Die Position des Staates wird zusätzlich durch den ausgeprägten Zentralismus der französischen Verwaltung gestärkt, der erst in den 80er Jahren ein Stück weit abgeschwächt wurde.

Die französischen Regierungen waren vom Zweiten Weltkrieg bis zum Beginn der 80er Jahre konservativ geprägt, wobei in der zweiten Hälfte der 70er Jahre eine liberal-konservative Koalition unter dem Präsidenten Giscard d'Estaing das Sagen hatte. 1981 übernahm dann ein Bündnis aus Sozialisten und Kommunisten unter der Führung des Präsidenten Mitterrand und des Premierministers Mauroy - später Fabius - die Regierung. Unter der Linksunion nahm die ohnehin starke staatliche Einflußnahme weiter zu, was sich am augenscheinlichsten in der Verstaatlichung einer Reihe von Schlüsselbetrieben manifestierte. Durch diese Maßnahme sollten die Unternehmen gezwungen werden, ihre Gewinne nicht unproduktiv am Kapitalmarkt anzulegen, sondern stärker zu reinvestieren, wodurch auch die FuE-Struktur gestärkt werden sollte. Durch die staatliche Absicherung sollte es den nationalisierten Unternehmen außerdem ermöglicht werden, im Bereich von Forschung und Entwicklung höhere Risiken einzugehen (Petzinger 1985, 51f, OTA 1985, 248ff).

Generell war es ein zentrales Ziel der Mauroy/Fabius-Regierungen, die FuE-Ausgaben deutlich zu steigern, wobei eine Konzentration auf ausgewählte Hochtechnologie-Bereiche erfolgen sollte. So war eine der ersten Maßnahmen der Linksregierung die Schaffung eines großen Ministeriums für Forschung und Industrie, in welchem drei kleinere Ministerien zusammengefaßt wurden. Eine kontinuierliche Forschungs- und Industriepolitik wurde aber durch mehrfache Ministerwechsel und Umstrukturierungen der Verwaltung erschwert.

Wesentliches Element der Forschungspolitik der sozialistischen Regierung war die Proklamation von Gebieten besonderer Priorität, für die spezielle Mobilisierungsprogramme aufgelegt wurden. Zu diesen Gebieten gehörten beispielsweise die Biotechnologie, neue Energiequellen oder Werkzeugmaschinen, insbesondere aber die Informationstechnik, welche im Rahmen eines speziellen Mobilisierungsprogramms gefördert wurde.

Im März 1986 konnten die konservativen Parteien wieder eine Parlamentmehrheit erringen, woraus in der Folge die sogenannte "Cohabitation" zwischen dem sozialistischen Präsidenten Mitterrand und dem gaullistischen Premierminister Chirac entstand. In dieser Periode stand eine Rücknahme des staatlichen Einflusses, insbesondere auch eine Reprivatisierung der nationalisierten Unternehmen, im Zentrum der Wirtschaftspolitik. Im Mai 1988 konnte die sozialistische Partei erneut die Macht erringen, worauf Mitterand Michel Rocard als Premierminister einer Minderheitsregierung einsetzte. Auf diese Weise wurden die Reprivatisierungsmaßnahmen gestoppt, wobei aber auf eine erneute Verstaatlichung bereits privatisierter Unternehmen ausdrücklich verzichtet wurde.

Abbildung 3.1-1 zeigt die Entwicklung der FuE-Aufwendungen in Frankreich seit 1975 nach Herkunft der Finanzierung, wobei zwischen Staat und Unternehmen unterschieden ist. Dem Bereich der Unternehmen sind dabei auch verstaatlichte Betriebe zugerechnet. Für die Zeit von 1975 bis 1980 zeigt sich bezogen auf die Summe der FuE-Aufwendungen ein reales jährliches Wachstum von 3,7 %. Die Wachstumsrate des staatlichen Anteils liegt dabei allerdings nur bei 2,4 %, so daß dessen Quote von 60 auf 56 % absinkt. In dieser Periode liegt der Anteil der FuE-Aufwendungen am Bruttoinlandsprodukt bei durchschnittlich 1,8 %. In der Periode von 1981 bis 1986 zeigt sich das verstärkte Engagement der sozialistisch geführten Regierung im Bereich von Forschung und Entwicklung. Die Wachstumsrate der staatlichen Ausgaben liegt bei jährlich 4,6 %, womit für die Gesamtaufwendungen eine Wachstumsrate von real sogar 4,7 % jährlich erreicht wird. Durch diese verstärkten Bemühungen wurde im Jahre 1987 eine FuE- Quote von 2,35 % am Bruttoinlandsprodukt realisiert. Trotz budgetärer Schwierigkeiten vor allem in den Jahren 1982 und 1983 konnte also insgesamt das Ziel einer jährlichen Wachstumsrate von 4,5 % für die staatlichen Ausgaben eingelöst werden, welches beim Regierungsantritt im Jahre 1981 proklamiert worden war.

Abbildung 3.1-1: Reale FuE-Aufwendungen in Frankreich nach finanzierender Stelle 1975 bis 1987
(Quelle: Projet de Loi, R et D, verschiedene Jahrgänge)

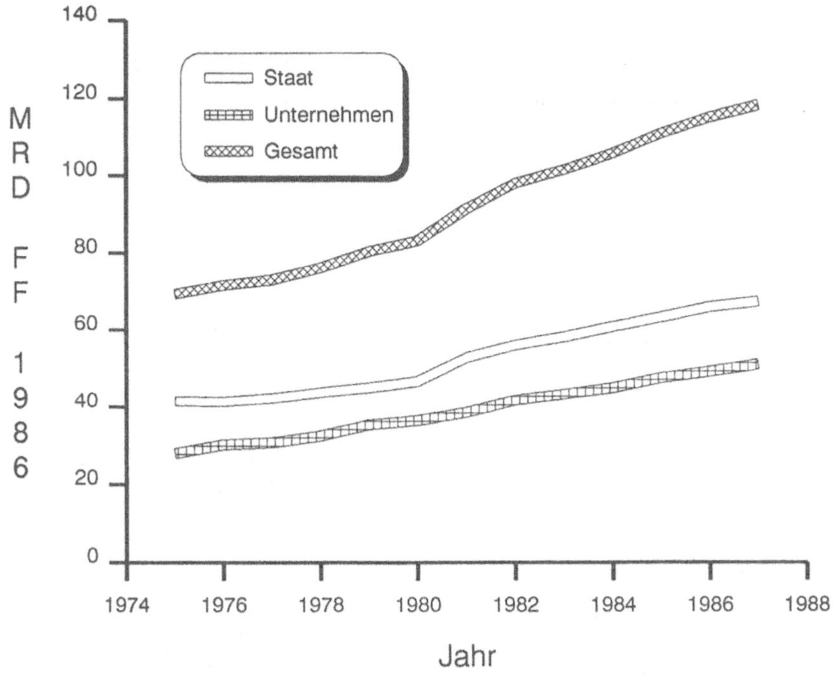

Abbildung 3.1-2 zeigt für das Jahr 1987 die genauere Struktur der nationalen FuE-Aufwendungen. Im Bereich der Unternehmen liegen für das Jahr 1987 aufgrund der laufenden Reprivatisierungen keine Angaben zur Verteilung der Aktivitäten auf private bzw. staatliche Unternehmen vor. Noch im Jahre 1986 erfolgte rund die Hälfte der FuE-Ausgaben in verstaatlichten Unternehmen, so daß letztlich 80 % aller FuE-Aktivitäten vom Staat kontrolliert wurden, eine Quote, die auf etwa 70 % zurückgegangen sein dürfte.

Die Feinaufschlüsselung der öffentlichen Ausgaben wurde auf der Basis der Budgetstatistik vorgenommen, wie sie in den regulären Forschungsberichten (Projet de Loi, R et D) veröffentlicht werden. Dabei werden, wie bei allen folgenden Zitaten aus den Forschungsberichten, die Zahlen der Kategorie "crédit de paiement" und nicht die von "autorisation de programme" zugrunde gelegt. Auf diese Weise werden anstelle von Daten einer mehrjährigen Vorplanung bereits korrigierte jährliche Feinplanungszahlen berücksichtigt, die zwar nicht immer den tatsächlichen Ausgaben entsprechen, diesen aber sehr nahekommen. Die Summe von 77,5 Mrd. FF in Abbildung 3.1-2 weicht deutlich von den 70 Mrd. FF ab, die nach internationalen Maßstäben für den öffentlichen Bereich berechnet werden. Die Differenz erklärt sich aus dem Einschluß der Mehrwertsteuer sowie von Unternehmenssubventionen und Förderbereichen, die bei internationalen Vergleichen nach der Frascati-Definition nicht berücksichtigt werden dürfen.

Abbildung 3.1-2: Budget-Struktur bei der FuE-Finanzierung in Frankreich 1987 (Quelle: Projet de Loi, R et D, 1987)

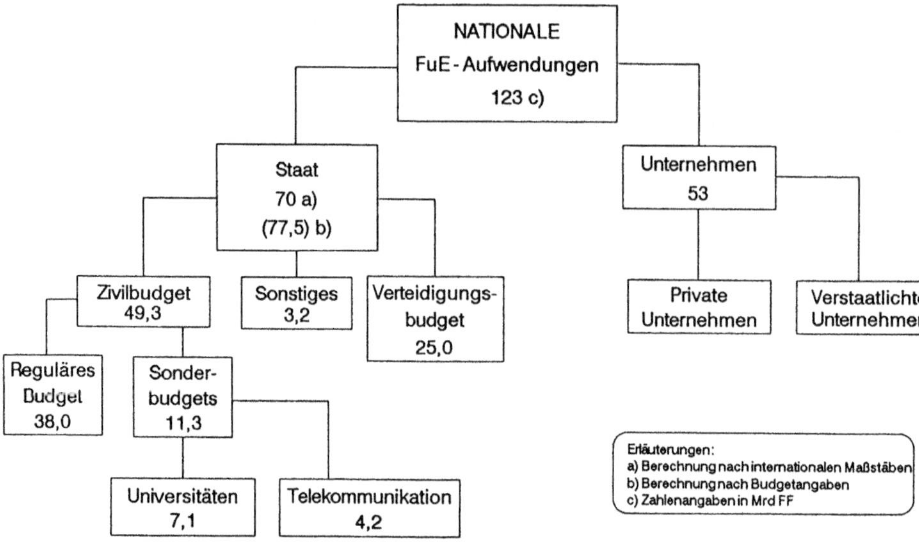

Für den Staatshaushalt in Frankreich sind hohe Verteidigungsausgaben charakteristisch, was sich in einem FuE-Anteil von einem Drittel an den gesamten öffentlichen Ausgaben niederschlägt. Das Zivilbudget ist haushaltsrechtlich in ein reguläres Budget (BCRD) und ein Zusatzbudget (hors BCRD) aufgeteilt, wobei unter letzteres Ausgaben für Universitäten außerhalb von Forschungsprogrammen und für die Telekommunikation fallen. Diese auf den ersten Blick ungewöhnliche Struktur erklärt sich aus der Zuständigkeit unterschiedlicher Ministerien. Das reguläre Zivilbudget wird überwiegend vom Ministerium für Forschung und Hochschulen (Ministère de la Recherche et de l'Enseignement Supérieur, MRES) finanziert (1987: 78 %); der Rest stammt von Ministerien, die für die Forschungsförderung eine nachgeordnete Bedeutung haben (z. B. Ministerium für Wohnungsbau und Raumordnung, Arbeits- und Sozialministerium etc.). Das Budget für Universitäten außerhalb von Forschungsprogrammen war im Jahr 1987 zwar ebenfalls dem

MRES zugeordnet; doch lag in den Vorjahren hier die Kompetenz bei einem gesonderten Bildungsministerium, während die Forschungsprogramme in den Bereich eines Ministeriums für Forschung und Technologie fielen. Diese Situation wurde unter der Regierung Rocard im Juni 1988 auch wiederhergestellt.

Im Falle der Telekommunikationsforschung ist das Postministerium (Ministère des P et T) die finanzierende Stelle und hier wiederum die Generaldirektion für das Fernmeldewesen, DGT, die sich seit kurzem France Télécom nennt. Der Etat ist hier so bedeutsam, daß er eigenständig neben dem Zivilbudget ausgewiesen wird. Speziell im Bereich des Postwesens ist zu beachten, daß die ministeriellen Zuständigkeiten zwar formal mehrfach wechselten, die Telekommunikationsforschung aber stets ein eigenständiger Bereich war. Anfang der 80er Jahre war das Postwesen einem Subministerium (Ministère délégué) des Ministeriums für Industrie und Forschung zugeordnet. Im Jahre 1987, welches für Abbildung 3.1-2 als Beispiel gewählt wurde, lag die übergeordnete Zuständigkeit bei einem Ministerium für Industrie, Post und Tourismus, wobei aber auch hier ein eigenes Subministerium für Postwesen bestand, welches die Mittel für die Telekommunikationsforschung bereitstellte. Im Jahre 1988 wurde dagegen ein selbständiges Ministerium für das Post- und Fernmeldewesen sowie für die Raumfahrt gebildet.

Auf der finanzierenden Seite bezeichnet der Begriff "Staat" somit einige wenige Ministerien. Auf der verausgabenden Seite besteht dagegen eine Reihe von staatlichen Forschungseinrichtungen, zum Teil größere Forschungsorganisationen, zum Teil auch kleinere Laboratorien. Vom Staat zwar geförderte, aber rechtlich selbständige Forschungseinrichtungen ohne Erwerbscharakter (Institutions sans But Lucratif - ISBL) gibt es dagegen in Frankreich nur in Ausnahmefällen (z. B. Institut Pasteur).

Unterteilt man die verausgabenden Stellen wieder in die beiden Kategorien "Staat" und "Unternehmen", so ergibt sich ein staatlicher Anteil von 42 % gegenüber 57 % auf der finanzierenden Seite. Diese Verschiebung resultiert aus der Vergabe von öffentlichen Forschungsanträgen an die Industrie, die 24 % des staatlichen Budgets ausmachen. Umgekehrt fließen nur 1,5 % der industriellen Gelder in staatliche Forschungseinrichtungen.

Hinsichtlich der inhaltlichen Ziele der FuE-Ausgaben lassen sich im staatlichen Bereich nur sehr vage Angaben machen, da hier in den offiziellen Statistiken nur sogenannte sozioökonomische Ziele ausgewiesen werden. Tabelle 3.1-1 gibt hier die wesentlichen Punkte wieder.

Tabelle 3.1-1: Öffentliche FuE-Ausgaben nach den wichtigsten sozioökonomischen Zielen 1985
(Quelle: MRES 1988, 91)

Bereich	Anteil in %
Verteidigung	31,3
Industrielle Technologie und Produktivität	12,1
Rationelle Energie	7,8
Raumfahrt	5,6
Gesundheit	4,0

Tabelle 3.1-2: FuE-Ausgaben der Industrie nach den wichtigsten Branchen 1985
(Quelle: MRES 1987, 34)

Branche	Anteil in %
Elektronik	21,2
Luftfahrt	18,8
Automobilbau	10,2
Chemie	9,6 %
Pharmazie	7,0 %
Energie	5,9 %
Informatik	5,9 %

Aussagefähiger sind die offiziellen Zahlen für die FuE-Ausgaben der Industrie, die nach Branchen ausgewiesen sind (vgl. Tab. 3.1-2). Im Hinblick auf die vorliegende Untersuchung fällt hier der hohe Anteil der Elektronik und Informatik auf, die zusammen mehr als ein Viertel aller FuE-Ausgaben stellen. Gegenüber der Situation im Jahre 1976 hat sich die Verteilung zwischen den einzelnen Branchen nur geringfügig geändert; lediglich die Position der Elektronik und der Luftfahrt haben gewechselt (1976: Luftfahrt 22,6 %, Elektronik 17,7 %; DGRST 1978). Es ist somit eine deutliche Strukturverschiebung zugunsten der Elektronik zu verzeichnen.

3.1.2 INDUSTRIE-STRUKTUR IM TELEKOMMUNIKATIONSBEREICH

Umsätze in der Telekommunikation

Anhand der offiziellen Publikationen auf nationaler oder internationaler Ebene ist es nicht möglich, statistische Angaben zur Telekommunikationsindustrie in Frankreich zu erhalten, weil die dortigen Zahlen in Aggregaten wie "Elektronik" oder "Transport und Telekommunikationsdienste" aufgehen. Der einzig gangbare Weg ist hier der Rückgriff auf statistische Angaben der Industrieverbände, der Syndicats professionels. Für den Bereich der Elektrotechnik und Elektronik gibt es hier den übergeordneten Dachverband FIEE (Fédération des Industries Electriques et Electroniques) sowie eine nachgeordnete Vereinigung der elektronischen Industrie GIEL (Groupement des Industries Electroniques). Es genügt allerdings nicht, aus den dortigen statistischen Jahresberichten die Kategorie "Telegrafen und Telefone" herauszunehmen, da darunter lediglich die Zahlen des Teilverbandes SI3T (Syndicat des Industries Françaises du Téléphone, du Télégraphe et de leurs Applications Télématiques) aufgeführt sind. Für den Bereich der Telekommunikation ist aber außerdem der Verband SPER (Syndicat des Industries de Matériel Professionel Electronique et Radioélectrique) relevant, der in seinen Jahresberichten ebenfalls einen Telekommunikationsbereich ausweist. Durch Absprachen sind dabei die Zuständigkeitsbereiche geregelt worden: SI3T ist für die leitungsgebundene Kommunikation mit dem Teilbereichen Übertragung, Vermittlung und Endgeräte verantwortlich, während sich SPER auf die Funktechnik, z. B. Autotelefone, Richtfunkanlagen oder Satellitenkommunikation konzentriert. Ansonsten befassen sich die im SPER organisierten Unternehmen überwiegend mit Radaranlagen und ähnlichen elektronischen Ausrüstungen für wehrtechnische Zwecke, so daß für eine weiter gefaßte Definition von Telekommunikation nahezu die gesamten Aktivitäten des SPER von Interesse wären. Zur Telekommunikation im engeren Sinne zählt schließlich noch ein Teilbereich des Verbandes SYCABEL (Syndicat de l'Industrie Française des Fils et Cables Electriques), bei dem es um die Produktion von Fernmeldedrähten und -kabeln geht.

Abbildung 3.1-3 zeigt für den Bereich der Telekommunikation im engeren Sinne die Umsatzzahlen der drei Teilverbände in konstanten Preisen für den Zeitraum 1975 bis 1987, wobei für SYCABEL nur die Zahlen ab 1982 vorliegen. Für die leitungsgebundene Kommunikation (SI3T) ist im Betrachtungszeitraum eine Stagnation zu verzeichnen, was in gleicher Weise auch auf den Bereich der Kabel (SYCABEL) mit einer sogar leicht abfallenden Tendenz zutrifft. Nur im Bereich der Funktechnik (SPER) gibt es eine Verdopplung der realen Umsatzzahlen zwischen 1975 und 1987. Aufgrund der quantitativ dominierenden Stellung des SI3T stagniert auch die Summe der drei Teilbereiche. Dieses Ergebnis steht im deutlichen Gegensatz zu der häufig zu hörenden Aussage, die Telekommunikation habe sich in Frankreich während der letzten zehn Jahre zu einem "Flaggschiff" der Industrie entwickelt (Financial Times, 17. Juni 1986).

Abbildung 3.1-3: Umsätze im französischen Telekommunikationssektor nach den Industrieverbänden SI3T (leitungsgebundene Kommunikation), SPER (Funkkommunikation) und SYCABEL (Telekommunikationskabel) (Quelle: Geschäftsberichte von SI3T, SPER und SYCABEL, verschiedene Jahrgänge)

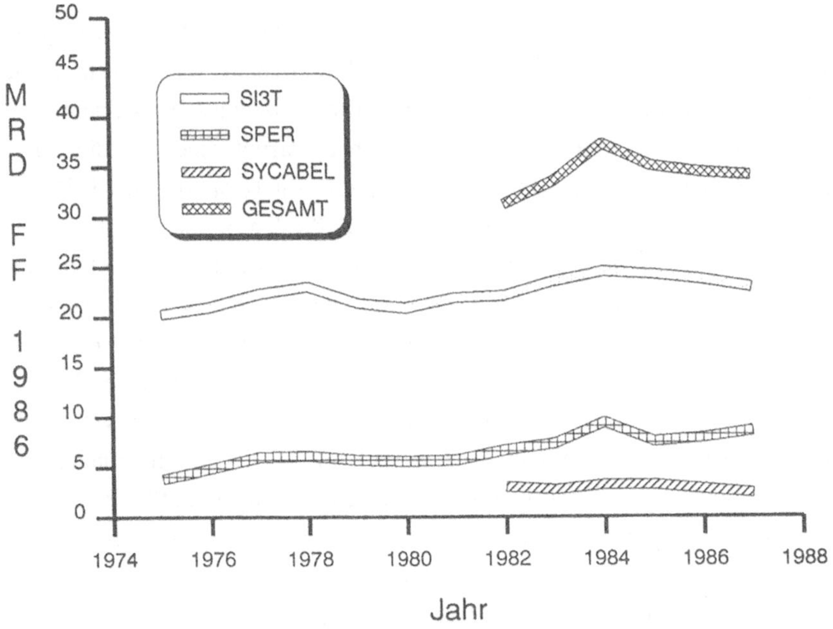

Die Ursachen für diese Entwicklung lassen sich zumindest für den SI3T benennen, welcher immerhin nahezu 70 % des Telekommunikationssektors repräsentiert. Dort stagnieren zwischen 1981 und 1987 die Umsätze, die auf öffentliche Aufträge zurückgehen; die staatliche Nachfrage macht aber nahezu 50 % der Umsätze von SI3T aus. Der Export, der zwischen 1981 und 1983 noch einen deutlichen Zuwachs zu verzeichnen hatte, ist inzwischen wieder nahezu auf das Ausgangsniveau zurückgefallen. Sein Anteil betrug 1987 16,1 %. Kontinuierlich gestiegen ist mit jährlich 2,5 % lediglich die private Inlandsnachfrage, deren Anteil 35,2 % beträgt (vgl. Abbildung 3.1-4).

Der genannte Exportanteil von 16,1 % liegt sehr niedrig im Vergleich zu dem Wert von 51 % des SPER, der allerdings weitgehend auf Radaranlagen und die sonstige wehrtechnische Elektronik zurückzuführen ist. Beim Export des SI3T stehen mit 64 % die Vermittlungsanlagen im Vordergrund; die wichtigsten Zielregionen mit jeweils etwa 25 % sind die EG-Länder, Afrika und Asien, während Nord- Amerika mit 5,5 % kaum eine Rolle spielt.

Abbildung 3.1-4: Umsatzstruktur des Industrieverbandes SI3T 1981 bis 1987
(Quelle: SI3T, Rapport d'activité 1988)

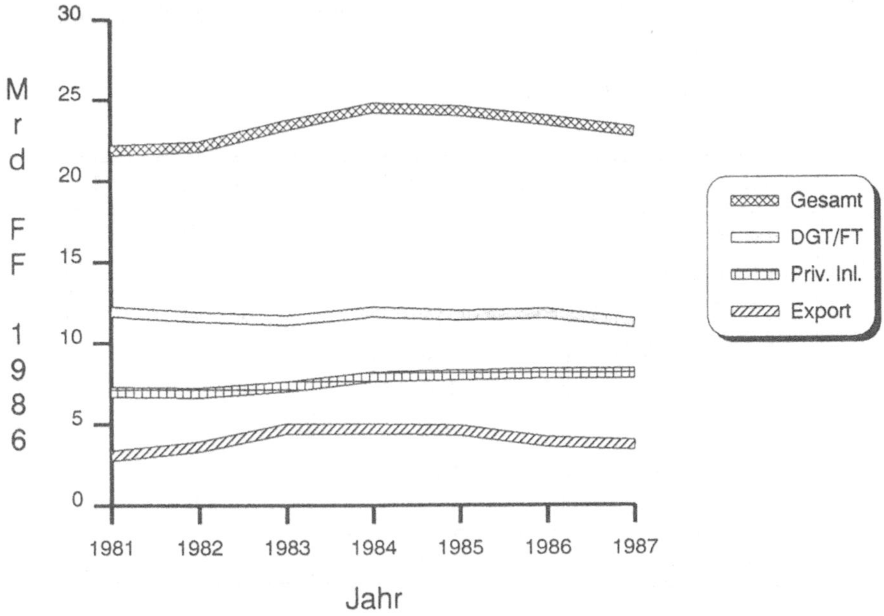

Hinsichtlich der in Abbildung 3.1-3 berechneten Gesamtumsätze ist anzumerken, daß auch dort der Bereich der Telekommunikation nicht erschöpfend erfaßt ist. Denn aufgrund der unscharfen Grenzen der Telekommunikation zur Informatik (Computer, Datenübertragung) und Konsumelektronik (Radio- und Fernsehtechnik) müssen auch diese beiden Bereiche zu mehr oder weniger großen Anteilen zur Telekommunikation gerechnet werden. Konkret würde dies für Frankreich die Berücksichtigung der Verbände SIMAVELEC (audio-visuelle Elektronik) und SFIB (Informatik) bedeuten, wobei aber die entsprechenden Jahresberichte keine Abgrenzung von telekommunikationsbezogenen Bereichen zulassen. Nach Aussagen der dortigen Experten sind aber in diesen Verbänden Produkte mit explizitem Bezug zur Telekommunikation nur marginal vertreten, da z. B. im Falle des SFIB große Mitglieder wie IBM France oder SAGEM ihre telekommunikationsbezogenen Erzeugnisse beim SI3T melden.

Die größten Unternehmen

Der Telekommunikationsmarkt in Frankreich weist im Vergleich zu anderen Branchen einen hohen Konzentrationsgrad auf. Tabelle 3.1-3 zeigt für die sieben größten Unternehmensgruppen die Umsätze in der Telekommunikation im Jahre 1980, also vor der Übernahme der Regierung durch die Linksunion. Demnach hatten die drei größten Unternehmensgruppen einen Marktanteil von 67 %, die sieben größten einen von 84 %.

Tabelle 3.1-3: Umsätze der größten Unternehmensgruppen in der Telekommunikation, 1980
(Quelle: Profit 1982, 58)

Gruppe	Umsatz in Mrd. FF	Marktanteil in %
Thomson	5,8	31
CGE/Alcatel	4,8	25
G3S/SAT	2,1	11
ITT France/CGCT	1,5	8
TRT/Philips	1,0	5
Matra	0,6	3
Jeumont-Schneider	0,3	1
Sonstige	2,9	16
Summe	19,0	100

Seit 1980 ist es zu erheblichen Veränderungen gekommen, wobei an erster Stelle die Verstaatlichungen zu nennen sind, die von der sozialistischen Regierung im Jahre 1982 durchgeführt wurden. Im Bereich der Telekommunikation waren die Marktführer CGE und Thomson betroffen sowie auch die ITT-Tochter CGCT. Verstaatlicht wurde darüber hinaus die französiche Tochter Bull des US-Konzerns Honeywell, welche im Bereich der Informatik eine Schlüsselrolle in Frankreich einnimmt. Weiterhin erwarb der Staat bei Matra und ESD die Aktienmehrheit, wobei diese Unternehmen aber ihren privaten Rechtsstatus behielten. Bei ESD handelt es sich um ein Rüstungsunternehmen, welches aber auch einen zivilen Telekommunikationsbereich unterhält.

Als Folge der Verstaatlichung erhielten die betroffenen Unternehmen eine Reihe von Subventionen, die zu einer deutlichen Aufstockung des Eigenkapitals führten. Profitiert haben davon im Bereich der Telekommunikation im wesentlichen Thomson, die CGE und die defizitären Unternehmen CGCT und Bull. Durch die verbesserte Kapitalausstattung wurde einigen Unternehmen der Einstieg in ausländischen Märkten ermöglicht, insbesondere CGE, Thomson und Bull der schwierige Zugang zum US-Markt. Trotz aller Kritik gestehen auch die konservativen Parteien zu, daß durch die Verstaatlichungen in verstärktem Maße Mittel im Bereich von Forschung und Entwicklung investiert wurden.

Die Verstaatlichungen hatten einen besonderen Einfluß auf die Unternehmensstrategie der beiden Marktführer Thomson und CGE. Bei der CGE (Compagnie Générale d'Electricité) handelt es sich um einen sehr großen Konzern, der sich neben der Telekommunikation auch mit den Bereichen Energie, Transport, Nukleartechnik und allgemeine Elektrotechnik befaßt. Die Telekommunikation macht bezogen auf den französischen Markt derzeit rund ein Drittel der Aktivitäten aus und wird im wesentlichen von Alcatel CIT repräsentiert. Im Falle von Thomson ist die Telekommunikation dem Unternehmen Thomson-CSF zugeordnet. Diese beiden Unternehmensgruppen tauschten in den Jahren 1985/86 zum Vorteil beider Seiten verschiedene Teilbereiche aus, um diesbezüglich einen höheren Konzentrationsgrad zu erreichen. Die CGE übergab dabei ihre Aktivitäten im Bereich der elektronischen Bauelemente an Thomson, während Thomson umgekehrt die Telekommunikation zur CGE transferierte. Zu diesem Zwecke wurde zunächst das Unternehmen Thomson Télécommunications gegründet, in welchem die CGE zum Hauptaktionär wurde. Die Thomson Télécommunications umfaßte alle Bereiche der zivilen Telekommunikation von der Übertragungstechnik bis hin zu den privaten und professionellen Endgeräten. Das wesentliche Element waren aber die öffentlichen Vermittlungssysteme, womit die CGE - zusammen mit dem entsprechenden Bereich bei Alcatel CIT - eine technologische Monopolstellung in Frankreich erhielt. Denn bei den öffentlichen Vermittlungsanlagen trat nur noch die CGCT mit einem Marktanteil von etwa 15 % als Anbieter auf, wobei das Thomson-System in Lizenz gefertigt wurde. Darüber hinaus gab es schon im Vorfeld des Transfers von 1985/86 verschiedene Übertragungen zwischen Thomson und Alcatel, wovon insbesondere die Gründung der Alcatel Thomson Faisceaux Hertziens (ATFH) im Jahre 1984 zu erwähnen ist. Hierbei wurden die Richtfunk-Aktivitäten von Thomson und Alcatel zusammengefaßt und der CGE unterstellt.

Aus der Sicht von Thomson-CSF bedeutet die Umstrukturierung ein Rückzug aus dem national begrenzten Telekommunikationsmarkt und eine Konzentration auf elektronische Bauelemente und vor allem die wehrtechnische Elektronik, wo das Unternehmen eine starke internationale Position erreicht hat (Thomson-CSF 1987, 4). Bei Thomson sind hinsichtlich der Telekommunikation fast ausschließlich die wehrtechnischen Anteile verblieben, wobei der Schwerpunkt auf der Funktechnik liegt.

Ende 1986 wurde schließlich die Gesellschaft Alcatel NV mit Sitz in den Niederlanden gegründet, in der die CGE 56 % und die amerikanische ITT 37 % der Aktien hält. Durch die Gründung von Alcatel NV wurden die europäischen Tochtergesellschaften von ITT der Kontrolle der CGE unterstellt, insbesondere auch SEL in der Bundesrepublik. Alcatel NV ist mit einem Anteil von 12 % der zweitgrößte Telekommunikationshersteller auf dem Weltmarkt hinter AT&T und vor Siemens.

In der Zeit der konservativen Regierung Chirac kam es im Mai 1987 zu einer Reprivatisierung der CGE sowie der staatlichen Aktienmehrheiten bei Matra und ESD. Auch die CGCT (Compagnie Générale de Constructions Téléphoniques), die trotz staatlicher Subventionen in den 80er Jahren nicht aus der Verlustzone herausgekommen war, wurde wieder in privaten Besitz überführt. Bei dem Verkauf der CGCT wurden auch ausländische Gruppen zugelassen, wobei sich in aussichtsreicher Position die APT (AT&T-Philips), Ericsson und Siemens beworben hatten. Bedingung für die Übernahme der CGCT war aber die Beteiligung eines französischen Unternehmens. Die Entscheidung fiel zugunsten von Ericsson in Verbindung mit Matra, woraus die Gründung der MET (Matra-Ericsson Télécommunications) im Jahre 1987 resultierte, in der Matra mit 50,1 % die Aktienmehrheit hält. Da Matra bereits im Jahr 1985 den Bereich der privaten Telekommunikation von der CGCT übernommen hatte, liegt der Schwerpunkt der MET auf den öffentlichen Vermittlungsanlagen, bei denen das Unternehmen etwa 15 % des französischen Marktes einnimmt. Die französische Post vergibt dabei im Sinne des Second Sourcing bewußt Aufträge an MET, um einen Gegenpol zu der CGE zu schaffen (France Télécom 1987, 20).

Aufgrund der genannten Veränderungen nimmt die CGE im Jahr 1987 auf dem französischen Telekommunikationsmarkt eine deutlich führende Stellung ein, wobei der Marktanteil nunmehr über 50 % liegt (vgl. Tab. 3.1-4) und ungefähr der Summe aus den Werten für Thomson und CGE im Jahr 1980 (vgl. Tab. 3.1-3) entspricht. Im Vergleich zwischen 1980 und 1987 hat im übrigen auch Matra durch den Zukauf der CGCT seine Position ausbauen können. Die übrigen Unternehmen SAT, TRT und Jeumont-Schneider (JS) konnten ihre Umsatzanteile offensichtlich ebenfalls vergrößern, woraus insgesamt eine deutliche Konzentration am Telekommunikationsmarkt resultiert: Während im Jahr 1980 sieben Unternehmensgruppen 86 % des Marktes repräsentierten, stellen 1987 fünf Konzerne 90 %.

Der obige Vergleich ist mit einer gewissen Vorsicht zu interpretieren, weil angesichts der unscharfen Abgrenzungen gegenüber der Informatik und der Konsumelektronik die Umsatzzahlen für die einzelnen Unternehmensgruppen als auch für den gesamten Markt mit

Unsicherheiten behaftet sind. Für 1987 sind die Angaben zu den Unternehmensgruppen tendenziell zu hoch; die Berechnung für den gesamten Markt ist eher zu niedrig angesetzt. Die Qualität der Berechnung für 1980 kann nicht beurteilt werden, da die Kriterien der Abgrenzung in der dortigen Quelle nicht dargelegt sind. Trotz dieser Vorbehalte ist aber die zunehmende Marktkonzentration eindeutig, die zu wesentlichen Teilen das Resultat staatlicher Einflußnahme ist.

Tabelle 3.1-4: Umsatz der größten französischen Unternehmensgruppen in der Telekommunikation, 1987
(Quelle: Geschäftsberichte der Unternehmen)

Unternehmensgruppe	Umsatz in Mrd. FF	Marktanteil in %	Anmerkungen
CGE-Alcatel	19,0	54	incl. Bürokommunikation
SAT	5,3	15	ohne SAGEM
Matra	3,4	10	darin MET ab Mai 1987
TRT-Philips	2,8	8	incl. Informatik und Militärfunk
Jeumont-Schneider	1,1	3	-
Sonstige	3,5	10	-
Summe	35,2	100	SI3T, SPER, SYCABEL

Unternehmensschwerpunkte

Die in Tabelle 3.1-4 genannten Unternehmensgruppen in der Telekommunikation haben unterschiedliche Aktivitätsschwerpunkte, weshalb im folgenden jede einzelne kurz charakterisiert werden soll:

Bezüglich der CGE wurde bereits erwähnt, daß es sich um einen großen internationalen Mischkonzern handelt (Gesamtumsatz 1987: 127,5 Mrd. FF), in welchem die Telekommunikation nur einen Teilbereich darstellt (Umsatz in 1987: 61,4 Mrd. FF). Aufgrund der Bildung der neuen Gesellschaft **Alcatel NV**, in der die europäischen ITT-Töchter aufgegangen sind, gibt es darüber hinaus im Telekommunikationsbereich selbst eine Vielzahl von nicht-französischen Unternehmen, von denen im folgenden die wichtigsten aufgezählt seien: Alcatel Business Systems in den USA, Kabelmetall Electro und Standard Elektrik Lorenz (SEL) in der Bundesrepublik, Bell Telephone Manufacturing in Belgien, Standard Telefon in Norwegen und der Schweiz, Alcatel Austria in Österreich, Alcatel

Face in Italien, Alcatel Standard Electrica in Spanien und auch Standard Telephone and Cable in Australien.

Abbildung 3.1-5 gibt die wichtigsten Unternehmen des französischen Telekommunikationsbereichs von CGE in einer vereinfachten Form wieder. Unter dem Dach von CGE und Alcatel NV gibt es hier drei Einzelbereiche unter der Führung von Alcatel CIT, Télic Alcatel und Cables de Lyon (Umsätze: 13,3 Mrd. FF, 13,3 Mrd. FF und 15,2 Mrd. FF), deren Aktivitätsschwerpunkte in Tabelle 3.1-5 zusammengestellt sind.

Abbildung 3.1-5: Struktur des französischen Anteils von Alcatel NV, Stand: März 1988 (Quelle: CGE 1988)

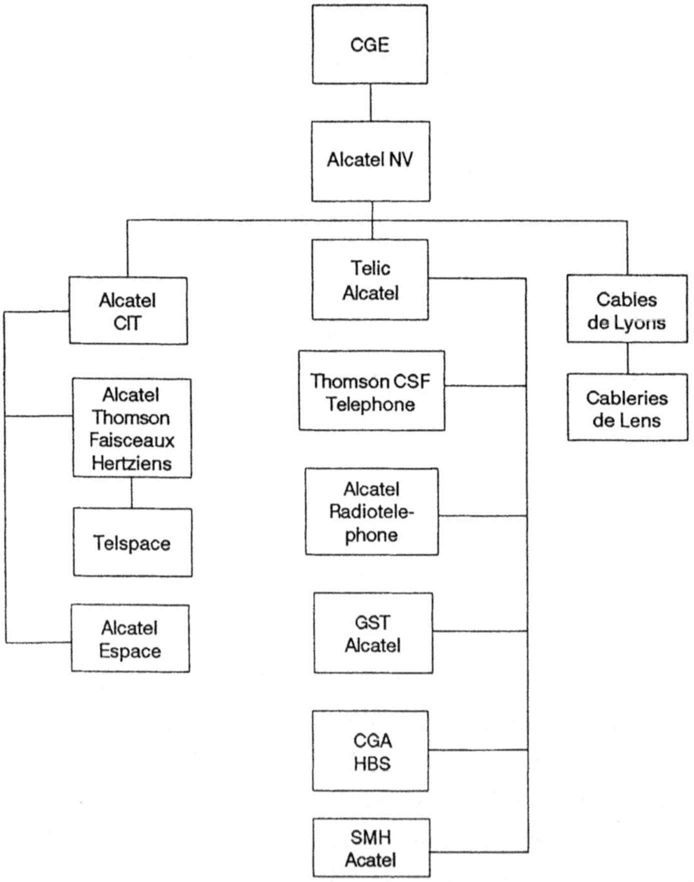

Alcatel CIT verfügt über eine sehr breite Produktionspalette, die fast den gesamten Bereich der Telekommunikation abdeckt. Die eindeutigen Schwerpunkte liegen aber im Bereich der Übertragungsausrüstung und der privaten Vermittlung, insbesondere aber bei der öffentlichen Vermittlung. Alcatel CIT ist schließlich über seine Tochter Alcatel Thomson Faisceaux Hertziens (ATFH) auch stark im Bereich der Richtfunkanlagen engagiert.

Tabelle 3.1-5: Aktivitätsbereiche der größten französischen Unternehmensgruppen in der Telekommunikation nach Umsatzanteilen
(Quellen: Geschäftsberichte von SPER, SI3T und der Unternehmen)

Unternehmensgruppe	Vermittlung		Telefon-Endgeräte	Datenkommunikation	Funk	Mobil-Telefone	Übertragung		
	öffentlich	privat (PABX)					Kabel	Ausrüstung	Richtfunk
CGE									
. Alcatel CIT	•	•	·	·	·			•	•
. Télic Alcatel		•	•	·		•			
. Cables de Lyon							•		
SAT									
. SAT		•	·	•			•	•	•
. SAGEM				•					•
Matra									
. Matra Communication		•	·	·		•			
. MET	•	·						·	
TRT/Philips									
. TRT		·		·	•	•		•	·
. RTIC/La Radiotechnique			•						
JST	·	•	·	·				·	
Thomson									
. Thomson CSF					•				
. LMT					•				
IBM France				•					

Bei Télic Alcatel liegen die Schwerpunkte im Bereich der Nebenstellenanlagen und Telefon-Endgeräte. Über die Tochter Alcatel Thomson Radiotéléphone (ATR) gibt es auch einen Aktivitätsbereich bei den Mobiltelefonen. Zusammen mit SEL, AEG und Nokia hat ATR ein europäisches Konsortium für den zellularen Mobilfunk gebildet.

Cables de Lyon stellt in Verbund mit Cableries de Lens die größte Unternehmensgruppe im Bereich der Telekommunikationskabel - inklusiv Glasfaserkabel - dar. Insgesamt deckt somit die CGE den gesamten Bereich der Telekommunikation ab. In Tabelle 3.1-4 ist der für die CGE ausgewiesene Umsatz etwas zu hoch, weil die Bürokommunikation eingeschlossen ist, die aber in diesem Falle weitgehend der Telekommunikation zuzuordnen ist.

Die **SAT** (Societé Anonyme de Télécommunications) gehört zu 59,3 % der SAGEM, welche die verschiedensten Aktivitäten im Bereich der Elektrotechnik und Mechanik umfaßt. Der Bereich der Telekommunikation liegt weitgehend bei der SAT, deren Schwerpunkte bei der Übertragung liegen. Zu der SAT gehört eine Reihe von Töchtern und Beteiligungsgesellschaften, wobei im Geschäftsbericht für die SAT und ihren Konsolidierungskreis hinsichtlich der Telekommunikation ein Umsatz von 4 Mrd. FF ausgewiesen ist. Da aber in mehreren Fällen die Beteiligungen zwischen 25 und 35 % liegen, ist der tatsächliche Telekommunikations-Umsatz der SAT-Gruppe mit 5,3 Mrd. FF anzusetzen, die in Tabelle 3.1-4 ausgewiesen sind. Die dort nicht direkt berücksichtigten Telekommunikationsaktivitäten der Mutter SAGEM dürften allerdings über die G3S Infodif der SAT-Gruppe zu großen Teilen erfaßt sein, da dieses Unternehmen den Vertrieb für den Datenkommunikationsbereich der SAGEM übernommen hat.

Matra ist ein Konzern, der in der wehrtechnischen Elektronik, der Raumfahrt, dem Automobilbau und Transport, der Informatik und der Telekommunikation aktiv ist (Umsatz 17,2 Mrd. FF). Im letzten Bereich hat sich die Tochter Matra Communication auf die private Vermittlung und vor allem die Telefon- und Datenendgeräte konzentriert; die Matra Nokia Radiomobiles ist auf Mobiltelefone spezialisiert. Die neu erworbene MET hat ihren Schwerpunkt auf dem Bereich der öffentlichen Vermittlung, da sie - wie oben erläutert - aus der ehemaligen CGCT hervorgegangen ist. Der Marktanteil von Matra ist in Tabelle 3.1-4 zu niedrig angesetzt, da die MET erst ab Mai 1987 eingerechnet ist. Für 1988 gibt die Gruppe Matra Communication bereits einen Umsatz von 4 Mrd. FF an.

Die niederländische Unternehmensgruppe Philips tritt in Frankreich unter eigenem Namen im Telekommunikationssektor kaum in Erscheinung. Relevanter sind hier vielmehr die Aktivitäten der **TRT**-Gruppe (Télécommunications Radioélectriques et Téléphoniques, Umsatz 4 Mrd. FF), deren Schwerpunkte im Bereich der Übertragung und der Funktechnik, insbesondere der Mobiltelefone, liegen. Die in Tabelle 3.1-4 angegebenen Umsätze für TRT-Philips betreffen lediglich die TRT-Gruppe und sind etwas zu hoch, da Bereiche der Informatik eingeschlossen sind, die nur bedingt der Telekommunikation zugerechnet werden können. Andererseits fehlen die Umsätze der RTIC (La Radiotechnique Industrielle et Commerciale) der französischen Philips-Gruppe, ein Unternehmen, das vornehmlich Telefonapparate herstellt. Im Zuge einer Umstrukturierung des Philips-Konzerns hat Thomson CSF 1989 den wehrtechnischen Bereich von TRT vollständig übernommen, während die zivilen Anteile der Nürnberger Tochter PKI zugeordnet wurden. TRT wird nun bei Philips zentral die Verantwortung für die Bereiche Datenkommunikation und Funktechnik übernehmen (Frankfurter Rundschau vom 19.8.1989 und vom 8.1.1990, Funkschau 10/1989, Frankfurter Allgemeine vom 23.8.1989, World Telecoms Research vom 12.1.1990).

Hinsichtlich der Umsatzzahlen in Tabelle 3.1-4 sind für **Jeumont-Schneider** (JS) die Werte für das Teilunternehmen JS Télécommunications (JST) und dessen Töchter zusammengefaßt, deren Schwerpunkte auf privaten Vermittlungssystemen sowie Telefon- und Datenendgeräten liegen. JS Télécommunications gehörte 1987 zu 65 % zur Mutter JS (Umsatz 4,4 Mrd. FF), die sich ansonsten überwiegend mit elektromechanischen Produkten und Anlagen befaßt. Die verbleibenden 35 % von JS Télécommunications hielt die deutschen Robert Bosch AG und hier wiederum die Tochter Telenorma, wobei 1988 der Anteil auf 80 % erhöht wurde. Eine weitere Aufstockung auf 95 % ist geplant.

Der Vollständigkeit halber sind schließlich die verbliebenen Telekommunikationsaktivitäten der Thomson-Gruppe zu erwähnen. Im dortigen Geschäftsbericht sind für die Teilunternehmen **Thomson-CSF** und LMT Radio Professionelle insbesondere Aktivitäten im Bereich der Funktechnik ausgewiesen, wobei im Jahr 1987 insgesamt 3 Mrd. FF an Umsätzen erzielt wurden. Allerdings sind dort offenbar auch Teile der militärischen Luftraumüberwachung und des "elektronischen Krieges" enthalten, so daß der Beitrag zur Telekommunikation im engeren Sinne offenbleiben muß.

Zu den größeren zu erwähnenden Unternehmen zählt schließlich noch **IBM France**, deren Bedeutung im Bereich der Datenkommunikation in den letzten Jahren deutlich gestiegen ist. Welcher Anteil des Gesamtumsatzes von 37,5 Mrd. FF der Telekommunikation zuzurechnen ist, ist in den Geschäftsberichten nicht ausgewiesen.

3.2 GRUNDSTRUKTUREN VON FORSCHUNG UND ENTWICKLUNG IN DER TELEKOMMUNIKATION

Ähnlich wie bei den Umsatzzahlen ist es auch bei den FuE-Budgets im Bereich der Telekommunikation nicht möglich, anhand von offiziellen nationalen oder internationalen Statistiken hinreichend disaggregierte Angaben zu erhalten. Zumindest der Kernbereich der Telekommunikation kann aber mit Hilfe von Statistiken der Verbände und anderen Materialien relativ gut für den Zeitraum ab 1975 rekonstruiert werden.

Abbildung 3.2-1 zeigt die FuE-Aufwendungen in der Telekommunikation nach den durchführenden Stellen. Bezogen auf alle FuE-Ausgaben ergibt sich ein durchschnittliches jährliches Wachstum von knapp 5 %, wobei von 1979 auf 1980 ein deutlicher Sprung zu verzeichnen ist. Die Zuwachsraten in der Telekommunikation entsprechen damit denen des gesamten französischen FuE-Budgets. Bei der Eigenforschung des - in Frankreich staatlichen - Netzbetreibers ist seit 1975 zunächst eine Stagnation, ab 1984 eine Wachstumsphase zu verzeichnen, während bei den Unternehmen die FuE-Ausgaben relativ stetig um jährlich 5,4 % zunehmen. In der Abbildung 3.2-1 wird beim Netzträger zwischen einer weiten und engen Definition des FuE-Budgets unterschieden, deren Abgrenzung in Abschnitt 3.3.1 unter der Zwischenüberschrift "CNET" näher erläutert wird. Bei der Betrachtung nach der verausgabenden Stelle liegt das Budget der Industrie etwa um das Fünffache über dem des Netzbetreibers.

Abbildung 3.2-1: FuE-Aufwendungen für die zivile Telekommunikation in Frankreich nach durchführenden Stellen
(Quellen: Geschäftsberichte von CNET und SI3T)

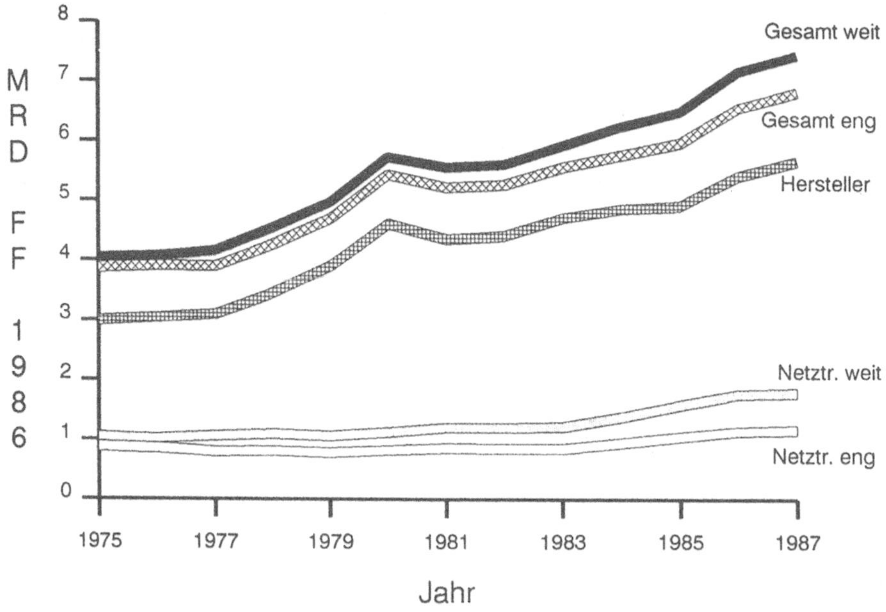

Fragt man dagegen nach der finanzierenden Seite bei den FuE-Ausgaben, so zeigt sich, daß die staatliche Finanzierung der Industrie etwa die Hälfte ausmacht, so daß die Staatsquote in der Telekommunikation - schon bei einer engen Definition - gegenwärtig bei insgesamt etwa 55 % liegt. In den Jahren 1980 und 1981 wurde hier sogar ein Wert von fast 70 % erreicht. Daraus kann allerdings kaum geschlossen werden, daß der Staat sich nunmehr aus der FuE-Förderung zurückzieht. Vielmehr wurde, wie aus Abbildung 3.2-2 hervorgeht, die öffentliche FuE-Förderung von 1979 auf 1980 sprunghaft auf ein sehr hohes Niveau gehoben, welches mit leichten Abstrichen in den nachfolgenden Jahren gehalten, aber nicht ausgebaut werden konnte.

Abbildung 3.2-2: FuE-Ausgaben für die zivile Telekommunikation in Frankreich nach finanzierenden Stellen
(Quellen: Geschäftsberichte von CNET, SI3T und DGT/FT, Profit 1982, 65f)

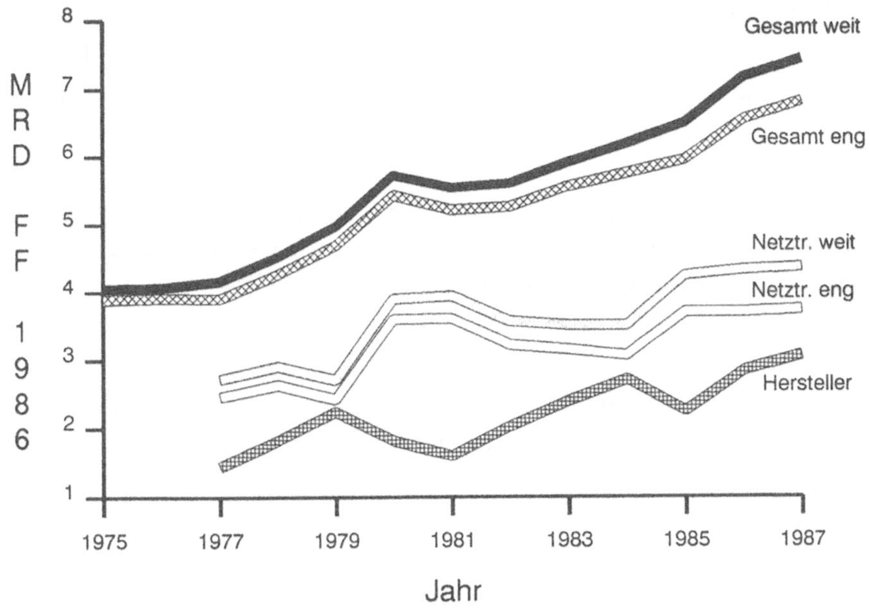

Eine feinere Aufteilung der FuE-Budgets im französischen Telekommunikationssektor ist zumindest anhand öffentlich zugänglicher Statistiken nicht möglich. An diesem Punkte geben die verschiedenen Patent- und Literaturindikatoren zusätzliche Hinweise, wo Aktivitätsschwerpunkte liegen und wie die Veränderung im zeitlichen Verlauf aussieht. Bei den Zeitreihen für die Patente fällt bei Frankreich zunächst einmal auf, daß bei vielen der neun untersuchten Teilfelder die Anmeldezahlen in den 80er Jahren stagnieren oder sogar zurückgehen. Der Wendepunkt beim Positionsindikator liegt dabei in der Regel im Jahre 1981, was im Potentialindikator ab etwa 1983 durchschlägt (vgl. Band 2, Kapitel 11). Eine Erklärung könnte darin liegen, daß das Gesamt-FuE-Budget gemäß Abbildung 3.2-1 im Jahre 1980 nach einer starken Wachstumsphase ein relatives Maximum aufweist und danach bis 1983 stagniert. Die erneute deutliche Zunahme des Gesamt-FuE-Budgets ab 1985 kann sich dagegen in den erhobenen Patentanmeldezahlen noch nicht widerspiegeln.

Patentanmeldezahlen in verschiedenen technologischen Teilbereichen lassen sich zwar nur sehr bedingt vergleichen; doch läßt die prozentuale Verteilung der Anmeldezahlen für das Jahr 1985 gemäß Abbildung 3.2-3 eine Einschätzung der quantitativen Bedeutung der einzelnen Bereiche zu. Die dortigen Zahlen scheinen insgesamt realistisch zu sein, wenn man von der Hochfrequenz-Telemetrie, also im wesentlichen der Radartechnik, absieht. Denn der zuständige Industrieverband für HF-Telemetrie ist der bereits erwähnte SPER mit einem Umsatz von 41,3 Mrd. FF im Jahre 1987, während der Verband für die leitungsgebundene Kommunikation SI3T lediglich einen Gesamtumsatz von 23,5 Mrd. FF aufweist. Die Ursache für dieses Mißverhältnis liegt offensichtlich in einer geringen Patentierneigung im Bereich der HF-Telemetrie, die zu einem großen Teil auf das dortige Geheimhaltungsbedürfnis zurückzuführen sein dürfte.

An Abbildung 3.2-3 zeigt sich im Patentiervolumen ein deutlicher Schwerpunkt bei der LWL-Kommunikation, wobei deren Anteil seit 1980 von 18 auf 27 % angestiegen ist. Alle anderen Bereiche der Telekommunikation nehmen - abgesehen von der allgemeinen Bildübertragung - seit 1980 in ihrer relativen Bedeutung deswegen ab oder stagnieren.

Abbildung 3.2-3: Prozentuale Verteilung der französischen Patentanmeldezahlen in der Telekommunikation am deutschen Markt 1985

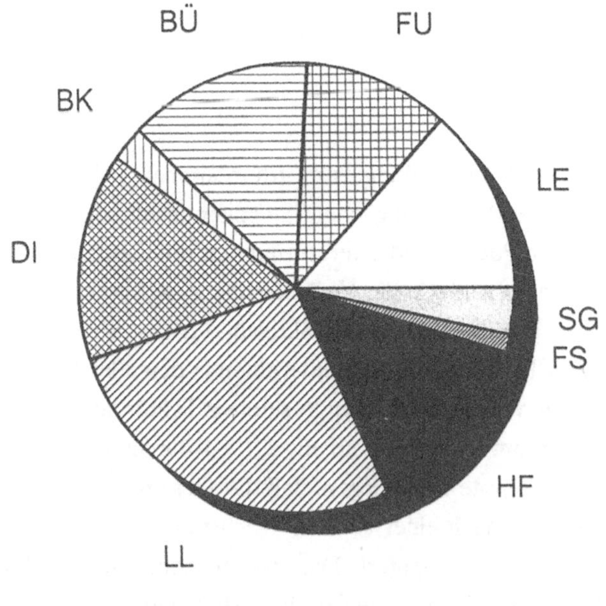

In Abbildung 3.2-4 sind für Frankreich die RPA- und RLA-Indikatoren für die einzelnen Teilgebiete der Telekommunkation zusammengestellt. Der RPA-Indikator basiert dabei auf Patentanmeldungen - hier am europäischen Markt - und steht im wesentlichen für Entwicklungsaktivitäten. Der auf Publikationen gestützte RLA-Indikator zeichnet demgegenüber ein Bild der Forschungsanstrengungen. Methodische Einzelheiten zur Interpretation dieser Indikatoren finden sich in Kapitel 0.

Bei der Entwicklungsseite zeigen sich im internationalen Vergleich französische Aktivitätsschwerpunkte in der Digitaltechnik und der LWL-Kommunikation. Unterproportionale Quoten gibt es dagegen in der leitungsgebundenen Kommunikation, der allgemeinen Bildübertragung und vor allem der Bildkommunikation sowie der Fernsignaltechnik. Die stark ausgeprägte wehrtechnische Forschung, wie sie schon in Abschnitt 3.1 deutlich wurde, wird in einem sehr hohen Aktivitätswert für die HF-Telemetrie sichtbar.

Abbildung 3.2-4: FuE-Spezialisierungsprofile der französischen Telekommunikation (Patentanmeldungen am westdeutschen Markt 1985, Publikationen 1985 bis 1987)

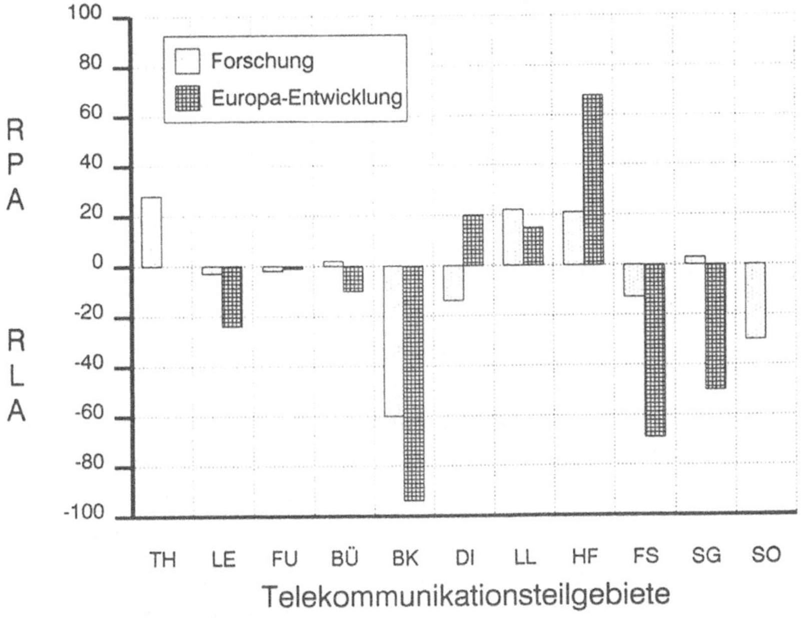

Im Ländervergleich liegt Frankreich bei den entwicklungsnahen Patentindikatoren (Positions- und Potentialindikatoren, siehe Kapitel 0 und 11) in der Regel zwischen der Bundesrepublik Deutschland und Großbritannien, wobei relativ starke Positionen in der Funktechnik, der Digitaltechnik und der LWL-Kommunikation auffallen, bei denen in etwa das Niveau der Bundesrepublik erreicht wird (vgl. Kapitel 11). In der HF-Telemetrie liegt Frankreich erwartungsgemäß sogar über den Werten der Bundesrepublik. Offensichtliche Defizitgebiete sind die allgemeine Bildübertragung und die Bildkommunikation, in denen sogar Großbritannien, das hier ebenfalls schwach ist, eine stärkere Position als Frankreich erreicht hat. Der zunehmende Anteil der allgemeinen Bildübertragung in den Gesamtpatentanmeldezahlen zwischen 1980 und 1985 reflektiert somit lediglich den Versuch, im internationalen Vergleich eine ohnehin schwache Position wenigstens zu halten.

Abbildung 3.2-5: Forschungstrends in Frankreich
(Zeitlicher Verlauf von RLA-Indikatoren 1973 bis 1987)

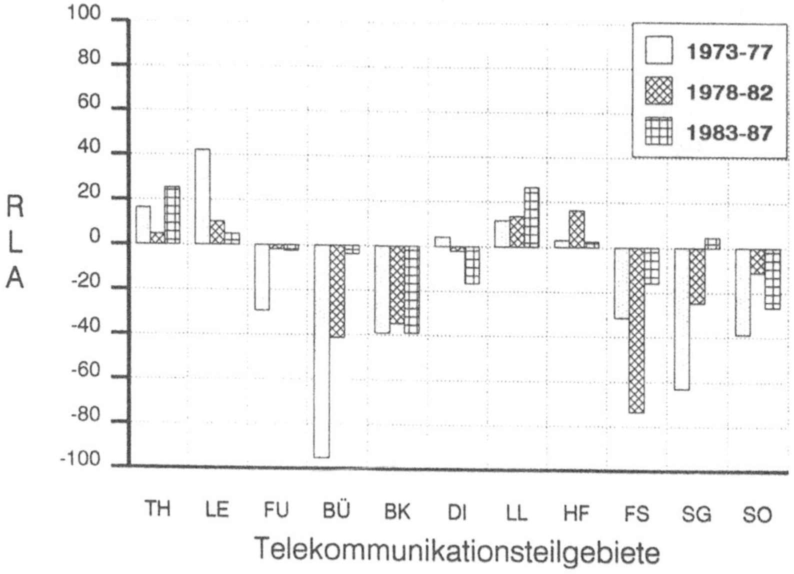

Bei den forschungsnahen RLA-Indikatoren ergibt sich in Abbildung 3.2-4 ein ähnliches Bild wie bei den entwicklungsbezogenen RPA-Werten. Als französische Stärken erscheinen wieder die LWL-Kommunikation und die HF-Telemetrie, als dezidierte Schwäche die Bildkommunikation. Eine deutliche Abweichung zeigt sich lediglich bei der Digitaltechnik, die bei der Entwicklung einen Wert von +20, bei der Forschung einen Wert von -14 annimmt. Der deutlich negative RLA-Wert ist aber erst in den letzten Jahren zu beobachten, wie sich in der Zeitreihe nach Abbildung 3.2-5 ablesen läßt. Ein Nachlassen der Aktivitäten, wenn auch auf hohem Niveau, ist in leichter Form auch bei den Patentindikatoren zu verzeichnen.

Insgesamt zeigen sich in den Forschungstrends nach Abbildung 3.2-5 ähnliche Tendenzen wie bei den Entwicklungen, wobei im Bereich der Bildübertragung das deutliche Aufholen besonders zu erwähnen ist, was sich im Entwicklungsbereich bislang noch nicht so deutlich niederschlägt.

Die Schwerpunktsetzungen im Bereich der HF-Telemetrie und der LWL-Übertragung werden ebenso wie das deutliche Zurückbleiben bei der Bildkommunikation von Fachleuten bestätigt, wobei allerdings in der LWL-Kommunikation die Gleichwertigkeit mit der Bundesrepublik bezweifelt wird. Diese Beurteilung geht offensichtlich aber mehr von den Umsätzen am Weltmarkt und weniger von den tatsächlichen FuE-Aktivitäten aus. Bei der Digitaltechnik wird eine weitere Stärke gesehen, also eher das Ergebnis der Patentanalyse gestützt. Zusätzlich zu den RPA-Indikatoren weisen die RLA-Indikatoren aus, daß Frankreich bei der allgemeinen Telekommunikationstheorie einen ausgeprägten Schwerpunkt besitzt, während es in der Diskussion über Telekommunikationsdienste und Softwareentwicklung unterrepräsentiert ist.

Abbildung 3.2-6: Institutionelle Verteilung in der französischen Telekommunikations-Entwicklung nach Teilgebieten (Patentanmeldungen am westdeutschen Markt 1985)

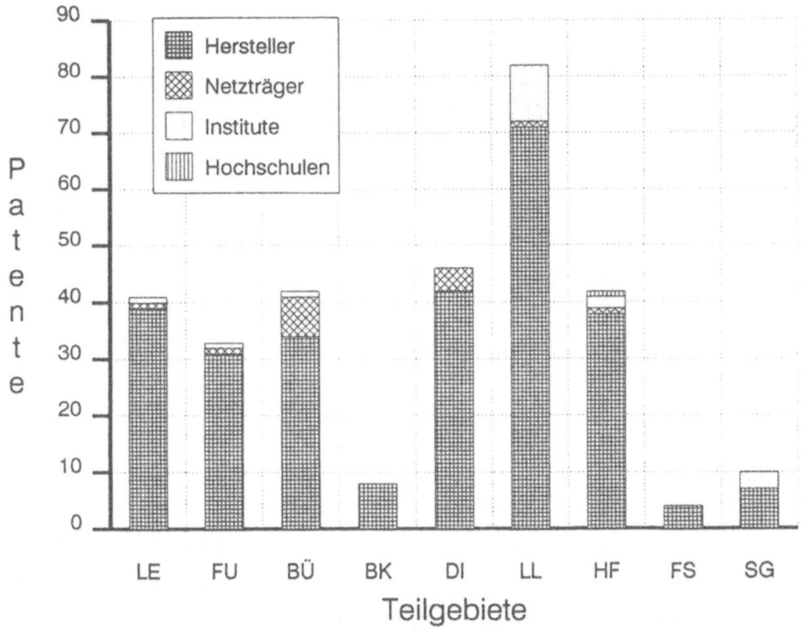

Aus den Patenten und Publikationen läßt sich ferner ablesen, welche Arbeitsteilung zwischen den verschiedenen Institutionstypen im FuE-Bereich besteht. Die Auswertung wurde dabei nach den Gruppen Hersteller, Netzträger, Institute und Hochschulen vorgenommen. Bei den Patenten zeigt sich erwartungsgemäß, daß die Hersteller in fast allen Bereichen mit einer Quote von mehr als 90 % vertreten ist (Abbildung 3.2-6). Eine Ausnahme ist hier die Bildübertragung, in der die Netzträger 17 % der Patentanmeldungen halten. Letztere treten ansonsten nur in der Digitaltechnik mit knapp 9 % stärker in Erscheinung. Ein hoher Anteil von Forschungsinstituten ist in der LWL-Übertragung (12 %) und bei den sonstigen Endgeräten (30 %) zu vermerken, wobei der letztgenannte Bereich aufgrund der geringen Patentzahlen nur bedingt aussagefähig ist. Nimmt man dieselbe Auswertung auf der Basis von französischen Inlandspatenten vor, zeigen sich sehr ähnliche Verhältnisse, so daß sich ein gesondertes Schaubild erübrigt.

Abbildung 3.2-7: Institutionelle Verteilung in der französischen Telekommunikations-Forschung nach Teilgebieten (Publikationen 1986)

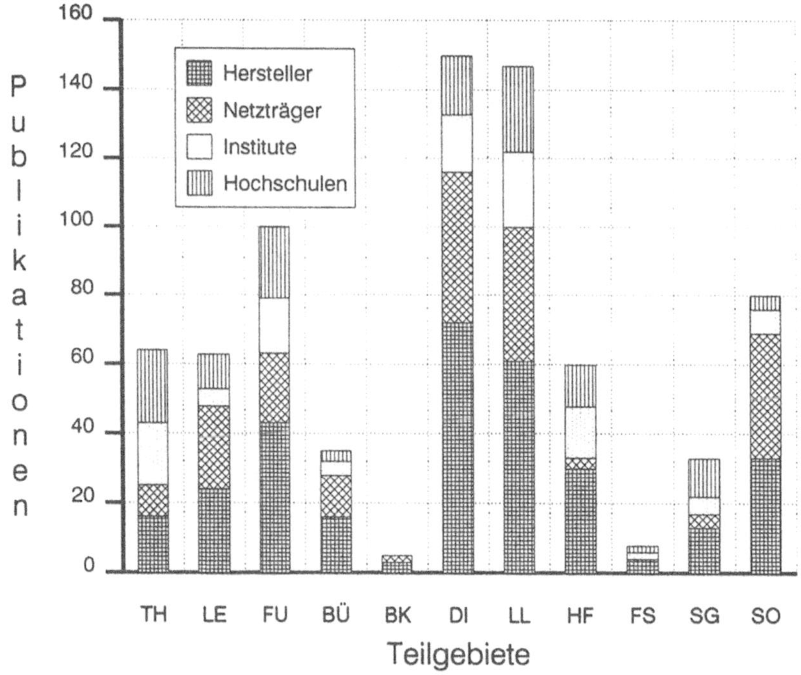

Deutlich abweichende Strukturen findet man in der Publikationsstatistik, in der die Hersteller in der Regel nur Anteile zwischen 40 und 60 % innehaben (Abbildung 3.2-7). Hier treten dagegen die Netzträger mit Quoten von etwa 20 bis 40 % sehr viel stärker in Erscheinung, wobei der Spitzenwert bei den Kommunikationsdiensten (45 %) zu finden ist. Institute und Hochschulen sind besonders häufig im Bereich der allgemeinen Telekommunikationstheorie zu finden (zusammen 61 %) sowie in der LWL-Übertragung, der HF-Telemetrie, der Fernsignaltechnik sowie bei den sonstigen Endgeräten (jeweils zusammen etwa 45 %), wobei die Zahlenbasis in der Fernsignaltechnik mit insgesamt 8 Publikationen gering und damit wenig aussagefähig ist. In fast allen Feldern sind Institute und Hochschulen mit etwa gleichen Anteilen vertreten.

Tabelle 3.2-1: Patentanmeldungen am bundesdeutschen Markt mit französischer Herkunft (1980 und 1985)

Unternehmen	LE	FU	BÜ	BK	DI	LL	HF	FS	SG
Thomson	8/4	21/10	13/18	0/2	16/10	31/25	33/15	-	4/3
CGE/Alcatel	12/5	0/3	-	0/1	4/6	3/8	4/6	-	0/2
TRT/Philips	8/3	3/8	3/10	-	5/6	2/7	6/8	-	0/2
SAT	2/0	3/1	0/1	1/0	4/3	2/5	1/2	-	-
Matra	-	-	-	3/0	1/1	-	0/1	-	-
Jeumont-Schneider	0/1	-	-	-	-	-	-	-	-
Dassault	1/0	-	-	-	-	2/0	-	-	-
IBM	1/5	0/1	-	-	5/5	-	-	-	-
CII-H. Bull	-	-	1/0	-	3/3	-	-	-	-
CGCT/ITT	-	-	-	-	-	0/2	1/0	-	-
--------------------	------	------	------	------	------	------	------	------	------
CNET	3/1	1/2	2/7	-	4/4	0/1	0/1	-	-
Armee	0/1	1/0	0/1	-	-	0/1	1/0	-	-
TDF	2/1	1/2	3/4	-	3/4	-	0/1	-	1/0
CEA	-	-	-	-	-	5/8	-	-	0/3
CNRS	-	-	0/1	-	-	1/2	-	0/1	-
ONERA	-	0/1	-	-	-	-	0/1	-	-
CNES	-	-	-	-	-	-	-	-	-

Die Tabellen 3.2-1 bis 3.2-4 zeigen in einer Übersicht für die wichtigsten Unternehmen und Institutionen die Patentanmeldungen am deutschen, amerikanischen und französischen Markt sowie die Publikationszahlen aufgeschlüsselt nach inhaltlichen Bereichen. In Abschnitt 3.3 werden diese Daten genauer interpretiert und es wird die Rollenverteilung zwischen den einzelnen Institutionsgruppen genauer beschrieben, wobei auch die Kriterien der Institutionen-Zuordnung in den Abbildungen 3.2-6 und 3.2-7 erläutert werden.

Tabelle 3.2-2: Patentanmeldungen am US-Markt mit französischer Herkunft (1975, 1980 und 1984)

Unternehmen	LE	FU	BÜ	BK	DI	LL	HF	FS	SG
Thomson	12/3/1	10/15/1	14/7/3	1/0/0	5/8/5	11/17/6	11/11/8	0/1/1	2/5/0
CGE/Alcatel	4/4/3	1/1/1	1/0/1	-	3/3/4	0/0/3	5/0/1	0/0/1	1/1/0
TRT/Philips	2/5/5	0/1/3	1/1/3	-	0/6/1	5/0/4	2/3/3	-	-
SAT	3/3/0	0/1/0	2/0/0	-	2/1/1	1/0/7	-	-	-
Matra	1/0/0	-	-	-	-	-	-	-	-
Jeumont-Schneider	2/0/0	1/2/0	-	-	-	-	-	0/0/1	0/0/1
Dassault	-	0/3/0	-	-	0/1/0	-	1/0/0	-	-
IBM	2/2/3	0/0/1	-	-	9/1/3	-	-	-	-
CII-H. Bull	1/0/1	-	-	-	1/1/0	-	-	-	-
CGCT/ITT	4/0/0	-	-	-	2/0/0	-	1/0/0	-	-
--------------------	-------	-------	-------	-------	-------	-------	-------	-------	-------
CNET	0/2/1	0/2/1	0/0/2	-	0/4/2	-	-	-	-
Armee	-	2/0/0	-	-	-	0/0/1	-	-	-
TDF	0/1/0	0/2/0	1/1/2	-	0/4/2	-	-	-	-
CEA	-	0/0/1	1/0/0	-	1/0/0	2/2/2	1/0/1	-	1/1/1
CNRS	-	-	-	-	-	-	-	-	-
ONERA	-	-	-	-	-	-	-	-	-
CNES	-	0/3/0	-	-	-	-	-	-	-

Tabelle 3.2-3: Patentanmeldungen am französischen Inlandsmarkt mit französischer Herkunft (1985)

Unternehmen	LE	FU	BÜ	BK	DI	LL	HF	FS	SG
Thomson	8	22	28	8	16	41	23	2	10
CGE/Alcatel	19	12	-	4	18	30	10	2	4
TRT/Philips	9	14	11	5	9	10	21	-	8
SAT	2	2	3	-	5	13	3	1	1
Matra	1	-	1	-	3	1	1	-	1
Jeumont-Schneider	1	1	-	-	-	-	-	-	-
Dassault	-	-	-	-	-	-	1	-	-
IBM	-	-	-	-	-	-	-	-	-
CII-H. Bull	3	1	-	-	4	1	-	-	-
CGCT	2	-	1	-	1	5	-	-	-
-------------------	---	---	---	---	---	---	---	---	---
CNET	3	4	8	-	6	3	1	-	1
Armee	1	-	1	-	-	1	-	-	-
TDF	1	2	7	-	6	-	1	-	-
CEA	2	-	1	1	1	15	-	1	11
CNRS	-	-	1	1	1	11	2	-	1
ONERA	-	2	-	-	-	-	2	-	-
CNES	-	-	-	-	-	-	-	-	-

Tabelle 3.2-4: Publikationen weltweit mit französischer Herkunft (1986)

Unternehmen/ Institutionen	TH	LE	FU	BÜ	BK	DI	LL	HF	FS	SG	SO
Thomson	-	-	12	2	-	10	9	16	-	1	-
CGE/Alcatel	4	13	11	5	1	16	22	3	-	3	11
TRT/Philips	1	2	7	2	-	16	2	2	1	4	4
SAT	-	-	4	2	-	7	7	1	1	-	6
Matra	1	2	5	1	-	2	2	-	1	-	-
Jeumont-Schneider	-	-	-	-	-	-	-	-	-	-	-
Dassault	-	-	-	-	-	-	-	-	-	-	-
IBM	7	-	-	1	-	1	-	-	-	1	1
CII-H. Bull	-	-	-	-	-	5	-	-	-	-	3
Transpac	-	1	-	-	1	1	-	-	-	-	2
CGCT	-	1	-	-	-	1	-	-	-	-	1
-------------------	---	---	---	---	---	---	---	---	---	---	---
CNET	9	23	16	6	2	33	37	3	-	4	25
PTT	-	3	2	-	-	4	-	-	-	-	5
CCETT/TDF	-	-	2	6	-	7	2	-	-	-	6
Armee	-	-	-	-	-	-	-	-	-	-	-
CEA	-	-	-	-	-	-	1	-	1	-	-
CNRS	13	1	1	2	-	6	14	4	1	2	3
INRIA	6	4	-	1	-	6	1	-	-	2	3
ONERA	-	-	1	-	-	-	1	2	-	-	-
CNES	-	-	8	-	-	-	2	2	-	-	1
ENST Paris	6	-	-	-	-	-	3	-	-	2	-
Univ. Rennes	-	-	12	-	-	1	3	2	-	-	-

3.3 ROLLENVERTEILUNG BEI FORSCHUNG UND ENTWICKLUNG IN DER TELEKOMMUNIKATION

3.3.1 ROLLE DES NETZBETREIBERS UND ANDERER STAATLICHER INSTITUTIONEN

Telekommunikationspolitik seit 1975

In den beiden einleitenden Abschnitten zu Frankreich wurde mehrfach deutlich, daß der Staat im Bereich von Forschung und Entwicklung allgemein und speziell auch bei der Telekommunikation eine zentrale Bedeutung hat. Eine Schlüsselrolle nimmt hier das französische Ministerium für das Post- und Fernmeldewesen (Ministère des P. et T.) ein. Diesem sind zwei weitgehend selbständige Organisationen zugeordnet: Die Generaldirektion für das Postwesen (Direction Générale de Poste) und die Generaldirektion für das Fernmeldewesen (Direction Générale des Télécommunications, DGT). Zum Verständnis der gegenwärtigen Situation von Forschung und Entwicklung in der Telekommunikation werden im folgenden ausgewählte Punkte zur Geschichte der DGT referiert, welche heute den Namen "France Télécom (FT)" angenommen hat. Dabei wurden im wesentlichen die folgenden Quellen herangezogen: Geschäftsberichte der DGT/FT; Morgan 1987, OTA 1985, 246-261; verschiedene Pressenotizen, insbesondere von AFP sowie Interviewergebnisse.

Noch in den 60er Jahren gehörte Frankreich zu den OECD-Ländern mit der niedrigsten Dichte des Telefonnetzes, ein Faktum, welches im völligen Gegensatz zu seinen damaligen technologischen Ambitionen stand. Im Rahmen eines groß angelegten Investitionsprogrammes gelang es dann der DGT, die "Krise des Telefons" zu lösen und in Frankreich als einen der ersten Industrieländer vollständig digitalisierte Vermittlungszentralen einzuführen. Dieser Erfolg verhalf der DGT zu großem Ansehen sowohl bei der Industrie als auch bei der französischen Verwaltung, worauf sich eine sehr starke Ausgangsposition für die 80er Jahre gründete.

Schon zum Ende der 70er Jahre zeichneten sich beim Ausbau des Telefonnetzes erste Sättigungserscheinungen ab, weshalb zur Förderung der Telekommunikation nach neuen Aktivitätsbereichen gesucht wurde. Eine große öffentliche Wirkung hatte hier der sogenannte Nora-Minc-Bericht, in welchem der Begriff der "Telematik" popularisiert wurde, welcher das Zusammenwachsen der Informatik mit der Telekommunikation bezeichnet. In diesem Bericht wurde als wesentliches Ziel propagiert, daß Frankreich im Bereich der

Telematik in den 80er Jahren eine internationale Spitzenstellung erreichen müsse. Als Folge wurde im Jahre 1978 der "Plan Télématique" aufgelegt, in welchen Felder wie die Bild- und Schriftkommunikation, die Satellitenübertragung oder die optische Übertragung gefördert werden sollten. Die Umsetzung dieser Programme unter der konservativen Giscard-Regierung stieß jedoch auf eine geringe Marktnachfrage und auch auf Kritik im politischen Bereich, so daß die gesteckten Ziele nicht erreicht werden konnten.

Unter der Mitterrand-Regierung ab 1981 wurde die DGT politisch wieder aufgewertet, wobei die Telematik-Strategie weitgehend übernommen wurde. Ein wesentliches Element war dabei der "Plan Câbles", durch welchen die optische Übertragung gefördert werden sollte. Aufgrund der hohen Kosten gab es aber auch hier erhebliche Schwierigkeiten, so daß nach dem erneuten Regierungswechsel der Plan Câbles 1986 zunächst gestoppt, dann aber in vermindertem Umfang weitergeführt wurde. Ein wichtiger Erfolg im Bereich der Telematik konnte aber - nach zögerndem Beginn - bei der Verbreitung von Videotex-Systemen erreicht werden, wo mit dem Teletel - dem Pendant zum deutschen Btx - im Jahre 1987 eine Zahl von 3,4 Mio. Endgeräten (Minitel) bei einer Wachstumsrate von 50 % erzielt werden konnte. Auch in anderen Bereichen wie dem Fernkopieren oder den Autotelefonen zeichnet sich nach nur durchschnittlichen Zuwachsraten zu Beginn der 80er Jahre seit 1986/87 eine neue Wachstumsdynamik ab (Funkschau 7/1989).

Der Regierungswechsel im Jahr 1981 brachte für die DGT nicht nur eine stärkere politische Anerkennung sondern gleichzeitig auch eine nicht unumstrittene Neuerung: Die Gewinne der DGT wurden teilweise dazu verwendet, das allgemeine Staatsbudget aufzufüllen sowie ein groß angelegtes Mobilisierungsprogramm für die Elektronik und Informatik zu finanzieren, wozu in den letzten Jahren dann noch die Finanzierung des Raumfahrt-Forschungszentrums CNES kam. Im Jahr 1988 wurde das Postministerium dann zum Ministerium für das Post- und Fernmeldewesen sowie die Raumfahrt (Ministère des PTE) aufgewertet. Inwieweit die Elektronik- , Informatik- und Raumfahrtförderung sich mit den Interessen der DGT decken, wird weiter unten in einem gesonderten Abschnitt diskutiert werden.

Der Regierungswechsel im Jahr 1986 brachte auch für den Bereich des Fernmeldewesens wichtige Veränderungen. So wurden in diesem Jahr Pläne einer vorsichtigen Deregulierung des Fernmeldewesens bekanntgegeben, wobei allerdings das Monopol der DGT für die öffentliche Übertragung und Vermittlung für Telefonsysteme nicht angetastet werden sollte. Um im Hinblick auf die Öffnung des europäischen Marktes im Jahr 1992 eine größere Wettbewerbsfähigkeit zu erreichen, sollte die DGT Ende 1987 in ein Staatsunternehmen ähnlich der französischen Eisenbahngesellschaft SNCF umgewandelt, was aber nicht realisiert wurde. Die Umbenennung der DGT Anfang 1988 in France Télécom (FT) hat an der Abhängigkeit von Verwaltung und Regierung nichts geändert; insbesondere besteht nach wie vor keine finanzielle Autonomie.

Weitergehende Schritte zur einer Liberalisierung des Telekommunikationsmarktes sind im Bereich der Endgeräte und der Netze für Mobiltelefone und Mehrwertdienste zu verzeichnen. So gibt es in Frankreich seit 1986 einen freien Endgerätemarkt in bezug auf Telekopierer, Modems und andere Schrift- und Bild-Terminals. Schon vor 1986 hatte jeder Telefonabonnent die Möglichkeit, nach freier Wahl Zusatzgeräte zu installieren, wobei aber durch eine restriktive Zulassungspolitik de facto die dominante Position der DGT aufrechterhalten wurde. Seit Ende 1986 kann nun auch bei einem Telefon-Erstanschluß frei gewählt werden, ob das Endgerät von France Télécom oder aber einem anderen Anbieter installiert wird. Aufgrund dieser liberalen Handhabung, die auch in großzügigeren Zulassungsverfahren ihren Ausdruck findet, gibt es in Frankreich eine Vielzahl von Herstellern von Telefon-Endgeräten, was auch in der Zusammenstellung nach Tabelle 3.1-5 zumindest für die großen Unternehmen deutlich wird.

Planungen aus dem Jahre 1986 zur Öffnung des Bereichs der Mobiltelefone wurden im März 1988 in die Realität umgesetzt. Als zweiter Betreiber neben France Télécom wurde hier die Societé Francaise du Radiotéléphone zugelassen, mit der Compagnie Générale des Eaux (41 %) und Crédit Lyonnais (20 %) als Hauptanteilseignern. Die neue Gesellschaft arbeitet im industriellen Bereich mit Alcatel Thomson Radiotéléphone (ATR) und dem finnischen Unternehmen Nokia zusammen, welches seinerseits gemeinsam mit Matra das französische Unternehmen Matra Nokia Radiomobiles besitzt. Weiterhin gibt es eine technische Kooperation mit der staatlichen Télédiffusion de France (TDF). Das neu aufzubauende Netz, welches zum System Radiocom 2000 von FT in Konkurrenz tritt, arbeitet mit einer Analogtechnik.

Ein weiteres Element der Liberalisierungspläne der Chirac-Regierung war die Freigabe von Netzen für Mehrwertdienste (VANs), die bis zu diesem Zeitpunkt nur unternehmensintern betrieben werden durften. Seit Dezember 1987 können private Netzbetreiber ihre Dienste auch Dritten anbieten, wobei als erster Interessent die Axone in Erscheinung getreten ist. Dieses Unternehmen wurde gemeinschaftlich von IBM France, Paribas und Sema-Metra im Oktober 1987 ausschließlich für das Angebot von Mehrwertdiensten gegründet. Die Matra-Tochter Matcom arbeitet ebenfalls am Aufbau eines Mehrwertnetzes, welches für gewerbliche Nutzer gedacht ist.

Im Zuge der Liberalisierungspläne des Jahres 1986 wurde als Kontrollinstanz die Commission Nationale de la Communication et Libertés (CNCL) nach dem Modell der US

Federal Communications Commission ins Leben gerufen, die zunächst aber überwiegend mit der Neuordnung des Rundfunk- und Fernsehwesens beschäftigt war. In der Telekommunikation ist die CNCL bei der Zulassung von Bewerbern für Mobiltelefon- und Mehrwertnetze beteiligt, wobei aber die eigentliche Kompetenz beim Postministerium liegt. Ein weitergehender Einfluß der CNCL ist in der Zukunft nicht zu erwarten.

Insgesamt ist es zwar wahrscheinlich, daß die private Konkurrenz im Bereich des Mobilfunks und der Mehrwertnetze den Telekommunikationsmarkt in Frankreich deutlich verändern wird. Gegenwärtig nimmt France Télécom aber noch eine faktische Monopolstellung ein, so daß sich bislang für die Strukturen der Forschung und Entwicklung in der Telekommunikation noch keine entscheidenden Veränderungen ergeben haben. Lediglich im Bereich der Endgerätehersteller gibt es eine etwas breitere Streuung, wobei aber bei den Telefon-Endgeräten die Forschungsintensität etwa im Vergleich zur öffentlichen Vermittlung gering ist.

Während das Erscheinen von neuen Betreibern beim Mobilfunk und bei den VANs gegenwärtig noch in der Anfangsphase steckt, betreibt das staatliche Unternehmen Télédiffusion de France (TDF) das Rundfunkverteilnetz schon seit langem und ist neben France Télécom somit der größte Netzbetreiber. In der Zeit der Mauroy/Fabius-Regierungen war TDF noch dem damaligen Postministerium (Ministère des Poste, Télécommunications et Télédiffusion, PTT) zugeordnet, wechselte dann aber unter Chirac zum Ministerium für Kultur und Kommunikation. Die Privatisierungspläne des damals zuständigen Ministers Léotard wurde 1987 zwar prinzipiell umgesetzt, doch blieb der Staat bei TDF nach der Rückkehr der Sozialisten an die Regierungsmacht weiterhin der Hauptanteilseigner. Anfang 1989 übernahm France Télécom 49,8 % der Anteile von TDF, wobei als wesentliches Motiv eine beabsichtigte bessere Koordination der bislang separaten Satellitennutzung von TDF und France Télécom angegeben wird.

Die von den Telekommunikationsnetzen getrennt betriebenen Fernsehkabelnetze werden überwiegend von France Télécom installiert, nach Fertigstellung aber an einen Betreiber übergeben, der von den jeweiligen lokalen Behörden bestimmt wird. Dieses ist in einigen Fällen TDF; häufig sind es aber auch private Unternehmen, an erster Stelle die Compagnie Générale des Eaux, die jedoch im FuE-Bereich keine Rolle spielen.

Rolle des CNET

Für die öffentliche Forschung und Entwicklung im Bereich der Telekommunikation sind in Frankreich verschiedene Ministerien zuständig. Abbildung 3.3-1 gibt eine Übersicht, welche Ministerien Mittel für FuE zur Verfügung stellen und welche Institutionen und Organisationen davon profitieren. Wenn auch nahezu alle genannten Institutionen direkt vom Staat abhängig und somit nicht als unabhängige Forschungsinstitute anzusprechen sind, soll ihre Rolle jedoch im Abschnitt 3.3.3 gemeinsam mit dem Beitrag der Universitäten diskutiert werden. Bei einer genaueren Analyse zeigt sich im übrigen, daß der größte Teil der Mittel für FuE in der Telekommunikation von France Télécom bzw. der DGT zur Verfügung gestellt wird, wobei die wichtigsten Empfänger das CNET und die Industrie sind, weshalb dieser Bereich im folgenden ausführlicher diskutiert werden soll.

Abbildung 3.3-1: Französische Institutionen, welche an der Finanzierung und Durchführung von öffentlicher FuE für die Telekommunikation in den 80er Jahren beteiligt waren

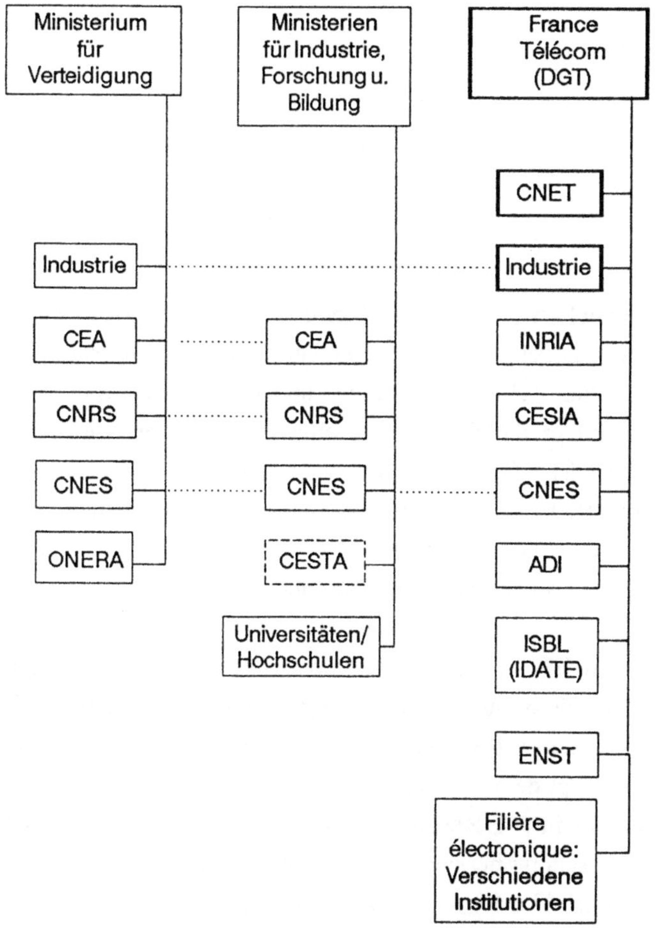

Abbildung 3.3-2: Zeitliche Entwicklung des internen FuE-Budgets des CNET 1975 bis 1987
(Quellen: CNET, DGT/FT, Geschäftsberichte, verschiedene Jahrgänge; Profit 1982, 62f)

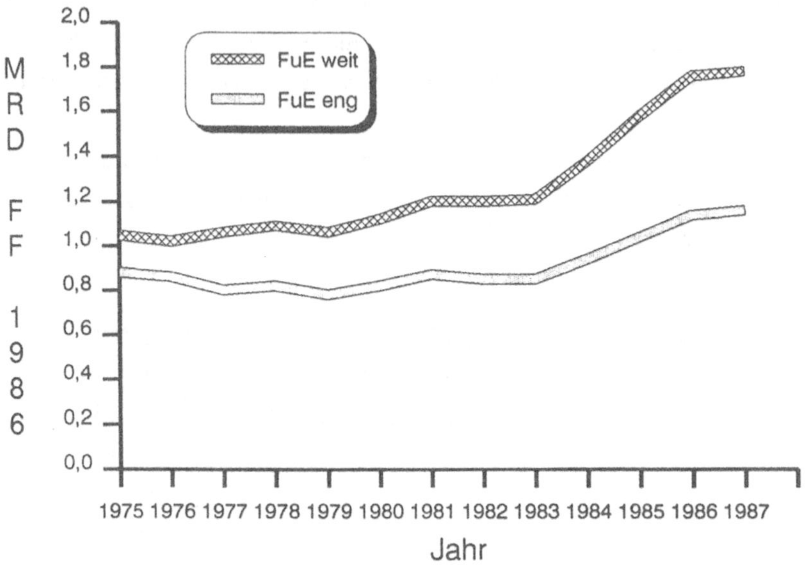

Das Centre National d'Etudes des Télécommunications (CNET) ist ein Verbund verschiedener Forschungszentren von France Télécom, dem insgesamt sieben Einzelinstitute in Paris, Lannion, Grenoble, Rennes und Caen zugeordnet sind. Innerhalb von France Télécom bildet das CNET eine abgeschlossene organisatorische Einheit; die finanzielle und fachliche Aufsicht liegt aber bei der DAII (Direction des Affaires Industrielles et Internationales). Im Jahr 1987 hatte das CNET knapp 4314 Beschäftigte, davon sind 1300 Ingenieure und Wissenschaftler. Damit ist das CNET eines der größten Forschungslabors eines nationalen Netzbetreibers, weshalb es häufig mit den Bell Laboratories von AT&T verglichen wird. Allerdings ist nicht der gesamte Etat des CNET, im Jahr 1987 1,85 Mrd. FF, im engeren Sinn dem Bereich von Forschung und Entwicklung zuzurechnen. Denn als zweite Aufgabe obliegt dem CNET auch die technische Beratung von France Télécom, also die Rolle eines technischen Zentrums, die nach der Frascati-Definition nur bedingt dem Bereich von FuE zugeordnet werden kann. Dieses ist insofern zu betonen, als in den Rechenschaftsberichten von France Télécom oder auch in den nationalen Forschungsberichten häufig in einer weiten Definition das Gesamtbudget des CNET den FuE-Aktivitäten zugerechnet wird. Das CNET selbst zählt 2432 Ingenieure und Techniker zu dem engen FuE-Bereich entsprechend 56 % der Beschäftigten. Im Rahmen dieses Kapitels wird zwischen Beratung und direkter FuE-Tätigkeit differenziert. Im internationalen Quervergleich nach Kapitel 11 wird dagegen die weite Definition verwendet, da in anderen Ländern wie z. B. Japan eine ähnliche Unterscheidung nicht nachvollziehbar ist.

Bei einer Analyse des CNET-Budgets im Zeitverlauf zeigt sich ein kontinuierlicher realer Anstieg von 1975 bis 1987. Hinsichtlich des FuE-Anteils ist aber bis 1983 eine Stagnation zu verzeichnen, der dann eine deutliche Wachstumsperiode mit einer Quote von durchschnittlich 8 % pro Jahr folgt (Abbildung 3.3-2). Diese unterschiedliche Entwicklung des Gesamt- und des FuE-Etats ist auf einen zunehmenden Anteil der technischen Beratung zurückzuführen, die 1975 16 % ausmachte, 1980 schon 27 % erreichte und jetzt auf einem Niveau von 35 % liegt. Die hier dargestellten internen FuE-Aufwendungen des CNET sind in Abbildung 3.2-1 als Eigenforschung des Netzträgers eingesetzt worden.

Die aktuelle Struktur der internen FuE-Aufwendungen zeigt Tabelle 3.3-1. Unter Telekommunikationswissenschaft sind dort Grundlagenforschungen im Bereich der Mathematik und der Physik sowie auch zu telekommunikationsbezogenen Bereichen der Sozialwissenschaften zu verstehen. Vergleicht man diese Strukturen mit der Situation in den Jahren 1976 und 1980, so fällt zunächst einmal die abnehmende Bedeutung der Netze auf, die 1976 noch 65 % und 1980 49 % der Aktivitäten vereinnahmten. Gewachsen sind dagegen die Bereiche der Grundlagenforschung (Telekommunikationswissenschaft), der Bauelemente und der Informatik, die erst in neuerer Zeit in den Geschäftsberichten als eigenständige Schwerpunkte ausgewiesen sind. Etwa konstant geblieben ist das Gebiet der Dienste und Endgeräte.

Tabelle 3.3-1: Inhaltliche Struktur des internen FuE-Budgets des CNET, 1987 (Quelle: CNET 1987)

Sachgebiet	Anteil in %
Telekommunikationswissenschaft	11
Bauteile und Technologien	25
Informatik	12
Netze	38
davon: Lokale Netze	14
Nationale und internationale Netze	14
Netzverwaltung	10
Endgeräte und Dienste	14

Von den genannten Aktivitäten des CNET sind etwa 90 % der Forschung, nur 10 % der Entwicklung zuzurechnen. Das CNET sieht es dabei als eine seiner wichtigsten Funktionen an, im Gegensatz zu den eher kurz- oder mittelfristigen Perspektiven der Industrie langfristige Aufgaben zu bearbeiten. Auf diese Weise versucht der Netzbetreiber die generellen Entwicklungslinien der Telekommunikation im nationalen Rahmen nach seinen Vorstellungen zu beeinflussen, was nach eigener Einschätzung durchaus mit gutem Erfolg erreicht wird. Es wird aber auch zugestanden, daß die Telekommunikation - etwa im Bereich der Normen - durch diese Politik eine zu stark nationale Prägung erhält, so daß französische Unternehmen im europäischen Rahmen Wettbewerbsnachteile haben.

Aufgrund der umfangreichen Forschungstätigkeit des CNET erhält seine zweite Aufgabe, die technische Beratung von France Télécom, eine besondere Qualität, weshalb es insgesamt für die französische Verwaltung eine der wichtigsten technischen Beratungsinstitutionen ist. Durch die zunehmende industrielle Konzentration im Bereich der Telekommunikation ist seine Bedeutung noch gewachsen, da bei Verhandlungen von France Télécom mit großen Unternehmen wie der CGE eine ausreichende technische Kompetenz unabdingbar geworden ist.

Analysiert man die Aktivitäten des CNET anhand der Patent- und Publikationsstatistik, ergeben sich die in Abbildung 3.3-3 dargestellten RLA- und RPA-Profile für Forschung und Entwicklung. Im Falle der Patente wurden, um genügend hohe Stückzahlen zu erhalten, die Anmeldungen am französischen Patentamt herangezogen, wobei als Vergleichsmaßstab die am Deutschen Patentamt ermittelte internationale Aktivitätsverteilung in der Telekommunikation dient. Bei der Publikationsstatistik wurde für die RLA-Berechnung ebenfalls nur die Telekommunikation, nicht die gesamte Technik, als Referenz verwendet. Hinsichtlich der Entwicklung zeigen sich ein ausgesprochener Schwerpunkt bei der allgemeinen Bildübertragung, in der Frankreich insgesamt nur durchschnittlich präsent ist (vgl. Abbildung 3.2-4). Das CNET versucht hier offensichtlich, als Vorreiter einer Schwachstelle in der industriellen FuE entgegenzuwirken. Die Aktivitäten zur Videokommunikation werden innerhalb des CNET im wesentlichen von CCETT (Centre Commun d'Etudes de Télédiffusion et Télécommunications) in Rennes getragen, welches gemeinsam von France Télécom und der TDF betrieben wird. 1987 hatte das CCETT 396 Beschäftigte, von denen 225 - also knapp 60 % - dem CNET zugeordnet waren. Nur dieser Anteil ist im FuE-Etat nach Abbildung 3.3-2 berücksichtigt, während bei den Patenten und Publikationen die Aktivitäten des CNET einschließlich der TDF dargestellt sind. Im Falle der Patente treten in diesen Fällen das CNET und die TDF gemeinsam als Anmelder auf, im Falle der Publikationen tritt das CCETT als selbständige Institution in Erscheinung. In den Tabellen 3.2-1 bis 3.2-3 sind derartige Patente mit zwei Anmeldern sowohl dem CNET als auch der TDF zugeordnet; bei der Zuordnung nach Institutionstypen gemäß Abbildung 3.2-7 sind diese Doppelzählungen wieder eliminiert.

Bei der Bildkommunikation, also den Bildtelefonen und quantitativ dominierend dem Telekopieren, liegen die RLA- und RPA-Werte des CNET für 1985/86 ähnlich wie beim Profil für Frankreich insgesamt deutlich im negativen Bereich. Bei einer Berücksichtigung der Vorjahre 1983 und 1984 liegen aber bei der Entwicklung die Zahlen des CNET auf einem überproportionalen Niveau, während die gesamtfranzösischen Aktivitäten unverändert negativ bleiben. Auch hier zeigt sich somit eine Strategie des Ausgleichs französischer Schwächen. Die Forschungen zur Faksimile-Technik (Bildkommunikation) werden innerhalb des CNET vom SEPT in Caen übernommen, einem gemeinsamen Zentrum der Post- und der Fernmelde-Direktionen, welches 1987 169 Beschäftigte hatte.

Bei der Entwicklung erweist sich die Funktechnik als weiterer, wenn auch weniger ausgeprägter CNET-Schwerpunkt, während die LWL-Kommunikation einen deutlich negativen RPA-Wert hat. In beiden Bereichen zeigt sich wieder ein vom französischen Gesamtverhalten abweichendes Muster, einmal in positiver, einmal in negativer Richtung. Eine Übereinstimmung zwischen dem Anmeldungsverhalten des CNET mit der französischen Gesamtsituation besteht lediglich in der leitungsgebundenen Kommunikation mit negativem und in der Digitaltechnik mit positivem RPA-Wert.

Abbildung 3.3-3: Aktivitätsprofile des CNET in Forschung und Entwicklung (Französische Inlandspatente 1985 bzw. Publikationen 1986)

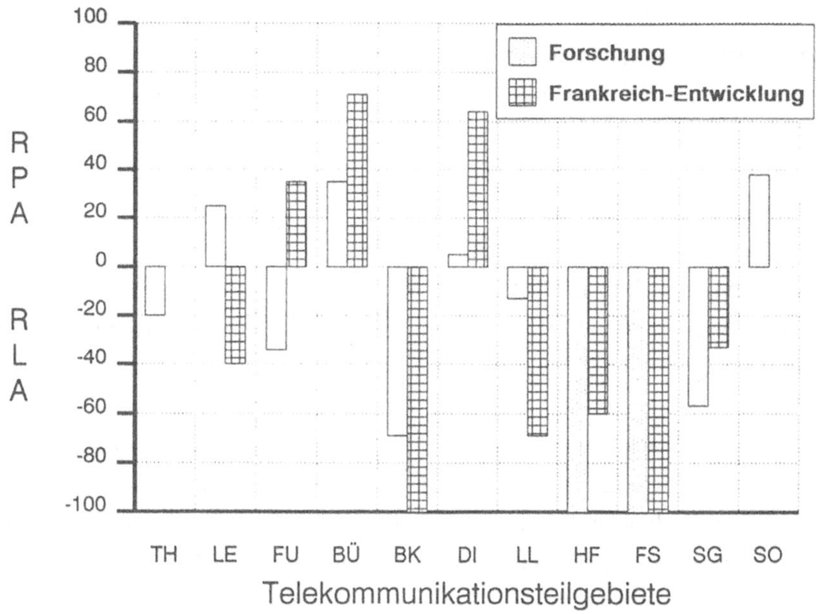

In der Publikationsstatistik und damit in der Forschung zeigen sich Strukturen, die zum Teil deutlich von den Ergebnissen der Patentstatistik abweichen. Speziell bei der leitungsgebundenen Kommunikation, der Funktechnik, der Digitaltechnik und der LWL-Kommunikation weisen die Profile auf unterschiedliche Gewichtungen von Forschung und Entwicklung hin. Bei den Publikationsindikatoren ist auf den negativen RLA-Wert bei der allgemeinen Kommunikationstheorie und den positiven Wert bei den Telekommunikationsdiensten hinzuweisen, was erneut im Gegensatz zum Verhalten der übrigen französischen Autoren steht. Auch hier verfolgt somit das CNET offensichtlich die Politik, in defizitären Bereichen der französischen Industrie aktiv zu werden, während es sich aus prosperierenden Gebieten zurückzieht.

Die Zusammenarbeit zwischen dem CNET und der Industrie gestaltet sich in verschiedener Weise, wobei über die unmittelbare Weitergabe von Forschungsergebnissen des CNET an die Industrie nur wenig Informationen zu erhalten sind. In der Literatur und in Gesprächen wird aber immer wieder deutlich, daß das CNET in wichtigen Bereichen wie der öffentlichen Vermittlung wichtige Vorlaufforschungen geleistet hat, von denen vor allen Dingen Alcatel CIT profitierte (vgl. z. B. Dang Nguyen 1988, 138). Auf die enge Zusammenarbeit zwischen Industrie und CNET deutet auch die Tatsache hin, daß Alcatel und auch TRT Forschungslabors in Lannion unterhalten, wo das CNET zwei große Institute mit zusammen rund 1500 Beschäftigten besitzt. Derartige direkte Kooperationen zwischen Industrie und CNET erfolgen im Rahmen von Verbundprojekten, an denen ein oder mehrere industrielle Partner beteiligt sind, die nach dem Geschäftsbericht von 1986 "allgemein eine erhebliche Größe" haben. Die Modalitäten der Zusammenarbeit werden durch genaue Verträge (contrats de coopération) spezifiziert. In den Geschäftsberichten des CNET von 1984 und 1986 werden als Koooperationspartner die Unternehmen Thomson, Alcatel, Bull, Matra und ESD explizit genannt, wobei die Schwerpunkte auf der Mikroelektronik liegen. Nach den nationalen Forschungsberichten (Projet de Loi, 1986, 37 und 1988, 134) laufen stets etwa 10 Verbundprojekte parallel zueinander, beispielsweise das Projekt "Monomode" zur LWL-Kommunikation, "Marathon" zum digitalen Mobilfunk oder "Visages" zum Bildtelefon. Nur zu dem Informatikprojekt "Smartix" finden sich mit Bull, CNRS und INRIA Angaben zu Kooperationspartnern.

Während die Kooperation mit großen Unternehmen in der Außendarstellung des CNET nur am Rande in Erscheinung tritt, wird der Technologietransfer zu kleinen und mittleren Unternehmen in besonderer Weise herausgestellt. Dieser Technologietransfer (Valorisation de la récherche) bezieht sich im wesentlichen auf die gewerblichen Schutzrechte des CNET, die an interessierte Unternehmen lizensiert werden. Die Zahl der von

CNET jährlich eingereichten Schutzrechtsanmeldungen ist von 1981 bis 1987 von 70 auf etwa 100 gestiegen, wobei sowohl Patente als auch Gebrauchszertifikate erfaßt sind. (Von den 107 technischen Schutzrechten des CNET aus dem Jahre 1985 wurden für Abbildung 3.3-3 lediglich 31 berücksichtigt, da zum einen nur Patente eingeschlossen sind und zum anderen die Bereiche Halbleiter-Bauelemente und Informatik nicht oder nur unvollständig in den Telekommunikationsteilgebieten enthalten sind.)

Zum Zwecke des Technologietransfers stellt das CNET seit 1985 in regelmäßigen Abständen einen Katalog mit der Beschreibung seiner Schutzrechte zusammen, der bei potentiellen industriellen Partnern verteilt wird. Die gesamten diesbezüglichen Maßnahmen werden dabei innerhalb des CNET von der DICET (Direction de l'Information et de la Coopération et des Exchanges Techniques) organisiert, die eine Patentvermittlungsstelle BVI (Service Brevets, Valorisation et Relations Industrielles) unterhält. Zwischen 1981 und 1986 konnte mit stetig steigender Tendenz die Zahl der Lizenzverträge von 25 auf 75 gesteigert werden, wobei auch die Quote der Lizenzverträge für KMU von 30 auf 75 % kontinuierlich zunahm. Diese relativ hohe Erfolgsquote wird maßgeblich durch die Verteilung der CNET-Institute über das gesamte Frankreich begünstigt, welche die Beziehungen gerade zu mittelständischen Unternehmen ohne Zweigstelle in Paris maßgeblich fördert. CNET-Lizenzen sind aus der Sicht von mittelständischen Unternehmen auch deshalb interessant, weil neben der rein juristischen Produktionserlaubnis im Bedarfsfalle CNET-Mitarbeiter in den Betrieben bei der Einführung der jeweiligen Technologie behilflich sind. Aus Sicht vieler Unternehmen ist demgegenüber die Praxis einer meist nicht-exklusiven Lizenzvergabe ein Mangel, der das damit verbundene erhöhte Investitionsrisiko schwer tragbar macht.

Eine dritte Ebene der Zusammenarbeit zwischen CNET und Industrie ist die gemeinsame Arbeit in technischen Ausschüssen, in denen Spezifikationen für zukünftige Geräte und Systeme festgelegt werden. Hier wird das CNET einerseits zwar als kompetenter technischer Partner betrachtet, der wertvolle Anregungen und Hilfestellungen für industrielle Entwicklungsarbeiten gibt, womit die Bedeutung als Forschungszentrum anerkannt wird. Andererseits tritt für viele Unternehmen die Funktion des CNET im Bereich der Gerätezulassung (Beratung der DAII) in den Vordergrund, wobei vor allem eine zu starke nationale Ausrichtung kritisiert wird. Bemängelt werden insbesondere zu hohe technische Anforderungen, die die entsprechenden Geräte oder Systeme für den internationalen Wettbewerb in unzumutbarer Weise verteuern. Ein weiterer Vorwurf bezieht sich auf eine zu starke Fixierung auf die Hardware-Seite, während auf den internationalen Märkten die Software zunehmend an Bedeutung gewinne.

Abbildung 3.3-4: Formen des Technologietransfers von France Télécom zur Industrie

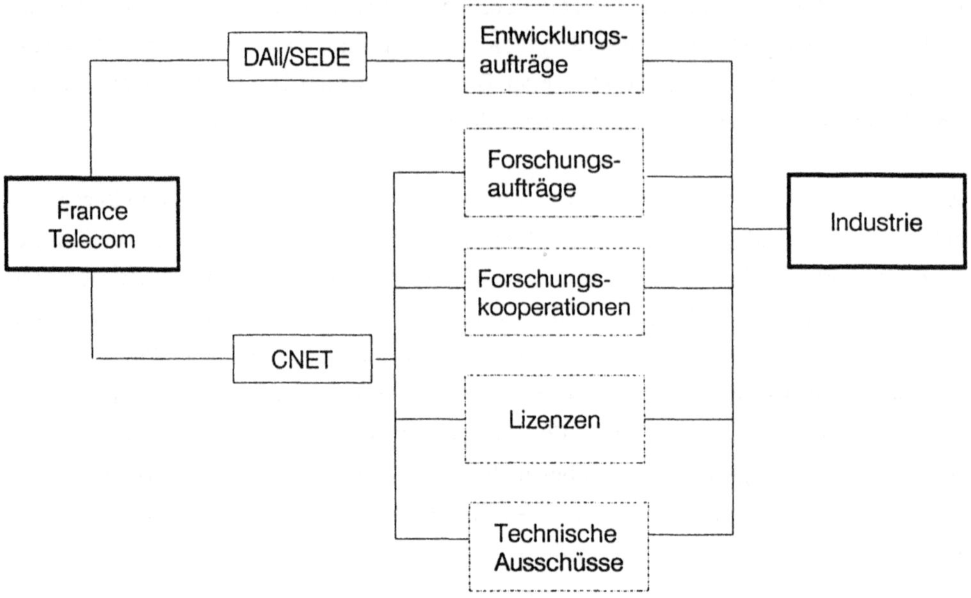

Die Industrie profitiert von den Aktivitäten des CNET schließlich in Form von FuE-Aufträgen (Marchés d'Etudes), für die zusätzlich zum genannten Grundetat von 1,85 Mrd. FF noch einmal 0,22 Mrd. FF - also etwa 12 % - verwendet werden. Derartige FuE-Aufträge, die auf dem Wege der Ausschreibung vergeben werden, sind zwar ausschließlich an den Interessen des CNET ausgerichtet und fügen sich daher nur in den seltensten Fällen in das Produktionsprogramm des Auftragnehmers ein, werden aber als Erweiterung des Erfahrungshorizontes durchaus begrüßt. Als problematisch wird jedoch häufig die Patentpolitik des CNET angesehen, welches sich als finanzierende Stelle in vielen Fällen die Verfügung über Erfindungen aus FuE-Aufträgen vorbehält. Es kommt dabei vor, daß die Lizenzrechte nicht an das Unternehmen vergeben werden, welches den FuE-Auftrag durchgeführt hat, so daß sich dieses seiner Arbeitsergebnisse "beraubt" sieht. Umgekehrt können die Unternehmen aber von Schutzrechten profitieren, die sie selbst nicht erarbeitet haben, was aber von industrieller Seite nicht als adäquater Ausgleich angesehen wird. Immerhin ist dieses Problem der Trennung von FuE-Aufträgen und Lizenzvergaben so bedeutsam, daß der Industrieverband SI3T gegenwärtig in Verhandlungen versucht, beim CNET bessere Konditionen zu erreichen. Abbildung 3.3-4 zeigt in einer Übersicht noch einmal die vier Formen des Technologietransfers vom CNET zur Industrie.

Trotz der genannten Kritikpunkte stellt das CNET ein sehr starkes Instrument des Netzträgers France Télécom dar, um die technische Entwicklung der französischen Telekommunikation nach seinen Interessen zu steuern. Die Größe des CNET sichert dabei ein ausreichendes Know-how, um auch in Forschungskooperationen mit Großunternehmen den eigenen Zielen hinreichend Nachdruck verleihen zu können. In personeller Hinsicht zeigt sich allerdings zunehmend das Problem, daß - anders als in den 70er Jahren - Industrieunternehmen höhere Gehälter als öffentliche Stellen zahlen, woraus sich beim CNET Probleme bei der Rekrutierung und Haltung qualifizierter Nachwuchskräfte ergeben. Insofern ist nicht auszuschließen, daß in den kommenden Jahren die Bedeutung der Industrie in der Telekommunikationsforschung im Vergleich zum CNET zunimmt.

Rolle der DAII

Ein weiteres, sehr bedeutendes Instrument der FuE-Förderung von France Télécom ist die Vergabe von FuE-Aufträgen, die von der DAII (Direction des Affaires Industrielles et Internationales) vergeben werden, wobei innerhalb der DAII die Abteilung SEDE (Service d'Etudes et de Développements Extérieures) unmittelbar zuständig ist. Die Mittel, die über die DAII/SEDE an die Industrie vergeben werden, betragen mehr als das Doppelte des FuE-Etats des CNET und haben daher eine große - häufig übersehene - industriepolitische Bedeutung.

In Abbildung 3.2-2 ist die Summe aus den Budgets von CNET und DAII als staatlicher Anteil der FuE-Finanzierung in der Telekommunikation eingesetzt worden. Diese Zahl liegt für 1987 mit 3,87 Mrd. FF etwas niedriger als die offiziellen Haushaltsangaben für Telekommunikation nach Abbildung 3.1-2, weil dort die technische Beratungstätigkeit des CNET dem FuE-Bereich zugeordnet ist.

Wie bereits im Zusammenhang mit Abbildung 3.2-2 diskutiert wurde, liegt aufgrund der hohen DAII-SEDE-Mittel die Staatsquote in der zivilen Telekommunikations-FuE gegenwärtig insgesamt bei 55 %. Die von der Industrie durchgeführten FuE-Arbeiten werden dabei zu 46 % durch France Télécom finanziert, von denen gerade 8 % durch das CNET, der Rest durch DAII/SEDE zur Verfügung gestellt wurden.

Im Jahre 1987 hat die DAII 2,45 Mrd. FF (ohne FuE-Aufträge des CNET) an die Hersteller vergeben, deren inhaltliche Struktur aus Tabelle 3.3-2 hervorgeht. Die DAII-Aufträge konzentrieren sich demnach eindeutig auf den Bereich der neuen Dienste, Endgeräte und Bürokommunikation, womit ein deutlich anderer Schwerpunkt als beim CNET gesetzt wird. In der Tat beziehen sich die FuE- Aufträge der DAII zu 90 % auf die Ent-

Abbildung 3.3-5: Mittelverteilung zwischen internen FuE-Aktivitäten (CNET) und externen FuE-Aufträgen (DAII/SEDE und CNET) von 1975 bis 1987 (Quelle: Geschäftsberichte von CNET und DGT/FT; Profit 1982, 65f)

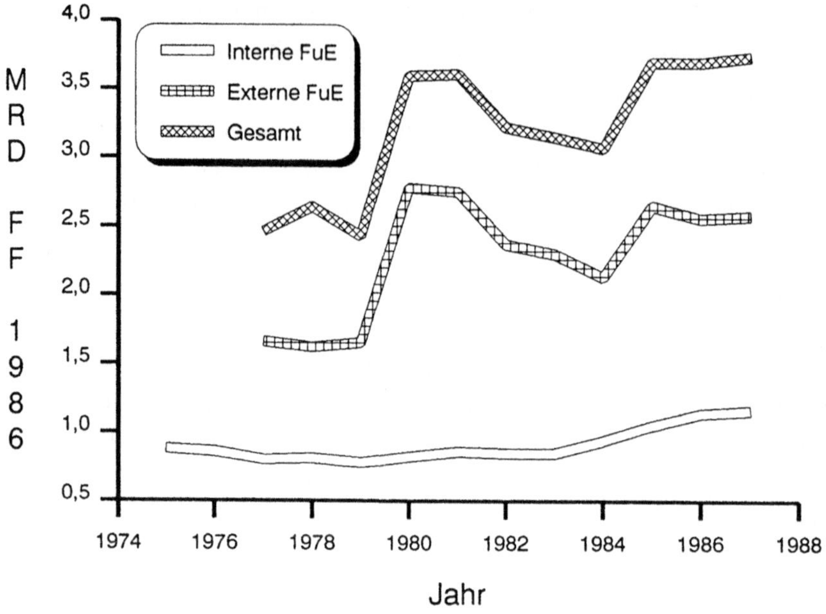

wicklung und nur zu 10 % auf die Forschung, wodurch genau die umgekehrten Strukturen wie beim CNET bestehen. Die Aktivitäten der DAII sind somit unmittelbar komplementär zu denen des CNET. Durch diese Arbeitsteilung wird einer Kritik der ausgehenden 70er Jahre Rechnung getragen, wonach die Zusammenarbeit zwischen CNET und Industrie als unbefriedigend angesehen wurde. In der damaligen Situation wurde eine stärkere Trennung zwischen Forschung und Entwicklung vorgeschlagen, die damals beide dem CNET zugeordnet waren. Die Folge waren unnötige Doppelentwicklungen bei CNET und Industrie (Arthur D. Little 1981, 65). Die Umsetzung dieser Pläne zeigt sich in einer starken Zunahme der DAII-Förderung im Jahre 1980, wodurch die FuE-Aufträge an die Industrie auf alle Bereiche der Telekommunikation ausgedehnt werden konnten (vgl. Abbildung 3.3-5). Bis zu diesem Zeitpunkt konzentrierten sich die Mittel der DAII fast ausschließlich auf die Digitalisierung von Vermittlung und Übertragung, während nach 1980 auch Videotex-Systeme, Telefonendgeräte, die LWL-Kommunikation und andere Bereiche einbezogen wurden (Profit 1982, 65).

Tabelle 3.3-2: Inhaltliche Struktur der FuE-Aufträge der DAII 1987
(Quelle: France Télécom 1987)

Sachgebiet	Anteil in %
Digitalisierung des Netzes	19,0
LWL-Übertragung und Breitbandsysteme	13,9
Neue Dienste, Terminals, Bürokommunikation	52,3
Grundlagenforschung, Bauelemente	7,6
Sonstiges	7,2

Ähnlich wie bei den externen FuE-Aufträgen des CNET können die Industrieunternehmen nicht frei über die DAII-Mittel verfügen. Vielmehr handelt es sich um konkrete Entwicklungsaufträge, die auf dem Wege der Ausschreibung vergeben werden und bei denen die beauftragten Unternehmen genaue Vorgaben zu erfüllen haben. Somit ist die DAII-Förderung ein sehr wichtiges Instrument von France Télécom, das konkrete Angebot an Telekommunikations-Geräten und -Systemen gezielt zu steuern. Die technische Beratung der DAII im Hinblick auf die Vorgaben und die Überwachung bei Industrieaufträgen leistet wiederum das CNET, das auf diese Weise auch in die Entwicklungsaktivitäten von France Télécom in erheblichem Maße einbezogen ist. Insofern kann ein gewisser Teil der technischen Beratung des CNET auch in einem engen Verständnis dem FuE-Bereich zugerechnet werden, wobei die exakte Quote aufgrund von unscharfen Definitionen in den Geschäftsberichten des CNET offenbleiben muß.

Nach Aussage von Industrieunternehmen wird in den letzten Jahren zunehmend eine Politik der Trennung von FuE- und Lieferaufträgen verfolgt, womit das entwickelnde Unternehmen nicht unbedingt den Zuschlag bei der Produktion erhält. France Télécom behält es sich dabei auch prinzipiell vor, Lieferaufträge an ausländische Unternehmen zu vergeben, was aber in der Praxis - wenigstens zur Zeit noch - äußerst selten vorkommt. Beklagt wird in einigen Fällen auch die mangelnde Konsistenz der Strategie von France Télécom, wonach in einzelnen Fällen auf FuE-Aufträge überhaupt keine Lieferaufträge folgen. Bei vertieften Rückfragen zeigt sich allerdings, daß diese Trennung einen eher formalen Charakter hat, da bei der Ausschreibung der Lieferaufträge fast immer der FuE-Auftragnehmer den Zuschlag erhält. Insofern werden hier im wesentlichen Befürchtungen der Hersteller in Bezug auf die zukünftige Politik von France Télécom deutlich. Die stärkere Orientierung am Wettbewerb, die sich in der bewußteren Trennung von FuE- und Lieferaufträgen manifestiert, ist als ein Element der im Jahre 1986 begonnenen Liberalisierungspolitik in der Telekommunikation zu betrachten.

Wenn auch die Trennung zwischen Forschung, Entwicklung und Produktion bislang kaum zur Förderung des Wettbewerbs beiträgt, hat sie aus der Sicht von France Télécom den entscheidenden Vorteil, den gesamten Entstehungsprozeß von Produkten besser kontrollieren zu können. Denn durch die regelmäßige Vergabe von FuE-Aufträgen liegen bei SEDE und CNET langjährige Erfahrungen hinsichtlich technischer Probleme, der Kosten von FuE-Arbeiten sowie der Struktur der einzelnen Hersteller vor. Dieses führt nach Auskunft der Hersteller und auch des Netzträgers zu einer Kostenreduzierung, wobei aufgrund der unterschiedlichen Strukturen ein Quervergleich zu anderen Ländern problematisch ist. Denn insgesamt liegen die Preise bei Lieferaufträgen sehr niedrig, weil die Kosten für Forschung und Entwicklung bereits im Rahmen gesonderter Aufträge abgegolten worden sind. Wie hoch bei einer Addition dieser Teilaufträge die verbleibenden Kostenvorteile sind, läßt sich allenfalls in Einzelfällen nachvollziehen. Für ausländische Wettbewerber tritt in jedem Falle bei Angeboten an France Télécom das Problem auf, daß sie in ihrer Kalkulation von Produktpreisen die FuE-Kosten einbeziehen müssen, während diese bei französischen Herstellern schon bei vorhergehenden FuE-Aufträgen angefallen sind.

Soweit im Rahmen von DAII-Aufträgen gewerbliche Schutzrechte entstehen, werden diese prinzipiell an das CNET übertragen, wobei hinsichtlich der Lizenzvergabe dieselben Kriterien wie bei der externen Forschung des CNET angewendet werden. Die Zahl der Patente aus Entwicklungsaufträgen der DAII ist allerdings in Relation zu den sonstigen CNET-Schutzrechten gering.

Bei einer genaueren Betrachtung der Patentpolitik von France Télécom zeigt sich eine deutliche Diskrepanz zwischen dem nach außen vertretenen Anspruch und der realen Umsetzung. Denn bei weitem nicht alle Schutzrechte, die im Rahmen von durch CNET oder SEDE finanzierten FuE-Aufträgen entstanden sind, werden wirklich dem CNET überschrieben. Dieses ergibt sich unmittelbar aus den Größenverhältnissen in den Tabellen 3.2-1 bis 3.2-3, wonach das CNET im Inland 3 %, im Ausland 7 % aller französischen Patentanmeldungen zur zivilen Telekommunikation hält. Dieser Anteil steht in keiner Relation zu der Tatsache, daß France Télécom etwa die Hälfte aller diesbezüglichen FuE-Arbeiten finanziert. Tatsächlich verzichten CNET und DAII bei den meisten FuE-Aufträgen von vornherein auf eigene Schutzrechtsansprüche, so daß das Profil nach Abbildung 3.3-3 weitgehend die eigenständigen CNET-Aktivitäten widerspiegelt. Ein offensichtliches Mißverhältnis besteht aber auch noch angesichts der Tatsache, daß allein die Eigenforschung des CNET rund 15 % der französischen FuE-Aktivitäten in der zivilen Telekommunikation umfaßt. Dieses erklärt sich im wesentlichen aus der starken Forschungs- und schwachen Entwicklungsorientierung, so daß nur in begrenztem Umfang patentierfähige Ergebnisse anfallen.

Die genannten Disproportionalitäten basieren allerdings im wesentlichen auf den hohen Patentanmeldezahlen der großen Unternehmen wie Alcatel, die mit dem CNET weniger durch FuE-Aufträge als vielmehr durch eine Zusammenarbeit in Gemeinschaftsprojekten verbunden sind. Hier gehen die entstehenden Schutzrechte offensichtlich weitgehend an die industriellen Partner über.

Nur in Ausnahmefällen vergeben DAII oder CNET sogenannte freie FuE-Aufträge (Marchés d'études libres), bei denen zwar die Ziele festgelegt sind, die Unternehmen aber einen weiten Rahmen der inhaltlichen Ausgestaltung haben. Ansonsten können kleinere Hersteller, die nicht an Verbandprojekten beteiligt sind, FuE-Arbeiten nach eigenen Bedürfnissen nur über Aufträge von privater Seite oder aus dem Ausland finanzieren, da France Télécom bei seinen Bestellungen wie erläutert nur die reinen Produktionskosten bezahlt. Aufgrund der starken Orientierung der FuE-Aufträge von France Télécom an den nationalen Bedingungen sind für das Ausland jedoch häufig erhebliche Anpassungs- oder gar Neuentwicklungen erforderlich. Infolgedessen fühlen sich viele französische Unternehmen gegenüber den Konkurrenten benachteiligt, die sich bei der FuE-Finanzierung für das Ausland aufgrund größerer Freiräume stärker auf Inlandsaufträgen abstützen können. Hier dürfte neben einer Reihe anderer Erklärungen zumindest **eine** Ursache für den gegenwärtigen Rückgang der französischen Exporte in der Telekommunikation (vgl. Abbildung 3.1-4) liegen.

Insgesamt gesehen, ist das französische System der öffentlichen FuE-Förderung aus der Sicht des Netzbetreibers zwar sehr effektiv, da er nur die Arbeiten bezahlt, die seinen unmittelbaren Interessen entsprechen. Aus der Sicht der Industrie ergibt sich daraus aber eine inhaltliche Einengung, die dem Ziel einer internationalen Konkurrenzfähigkeit entgegensteht. Die besonderen FuE-Strukturen führen aber umgekehrt auch zu Wettbewerbsnachteilen ausländischer Anbieter auf dem französischen Markt.

Förderung von Forschungsinstituten durch France Télécom

In der Darstellung zur Telekommunikationspolitik in Frankreich wurde bereits kurz angesprochen, daß die sozialistische Regierung Anfang der 80er Jahre begann, in größerem Umfang auf das Budget der DGT zur Finanzierung des regulären Haushalts zurückzugreifen. Finanztechnisch handelt es sich um ein Nebenbudget (Budget annexe), welches dem regulären Budget (BCRD) zugeordnet ist. Dieses ist nicht mit dem Sonderbudget von DGT/FT für die Telekommunikationsforschung zu verwechseln, welches außerhalb des regulären Budgets (hors BCRD) steht (vgl. Abbildung 3.1-2). Im Zuge dieser Budgetabschöpfungen wurden der DGT/FT im Laufe der Zeit verschiedene Forschungsinstitutionen unterstellt, die ursprünglich durch das Ministerium für Forschung und Technologie finanziert wurden und die einen mehr oder weniger großen Bezug zur Telekommunikation haben (vgl. Tabelle 3.3-3).

Tabelle 3.3-3: Von France Télécom finanzierte Forschungsinstitutionen mit Telekommunikationsbezug 1987
(Quelle: Projet de Loi, R et D, 1988)

Institution	Budget in Mrd. FF
INRIA	0,256
ADI	0,149
CESIA	0,026
CNES	4,377

Beim INRIA (Institut National de Recherche en Informatique et en Automatique) handelt es sich um das führende französische Forschungsinstitut im Bereich der Informatik, welches im Jahre 1979 gegründet wurde und dessen Hauptsitz in der Nähe von Paris liegt. Angesichts der fließenden Grenzen zwischen Informatik und Telekommunikation kann im Falle des INRIA nicht präzise gesagt werden, wie hoch dessen Beitrag zur Telekommunikationsforschung ist; aus den im nationalen Forschungsbericht für 1987 ausgewiesenen Aktivitätsschwerpunkten können eventuell die Bereiche Datenbanken, Computernetze und Bildsynthese der Telekommunikation zugeordnet werden. Das INRIA arbeitet in Rennes und Grenoble mit dem CNET auf den Gebieten der Software, der Rechnerarchitektur und der Schrift- und Bild-Kommunikation zusammen. Entsprechend seiner Ausrichtung auf die Informatik erscheint das INRIA bei den Publikationen vor allem in der allgemeinen Informations- und Kommunikationstheorie sowie bei der Digitaltechnik; Patente sind dagegen nicht zu verzeichnen (vgl. Tabellen 3.2-1 bis 3.2-4). Die Finanzierung des INRIA durch die DGT begann im Jahre 1984 und soll auch in Zukunft fortgeführt werden. Angesichts der FuE-Aufwendungen von CNET und DAII von zusammen 3,87 Mrd. FF im Jahr 1987 ist der Beitrag des INRIA zur Telekommunikationsforschung bei der Berechnung des nationalen Gesamtbudgets in jedem Falle zu vernachlässigen.

Die ADI (Agence de l'Informatique) wurde im Jahre 1981 gegründet und wird seit 1983 von der DGT finanziert. Der inhaltliche Schwerpunkt liegt wie bei der INRIA auf der Informatik, wobei die ADI keine Eigenforschung durchführt, sondern Mittel verteilt und Forschungsprogramme verwaltet. Eine weitere Aufgabe der ADI ist die Ausbildung von qualifizierten Nachwuchskräften. Auch der Beitrag der ADI zur französischen Telekommunikationsforschung ist somit vernachlässigbar.

Im Falle des CESIA (Centre d'Etudes des Systemes d'Information des Administrations) handelt es sich um ein sehr kleines Institut, welches sich mit der Bürokommunikation in der öffentlichen Verwaltung befaßt, so daß auch hier - schon angesichts des geringen Budgets - kein nennenswerter Beitrag zur Telekommunikationsforschung vorliegt. Die Rolle des in Tabelle 3.3-3 aufgeführten CNES wird weiter unten gesondert diskutiert.

Förderung der Filière Electronique

Neben den genannten Institutionen im Bereich der Informatik finanziert France Télécom ein umfangreiches Mobilisierungsprogramm "Filière Electronique" (PMFE), welches ebenfalls überwiegend auf die Informatik ausgerichtet ist. Die Pläne für dieses Programm wurden in den Jahren 1981 und 1982 unter der Regierung Mauroy ausgearbeitet, wobei neben dem Postministerium auch das Industrie- und das Verteidigungsministerium beteiligt waren. In dem Bericht der Arbeitsgruppe (MRT 1982) wird in den einführenden Erläuterungen vor allem auf das technologische Defizit Frankreichs im Bereich der Informatik abgehoben. Durch das Mobilisierungsprogramm sollte dabei der Abstand zu den USA deutlich verringert und auf diese Weise die Position auf dem Weltmarkt verbessert werden. Gleichzeitig wird die Idee der Telematik wieder aufgegriffen, wonach die Integration von Informatik und Telekommunikation gefördert werden müsse.

Das Programm, welches im Jahre 1984 anlief, wurde in Form von sogenannten nationalen Projekten und integrierten Forschungsprogrammen umgesetzt. Die nationalen Projekte (Projets Nationaux) zielen auf Fragen der angewandten Forschung und Entwicklung, wobei in einer mittelfristigen Perspektive konkrete Resultate erreicht werden sollen. Unter der Verwaltung der oben erwähnten ADI arbeiten dabei neben öffentlichen Forschungsinstitutionen vor allem auch Industrieunternehmen an der Realisierung mit. Auf diese Weise soll der Technologietransfer von der öffentlichen Forschung zur Industrie verbessert und auch die FuE-Aktivitäten zwischen den Unternehmen besser koordiniert werden. In dem Bericht der Arbeitsgruppe "Filière Electronique" wurden in diesem Bereich 14 Teilprojekte vorgeschlagen (MRT 1982, IV-4):

- Großrechner für wissenschaftliche und industrielle Anwendungen,
- Grundbausteine für die Klein- und Mikroinformatik,
- Systeme der Konsumelektronik,
- Optische Anzeigen,
- Ergonomie der Informatik,
- Rechnergestützte Lehrprogramme,
- Integrierte Kommunikationssysteme (ISDN),
- Breitband-Netze,
- Konzeption und Herstellung großer integrierter Schaltkreise,
- Rechnergestützte Produktplanung und -fertigung,
- Module zur Spracherkennung und -verarbeitung,
- Elektrografische Module,
- Elektronisches Publizieren und
- Rechnergestützte Sprachübersetzung.

An diesem Katalog wird deutlich, daß das PMFE schon in der Planung sehr stark auf die Informatik ausgerichtet war und lediglich die ISDN-Kommunikation und die Breitbandnetze einen unmittelbaren Bezug zur Telekommunikation aufwiesen. In der konkreten Umsetzung wurden dann die folgenden nationalen Projekte definiert:

- In dem Projekt "SM90" geht es um die Entwicklung eines Kleinrechners.
- In dem Projekt "Génie Logiciel" steht die strukturierte Softwareentwicklung im Vordergrund.
- Das Projekt "Optische Anzeige" befaßt sich mit dem visuellen Teil der Kleinrechnerentwicklung SM90.
- Im Projekt "Wissenschaftliche Großrechner" wird die eigenständige Entwicklung einer französischen Großrechnerlinie in Angriff genommen.
- Das Projekt "CAO-VLSI" zielt auf die Konzeption hochintegrierter Schaltkreise.
- Im Bereich "Konsumelektronik (Electronique Grand Public)" handelt es sich um die Digitalisierung des Fernsehens und von Videoaufzeichnungen.

In der Umsetzung finden sich somit bei den nationalen Projekten des PMFE fast ausschließlich Vorhaben aus dem Bereich der Informatik, deren Bezug zur Telekommunikation nur noch vage ist. Auch in dem Teilprojekt "Konsumelektronik" sind Ziele angesprochen, die weniger in den Aufgabenbereich von France Télécom, als vielmehr von TDF fallen.

In den integrierten Forschungsprogrammen (Programmes de Recherches Coordonnées, PRC) arbeiten überwiegend öffentliche Forschungsinstitutionen, im wesentlichen CNET,

INRIA, CNRS, CEA und auch Universitäten zusammen. Nur in Ausnahmefällen sind auch Industrieunternehmen in die Programme eingeschlossen. Im einzelnen handelt es sich um folgende Forschungsthemen:

- Mikroelektronik auf Siliziumbasis,
- Struktur von Programmiersprachen (Communication - Concurrence et Coopération),
- Fortgeschrittene Programmiersprachen,
- Kommunikation Mensch-Maschine,
- Fortgeschrittene Datenbanken,
- Mikroelektronik auf der Basis von III-V-Halbleitern,
- Künstliche Intelligenz,
- Informatik und Linguistik und
- Mathematik und Informatik.

Auch bei den integrierten Forschungsprogrammen gibt es somit kaum Bezüge zur Telekommunikation. Diese im Forschungsbericht 1986 (Projet de Loi, R et D, 1986, 225ff) beschriebene Programmstruktur hat sich auch in neuerer Zeit nicht geändert, wie aus dem Forschungsbericht für 1988 (Projet de Loi, R et D, 1988, 137) hervorgeht. Als wesentliches neues Element werden hier lediglich Forschungen zum Bereich der Supraleitung erwähnt.

Eine vertiefte Diskussion über die Frage, inwieweit das PMFE seine Ziele erreicht hat bzw. erreichen wird, würde den Rahmen der vorliegenden Untersuchung überschreiten. Schon anhand der obigen Projektliste wird aber deutlich, daß die FuE-Bemühungen sehr weit über den gesamten Bereich der Informatik gestreut sind ("Gießkannenprinzip") und eine Konzentration auf wenige realistische Ziele nicht zu erkennen ist. Der hohe Anspruch einer deutlichen Verringerung des Rückstandes gegenüber den USA, welcher in der Planungsphase des PMFE formuliert worden war (MRT 1982), kann auf diese Weise sicherlich nicht eingelöst werden.

Aus der Sicht von France Télécom trägt das Programm wenig zum Bereich der Telekommunikation bei, auch wenn man die breitere Perspektive der Telematik im Auge hat. Für die Investitions- und FuE-Politik von France Télécom ist vielmehr die hohe finanzielle Belastung von Bedeutung, die zeitweise den eigentlichen FuE-Etat für die Telekommunikation noch überstiegen hat. Bei einer Analyse der finanziellen Belastungen von France Télécom ist zu berücksichtigen, daß im PMFE nicht nur FuE-Aktivitäten im Bereich der Informatik gefördert, sondern auch Kapitalaufstockungen von von verstaatlichten Elektronik-Unternehmen durchgeführt wurden. Hierzu gehören insbesondere

Bull, die CGCT, die CGE und Thomson. Bei dem zu Beginn der 80er Jahre defizitären Unternehmen Bull konnte auf diese Weise eine Sanierung der Finanzen erreicht werden, während die CGCT nicht aus der Verlustzone herauskam, was ein wesentliches Motiv für den Verkauf an Matra und Ericsson war. Bei dieser finanziellen Unterstützung von Unternehmen handelt es sich aus französischer Sicht übrigens nicht um Subventionen, da keine privaten Unternehmen davon profitieren konnten. Vielmehr habe der Staat in seine eigenen Unternehmen investiert, so daß ein Vergleich etwa mit deutschen Verhältnissen nicht möglich sei.

Abbildung 3.3-6: Belastungen von France Télécom durch das PMFE ("Filière Electronique") nach Planungsdaten (Soll) und tatsächlichen Abschöpfungen (Ist); KT bedeutet Kapitaltransfer
(Quelle: Projet de Loi, R et D, verschiedene Jahrgänge; Rausch 1986, 85; AFP, 26. April 1986, 7. September 1988)

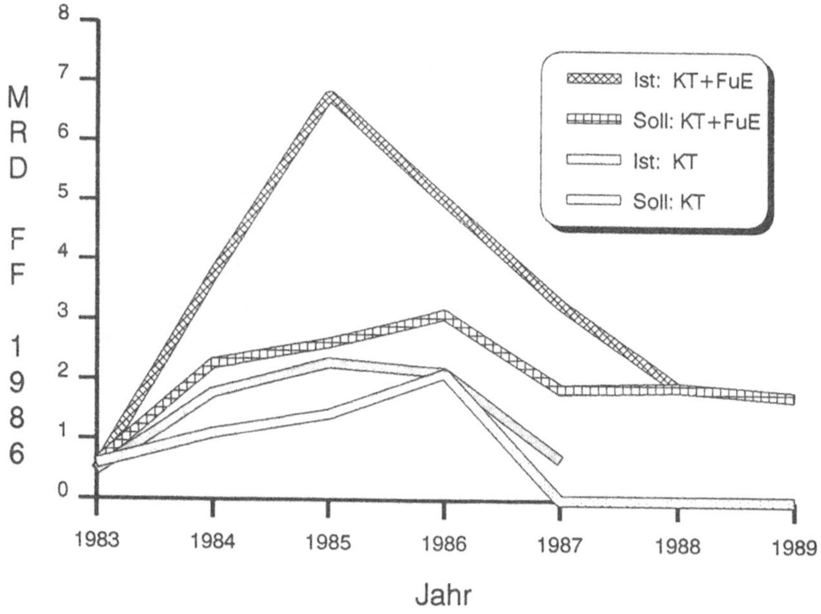

Abbildung 3.3-6 zeigt die Belastungen von France Télécom durch das PMFE, wobei die Planungsdaten den tatsächlichen Werten gegenübergestellt sind. Demnach mußte France Télécom sehr hohe Summen abführen, wobei im Jahre 1985 ein Maximalwert von 6,5 Mrd. FF erreicht wurde. Abgesehen von dieser absoluten Höhe war zusätzlich die Unkalkulierbarkeit des tatsächlichen Mitteltransfers belastend, was sich in Abbildung 3.3-6 an der sehr großen Differenz zwischen den Planungsdaten und den tatsächlichen

Werten zeigt. Auf diesem Hintergrund wird es verständlich, wenn in einem Expertenbericht an den französischen Senat (Rausch 1986, 85ff) im Jahre 1986 eine Entlassung der damaligen DGT aus dem PMFE gefordert wurde. Auch der damalige Postminister Longuet forderte einen Rückzug aus dem Programm und eine Übertragung auf das Industrieministerium (AFP, 26. April 1986). Diese Forderungen führten aber lediglich zu einer Reduzierung der Kapitalaufstockungen in der Industrie von 2,1 Mrd. FF im Jahre 1986 auf 0,7 Mrd. FF im Jahre 1987, zumal unter der Regierung Chirac ohnehin die Reprivatisierung von verstaatlichten Unternehmen im Vordergrund stand. Der FuE-Bereich des PMFE soll auch im Jahre 1989 fortgeführt werden, obwohl das Programm ursprünglich auf fünf Jahre limitiert war und 1988 hätte auslaufen müssen.

Budgetabschöpfungen bei France Télécom

Zusätzlich zum PMFE wurde im Jahre 1984 die Förderung des Raumfahrtinstituts CNES (Centre National d'Etudes Spatiales) in das Nebenbudget von France Télécom hineingenommen. Da in den Jahren 1984 und 1985 ein kleiner Teil der Mittel vom damaligen Ministerium für Forschung und Technologie übernommen wurde, ist das CNES in Abbildung 3.3-1 nicht allein France Télécom zugeordnet. Im Jahre 1987 betrugen die Aufwendungen für das CNES 4,4 Mrd. FF; sie sollen im Jahre 1989 5,6 Mrd. FF erreichen. Für France Télécom ergeben sich daraus aber kaum Vorteile, da die Telekommunikation mit einem Volumen von 0,26 Mrd. FF im Jahre 1987 nur einen sehr kleinen Anteil an dem Gesamtbudget des CNES einnimmt (Projet de Loi, R et D 1988, 22). Bei den erwähnten Aktivitäten handelt es sich um ein Programm zur verbesserten Nutzung von Telekommunikations-Satelliten.

Im Nebenbudget von France Télécom sind außer den verschiedenen FuE-Förderungen auch allgemeine Überweisungen an das Staatsbudget enthalten, deren Höhe von 2,8 Mrd. FF im Jahre 1982 auf 8,4 Mrd. FF im Jahre 1987 gestiegen ist. Abbildung 3.3-7 zeigt den Gesamtumfang des Nebenbudgets von France Télécom seit 1982, wobei auch die Planungsvorgaben für 1989 eingeschlossen sind. Demnach ist die maximale Belastung von 20,3 Mrd. FF im Jahre 1986 deutlich reduziert worden, wobei aber auch das derzeitige Niveau von etwa 15 Mrd. FF noch sehr hoch ist, weil es etwa 16 % des Gesamtumsatzes von France Télécom (95,5 Mrd. FF in 1987) oder der Hälfte der Investitionen (34,2 Mrd. FF in 1987) entspricht. Angesichts dieser Belastungen ist es verständlich, daß sich France Télécom weiter verschulden mußte (Rausch 1986, 87; Dang Nguyen 1988, 137 und 151), anstatt Schulden aus den 70er Jahren zu tilgen. Französische Industrievertreter sehen auch einen engen Zusammenhang zwischen der in den letzten Jahren rückläufigen öffentlichen Nachfrage nach Telekommunikationsausrüstungen und den hohen

Budget-Abschöpfungen bei France Télécom (vgl. Abbildung 3.1-4). Denn in einigen Bereichen, etwa bei den optischen Kabeln, besteht durchaus ein deutlicher Investitionsbedarf (Dang Nguyen 1988, 151), wobei eine entsprechende Nachfrage die Situation vieler Hersteller stabilisieren könnte. Aus der Sicht einiger Experten wiegt dieser negative Aspekt der mangelnden Nachfrage schwerer als der positive Aspekt der FuE-Förderung durch CNET oder DAII. In jedem Falle werden durch die übermäßige Nutzung des Nebenbudgets von France Télécom die Perspektiven der französischen Telekommunikation zweifellos beeinträchtigt.

Abbildung 3.3-7: Gesamtumfang der Budget-Abschöpfungen bei France Télécom (Quelle: Projet de Loi, R et D, verschiedene Jahrgänge; Rausch 1986, 85; AFP, 26. April 1986, 7. September 1988)

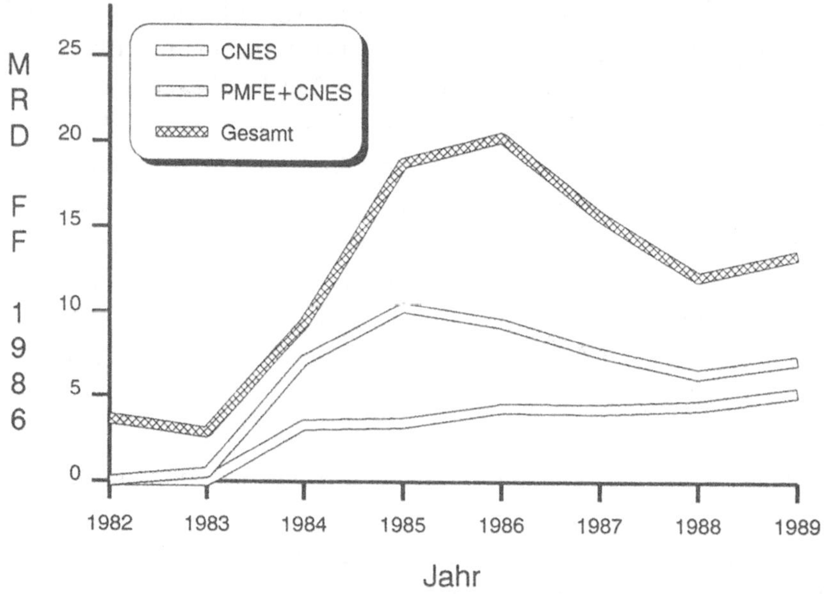

FuE-Förderung des Ministeriums für Verteidigung

Wie bereits in Abschnitt 3.1 dargestellt wurde, verfügt das Ministerium für Verteidigung über ein sehr hohes FuE-Budget von 25 Mrd. FF im Jahre 1987, wobei seit 1981 eine reale jährliche Steigerung von durchschnittlich 1 % zu verzeichnen ist. Auf staatlicher Seite geht der größte Teil dieser Mittel an die dem Ministerium zugeordnete DGA (Délégation Générale pour l'Armement), die über verschiedene FuE-Zentren mit insgesamt 15000 Beschäftigten verfügt. Dazu kommt das ONERA (Office National d'Etudes et de

Recherches Aérospatiales, 2100 Beschäftigte) sowie ein großer Teil des CEA (Commissariat à l'Energie Automique, 6000 Beschäftigte). In vielen Fällen werden FuE-Mittel auch an Hochschullaboratorien vergeben, die in der Regel dem CNRS zugeordnet sind (Näheres dazu in Abschnitt 3.3.3). Das Verteidigungsministerium engagiert sich schließlich zu kleineren Teilen an der Finanzierung des Raumfahrtzentrums CNES und am PMFE.

Die genauen Fördersummen des Verteidigungsministeriums für einzelne Institutionen, Programme oder Fachbereiche sind in den jährlichen nationalen Forschungsberichten nur sehr lückenhaft und in hochaggregierter Form dokumentiert, wobei die Präzision der Angaben im Laufe der 80er Jahre nachläßt und im Bericht für 1989 die entsprechenden Angaben vollständig fehlen. Zur groben Abschätzung der FuE-Ausgaben im Bereich der Telekommunikation bleibt nur der Weg, auf die noch relativ genauen Angaben für das Jahr 1984 zurückzugreifen (Projet de Loi, R et D, 1985, 47ff). Von dem damaligen FuE-Etat von insgesamt 20,2 Mrd. FF wurden 27,2 % oder 5,5 Mrd. FF für die Elektronik ausgegeben, wobei aber keine weitere Aufschlüsselung vorgenommen wird. Der Anteil der Grundlagenforschung (Etudes en amont) betrug 5 Mrd. FF, also ungefähr ein Viertel des Gesamtetats, eine Quote, die bis heute nahezu unverändert geblieben ist. Der Anteil der externen FuE wird mit "über 70 %" beziffert.

Innerhalb der Grundlagenforschung ist mit 16,9 % ein Bereich "Telekommunikation - Entdeckung - Gegenmaßnahmen" ausgewiesen, wobei unter "Entdeckung" und "Gegenmaßnahmen" im wesentlichen Radarsysteme und -geräte zu verstehen sind. Eine genaue Geldsumme läßt sich für diesen Bereich aber nicht angeben, da bei dieser Aufstellung die Nukleartechnik nicht aufgeführt ist, die bei den Gesamtausgaben knapp 20 % ausmacht. Unter der Voraussetzung, daß die Nukleartechnik im Bereich der Grundlagenforschung ebenfalls etwa 20 % einnimmt und daß für den Bereich "Telekommunikation - HF-Telemetrie" die Quote von einem Viertel für die Grundlagenforschung zutrifft, ergeben sich hier für 1984 FuE-Gesamtausgaben von 2,7 Mrd. FF oder 13 %. Hochgerechnet auf 1987 wären dies 3,25 Mrd. FF. Trotz der Vielzahl von unsicheren Annahmen ist dieser Betrag nicht unrealistisch, da er etwa 8 % des Gesamtumsatzes des Industrieverbandes SPER (41,3 Mrd. FF für 1987) ausmacht, dessen Aktivitäten zu 80 % auf die Radar- und Navigationstechnik gerichtet sind.

<u>Gesamtstrukturen der FuE-Aktivitäten</u>

Bei einer weiten Definition der Telekommunikation, die die HF-Telemetrie einschließt, liegen die FuE-Aufwendungen von France Télécom und von seiten des Verteidigungsministeriums auf etwa demselben Niveau. Bei einer engen Definition ist aber der Beitrag des Verteidigungsministeriums zur Telekommunikations-Forschung und -Entwicklung zweifellos gering, da in den erläuternden Texten der verschiedenen Forschungsberichte lediglich die Funkkommunikation über Satelliten einen expliziten Bezug zur zivilen Telekommunikation aufweist. Insofern gibt die Darstellung nach Abbildung 3.2-2 sicherlich die Gesamttrends in der öffentlichen FuE-Förderung für die zivile Telekommunikation in zutreffender Weise wieder, auch wenn die Mittel aus dem Verteidigungshaushalt nicht berücksichtigt sind.

Bei der Berücksichtigung aller Institutionen und Quellen, die oben erläutert wurden, ist es realistisch, neben den FuE-Ausgaben von France Télécom in Höhe von 4,5 Mrd. FF (einschließlich Beratung) im Jahre 1987 zusätzlich von maximal 0,5 Mrd. FF entsprechend zusätzlich 13 % an öffentlichen FuE-Mitteln für die zivile Telekommunikation auszugehen. Dieses entspricht insgesamt einem Anteil der öffentlichen Finanzierung von 61 % (5 Mrd. FF).

Tabelle 3.3-4: Gesamtaufwendungen für FuE in der französischen Telekommunikation im Jahre 1987 in Mrd. FF und Mrd. $ ($-Angaben in Klammern)

Ausführende Stelle	Zivile FuE	Wehrtechnische FuE	Gesamt
France Télécom	1,85 (0,25)		1,85 (0,25)
• CNET FuE	• 1,20 (0,16)		
• CNET Beratung	• 0,65 (0,09)		
DGA (incl. Institute)		0,8 (0,11)	0,8 (0,11)
Hersteller	5,85 (0,79)	6,2 (0,84)	12,05 (1,63)
• Eigenmittel	• 3,18 (0,43)	• 3,7 (0,5)	
• FT-Mittel	• 2,67 (0,36)		
• DGA-Mittel		• 2,5 (0,34)	
Hochschulen u. Institute	0,5 (0,07)		0,5 (0,07)
• Nebenbudget Ft	• 0,4 (0,06)		
• Sonstige Ministerien	• 0,1 (0,01)		
Gesamt	8,2 (1,11)	7,0 (0,95)	15,2 (2,06)

Legt man die weite Definition zugrunde, welche die rüstungsbezogene Telekommunikation einschließt und auch der Patent- und Publikationsstatistik zugrundeliegt, kann man von öffentlichen Ausgaben von über 8 Mrd. FF im Jahr 1987 ausgehen. Aufgrund der Geheimhaltung im militärischen Bereich läßt sich derzeit nicht genau sagen, wie hoch der FuE-Anteil der Industrie in der rüstungsbezogenen Telekommunikation ist. Eine Quelle gibt immerhin für 1985 für den SPER eine FuE-Summe in Höhe von 6 Mrd. FF bei einer Staatsquote von 40 % an, die zwölf Jahre zuvor bei 55 % gelegen habe (GIEL 1985, 11). Zählt man die nur ungefähr zu spezifizierende Eigenforschung des Verteidigungsministeriums hinzu, ergibt sich für 1985 eine öffentliche Förderquote von etwa 55 bis 60 %, was der Situation im zivilen Bereich entspricht.

Ausgehend von diesen Zahlen läßt sich nunmehr die Gesamtstruktur der französischen Telekommunikations-FuE nachzeichnen, wobei insbesondere die verteidigungsbezogenen Angaben mit den erwähnten, erheblichen Unsicherheiten behaftet sind. In Tabelle 3.3-4 sind diese Daten in Francs und Dollar zusammengestellt, wobei ein Umrechnungskurs von 1:7,4 zugrundegelegt wurde.

Eine graphische Darstellung der daraus resultierenden Strukturen findet sich in der Zusammenfassung.

3.3.2 ROLLE DER INDUSTRIE

In Abschnitt 3.2 sind die Strukturen der französischen Telekommunikationsindustrie diskutiert worden, wobei für die größten Unternehmen die Aktivitätsschwerpunkte gemessen an den Umsatzzahlen erläutert wurden (vgl. Tabelle 3.1-5). Im folgenden wird für dieselben Unternehmen untersucht, welche Strukturen im Bereich von Forschung und Entwicklung vorliegen.

Alcatel/CGE

Durch die Gründung von Alcatel NV durchläuft der FuE-Bereich für die Telekommunikation bei der CGE derzeit erhebliche Veränderungen, weshalb dieses Unternehmen nicht zu einem Gespräch bereit war. Aufgrund anderer Quellen lassen sich dennoch wesentliche Tendenzen aufzeigen. Nach dem Geschäftsbericht der CGE für 1987 wurden in der gesamten CGE-Gruppe 8,3 % des Umsatzes oder 10 Mrd. FF für Forschung und

Entwicklung ausgegeben. Bezogen auf Alcatel NV betragen die FuE-Ausgaben 10 % des Umsatzes, was 7,8 Mrd. FF entspricht. Nur 79 % des Umsatzes von Alcatel NV können aber der Telekommunikation zugerechnet werden, so daß der FuE-Aufwand in diesem Bereich etwa 6 Mrd. FF betragen dürfte.

Alcatel NV beschäftigt nach eigenen Angaben 1200 Beschäftigte in der Forschung und 16500 Beschäftigte in der Entwicklung, zusammen also 17700 Personen. Unter der Annahme der oben aufgeführten Quoten führt dies auf etwa 14000 FuE-Beschäftigte in der Telekommunikation.

Im Geschäftsbericht der Teilgruppe Alcatel CIT für 1987 werden für die Muttergesellschaft 1,9 Mrd. FF für FuE entsprechend 19 % des Umsatzes ausgewiesen, für die gesamte Gruppe 2,34 Mrd. FF entsprechend 18 % des Umsatzes. In diesen Zahlen sind die Aktivitäten der übrigen französischen Teilgruppen Télic-Alcatel und Cables de Lyon nicht eingeschlossen, deren Umsatzzahlen jeweils die gleiche Größenordnung wie die von Alcatel CIT haben, deren Tätigkeitsfelder aber weniger FuE-intensiv sind. Von daher ist es nicht unrealistisch, von FuE-Ausgaben von etwa 3 Mrd. FF in Frankreich auszugehen, wobei aber wie bei den Angaben für das Gesamtunternehmen diese nicht vollständig der Telekommunikation zugeordnet werden können. Bezogen auf alle Bereiche von Alcatel NV entfallen somit nach dieser Abschätzung knapp 40 % der FuE-Aktivitäten auf Frankreich.

Insgesamt besitzt Alcatel NV in Europa 27 FuE-Zentren, davon 8 in Frankreich. Im außereuropäischen Raum kommen 9 weitere Zentren hinzu; davon allein 6 in den USA. In der neuen Gesellschaft Alcatel NV haben sich ITT und die CGE darauf geeinigt, die FuE-Aktivitäten vollständig an Alcatel zu übergeben. Angesichts der Vielzahl von FuE-Zentren, die zudem geografisch weit verstreut sind, ist es ein erhebliches Problem, die verschiedenen Aktivitäten sinnvoll zu koordinieren. Es ist deshalb ein gemeinsames Forschungsprogramm (Programme Commun de Recherche) aufgestellt worden, welches wesentliche Leitlinien vorgibt. Unter dem gemeinsamen Forschungsprogramm arbeiten die lokalen Zentren in Form einer "föderalisierten Familie", in der die einzelnen Arbeitsgruppen eine relativ große Autonomie besitzen und eigene, auf die lokalen Bedürfnisse orientierte Vorschläge einbringen können. Diese Vorschläge müssen dann aber von der Alcatel-Zentrale genehmigt und in die Aktivitäten des gemeinsamen Forschungsprogramms eingegliedert werden.

Als wichtigste Schwerpunkte des gemeinsamen Forschungsprogramms werden genannt (Revue des Télécommunications, Vol. 61, Nr. 3/1987):

- Mikroelektronik,
- Optoelektronik und optische Fasern,
- Rechner-Systemarchitektur,
- Softwareentwicklung für künstliche Intelligenz und Expertensysteme,
- Telekommunikationsdienste und Endgeräte.

Gegenüber den bisherigen Aktivitäten der französischen Alcatel werden in diesem Programm neue Orientierungslinien deutlich. Noch 1985 waren die FuE-Aktivitäten zu wesentlichen Teilen auf die Verbesserung von Vermittlungssystemen gerichtet, wobei aber auch schon die LWL-Kommunikation, die Bildkommunikation und die Mehrwertnetze als neue Bereiche eröffnet wurden. In dem neuen Programm ergibt sich als zusätzlicher Schwerpunkt die Softwareentwicklung, während die öffentlichen Vermittlungssysteme offensichtlich eine nachrangige Bedeutung erhalten haben.

Auch wenn die Bedeutung der öffentlichen Vermittlungsanlagen zurückgeht, muß sich Alcatel NV nach wie vor mit diesem Bereich beschäftigen, da nunmehr unter einem gemeinsamen Dach drei verschiedene Systeme vereinigt werden müssen: Das MT-System von Thomson, das E10B-System von Alcatel und das S12-System der deutschen Tochter SEL. Aufgrund dreijähriger gemeinsamer Entwicklungsarbeiten zwischen Thomson und Alcatel sind die beiden ersten Systeme weitgehend kompatibel, so daß die Thomson-Entwicklung inzwischen die Bezeichnung E10MT trägt und das Alcatel-Management nur von einem einzigen E10-System spricht (Communications International, Juni 1987, 25). Der Verkauf von E10 erfolgt lediglich in Frankreich, Irland und einigen Ländern der Dritten Welt; Versuche eines Einstiegs im amerikanischen Markt sind gescheitert. Das S12-System wird im übrigen Europa und vielen Überseeländern verkauft (CGE 1988, 35). Die Systeme E10 und S12 sind aus technischen Gründen nicht miteinander kompatibel: "E10 ist ein - im Grunde längst veraltetes - teildigitalisiertes, großrechnergesteuertes System, S12 hingegen eine dezentrale Anlage, in die modernste hochintegrierte Chips eingebaut sind" (Manager Magazin 2/88, 37), eine Einschätzung, die auch in Gesprächen mit Experten zum Ausdruck kommt. Im Hinblick auf die Öffnung des europäischen Marktes im Jahre 1992 arbeitet Alcatel aber an einer Verbindung von E10 und S12, wobei wesentliche Teile dieser Arbeiten im Rahmen des RACE-Programms finanziert werden (CGE 1987, 16). Grundlegende Entscheidungen zugunsten des einen oder anderen Systems werden Ende der 90er Jahre fallen müssen, wenn die europäischen Postverwaltungen auf Breitband-ISDN umstellen wollen.

Durch die Gründung von Alcatel NV im Jahre 1987 gibt es offensichtliche Irritationen auf seiten des CNET, da Alcatel nunmehr kein rein französischer Partner mehr ist. Das

CNET muß vielmehr damit rechnen, daß seine Forschungsergebnisse an europäische oder amerikanische Alcatel-Töchter weitergeleitet werden, die möglicherweise anderen französischen Unternehmen Konkurrenz machen. Von daher ist derzeit unklar, wie sich in Zukunft die Beziehungen zwischen Alcatel und CNET gestalten werden.

Die oben erläuterten Orientierungslinien für die FuE-Politik von Alcatel zeichnen sich auch in den Patent- und Publikationsstatistiken ab, deren Auswertung in Abbildung 3.3-8 wiedergegeben ist. Die Patentauswertung (RPA-Werte) erfolgt darin - wie für alle folgenden Unternehmen - auf der Basis von französischen Inlandsanmeldungen, wobei als Referenz die Verteilung aller Telekommunikationsanmeldungen auf dem deutschen Markt herangezogen wird. Grundsätzlich ergibt sich für die französischen Inlandsanmeldungen und Anmeldungen am deutschen Markt bei allen Unternehmen ein nahezu identisches Muster, wobei aufgrund der breiteren Zahlenbasis die Inlandsprofile etwas ausgeglichener sind. Soweit markante Unterschiede zwischen den In- und Auslandsanmeldungen vorliegen, wird auf diese hingewiesen.

Abbildung 3.3-8: Aktivitätsprofile von CGE/Alcatel in Forschung und Entwicklung (Französische Inlandspatente 1985 bzw. Publikationen 1986)

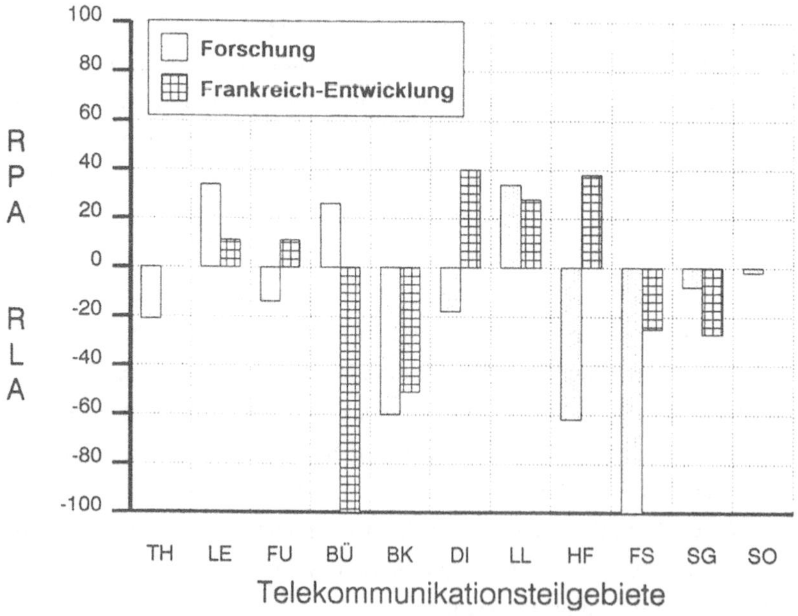

Bei der Verteilung der Entwicklungsaktivitäten von Alcatel für das Jahr 1985 fällt zunächst einmal das niedrige positive Niveau im Bereich der leitungsgebundenen Kommunikation auf, wobei auf dem deutschen Markt sogar ein leicht negativer RPA-Wert zu verzeichnen ist. Der Bereich der leitungsgebundenen Kommunikation spiegelt bei Alcatel im wesentlichen FuE-Aktivitäten bezüglich der öffentlichen Vermittlungsanlagen wider, wobei ab 1980 ein zurückgehendes Anmeldevolumen zu beobachten ist (vgl. Tabellen 3.2-1 und 3.2-2). Hinsichtlich der RPA-Angaben ist zu berücksichtigen, daß bei Alcatel rund 60 % der Entwicklungsausgaben für öffentliche Vermittlungssysteme auf die Software entfallen, für die Patentanmeldungen meist nicht möglich sind. Angesichts von Gesamtkosten von 1 Mrd. $, die Alcatel nach Expertenschätzungen in die Entwicklung von E10 investiert hat, hat der verbleibende Hardware-Anteil immer noch einen enormen Umfang. Der sich 1985 abzeichnende Rückgang der Anmeldezahlen dokumentiert in jedem Fall einen Abschluß in der E10-Entwicklung und nicht etwa einen zunehmenden Software-Anteil.

Insgesamt zeigt Alcatel sowohl bei der Entwicklung, als auch der Forschung ein relativ ausgeglichenes Profil, worin das sehr breite Aktivitätsspektrum deutlich wird, in dem kaum ein Bereich der Telekommunikation nicht berücksichtigt ist. Die Schwachpunkte des Jahres 1985, Bildübertragung und -kommunikation, werden dabei inzwischen im Rahmen des neuen gemeinsamen Forschungsprogramms systematisch ausgeglichen.

Schon 1985 liegen die neuen Entwicklungs-Schwerpunkte von Alcatel auf der digitalen Übertragung (ISDN) und der LWL-Kommunikation. Der positive RPA-Wert im Feld "HF-Telemetrie", der auf dem deutschen Markt noch ausgeprägter ist, geht auf die CIT-Töchter ATFH und Alcatel Espace zurück, bezieht sich also auf die Richtfunktechnik.

Bei der Publikationsstatistik von Alcatel ergibt sich für die telekommunikationsbezogene Forschung ein zum Teil abweichendes Muster. Eine klare Übereinstimmung ergibt sich aber im Bereich der LWL-Kommunikation, die ein ausgewiesener Schwerpunkt des jetzigen gemeinsamen Forschungsprogramms von Alcatel NV ist. Im Publikationsbereich spielt die leitungsgebundene Kommunikation nach wie vor eine große Rolle, wobei offen bleiben muß, ob sich darin eine fortlaufende Grundlagenforschung widerspiegelt oder ob Alcatel versucht, durch Publikationen seine Präsenz im Bereich der öffentlichen Vermittlungssysteme zu unterstreichen. Bemerkenswert ist der positive RLA-Wert in der allgemeinen Bildübertragung, die im Patentbereich völlig fehlt. Hierin zeigt sich ein neues Interesse von Alcatel CIT an der Video-Kommunikation, welche sich auch aus verschiedenen Eigendarstellungen ergibt. Die unterproportionale Forschung in der digitalen Übertragung und der HF-Telemetrie im Gegensatz zu den positiven RPA-Werten deuten auf einen Abschluß der Grundlagenforschung und eine Betonung der anwendungsbezogenen FuE hin. In der Publikationsstatistik für das Jahr 1986 ist noch nicht zu erkennen, daß nach dem gemeinsamen Forschungsprogramm die Software-Entwicklung ein besonderes Gewicht enthalten soll; hier werden 1986 aber immerhin durchschnittliche Werte erreicht.

Thomson

Die Patentzahlen von 1985 geben die Situation unmittelbar vor dem Zusammenschluß der Telekommunikationsbereiche von Alcatel und Thomson wieder. Insofern ist es interessant, die entsprechenden Spezialisierungsprofile von Thomson zu betrachten (Abbildung 3.3-9). Sowohl in der Entwicklung als auch der Forschung zeigt Thomson ausgeprägte Schwerpunkte in der Funktechnik und der HF-Telemetrie. Beide Gebiete sind aber auch nach 1986 weitgehend bei Thomson-CSF verblieben. Bei dem für französische Verhältnisse hohen RPA-Wert in der Bildkommunikation handelt es sich um eine Telekopierer-Entwicklung im Auftrag von France Télécom, für die es aber nach abgeschlossener Entwicklung keinen Produktionsauftrag mehr gab. Insofern überrascht es nicht, daß auf dem deutschen Markt der entsprechende RPA-Wert stark negativ ist. Im französischen Vergleich überproportional ist im übrigen die Bildübertragung vertreten, was auch für ausländische Märkte gilt.

Abbildung 3.3-9: Aktivitätsprofile von Thomson in Forschung und Entwicklung (Französische Inlandspatente 1985 bzw. Publikationen 1986)

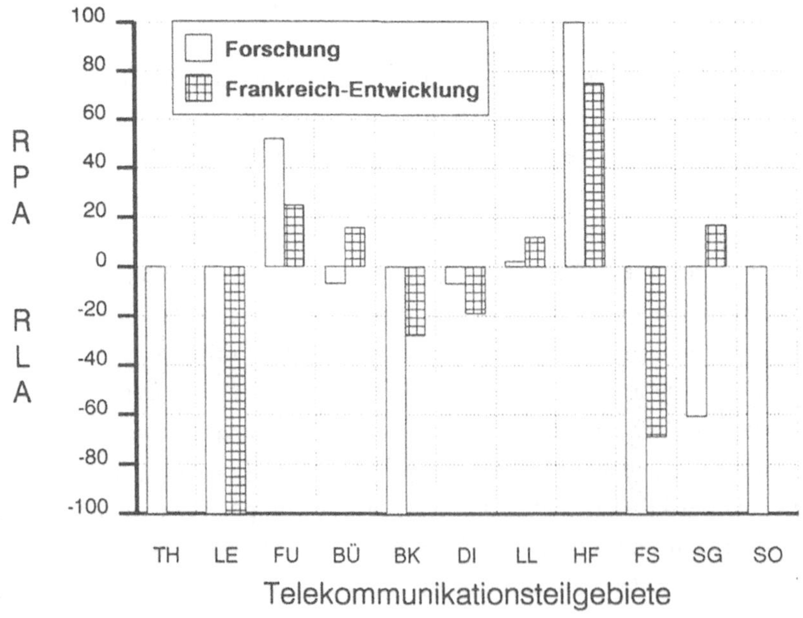

Nimmt man die Felder Funktechnik und HF-Telemetrie aus, so ergibt sich für Thomson ein ähnliches Profil wie bei Alcatel, wobei ein wichtiger Gewinn für Alcatel NV das Know-how von Thomson in der Bildübertragung ist. An den absoluten Patentzahlen nach den Tabellen 3.2-1 bis 3.2-3 wird dabei deutlich, daß Thomson kurz vor dem Zusammenschluß in den Feldern leitungsgebundene Kommunikation, digitale Übertragung und LWL-Kommunikation etwa die gleiche FuE-Kapazität wie Alcatel aufzuweisen hat. Bei Thomson zeigt sich - noch deutlicher als bei Alcatel - in der leitungsgebundenen Kommunikation eine nachlassende FuE-Tätigkeit. Auffällig im Patentierverhalten von Thomson ist die starke Ausrichtung auf Auslandsmärkte: Während bei Thomson rund die Hälfte aller französischen Inlandsanmeldungen auch auf dem deutschen Markt erscheint, ist es bei Alcatel nur ein Drittel.

Insgesamt sind bei der Fusion zwischen den Telekommunikationsbereichen von Alcatel und Thomson also Unternehmensbereiche mit gleichartiger Orientierung zusammengelegt worden, so daß sich vor allem ein erhebliches quantitatives Wachstum ergeben hat. Mittelfristig können auf diese Weise unnötige Doppelentwicklungen vermieden und somit die FuE-Aktivitäten effizienter gestaltet werden. Derzeit ergeben sich aber erhebliche Umstrukturierungsprobleme, die auch mit personellen Verschiebungen verbunden sind, zumal kurz nach der Fusion zwischen Alcatel und Thomson zusätzlich die Ausweitung auf den europäischen Markt erfolgte. Umgekehrt betrachtet, bedeutet die Zusammenlegung gleichartiger FuE-Aktivitäten die Verringerung technologischen Wettbewerbs, der unter Kreativitätsgesichtspunkten zu dem Fusionsverbot von GEC und Plessey (außer im Teilbereich der öffentlichen Vermittlung) durch die britische Monopolkommission geführt hat (s. Kapitel 4).

Durch das erhebliche Wachstum nimmt Alcatel nunmehr in den technischen Gremien zur Festlegung von Produktspezifikationen, Normen usw. eine überragende Vorrangstellung unter den Unternehmen und neben France Télécom ein, gegen die sich die kleineren Unternehmen nur schwer behaupten können. Lediglich SAT und TRT gelingt es des öfteren, eigenständige Positionen gegenüber Alcatel durchzuhalten. Für alle übrigen Unternehmen ist es dagegen in der Regel günstiger, sich mit den großen Partnern zu arrangieren.

Nach der Abgabe der zivilen Telekommunikation ist Thomson eines der größten Unternehmen am Weltmarkt im Bereich der wehrtechnischen Elektronik geworden. Die Aktivitäten der "Division Télécommunications (DTC)" innerhalb von Thomson-CSF sind daher eng mit Verteidigungsaufgaben verbunden. Die DTC hat für sich genommen einen Umsatz von 2,6 Mrd. FF, wobei das FuE-Budget mit 0,6 Mrd. FF etwa 23 % ausmacht.

Gegenwärtig werden 55 % der FuE-Arbeiten aus eigenen Mitteln finanziert; die übrigen 45 % stammen von der DGA im Falle der Verteidigungsforschung, vom CNET im Falle der zivilen Telekommunikation. Die FuE-Aktivitäten im Kommunikationsbereich sind auf die DTC konzentriert, während von LMT Radio Professionel und anderen Töchtern nur geringe Beiträge kommen. Die FuE der DTC wird überwiegend in Gennevilliers bei Paris abgewickelt, wo 600 Ingenieure und Techniker beschäftigt sind, davon allein ein Drittel für die Software-Entwicklung.

Für die DTC hat sich die Neuordnung zwischen Alcatel und Thomson überwiegend negativ ausgewirkt, da ein großer Teil des Personals die Forschungsgruppen verlassen hat oder innerhalb von Thomson umgesetzt worden ist.

In den letzten Jahren zeichnet sich ein deutlicher Trend zu schlüsselfertigen Anlagen ab, weshalb die FuE-Arbeiten pro System einen erheblichen Umfang von beispielsweise 10 Jahren für die nächste Generation von Mobiltelefonen annehmen. Bei Forschungsprojekten größeren Umfangs gibt es Kooperationen mit den zentralen Thomson-Labors LCR und LER (Laboratoire Central de Recherche, Corbeville; Laboratoire Electronique, Rennes).

In der Funktechnik konzentrieren sich die gegenwärtigen FuE-Aktivitäten auf die Funkkommunikation über sehr große Entfernungen, die aber für den zivilen Bereich nur einen begrenzten Nutzen haben. Wichtiger sind dagegen die Arbeiten zu Mobiltelefonen, die sowohl zivile als auch wehrtechnische Anwendungen haben. Auf diesem Feld gab es schon 1988/89 eine Kooperation zwischen der DTC und TRT, so daß bereits im Vorfeld der Übernahme der Wehrtechnik von TRT durch Thomson enge Beziehungen bestanden. Hinsichtlich des Satelliten-Funks besteht eine Partnerschaft mit den Alcatel-Töchtern ATFH und Alcatel Espace, die 1989 durch Kooperationsverträge weiter vertieft werden soll.

Die im militärischen Bereich sehr wichtige Sicherheit bei der Datenübertragung durch Verschlüsselungen wird auch im zivilen Bereich - etwa im Bankwesen - immer bedeutender, weshalb sich hier für Thomson neue Aufgabenfelder erschließen. Ein weiterer Arbeitsbereich der DTC ist die Entwicklung von speziellen elektronischen Bauelementen, die auf den Telekommunikationsbedarf zugeschnitten sind.

Hinsichtlich der Software-Entwicklungen vergibt die DTC zunehmend Aufträge an kleinere und mittlere Unternehmen, die aber meist eng an Thomson gebunden sind. Häufig handelt es sich um Unternehmen, die von ehemaligen Thomson-Mitarbeitern gegründet wurden. Die Forschungsaufträge der DTC an Universitäten und Hochschulen zielen wesentlich auf die Rekrutierung von Nachwuchskräften ab, weshalb auch jährlich etwa 40 bis 50 Praktikanten aus dem Hochschulbereich aufgenommen werden.

Insgesamt ist die Kommunikationsabteilung von Thomson zwar überwiegend auf militärische Aufgaben ausgerichtet; doch gibt es durch eine Reihe von Synergismen immer wieder Anknüpfungspunkte zur zivilen Technik, weshalb Thomson auch in Zukunft in der zivilen Telekommunikation in Frankreich eine wichtige Rolle gerade im FuE-Bereich spielen wird.

SAT

In der Unternehmensgruppe SAT sind die FuE-Aktivitäten weitgehend auf das Mutterunternehmen konzentriert, abgesehen vom Bereich der Kabel, welcher von der Tochter Silec betreut wird. Die Aktivitäten der SAT zielen auf drei Hauptbereiche: die Übertragung, die private Vermittlung (Hybrid-PABX) sowie die Optoelektronik, welche im wesentlichen auf militärische Zwecke ausgerichtet ist, aber in der Fernwirktechnik auch zivile Anwendungen hat. Die Aufträge der SAT stammen zu 40 % von France Télécom, zu weiteren 40 % von privaten Auftraggebern und zu 20 % vom Verteidigungsministerium.

23 % des Umsatzes des Mutterunternehmens sind für Forschung und Entwicklung reserviert, was 0,6 Mrd. FF entspricht. Lediglich 14 %, entsprechend 0,36 Mrd. FF, gehen in die zivile Telekommunikation. 50 % der FuE-Mittel werden dabei im Rahmen von Forschungsaufträgen von France Télécom oder dem Verteidigungsministerium finanziert, wobei die Staatsquote in letzter Zeit abnimmt, was im übrigen auch bei Thomson der Fall ist.

Bei SAT arbeiten etwa 1000 Beschäftigte - entsprechend 20 % der Muttergesellschaft - im Bereich von Forschung und Entwicklung. Schließt man die erste Phase des Industrialisierungsprozesses mit ein, erhöht sich diese Zahl auf 1200 Personen.

Gegenwärtig hat die Forschung der SAT die folgenden Hauptorientierungen:

- Übertragung: Die Forschungen zu Langstreckenverbindungen und Multiplexern für ISDN nehmen zugunsten der LWL-Kommunikation ab.
- Lokale Netze: Im Vordergrund stehen digitale und Breitband-Netze für die Videokommunikation.
- Private Vermittlung: Die Forschung bezieht sich auf private Vermittlungsanlagen mit einer Integration von Sprache, Daten und Bildern.

- Datenkommunikation: In diesem Bereich liegen die Aktivitäten bei der Paketvermittlung und der Entwicklung von Modems, ein Bereich, in dem die Tochter Satelcom mit 40 % an erster Stelle auf dem französischen Markt steht.
- Optoelektronik: Diese Aktivitäten im Auftrag des Verteidigungsministeriums haben zivile Anwendungsfelder bei der Satellitenkommunikation und der Fernwirktechnik.
- Kabel für die LWL-Kommunikation: Es handelt sich hierbei um die monomode Technik.

Im französischen Rahmen hat die SAT ihr Produktprogramm und damit auch die FuE-Aktivitäten mit dem Hauptanteilseigner SAGEM abgestimmt, der sich auf die Datenkommunikation spezialisiert hat. Hinsichtlich der Arbeiten zu Richtfunk-Anlagen gibt es einen Kooperationsvertrag mit TRT, bei den Multiplexern mit Alcatel CIT. Bei Systemen mit hoher Übertragungsrate (2,5 Mbits/sec) gibt es einen Rahmenvertrag für eine Kooperation mit GEC (Großbritannien), Telelettra (Italien) und ANT (Bundesrepublik), wobei die Kooperation im Rahmen des EUREKA-Programmes abläuft. Auch in RACE gibt es eine Zusammenarbeit mit 12 Partnern bezüglich zukünftiger Breitbandnetze. In beiden Fällen erfolgt die Finanzierung des SAT-Anteils durch die DAII; d.h. die Teilnahme an europäischen Forschungsprogrammen wird durch den nationalen Netzträger unterstützt.

Nur in Ausnahmefällen vergibt die SAT Forschungsaufträge an Hochschulen oder den CNRS, da inhaltliche Bezüge zwischen der universitären und der industriellen Forschung nur bedingt gegeben sind. Dagegen vergibt die SAT häufiger FuE-Aufträge an mittelständische Unternehmen, wobei - ähnlich wie bei Thomson - die Software-Entwicklung eine besondere Rolle spielt. Soweit die Kapazität des Auftragnehmers bei Hardware-Entwicklungen nicht überschritten wird, übernehmen diese in vielen Fällen auch die Produktion. Im Falle eines Aufbaus von dauerhaften Geschäftsbeziehungen kommt es auch zu Beteiligungen durch die SAT, wobei insbesondere der Fall der heutigen Tochter HPF für Telefonendgeräte zu nennen ist.

Die Patent- und Publikationsstatistik unterstreicht die Schwerpunkte von SAT in der digitalen Übertragung und der LWL-Kommunikation (vgl. Abbildung 3.3-10), was am bundesdeutschen Patentmarkt noch stärker in Erscheinung tritt. Beim positiven Wert im Bereich der HF-Telemetrie muß offen bleiben, inwieweit dies auf wehrtechnische Entdeckungssysteme oder aber Richtfunkanlagen zurückzuführen ist. Auffällig ist die deutlich unterproportionale Entwicklung in der leitungsgebundenen Kommunikation, wobei ähnlich wie bei Alcatel und Thomson ein Absinken der Patentzahlen seit 1980 zu beobachten ist. Auch hier haben die Entwicklungsarbeiten offensichtlich einen vorläufigen

Abschluß erreicht. Bei der Publikationsstatistik ist der positive Wert zur Bildübertragung hervorzuheben, worin sich Forschungsaktivitäten zur Videokommunikation widerspiegeln, ein Feld, welches erst in letzter Zeit ein größeres Gewicht erhalten hat. Die Aktivitäten zur Fernsignaltechnik schlagen sich in überdurchschnittlichen RPA- und RLA-Werten nieder. Bemerkenswert ist schließlich die hohe Forschungsquote im Bereich der Softwareentwicklung und Telekommunikationsdienste.

Abbildung 3.3-10: Aktivitätsprofile von SAT in Forschung und Entwicklung (Französische Inlandspatente 1985 bzw. Publikationen 1986)

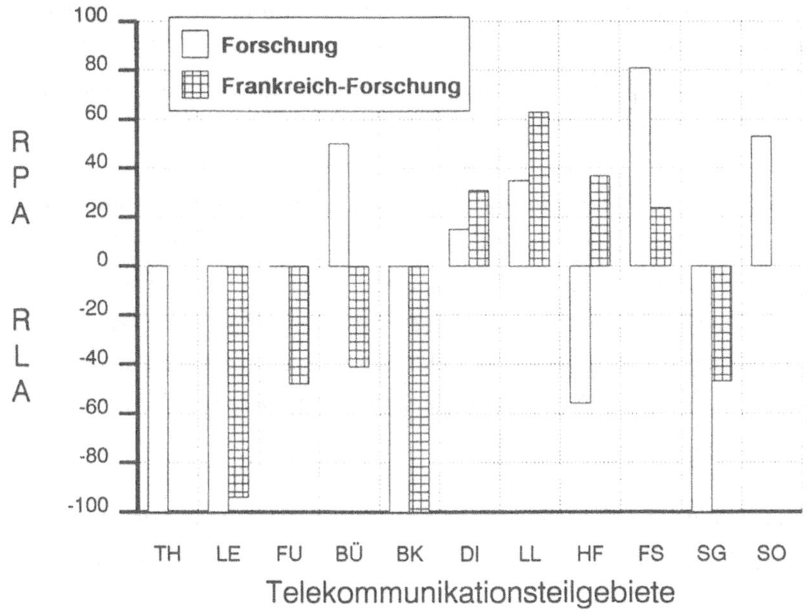

TRT (Philips)

Die folgende Darstellung der FuE-Strukturen von TRT bezieht sich auf die Situation vor Übernahme des wehrtechnischen Bereiches durch Thomsen. In der Unternehmensgruppe TRT waren die FuE-Aktivitäten auf die Muttergesellschaft konzentriert, da die größte Tochter TRT-TI überwiegend Vermarktungsaufgaben hatte. In der Muttergesellschaft wurden 17 % des Umsatzes oder 0,5 Mrd. FF in Forschung und Entwicklung investiert, wovon knapp 50 % aus Aufträgen von France Télécom oder des Verteidigungsministeriums stammten. Im Falle der zivilen Telekommunikation lag der Eigenanteil von TRT deutlich über 50 %, während die Verhältnisse im Verteidigungssektor genau umgekehrt waren. Insgesamt waren bei TRT rund 800 Personen im FuE-Bereich tätig.

Die wichtigsten FuE-Aktivitäten von TRT bezogen sich auf die Bereiche Richtfunk, Telefon-Übertragung, Optoelektronik, Daten-Kommunikation (Modems, Paket-Vermittlung) sowie Mobilfunk. Als genereller Trend war eine Ausweitung der Netzverwaltung zu beobachten. In technischer Hinsicht standen die Miniaturisierung und die Bauteilintegration im Vordergrund. Durch die Neuordnung im Philips-Konzern werden die bereits vorhandenen Schwerpunkte in der Datenkommunikation und der Funktechnik weiter ausgebaut werden.

TRT führte seine FuE-Aktivitäten überwiegend in technischen Zentren in der Pariser Region, aber auch in der Provinz durch, wobei das Labor in Lannion in Nachbarschaft zum CNET besonders zu erwähnen ist. Darüber hinaus profitierte TRT in großem Maße vom Know-how des Hauptaktionärs Philips, wobei die LEP (Laboratoires d'Electroniques et de Physique Appliquée) die Vermittlungsfunktion übernahmen. TRT war an den LEP zu 25 % beteiligt.

Im Bereich der Funkkommunikation gab es die bereits erwähnte Kooperation mit Thomson-CSF. Bei der Zusammenarbeit mit SAT stellte TRT neben dem Richtfunk auch ISDN-Netze heraus. Im internationalen Rahmen ist eine Gemeinschaftsentwicklung mit Siemens bezüglich des hochauflösenden Fernsehens zu erwähnen. Wie bei Thomson und SAT bezog sich die Zusammenarbeit von TRT mit mittelständischen Partnern vor allem auf die Software-Entwicklung; die Verbindungen zum universitären Bereich waren nur schwach.

Im Spiegel der Patent- und Literaturstatistik ergibt sich ein differenzierteres Bild, da die mündlichen und schriftlichen Verlautbarungen von TRT aufgrund der umfangreichen Verteidigungsforschung vage bleiben. Nach der Patentstatistik (Abbildung 3.3-11) liegen die Entwicklungs-Schwerpunkte im Bereich der Funktechnik und der HF-Telemetrie, worunter zum größten Teil Radaranlagen und andere militärische Anwendungen, in kleinerem Maße aber auch Richtfunk-Entwicklungen fallen dürften. Der positive RPA-Wert bei den sonstigen Endgeräten bezieht sich auf den Bereich der Büroinformationssysteme, in dem TRT ebenfalls tätig ist. Auf dem bundesdeutschen Markt ist das Übergewicht der HF-Telemetrie weniger groß als in Frankreich, weshalb dort für die Digitaltechnik und die Bildübertragung positive Entwicklungs-Indikatoren zu verzeichnen sind. Diese Werte sind den Gebieten Datenkommunikation und High-Definition-TV zuzuordnen.

Abbildung 3.3-11: Aktivitätsprofile von TRT in Forschung und Entwicklung (Französische Inlandspatente 1985 bzw. Publikationen 1986)

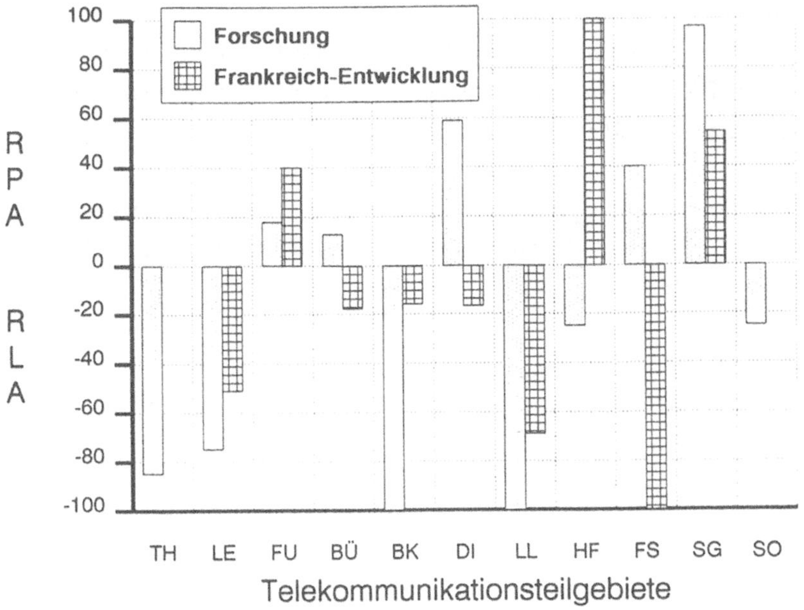

Bei der entsprechenden Publikationsstatistik sind die Forschungs-Indikatoren für die Bildübertragung und die Digitaltechnik ebenfalls positiv, da TRT in der HF-Telemetrie publizistisch kaum tätig ist. Wie bei der Entwicklung gibt es positive Werte zur Funktechnik und vor allem zu den sonstigen Endgeräten.

MATRA und CGCT

In der Matra-Unternehmensgruppe war es schwer, genauere Angaben zu Forschung und Entwicklung in der Telekommunikation zu erhalten, da sich durch den Zukauf von MET erhebliche Umstrukturierungen ergeben haben. Dieses wird allein daran deutlich, daß der Kommunikationsbereich zwischen 1985 und 1987 von 8,7 auf 20 % des Umsatzes angewachsen ist.

In der gesamten Matra-Gruppe betrugen die FuE-Ausgaben im Jahre 1987 1,2 Mrd. FF, was 7 % des Umsatzes entspricht. Darin sind aber vertrauliche Forschungsaufträge externer Auftraggeber nicht eingeschlossen, die etwa 1 Mrd. FF umfassen. Innerhalb des Telekommunikationsbereiches betragen die FuE-Mittel 0,45 Mrd. FF entsprechend 12,9 % des dortigen Umsatzes, womit Matra im Vergleich zu anderen Telekommunikationsunternehmen relativ niedrig liegt.

Die Forschungsaktivitäten des Telekommunikationsbereiches werden in Zukunft weitgehend vom LCT (Laboratoire Central de Télécommunications) übernommen, welches vollständig in die Gruppe von Matra Communication überführt wird.

Die Schwerpunkte der Tochter Matra Communication liegen im Bereich der privaten Vermittlung (PABX) und der Endgeräte, worunter neben Telefonen vor allem auch Videotex-Endgeräte (Minitel) zu verstehen sind.

Abbildung 3.3-12: Aktivitätsprofile von Matra (incl. CGCT) in Forschung und Entwicklung (Französische Inlandspatente 1985 bzw. Publikationen 1986)

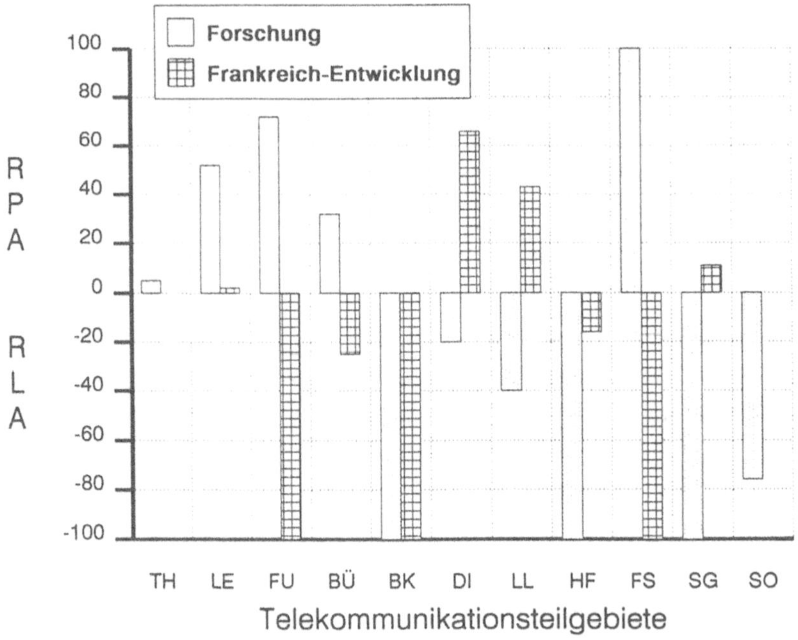

Die öffentlichen Vermittlungssysteme werden von der MET, der ehemaligen CGCT, produziert. Hinsichtlich der RPA-Werte (Abbildung 3.3-12) ist dabei zu beachten, daß die CGCT Anfang der 80er Jahre bei den öffentlichen Vermittlungsanlagen das MT-System von Thomson in Lizenz produziert und vertrieben hat. Von daher ist es nicht überraschend, daß sowohl bei Matra als auch bei der CGCT das Patentvolumen im Bereich der leitungsgebundenen Kommunikation sehr schwach ist (vgl. Tabellen 3.2-1 bis 3.2-3). Zumindest im Bereich der öffentlichen Vermittlung wird sich diese Situation auch in Zukunft wenig ändern, da nach dem endgültigen Auslaufen der MT-Lieferungen an France Télécom im Jahre 1990, MET sich vollständig auf die Lizenzproduktion des AXE-Systems von Ericsson umstellen wird. Ein neuer Aktivitätsschwerpunkt, der sich auch in den Entwicklungs-Indikatoren widerspiegelt, sind Vermittlungssysteme und Endgeräte für ISDN. Inwieweit die LWL-Entwicklungen der CGCT, die in den Patenten aufscheinen, in Zukunft von MET weitergeführt werden, muß offen bleiben.

Hinsichtlich der Videotex-Endgeräte liegt der wesentliche Teil von Forschung und Entwicklung beim CNET, so daß sich dieser Bereich kaum in Abbildung 3.3-12 wiederfindet.

Ein zweiter Schwerpunkt von Matra Communication sind die Mobiltelefone, die im Auftrag von France Télécom unter dem Namen Radiocom 2000 entwickelt wurden. Diese Entwicklung ist inzwischen praktisch abgeschlossen und die Rechte liegen - wie bei den Videotex-Systemen - bei France Télécom, so daß die Funktechnik in der Patentstatistik überhaupt nicht erscheint. Immerhin wird aber in der Publikationsstatistik ein entsprechender Aktivitätsschwerpunkt ausgewiesen. Matra arbeitet nunmehr an einem gesicherten Netz für digitale Mobilkommunikation im Auftrag der Gendarmerie Nationale. Es kann derzeit nicht gesagt werden, welchen Umfang die FuE-Arbeiten zum Mobilfunk innerhalb von Matra einnehmen werden, da diese Systeme über die Tochter Matra Nokia Radiomobiles vertrieben werden. Denkbar sind hier auch Lizenzproduktionen im Auftrag von Nokia. An dieser Stelle sei daran erinnert, daß Nokia am Aufbau des zweiten Mobilfunksystems neben dem Radiocom 2000-System beteiligt ist.

Die Aktivitätsprofile nach Abbildung 3.3-12 sind generell mit deutlichen Unsicherheiten behaftet, da bei Matra die Patentier- und Publikationsneigung im Vergleich zu anderen Unternehmen offensichtlich gering ist und daher jeweils niedrige Zahlen der Berechnung der RPA- und RLA-Werte zugrunde liegen.

Insgesamt gesehen, sind die FuE-Aktivitäten im Bereich der Telekommunikation von Matra im Vergleich zu anderen Unternehmen gering, was durch den Einkauf von externem Know-how (Thomson, Ericsson, Nokia) wieder ausgeglichen wird. Von daher ist die Position am Markt deutlich stärker als es aus den FuE-Budgets oder der Patent- und Publikationsstatistik hervorgeht.

Jeumont-Schneider

Die Unternehmensgruppe Jeumont-Schneider Télécommunications (JST) investierte im Jahre 1987 12 % ihrer Umsätze entsprechend 0,13 Mrd. FF in Forschung und Entwicklung, wobei in diesem Bereich etwas mehr als 200 Personen beschäftigt sind. Gegenwärtig liegt das Forschungszentrum in Monceau les Mines, soll aber 1989 zur Tochter Studiocom nach Louveciennes verlegt werden, wobei eine Ausweitung der FuE-Aktivitäten geplant ist.

Nach eigenen Angaben führt JST praktisch keine eigene Grundlagenforschung durch, sondern ist stark an der konkreten Produktentwicklung interessiert. Von daher werden häufige Know-how-Lizenzen erworben, deren Inhalte im Hinblick auf die eigenen Bedürfnisse weiterentwickelt werden.

Sowohl hinsichtlich des Umsatzes als auch bei den FuE-Aktivitäten liegt der Schwerpunkt von JST bei den privaten Vermittlungssystemen (PABX), wo das Unternehmen über eine sehr breite Produktpalette verfügt und am französischen Markt mit einem Anteil von 43 % an zweiter Stelle hinter Alcatel steht. Die neuesten Entwicklungen beziehen sich hier auf PABX-Systeme, die für ISDN geeignet sind. Darüber hinaus entwickelt JST ISDN-angepaßte Endgeräte. In einem weiteren Aktivitätsbereich geht es um die Entwicklung von Telefonsystemen für den ländlichen Bereich, die im wesentlichen für den Export in die Dritte Welt bestimmt sind. Ein bemerkenswerter Teilbereich der JST-Entwicklungen sind schließlich Anlagen der Fernwirktechnik, die an die französischen Elektrizitätswerke EDF geliefert werden.

Bei den PABX-Systemen stand zunächst die Entwicklung eines geeigneten Rechners im Vordergrund, die JST in eigener Regie durchführte. Die wesentliche Außenabhängigkeit bezieht sich hier auf den Zukauf der elektronischen Komponenten. Gegenwärtig macht die Fortentwicklung der Hardware nur noch 10 % der FuE-Aktivitäten aus; 90 % beziehen sich auf die Entwicklung einer einheitlichen Software, die mit verschiedenen Rechnern kompatibel ist. Die hohe Quote der Software-Entwicklungen ist nur bedingt mit den Angaben anderer Unternehmen vergleichbar, da die Grenzen zwischen Hard- und Software zunehmend unscharf sind.

Angesichts des derzeit hohen Software-Anteils ist das geringe Patentaufkommen von JST nicht erstaunlich, wozu allerdings auch eine geringe Patentierneigung kommt. Die Publikationsaktivitäten von JST sind gleichfalls gering, so daß statistische Auswertungen von Patenten und Publikationen nicht möglich sind.

Ein wesentliches Element der Politik von JST sind Kooperationen mit externen Partnern. So wurde die Tochter Studiocom ausschließlich für den Zweck gegründet, mit dem Informatikunternehmen Bull gemeinsame Forschungsprojekte durchführen zu können. Das Budget von Studiocom betrug 1988 etwa 0,02 Mrd. FF.

Wichtiger für JST ist aber die Verbindung zur Bosch-Gruppe, wodurch ein Anschluß an den europäischen Markt erreicht wird. Die Kooperation ist hier sehr viel enger, als es beispielsweise zwischen Matra und Ericsson der Fall ist. Durch die Abstützung über die Bosch-Gruppe ist es JST möglich, im PABX-Bereich auch mit großen Unternehmen wie Siemens in Konkurrenz zu treten.

JST hat nur wenig Geschäftsbeziehungen mit mittelständischen Unternehmen, was sich auch auf Software-Entwicklungen bezieht. Gerade in dem letztgenannten Bereich, der für JST eine Schlüsselfunktion hat, besteht die Befürchtung, die inhaltliche Kontrolle zu verlieren und zu stark fremdbestimmt zu werden. Auch Kontakte zu Hochschulen gibt es nur in Ausnahmefällen.

Allgemeine Strukturen von Forschung und Entwicklung bei Unternehmen

Bei der Analyse der sehr großen Telekommunikations-Unternehmen in Frankreich wurde deutlich, daß diese sich in vielen Fällen auf die Hardware konzentrieren und die Software-Entwicklung an externe Partner vergeben. In Frankreich gibt es in der Tat eine Reihe von auch größeren Software-Häusern, die zu wesentlichen Teilen für Telekommunikationsaufgaben arbeiten. Besonders erwähnt seien hier **CAP Gemini Sogeti** und **Sema-Metra** mit 7500 bzw. 2200 Mitarbeitern. Schon mittlere Unternehmen wie Matra oder JST behalten dagegen die Software-Entwicklungen im Hause.

Weiterhin hat sich gezeigt, daß alle untersuchten Unternehmen zwar stark an den französischen Markt gebunden sind, in letzter Zeit aber zunehmend versuchen, sich auf den europäischen Markt hin zu öffnen. Nur große Unternehmen wie CGE oder Thomson können dieses aus eigener Kraft erreichen, während die - zumindest für die Verhältnisse der Telekommunikation - kleinen Unternehmen TRT, Matra Communication und JST auf Koalitionen mit externen Partnern angewiesen sind, um im Wettbewerb bestehen zu können. Diese Kooperationen sind auch eine wichtige Abstützung der FuE-Aktivitäten für den französischen Binnenmarkt, da die Investitionsmittel der kleineren Unternehmen begrenzt sind.

Insgesamt zeigt sich schon in der Spitzengruppe der französischen Telekommunikationsunternehmen eine deutliche Zweiteilung, bei der nur Alcatel und mit Abstrichen SAT und TRT in größerem Umfang in den FuE-Bereich investieren können. Mittlere Unternehmen wie Matra oder JST müssen ihre begrenzten Kapazitäten durch externe Kooperationen und Nischenproduktionen ausgleichen, eine Situation, die sich in der Patent- und Publikationsstatistik deutlich widerspiegelt. Eine Besonderheit für Frankreich ist dabei die hohe Eigenforschung des Netzbetreibers über das CNET, wodurch kleinere Unternehmen diesen Bereich - um den Preis einer größeren Abhängigkeit - vernachlässigen können.

3.3.3 ROLLE DER HOCHSCHULEN UND DER FORSCHUNGSINSTITUTE

Charakteristisch für die französische Hochschulausbildung ist das zweigleisige System mit Universitäten auf der einen und Grandes Ecoles auf der anderen Seite. In einem vereinfachten Schema sind in Frankreich die Universitäten für die Grundlagenforschung, die Grandes Ecoles für die angewandte Forschung und die Industrie für die Entwicklung zuständig, was sich aber auf den Bereich der Telekommunikation nicht übertragen läßt. Die Ursache liegt in der Existenz des sehr großen CNET, welches nahezu alle Forschungsaktivitäten auf die eine oder andere Weise an sich gezogen hat. Darüber hinaus erfordert die Forschung in der Telekommunikation so erhebliche Mittel, daß sie nur von großen Unternehmen finanziert werden kann. Von daher spielen Universitäten und Grandes Ecoles in der französischen Telekommunikations-Forschung nur eine untergeordnete Rolle. Dieses gilt auch für die **Ecole Nationale Supérieure des Télécommunications (ENST)** in Paris, welche zum Zwecke der Nachwuchsförderung von France Télécom finanziert wird. Diese besitzt zwar vier Forschungslabors, die aber im wesentlichen der Ausbildung dienen (OTA 1985, 258f). Immerhin findet sich die ENST Paris in der Publikationsstatistik in den Bereichen der allgemeinen IuK-Theorie, der LWL-Kommunikation und der sonstigen Endgeräte wieder. Bei den Universitäten tritt ansonsten nur noch die Universität Rennes mit einem Schwerpunkt bei der Funktechnik in der Publikationsstatistik auffällig in Erscheinung.

Die größte und älteste, durch die Regierung geförderte Forschungsorganisation in Frankreich ist der **CNRS** (Centre National de la Recherche Scientifique), welches alle Wissenschaftsbereiche von den Sozialwissenschaften bis zur Mathematik fördert. Der CNRS verfügt zum Teil über eigene Forschungszentren, arbeitet aber überwiegend mit ausgewählten Universitätslabors zusammen, so daß die Aktivitäten des CNRS und der Universitäten nur schwer zu trennen sind. Der CNRS hat einen speziellen Bereich "Science Physique pour l'Ingénieur (SPI)", welcher im Jahre 1986 7 % des Budgets entsprechend 0,6 Mrd. FF umfaßte. Innerhalb des SPI gibt es wiederum eine Sektion Informatik und Automatisierung. Nach eigenen Angaben unternimmt der CNRS keine Aktivitäten im Bereich der Telekommunikation, wofür als Ursache die Existenz des CNET angeführt wird. Aufgrund der Berührungspunkte zwischen Informatik und Telekommunikation erscheint aber der CNRS in der Patentstatistik für den französischen Binnenmarkt mit einem deutlichen Schwerpunkt auf der LWL-Kommunikation. In der Publikationsstatistik zeigen sich als weitere Schwerpunkte die IuK-Theorie und im geringeren Maße auch die digitale Übertragung und die HF-Telemetrie. Diese Patentier- und Publikationsaktivitäten sind auf die Beteiligung des CNRS an den Forschungsprogrammen der Filière Electronique sowie auf seine Arbeiten für das Verteidigungsministerium zurückzuführen.

Von den übrigen Forschungsinstitutionen, welche in Abbildung 3.3-1 zusammengestellt sind, wurden die Funktionen von INRIA, CESIA, ADI und CNES bereits im Zusammenhang mit France Télécom erläutert. Als zweite staatliche Stelle für die Finanzierung der Telekommunikations-FuE wurde darüber hinaus die Rolle des Ministeriums für Verteidigung erläutert. In Abbildung 3.3-1 sind als dritter finanzierender Bereich die Ministerien für Industrie, Forschung und Bildung aufgeführt, die im Laufe der 80er Jahre institutionell teilweise gemeinsam, teilweise getrennt geführt wurden, wobei gegenwärtig wieder eine Trennung besteht. Die Rolle des Industrieministeriums ist dabei für die FuE-Förderung in der Telekommunikation vernachlässigbar, wogegen das Forschungsministerium zumindest insofern eine Rolle spielt, als es die Grundförderung für den CNRS sowie die Universitäten und Hochschulen stellt. Die eigentliche Projektförderung kommt - wie erläutert - dagegen vom Ministerium für Verteidigung oder im Rahmen der Filière Electronique von France Télécom. Im Hinblick auf das Ministerium für Forschung und Technologie ist allenfalls das CESTA (Centre d'Etude des Systemes et des Technologies Avancées) zu erwähnen, welches sich mit ökonomischen und sozialen Aspekten neuer Technologien befaßt hat. In diesem Rahmen erstellte das CESTA auch verschiedene Studien zur Telekommunikation. Das CESTA ist inzwischen geschlossen worden, weshalb es in Abbildung 3.3-1 in gestrichelter Form dargestellt ist.

Als letzte bedeutende Institution im Bereich der Hardware-Forschung für die Telekommunikation muß das **CEA** (Commissariat à l'Energie Atomique) erwähnt werden, dessen Labor LETI (Laboratoire d'Electronique, de Technologie et d'Instrumentation) in Grenoble maßgeblich an den koordinierten Forschungsprojekten der Filière Electronique beteiligt ist und welches überwiegend im Auftrage des Verteidigungsministeriums arbeitet. Ein Teil der Grundförderung kommt beim CEA auch vom Ministerium für Forschung und Technologie. Das LETI befaßt sich hinsichtlich der Telekommunikation im wesentlichen mit der Entwicklung von Bauelementen der Mikroelektronik und mit der Glasfasertechnik, wo es erheblich Erfolge vorzuweisen hat (Lasermagazin 4/88, 29ff). Der Schwerpunkt in der LWL-Kommunikation zeigt sich auch in der Patent- und Publikationsstatistik (Tabelle 3.2-1 bis 3.2-3). Bei der Entwicklung mikroelektronischer Bauelemente besteht eine Kooperation zwischen LETI und dem CNET-Labor CNS (Grenoble), das ausschließlich im Halbleiterbereich tätig ist.

Im Vergleich zum CEA haben die telekommunikationsbezogenen Ergebnisse des Luftfahrtforschungszentrums **ONERA** nur einen maginalen Charakter. Es taucht daher nur vereinzelt in der Patent- und Publikationsstatistik auf.

Wie in allen Bereichen der französischen Forschung und Entwicklung spielen vom Staat wirklich unabhängige Forschungseinrichtungen auch in der Telekommunikation nur eine untergeordnete Rolle. Als gemeinnützige **ISBL** (Institutions sans But Lucratif) ist lediglich das IDATE (Institut de l'Audiovisuel et des Télécommunications en Europe) zu erwähnen, welches im Bereich der Ökonomie, der politischen und technischen Planung und der Organisation tätig ist. Von den Aufträgen des IDATE stammen etwa 20 % von France Télécom, weshalb in Abbildung 3.3-1 die ISBL an dieser Stelle eingeordnet sind.

3.4 FAZIT

In einer zusammenfassenden Beurteilung zeigt sich, daß der staatliche Netzbetreiber France Télécom im Bereich der zivilen Telekommunikationsforschung eine erhebliche Bedeutung hat, wobei das Forschungszentrum CNET eine Schlüsselfunktion einnimmt. Dies tritt sehr deutlich an dem Mittelflußdiagramm nach Abbildung 3.4-1 hervor, in dem in vereinfachter Form die grundlegenden Strukturen von Forschung und Entwicklung in Frankreich dargestellt sind. Die öffentliche Forschung an Universitäten, Hochschulen oder sonstigen Institutionen hat im Vergleich zum CNET einen marginalen Charakter. France Télécom vergibt darüber hinaus in erheblichem Umfang Entwicklungsaufträge an die Industrie und bestimmt damit auch wesentlich die dortigen FuE-Strukturen. Dabei werden häufig nationale Sonderlösungen favorisiert, weshalb diese finanzielle Förderung durch CNET, die gleichzeitig auch eine starke Bindung an den französischen Markt bedeutet, keineswegs nur vorteilhaft für die Unternehmen ist. Denn für ausländische Märkte sind oftmals größere Anpassungsentwicklungen zu leisten, die den Spielraum bei der Preisgestaltung einengen.

Charakteristisch für die Politik von France Télécom ist eine klare Trennung von Forschungs-, Entwicklungs- und Produktionsaufträgen, die mit dem jeweiligen Partner jeweils gesondert abgerechnet werden. Auf diese Weise behält der Netzträger ein hohes Maß an Kontrolle über alle Phasen der Produktentstehung, was auch eine effektive Kostenkontrolle bedeutet. Für ausländische Anbieter, die im Rahmen eines Produktionsauftrages auch ihre FuE-Aufwendungen auf den Preis umlegen müssen, bedeutet dieses System eine Benachteiligung.

In den letzten Jahren deuten sich bei der Auftragsvergabe durch den Netzträger insofern stärkere Wettbewerbselemente an, als ein Unternehmen, welches einen FuE-Auftrag durchführt, nicht automatisch auch den Zuschlag für die Produktion erhält. Diese Entwicklung wird von seiten der Hersteller mit großer Skepsis gesehen, wobei aber das Ausmaß möglicher negativer Konsequenzen offensichtlich überschätzt wird.

Insgesamt erweist sich das französiche Modell einer starken staatlichen Steuerung von Forschung und Entwicklung im Telekommunikationsbereich im Hinblick auf das Fördervolumen durchaus als Vorteil; doch sind für die Industrie damit gleichzeitig so starke inhaltliche Beschränkungen verbunden, daß es zunehmend Versuche einer stärkeren Ablösung vom Netzbetreiber France Télécom gibt.

Aus französicher Sicht ist es problematisch, daß France Télécom erhebliche Mittel an das allgemeine Staatsbudget abführen muß, die nur in Ausnahmefällen der Telekommunikation zugute kommen. Auf diese Weise wird die Funktion als Hauptabnehmer für Produkte und Anlagen der Telekommunikation spürbar beeinträchtigt, weshalb sich die Binnenmarktorientierung für die Hersteller als besonders problematisch erweist.

In Abbildung 3.4-1 wird weiterhin deutlich, daß die französischen FuE-Ausgaben für die Telekommunikation stark durch die generell hohen Verteidigungsausgaben des Landes geprägt sind. Die Ausgaben im wehrtechnischen Bereich erreichen hier etwa dasselbe Volumen wie der zivile, wobei die Synergieeffekte allerdings begrenzt sind. In Frankreich zeigt sich in den letzen Jahren ein Trend zur klaren Trennung von ziviler und wehrtechnischer Telekommunikation (vgl. die Transfers zwischen CGE und Thomson sowie TRT und Thomson).

Hinsichtlich der Industriestrukturen in der zivilen Telekommunikation ist in den 80er Jahren in Frankreich ein starker Konzentrationsprozeß zu verzeichnen, wobei die CGE-Tochter Alcatel jetzt eine überragende Stellung einnimmt. Bei allen größeren Unternehmen ist gegenwärtig eine Öffnung zum europäischen Markt hin festzustellen, was bei Alcatel über die Eingliederung der europäischen ITT-Töchter erfolgt ist, bei den weniger großen Unternehmen über die Kooperation mit externen Partnern realisiert wird.

Abbildung 3.4-1: Flußdiagramm der FuE-Mittel in der französischen Telekommunikation für 1987 (Zahlenangaben in Mrd. $)

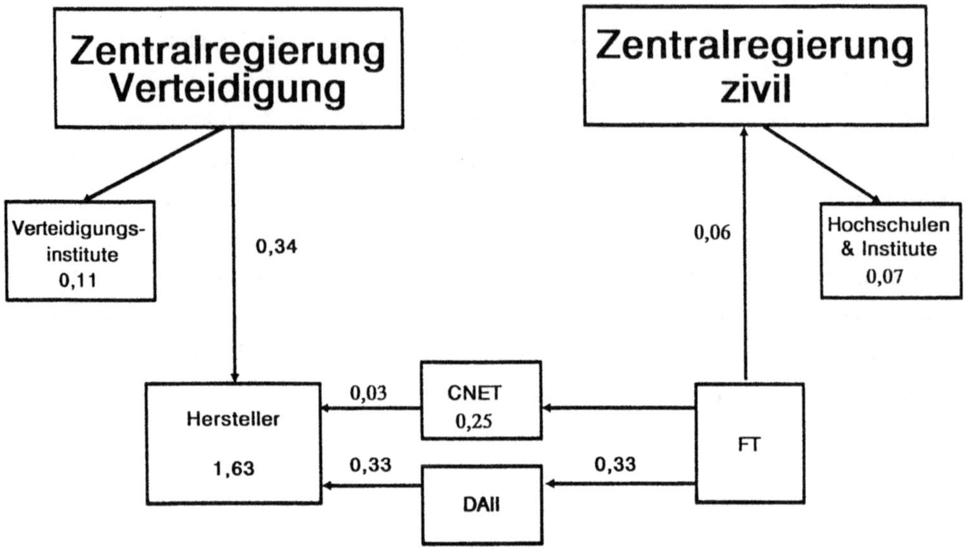

Seit 1986 ist ein Liberalisierungsprozeß zu beobachten, der im wesentlichen den Bereich der Endgeräte, den Mobilfunk und die Mehrwertdienste betrifft. Da aber das Netzmonopol von France Télécom und damit der wichtige Teil der öffentlichen Vermittlung nicht berührt ist, sind die Auswirkungen auf das FuE-System bislang begrenzt.

Bei aller Kritik, die gegenüber dem französischen Modell in seiner jetzigen Form vorzutragen ist, sollten aber die vielen positiven Aspekte einer engen Verbindung zwischen Netzbetreiber und Industrie nicht übersehen werden. Denn die zentralen Einwände richten sich im Kern lediglich gegen die Tendenz zur Favorisierung nationaler Sonderlösungen. Bei einer Technologiepolitik von France Télécom, die sich stärker an der Situation des Weltmarktes orientierte, wären die meisten Probleme weitgehend beseitigt. Diese Erkenntnis setzt sich offenbar auch im CNET immer mehr durch, so daß der französische FuE-Beitrag nach der Öffnung des europäischen Marktes im Jahre 1992 nicht unterschätzt werden sollte.

KAPITEL 4: VEREINIGTES KÖNIGREICH

(Von Hariolf Grupp)

4.1 RAHMENBEDINGUNGEN

Die korrekte Bezeichnung "Vereinigtes Königreich von Großbritannien und Nordirland" wird nicht durchgängig verwendet. Häufig wird in diesem Kapitel die verkürzte Bezeichnung "Großbritannien" auftreten. Damit ist nicht gemeint, daß sich die statistischen Angaben nur auf die britische Hauptinsel bezögen. Nordirland ist bezüglich aller statistischer Angaben einbezogen. Allerdings kommt Nordirland in den detaillierten Betrachtungen aus Mangel an FuE-Aktivitäten nicht vor. Auch von daher mag die verkürzte Bezeichnung zulässig sein.

4.1.1 NATIONALE RAHMENBEDINGUNGEN DER ALLGEMEINEN FuE-POLITIK

Wirtschaftliche Entwicklung

Das Vereinigte Königreich ist gemessen am Bruttoinlandsprodukt (1986) das fünftgrößte OECD-Land nach den USA, Japan, der Bundesrepublik Deutschland und Frankreich. Gemessen an der Wohnbevölkerung (1986) rangiert es nach Italien, aber vor Frankreich ebenfalls an fünfter Stelle mit 56 Mio. Einwohnern (Italien: 57 Mio.). Es wurde in den 70er Jahren von Frankreich an Wirtschaftskraft und von Italien bezüglich der Bevölkerung "überholt". Dahinter verbirgt sich eine wirtschaftliche Entwicklung, deren Ursachen wesentlich länger zurückreichen und hier nicht im einzelnen diskutiert werden können.

Die Wurzel des ökonomischen Verfalls der ehemaligen Weltmacht Großbritannien können mehr als 100 Jahre zurückverfolgt werden; der Verlust einer Vielzahl von Kolonien und damit der Verlust entsprechend günstig verfügbarer Ressourcen sowie allgemein der politische und wirtschaftliche Bedeutungsschwund des Commonwealth of Nations, das einstmals fast eine Milliarde Personen mit der englischen Krone verband, stehen in ursächlichem Zusammenhang mit der wirtschaftlichen Situation der Mutterinsel. Seit 1870 sind die britischen Wachstumsraten durchschnittlich unter denen der Vereinigten Staaten, Frankreichs, Deutschlands, Italiens, Schwedens und Japans geblieben. Die mittlere jährliche Wachstumsrate des Bruttosozialprodukts zwischen 1973 und 1982 lag bei 1,5 %; in den vier Jahren 1974, 1975, 1980 und 1981 war sie jeweils negativ. Auf vergleichsweise niedrigem Niveau lagen die Produktivität und die Investitionsrate.

Das britische Mehrheitswahlsystem begünstigte in der Nachkriegszeit einen häufigen Regierungswechsel, wobei die jeweilige Partei (Labour bzw. Konservative Partei) mit absoluter Mehrheit regierte und ihre jeweilige Regierungszeit vergleichsweise stärker ideologisch prägen konnte als dies etwa bei den Minderheits- und Koalitionsregierungen in Skandinavien der Fall ist. Eine starke Einflußnahme der jeweiligen Regierung auf die Volkswirtschaft war die Folge. Von den Staatsinterventionen hingen Wohl und Weh einzelner Firmen und ganzer Industriezweige ab; weltwirtschaftlich nicht mehr wettbewerbsfähige Industrien wurden teilweise unbegründet protektioniert. Dabei ist nicht in erster Linie die Tatsache der Staatseingriffe zu kritisieren, sondern vielmehr der Umstand, daß sich deren Richtung und ihr Ausmaß alle paar Jahre umkehrten. Einen letzten Einbruch in die wirtschaftliche Entwicklung brachte die Rezession von 1979 bis 1981 in Verbindung mit dem zweiten Ölpreisschub.

Die seit 1979 für britische Verhältnisse ungewöhnlich lange an der Macht gebliebene konservative Regierung änderte das Steuersystem zugunsten der Unternehmen in einschneidender Weise und führt seitdem eine klare, politisch geprägte Deregulierungspolitik durch. Mitte der 80er Jahre waren - von einem vergleichsweise sehr niedrigen Niveau aus - hohe Wachstumsraten bezüglich Bruttoinlandsprodukt und Produktivität möglich. Das Inlandsprodukt Frankreichs ist vermutlich im Jahr 1988 wieder erreicht worden.

Im Jahr 1986 nahmen die Exporte ein Volumen von knapp 20 % des Bruttoinlandsprodukts ein. Betrachtet man nur das produzierende Gewerbe, so liegt die Exportquote etwas höher. Die forschungsintensiven Waren im gesamten Güterangebot wiesen in den vergangenen zehn Jahren immer einen Exportüberschuß auf. Er beruht auf einer sehr starken Wettbewerbsposition in protektionierten Bereichen, nämlich bei Luft- und Raumfahrtzeugen und Spalt- und Brutstoffen. Stark unterdurchschnittlich innerhalb des forschungsintensiven Bereichs schneiden dagegen die Produktgruppen Datenverarbeitung, Elektrotechnik, Feinmechanik, Optik und Straßenfahrzeuge ab. Die internationale Wettbewerbsposition im Bereich der Mikroelektronik im weiteren Sinne hat sich allerdings in den letzten Jahren etwas verbessert und ist jetzt nur noch knapp unterdurchschnittlich (Grupp, Legler 1988).

Die Angaben verweisen auf das Grunddilemma der britischen Wettbewerbsposition in der Hochtechnologie: die Position auf den eher reglementierten Märkten ist fulminant günstig, diejenige bei Produktgruppen, die eher unter Marktbedingungen gehandelt werden, unterdurchschnittlich. Im ersten Dutzend der führenden Halbleiterfirmen der Welt, die mehr als 2/3 des Weltmarkts abdecken, befindet sich kein britisches Unternehmen. Dabei subventioniert die britische Regierung Kapitalgüter im Bereich der Elektronik mit nicht unerheblichen Mitteln. Allerdings sind die staatlichen Aufwendungen in diesem Bereich von verteidigungspolitischen Überlegungen geprägt, so daß letztlich höchst komplizierte, auf die militärischen Abnehmer zugeschnittene Kleinserien produziert und nicht die Massenmärkte der Konsumgüter bedient werden (Soete 1985).

Allgemeine FuE-Politik

Die FuE-Politik Großbritanniens in der Nachkriegszeit durchlief drei wesentlich verschiedene Phasen (Freeman 1987, 120 ff). In den 50er Jahren lag das Schwergewicht auf verteidigungsbezogener FuE sowie auf der Grundlagenforschung; es gab kaum Anstrengungen, im FuE-Bereich eine zivile Industriepolitik zu betreiben. Eine zweite Phase wurde etwa 1963 eingeleitet, als eine Regierungskommission empfahl, eine "Behörde für Industrie-FuE" sowie zwei Forschungsbeiräte einzuführen. Die neue Labour-Regierung errichtete 1964 ein Ministerium für Technologie, das jedoch vielen Umorganisationen und der wiederholten Zusammenlegung mit anderen Ministerien ausgesetzt war. Das Technologieministerium ist heute im Ministerium für Handel und Industrie (Department of Trade and Industry - DTI) aufgegangen, das schließlich 1983 aus einer Fusion des Handels- und des Wirtschaftsministeriums hervorging.

Am Ende der zweiten Phase betonte der sogenannte Rothschild-Report 1971 zwar die Nachfrageseite nach den Ergebnissen von FuE und empfahl, eine nationale Politik für Forschung und Technologie aufzugeben und die FuE-Angelegenheiten in die Zuständigkeit der einzelnen Ministerien zurückzuverlegen. Diesem an sich gutgeheißenen Gedanken wurde jedoch faktisch nicht gefolgt, denn in der Praxis gewann das DTI (bzw. die jeweiligen Vorgänger) zusammen mit den Forschungsbedarfsausschüssen (Research Requirement Boards) einen wachsenden Einfluß auf die Technologiepolitik, so daß man nun von einer dritten Phase sprechen kann. Die Errichtung des beratenden Ausschusses für die Forschungsräte (Advisory Board for the Research Councils - ABRC) 1974 beim Ministerium für Bildung und Wissenschaft sowie des beratenden Rats für die Anwendung von FuE (Advisory Council on the Application of Research and Development - ACARD) waren eine zusätzliche Maßnahme, um eine nationale Forschungs- und Technologiepolitik auf der faktischen Ebene zu etablieren. Allen voran ACARD - beim Kabinettsamt angesiedelt und inzwischen umbenannt in ACOST (siehe unten) - griff strategische Fragen der nationalen Technologiepolitik auf und veröffentlichte in rascher Folge bedeutende Vorschläge (siehe unten). Diese dritte Phase ist durch das faktische Einpendeln auf eine nationale Forschungs- und Technologiepolitik bei ausbleibender politischer Begründung charakterisiert. Abbildung 4.1-1 gibt einen gedrängten Überblick über den heutigen Aufbau der öffentlichen Forschungsadministration.

Abbildung 4.1-1: Überblick über das britische FuE-System
(Quelle:Adaptiert und verändert nach Tisdell 1981)

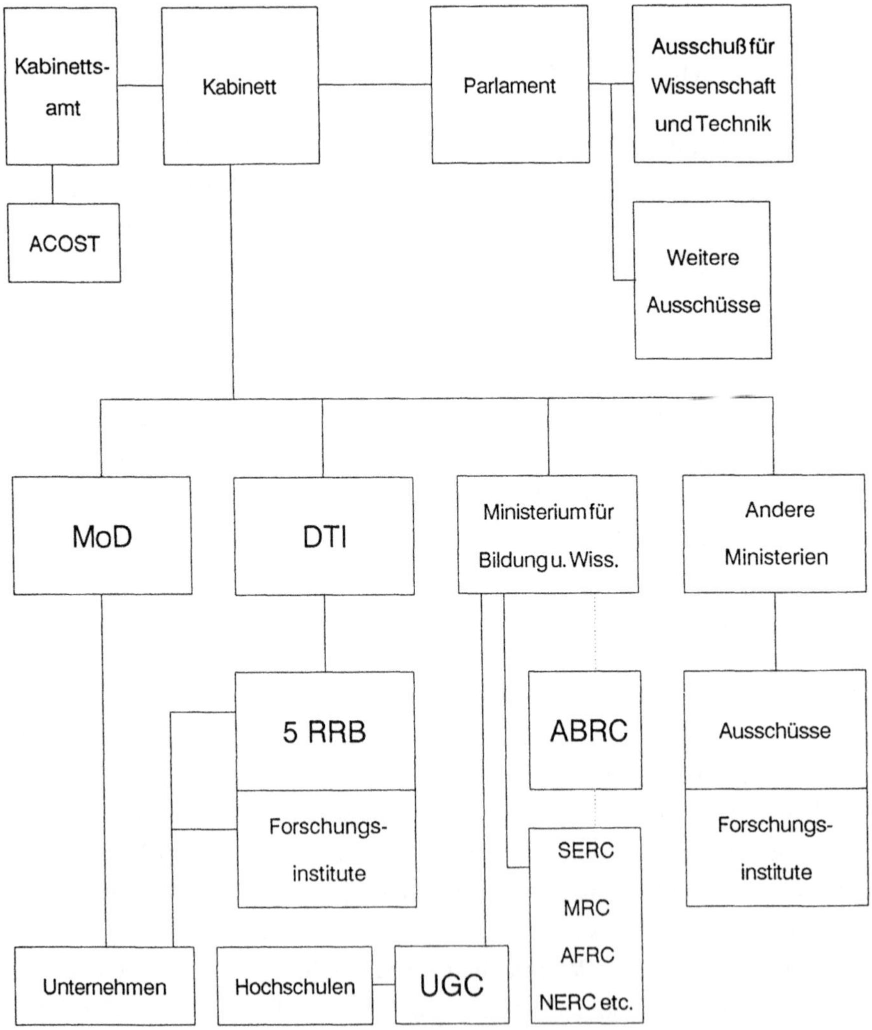

Zugleich zu den institutionellen Änderungen der dritten Phase wurde die industrielle FuE-Förderung, die bis gegen Ende der 70er Jahre primär auf die Förderung von

Hochtechnologiebereichen gerichtet und überwiegend als Projektförderung angelegt war, zunehmend im Hinblick auf eine Verbesserung der Wettbewerbsfähigkeit verstanden (Kuntze et al. 1986, 54 ff). Die partielle Abkehr von der Förderung spezifischer Technologie und die Hinwendung zu einer Beeinflussung der Rahmenbedingungen für eine erfolgreiche industrielle Innovationstätigkeit wurde im Winter 1984/85 einer Überprüfung unterzogen. Im Ergebnis wurde empfohlen, sich verstärkt auf diejenigen Gebiete zu konzentrieren, in denen mit begrenzten Mitteln die größte Breitenwirkung in der Volkswirtschaft zu erzielen sei. Damit wurde die Struktur der öffentlichen, zivilen FuE-Förderung auf die sogenannten Zukunftstechnologien hin orientiert. Nach wie vor gibt es einen Sockelbetrag für direkte Projektförderung; die überwiegenden Mittel werden jedoch für Kooperationshilfen und Maßnahmen zur Steigerung der "Technologiebewußtheit" der Industrie, für die Förderung des Technologietransfers, der Beratung und der Aus- und Weiterbildung eingesetzt. Die direkte FuE-Förderung einzelner Unternehmen (also ohne die Verbundvorhaben) wird auch politisch abgewertet, indem von "Ausnahmeprojekten" und einer "sehr begrenzten Zahl von Fällen" gesprochen wird (DTI 1988). Ein wesentliches Merkmal der neuen Technologiepolitik besteht in einer Unterstützung von Verbundforschungsprogrammen zwischen verschiedenen Unternehmen mit dem Zweck, längerfristige FuE-Arbeiten durchzuführen, und zwischen Hochschulen und Unternehmen. Bezieht man in die Überlegungen neben dem FuE-Bereich auch die sonstigen Subventionsmaßnahmen ein, so kann festgestellt werden, daß die neue Politik die verstaatlichten Industrien, die noch 1980 den größten Teil der öffentlichen Subventionsmittel für sich beanspruchen konnten (DTI 1988), am stärksten beschnitt.

Dies bezieht sich - wohl gemerkt - auf den zivilen Teil staatlicher FuE-Förderung, für den im wesentlichen das DTI verantwortlich zeichnet. Daneben spielt für die zivile FuE das Ministerium für Bildung und Wissenschaft eine Rolle, das mit dem DTI und anderen Ministerien eng zusammenarbeitet (siehe auch Abbildung 4.1-1). Außerdem nimmt das Verteidigungsministerium (Ministry of Defence - MoD) durch die technologische Beschaffung und FuE-Mittel einen erheblichen Einfluß auf die britische Technologiepolitik. Es ist jedoch von den anderen Ministerien und den zugehörigen diversen Beiräten und Ausschüssen relativ stark isoliert (siehe auch Abbildung 4.1-1). Im Rahmen dieser Einführung wird noch kurz auf die Funktionen des DTI sowie der überministeriellen Koordination durch ACARD/ACOST eingegangen; Details zu den einzelnen staatlichen Einrichtungen inklusive des MoD finden sich im Abschnitt 4.3.1.

Die Ziele des DTI, so wie sie heute formuliert werden, entsprechen dem markt- wirtschaftlichen Leitbild der konservativen britischen Regierung: Staatseingriffe werden abgelehnt und die Rolle des Staates in der Technologiepolitik auf unterstützende und stimulierende Funktionen begrenzt. Privatisierung und Deregulierung stehen oben an und sind von einem starken Vertrauen auf die sogenannten Marktkräfte getragen. Protektionistische Eingriffe werden nur dann als zulässig erachtet, wenn die Gebote der Fairness zwischen den Teilnehmern am Markt oder zwischen Konsumenten und Kapitaleignern bedroht erscheinen. Das DTI hat ferner eine wichtige Funktion bei der Regionalentwicklung und unterhält sieben Regionalbüros. In bezug auf die globale Strategie und die Prioritäten der FuE-Förderung wird das DTI vom Technologiebedarfsausschuß (Technology Requirements Board - TRB), einem Gremium aus Industriellen, beraten; für die allgemeine industriepolitische Beratung des Ministeriums gibt es daneben den Ausschuß für industrielle Entwicklung (Industrial Development Advisory Board - IDAB), der mit Industriemanagern, Bankiers, Beratern und Finanzexperten besetzt ist. Die Aufgabenstellung der fünf Forschungsbedarfsausschüsse (Research Requirement Boards - RRB), also der Sachverständigenkreise, die den Mitarbeitern des DTI bei der inhaltlichen Ausrichtung der Forschungsprogramme und der Zielformulierung sowie bei der Auswahl der zu fördernden Projekte beratend und unterstützend zur Seite stehen, wurde dahingehend eingeengt, daß sie keine mittelvergebende Funktion mehr wahrnehmen können und dementsprechend stärker ihre Arbeit auf die Beratungstätigkeit konzentrieren müssen (Kuntze et al. 1986, 55). Die RRB stellen ein effektives System zur Beobachtung der technologischen Entwicklung dar und bilden gleichzeitig eine Art Absicherung bezüglich der laufenden Anpassung veränderter Technologie an die zukünftige industrielle Nachfrage. Drei der fünf RRB haben direkt Relevanz für die Informations- bzw. Telekommunikationstechnologie. Es sind die die Ausschüsse für

- Computer, Systeme und Elektronik,
- Maschinenbau und
- Meßwesen und Standards.

Die Umstrukturierung in der Ausrichtung der FuE-Förderung war auch von einer Änderung im Aufgabenbereich des ACARD begleitet. Er wurde dahingehend erweitert, daß in Zukunft nicht nur das Kabinett in Fragen der Wissenschafts- und Forschungsförderung beraten werden soll, sondern ACARD auch stärker Koordinationsfunktionen in bezug auf die Abstimmung der FuE-Aktivitäten der verschiedenen Institutionen im FuE-Bereich wahrnehmen wird. ACARD hat zwar keine formellen Kompetenzen gegenüber den einzelnen Ministerien erhalten, kann aber Lobbyfunktionen in dem Sinne wahrnehmen, daß auf die politische Lösung von als wichtig eingeschätzten Problemen gedrungen wird. ACARD hat durch eine rasche Folge von qualifizierten Berichten auf sich aufmerksam gemacht:

- 1978: Die Anwendung der Halbleitertechnologie,
- 1979: Der technische Wandel: Bedrohungen und Gelegenheiten für das Vereinigte Königreich,

- 1980: Biotechnologie,
- 1980: Informationstechnik,
- 1982: Die Verbesserung der Beziehungen zwischen dem Hochschulsektor und der Industrie in der Forschung,
- 1983: Neue Chancen im verarbeitenden Gewerbe: Das Technologiemanagement,
- 1986: Software - der Überlebensschlüssel für die britische Wettbewerbsfähigkeit.

Insbesondere der ACARD-Bericht von 1980 über die Informationstechnik hat viel zur Formulierung der heutigen Technologiepolitik im Bereich der Informations- und Kommunikationstechnologie beigetragen. Er enthielt z. B. die zentrale Empfehlung, nur ein einziger Minister und ein einzelnes Ministerium soll die volle Verantwortung für die Informationstechnik bekommen, die mit der Reorganisation des heutigen DTI 1983 auch umgesetzt wurde. Der nämliche Bericht hatte im ürigen ebenfalls eine Beendigung des Monopols der britischen Post im Bereich der Telekommunkationsdienste verlangt (siehe Abschnitt 4.1.2). Im Juli 1987 wurde ACARD in ACOST (Advisory Commitee on Science and Technology) umbenannt; ACOST soll sich verstärkt der Grundlagen- neben der angewandten staatlichen FuE zuwenden.

Umfang der britischen FuE

Eine detaillierte Analyse der Aufwendungen für Forschung und Entwicklung mit Bezug auf die Telekommunikation erfolgt im Abschnitt 4.2. An dieser Stelle wird ein kurzer Überblick über das Gesamtvolumen der Forschung und Entwicklung in Großbritannien gegeben.

Auch die britische FuE-Statistik ist lückenhaft und weist erhebliche Trendbrüche auf. Nähere Einzelheiten siehe in Abschnitt 4.2. Die Situation mag sich künftig verbessern, nachdem die Bedeutung einer zutreffenden FuE-Statistik für die adäquate Koordination von Maßnahmen erkannt wurde. So sucht die Regierung ein verbessertes Innovationsklima herzustellen, in dem auch Anteilseigner, Manager und Bankfachleute verbesserte Informationen bekommen sollen, um den Wert von Forschung und Technologie besser einschätzen zu können. Die Regierung versucht daher insbesondere die Unternehmen zu überzeugen, daß mehr Transparenz bei den FuE-Aktivitäten die Investitionsneigung im Hinblick auf die Einführung neuer Technologie erhöhen kann. Es gibt einen neuen Vorschlag für die Ausweisung von FuE-Aufwendungen in den jährlichen Geschäftsberichten der Unternehmen, die vom Accounting Standards Committee (ASC) erarbeitet wurde. Die Regierung schließt ausdrücklich einen gesetzgeberischen Akt im Hinblick auf die FuE-Statistik nicht aus, hofft aber auf eine freiwillige Übernahme der ASC-Vorschläge durch die Unternehmen (DTI 1988, 34). Vor dem Hintergrund dieser Ankündigungen wird verständlich, daß die gegenwärtige und rückverfolgende FuE-Statistik erhebliche Probleme bereitet, so daß die nachfolgenden Angaben nicht überinterpretiert werden dürfen.

Abbildung 4.1-2: Öffentliche und private Aufwendungen für FuE in Prozent des Bruttoinlandsprodukts (FuE-Intensität) in Großbritannien 1969 bis 1986 (Quelle: Zusammengestellt und teilweise hochgerechnet aus verschiedenen OECD-Quellen)

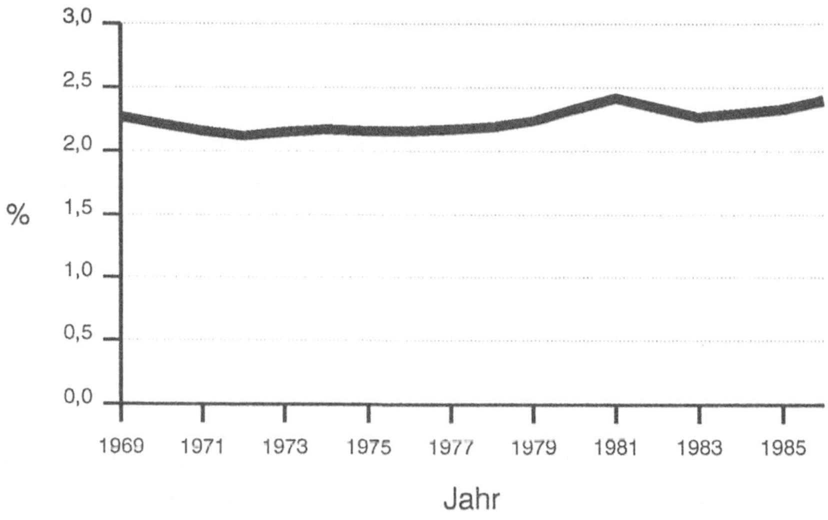

Abbildung 4.1-2 zeigt den zeitlichen Verlauf der gesamten Aufwendungen für FuE in Großbritannien bezogen auf das Bruttoinlandsprodukt. Der Anteil lag immer über 2 %, weist jedoch eine uneinheitliche Tendenz auf. Ende der sechziger Jahre wurden die FuE-Aufwendungen zurückgenommen und stagnierten bis etwa 1977. Im Jahr 1981 - in der Rezession! - erreichten die FuE-Intensitäten ihren Höchstwert in den letzten 20 Jahren von über 2,4 % des Bruttoinlandsprodukts. Danach folgten die FuE-Aufwendungen der wieder wachsenden Volkswirtschaft aber nicht in gleichem Maße, so daß man heute insgesamt von einem Niveau auszugehen hat, das dasjenige Ende der sechziger und Ende der siebziger Jahre kaum übertrifft. Großbritanniens Volkswirtschaft kann insgesamt nicht als sehr forschungsintensiv eingestuft werden, wenn man bedenkt, daß die USA, Japan, die Bundesrepublik Deutschland, aber auch Schweden eine FuE- Intensität von deutlich über 2,5 % aufweisen (Grupp, Legler 1989).

Die Finanzierung und die Verausgabung von FuE in Großbritannien wird mit Abbildung 4.1-3 veranschaulicht. Es wird ein Querschnitt aus dem Jahr 1985 dargestellt, frühere

Abbildung 4.1-3: Finanzierung und Verausgabung von FuE-Mitteln in Großbritannien 1985 in Millionen £
(Quelle: Cabinet Office 1987)

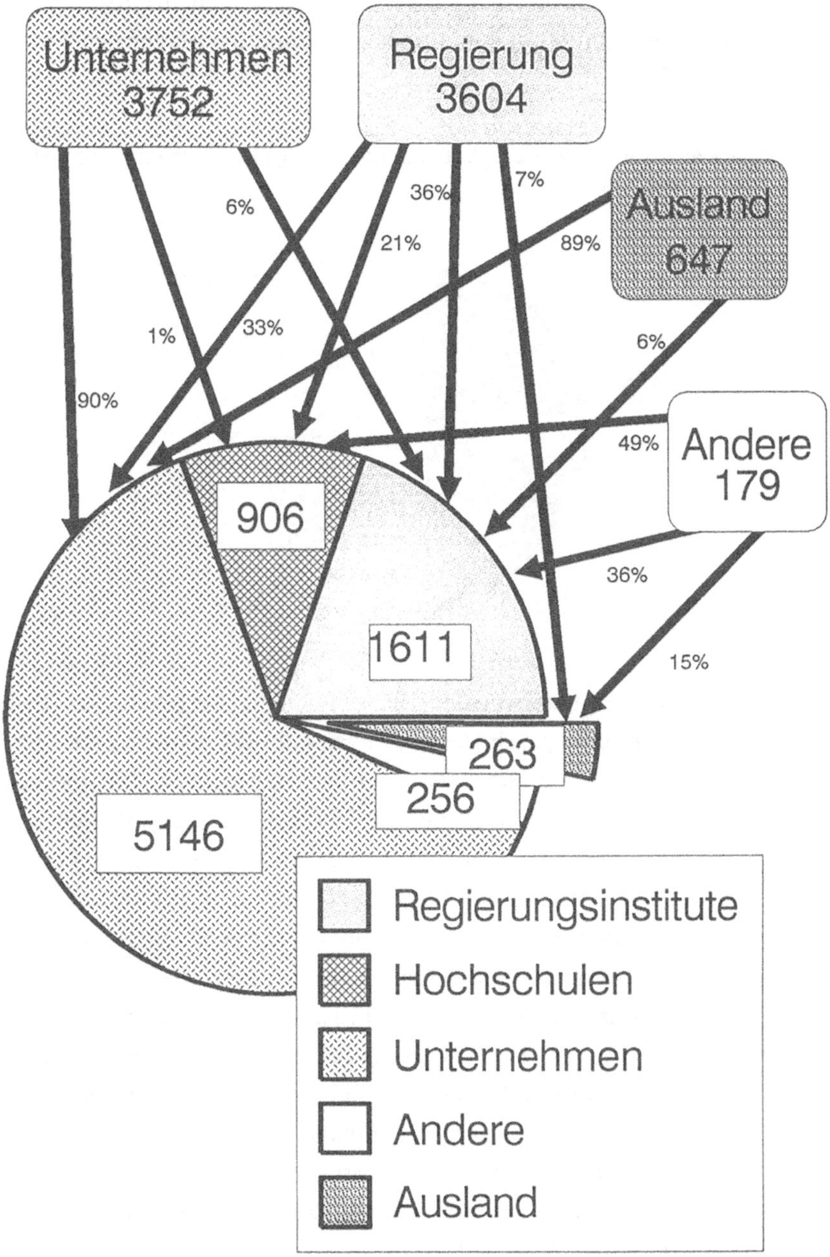

Jahre weichen prozentual nicht sehr davon ab. Weit überwiegend werden die FuE-Mittel im Bereich der Unternehmen verausgabt, wozu statistisch auch die in Staatsbesitz befindlichen Unternehmen gerechnet werden. Daneben sind vor allem die Regierungsinstitute, die die verteidigungsbezogenen, die nuklearen und die luft- und raumfahrtbezogenen Institute einschließen, hervorzuheben. Erst an dritter Stelle rangieren die Universitäten und anderen Hochschulen; ein kleiner Teil der britischen FuE-Mittel werden im Ausland verausgabt, zum Beispiel in europäischen und internationalen Forschungszentren.

Abbildung 4.1-4: **Staatliche FuE-Aufwendungen im Haushaltsjahr 1985-86 nach Herkunft**

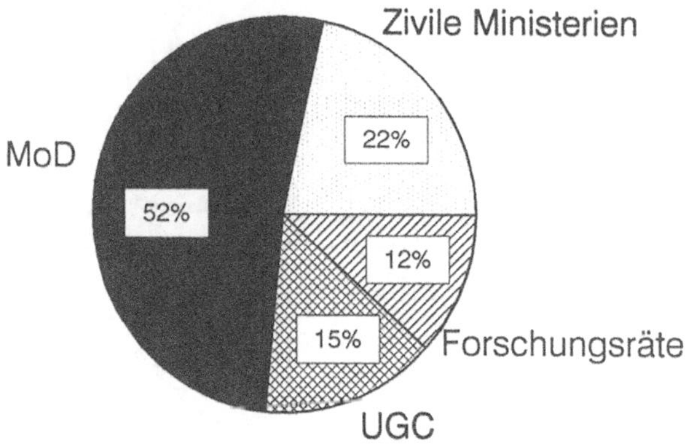

Die Finanzierungsanteile unterscheiden sich sehr von der Ausgabenseite. Regierung und Unternehmen steuern etwa gleich viel bei, wobei unternehmensseitig die Mittel zu 90 % selbst verausgabt werden. Dies bedeutet nicht notwendigerweise eine interne Verausgabung pro Unternehmen, sondern hierin sind Vertragsforschungsarbeiten zwischen verschiedenen Unternehmen enthalten. Die Regierungsausgaben verteilen sich zu je etwa einem Drittel auf die Unternehmen (die Staatsunternehmen eingeschlossen) und die Regierungsinstitute. Ein Fünftel der Mittel fließt in die Universitäten; jedoch sind Stiftungen und ähnliche Geldgeber, auch wenn es sich um öffentliche Körperschaften handelt, unter "Andere" verbucht. Das Ausland - im wesentlichen die europäische Gemeinschaft - trägt mit einem kleinen Teil zur FuE-Finanzierung bei, deren weit überwiegender Teil an die Unternehmen fließt. In diesem Betrag sind auch Forschungsaufträge aus der US-Initiative zur Strategischen Verteidigung (SDI) enthalten, die - soweit nachgewiesen - an die britischen Unternehmen Marconi (GEC), Plessey und Ferranti fließen. Unter den anderen Geldgebern sind im wesentlichen Stiftungen zu verstehen, so daß es nicht erstaunt, wenn die Hälfte der Mittel dem Hochschulbereich gewidmet ist.

Zerlegt man den staatlichen Finanzierungsanteil weiter, so ist festzustellen (Abbildung 4.1-4), daß mehr als die Hälfte der Mittel vom Verteidigungsministerium (MoD) herrührt. Die zivilen Ministerien, im wesentlichen das DTI, sind für nicht einmal ein Viertel der öffentlichen Ausgaben verantwortlich. Eine sehr bedeutende Rolle spielt die separate Hochschulforschung über das zum Bildungs- und Wissenschaftsministerium gehörende UGC (University Grants Committee). Die meisten der Forschungsräte unterstehen ebenfalls dem DTI oder dem Bildungs- und Wissenschaftsministerium, wobei das SERC (Science and Education Research Council) besonders hervorzuheben ist, da es im eigenen Rutherford Appleton Laboratory (RAL) ein beträchtliches Forschungsprogramm im Bereich der Informationstechnik abwickelt.

4.1.2 STRUKTUR DES TELEKOMMUNIKATIONSSEKTORS

Neustrukturierung der Netzbetreiber

Es ist nicht Aufgabe dieses Berichts, die einzelnen Stufen der Neuregelung des Telekommunikationsbereichs im einzelnen nachzuzeichnen. Siehe hierzu ausführlich Heuermann und Neumann (1985). Die Umstrukturierung ist als eine unter mehreren Maßnahmen der seit Ende der siebziger Jahre bestimmenden Regierungslinie der Konservativen Partei zu verstehen. Sie ordnet sich in deren allgemeine Industriestrukturpolitik ein (siehe Abschnitt 4.1.1). Von außenstehenden Beobachtern wird sie als das britische "neoliberale Experiment" bezeichnet (Morgan 1987b, 19). In der Tat gibt es keinen Präzedenzfall für die britische Vorgehensweise in Westeuropa. In keinem anderen europäischen Land ist die Veränderung der Monopolstruktur in der Telekommunikation so früh, schnell und weitgehend erfolgt. Die Liberalisierungsphase, die von der Privatisierungsphase unterschieden werden muß, begann formal im Jahre 1981, als die Telekommunikationsaufgaben von der britischen Postverwaltung abgetrennt und einem neu gegründeten Staatsunternehmen British Telecom (BT) übertragen wurden. In der Folge wurden die ursprünglich rigiden Regeln für die staatliche Beschaffung und die Mehrwertdienste liberalisiert. Ein - aber auch nur ein - rivalisierender Netzbetreiber bekam die Lizenz zur Betreibung eines landesweiten Telekommunikationsnetzes. Der neue Netzbetreiber - Mercury - eine inzwischen 100 %ige Tochter von Cable & Wireless, kann allerdings nicht als Neuling bezeichnet werden, denn die bis 1981 im Staatsbesitz befindliche Konzernmutter ist ein im Netzaufbau erfahrenes Unternehmen.

In der Liberalisierungsphase wurden des weiteren zwei rivalisierende Konsortien autorisiert, mobile Funknetze zu errichten - eines geführt von British Telecom, das andere von Racal. Im Jahr 1984 wurde BT schließlich privatisiert. Mit dem Telecommunications Act von 1984 wurden alle Wettbewerber auf die gleiche Stufe gestellt und BT das Recht, Lizenzen zu erteilen, entzogen und auf die neue Abteilung im DTI, OFTEL (Office of Telecommunications) übertragen. Ferner kann im Auftrag des Kartellamts (des Office for Fair Trading) die britische Monopolkommission MMC (Monopolies and Mergers Commission) unabhängig von OFTEL angerufen werden, um mögliche Wettbewerbsverzerrungen im öffentlichen Interesse aufklären zu lassen. Die wichtigsten Verantwortlichkeiten öffentlicher Organisationen im Bereich der Telekommunikation sind in Abbildung 4.1-5 zusammengestellt.

Abbildung 4.1-5: Verantwortlichkeiten öffentlicher Organisationen im Bereich der Telekommunikation 1988

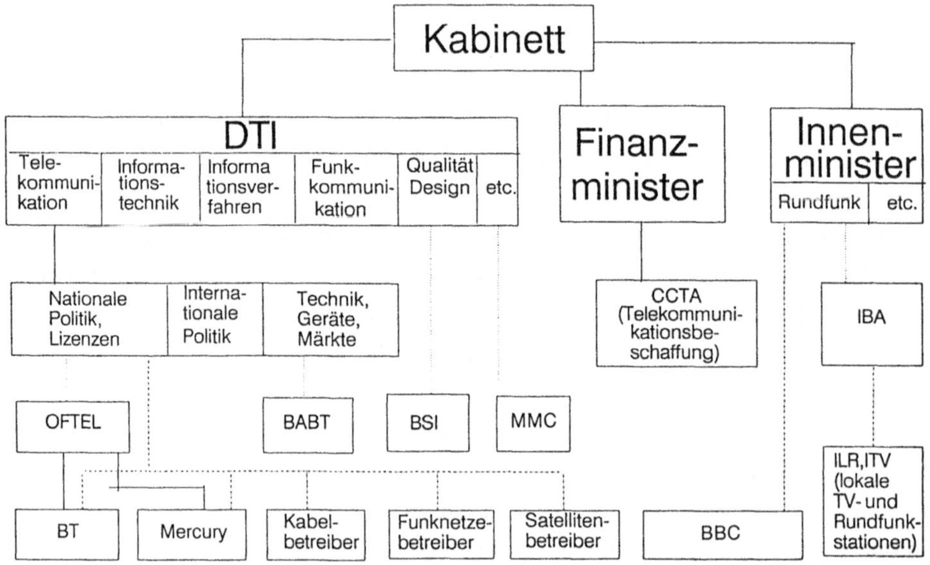

Insgesamt wird die Einschätzung geteilt (Morgan 1987a), daß das britische "Experiment" aus europäischem Kontext einer radikalen Strukturänderung entspricht, aus amerikanischer Sicht aber weit zurück bleibt. Die moderaten Liberalisierungsvorstellungen der Carter-Kommission von 1977, welche die damalige Labourregierung abgelehnt hat und die auf eine Aufteilung der britischen Post in zwei selbstständige öffentliche Unternehmen unter getrennter Geschäftsleitung hinauslief, sind durch die jetzige Regierung deutlich übertroffen worden. Dennoch gibt es kein "little America" in der Telekommunikationsstruktur auf den britischen Inseln, sondern das Monopol wurde durch ein Duopol aus BT und Mercury ersetzt. Zudem kommt dem Land die "zweifelhafte Ehre" (Morgan 1987b, 23) zu, mit die höchsten Telefongebühren in Westeuropa zu erheben (Foreman-Peck, Müller 1988, 40). Für weitere Details und eine Erläuterung der Funktionen, die in Abbildung 4.1-5 erwähnt sind, siehe Abschnitt 4.3.1 und 4.3.2. Nach diesem sehr kurzen Abriß der Ordnungspolitik im Telekommunikationsbereich widmet sich der Rest dieses Abschnitts den wichtigsten wirtschaftlichen Strukturdaten.

Wirtschaftsstruktur

Trotz der erfolgten Neustrukturierung der Telekommunikation in Großbritannien kommt BT immer noch für ungefähr 80 % der inländischen Nachfrage nach Telekommunikationsgütern auf, was nur eine marginale Reduktion im Vergleich zum Ende der siebziger Jahre darstellt. In den letzten 10 oder 15 Jahren hat sich technisch gesehen aber dennoch ein starker Strukturwandel ergeben, indem BT von der elektromechanischen Vermittlung und von analogen Übertragungssystemen auf der Basis von Kupfer zur digitalen Übertragung von Signalen und zu computergestützten Vermittlungszentralen übergegangen ist. Kupferkabel werden zunehmend von Lichtwellenleitern und Mikrowellenstrecken abgelöst. Dieser technische Strukturwandel hat die Dominanz von BT in monetären Größen aber nicht verändert.

In den einzelnen Nachfragebereichen bei Telekommunikationsgütern in der zweiten Hälfte der achtziger Jahre ergeben sich etwa folgende Verhältnisse (jährliche Angaben): Die jährliche Nachfrage nach öffentlicher Vermittlungstechnik beläuft sich auf etwa 700 Mio. £, wobei das britische System X daran etwa drei Viertel ausmacht. BT ist praktisch der einzige Kunde. Der Markt für Übertragungsausrüstungen wird auf deutlich über 300 Mio. £ eingeschätzt. Ungefähr 90 % der Nachfrage wird durch BT abgedeckt, wobei Mercury, British Railways und die Elektrizitätsversorgungsunternehmen die restlichen Kunden sind. Darin dürfte der Anteil der optischen Übertragungsgeräte bald die 100-Mio.-Grenze erreicht haben. Der Markt für kleine private Vermittlungsgeräte hat inzwischen die 600-Mio.-Grenze überschritten (Endabnehmerpreise; nach Herstellerpreisen etwa halb so viel). Dank des produzierenden Tochterunternehmens Mitel stellte BT noch 1984 75 % dieser Geräte bereit. Auch bezüglich der Telefonapparate stellt BT immer noch 70 bis 80 % des gesamten Marktes zur Verfügung. In Endabnehmerpreisen liegt das Marktvolumen zwischen 200 und 300 Mio. £.

Der Übergang von einem BT-Monopol zu einem Duopol durch die Lizenz an Mercury hat die Nachfragestrukturen kaum verändert, weil die Marktanteile von Mercury verschwindend klein sind. Einige Autoren verwenden zur Charakterisierung der britischen

Telekommunikationsstruktur daher auch den Begriff "Quasi-Monopol". Genaugenommen existiert mit dem eigenen Netz der Stadt Kingston upon Hull ein drittes regional begrenztes öffentliches Netz seit 1982. Mercury hat hingegen auch eine Zulassung für international vermittelte Dienste bekommen und sich den Zugang zum Ortsnetz, den BT-Mitarbeiter technisch verweigerten, gerichtlich erzwungen. Ansonsten hat die Regierung mehrfach bekräftigt, daß neben BT, Hull und Mercury, den beiden Zellularfunknetzen sowie lokalen Kabelnetzbetreibern keine weiteren Netzträger zugelassen werden (zumindest bis 1990).

Neben der zivilen Nachfrage nach Telekommunikationsgütern durch BT ist auch die militärische Nachfrage nach eben solchen Gütern zu berücksichtigen. Das Verteidigungsministerium kommt für mindestens ein Drittel der Abnahme von elektronischen Produkten im Vereinigten Königreich auf. Wenn man die MoD-Beschaffung und diejenige von BT zusammennimmt, dürfte man die Hälfte aller elektronischen Güter für den Inlandsmarkt erfaßt haben. Leider erlauben die Angaben im Verteidigungshaushalt keine Zerlegung der Elektronik in telekommunikationsbezogene und andere Güter. Nimmt man die drei relevanten Warenkategorien gemäß der britischen Klassifikation für Telegrafen- und Telefongeräte und -ausrüstungen, elektronische Kontrollsysteme, Funkgeräte und elektronische Kapitalgüter zusammen (SIC 3441-3), dann beträgt die Beschaffung durch BT und das MoD - technologische Beschaffung mit Vergütung der FuE-Aufwendungen durch das MoD ist eingeschlossen - 2,3 Mrd. £ im Haushaltsjahr 1984/85, was 72 % der Umsätze in diesen Warenkategorien entspricht (Walker 1988, 30). Das MoD allein wendete in den Jahren seit 1982 jeweils zwischen 1,2 und 1,7 Mrd. £ für technologische Beschaffung oder FuE-Verträge an britische Elektronikunternehmen auf. Davon flossen allein an GEC und Plessey zwischen 900 Mio. und 1,2 Mrd. £ pro Jahr. Die elektronischen Güter, die durch das MoD beschafft werden, liefern die beiden Firmen also zu 70 % oder mehr.

Auf Seiten der Hersteller von Telekommunikationsgeräten dominieren drei Unternehmen: die General Electric Company (GEC), Plessey und Standard Telephone & Cable (STC), an der heute Northern Telecom aus Kanada 27 % hält. STC hat 1985 den Computer- und Telekommunikationsgerätehersteller International Computers (ICL) zu 100 % übernommen und kommt zusammen mit Plessey und GEC vermutlich auf einen 70 %-Anteil bei der Abdeckung des britischen Telekommunikationsgerätemarkt. Darüber hinaus sind GEC und Plessey auch im gesamten Markt der elektronischen In-vestitionsgüter, der über 15 Mrd. £ pro Jahr beträgt, die wesentlichen Lieferanten. Ihre Dominanz in den Teilmärkten der Telekommunikation (siehe unten) und der verteidigungsbezogenen Elektronik ist noch höher, ebenso wie im Bereich der elektronischen

Komponenten. GEC, aber nicht Plessey, ist auch im Bereich der elektrotechnischen Ausrüstungen, der Konsumgüter und der Elektrizitätserzeugung aktiv.

Der Markt für Telekommunikationsgüter wird bald drei Milliarden £ erreichen. GEC und Plessey sind die größten Hersteller auf diesem Gebiet und produzieren mehr als die Hälfte davon (60 %). Sie sind im Bereich der Telekommunikationsgeräte mit 25000 von 45000 Personen für mehr als die Hälfte der Beschäftigung verantwortlich. Die Abhängigkeit von den beiden großen Herstellern ist in einigen Teilgebieten noch wesentlich größer. So liegt der Marktanteil der beiden Unternehmen im Bereich der öffentlichen Vermittlungstechnik um und nach 1985 bei 80 %, für das System X sogar bei 100 %. Diese Dominanz ergab sich seit dem Haushaltsjahr 1983/84, als sich STC hiervon zurückzog; zuvor betrug der Anteil der beiden großen Firmen an der Herstellung von System X 80 %, an der Herstellung aller öffentlichen Vermittlungsgeräte 75 % (siehe auch zusammenfassend Tabelle 4.2-1). Bei den Multiplexgeräten stieg der Marktanteil der beiden großen Firmen in den achtziger Jahren zunächst von 70 auf über 80 % an, ist aber nach 1985 wieder zurückgegangen. Bei den Kupferübertragungssystemen (ohne Kabel) ging ihr Marktanteil von über 90 % zuletzt bis auf 60 % zurück, bei den Glasfasersystemen (ohne Kabel) von fast 90 % auf etwa 66 % im Haushaltsjahr 1985/86. Auch am Markt für private Vermittlungsgeräte sind GEC und Plessey in allen Größenlagen gut vertreten: b ei den kleinen Systemen betrug ihr Anteil zusammengefaßt 62 %, bei den mittleren 51 % und bei den großen Anlagen 70 %, was auf einen Mittelwert von etwa 60 % hinausläuft. Die anderen Hersteller von privater Vermittlungstechnik in Großbritannien sind British Telecom/Mitel, Norton und STC sowie IBM, Ferranti und Thorn Ericsson. Tabelle 4.1-1 faßt die Verhältnisse zusammen.

Bei anderen elektronischen Komponenten, die für die Telekommunikation von Bedeutung sind, sieht es ähnlich aus. Der Marktanteil von GEC und Plessey bei Leuchtdioden ist 80 %, bei Glasfaserempfängern 60 % und bei Bauteilen für die Mikrowellenübertragung ebenfalls 60 %. Verkehrsüberwachungssysteme werden zu fast 80 % von diesen beiden Firmen hergestellt und selbst die Briefsortiermaschinen stammen in drei von vier Fällen von GEC oder Plessey. Die Dominanz dieser beiden Firmen im Bereich des zivilen und militärischen Radars ist noch höher: militärischer bodenstationierter 2D-Radar, Armeeradar und Marineradar werden jeweils ausschließlich von GEC und Plessey hergestellt. Der Marktanteil beim luftgestützten Radar ist 60 %, beim bodengestützten 3D-Radar 75 % und im zivilen Bereich 16 % (MMC 1986, 48). Die Geräte für den strategischen Armeefunk stammen immer von diesen beiden Firmen, im Falle des taktischen Armeefunks zu 86 %. Militärische Kommando-, Kontroll- und Informationssysteme und Hochfrequenzüberwachungssysteme werden nur von diesen beiden Firmen hergestellt, Satellitenkommunikationssysteme in 40 % der Fälle und Satellitenterminals zu 55 %.

Tabelle 4.1-1: Überblick über die Volumina und die Konzentration bei Telekommunikationsgeräten um das Jahr 1986
(Quelle: MMC, eigene Erhebungen und Schätzungen)

Produktgruppe	Geschätztes Marktvolumen 1986 in Millionen £	Marktanteil von GEC und Plessey in Prozent
Vermittlungstechnik:		
System X	460	100
Andere Systeme	190	30
Telex-Vermittlung	20	100
Übertragungstechnik (ohne Kabel):		
Multiplexer	110	75
Modems	60	5
Kupfersysteme	40	60
Optische Systeme	40	65
Netzwerkmanagementsysteme	10	50
Mikrowellenstrecken	20	80
Endgeräte:		
große PABX	320	70
mittlere PABX	710	50
kleine PABX	610	60
Telefone	110	35
Intelligente Münzfernsprecher	40	65
Telekommunikationsgeräte	ca. 3000	ca. 60

Es liegt also im militärischen und zivilen Telekommunikationsbereich eine äußerst hohe Konzentration am Markt vor, bei der GEC und Plessey wenn nicht alles, so doch meist mehr als zwei Drittel der Ausrüstungen herstellen. Man könnte argumentieren, daß die

Geheimhaltungsnotwendigkeiten im verteidigungsbezogenen Bereich zur Begrenzung des Know-hows bei wenigen Herstellern zwingt. Da die Entsprechung von zivilen und militärischen Produkten nicht sehr groß ist (Walker (1988, 30) nennt nur folgende Produkte im Bereich der Telekommunikation mit nennenswerter Überlappung zwischen dem zivilen und dem militärischen Bereich: luftgestützter Radar, luftgestützte Kommunikations- und Navigationssysteme, Satellitenkommunikation und -terminals), braucht die im militärischen Bereich eventuell notwendige Konzentration auf wenige Hersteller technologisch nicht auf die zivile Produktpalette durchzuschlagen. Deshalb kann nicht gefolgert werden, daß wegen der Industriestruktur bezüglich der Verteidigungsausrüstungen auch eine entsprechende Struktur im zivilen Bereich hingenommen werden muß. Vielmehr ist auch die zivile Telekommunikationsgüterstruktur von einem hohen Maß an Konzentration geprägt, deren Herkunft in der Monopolstruktur des britischen Telekommunikationsbereichs in der Vergangenheit gesucht werden muß. Bis jetzt sind keine Anzeichen eines Zerfalls des Herstellerduopols aufgrund eines Zerfalls des Netzbetreibermonopols zu erkennen.

Nachdem die Monopolkommission (MMC) die von GEC gegen den Willen von Plessey versuchte Fusion der beiden Konzerne unterbunden hatte, fand im Jahr 1988 eine Fusion nur im Bereich der Telekommunikation, aber nicht in den anderen Geschäftsbereichen, statt. Es wurde das Unternehmen General Electric Plessey Telecommunications (GPT) gegründet (29. März 1988). Damit ist die Dominanz im Telekommunikationsbereich gar in eine Hand übergegangen, und es wurde ein Unternehmen mit 22000 Beschäftigten (weltweit) geschaffen, das einen Umsatz von 2 Mrd. £ aufweist. Zu GPT gehören in den USA die Firma Stromberg-Carlsson, GPT Australien, GPT Neuseeland und GPT Kanada. Diese vier Übersee- Töchter führen im wesentlichen Adaptionen britischer Produkte für die dortigen Märkte durch. Im Jahr 1989 wurde Plessey schließlich von GEC und Siemens übernommen.

Die britische Exportquote bei Telekommunikationsgütern fiel von 25 % in den frühen sechziger Jahren auf unter 5 % gegenwärtig. Britische Telekommunikationsgüter haben sich - in Zusammenhang mit der allgemeinen wirtschaftlichen Entwicklung (Abschnitt 4.1.1) - vom Weltmarkt sehr stark zurückgezogen. Dieser Trend läßt sich auch bezüglich der beiden marktbeherrschenden Unternehmen nachzeichnen. So trifft für GEC zu, daß im Bereich der Telekommunikations- und Bürosysteme (weiter disaggregierte Angaben liegen nicht vor) die Exporte von noch 50 Mio. £ Anfang der achtziger Jahre auf 32 Mio. £ im Jahr 1985 reduziert wurden. Dies kontrastiert deutlich mit der Exportentwicklung im Gesamtbereich von GEC, wo ein klarer Aufwärtstrend verzeichnet werden kann: die gesamten Exporte dieser Firmengruppe stiegen von 960 Mio. £ im

Jahr 1981 auf über 1,2 Mrd. £ im Jahr 1985. Der Anteil der GEC-Exporte im Bereich der Telekommunikation fiel damit von 5 % auf gut die Hälfte (2,6 %). Telekommunikationsexporte sind für GEC heutzutage unbedeutend. Hierbei ist jedoch zu beachten, daß GEC ein Mischkonzern mit weitgestreuten Aktivitäten ist und sich zu keiner Zeit auf Telekommunikationswaren spezialisiert hatte.

Anders Plessey: Telekommunikation und Bürosysteme sind der größte Geschäftsbereich des Unternehmens und bestreiten fast die Hälfte der weltweiten Umsätze. Dennoch sind Telekommunikationswaren nicht exportbestimmend. Im Finanzjahr 1980-81 nahmen sie mit 16,9 Mio. £ immerhin ein Sechstel aller Exporte ein. Das Exportvolumen stieg bis auf 24,3 Mio. £ im Finanzjahr 1984-85 an, was in realen Werten noch einer knappen Steigerung von 3 % entspricht. In diesem Jahr machten die telekommunikationsbezogenen Exporte noch knapp 15 % aller Exporte aus, haben sich also etwa behaupten können. Bezieht man diese Anteile auf die Produktion, so wird auch im Falle von Plessey deutlich, daß das Unternehmen nicht in erster Linie auf die Weltmärkte zielt. Die britische Telekommunikationsindustrie kann mit der weltweiten Exportentwicklung nicht mithalten. In der Drahtnachrichtentechnik wuchs das Exportvolumen unterproportional, so daß der weltweite Exportanteil aus Großbritannien von 7 % (1978) auf 4,9 % (1985) absank (Neu, Schnöring 1988). Wenn internationaler Erfolg die Wettbewerbsfähigkeit widerspiegelt, kann der britischen Telekommunikationsindustrie kein gutes Zeugnis ausgestellt werden.

4.2 INSTITUTIONELLE UND TECHNOLOGISCHE STRUKTUR DER NATIONALEN TELEKOMMUNIKATIONS-FuE

Budgetärer Umfang der Telekommunikations-FuE

Die Problematik der FuE-Statistik wird in der methodischen Einleitung allgemein erläutert (siehe Abschnitt 0.3). Für Großbritannien kommt speziell hinzu, daß nur geringe Kontinuität im Bereich der industriellen FuE-Statistik herrscht, während im öffentlichen Sektor wenigstens seit 1983 mit gleichartigen Abgrenzungen gearbeitet wird. Aber auch im Bereich des Cabinet Office haben sich Klassifikationssysteme und Zuständigkeiten für die industrielle FuE immer wieder geändert. Das DTI bzw. seine Vorläufer führten bisher nur jeweils alle vier Jahre eine entsprechende Erhebung durch, die zum Zeitpunkt der Publikation um mindestens zwei Jahre veraltet war. Bis 1981 wurde diese Statistik vom Business Statistics Office im statistischen Dienst der Regierung herausgegeben, während neuere Zahlen in der Zeitschrift British Business des Statistischen Amts publiziert werden. Zwischen den vierjährigen Erhebungen führt das DTI alle zwei Jahre Teilerhebungen durch, die auf einer Stichprobe von 75 Firmen beruhen. 1985 wurden die Firmen zum ersten Mal danach gefragt, welche FuE-Mittel sie vom Verteidigungsministerium erhalten. Die Ergebnisse wurden jedoch in British Business nicht veröffentlicht.

Abbildung 4.2-1: Reale FuE-Aufwendungen für Telekommunikation ohne Mittel für die Verteidigungsinstitute in konstanten US-$ 1987 bzw. in Prozent des Bruttoinlandsprodukts

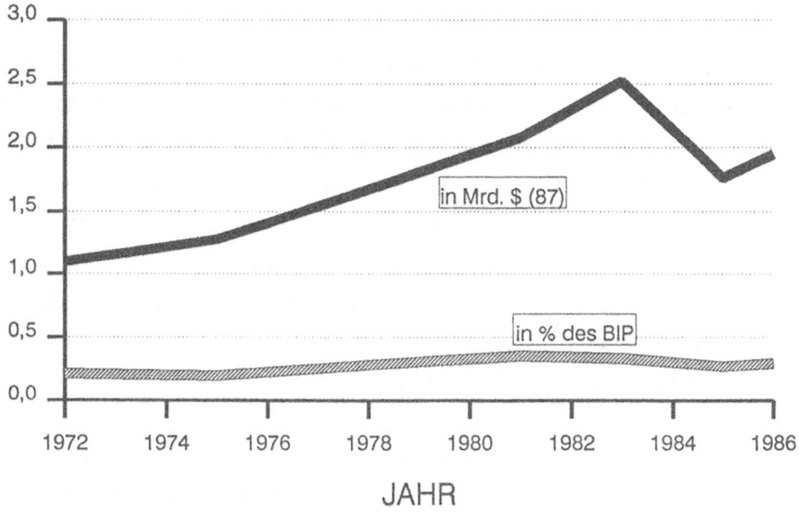

Auch von supranationalen Organisationen wird Kritik am Zustand der britischen FuE-Statistik geübt, so daß nunmehr Verbesserungen ins Auge gefaßt werden (DTI 1988, 34): die Stichprobenerhebung wird seit 1986 jährlich durchgeführt, die Totalerhebung zum Zwecke der Eichung nach wie vor alle vier Jahre. Wegen des Zeitverzugs bis zur Publikation konnte für die vorliegende Arbeit kein Nutzen aus diesen Verbesserungen gezogen werden.

Abbildung 4.2-1 zeigt den Zeitverlauf der öffentlichen und privaten Aufwendungen für FuE im Telekommunikationsbereich. Allerdings werden die diesbezüglichen Aufwendungen des Verteidigungsministeriums nicht jährlich aufgeschlüsselt dargelegt, so daß die Verteidigungsinstitute hier ausgenommen werden mußten (vgl. aber die folgende Abbildung 4.2-2). Es wird zunächst deutlich, daß es einen erheblichen Unterschied macht, ob die laufenden Aufwendungen in konstanten Dollar oder in Prozent des Bruttoinlandsprodukts normiert sind. Die Steigerungsraten in Anteilen des Bruttoinlandsprodukts sind sehr gering; man kann feststellen, daß telekommunikationsbezogene FuE kaum stärker gewachsen ist als die Volkswirtschaft insgesamt (von etwa 0,2 auf fast 0,4 % Anteil am BIP in den letzten 15 Jahren). Die reale Steigerung in konstanten Dollar sieht noch deutlicher aus; sie hat sich ungefähr verdoppelt. Der Rückgang nach 1983 findet seine Widerspiegelung auch in der auf das BIP bezogenen Darstellung, wo ein Rückgang der realen FuE-Aufwendungen schon seit 1981 festgestellt werden kann. Nach 1985 findet sich ansatzweise wieder ein Aufwärts-trend. Insgesamt kann festgestellt werden, daß die britische Telekommunikationsforschung und -entwicklung auch real angewachsen ist, wobei je nach Bezugsgröße die Wachstumsrate anders ausfällt und immerhin bei einer Steigerung zwischen dem Eineinhalbfachen und dem Zweifachen liegt.

Es ist darauf hinzuweisen, daß FuE für Software und Computerdienste zwar gemäß einer Kategorie des britischen Warenverzeichnisses erfaßt werden könnte, faktisch aber an dieser Stelle nicht ausgewiesen wird, da die Forschungsstatistiken eine entsprechende Kategorie nicht vorsehen. Software- und Computerdienste werden entweder bei Elektronik oder in der Kategorie "andere Industrien und Dienstleistungen" erfaßt und sind folglich in der Darstellung nach Abbildung 4.2-1 nicht enthalten. Allerdings ist gerätebezogene Software, die im Zusammenhang mit Telekommunikationsgütern entsteht, auch bei diesen registriert, so daß der Fehlbestand der nicht gerätegebundenen Software in der Statistik als relativ klein eingeschätzt werden muß.

Die im Verteidigungsbereich anfallenden FuE-Mittel für Telekommunikation lassen sich aus amtlichen Statistiken nicht entnehmen, da das Verteidigungsministerium anders als alle anderen Regierungsstellen die FuE-Ausgaben für Telefone, elektrische Instrumente und Kontrollsysteme, Funk- und elektronische Kapitalgüter, aktive und passive elektronische Komponenten und Elemente nicht jeweils getrennt, sondern nur im Block ausweist. Erschwerend kommt hinzu, daß das MoD die FuE-Ausgaben und die Aufkäufe von Geräten unter der Überschrift "Beschaffung" zusammenfaßt. Dies wird damit begründet, daß gewöhnlich eine enge Verbindung zwischen FuE und den Beschaffungsverträgen besteht, die auch als Projekte abgewickelt werden, so daß aus Sicht des MoD eine Auftrennung nicht möglich ist. Unter Zuhilfenahme der recht detaillierten Haushaltspläne des MoD sowie der relativ detaillierten Angaben des Finanzministeriums zum "Beschaffungswesen" des MoD kann jedoch in mühsamer Kleinarbeit (die Walker (1988) geleistet hat) eine genauere Aufteilung von FuE-Mitteln im Telekommunikationsbereich erreicht werden. Allerdings sind bisher auf diesem Wege nur punktuelle Betrachtungen im Jahr 1985 möglich und keine Zeitreihen.

Abbildung 4.2-2: Finanzierung der Telekommunikations-FuE um das Jahr 1987 nach Finanzierungsquellen

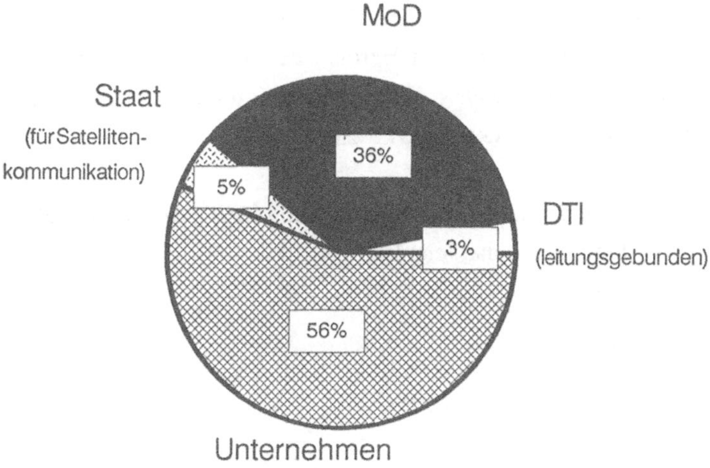

Abbildung 4.2-2 gibt die Finanzierungsanteile im Querschnitt um das Jahr 1987 an. Demnach werden von den auf 1,2 Mrd. £ geschätzten Gesamtausgaben für Telekommunikations-FuE etwa 35 % vom MoD aufgebracht, während der überwiegende Teil (rund 55 %) von den Unternehmen selbst stammen. BT ist in dieser wie auch in allen anderen Forschungsstatistiken als Unternehmen gezählt. Dies war auch vor der Privatisierung schon der Fall, als BT ein öffentliches Unternehmen war. Das DTI trägt für die direkte Finanzierung erdgebundener Telekommunikationsprojekte mit etwa 3 % kaum etwas bei. Insofern kann man dem Staat eine starke Zurückhaltung im Bereich der zivilen Telekommunikations-FuE bescheinigen. 5 % werden von diversen staatlichen Stellen für die Satellitenkommunikation eingesetzt. BT bestreitet etwa ein Sechstel der Ausgaben, kommt also im Bereich der Unternehmen für einen merklichen Anteil auf.

Ein ganz anderes Bild ergibt sich auf der Ausgabenseite (Abbildung 4.2-3). Zwar nehmen die Rüstungsinstitute mit knapp 10 % der Mittel einen merklichen Teil für sich in Anspruch, dies ist jedoch deutlich weniger, als das MoD finanziert. Ein Großteil der Mittel dieses Ministeriums fließt in den Bereich der verarbeitenden Unternehmen. Der Anteil von BT entspricht nicht ganz dem Finanzierungsanteil, weil wegen der Gemeinschaftsprojekte mit GEC und Plessey im Bereich des Systems X (siehe Abschnitt 4.3.2) ein Mittelabfluß an die Hersteller berücksichtigt werden muß. Andererseits führen die BT-Laboratorien Vertragsforschung für Außenstehende durch, so daß auch ein umgekehrter Mittelfluß existiert. Die Rundfunkstationen sind für einen kleinen spezifischen Teil der FuE verantwortlich, während der Großteil der verausgabten Mittel mangels firmenspezifischer Daten für die meisten Hersteller nicht aufgeschlüsselt werden kann. Ferranti legt wegen seiner militärischen Anteile grundsätzlich keine FuE-Angaben offen, von IBM läßt sich der telekommunikationsspezifische Teil nicht abtrennen etc. Lediglich für Plessey und GEC können zum Teil geschätzte Angaben separiert werden, nach denen Plessey der bedeutendere Partner im Bereich der Telekommunikations-FuE ist. Der GEC-Konzern ist zwar wesentlich größer, der hier interessierenden Forschungsbereich ist jedoch eindeutig kleiner als derjenige Plesseys.

Abbildung 4.2-3: Arbeitsteilige FuE-Durchführung für Telekommunikation in Großbritannien um das Jahr 1987

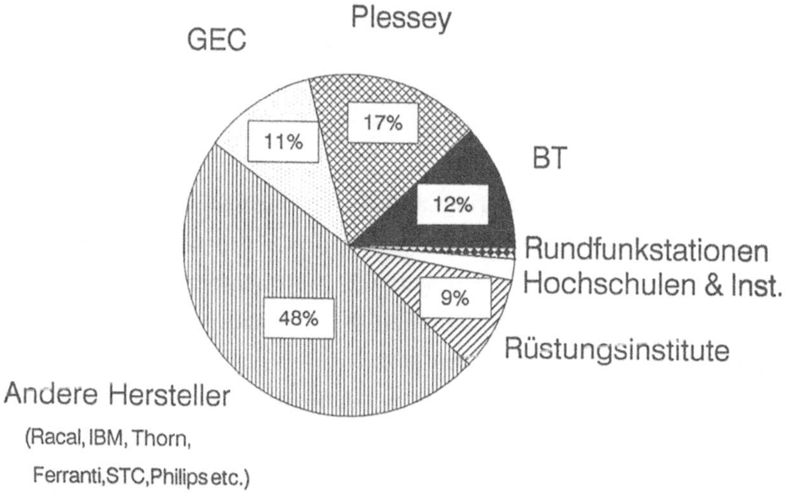

Wegen der mangelhaften Forschungsstatistik im industriellen Bereich in Großbritannien sind Angaben zum Personalbestand nicht möglich. Zwar lassen sich für einzelne Labors einigermaßen verlässliche Angaben finden, die im Abschnitt 4.3 jeweils vermerkt sind. Ihre Zusammenstellung hinterläßt jedoch so große Lücken, daß eine Angabe für Großbritannien nicht möglich ist. Die genannten amtlichen Quellen für die FuE-Statistik enthalten keine Personalstatistik.

FuE-Arbeitsteilung in den Unternehmen und im halböffentlichen Bereich

Die FuE-Struktur im Telekommunikationsbereich kann durch patent- und literaturstatistische Analysen im Sinne von Indikatoren für den Ertrag von FuE weiter aufgeklärt werden (siehe methodische Einleitung, Kapitel 0). Dabei ist die Patentstatistik besonders geeignet, Ergebnisse industrieller Entwicklungsarbeiten aufzuzeigen. Die Publikationsstatistik hingegen erweist sich als hilfreich bei der Identifikation von Ergebnissen der Forschung (weniger der Entwicklung) und spielt somit bei der Beschreibung universitärer Forschungsschwerpunkte, die im Abschnitt 4.3.4 ausführlicher behandelt werden, eine Rolle.

Für die patentstatistische Analyse wird das Gesamtgebiet der Telekommunikation in neun technologische Felder aufgeteilt, deren Kurzbezeichnung in der Tabelle 0.2-1 im Kapitel 0 näher bestimmt ist. An sich wäre es angezeigt gewesen, die Inlandsanmeldungen am britischen Patentamt zugrunde zu legen; jedoch liegt erfahrungsgemäß an diesem Patentamt der technologische Mindestumfang einer Anmeldung und damit die Erteilungsschwelle sehr niedrig (mehr als 80 % aller Anmeldungen werden auch erteilt), so daß im Vergleich zu anderen wichtigen Patentämtern, wo die Erteilungsquote nur etwa 50 % beträgt, von einer niedrigeren Erfindungshöhe ausgegangen werden muß. Es ist auch bekannt, daß britische Patente am amerikanischen Patentamt eine der niedrigsten Erteilungsquoten überhaupt aufweisen (im Jahre 1981 50,4 % im Vergleich zur Bundesrepublik mit 60,4 % und zu Japan mit 70,8 %; National Science Foundation 1987, 306). Das britische nationale Patentsystem ist mithin international kaum vergleichbar. Aus diesem Grunde wurden die Auslandspatente aus Großbritannien, welche entweder am europäischen oder am deutschen Patentamt registriert wurden, zugrunde gelegt. Damit sinkt die Absolutzahl zwar ab (nicht jedes Patent wird auch im Ausland registriert), aber es wird eine Meßlatte bezüglich der Qualität zugrunde gelegt, wie sie dem Weltniveau entspricht.

Tabelle 4.2-1 gibt einen Überblick über die FuE-Arbeitsteilung in der Telekommunikation. In diesem Überblick wurden nicht alle Anmeldergruppen einzeln aufgeführt, sondern nur die im Durchschnitt der neun Teilgebiete am häufigsten vorkommenden. Die restlichen Anmelder sind entweder unter "andere Hersteller" oder als Einzelerfinder oder unter "andere öffentliche Institute" zusammengefaßt worden. Die Gesamtsumme enthält also keine Weglassungen. Ferner wurden verbundene Unternehmen zusammengefaßt (beispielsweise die Thorn- Ericsson-Gruppe oder die BT-Gruppe, die den Hersteller Mitel enthält).

Die BT-Gruppe weist unter allen aufgeführten Institutionen den größten Anteil an Auslandspatenten im Bereich der Telekommunikation auf. Diese sind nicht nur, wie zu erwarten war, im Bereich der leitungsgebundenen Kommunikation konzentriert, sondern BT hat auch die führende technologische Position in der Lichtwellenleiterkommunikation. Mitel spielt als Technologielieferant eine vergleichsweise unbedeutende Rolle. Unter den Herstellern kann Plessey - das kleinere Unternehmen - auf mehr Patente verweisen als die GEC-Gruppe (vgl. Abbildung 4.2-4). Die Stärken liegen in der Funkkommu-

Tabelle 4.2-1: Spezialisierung in der industriellen Telekommunikationsentwicklung (Auslandspatentanmeldungen aus Großbritannien am Europäischen oder Deutschen Patentamt im Erfindungsjahr 1985)

Institution	Leitungsgebundene Kommunikation	Funktechnik	Allgemeine Bildübertragung	Bildkommunikation	Digitaltechnik	Lichtwellenleiter-Kommunikation	Hochfrequenztelemetrie	Fernsignaltechnik	Sonstige Geräte	Alle
HERSTELLER										
Plessey	6	11	3	0	8	9	5	0	1	43
GEC-Gruppe	1	6	2	0	3	17	2	0	1	32
Philips	5	4	12	0	7	4	0	0	0	32
STC-Gruppe	6	2	0	0	3	10	2	1	0	24
ITT-Gruppe	1	1	0	0	2	10	0	0	3	17
Thorn-Ericsson-Gruppe	3	3	1	0	1	0	2	0	0	10
Rank	10	0	2	1	1	1	0	0	0	5
Ferranti	0	0	0	0	0	0	3	0	0	3
IBM	0	0	1	0	0	1	0	0	0	2
Racal	0	1	0	0	0	0	0	0	0	1
Andere Hersteller	10	10	13	8	10	14	8	5	3	81
NETZBETREIBER										
BT-Gruppe (incl. Mitel)	13	4	4	0	10	31	0	0	2	64
(Halb-)Öffentlicher Bereich										
Britische Rundfunkstationen	0	0	8	0	4	0	0	0	0	12
Britische Rüstungsagenturen	0	1	0	0	0	3	0	0	1	5
Andere Institute	0	2	7	0	7	3	1	0	2	22
Summe (geschäftlicher Bereich)	45	45	53	9	56	103	23	6	13	353
Einzelerfinder	5	1	0	0	3	1	0	0	1	11
Summe	50	46	53	9	59	104	23	6	14	364

nikation sowie in der Digital- und in der Lichtleitertechnik und auch in der leitungsgebundenen Technologie. Die GEC- Gruppe ist dagegen - jedenfalls was eigene Technologieentwicklung anbelangt - in der leitungsgebundenen Technik unbedeutend und hat ihre Stärken neben der Funktechnik ebenfalls in der Lichtleitertechnik. Ein Teil dieser Aktivitäten gehen allerdings nicht von der Muttergesellschaft, sondern von der Kabeltochter Telephone Cables Ltd. hervor. Auf ein gleich großes Patentvolumen wie GEC kommt auch Philips (Großbritannien), das sich ähnlich wie die Muttergesellschaft stark auf Bildübertragung und Digitaltechnik konzentriert. Die erheblichen Aktivitäten der Konzernmutter im Bereich der Lichtleiterkommunikation treffen für die britische Niederlassung nicht zu. Für genauere Aktivitätsprofile muß auf Abschnitt 4.3 verwiesen werden.

Anders als der multinationale Konzern Philips mit einer starken Konzentration auf Telekommunikation in Großbritannien ist IBM (Großbritannien) wenig auf Telekommunikation spezialisiert. Die FuE-Aktivitäten dieses Konzerns auf der britischen Insel sind zwar erheblich, sie betreffen jedoch andere als die hier betrachteten Bereiche. Das Patentaufkommen in den hier definierten neun Teilgebieten ist bedeutungslos. Die STC-Gruppe konzentriert sich - wie nicht anders zu erwarten war - auf die Lichtleiterkabel und auch im leitungsgebundenen Bereich auf die Kabel (gemäß Tabelle 0.2-2 im Kapitel 0 werden die Fernmeldekabel außer den Lichtleitern in diesem Teilgebiet miterfaßt).

Interessant ist im Vergleich der beiden Gesellschaften Plessey und GEC, die ursprünglich zusammen mit STC und BT das System X entwickelten, daß ihre Forschungsaufwendungen wie auch ihr Anteil an den Patenten in einem ähnlichen Verhältnis zum Rest der Hersteller stehen (jeweils 10 bis 20 %). Die Thorn-Ericsson-Gruppe konzentriert ihr mittelgroßes Patentaufkommen auf leitungsgebundene und Funkkommunikation, während Racal auf dem europäischen Patentmarkt keine Rolle spielt. Dasselbe gilt für Ferranti, wobei jedoch an dieser Stelle (siehe aber Abschnitt 4.3.3) die Frage offenbleiben muß, ob sich ein Mangel an eigenständigen Entwicklungsanstrengungen oder eine Firmenstrategie der selektiven Geheimhaltung dahinter verbirgt. Die ITT-Gruppe ist mit einer merklichen Anzahl der im Ausland geschützten Inventionen nur in der Lichtleitertechnik vertreten.

Die anderen Hersteller haben breit gestreute Inventionsaktivitäten im Bereich der Telekommunikation, die auch den stärker reglementierten leitungsgebundenen Bereich nicht aussparen. In diese Gruppe gehört zum Beispiel Hewlett Packard, Northern Telecom, Rank Xerox, Texas Instruments, also eine Reihe amerikanischer Unternehmen mit FuE-Aktivitäten in Großbritannien, sowie vor allem im Bereich der Lichtleiterkommunikation chemische Unternehmen wie zum Beispiel ICI und eine ganze Reihe mittelständischer Betriebe.

Abbildung 4.2-4: Bedeutung britischer Unternehmen für FuE in der Telekommunikation gemessen an den Patentanteilen 1985 (Bestimmungsland Bundesrepublik Deutschland)

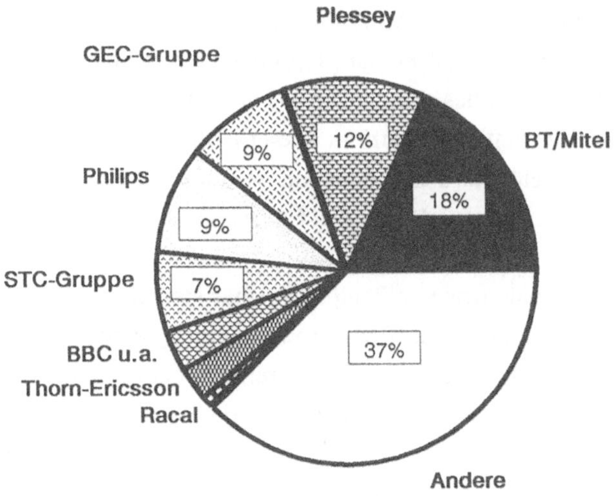

Im halböffentlichen Bereich sind gemäß Tabelle 4.2-1 zunächst die Rundfunkstationen in Großbritannien zu nennen, die mit eigenen Patentanmeldungen nur im Bereich der Bildübertragung und der Digitaltechnik hervortreten. Neben BBC ist vor allem die Independent Broadcasting Authority (IBA) aktiv, was im Abschnitt 4.3.3 näher erläutert wird. Die britischen Rüstungsagenturen halten nicht alle ihre Erfindungen geheim, sondern sind ebenfalls im Bereich der Lichtleitertechnik mit Auslandspatenten aktiv. Die intellektuelle Herkunft ist aber nicht erkennbar, da die entsprechenden Patente vom Staatssekretär im Verteidigungsministerium gehalten werden. Die anderen Institute im öffentlichen und halböffentlichen Bereich weisen eine Reihe von Aktivitäten bei der Bildübertragung und der Digitaltechnik auf. Im Vordergrund stehen hier aber ausländische Einrichtungen mit Entwicklungsaktivitäten in Großbritannien, nämlich das CNET und die Telediffusion aus Frankreich in der Bildübertragung und in der Digitaltechnik.

Tabelle 4.2-1 gibt nur eine Grobstruktur aufgrund der Patentindikatoren. Sie ist zudem an das Jahr 1985 gebunden und kann damit Verzerrungen aufgrund statistischer Schwankungen zwischen einzelnen Jahren unterliegen. Für eine ausführlichere Diskussion der FuE-Schwerpunkte sei auf Abschnitt 4.3 verwiesen. Insgesamt ergibt sich eine britische Spezialisierung gemäß Abbildung 4.2-5. Sie verweist auf überdurchschnittliche Aktivitäten in der Funk- und Lichtleitertechnik und Defizite im Bildbereich. Ansonsten ist das Spezialisierungsprofil ausgeglichen.

Abbildung 4.2-5: Britische Spezialisierung in der Telekommunikation aufgrund von Auslandspatenten 1985 (mit Bestimmungsland Bundesrepublik Deutschland).

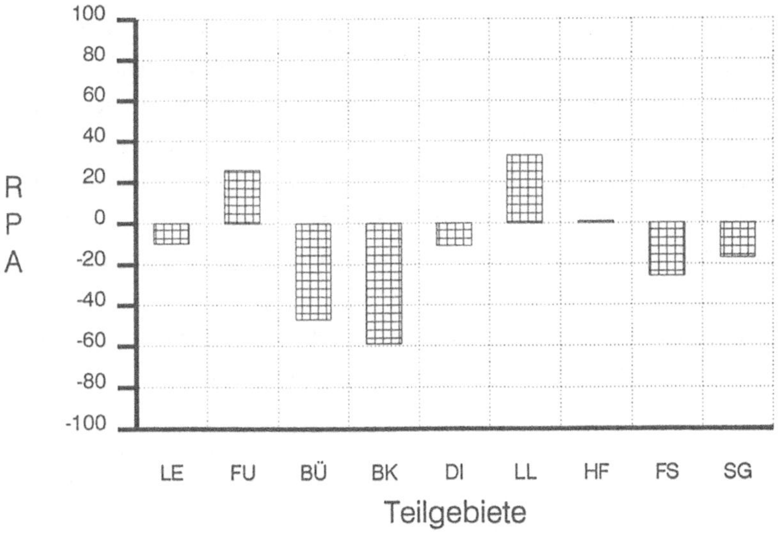

<u>Arbeitsteilung zwischen Industrie, Hochschulen und sonstigen Forschungseinrichtungen im Bereich der Forschung</u>

Die Publikationsstatistik ist - in komplementärer Ergänzung zur Patentstatistik - eher bei der Identifikation der Forschungsergebnisse hilfreich und weniger für eine Beobachtung der Entwicklungsergebnisse geeignet (siehe methodische Einleitung, Abschnitt 0.5). Wie Tabelle 4.2-2 zeigt, findet die telekommunikationsbezogene Forschung im Vereinigten Königreich nicht überwiegend in den Hochschulen statt. Aus diesem Bereich stammen noch nicht einmal ein Drittel aller diesbezüglichen Publikationen im Jahre 1986. Das Lager der Unternehmen übertrifft die Publikationen aus dem Hochschulbereich um einiges; der Netzbetreiber BT einschließlich der verbundenen Unternehmensteile stellt als einzelne Unternehmensgruppe einen bedeutenden Anteil, der halb so groß ist wie alle Hochschulpublikationen zusammen. Die Publikationsstatistik für Großbritannien ist besonders aussagefähig, da die verwendete Datenbank in diesem Land hergestellt wird und wegen der Großzahl der inländischen Nutzer das Publikationsaufkommen aus Großbritannien besonders vollständig abbildet.

Wenn die Hypothese zutrifft, daß die Publikationsstatistik eher die Forschungs- und die Patentstatistik eher die Entwicklungsergebnisse reflektiert, dann muß die GEC-Gruppe als stärker auf die Forschung orientiert gelten. Anders als die Reihung nach Tabelle 4.2-1 liegt sie nun deutlich vor Plessey, auch die STC-Gruppe schiebt sich weiter nach vorne. Offensichtlich sind die Arbeiten in den Laboratorien von Plessey mehr auf die Vermarktung orientiert, oder - dies kann man nie ausschließen - das letztere Unternehmen ist aus firmenpolitischen Überlegungen heraus mit wissenschaftlichen Publikationen und Tagungsbeiträgen zurückhaltend. Erneut wird aber die starke Stellung telekommunikationsbezogener FuE des Philips-Konzerns in Großbritannien deutlich, auch Racal, Thorn-Ericsson und IBM treten nun deutlicher hervor. Selbst das nach allgemeiner Einschätzung geheimniskrämerische Unternehmen Ferranti bringt gelegentlich Ergebnisse eigener Arbeiten an die Öffentlichkeit. Die Vielzahl der anderen Hersteller ist nicht leicht zu überschauen: erneut spielen mittelständische Unternehmen eine nicht unbeträchtliche Rolle. Amerikanische Unternehmen aller Art sind stark vertreten.

Tabelle 4.2-2: Spezialisierung in der Telekommunikationsforschung in Großbritannien im Jahr 1986 auf der Basis der Publikationsstatistik

Institution	TH	LE	FU	BÜ	BK	DI	LL	HF	FS	SG	SO	Alle
Hersteller												
GEC-Gruppe	1	1	32	7		14	21	34	1	1	10	122
STC-Gruppe		14	6	1		22	48	4			11	106
Plessey	1	9	7	2	1	12	32	4		1	4	73
Philips		2	9	4	2	10	1	4			4	36
Racal		2	4			6		3		1	1	17
Thorn Ericsson			4	4		2		5				15
IBM	2					2				5	3	12
Ferranti	1	1						1		1	1	5
Andere Hersteller	9	38	46	20	13	126	43	24	13	18	62	412
Netzbetreiber												
BT-Gruppe (incl. Mitel)	6	60	18	16	6	67	97	1	1	7	75	395
(Halb-)Öffentlicher Bereich												
BBC		1	3	30	7	20	2				9	72
RSRE	2		10	1		8	5	20		4	1	51
IBA		1	2	18	2	9					1	33
Rutherford Lab			9			4	3	1			2	19
Andere & Behörden	3	3	13	3	2	5	2	8	5	5	16	65
Hochschulen	70	23	126	8	9	105	180	47	8	35	42	653
Summe	95	155	289	114	42	412	434	156	28	78	242	2045

Der Netzbetreiber kann mit 354 Publikationen in einem Jahr auf eine erhebliche Partizipation am Austausch von Forschungsergebnissen verweisen. Die Schwerpunkte der Tätigkeit sind nicht anders als bezüglich der Patentstatistik einzuschätzen. Im öffentlichen und halböffentlichen Bereich spielen erneut die Rundfunkstation BBC und die IBA eine wichtige Rolle, jedoch treten nunmehr auch die Forschungsaktivitäten des militärischen Forschungsinstituts RSRE (Royal Signals and Radar Establishment) in der Telekommunikation deutlich heraus. Diese sind, wie der Titel des Labors bereits besagt, stark auf Radar- und Hochfrequenzsignaltechnik bezogen, betreffen jedoch auch die Funk-, die Digital- und Lichtleitertechnik. Das Rutherford Appleton Laboratory, die größte Forschungseinrichtung des SERC (Science and Engineering Research Council), betreibt im Bereich der Telekommunikation Forschung mit Bezug zur Funktechnik und unter anderem zur Digitaltechnik. Hinter dem Sammelbegriff "andere" und "Behörden" verbergen sich eine Vielzahl von Institutionen, vor allem im Bereich der Funktechnik, der Hochfrequenztelemetrie und bei Software und Diensten. Herausgehoben werden sollen das NERC (Natural Environment Research Council) und die Funkkommunikationsabteilung des DTI im Bereich der Funkttechnik sowie das British National Space Centre im Bereich der Hochfrequenzkommunikation.

Abbildung 4.2-6: Arbeitsteilung in telekommunikationsbezogener FuE zwischen Industrie, Hochschulen und sonstigen Forschungseinrichtungen im Jahre 1986 auf der Basis der Publikationsstatistik

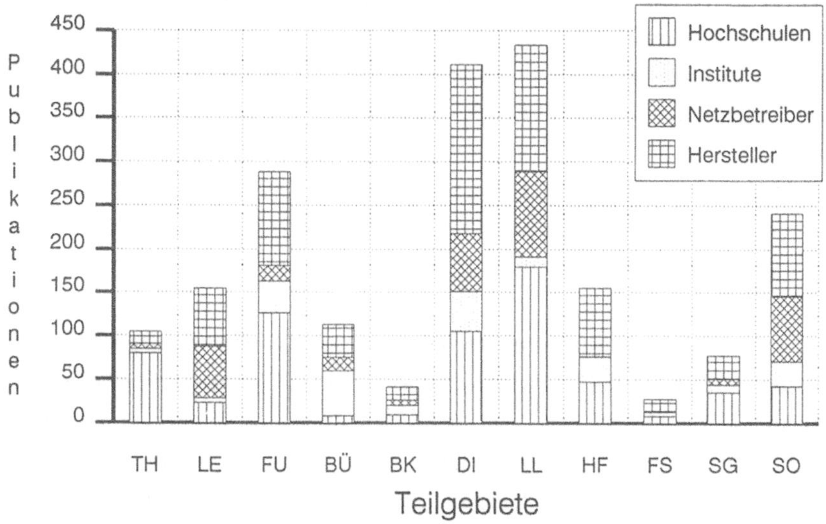

Die telekommunikationsbezogenen Forschungen der Hochschulen (Universitäten, polytechnischen Hochschulen und Colleges) werden ausführlicher in Abschnitt 4.3.4 erörtert.

An dieser Stelle soll festgehalten werden, daß - wie es nicht anders zu erwarten war - drei Viertel aller Publikationsaktivitäten im Bereich der Kommunikationstheorie aus Hochschulen stammen, während ihr Beitrag im Bereich der leitungsgebundenen Technik und der Geräte unbedeutend ist. Abbildung 4.2-6 zeigt dies noch einmal: die Abbildung verdeutlicht das Ausmaß und die Arbeitsteilung bei den FuE-Arbeiten im Jahr 1986 zwischen der Industrie, den Hochschulen, den sonstigen Forschungseinrichtungen (Institute) und dem Netzbetreiber. Die Institute (nämlich im wesentlichen die Rundfunkstationen) sind vor allem im Bereich der Bildübertragung engagiert, sowie in der Digitaltechnik. Der Netzbetreiber fällt im Bereich der leitungsgebundenen und der Digital- sowie der Lichtleitertechnik auf und ist außerdem im Bereich der Dienste oder der Software sehr aktiv. Insgesamt finden in Großbritannien nur äußerst geringe Aktivitäten im Bereich der Fernsignaltechnik statt. Die wenigen publizierenden Institute sind Elektrizitätsversorgungsunternehmen.

<u>Gleichmäßigkeit der Beteiligung in Großbritanniens telekommunikationsbezogener FuE</u>

Die Konkurrenz zwischen den Herstellern und den anderen FuE-treibenden Einrichtungen läßt sich gemäß Abbildung 4.2-7 sehr anschaulich aus dem Gleichmäßigkeitsmaß (oder Entropiemaß) ablesen, das die Gleichmäßigkeit der Verteilung der feldspezifischen Aktivitäten im Vereinigten Königreich auf die verschiedenen FuE-Stätten mißt (vgl. methodische Einleitung; bei seiner Berechnung wurden die nicht im gewerblichen Bereich anzusiedelnden Einzelerfinder weggelassen). Berücksichtigt wurden die 10 Unternehmen, die in Tabelle 4.2-1 einzeln erwähnt sind, alle anderen Hersteller als ein Block, sowie BT, die Rundfunkstationen, Rüstungsagenturen und anderen Institute und die Hochschulen jeweils als Block, also insgesamt 16 Akteure. Demnach ist die Konzentration in der britischen Telekommunikations-FuE generell nicht sehr hoch (das heißt, die Verteilungsbreite oder Entropie nimmt große Werte um etwa 2 an). Die Abbildung unterscheidet nach Publikations- bzw. Patentstatistik oder - etwas verkürzt - nach Forschung und Entwicklung.

Während sich im Bereich der Funktechnik und der Bildübertragung für Forschung und Technologie ähnliche Werte ergeben, die auch im Bereich der leitungsgebundenen und der Digitaltechnologie hoch sind (große Gleichmäßigkeit), lassen sich in anderen Teilgebieten zum Teil erhebliche Abweichungen verzeichnen. Da der Block der Hochschulen zusammengefaßt behandelt wird, ergibt sich im Bereich der Theorie, wo diese sehr stark sind, ein geringer Wert, während die Diskrepanzen im Bereich der Bildkommunikation auf das sehr geringe Patentaufkommen zurückgeführt werden müssen. Auch die Indikatoren für die Fernsignaltechnik sind statistisch nicht sehr tragfähig, weil sie jeweils nur auf einer kleinen Stichprobe beruhen. Interessanterweise ist der Patentindikator, der für marktnahe FuE steht, häufig größer als der Forschungsindikator, was vor allem in der Lichtleitertechnik als außerordentlich bemerkenswert gelten darf: Die "Unübersichtlichkeit" des britischen FuE-Geschehens in der Telekommunikation ist bei marktnahen Aktivitäten eher größer! Dies steht nicht unbedingt im Gegensatz zum Vorurteil, daß es der britischen Wirtschaft an anwendungsorientierten Aktivitäten mangele. Vielmehr weist das Gleichmäßigkeitsmaß eventuell darauf hin, daß die marktnahen Aktivitäten zu sehr zersplittert sind und - aus Sicht der vorgelagerten Forschung - institutionell eher auseinander- als zusammenlaufen. Der Hochschulsektor ist für die Indikatoren keine Erklärung, denn er wurde zusammengefaßt behandelt, tritt also nur als eine einzige Institution auf. Es muß schon an einer Zersplitterung der marktnahen FuE-Aktivitäten in der Telekommunikation im außerakademischen Bereich liegen. Die Gleichmäßigkeit der telekommunikationsbezogenen Forschung im Hochschulsektor wird in Abschnitt 4.3.4 behandelt.

Abbildung 4.2-7: Gleichmäßigkeit der Beteiligung an Telekommunikations-FuE im Vereinigten Königreich nach durchführenden Institutionen auf der Basis von Publikationen und Patenten aus den Jahren 1986 bzw. 1985

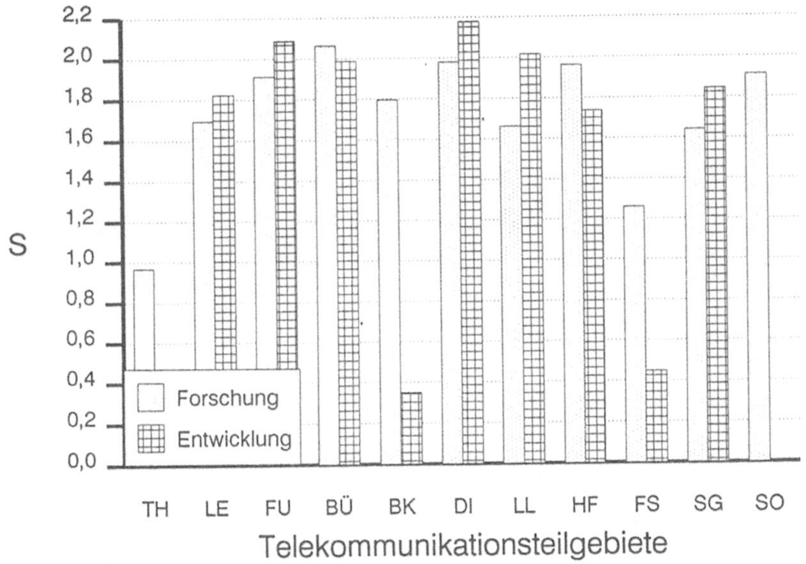

Bei der mit Abbildung 4.2-7 beschriebenen Gleichmäßigkeit wird im übrigen nicht die Produktkonkurrenz, sondern die technologische Konkurrenz verdeutlicht. Da Produkte auch mit Fremd-Know-how hergestellt werden können, und nicht immer auf eigenständigen FuE-Leistungen beruhen müssen, kann aus der Abbildung bezüglich der Produktkonkurrenz keine Schlußfolgerung gezogen werden.

<u>FuE-Dynamik im internationalen Vergleich</u>

Auf der Basis der Literaturstatistik läßt sich auch der RLA-Indikator für das Vereinigte Königreich berechnen (siehe methodische Einleitung, Abschnitt 0.5). Er zeigt, wie sich die Trends im nationalen Publikationsaufkommen zum Weltdurchschnitt verhalten und gibt damit spezifische Stärken und Schwächen britischer Telekommunikations-FuE insgesamt wieder. Abbildung 4.2-8 verweist auf ein deutliches Aufholen auf vier Teilgebieten. Außerordentlich günstig liegt die britische Telekommunikations-FuE im Bereich der Lichtleitertechnik. Hier sind nicht nur die Hochschulen, sondern auch die Herstellerindustrie stark vertreten, allen voran die Dreiergruppe, die aus Plessey, GEC und STC besteht. Aber auch BT trägt zu diesem guten Abschneiden merklich bei und übertrifft als einzelne Industriegruppe die genannten drei Konzerne noch weit. Die deutlich im Aufwärtstrend befindliche Bildübertragungsforschung und -entwicklung geht an den Hochschulen fast völlig vorbei. Hier sind es die Rundfunkstationen, die eine große FuE-Dynamik entfalten. Die schwach repräsentierte Theorie ist zuletzt weniger schwach vertreten und schließlich legte die Funktechnik etwas zu.

Abbildung 4.2-8: FuE-Dynamik (RLA-Indikator) des Vereinigten Königreichs im internationalen Vergleich 1973 bis 1987

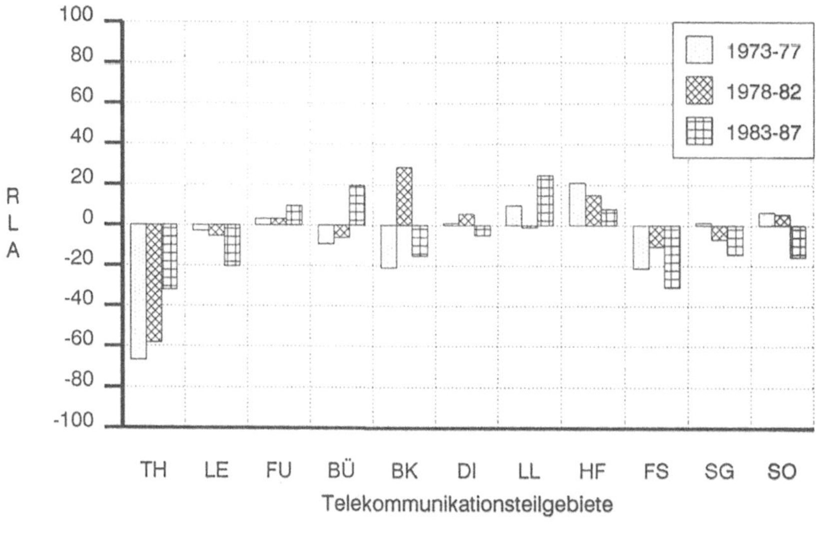

Die unerwähnten Teilgebiete sind entweder unauffällig oder wegen eines zu kleinen Publikationsaufkommens statistisch nicht relevant. Verzichtet man auf Trendaussagen, so kann aber festgestellt werden, daß sich kein gutes Bild im Bereich der Kommunikationstheorie ergibt, und auch die leitungsgebundenen Aktivitäten sich verschlechtern. In der

Digitaltechnik ist Großbritannien stetig durchschnittlich aktiv, ohne auffällige Trends. Günstig steht das Land bezüglich der (überwiegend militärisch motivierten) Hochfrequenzkommunikation da, während es an der weltweiten Erforschung der Fernsignaltechnik kaum partizipiert.

4.3 ROLLENVERTEILUNG IN DER TELEKOMMUNIKATIONS-FuE

In diesem Abschnitt werden die Aktivitäten der nationalen FuE-Träger in der Abgrenzung Staat, Netzbetreiber, Unternehmen und Hochschulen im Detail untersucht. Die meisten der öffentlichen oder halböffentlichen Institute werden unter der Überschrift "Staat" abgehandelt, weil sie von staatlichen Organen oder Forschungsräten abhängen und beeinflußt werden. Damit soll die im vorangegangenen Abschnitt dargestellte Grobstruktur des institutionellen Zusammenspiels der FuE-Träger sowie der technologischen Schwerpunktsetzung ergänzt werden durch eine Einzelbetrachtung sowohl bezüglich ihrer internen FuE-Organisation als auch ihrer Strategien für die externe FuE-Zusammenarbeit.

4.3.1 ROLLE DES STAATES UND SEINER INSTITUTE

Zivile Telekommunikation

Die zentrale Rolle in der öffentlichen telekommunikationsbezogenen FuE-Organisation kommt neben dem MoD dem DTI zu (vgl. Abschnitt 4.1.1 und Abbildung 4.1-5). Genauer als in der genannten Abbildung soll in Abbildung 4.3-1 die gegenwärtige Organisationsstruktur des DTI wiedergegeben werden, soweit die Telekommunikation betroffen ist.

Die Telekommunikationsabteilung des DTI sieht ihre Aufgabe im wesentlichen darin, die Regierungspolitik nach außen zu vertreten, die Unternehmen auf ihre Möglichkeiten in der Telekommunikation aufmerksam zu machen, pragmatische Herangehensweisen zu unterstützen und insbesondere Hemmnisse für Unternehmen in diesen Märkten zu identifizieren. Ferner formuliert das DTI die für die Telekommunikationsmärkte spezifischen politischen Ansätze und dient als Kontaktstelle zwischen der betroffenen Industrie und anderen Ministerien in Berührungsbereichen.

Abbildung 4.3-1: Gegenwärtig Organisationsstruktur des DTI bezüglich der telekommunikationsrelevanten Bereiche (vgl. im übrigen Abbildung 4.1-5)

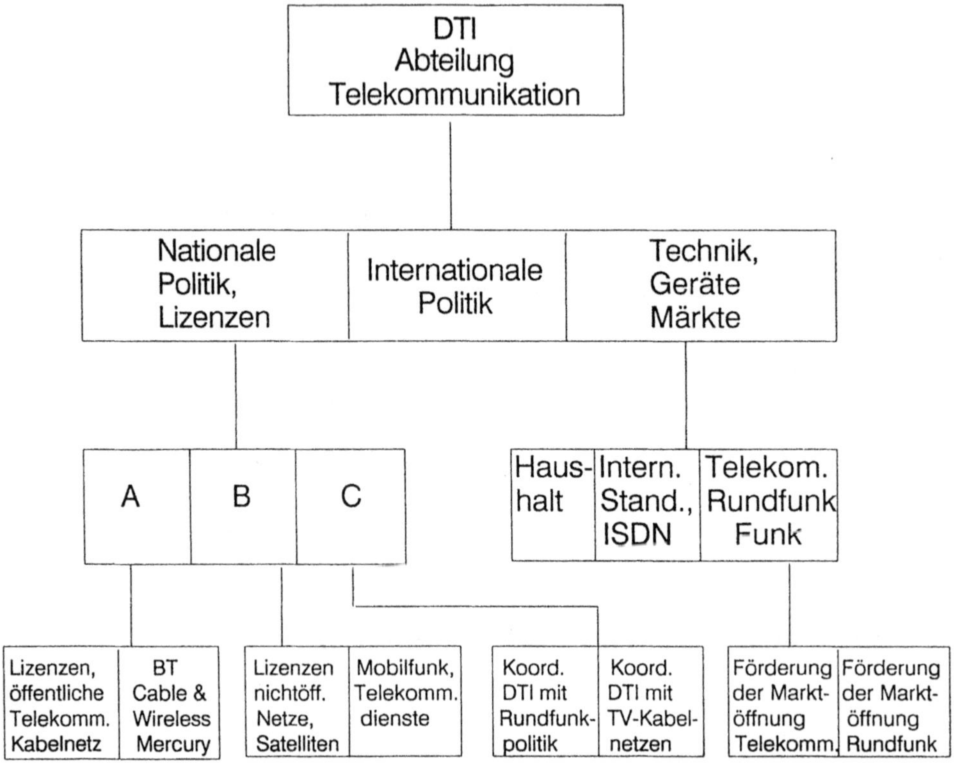

Die zuletzt genannten Funktionen gehen auf eine Empfehlung des ACARD von 1980 zurück, das eine verbesserte Koordination zwischen Industrie und Regierung vorgeschlagen hatte. Folglich wurden in den achtziger Jahren außer organisatorischen Maßnahmen auch finanzielle Mittel, die die Regierung ihren eigenen Forschungseinrichtungen zukommen ließ, zunehmend in den privaten Sektor umgeleitet. Im engeren Bereich der Telekommunikation lautet die ordnungspolitische Begründung hierfür, daß nach dem Auslaufen des alten BT-Regimes auch die FuE in diesem Bereich neu geordnet werden mußte. Vor der Liberalisierung wurde ein Großteil der britischen Telekommunikations-FuE mit Einkünften von BT finanziert, die immer hoch genug waren, um FuE zu ermöglichen. BT hat nach wie vor die volle Verantwortung für FuE in seinem eigenen Bereich, ist nun aber frei, externe FuE-Verträge und Mittel nach unternehmerischen Gesichtspunkten zu allokieren. Deshalb mußte das DTI ab 1984 gewisse Funktionen, die zuvor von BT wahrgenommen wurden, im Namen der Regierung übernehmen. Diese umfassen neben der Lizenzierung und der Standardsetzung sowie der Wahrnehmung internationaler Beziehungen aber nur in geringem Umfang die FuE-Förderung im zivilen Telekommunikationsbereich (ohne Radar etc.). Hierfür wurden zunächst nur knapp 2 Mio. £ angesetzt. Diese geringe Summe täuscht aber darüber hinweg, daß im Förderbereich Elektronik (28 Mio. £) im Haushaltsjahr 1986-87 Glasfasersysteme und optoelektronische Komponenten (Programm JOERS) enthalten sind und daneben ein weiterer Förderbereich Informationstechnologie (15 Mio. £) und ein Funkkommunikationsprogramm (1 Mio. £) besteht.

Im Januar 1988 stellte die Regierung fest (DTI 1988), daß die eigenen Aufwendungen der britischen Industrie für FuE im Vergleich zu den wichtigsten Konkurrenzländern zu niedrig seien. Deshalb wurde beschlossen, vor allem die mittel- und langfristigen Forschungsvorhaben in der Industrie stärker zu unterstützen und die Zusammenarbeit zwischen den Hochschulen und den Unternehmen zu verstärken. Auch sollte der Technologietransfer zwischen den Hochschulen, den staatlichen Forschungsräten und öffentlichen Forschungsinstituten und der Industrie verbessert werden. Hierfür sind neben der verstärkten Beteiligung an EG-Programmen (und auch EUREKA) das Programm LINK (siehe unten) und die Neuauflage einer Reihe von nationalen Gemeinschaftsforschungsprogrammen im vorwettbewerblichen Bereich, zum Beispiel in der Supraleitung, beschlossen worden. Ist eine akademische Einrichtung bereit, mit Unternehmen zusammenzuarbeiten, kann es auch Unterstützung von SERC bekommen.

SERC gehört zum Zuständigkeitsbereich des Hochschulministeriums. Im Zuständigkeitsbereich des DTI befinden sich fünf Forschungsbedarfsausschüsse (Research Requirement Bord - RRB). Jedem RRB sitzt ein erfahrener Industrievertreter vor, und es besteht aus weiteren Industrievertretern, Wissenschaftlern und Regierungsbeamten. Die RRBs werden als ein effektives System zur Beobachtung von FuE-Entwicklungen und -strategien angesehen, die in der Lage sind, rechtzeitig die Nachfrage nach veränderten Forschungsprioritäten und industriellen Bedürfnissen zu erkennen. Für den Telekommunikationsbereich ist vor allem das RRB für Computer, Systeme und Elektronik zuständig, jedoch spielen auch die RRBs für Meßwesen und Standards und Mechanik und Verfahrenstechnik herein.

Unter den nachgeordneten Behörden, die teilweise über eine sehr große Unabhängigkeit verfügen, ist das OFTEL (Office of Telecommunications) zu nennen, das eine nichtministerielle Regierungsbehörde darstellt. Sie ist für die Beobachtung und Überprüfung der

Lizenzen verantwortlich, die das DTI vergibt und außerdem in diesem Bereich die Beschwerdebehörde. Mit FuE-Fragen hat das OFTEL wenig zu tun. Dagegen trägt die BSI (British Standards Institution; vgl. auch Abbildung 4.1-5) Verantwortung für den Entwurf und die Publikation technischer Standards und steht dadurch jeweils mit dem aktuellen Stand der Technik, der durch FuE-Arbeiten mitbestimmt wird, in Wechselwirkung. Das BABT (British Approvals Board for Telecommunications) ist eine unabhängige Behörde mit Verantwortung für technische Produkttests und für die Typenzulassung und gibt entsprechende Zertifikate heraus. Auch diese Behörde kann die technische Entwicklung beeinflussen. BABT hat die Rechtsform eines gemeinnützigen Unternehmens; da aber die Zertifikate auf Empfehlung des BABT vom DTI herausgegeben werden, kommt ihm ein behördenähnlicher Status zu.

Die British Technology Group (BTG) ist ein unabhängiges öffentliches Unternehmen, das aus dem früheren National Research Development Council (NRDC) und dem National Enterprise Board (NEB) im Jahr 1981 hervorging; die genannten Organisationen gehörten zum Zuständigkeitsbereich des DTI. BTG stellt Mittel für die technologische Innovation zur Verfügung, zum Beispiel für Gemeinschaftsunternehmen (Joint Ventures), vergibt Darlehen an Unternehmen mit innovativen Produkten und ist für ähnliche indirekte Fördermaßnahmen verantwortlich.

Das DTI übt seinen Einfluß auf die Entwicklung der Telekommunikationsindustrie in Großbritannien nicht nur über die beschriebenen institutionellen und finanziellen Maßnahmen aus. So hat beispielsweise das DTI mit einer umfangreichen Stellungnahme an die Adresse der Monopolkommission (MMC) im Streit um die geplante Fusion der Firmen Plessey und GEC im Jahr 1986 und bei der Übernahme Plessey durch GEC und Siemens 1989 zu einer Lösung beigetragen. Diese lief im ersten Fall darauf hinaus, daß die Gesamtfusion eher skeptisch beurteilt wurde, während die Fusion im Teilbereich der öffentlichen Vermittlungsaktivitäten (System X) Zustimmung fand (dies ist schließlich 1988 annähernd realisiert worden). Das Ministerium wies auch darauf hin, daß bei einer Totalfusion im Bereich von FuE zwar einige Doppelarbeit vermieden und somit die FuE-Tätigkeiten beider Firmen dem Umfang nach verstärkt werden könnten, aber es wurde auch die Befürchtung ausgedrückt, daß mangelnder Wettbewerb im FuE-Bereich die Leistungen verschlechtere und wegen der Einstellung doppelter Arbeiten eher eine Reduktion im Gesamtvolumen zu befürchten sei. Auch das OFTEL schloß sich dieser Ansicht an und befürwortete eine Fusion im Bereich der System-X-Aktivitäten, aber sonst nicht.

Überhaupt spielten Überlegungen über das zukünftige FuE-System bzw. seine Veränderung eine wichtige Rolle in diesen Kartellverfahren in den Jahren 1986 und 1989. In den

Schlußfolgerungen der Monopolkommission wird ausdrücklich festgestellt, daß "unter sich verändernden technischen Rahmenbedingungen die möglichen Vorteile der Fusion, die von GEC behauptet werden in Bezug auf eine Rationalisierung der Forschung in einer fusionierten Gruppe, mehr als aufgehoben werden durch den möglichen Verlust an Wettbewerbsfähigkeit im Bereich der Elektronikforschung zwischen diesen beiden existierenden Forschungsorganisationen." (MMC 1986, 126). Diese Schlußfolgerung unterstreicht sehr deutlich die bedeutende Rolle von Forschung und Entwicklung in diesem ersten Verfahren, welche im zweiten beibehalten wurde.

Zu den wichtigsten Forschungsprogrammen des DTI im Bereich der Informationstechnologie gehört das Alvey-Programm (siehe ausführlich Freeman 1987, 123ff). Es geht auf den Bericht des Alvey-Komitees von 1982 zurück und stellt eine bedeutende Veränderung in der britischen Technologiepolitik dar. Dies liegt nicht so sehr am Volumen der Aktivitäten als vielmehr an den veränderten Prinzipien, unter denen sie organisiert wurden. Während andere große Forschungsprogramme in Großbritannien (z. B. Nimrod, Concord oder das Schnellbrut-Reaktor-Programm) ausschließlich von der Regierung finanziert wurden, erhält das Alvey-Programm substanzielle Beiträge aus den Unternehmen. Bemerkenswert ist auch, daß die konservative Regierung die Notwendigkeit eines strategischen Nationalprogramms in der Technologiepolitik akzeptierte. Das Alvey-Programm beschäftigt sich mit vorwettbewerblichen Forschungsprojekten auf den vier Gebieten Software-Verfahrenstechnik, intelligente Expertensysteme, höchstintegrierte Schaltkreise und Mensch-Maschine-Wechselwirkung. Alle vier Programmteile sind nur locker mit dem Bereich der Telekommunikation verknüpft. Im Programm kollaborieren Unternehmen, Universitäten und Regierungsinstitute. Auch dieses Zusammenarbeitsprinzip war im britischen Kontext neu in der Technologiepolitik. An dem Programm nahmen mehr als 200 Einrichtungen teil, darunter mehr als 100 Unternehmen. Es umfaßt beinahe 1000 Einzelprojekte. Für die Koordination des Alvey-Programms hat das DTI eine spezielle nachgeordnete Behörde (ein "Directorate") eingerichtet. Das Mehrjahresprogramm mit einer Laufzeit von 1983 bis 1990 umfaßte nur ein Budget von 207 Mio. £, wobei die Industriepartner jeweils 50 % der Kosten selbst übernehmen müssen. Gewerbliche Schutzrechte aus einem Alvey-Projekt werden in jedem Fall an die partizipierenden Unternehmen übertragen, die an ihre universitären Kooperationspartner angemessene Zahlungen zu leisten haben. Auch dies dürfte wegen der Klarheit der Regelung ein Novum für die britische Technologiepolitik darstellen.

Freeman und andere Beobachter sind davon überzeugt, daß das Alvey-Programm selbst eine organisatorische Innovation darstellt und höchstwahrscheinlich die technologische und wirtschaftliche Leistungsfähigkeit auf den Britischen Inseln beeinflussen wird. Im

Jahre 1986 wurde der Bericht des Bide-Komitees vorgelegt, das Überlegungen über eine Fortsetzung des Alvey-Programms nach dem Jahre 1988 enthält. Obwohl es gemäß dem Report noch zu früh war, die ökonomischen Segnungen des Programms zu erfassen, das ja auch vorwettbewerblich angelegt war, enthält er eine Reihe von positiven Bewertungen. Insbesondere sei auch die Haltung der Unternehmen im Hinblick auf FuE verbessert worden. Gemäß dieser positiven Evaluierung wird eine Fortsetzung und Ausdehnung des Programms (auf 550 Mio. £ in einer zweiten Fünfjahresperiode) nahegelegt.

Von Unternehmensseite wird aber auch Kritik laut:
So vertritt ein befragtes mittelgroßes Unternehmen dezidiert die Ansicht, daß das Programm erheblich unterfinanziert war und überwiegend an die großen traditionellen Organisationen adressiert wurde. Mittelständische Unternehmen seien ausgeklammert worden. Außerdem seien die technischen Ziele fehlgeleitet gewesen wegen der Weglassung telekommunikationsbezogener FuE. Die überstarke Konzentration auf höchstintegrierte Schaltkreise könne nicht effektiv sein, da mangels einer Halbleiterindustrie in Großbritannien in ein Vakuum hineingeforscht würde. In diesem Zusammenhang wurde auch die geringe interne Wettbewerbsbereitschaft in Großbritannien in diesem Bereich bemängelt.

Es ist schwierig, zwischen diesen konträren Ansichten den wahren Kern auszumachen, zumal das Alvey-Programm weder im Zentrum der Telekommunikations-FuE noch im Zentrum dieses Berichts steht. Jedenfalls hat das DTI sich mit der Entscheidung über ein Fortsetzungsprogramm Zeit gelassen. Im Januar 1988 war noch angekündigt worden, daß die Gemeinschaftsforschung dieser Art innerhalb einer neuen Einheit des Ministeriums fortgesetzt würde, in deren Verwaltung auch weiterhin von den Unternehmen abgeordnete Personen einbezogen würden. Die Fortsetzungsphase hätte auch den Zweck, eine bessere Koordinierung mit den europäischen Programmen herzustellen. Im Herbst 1988 wurde jedoch entschieden, daß das Alvey-Programm bis 1990 ausläuft und von einem neuen nationalen IT-Forschungsprogramm abgelöst wird, das sich den fortgeschrittenen Technologien im Bereich der Systemarchitektur, der Informationsverfahrenstechnik und der Bauelementtechnik widmet. Zu seiner Verwaltung wird eine neue Behörde (Directorate) eingerichtet, die vom DTI, dem SERC und dem MoD besetzt wird. Das Fortsetzungsprojekt soll nun im Jahr 1989 beginnen und von Seiten des DTI mit 29 Mio. £ unterstützt werden. SERC trägt bis 1993 55 Mio. £ bei. Der Aufruf an die interessierten Institutionen, Forschungsvorschläge einzureichen, ist erfolgt. Welchen Einfluß das MoD nehmen wird, kann derzeit noch nicht gesagt werden. Festzustehen scheint lediglich, daß das jährliche finanzielle Volumen des Vorläuferprogramms deutlich unterschritten wird.

An zweiter Stelle ist das LINK-Programm zu erwähnen, das ebenfalls ein Gemeinschaftsforschungsprogramm zwischen den Unternehmen und den Hochschuleinrichtungen darstellt. Unter diesem Dach laufen acht Einzelprogramme ab, von denen aber lediglich das Programm "persönliche Kommunikation", das im Juni 1988 angekündigt wurde, direkt zur Telekommunikation in bezug zu setzen ist. Es betrifft Dienstleistungen im privaten Mobilfunk, im Zellularfunk und bei den mobilen Satellitensystemen. Der finanzielle Beitrag der Regierung zu dem Drei-Jahres-Programm ist mit 6,4 Mio. £ relativ bescheiden. Das DTI bringt davon 3,4 Mio. £ auf, das SERC die restlichen 3 Mio. Es wird erwartet, daß die Partner aus den Unternehmen Beiträge in gleicher Höhe leisten werden.

Das Joint Optoelectronics Research Scheme (JOERS) wurde im Dezember 1982 gestartet und war das erste vorwettbewerbliche Forschungsprogramm des DTI (das damals gegründet wurde). Auch dieses ist ein Gemeinschaftsforschungsprogramm zwischen den Unternehmen und den Universitäten im Gebiet der Optoelektronik. Es wurde im März 1986 auf nunmehr 22 Mio. £ bis 1991 ausgedehnt. Die Universitäten werden darin vom SERC finanziert, die Unternehmen bis höchstens 50 % vom DTI. Es wurden etwas mehr als 20 Projekte durchgeführt, an denen 15 Unternehmen und 26 Universitäten und polytechnische Hochschulen beteiligt waren.

Ferner von Bedeutung sind einige Gegenstände innerhalb des Kooperationsfördermodells "Advanced Technology Programmes", nämlich Gallium-Arsenid-Anwendungen und Informationsengineering (20 Mio. £ 1987 bis 1990 in Form von 50%-Zuschüssen durch DTI).

Der mehrfach erwähnte Forschungsrat SERC hat die hauptsächliche Zuständigkeit für Informationstechnologie im Bereich des Ministeriums für Bildung und Wissenschaft (Department of Education and Science - DES). Es entspricht - allerdings auf niedrigem Niveau - der National Science Foundation in den Vereinigten Staaten und nimmt nach einem gutachterlichen Verfahren die Zuweisung von Forschungsmitteln an Universitäten vor. Anders als die NSF (oder auch die bundesdeutsche DFG) stellt der SERC den Universitäten nur die Hälfte der benötigten Mittel zu Verfügung. Die andere Hälfte muß entweder von Unternehmen, von anderen Stiftungen oder von Ministerien kommen.

Der SERC ist aber nicht nur eine Forschungsförderorganisation, sondern betreibt auch eigene Laboratorien, allen voran das Rutherford Appleton Laboratory (RAL). Das Staatslabor spielt eine wichtige Rolle in der Informationstechnologie schlechthin und verfolgt im Bereich der Telekommunikation Forschungsaktivitäten in der Funktechnik, der Digital- und Lichtleitertechnik (siehe Tabelle 4.2-2 in Abschnitt 4.2). Das RAL hat einen

Jahresetat von knapp 50 Mio. £ und beschäftigt mehr als 1000 Personen in der Forschung. Es ist das größte Labor im Bereich des SERC. Die klassischen Forschungsgebiete, unter denen das Labor weltweit bekannt geworden ist, werden weiter betrieben. Hierzu zählen die Elementarteilchen-Physik, die Beschleuniger-Physik, die Neutronenstreuung, Hochleistungslaser, Weltraumforschung und Supraleitfähigkeit.

Ohne direkten Bezug zum Bereich der Telekommunikation sollen drei Forschungsinstitute im Bereich des DTI erwähnt werden. Es sind dies das National Physical Laboratory (NPL) mit Forschungsprojekten auf dem Gebiet der Datennetzwerke und Datensicherheit, des National Engineering Laboratory (NEL) mit Forschungsarbeiten im Gebiet der intelligenten Fabrikautomatisierung und der lokalen Netzwerke und das Computer-Aided Design Centre (CADCENTRE), in dem DTI- Personal mit Personal aus der Computerfirma International Computers (ICL), die zur STC-Gruppe gehört, zusammenarbeitet.

Neben den beiden genannten Ministerien gibt es weitere staatliche Behörden mit einem randhaften Interesse an der Telekommunikations-FuE. Es sind dies das Ministerium für Transport, das über die nachgeordneten Autobahnbehörden an der technologischen Beschaffung fortgeschrittener Kommunikations- und Signalanlagen im Verkehrsbereich interessiert ist. Die britische Eisenbahn, die sich nunmehr ebenfalls in einer Liberalisierungsphase befindet, unterhält ein eigenes Telekommunikationsnetz, das seit Mitte der achtziger Jahre digitalisiert wird. Die Eisenbahnbehörde nimmt an der öffentlichen Beschaffung technologisch fortgeschrittener Kommunikationsgüter teil.

Öffentliche Beschaffung

Bevor der große Bereich der Telekommunikations-FuE im Zuständigkeitsbereich des MoD diskutiert wird, soll zusammenfassend die Beschaffung von Telekommunikationsgütern im zivilen Regierungsbereich erläutert werden. Die zentrale Beschaffungbehörde der Regierung ist die Central Computer and Telecommunications Agency (CCTA), eine Behörde, die dem Finanzministerium untersteht. Sie gibt an, daß im Haushaltsjahr 1986-87 die Regierung insgesamt einen Betrag von 1,6 Mrd. £ für die Beschaffung von informationstechnischen Gütern und Dienstleistungen aufgewendet hat. Aus der Zuständigkeit von CCTA ausgenommen sind lediglich bauliche Anlagen, gewöhnliche Büroausrüstung und die gesamte Telekommunikationsbeschaffung im Verteidigungsbereich. Letzterer beschafft sein Gerät direkt unter Umgehung der CCTA. Die CCTA führt die Regierungspolitik aus, gemäß der das jeweils preiswerteste Angebot den Zuschlag bekommen soll, was, abhängig von den technischen Raffinessen, die erforderlich sind, nicht im-

mer auf das billigste Angebot hinausläuft. Wann immer es möglich ist, wird (begrenzt) ausgeschrieben und im Wettbewerb entschieden.

Organisatorisch ist die CCTA in sechs Abteilungen aufgegliedert. Die Abteilung CT 1 berät die anfragenden Einheiten der Regierung, erarbeitet Beschaffungsstrategien und berät die Ministerien im Hinblick auf eine für sie jeweils optimale Vorgehensweise. Die Abteilung CT 2 verfolgt die technische Entwicklung im Bereich der Informationstechnik und pflegt die Wissensbasis, um den jeweils aktuellen Stand und die fortgeschrittensten Angebote möglicher Anbieter einschätzen zu können. Die Abteilung CT 3 unterstützt die regierungsamtlichen Kunden beim Betrieb und der Kontrolle ihrer IT-Systeme, während die Abteilung CT 4 für das Management der regierungsamtlichen Telekommunikationseinrichtungen verantwortlich ist. Dies ist in erster Linie das Kommunikationsnetzwerk (GTN), das etwa 700 Regierungsstellen im ganzen Land verschaltet hat, sowie das interministerielle elektronische Mail-System (IDEM). Auch untersteht dieser Abteilung das Management des Central Branch Exchange (CBX) Komplexes in Whitehall. CT 5 ist die Beschaffungsabteilung. Sie führt Vertragsverhandlungen im Auftrag von Ministerien, diskutiert die Bedingungen und Standards mit Handelsorganisationen und anderen Anbietern, entwickelt angemessene Methoden für die bestmögliche Beschaffung, wendet die existierenden Standards im Zusammenhang mit Beschaffungsmaßnahmen an und führt vor allem ein Zentralregister für Anbieter, die bei der CCTA-Beschaffung in Frage kommen (siehe unten). Die Abteilung CT 6 ist schließlich die Administration von der CCTA. Die Abteilungen sind jeweils in Gruppen und Referate weiter unterteilt. Die CCTA umfaßt insgesamt 58 einzelne Referate (zum Beispiel das Referat D 3 in der Gruppe D in der Abteilung CT 4 für optoelektronische Technologie). Es handelt sich also um eine äußerst sorgfältig gegliederte Organisation.

Das Zentralregister für Firmen, welche für die Beschaffung in Frage kommen, wird Trades List Index (TLI) genannt. Ein Unternehmen muß nicht auf dem TLI stehen, um Geschäfte mit der Regierung betreiben zu können, aber Geschäfte über 10000 £ können nicht abgeschlossen werden, wenn das anbietende Unternehmen nicht die Vorprüfungen durchlaufen hat, die erforderlich sind, um auf dem TLI zu erscheinen. Die restriktive Maßnahme wird damit begründet, daß bei größeren Beschaffungen die Bonität des Unternehmens bekannt sein muß. Eine Registratur im TLI bedeutet nicht automatisch, daß das Unternehmen aufgefordert wird, bei einer konkreten Beschaffungsmaßnahme anzubieten. Es ist nicht die Aufgabe von CCTA, auf Anbieter zuzugehen. Vielmehr wird erwartet, daß ein möglicher Anbieter seine Produkte und Dienstleistungen den einzelnen, möglicherweise interessierten Regierungsstellen bekannt macht. Man muß von einer klaren Bringeschuld der Hersteller ausgehen. CCTA-Offizielle betonen, daß die Bedeutung

des Antichambrierens bei einzelnen Regierungsstellen nicht unterschätzt werden dürfe. Allerdings kann ein Unternehmen mit einem neuen Produkt oder einer neuen Dienstleistung auch direkt an dic CCTA herantreten. Da die CCTA die jeweils beschaffenden Regierungsstellen aber lediglich berät und unterstützt, verbleibt die letztliche Entscheidung bei der einzelnen anfragenden Behörde.

Neben einer Firmenliste gibt es auch noch eine Geräteliste, die unter die Beschaffung durch CCTA fällt. Neben dem Computerbereich und dem Bereich der Büromaschinen gehören folgende fernmeldetechnischen Geräte hierzu: Private Vermittlungsstellen, Telex, Anrufbeantworter, Telefone aller Art, Telekonferenzsysteme, Rückruf- und Benachrichtigungsgeräte, Modems, Multiplexer, Funktelefonsysteme, LANs, Datenkommunikationssysteme, Btx und Teletextsysteme, akustische Koppler und Geräte für den geheimen Nachrichtenverkehr.

Im einzelnen läuft ein Beschaffungsvorgang schematisch etwa wie folgt ab: die genaue Bedürfnislage der anfordernden Regierungsstelle wird im Sinne eines Dokuments (des Operational Requirements - OR) niedergelegt. Dieses Dokument wird von der CCTA an mögliche Lieferanten verschickt. Sie werden von der an- fragenden Regierungsstelle in Konsultation mit dem CCTA festgelegt. Die Anbieter reichen Vorschläge ein, die die allgemeinen technischen und budgetären Informationen enthalten, um zu demonstrieren, daß sie die Anfrage verstanden haben. Die vorläufigen Angebote werden von der CCTA untersucht und verglichen und schließlich werden daraus drei oder vier Hersteller aufgefordert, ein genaues Angebot zu unterbreiten. Dieses verfeinerte Angebot enthält genaue Listen der benötigten Hardware, Software sowie Implementationspläne und wird im Sinne eines Memorandums of Agreement (MOA) fixiert. Die verschiedenen vorliegenden Offerten werden bewertet und ein Angebot wird nach dem Prinzip der Preiswürdigkeit ausgewählt. Dieser Beschaffungsprozeß dauert in der Regel sechs bis zwölf Monate, und es sind derzeit etwa 200 Vorgänge gleichzeitig in Bearbeitung. Die Prozedur bezieht sich nur auf die größeren Systeme mit einem Wert von mehr als 100000 £. Für Beschaffungsvorgänge unterhalb dieser Summe gibt es ein feststehendes Verfahren, nach dem die anfragende Regierungsstelle sich direkt an einen Hersteller wendet. Gemäß dem GATT-Abkommen werden Beschaffungsvorgänge oberhalb von 100000 £ im Official Journal der EG angekündigt.

Abschließend wird eine Abgrenzung der telekommunikationsbezogenen von der allgemeinen informationstechnologischen Beschaffung durch die öffentliche Hand versucht. Die zentrale Computer- und Telekommunikationsagentur (Central Computer and Telecommunications Agency - CCTA) veranschlagt die öffentlichen Beschaffungsmittel für

Informationstechnik im Haushaltsjahr 1986-87 auf insgesamt 1,58 Mrd. £, im folgenden Haushaltsjahr auf 1,83 Mrd. £. In beiden Haushaltsjahren wird der Anteil der telekommunikationsbezogenen Ausgaben auf jeweils 32 % veranschlagt. Ein weiteres Drittel fließt in die computerbezogene Beschaffung, der Rest verteilt sich auf Dienstleistungen und regierungsinterne Personalmittel. Unter den Zuwendungsempfängern in der Industrie wird nicht mehr nach den Zwecken Telekommunikation bzw. Computern unterschieden. An erster Stelle wird die Firma International Computers (ICL) genannt, eine hundertprozentige Tochter von STC, mit einem Anteil von 25 % an den öffentlichen Beschaffungsmitteln im Bereich der Informationstechnik. Immerhin an fünfter Stelle rangiert British Telecom (BT) mit 5 % dieser Mittel. Ob sie ausschließlich telekommunikationsbezogen sind, läßt sich nicht unmittelbar folgern.

Wehrtechnische Telekommunikation

Alle Zahlenangaben und Abschätzungen in den Abschnitten 4.1 und 4.2 verweisen auf die bedeutende Rolle des MoD für die Forschung und Entwicklung im weiten Bereich der Elektronik. Dennoch ist es verständlicherweise schwierig, genauere Angaben hierzu zu erhalten, da die Notwendigkeiten der militärischen Geheimhaltung mit den Erfordernissen der öffentlichen Bekanntmachung kollidieren. Gemäß der Abbildung 4.1-4 werden mehr als die Hälfte aller staatlichen FuE-Aufwendungen vom MoD bestritten. Im Bereich der Telekommunikations-FuE beträgt der Finanzierungsanteil des MoD in der gesamten Volkswirtschaft etwa 35 % (Abbildung 4.2-2). Im Gesamtbereich der Elektronik dürfte dessen Anteil mehr als 50 % betragen. Diese an sich komfortable finanzielle Ausstattung der industriellen FuE in der Elektronik wird jedoch von vielen Seiten beklagt. So wird darauf verwiesen, daß aufgrund des speziellen militärischen Bedarfs die industrielle FuE auf wichtige, aber sehr kleine Marktnischen abgedrängt wird und deshalb in der Regel die Massenmärkte nicht erobern kann. Daraus folgt, daß in den umsatzrelevanten Massenmärkten die britische Industrie dennoch keine ausreichenden FuE-Mittel aufwendet (OTA 1985, 270).

Das MoD unterscheidet in den Haushaltsplänen nicht zwischen Beschaffung und FuE-Ausgaben; beides wird als Einheit verstanden und dargestellt. Die Beschaffungspolitik wurde kürzlich geändert (etwa 1986; genaue Angaben sind nicht zu erhalten). Früher soll das MoD technologisch anspruchsvolle Güter auf Selbstkostenerstattungsbasis aufgekauft haben, in denen der Hersteller seine FuE-Kosten - nachträglich festgestellt! - veranschlagen konnte. Nun soll das MoD zu einer Festpreispolitik übergegangen sein, in der ein fester Preis für das zu beschaffende Gut plus die dafür notwendigen FuE-Auslagen vereinbart wird. Auch werden zunehmend wettbewerbliche Offerten eingeholt, um die

Kosten zu drücken. Beides hat dazu geführt, daß Vorlaufarbeiten im Bereich von FuE für die potentiellen Lieferanten schwieriger zu kalkulieren und unter größerem Kostendruck auszuführen sind. Da die Vorlaufarbeiten teilweise erforderlich werden, um ein technisch vernünftiges Angebot zu erstellen, auf das später eventuell kein Zuschlag erfolgt, wird das neue finanzielle Regime erwartungsgemäß nicht zu mehr Wettbewerb führen. Vielmehr werden die erforderlichen Vorlaufarbeiten für das nächste Angebot an das MoD innerhalb eines bestehenden Vertrags abgewickelt, so daß eher eine Verstetigung der FuE-Beschaffung bei immer denselben Lieferanten die Folge sein dürfte. Aufgrund dieser Einschätzung hat sich das Verteidigungsministerium gegenüber der Monopolkommission in Sachen GEC-Plessey-Fusion im Jahr 1986 gegen eine solche Fusion ausgesprochen. Es befürchtete, daß aufgrund der oben geschilderten Beschaffungspolitik der technologische Wettbewerb im ohnehin protektionierten Bereich der militärischen Beschaffung völlig zusammenbrechen könnte. Das MoD legte dar, daß es auf eigenständige Lösungen der Hersteller angewiesen ist. Die Unabhängigkeit der Forschungszentren von GEC und Plessey müßte daher erhalten werden, da in vielen Fällen die jeweiligen Wissenschaftler auf dasselbe Problem mit beträchtlich unterschiedlichen Lösungen reagiert hätten. Vorteile für das MoD durch die vorgeschlagene Fusion wurden als unwahrscheinlich bezeichet.

Zum Zuständigkeitsbereich des Verteidigungsministeriums gehören eine Reihe von Forschungseinrichtungen, die sich auch mit Fragen der Telekommunikations- FuE beschäftigen.

An erster Stelle ist das Royal Signals and Radar Establishment (RSRE) zu nennen. Es ist das hauptsächliche FuE-Zentrum des Verteidigungsministeriums im Bereich der Elektronik. Es veröffentlicht weder Geschäftsberichte, noch gibt es eine Aufstellung über das beschäftigte FuE-Personal heraus. Aus Handbüchern ist lediglich bekannt, daß es sich im Bereich der Telekommunikation mit Radarsystemen in allen Formen, kompletten Kommunikationssystemen, optischen, infraroten und anderen Geräten beschäftigt. Es widmet sich auch der Satellitenkommunikation, der Erforschung von Antennenstrukturen, der Wellenausbreitung, der Spracherkennung usw. Daneben findet Forschung in der Festkörperphysik und Materialtechnologie statt.

Das Spezialisierungsprofil in Abbildung 4.3-2 aufgrund der Publikationsstatistik, deren Vollständigkeit aufgrund der zu vermutenden Geheimhaltungsvorschriften nicht beurteilt werden kann, weist in der Tat starke Aktivitäten im Bereich der Hochfrequenztelemetrie und der sonstigen Geräte nach. Ebenfalls überdurchschnittlich engagiert ist das Forschungszentrum in der Funktechnik - wie es nicht anders zu erwarten war. Fünf Teilbereiche sind sehr stark unterdurchschnittlich repräsentiert, während das Labor im theoretischen Bereich und bei der digitalen und Lichtleitertechnik nur knapp unterdurchschnittlich abschneidet.

Abbildung 4.3-2: Spezialisierungsprofil der Telekommunikations-FuE-Tätigkeit des RSRE auf der Basis von Publikationen aus dem Jahr 1986

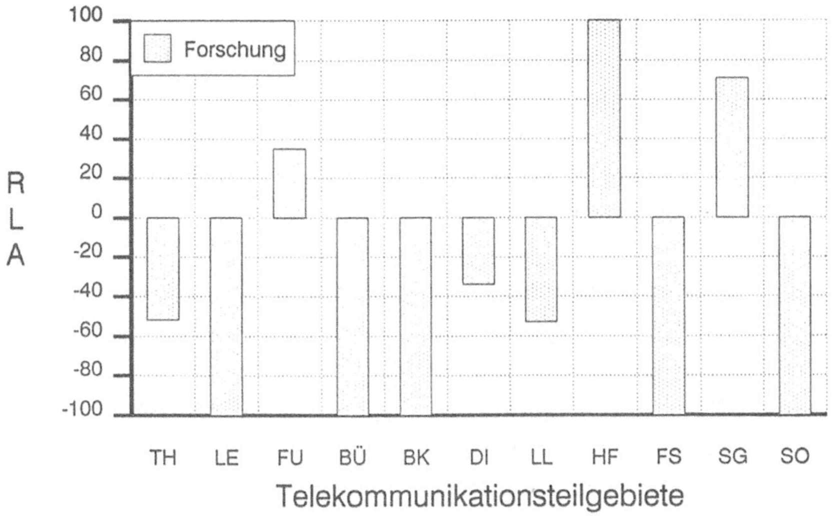

Aufgrund eines persönlichen Gesprächs mit dem Leiter der Abteilung Kommunikation und Rechentechnik ergibt sich ferner, daß diese telekommunikationsrelevante Abteilung vier Forschungsgruppen unterhält. Sie beschäftigen sich mit der Satellitenkommunikation, dem Mobilfunk, Fragen räumlich verteilter Informationssysteme und den Diensten im Bereich der Rechen- und Informationstechnik. Ferner gibt es starke Aktivitäten im Bereich der Software, der Computersprachen und allgemein in der Softwareverfahrenstechnik. In anderen Abteilungen werden die Festkörperphysik und andere Bereiche im strategischen militärischen Interesse verfolgt. Das RSRE erhält für die allgemeine Grundlagenforschung auch finanzielle Zuwendungen des DTI.

Ein starker Forschungsakzent hängt direkt mit den militärischen Operationen der Streitkräfte zusammen. Hier werden Probleme untersucht, die aus der Notwendigkeit herrühren, Daten zwischen verschiedenen Kommunikationssystemen auszutauschen, die teilweise bewegt sind. Daher erklärt sich das Engagement in Mobilfunkforschung und Netzwerkforschung. Um die Kostengünstigkeit der entwickelten Systeme zu gewährleisten, versucht das Labor, den allgemeinen Konzepten und Standards im kommerziellen Bereich zu folgen. Dies bringt auch Vorteile im Hinblick auf die Kompatibilität militärischer und ziviler Systeme.

Das RSRE ist vollständig von der Regierung finanziert und leidet daher nach eigenen Angaben unter Einschnitten in die staatlichen Haushalte. Es sei spekuliert worden, daß das RSRE eine unabhängige Agentur werden könnte, mit dem Recht, FuE für das MoD aber auch für andere, nicht regierungsamtliche Kunden, zu betreiben. Das RSRE vergibt selbst Forschungsaufträge nach außen und bezeichnet die Zahl der externen Organisationen, mit denen es kooperiert, als "sehr groß". In jedem dieser Fälle werden mehrere Offerten, die im Wettbewerb stehen, eingeholt.

Schutzrechtsangelegenheiten und die Vermarktung militärischer Systeme sind einer anderen Regierungsstelle übertragen worden (Defence Technologies Enterprises), die seit etwa 1984 existiert. Das RSRE vertritt die Ansicht, daß ein Großteil der Fördersummen, die für militärische FuE ausgegeben werden, schließlich in Anwendungen resultiert, die für die kommerziellen Märkte geeignet sind.

Neben dem RSRE ist die Forschungseinrichtung der Admiralität zu erwähnen, nämlich das Admiralty Research Establishment (ARET). Dieses Labor beschäftigt sich ebenfalls mit der Funkkommunikation, mit Radar, der optischen Sensorik usw. Im Bereich der Luftwaffe ist das Royal Aircraft Establishment (RAE) zuständig. Es führt FuE-Arbeiten im Bereich der Luftfahrt durch, ist jedoch nicht in der Radarforschung aktiv. Dieses Labor hat kürzlich mit Marconi Space Systems einen FuE-Vertrag über 0,5 Mio. £ für die Entwicklung eines Satelliten-Laser-Kommunikationssystems mit hohem Datendurchsatz abgeschlossen. Geplant ist der Einsatz einer Reihe von geostationären Relaissatelliten in großer Höhe, damit die in niedriger Umlaufbahn befindlichen Raumfähren in ständigem Kontakt mit den Bodenstationen bleiben können.

Insgesamt ist die militärisch motivierte Forschung und Entwicklung im Bereich der Telekommunikation vom Volumen her sehr bedeutend. Ihre Wirkung auf die Entwicklung der zivilen Telekommunikationstechnologie muß jedoch skeptisch beurteilt werden, weil die sogenannten Technologietransfers in den kommerziellen Bereich allgemein als sehr gering eingeschätzt werden (siehe z. B. OTA 1985, 268). Viele Beobachter der Technologiepolitik in Großbritannien führen sogar die schwierige Stellung der britischen Industrie im Bereich der fortgeschrittenen Elektronikgüter auf die starke Akzentsetzung und damit Bindung von Mitteln und Personal im verteidigungsbezogenen Bereich zurück.

ACOST führte eine Analyse durch, um die Faktoren zu bestimmen, die einen besseren zivilen Nutzen der wehrtechnischen FuE bewirken könnten. Im Mai 1989 wurde schließlich festgestellt, daß die wehrtechnische FuE so wenig mit der zivilen koppelt, daß nur 25 % der FuE-Aufwendungen statistisch relevant sind, der Rest sei Projektmanagement ohne innovatorischen Charakter (Gummett, Walker 1989, 194). Dieses harte Urteil gelte aber erst in diesen Jahren, wo die zivile FuE weiter fortgeschritten sei als die militärische. In der Nachkriegsperiode sei dagegen der wehrtechnische Bereich mit entsprechenden Spin-off-Entwicklungen in der technologischen Führerschaft gewesen.

4.3.2 ROLLE DER NETZBETREIBER

Im Jahr 1984 ist British Telecom (BT) zunächst in fünf Abteilungen gegliedert worden (vgl. Heuermann, Neumann 1985, 316ff), seit 1986 gilt nun aber eine Struktur mit zwei Ebenen. Dem Vorsitzenden (chairman) untersteht zunächst die Ebene der 5 zentralen Einheiten:

- Vermarktung
- Haushalt
- Personal und Infrastruktur,
- Entwicklung und Beschaffung und
- Zentralsekretariat.

Die ehemalige Abteilung "Development and Procurement" wurde damit in den Rang einer Zentraleinheit (Stabseinheit) erhoben und in "Engineering and Procurement" umbenannt. Darunter existiert die Ebene der 5 operierenden Abteilungen:

- Überseegeschäfte,
- Internationale Produkte,
- BT International (BTI),
- UK Communications und
- BT Enterprises.

Die FuE-Zuständigkeit, die von 1984 bis 1986 bei einer dieser selbständig operierenden Abteilungen lag, ist damit zentralisiert worden. Die Stabsabteilung zerfällt ihrerseits in die zwei Gruppen "FuE" und "Beschaffung" (vgl. Abbildung 4.3-3).

BT hat insgesamt starke Strukturänderungen in den achtziger Jahren erlebt, die in der zentralen Stabsabteilung Entwicklung und Beschaffung noch relativ am geringsten ausfielen. Zudem haben sich systemare Veränderungen in dieser Stabsabteilung erst 1987 ergeben (siehe unten), so daß von einer gewissen Resistenz des FuE-Bereichs im Jahrzehnt der Liberalisierungspolitik gesprochen werden kann.

Abbildung 4.3-3: Grundstrukturen der FuE-Neuorganisation bei BT seit 1987 (die Ziffern geben den Personalstand an)

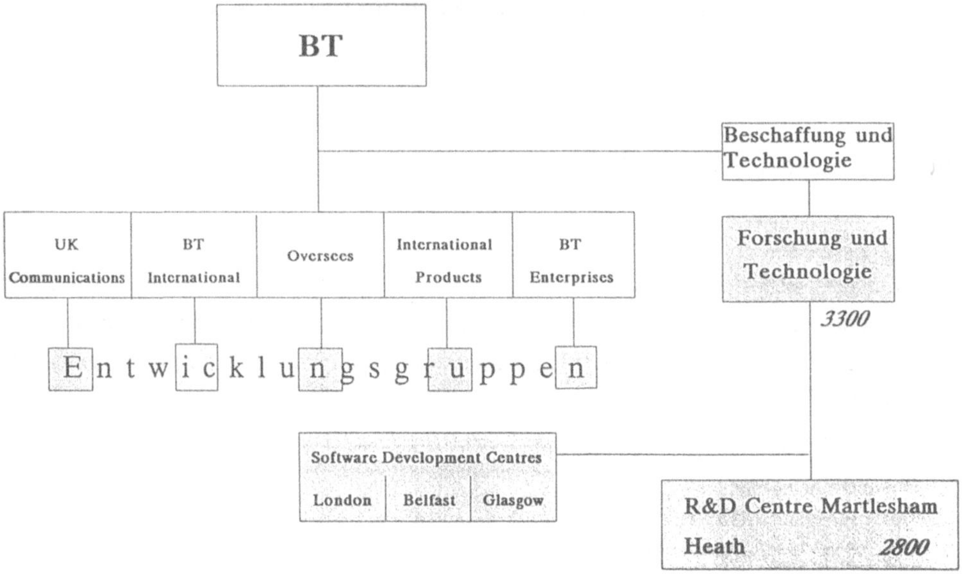

Bevor die Detailstrukturen des FuE-Bereichs von BT diskutiert werden, soll der Blick auf den heutigen Umfang der BT-Gruppe (international) gerichtet werden. Der entscheidende Schritt von einem Bestandteil der britischen Post hin zu einem vertikal integrierten Privatunternehmen war der Erwerb des produzierenden Unternehmens Mitel. Mitel ist ein bedeutender Produzent privater Vermittlungsgeräte im britischen Markt und steht im Wettbewerb sowohl mit GEC und Plessey als auch mit STC und anderen Herstellern und konkurriert mit diesen Unternehmen auch im Produktbereich der kundenintegrierten Schaltkreise für Telekommunikationsgeräte (also bei der Komponentenherstellung für OEM). GEC, Plessey, TMC (ein Gerätehersteller) und Mitel kamen im Jahr 1984 für ungefähr 82 % aller Nebenstellenanlagen in Großbritannien auf. Mitel ist ein internationaler Konzern mit Sitz der Muttergesellschaft in Kanada und Tochterfirmen in 10 Ländern, darunter auf den Britischen Inseln. Mitel bestreitet etwa 10 % des Nebenstellengeschäftes weltweit. Im Jahr 1984 traten große finanzielle Verluste im Zusammenhang mit Entwicklungsproblemen ein. Es wurde nach neuen Kapitalanteilseignern gesucht und 1985 in einer vorläufigen Übereinkunft mit BT gefunden. Die britischen Wettbewerber opponierten gegen die vertikale Integration der BT-Gruppe und riefen die Monopolkommission an, die in sich gespalten war, aber schließlich mehrheitlich unter Beachtung einiger Auflagen dem Erwerb von Mitel durch BT zustimmte. Die hauptsächlichen Gründe dafür wurden überwiegend in Synergieeffekten zwischen FuE (bei BT) und der

Tabelle 4.3-1: Überblick über die wichtigsten Unternehmen in der BT-Gruppe (kein Anspruch auf Vollständigkeit; mit einem H wird die Zwischenschaltung eines Holding-Unternehmens abgekürzt)

Unternehmen	Schwerpunkt	Kapital-anteil von BT plc	Sitzland
BT (CBP) Ltd.	Telekommunikations-Spezialgerät	100 %	England
BT Consumer Electronics Ltd.	Telekommunikations-gerät	100 %	England
CTG Inc. (H)	Telephonsysteme	100 %	Kanada
Dialcom Inc. (H)	Electronic-Mail-Dienste	100 %	USA
Fulcrum Communications Ltd.	Telekommunikationsgerät	100 %	England
International Aeradio plc	Flughafen- und Telekommunikationsdienste	100 %	England
Manx Telecom Ltd.	Telekommunikationsdienste	100 %	Isle of Man
Mitel Inc.	Telekommunikationsgeräte	100 %	USA
Mitel Telecom Ltd.	Telekommunikationsgeräte	100 %	England
Swindon Cable Ltd.	Kabelfernsehdienste	100 %	England
Coventry Cable Ltd.	Kabelfernsehdienste	74 %	England
Trillium Telecom Systems Inc. (Mitel-Tochter)	Telekommunikationsgeräte	70 %	Kanada
Telecom Securicor Cellular Radio Ltd.	Mobil-Zellularfunksysteme und -dienste	60 %	England
Mitel Corp. (H)	Telekommunikationsgeräte	51 %	Kanada
BT&D Technologies Ltd.	Glasfaserkomponenten (mit DuPont)	50 %	England
Westminster Cable Comp. Ltd.	Kabelfernsehdienste	37 %	England
Aberdeen Cable Services Ltd.	Kabelfernsehdienste	30 %	Schottland
???	Glasfaserkommunikation (mit Telefonica)	?	Spanien

Produktion (bei Mitel) gesehen, sowie in der Präsenz von BT auf ausländischen Märkten für Nebenstellenanlagen (Morgan 1987a, 21). Von den meisten Beobachtern wurde die "Mitel-Affäre" so interpretiert, daß mit Willen der offiziellen Liberalisierungspolitiker und aus eigenem starkem Antrieb von BT ein Strukturwandel in Richtung eines breit gefächerten, international operierenden Informatik-Konzerns im Gange ist. Dabei ist das Management von BT durchaus aggressiv, so daß böse Zungen die Liberalisierung BTs als den Übergang von einem "väterlichen Stil" zu einem "Macho-Stil" charakterisieren (Post Office Engineering Union, mündlich überliefert). Mit dem im Januar 1990 angekündigten Verkauf der Mehrheit bei Mitel will BT nunmehr reichlich spät die Situation befrieden. Gleichzeitig ist aber der Abschluß eines Kooperationsvertrags über gemeinsame Entwicklungsprojekte zwischen BT und der spanischen Telefongesellschaft Telefónica geplant. Auch der Austausch von Personal ist vorgesehen. Die Maßnahme wird explizit als Anpassungsentwicklung an den kommenden vervollständigten EG-Binnenmarkt verstanden.

Tabelle 4.3-1 versucht einen Überblick über die BT-Gruppe zu geben (ohne Anspruch auf Vollständigkeit). Sie verdeutlicht, daß die Geschäftsfelder der BT-Gruppe neben Telekommunikationsgeräten aller Art vor allem im Betreiben von Kabelfernsehnetzen liegen.

Generell gesagt, haben die verbundenen Firmen im Vergleich zum BT-Mutterkonzern vergleichsweise geringfügige FuE-Kapazitäten. Im folgenden findet daher eine Befassung mit den FuE-Kapazitäten der Konzernmutter statt; in die Patentstatistik sind jedoch die geringe Zahl von Patenten von Mitel eingerechnet worden. Andere verbundene Firmen sind dabei nicht hervorgetreten.

Abbildung 4.3-4: Reale FuE-Aufwendungen von BT 1974 bis 1988 unterteilt in Gesamtaufwendungen und interne Aufwendungen in konstanten Dollar (1987)

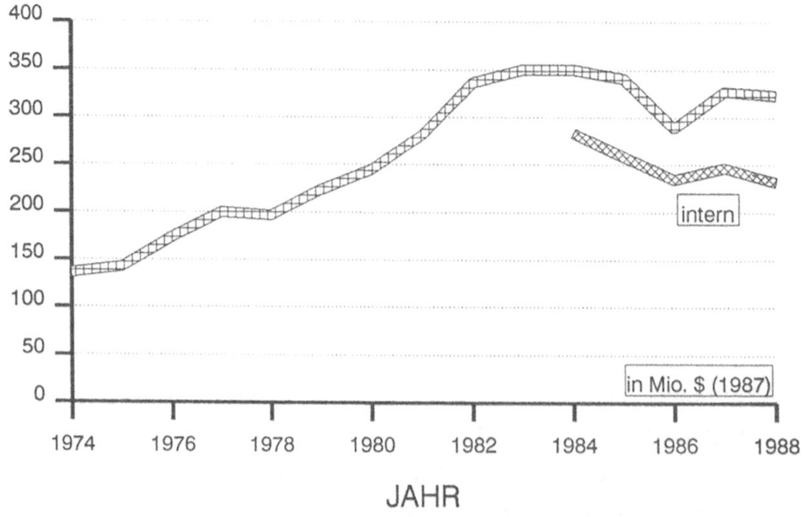

Abbildung 4.3-4 veranschaulicht das Wachstum der realen Aufwendungen für interne und externe FuE durch BT seit 1974. Man erkennt das starke, fast lineare Anwachsen der realen FuE-Aufwendungen seit 1974 bis zur Umwandlung in einen Staatsbetrieb

1982. In dieser Zeit haben sie sich weit mehr als verdoppelt. Seitdem stagnieren die Ausgaben auf hohem Niveau, seit 1985 sind sie rückläufig. Der Großteil der FuE-Aufwendungen wird in den eigenen Labors verausgabt; auch hier mit rückläufiger Tendenz. Man kann sagen, daß das externe FuE-Engagement seit 1984 etwa auf gleicher Höhe geblieben ist, so daß die Abnahme des Gesamtbudgets im wesentlichen auf eine Straffung der internen FuE zurückzuführen ist. Auf welche Partner sich die externen FuE-Aufwendungen in Höhe von 46 Mio. £ im Jahr 1987 beziehen, zeigt Abbildung 4.3-5. Zunächst wird mit stark zurückgehenden und bald auslaufenden Beträgen weiterhin die Vervollkommnung des öffentlichen Vermittlungssystems X bei GEC und Plessey (oder seit 1988 bei der Gemeinschaftsfirma GPT) unterstützt. Etwa 10 Mio. £ pro Jahr fließen in den Hochschulbereich (genaue Zahlen liegen nicht vor), wobei nur ein Teil dieser Mittel projektorientiert und auf spezifische Vorgaben von BT-Geschäftsfeldern zugeschnitten ist, während es sich bei dem Rest um "Wohltätigkeitsmaßnahmen" handelt, nämlich die Unterstützung von ausgewählten Lehrstühlen und in der Grundlagenforschung. Etwas mehr als 10 % fließen an andere Institutionen, über deren Struktur nichts bekannt ist. Jedenfalls werden mindestens drei Viertel der Aufwendungen in den eigenen Labors verausgabt, nämlich 144 Mio. £.

Abbildung 4.3-5: FuE-Aufwendungen von BT im Jahr 1987 nach internen und externen Empfängern

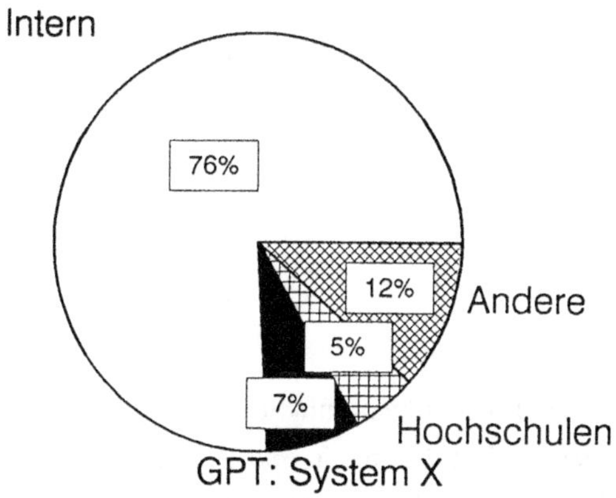

Bis zur Umwandlung von BT in ein Staatsunternehmen 1982 war es als Teil der öffentlichen Verwaltung verpflichtet, seine FuE-Aufwendungen nach Funktionsarten aufzuschlüsseln. Seitdem wird dies dem Unternehmen nicht mehr abverlangt, so daß diesbezügliche Betrachtungen im Jahr 1982 enden müssen. Wie Abbildung 4.3-6 veranschaulicht, sind die Auslagen für die Vermittlungstechnik von ursprünglich noch nicht einmal einem Drittel bis 1979 so stark angewachsen, daß die Hälfte des FuE-Budgets hierfür verwendet werden mußte. Seitdem, das heißt, mit Ausreifung des Systems X, stagnieren die Ausgaben auf diesem prozentualen Anteil. Der relative Anteil der FuE-Arbeiten von BT im Auftrag von Unternehmen für deren Produkte ist im gesamten Betrachtungszeitraum unverändert geblieben. Es betrug immer etwas über 10 % der BT-Aktivitäten. Hierzu gehört auch zu einem Teil die technische Beratung der Unternehmen. In dem Maße wie die Befassung mit der Vermittlungstechnik zunahm, nahm die Befassung mit der Übertragungstechnik ab. Im Jahr 1973 wurde noch ein Drittel der finanziellen Aufwendungen hierfür verwendet, 1982 waren es etwas über 10 %. Schließlich ist auch die Komponenten-FuE zurückgegangen, die auch einen Teil Materialforschung sowie FuE für Datensysteme und Subsysteme einschließt. Netzwerkforschung ist bei der Vermittlungstechnik veranschlagt.

Abbildung 4.3-6: FuE-Aufwendungen von BT nach Funktionsarten im Jahr 1973 bis 1982 in %

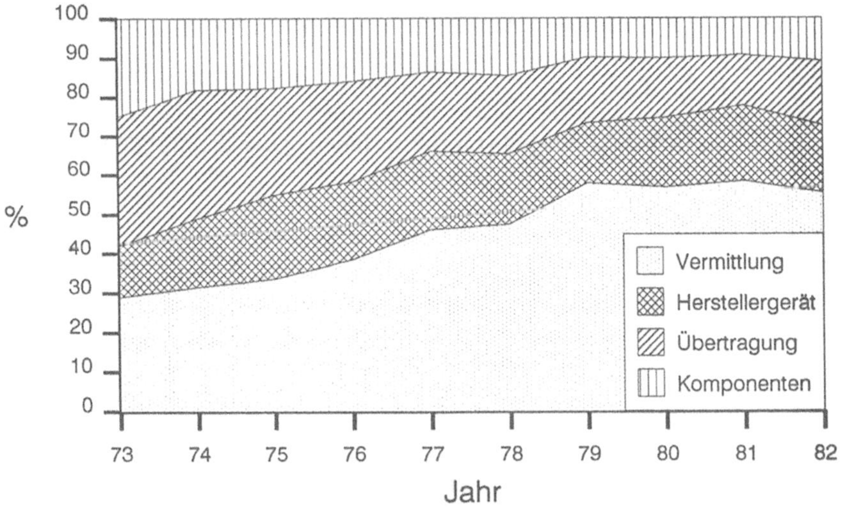

Trotz des Rückgangs der FuE-Aufwendungen von BT kann man nicht von einem vergleichbaren Fall wie bei den Bell-Labors in den Vereinigten Staaten sprechen, weil keine Abwanderung von FuE-Personal in neugegründete Labors der Konkurrenz erfolgt ist. Ende 1987 beschäftigte die Stabsabteilung Entwicklung und Beschaffung etwas mehr als 7000 Personen von den insgesamt 236000 Personen der BT-Gruppe (international), also 3 %. In der Gruppe FuE waren 1987 davon 3300 Personen beschäftigt, 1988 steigerte sich ihre Zahl auf 3524. Davon sind etwa 1700 Personen Wissenschaftler, Ingenieure, Software- oder andere Spezialisten. Sie werden von etwas über 700 speziell geschulten Technikern unterstützt. Die restlichen Personen der Forschungsgruppe sind mit der

Verwaltung und ähnlichen Dingen beauftragt. Grob gesprochen werden drei Viertel der FuE-Aufwendungen von den einzelnen Geschäftsteilen (operierenden Abteilungen) der BT-Gruppe aufgebracht, während ein Viertel vom zentralen Management von BT zur Verfügung gestellt wird. Es betrifft im wesentlichen die Vorlaufforschung (Rudge 1990).

Der Großteil der Arbeiten wird im British Telecom Research Laboratory (BTRL) durchgeführt. Es gibt jedoch andere bedeutende FuE-Einheiten in Glasgow, Belfast (Nordirland) und London. Das BTRL-Labor hat sechs Gruppen für fortgeschrittene Technologie, Übertragungstechnik, Kundendienste, fortgeschrittene Systemeinheiten, Grundlagenforschung und ein Verbindungsbüro. Die Außenfinanzierung des BTRL spielt keine große Rolle, wobei jedoch die europäischen Programme ESPRIT, RACE und EUREKA als Ausnahme zu betrachten sind, die dem Labor im wesentlichen dazu dienen, die Entwicklung von europäisch nicht integrierbaren Systemen zu vermeiden.

Die Reorganisation des FuE-Bereichs von BT wurde nicht 1984, sondern erst Anfang 1987 begonnen. Dies hängt damit zusammen, daß zu diesem Zeitpunkt ein personeller Wechsel in der Leitung des BTRL erfolgte. Unter der neuen Leitung wurden im wesentlichen folgende Veränderungen publik:

- Eine stärkere Ausrichtung auf die Vorwegnahme zukünftiger Entwicklungen in den Netzdiensten,
- verstärkte Anstrengungen zur Unterstützung von BT als Aufkäufer von intelligentem Telekommunikationsgerät der Zukunft unter Einschluß von Marktstudien und dergleichem,
- die verstärkte Entwicklung von Geräten zur Ausstattung von neuen Dienstangeboten von BT,
- eine sorgfältigere Auswahl derjenigen Bereiche in der Grundlagenforschung, die für die technischen Möglichkeiten der nahen Zukunft bedeutsam sind.

Aus diesen Punkten wird insgesamt eine bessere Verkettung des FuE-Geschehens mit den neuen Geschäftsfeldern von BT erkennbar. Dies ist letztlich eine Folge des veränderten Finanzierungsmodells. Vor 1987 waren fast alle FuE-Mittel zentral von BT zugewiesen worden und damit am traditionellen Denken der alten Post orientiert worden.

Die mit BT verbundenen Unternehmen haben teilweise eigene FuE-Kapazitäten, wobei aber im wesentlichen nur noch Mitel ins Gewicht fallen dürfte. Es gibt ein gewisses Maß an Zusammenarbeit zwischen dem BTRL und dem Mitel-Labor, die generelle Geschäftspolitik besteht jedoch darin, die FuE-Kapazitäten - da ohnehin weitgehend von den Geschäftszweigen finanziert - getrennt zu halten.

Abbildung 4.3-7: Spezialisierungsprofil der BT-Gruppe in Forschung und Entwicklung (auf der Basis von Publikationen 1986 bzw. Auslandspatenten 1985)

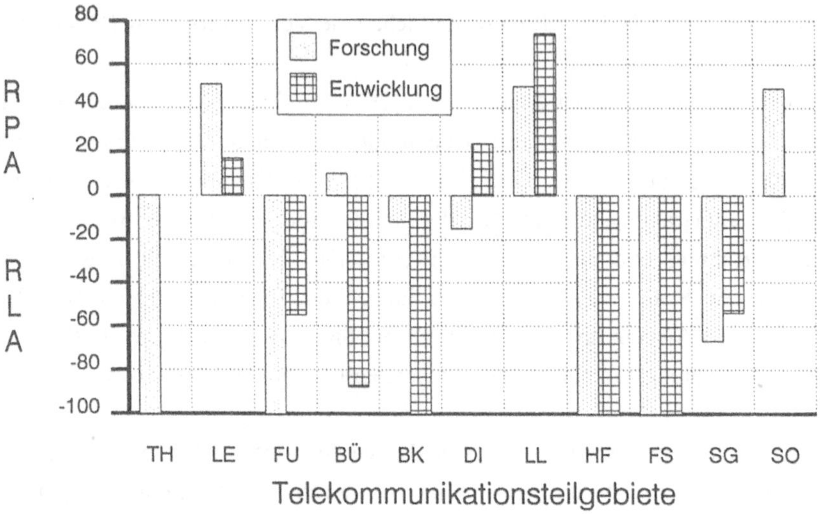

Die Entwicklungsaufgaben der BT-Gruppe werden aufgrund der Abbildung 4.3-7 transparent, die ein Patentprofil enthält. Arbeiten zur Bildübertragung und zur Telemetrie finden nicht statt, auch eigene Technologie zur Geräteentwicklung und im Bereich des Funks sind im Vergleich zum Weltdurchschnitt unterrepräsentiert. Die Stärken von BT liegen neben der leitungsgebundenen und der Digitaltechnologie heutzutage eindeutig bei den Lichtleitern.

Nimmt man in die Betrachtung die nichtmarktnahen, eher grundlagenorientierten Aspekte hinzu, so zeigt das entsprechende Spezialisierungsprofil in Abbildung 4.3-7 auf der Basis von wissenschaftlichen Publikationen erneut die Stärken in der leitungsgebundenen und der Lichtleitertechnologie. Auch in bezug auf Software und Telekommunikationsdienste finden erhebliche Aktivitäten statt, während theoretische Arbeiten ausbleiben. Grundlagenforschung im Bereich der Bildübertragung und Bildkommunikation ist vorhanden; hierfür scheint es jedoch wenig umsetzungsorientierte Arbeiten zu geben (vgl. das Forschungs- mit dem Entwicklungsprofil in Abbildung 4.3-7)

BT gibt selbst an, daß grob gesprochen drei Viertel aller FuE-Arbeiten mit der Entwicklung und Verbesserung der Netzwerke zu tun hat. Nur etwa ein Viertel ist produktorientiert. Zur Netzwerk-FuE zählen auch die gesamte Optoelektronik, die Softwareentwicklung und Aktivitäten im Bereich der Höchstintegrierung von Schaltkreisen.

Was die Außenbeziehungen von BT auf dem Gebiet von FuE anbetrifft, so ist hier in erster Linie die gemeinsame Entwicklung des britischen digitalen Vermittlungssystems X zwischen einem Herstellerkonsortium und BT zu nennen. Diese Fallstudie hat deshalb besondere Bedeutung, weil die FuE-Kosten im Gebiet der öffentlichen digitalen Vermittlungstechnik besonders hoch sind und große Kapazitäten bzw. günstige Rückzahlbedingungen (große Märkte) erfordern. BT wendete - außer eigenen Arbeiten - für externe FuE am System X noch 1986 40 Mio. £ auf, 1987 30 Mio. £ und 1988 noch einmal 40 Mio. £. Die externen Mittel sollen jetzt auslaufen.

Zur Vorgeschichte: Die britische Post plante die Entwicklung von System X zunächst allein, d. h. ohne die britischen Hersteller zu konsultieren. Sie wurden erst 1975 einbezogen, als das Systemkonzept von der Post bereits festgelegt war. Im April 1977 schloß die Post einen Entwicklungsvertrag für das System X mit einem Firmenkonsortium ab, an dem GEC und Plessey jeweils zu 40 % und STC zu 20 % beteiligt waren. Die drei Firmen bildeten Entwicklungsteams mit eigenen Kostenstellen, die von den anderen FuE-Abteilungen separiert waren (vollständig auftragsfinanziert mit Kostenzuschlag). Nach einem Folgeauftrag in den gleichen Proportionen entstanden 1981-82 Diskussionen über das bestmögliche Zusammenspiel der Partner zwischen der inzwischen unabhängigen BT und dem damaligen Wirtschaftsministerium. STC wurde mit Aufträgen zur Entwicklung von alternativen analogen Vermittlungsgeräten betraut und mußte sich aus der Entwicklung von System X zurückziehen. Plessey übernahm den Hauptvertrag (Umfang etwa 65 %) und GEC erhielt einen entsprechenden Untervertrag. Die weiteren Arbeiten nahmen immer mehr wettbewerbsähnlichen Charakter an, nachdem klar wurde, daß weitere Entwicklungsschritte von den Unternehmen selbst finanziert werden mußten. 1983 signalisierte BT den beiden Herstellern, daß die Digitalisierung der Netzwerke vordringlich sei, und deshalb ein zweites System in Großbritannien eingeführt werden müsse. BT lud bis März 1985 drei Hersteller zu Angeboten ein, also nur wenige Monate nach der Privatisierung von BT, und entschied sich schließlich, das AXE 10-System von Ericsson über dessen britische Tochterfirma Thorn-Ericsson zu beziehen. Das schwedische System wird in Großbritannien "System Y" genannt. OFTEL begrenzte jedoch die Aufträge für das AXE-10-System nach Menge und Zeitraum und verlangt nach 1988 den Zukauf von System X-Geräten, wenn die beiden Hersteller Kostenrahmen und Lieferzeiten einhalten können. Die Hinzunahme eines anderen technischen Systems durch BT zu dem eigenentwickelten System hat die Absatzmärkte für System X beschnitten. Da die beiden Hersteller seit 1982 im Wettbewerb stehen, haben sie sich auf eine Absprache geeinigt, nach der unabhängig angeboten wird, aber, nachdem der Zuschlag erfolgt ist, die jeweils unterlegene Firma im Untervertrag beteiligt wird. Dies führte dazu, daß die Ausschreibung der Hull Telephone Company von Plessey angeführt wird, diejenige des Jersey

State Telecommunication Board von GEC, die des Guernsey State Telecommunication Board wiederum von Plessey und die Ausschreibung von Mercury gewann GEC. Auch das MoD bedient sich vorzugsweise bei GEC als Hauptauftragnehmer.

Wie sind die Vorgänge um System X im Hinblick auf die FuE-Struktur in Großbritannien zu bewerten? Selbstverständlich spielen Wettbewerbsgesichtspunkte, vornehmlich der Preisdruck des Netzbetreibers auf die Hersteller eine Rolle, es gibt daneben jedoch auch technische Aspekte. System X wurde von der britischen Post mitinitiiert und weitgehend finanziert (die Gesamtkosten belaufen sich auf mehr als 0,5 Mrd. £). Da offensichtlich BT als Netzbetreiber mit der technischen Zuverlässigkeit und den Lieferzeiten des von ihm selbst mitinitiierten und finanzierten Systems nicht zufrieden war, stellt sich BT damit, zumindest was die Organisation von Gemeinschafts-FuE im Herstellerbereich angeht, eigentlich ein schlechtes Selbstzeugnis aus. Zwischen den Zeilen wird jedoch klar, daß BT mit den FuE-Fortschritten bei den beiden Herstellern unzufrieden war. Von den drei Alternativangeboten von AT&T-Philips, Northern Telecom und Thorn-Ericsson wurde mit Thorn-Ericsson ein Unternehmen ausgewählt, dessen Vorstandsvorsitzender der frühere Vorstandsvorsitzende der britischen Post war, eine Person mit ausgezeichneten Verbindungen zum Aufsichtsrat von BT und Detailkenntnissen über die technischen Anforderungen des Netzbetreibers. Man darf daher mit Fug und Recht annehmen, daß das System Y am ehesten und nahtlos den Vorstellungen von BT entsprach und darin auch das eigene System X übertraf. Die Forderung, externe FuE den Vorstellungen von BT zu unterwerfen, wird von Beobachtern der britischen Technologiepolitik als "technische Arroganz" des Netzbetreibers gewertet. Das zugrunde liegende Selbstvertrauen ist auf dem Glauben begründet, daß die eigenen FuE-Ressourcen nach Quantität und Qualität denen der Gerätehersteller überlegen sind. Umgekehrt könnte es zutreffen, daß sich die ohnehin nicht zahlreichen Hersteller von fortgeschrittenem Telekommunikationsgerät in Großbritannien auf die überstarke Stellung der BT-Laboratorien verlassen und deshalb den Übergang vom "väterlichen" zum "Macho"-Managementsystem von BT zu spät erkannt haben. Jedenfalls kann die Fallstudie um die Systeme X und Y als klare Auswirkung der Liberalisierungspolitik in Großbritannien auf die herkömmlichen FuE-Strukturen gedeutet werden, bei denen sich zwar weniger die Organisationsstrukturen, aber die faktischen Gewichte stark verändert haben.

Die veränderten Gewichte in der FuE-Struktur Großbritanniens werden wiederum gravierende Auswirkungen auf die Industriestruktur haben, insoweit als die britischen Hersteller mit den geschmälerten Absatzmärkten zumindest im Bereich der öffentlichen Vermittlungstechnik in eine schlechtere Ausgangsposition geraten sind, die es ihnen erschwert, aus den Umsatzerlösen die FuE für zukünftige Technologie zu finanzieren. In diesem Zusammenhang hat OFTEL die Idee aufgegriffen, eine britische Forschungsorganisation neu aufzubauen, die Kompetenz im Bereich moderner Vermittlungstechnik unterhält. OFTEL mußte aber feststellen, daß eine privatwirtschaftlich organisierte BT wenig Interesse verspürte, sich weiterhin in langfristiger FuE zu engagieren. Die Idee wurde nicht weiterverfolgt.

Vor der Privatisierung von BT gab es vielfältige Zugänge der sonstigen Unternehmen zu den Ergebnissen der BT-FuE (Young 1983, 169f). Dies hat sich erheblich verändert. Gegenwärtig gibt es nur noch einige kleine Gemeinschaftsprojekte zwischen dem BTRL und anderen Organisationen; auch mit militärischen Dienststellen gibt es kaum Kooperationsprojekte. Die ursprünglich öffentlichen BT-Labors werden nun als privatwirtschaftliche Ressourcen angesehen, von der die sonstigen Unternehmen ausgeschlossen sind. Nachdem eine Veränderung der Forschungsziele bei BT in Richtung auf mehr marktorientierte Forschung unverkennbar ist, schaukeln sich zwei voraussehbar ungünstige Entwicklungstrends bezüglich der FuE-Struktur in Großbritannien gegenseitig auf: Die Herstellerindustrie, die bisher schon unter kurzfristigem, marktorientierten Denken bei einem niedrigen Niveau selbstfinanzierter FuE litt (militärischer Bereich ausgenommen), ist nun einerseits ganz auf sich selbst gestellt. Andererseits zieht sich BT aufgrund der neuen Souveränität von der komplementären Aufgabe mehr und mehr zurück und verhält sich ähnlich wie die übrigen Hersteller. Beide Entwicklungstrends hinterlassen ein Vakuum öffentlicher Verantwortung für FuE mit nicht unmittelbar erkennbarem kurzfristigen Anwendungspotential in der Telekommunikation. Es gibt zwar Denkanstöße zur Lösung dieses Problems (z. B. von OFTEL), die aber weit von einer allgemeinen Anerkennung entfernt sind und aufgegeben wurden.

Die neue Arbeitsteilung in FuE bedeutet auch, daß sich BT aus dem Bereich der Design- und Softwarearbeiten für andere Unternehmen auf kommerzieller Basis zurückgezogen hat (Young 1983, 168). Auch nimmt BT nicht mehr die Ausschreibung von sehr detaillierten ingenieurmäßigen Spezifikationslisten für seinen Bedarf vor. Dies leitet zur Betrachtung der veränderten Beschaffungspolitik über.

Die Beschaffung durch die britische Post hat traditionell die britischen Hersteller bevorzugt. Auch bei der Auswahl von Thorn-Ericsson für System Y hat es eine Rolle gespielt, daß etwa 70 % des Produktionswerts von System Y im Vereinigten Königreich hergestellt wird (nämlich von Thorn), eine ähnliche Quote, wie sie auch für die rein britischen Konzerne Plessey und GEC im Zusammenhang mit System X gilt, die einen Teil der integrierten Schaltkreise aus den USA und Japan beziehen müssen. Was die Beschäftigung und die Wertschöpfung angeht, sind die nationalen Anteile bei System X und System Y ungefähr dieselben. Die Mitbewerber AT&T-Philips und Northern Telecom hätten andere Produktionsstrukturen im Hinblick auf den britischen Binnenmarkt gehabt. (Für die Marktstellung bezüglich einiger Telekommunikationsgeräte siehe Abschnitt 4.1.2.)

Die bisher enge Zusammenarbeit zwischen dem Netzbetreiber und den Zulieferern war auch durch die gängige Praxis von BT dominiert worden, auf exklusiven gewerblichen Schutzrechten aus Gemeinschaftsprojekten zu bestehen, ein Verhalten, das nicht geeignet ist, inländischen Wettbewerb hervorzurufen. Noch 1985 wurde etwa ein Drittel des Budgets für Beschaffung durch BT (von knapp 2 Mrd. £) von Lieferungen durch GEC und Plessey abgedeckt. Durch die neue internationale Orientierung des BT-Konzerns gibt sich das Unternehmen jedoch auch bei der Beschaffung international: Mehr und mehr Güter werden von den internationalen Märkten erworben, vor allem von IBM und Hewlett-Packard. Zu Zeiten der Postverwaltung kamen etwa 2000 Lieferanten in Frage, währende heute ihre Zahl auf 6500 angewachsen ist. Der Anteil der größten vier Lieferanten ist von 70 % Mitte der siebziger Jahre auf 50 % im Jahr 1986 gefallen (Morgan 1987b, 24). Zusätzlich ist der Anteil der direkten, nichtwettbewerblichen Beschaffung im gleichen Zeitraum von 60 auf 40 % gefallen.

Die FuE-Verträge von BT werden ausgeschrieben, wobei es zwei unterschiedliche Verfahren gibt (ebenso wie bei der Beschaffung durch CCTA, siehe Abschnitt 4.3.1). Entweder das BTRL nimmt eine grobe Beschreibung der Spezifikationen und Design-Anforderungen vor, oder BT schreibt eine Preisnotierung aus und fordert mögliche Vertragspartner auf, Design und Spezifikationswerte zu liefern. Die staatliche Beschaffung im zivilen Bereich scheint keinen großen Einfluß auf die FuE-Politik von BT zu haben, weil aus Sicht von BT die staatlichen Stellen nicht der größte Nachfrager sind. BT betrachtet umgekehrt sich selbst als den größten Finanzier der zivilen britischen Telekommunikationsindustrie und nimmt daher einen starken Einfluß auf die Weiterentwicklung nationaler Standards. Der Aufwand, um die Weiterentwicklung von Standards aller Art zu beobachten, beläuft sich bei BT auf 20 Mio. £ pro Jahr. 600 bis 700 Personen (Vollzeitäquivalent) sind nur damit beschäftigt, die Anpassungssoftware zu schreiben, um die erworbenen Produkte gemäß diesen Standards zu betreiben.

Mercury

Der zweite Netzbetreiber, Mercury Communications Ltd., ist der einzige landesweit zugelassene Telekommunikationsnetzbetreiber, der mit BT - auch international - konkurriert. Von der Existenz eines FuE-Zentrums ist nichts bekannt, auch gibt es keinen Vorstandsposten für Forschung und Entwicklung. Das Netz von Mercury ist vollständig digital und verbindet im Inland einige große Städte miteinander. Es besteht aus Glasfaserkabeln, die entlang von Eisenbahntrassen verlegt wurden. Mercury geht davon aus, daß auch ohne eigene FuE die Ausschreibungen, die vom Unternehmen vorgenommen werden, die FuE-Anstrengungen der Lieferanten stimuliert haben und auch entsprechend vergütet worden sind. Auch der dritte, lokale öffentliche Netzbetreiber verfügt nicht über eigene FuE-Kapazitäten.

BBC

Die British Broadcasting Cooperation unterhält ein Engineering Research Department mit einer Reihe von eigenständigen Forschungsaktivitäten im Rundfunk- und Fernsehbereich. Abbildung 4.3-8 verdeutlicht die klare Spezialisierung auf Bildübertragung, aber auch Bildkommunikation, Digitaltechnik und Software- und Diensteforschung. Alle anderen Bereiche der Telekommunikation spielen für BBC naturgemäß keine Rolle. Die BBC-Aktivitäten sind für die britische Telekommunikationsindustrie sicherlich nicht von ganz zentraler Bedeutung, aber wegen der Gemeinschaftsnutzung von Kabelnetzen für Rundfunk, Fernseh- und Geschäftskommunikation und wegen der weiten Überlappungsbereiche in der Satellitenkommunikation dürfen die diesbezüglichen FuE-Aktivitäten auch nicht vernachlässigt werden. Die Rolle des Rundfunkbereichs in der arbeitsteiligen britischen Telekommunikations-FuE wird aber am Beispiel der Independent Broadcasting Authority (siehe nachfolgend) noch deutlicher. Das BBC- Labor umfaßt 230 Personen, die für Forschungsarbeiten qualifiziert sind, und verfügt über ein geschätztes FuE-Budget von 5 Mio. £ jährlich.

Abbildung 4.3-8: Spezialisierungsprofil der BBC in der Telekommunikationsforschung (Publikationen 1986)

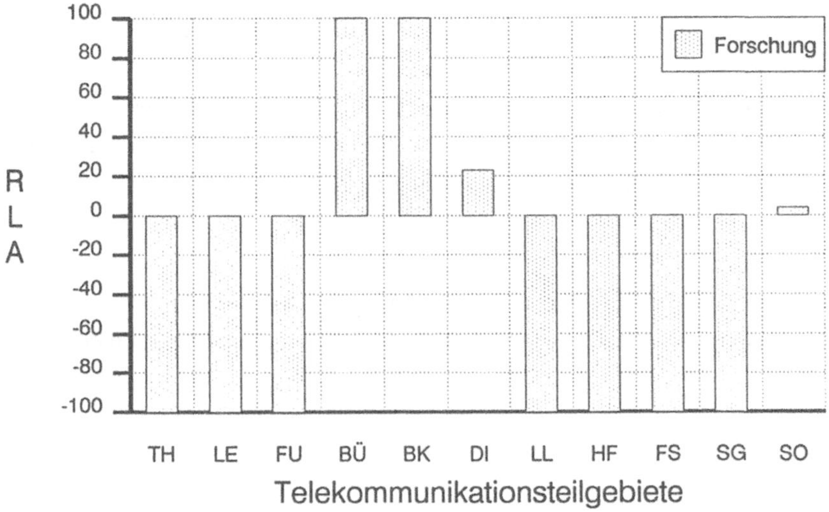

IBA

Die Independent Broadcasting Authority (IBA) ging in ihrer heutigen Form aus der Independent Television Authority (ITA) hervor, einer öffentlichen Körperschaft, die aufgrund eines Parlamentsbeschlusses im September 1955 eingerichtet worden war. Die Umstrukturierung war 1972 notwendig geworden, um die Rundfunk- und Fernsehaufsicht auf die unabhängigen lokalen Radios auszudehnen. Die heutigen Zuständigkeiten der IBA werden durch das Rundfunkgesetz von 1981 geregelt. Die IBA wird aus einem gewissen Prozentsatz der Einkünfte der lokalen Rundfunk- und Fernsehstationen aus der Werbung finanziert; dies machte im Jahr 1987 70 Mio. £ aus, ein Anteil von 4,7 % der Werbeeinnahmen (von 1,5 Mrd.). Der Präsident der Behörde und weitere Vorstandsmitglieder werden vom Innenministerium ernannt. Insgesamt beschäftigt die IBA 1400 Personen.

In den Zuständigkeitsbereich der IBA fallen heute etwa 1900 Übertragungsstationen, 22 Wartungsbasen, 46 unabhängige Rundfunkstationen, 15 regionale Fernsehgesellschaften sowie einige zusätzliche landesweite Fernsehkanäle.

Das IBA unterhält ein Engineering Research and Development Laboratory, das 45 Entwicklungsingenieure und 28 sonstige Personen beschäftigt. Es betreibt telekommunikationsbezogene FuE vor allem im Bereich der Schnittstellen zwischen Fernsehen, Sprachübertragung und Multiplex-Analog-Komponenten. Ebenfalls betreibt es Entwicklungsarbeiten für hochauflösendes Fernsehen, Videoausstrahlung mit Mikrowellen, Datenausstrahlung und Teletext. Die Ingenieure von IBA haben auch bedeutende Beiträge zur Standardisierung und Konversion digitalen Geräts und zu verschiedenen Rundfunkfrequenztechnologien beigetragen. Das zentrale IBA-Labor unterhält auch Beziehungen zu drei weiteren kleinen FuE- Stationen der lokalen Rundfunk- und Fernsehsender. Die FuE-Aufwendungen belaufen sich auf 2 Mio. £ jährlich, sind also nicht sehr prominent. Dennoch werden die IBA-FuE-Aktivitäten hier erwähnt, um zu zeigen, daß die Schnittstellenproblematik zwischen Rundfunk und Fernsehen und der Geschäftskommunikation, sowie die mehrfache Nutzung von Kabelnetzen, von verschiedener Seite her bearbeitet wird.

Die Laboratorien der IBA und von BBC arbeiten praktisch unabhängig von einander; nur bei europäischen Forschunsprojekten gibt es Zusammenarbeit auf niedrigem Niveau.

4.3.3 ROLLE DER HERSTELLER UND SONSTIGEN UNTERNEHMEN

Nachfolgend wird von einzelnen Herstellergruppen die Rede sein. Die Rolle von Industrie-Verbänden bleibt ausgeklammert, jedoch versteht es sich für die meisten britischen Unternehmen von selbst, mehreren Industrieklubs und Vereinigungen anzugehören, welche Erlässe der Regierung, Standards und andere Informationen auswerten, interpretieren und dokumentieren. Unter diesen ist insbesondere die SPAG (Standard Promotion Application Group) zu nennen, welche den Gebrauch offener Standards proklamiert.

GEC (bis März 1988)

Die Ursprünge von GEC gehen bis 1880 zurück. Das Unternehmen stellte damals schon Telefone her. Genau im Jahr 1900 wurde das Unternehmen in eine Aktiengesellschaft umgewandelt. Es unterhielt zu diesem Zeitpunkt Auslandsniederlassungen in Kalkutta, Johannesburg, Sidney und Tokyo. Während des 1. Weltkriegs expandierte GEC beträchtlich, zwischen den Weltkriegen und im 2. Weltkrieg noch einmal. Heute ist GEC eines der größten verarbeitenden Unternehmen im Vereinigten Königreich mit einem beträchtlichen Exportanteil. Seit Ende der sechziger Jahre wurde eine ganze Reihe von Firmen in die GEC-Gruppe aufgenommen. Schon 1968 stritten sich GEC und Plessey um den Erwerb der English Electric Company Ltd., ein Streit, den GEC gewann. Als Folge der Expansion entstanden jedoch beträchtliche Überkapazitäten, so daß die Belegschaft Anfang der siebziger Jahre auf zwei Drittel heruntergefahren wurde. Es folgten weitere Erwerbungen in den siebziger Jahren, vor allem in den USA.

Die GEC-Gruppe umfaßt heute acht breite Geschäftsbereiche:

- Elektronische Systeme und Komponenten mit einem großen Anteil von Rüstungsgütern; in diesem Geschäftsfeld sind GEC Avionics und die Marconi-Gruppe aktiv. Im Bereich der zivilen Luftfahrt gehören hierzu auch Kommunikations- , Funk- und Fernmeßeinrichtungen.
- Telekommunikations- und Bürosysteme mit Ausrichtung sowohl auf den privaten wie auf den öffentlichen Kommunikationsmarkt und starken Akzenten in der Telefonvermittlungstechnik, der Übertragungstechnik und bei Endgeräten sowie Fernmeldekabeln; hier ist außer der Muttergesellschaft vor allem in der Bürokommunikation das Unternehmen AB Dick zu erwähnen.
- Automatisierungs- und Steuergerät; zu nennen sind Industrial Controls Ltd. und GE Measurements Ltd.

- Medizinische Geräte im Geschäftsfeld von Picker International.
- Elektrizitätserzeugung inklusive Kernreaktoren, Gas- und Dampfturbinen.
- Elektrotechnische Geräte, Kraftübertragungsanlagen, Transformation, Kabel und Drähte.
- Haushaltsgeräte wie z. B. Waschmaschinen, Trockner und Kühlschränke.
- Vertrieb und Außenhandel.

GEC setzte 1988 5,5 Mrd. £ um, davon knapp 3 Mrd. außerhalb des Vereinigten Königreichs. 700 Mio. entfielen auf die Telekommunikation, also etwa ein Achtel der Gesamtumsätze. Von den 166000 Beschäftigten arbeiten 128000 in Großbritannien und 24000 im Bereich der Telekommunikationsgüter. Auch dies entspricht etwa einem Achtel der Belegschaft. Die Umsatzrendite lag in den achtziger Jahren jeweils bei ungefähr 10 %.

Die GEC-Gruppe mit ihren gegenwärtig 177 betrieblichen Einheiten ist dezentral organisiert. Die Firmenpolitik läßt den einzelnen Einheiten und Geschäftsfeldern einen hohen Grad an Selbständigkeit. Daher sind die geschäftsführenden Direktoren der selbständigen Betriebe sehr einflußreich. Die Gruppe verfügt nicht über eine große zentrale Organisation und entsprechend fehlt eine komplexe Hierarchiestruktur. Lediglich im Bereich von FuE, der hier interessiert, der Weiterbildung und der internen Computerdienste sind die Einrichtungen zentralisiert; die Einzelbetriebe sind in direktem Kontakt mit den zentralen Einrichtungen. Die einzelnen FuE-Einrichtungen spiegeln auch die Entstehungsgeschichte der GEC-Gruppe wider (siehe die Namensgebung in Tabelle 4.3-2). Gemäß Tabelle 4.3-2 spielten im Telekommunikationsbereich vor allem das Marconi Research Centre und das Hirst Research Centre eine Rolle. Telekommunikationsrelevante Forschung für Komponenten und Computersimulation findet jedoch im GEC Engineering Research Centre statt. Es wird geschätzt, daß ein Viertel der FuE-Kapazitäten von GEC entweder für BT oder für das MoD zur Verfügung stehen, ein weiteres Viertel ist grundlagenorientierte Forschung ohne Zuordnung zu Geschäftsfeldern, die Hälfte dürfte direkt von den selbständigen Betrieben abhängen. Nicht alle FuE-Arbeiten für das MoD sind jedoch telekommunikationsbezogen, so daß - obwohl genaue Angaben nicht vorliegen - ein dem Umsatzanteil entsprechender FuE-Anteil in der Telekommunikation von etwa einem Achtel keinen Widerspruch darstellt. Berücksichtigt man ferner, daß die doch nicht unerheblichen Aktivitäten in der Grundlagenforschung nicht einzelnen Anwendungsbereichen oder Geschäftsfeldern zugeschlagen werden können und ferner, daß ein proportionaler Teil der Bauelementeentwicklung den Telekommunikationssystemen zugerechnet werden muß, dürfte die konkrete telekommunikationsbezogene FuE bei etwa 20 % der Gesamt-FuE liegen. Diese Annahme trägt auch dem Umstand Rechnung, daß der größere Teil der FuE-Zuwendungen des MoD an GEC (nämlich

Tabelle 4.3-2: FuE-Einrichtungen und Aktivitäten der GEC-Gruppe bis zur Teilfusion mit Plessey

Labor	Wichtige FuE-Aktivitäten	Externe Auftraggeber	Geschätzter Anteil am FuE-Volumen der Gruppe
GEC Engineering Research Centre - Mechanical Engineering Laboratory	• Holographie • Mechanik (incl. Tribologie) • Pneumatik, Hydraulik • Datenanalyse und -kontrolle • Mikrocomputer und -prozessoren • Thermodynamik	MoD DTI DoE Weltraum- und Nuklearorganisationen	10 %
GEC Engineering Research Centre - Stafford Laboratory	• Hochleistungselektrik • Hochleistungshalbleiter • Materialforschung (Glas, Keramik, Verbundwerkstoffe)	?	5 %
Hirst Research Centre	• Physikalische Grundlagenforschung • Grundlagenforschung für Materialien, Elektrooptik, Weltraum und Verteidigung • Grundlagenforschung in der Mikroelektronik und Siliziumtechnik • Computersystemforschung	BT MoD NATO ESA	45 %
Marconi Research Centre	• Luftfahrtforschung (incl. Telemetrie) • Telekommunikation (Digitaltechnik, Satellitenkommunikation, Mustererkennung) • Radar • Verfahrenstechnik • Mikrowellen (incl. Kommunikation) • Werkstoffanwendungen (incl. Glasfasertechnologie) • Computeranwendungen (Büro- und Fabrikautomatisierung, Software)	MoD ESA NATO BT	40 %

etwa 15 % an der Gesamt-FuE) nicht der Telekommunikation dient. Für die weiteren Abschätzungen wird daher angenommen, daß 20 % des FuE-Etats der GEC-Gruppe für telekommunikationsbezogene Arbeiten aufgewendet wird.

GEC gibt an, daß die gesamten FuE-Aufwendungen seit dem Haushaltsjahr 1981 respektive 414, 453, 532, 545, 620, 700, 670 Mio. £ betragen haben. Damit ist eine Steigerung in sieben Jahren auf das 1,6-fache erfolgt. Die Selbstfinanzierungsquote ist von 28 % (1980) auf 37 % (1988) angewachsen. Die Angaben beziehen sich auf GEC Research Ltd., die Dachorganisation der in Tabelle 4.3-2 genannten vier Forschungseinrichtungen. Die GEC Research Ltd. ist die größte industrielle Forschungseinrichtung im Bereich der Elektronik im weiteren Sinne im Vereinigen Königreich. Über die Beschäftigung in diesem Bereich gibt es erheblich widersprüchliche Angaben.

In Abbildung 4.3-9 ist das FuE-Budget von GEC inflationsbereinigt angegeben. Zugrunde gelegt wurde, daß im Bereich Telekommunikation 20 % der gesamten Ausgaben allokiert sind. Aus der Betrachtung der realen Zahlen erkennt man, daß der Zuwachs in telekommunikationsbezogener FuE in der ersten Hälfte der achtziger Jahre durchaus bescheiden war, zumal wenn man den Vergleich zu Plessey zieht (siehe unten). Es muß aber betont werden, daß der Trend für die Gesamtausgaben gilt, da der telekommunikationsbezogene Anteil mit einem über die Zeit konstanten Faktor berechnet wurde. Abweichungen vom Gesamttrend in einzelnen Geschäftsbereichen will GEC nicht offenlegen.

Spezialisierungsprofile für die GEC-Gruppe werden nachfolgend diskutiert, wobei jetzt nicht mehr nach der institutionellen Verankerung in den vier Forschungseinrichtungen unterschieden wird. Abbildung 4.3-10 enthält die Patentstatistik und gibt daher zunächst die Spezialisierung im Hinblick auf marktnahe Technologie wieder. Man erkennt eine starke Konzentrierung der Aktivitäten in den Gebieten der Funktechnik und der Lichtleitertechnik sowie eine etwa weltdurchschnittliche Orientierung in der Hochfrequenztelemetrie und auch noch in der Digitaltechnik. Bildkommunikation und -übertragung und Fernsignaltechnik sind sehr wenig repräsentiert, was aufgrund der institutionellen Aktivitäten in den vier Forschungseinrichtungen nicht verwundert. Erstaunlich ist jedoch die geringe Aktivität (oder Patentierneigung!) im Bereich der leitungsgebundenen Technologie, die vor allem vor dem Hintergrund interessant ist, daß nach der Anfangsphase bei der Entwicklung des Systems X Plessey die Oberhand gewann und GEC nach 1982 ins Hintertreffen geriet (siehe Abschnitt 4.3.2). Als Grund hierfür wurde die Nichteinhaltung von Terminzusagen genannt. Mitte der achtziger Jahre scheint sich GEC auf diesem Gebiet, jedenfalls was die Entwicklung eigenständiger Technologie auf Weltniveau angeht, sehr stark zurückgezogen zu haben.

Abbildung 4.3-9: Reale FuE-Aufwendungen für Telekommunikation bei GEC und Plessey in Mio. US $ (1987)

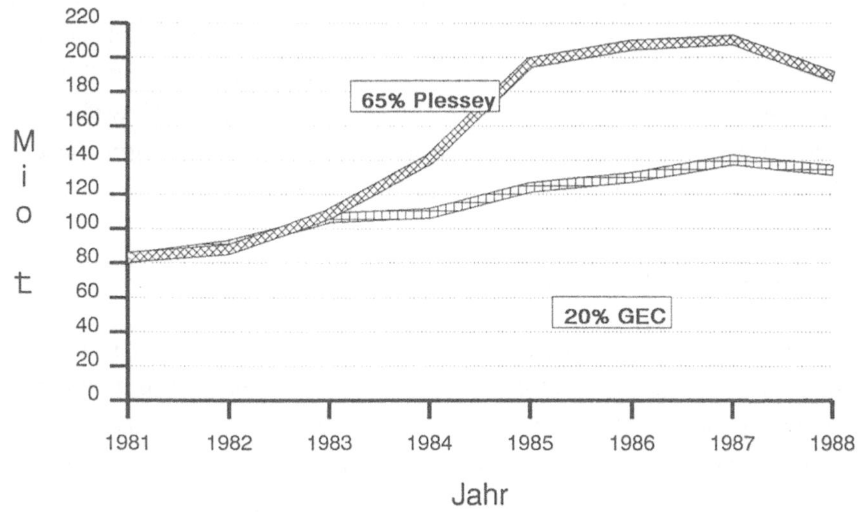

Abbildung 4.3-10: Spezialisierungsprofil der GEC-Gruppe in Forschung und Entwicklung (auf der Basis von Publikationen 1986 bzw. Auslandspatenten 1985)

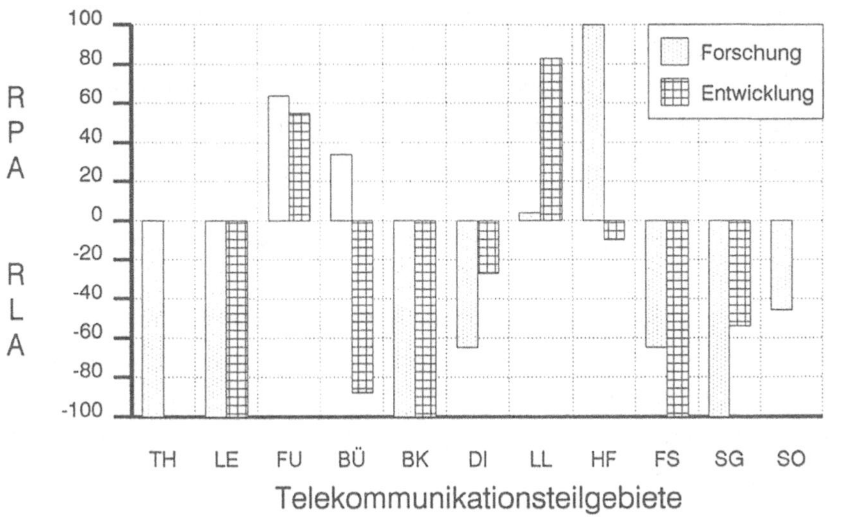

Im Bereich der weniger marktorientierten Forschung ergeben sich etwas andere Verhältnisse. Es ist insbesondere eine deutlich geringere Aktivität in der Lichtleitertechnik zu verzeichnen. Auch die Digitaltechnik wird - was die Grundlagen angeht - stärker vernachlässigt als im Bereich der Anwendungen. Sehr engagiert ist die GEC-Gruppe jedoch in der Hochfrequenztelemetrie, während sich im Bereich der leitungsgebundenen und der Funktechnik sowie bezüglich der Fernsignaltechnik und der sonstigen Geräte ähnliche Verhältnisse wie aus der Patentstatistik ergeben. Nicht verwunderlich ist, daß ein Industrieunternehmen die Theorie vernachlässigt, etwas verwunderlich, daß auch im Bereich der Softwareentwicklung wenig Akzente gesetzt werden. Die Aktivitäten von GEC im Bereich der Mustererkennung und Bildverarbeitung sind von eher grundlegender Natur, wie sich aus dem Vergleich der Profile in Abbildung 4.3-10 ergibt.

Plessey (bis März 1988)

Das Unternehmen Plessey wurde im Jahr 1917 gegründet und war bis zum und im 2. Weltkrieg fast ausschließlich auf den Funkverkehr im zivilen und im militärischen Bereich konzentriert. Es stellte hierfür Komponenten, aber auch Telefonapparate für den leitungsgebundenen Verkehr her. Das Unternehmen produ- zierte den ersten Fernsehapparat für den britischen Massenmarkt. Nach dem 2. Weltkrieg blieb die Ausrichtung auf elektronische Komponenten und Geräte sowohl für zivile wie auch für militärische Zwecke erhalten. Die FuE-Aktivitäten begannen relativ spät, nämlich erst in den fünfziger Jahren, und sind im Zusammenhang mit dem Entstehen der Halbleiterindustrie zu sehen. Folglich vollzog sich in den sechziger Jahren eine Diversifikation von Telekommunikation und Verteidigungselektronik hin zur Festkörpertechnologie und zur Produktion integrierter, kompletter Systeme. In den siebziger Jahren wurde weiter in Richtung der Digitaltechnik und der fortgeschrittenen Kommunikationssysteme diversifiziert mit deutlichen Schwerpunkten im Bereich der Glasfasertechnik, der Silizium- und der Gallium-Arsenidtechnologie.

Plessey ist bei weitem nicht so groß und nicht so weit verzweigt wie GEC, vollzog jedoch in den achtziger Jahren ebenfalls den Aufbau einer kleineren Industriegruppe. Im Jahr 1982 wurde der amerikanische Telekommunikationsgerätehersteller Stromberg-Carlson übernommen, 1984 beteiligte man sich mit 35 % am italienischen Militärkonzern Elettronica und schließlich 1985 wurde der Unterwassersensor-Konzern Ameeco Hydrospace erworben. Plessey ist somit im Vergleich zur GEC-Gruppe weit stärker auf verteidigungsbezogene Güter spezialisiert.

Plessey betreibt heute drei wesentliche Geschäftsbereiche:

- Telekommunikation und Bürosysteme als größtes Geschäftsfeld der Gruppe macht knapp 50 % des internationalen Umsatzes aus. Zentral ist hier das öffentliche Vermittlungssystem X, die private Vermittlung, Telefongeräte in allen Ausführungen und

Komplizierungsstufen inklusive öffentlicher Münzfernsprecher, Telex- und Übertragungsgeräte, Datennetze, Straßen- und Eisenbahnkommunikationssysteme und industrielle Steuersysteme.

- Elektronische Systeme und Geräte sind mit etwa einem Drittel an dem internationalen Umsatz der Gruppe beteiligt. Hierbei handelt es sich fast ausschließlich um verteidigungsbezogenes Gerät wie etwa Radar, Unterwassersysteme, militärische Kommunikation einschließlich des geheimen Funkverkehrs usw.
- Elektronische Verfahrenstechnik und Komponenten machen die restlichen Geschäftsanteile aus. Hierzu gehören die Herstellung von mikroelektronischen Komponenten, integrierte Schaltkreise auf Siliziumbasis, Gallium-Arsenid- Produkte, Glasfasersysteme und Komponenten, Mikrowellenprodukte, Signalanlagen und Signalverarbeitung, audiovisuelle Systeme und vieles andere mehr.

Da offenbar in dem zuletzt genannten Geschäftsbereich wesentliche Teile telekommunikationsbezogen sind, aber im erst genannten Geschäftsbereich aber auch Datensysteme und anderes verborgen sind, kann im Sinne einer groben Schätzung davon ausgehen, daß die telekommunikationsrelevanten Umsätze etwa die Hälfte der Geschäftsumsätze ausmachen (eher mehr als weniger). Hinzu kommen proportional die Komponenten für Fernmeldesysteme, also insgesamt etwa 65 %. Damit ist Plessey in ganz anderer Weise als GEC auf diesen Bereich konzentriert. Geschäftliche Erfolge im Bereich der Telekommunikation sind für das Überleben des Unternehmens entscheidend.

Zur Dynamik des Unternehmens: Die weltweiten Umsätze des Unternehmens haben sich seit 1980 auf etwa das 1,8-fache erhöht, wobei die Umsatzsteigerungen auf den Britischen Inseln deutlich höher ausfielen als in anderen Ländern. Die Profitrate lag in jedem Einzeljahr bei über 10 % gemessen am Umsatz. Die Umsatzsteigerungen im Bereich der Telekommunikation entwickelten sich noch wesentlich besser; sie verdoppelten sich seit 1980. Auch hier liegen Gewinnraten von 10 und mehr Prozent vor. Plessey beschäftigte Mitte der achtziger Jahre ungefähr 35000 Personen weltweit, davon nicht ganz 30000 im Vereinigten Königreich. Gemessen an Umsatz und Beschäftigung ist GEC vier- bis fünfmal größer als Plessey. Berücksichtigt man allerdings, daß im Falle Plesseys etwa die Hälfte, im Falle der GEC-Gruppe etwa ein Zehntel der Aktivitäten mit Telekommunikation zu tun haben, so können beide Unternehmen in diesem Geschäftsbereich als etwa gleich groß gelten.

Der hierarchische Aufbau von Plessey ist - gemäß der herrschenden Geschäftsphilosphie - einfach: die Hauptverantwortung liegt bei den einzelnen Geschäftsbereichen (Divisionalisierungskonzept), wobei lediglich die letztendliche Entscheidungsbefugnis und die strategische Planung beim zentralen Management verbleiben. In dieses Divisionalisierungskonzept sind allerdings eine Reihe von selbständigen Einheiten nicht einbezogen, die auch unter ihren eigenen Namen im internationalen Geschäft tätig sind. Die FuE-Aktivitäten sind in Plessey Research and Technology (PRT) konzentriert. Plessey erstellt Fünf-Jahres-Pläne für die strategische Planung und die finanzielle Zuweisung der Mittel; die Ziele werden jährlich von einem Exekutivausschuß des zentralen Vorstands überprüft. Die einzelnen Geschäftsbereiche reichen formale Geschäftsbereichsplanungen ein, die auch detaillierte technische Angaben im Bereich der Anforderungen an FuE enthalten.

Tabelle 4.3-3: Forschungseinrichtungen und -aktivitäten der Plessey-Gruppe bis zur Teilfusion mit GEC

Labor	Wichtige FuE-Aktivitäten	Externe Auftraggeber	Geschätzter Anteil am FuE-Volumen der Gruppe
Plessey Electronic Systems Research Ltd.	· Fortgeschrittene Software · Verteidigungselektronik · Mikroprozessoren und -computer · Radar, Infrarotüberwachung · Militärsensorik · Bildverarbeitung · Glasfasertechnologie · Höchstintegrierte Schaltkreise	MoD	35 %
Plessey Marine Research Unit	· Solarsysteme · Ozeanische Instrumente	MoD	? (gering)
Plessey Research (Caswell) Ltd.	· Grundlagenforschung Halbleiter · Grundlagenforschung Mikroelektronik und Optoelektronik · Grundlagenforschung Mikrowellen	MoD ESA INTELSAT BT	45 %
Plessey Telecommunications Systems Ltd.	· Fortgeschrittene Glasfasernetze und -komponenten · Software für Drahtvermittlung · Höchstintegrierte Komponenten für Drahtvermittlung	BT MoD	15 %
Product Assessment Laboratories	· Komponententests unter realen Umgebungsbedingungen · Haltbarkeitstests · Standardisierung · Qualitätskontrolle · Zuverlässigkeitsprüfung	?	? (gering)

Im Bereich von FuE verläßt sich Plessey aufgrund der Orientierung seiner Produktpalette sehr stark auf externe FuE-Verträge, die fast zur Hälfte entweder vom MoD oder von BT stammen. Die restliche gute Hälfte teilt sich zu gleichen Anteilen auf FuE-Arbeiten für die einzelnen Geschäftsbereiche von Plessey und entsprechende Arbeiten gemäß Vorgabe durch das zentrale Management auf. Plessey bemüht sich, die Außenabhängigkeit zu verringern. Plesseys FuE-Struktur umfaßte bis zur Teilfusion mit GEC (siehe unten) fünf Einheiten, die etwa den Geschäftsfeldern entsprechen und um eine Grundlagenforschungsinstitution erweitert sind. Eine Übersicht gibt Tabelle 4.3-3.

Aus Tabelle 4.3-3 ergibt sich zunächst ein Beitrag von etwa 15 % aus der direkten Telekommunikationssystemforschung. Jedoch finden bei Plessey Electronic Systems Research ausdrücklich ebenfalls telekommunikationsbezogene Arbeiten (z. B. in der Glasfasertechnologie) statt und ferner ist ein nicht näher angebbarer Teil der Grundlagenforschung hierzu zu rechnen. Mangels besserer Angaben gehen Kenner der Szene davon aus, daß etwa 65 % der FuE-Aufwendungen Plesseys Telekommunikationsgütern zugute kommen. Neben den in Tabelle 4.3-3 genannten Labors existiert noch eine zum FuE-Bereich im weiteren Sinne gehörende Einheit für technische Planung (Plessey Information Engineering) und eine technische Einheit für die Anwendung von CAD, CIM und anderen Anlagen zur Fabrikautomatisierung. Hier findet im wesentlichen technische Kundenbetreuung statt.

Die finanziellen Aufwendungen für FuE im Telekommunikationsbereich sind ebenfalls in Abbildung 4.3-9, zusammen mit den entsprechenden Aufwendungen von GEC, enthalten. Auch wenn die absolute Höhe der Mittel strittig sein mag, weil die Anteile beider Konzerne für Telekommunikation nicht genau feststellbar sind, so ist doch davon auszugehen, daß die telekommunikationsbezogenen FuE-Aufwendungen von Plessey diejenigen von GEC übertreffen. Unabhängig von der absoluten Höhe sind die Unterschiede im zeitlichen Trend: die Zunahme der FuE bei Plessey ist in den achtziger Jahren deutlich explosiver gewesen als diejenige bei GEC. Die Aufwendungen haben sich verdoppelt (in realen inflationsbereinigten Größen!). In nominellen Zahlen und für den Gesamtkonzern, also alle Geschäftsbereiche, betrugen sie seit 1981 128, 135, 167, 216, 303, 319, 324 bzw. 291 Mio. £. Davon waren 1981 knapp 20 % selbstfinanziert, während die Eigenfinanzierungsquote zuletzt bei gut 30 % lag. Die Lösung von externen Abhängigkeiten geht also voran, wenn auch zögernd. Auch wird deutlich, daß neben BT und MoD, die zusammen für etwa 50 % der Finanzierung aufkommen, weitere externe Geldgeber zur Verfügung stehen (vor allem im Bereich der Raumfahrt).

Bei der Entwicklung des Systems X hat Plessey seit 1982 die Führungsrolle übernommen. Auch danach nahm jedoch Kritik im Hinblick auf rechtzeitige Erfüllung der Aufträge nicht ab. Entscheidend für den Bereich der öffentlichen Telekommunikation war ferner ein sogenanntes "Vier-Parteien-Abkommen" von Plessey mit anderen europäischen Telekommunikationsgüter-Herstellern, das sich auf eine Zusammenarbeit in ausgewählten Bereichen von FuE bezieht. Dieses Abkommen umfaßt neben Plessey Alcatel, Italtel und Siemens. Soweit bekannt, bezieht es sich in der Praxis im wesentlichen auf die vorwettbewerbliche FuE von Breitbandnetzwerken. Die Unterzeichnung des Vier-Parteien-Abkommens im Januar 1985 führte bei dem britischen Kooperationspartner GEC im Bereich der öffentlichen Telekommunikations zu erheblicher Verärgerung, aufgrund dessen das GEC-Management nicht mehr bereit war, ein bilaterales Abkommen mit Plessey zu unterzeichnen, das Plessey die Nutzung von gewerblichen Schutzrechten GECs im Zusammenhang mit System X insbesondere für die Nutzung in der Vier-Parteien-Koalition erlauben sollte (auf gegenseitiger Basis). Das Vier-Parteien-Abkommen soll aufgrund der aktuellen Turbulenzen nicht mehr von Bedeutung sein. Die Nutzung der System X-Technologie hat jahrelange Streitigkeiten und Verstimmungen ausgelöst, die sich schließlich - wie sich später zeigte - nur vorläufig in der Teilfusion von Plessey und GEC Anfang 1988 auflösten.

Abbildung 4.3-11: Spezialisierungsprofil von Plessey im Bereich der Telekommunikation in Forschung und Entwicklung (auf der Basis von Publikationen 1986 bzw. Auslandspatenten 1985)

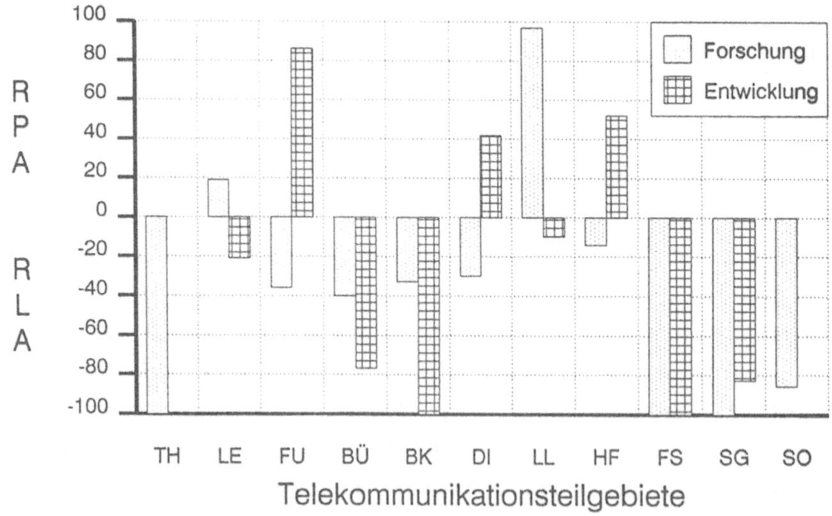

Das Spezialisierungsprofil Plesseys verweist auf erhebliche Stärken in der Funk- und Digitaltechnik sowie bei der Radar- und Mikrowellentechnik (Hochfrequenzkommunikation). In der Lichtleiter- und leitungsgebundenen Technik sind Plesseys Aktivitäten weltdurchschnittlich. Dies mag vor allem im Bereich der leitungsgebundenen Technologie überraschen; man muß jedoch bedenken, daß die Aufgabenteilung in der britischen System-X-Entwicklung erhebliche Aktivitäten von BT einschließt, das auf diesem Gebiet deutlich stärker spezialisiert ist (im Vergleich zum gesamten Firmenportfolio). Betrachtet man die marktfernere Forschung, dann ergeben sich etwas unterschiedliche Verhältnisse. Vor allem zeigt sich aus dem Vergleich der Profile (Abbildung 4.3-11), daß die Lichtleiteraktivitäten marktferner sind als bei GEC. Theoretische Arbeiten spielen die geringe Rolle, die man bei einem produzierenden Unternehmen erwartet, jedoch sind auch die Softwareanteile überdurchschnittlich gering. Die Grundlagenarbeiten im Bereich der Bildverarbeitung schlagen sich nur in der Publikations-, aber nicht in der Patentstatistik nieder.

Eine Betrachtung der Spezialisierungsprofile von GEC und Plessey suggeriert eine komplementäre Arbeitsteilung pro Telekommunikationsteilgebiet in marktnahe und marktferne Aktivitäten. Allerdings ist wegen möglicherweise unterschiedlicher Publizier- und Patentierneigung eine genauere Überprüfung dieser Vermutung nicht möglich.

GEC Plessey Telecommunications (GPT)

Nach der Ablehnung einer Totalfusion von Plessey und GEC durch die Monopolkommission wurde im Jahr 1987 angekündigt, daß beide Unternehmen eine Teilfusion im Bereich der Telekommunikation vornehmen werden. Dies hatte sich im Anhörungsverfahren vor der Monopolkommission aus den Einzelstellungnahmen von Ministerien und anderen Beteiligten schon abgezeichnet. Die offizielle Gründung eines Gemeinschaftsunternehmens GEC Plessey Telecommunications (GPT) wurde am 29. März 1988 vollzogen. Die Fusion ließ ein neues Unternehmen mit einem Umsatz von mehr als einer Milliarde £ und etwa 22000 Beschäftigten weltweit entstehen. GPT hat vier verbundene Unternehmen außerhalb der Britischen Inseln: in den USA Stromberg-Carlson, GPT Australien, GPT Neuseeland und GPT Kanada. Diese Unternehmen übernehmen neben Vertriebsaufgaben auch die Anpassung der Produkte an die nationalen Standards und Spezifikationen.

Die Unternehmensphilosophie setzt sich deutlich von derjenigen GECs ab, insofern als eine zentrale Struktur bezüglich FuE und Produktion geschaffen wurde. Das neue Unternehmen zerfällt in drei Geschäftsbereiche:
- Telekommunikationssysteme inklusive System X, Münzfernsprecher und Komponenten,
- Netzwerksysteme inklusive optischer Fernverbindungen, lokaler Netzwerke, Fernmeldekabel,

- Geschäftskommunikation inklusive privater Vermittlungstechnik, Telefone und Bildkommunikation; dieser Geschäftsbereich enthält einen Teil der zivilen Geräte, die auch im Verteidigungsbereich eingesetzt werden.

Bis auf die genannte Ausnahme sind alle militärisch relevanten Produktions- und Forschungsbereiche bei den Muttergesellschaften verblieben.

Die treibende Kraft hinter dieser Teilfusion dürfte tatsächlich aus der schwierigen FuE-Organisation um das System X und das Verhalten von BT nach der Privatisierung entstanden sein. Nach der Ausbootung von GEC im Jahr 1982 gab es ständige Diskussionen um die Weiterführung der Gemeinschafts-FuE im öffentlichen Telekommunikationsbereich zwischen den beiden Unternehmen. Es kam keine Lösung zustande, die jeweils wechselseitig von der anderen Seite akzeptiert worden wäre. Plessey hat geltend gemacht, daß es für sein Unternehmen volumenmäßig von viel entscheidenderer Bedeutung sei, die Federführung in der öffentlichen Kommunikation in Großbritannien zu behalten. GEC hatte deshalb immer die anderen, nicht im öffentlichen Telekommunikationsbereich angesiedelten Aktivitäten in der Elektronik in eine Lösung einbeziehen wollen, um zu ausgewogenen Verhältnissen zu kommen. Die Notwendigkeit zu einer Rationalisierung aufgrund des Verhaltens von BT wurde durch den Hinzukauf von AXE-Systemen schwedischer Art und damit der Verminderung des Absatzmarktes für die beiden britischen Hersteller verstärkt und war von beiden Seiten als dringlich empfunden worden. Auch BT schaltete sich mehrfach ergebnislos ein, um die weithin akzeptierten Strukturprobleme im Bereich der öffentlichen Telekommunikation und ihrer FuE zu schlichten.

GPT unterhält kein selbständiges FuE-Labor, vielmehr ist der technische Direktor (ursprünglich ein Beschäftigter von GEC) für die FuE-Organisation zuständig. GPT beschäftigt etwa 5000 Personen im Bereich der Produktentwicklung und weitere 200 Personen in marktferneren Forschungsaktivitäten. Zum Zeitpunkt der Teilfusion standen für GPTs FuE-Aktivitäten im Jahr 1988 120 Mio. £ bereit. Dies entspricht in konstanten Dollar (1980) knapp 100 Mio., so daß mit Blick auf Abbildung 4.3-8 schnell deutlich wird, daß die telekommunikationsbezogenen FuE-Aufwendungen von Plessey und GEC zusammengenommen wesentlich höher sind als derjenige Bereich, der in das Gemeinschaftsunternehmen eingebracht wurde.

In der Tat ist die FuE-Organisation von GPT durch eine starke Außenabhängigkeit von den Labors der Muttergesellschaften gekennzeichnet. Das Gemeinschaftsunternehmen hat vereinbart, daß wesentliche FuE-Arbeiten per Vertrag an die Laboratorien der Muttergesellschaften ausgegliedert werden, um so unter anderem auch den Zugang zu den FuE-Ergebnissen dieser Labors zu erhalten. Insbesondere wird von GPT weiterhin das Plessey Laboratorium in Caswell (vgl. Tabelle 4.3-3) für die Optoelektronik und die Halbleiter-FuE und das Labor in Roke Manor (Plessey Electronic Systems Research) für elektronische Systemanwendungen herangezogen. Die Regelung bedeutet auch, daß alle FuE-Einrichtungen, die vor der Teilfusion bestanden, vollständig unter der Kontrolle der Muttergesellschaften verblieben. Über Personalumsetzungen konnten keine Angaben erhalten werden.

Abbildung 4.3-12: Spezialisierungsprofil von GPT im Bereich der Telekommunikationstechnologie (Auslandspatente 1985 von GEC und Plessey vereinigt)

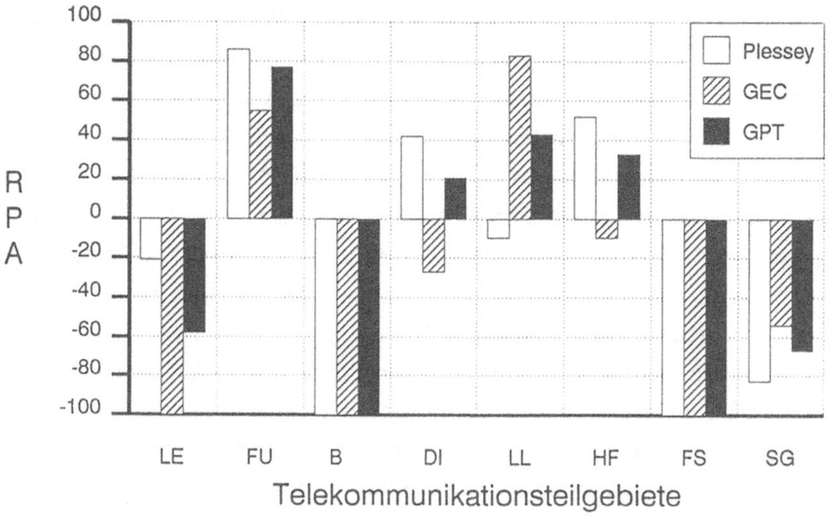

Das FuE-Finanzierungsmodell von GPT sieht folgendermaßen aus: Die sogenannte "A-Finanzierung" wird für die Produktentwicklung eingesetzt und durch die Geschäftseinheiten aufgebracht. Die zutreffende Verwendung der Mittel wird von den Direktoren der Geschäftseinheiten kontrolliert. Die sogenannte "B-Finanzierung" wird von allen Geschäftsbereichen erhoben, vom technischen Direktor der Gesamtfirma kontrolliert und zentralistisch verwendet. Hiermit werden mittel- und langfristige strategische Projekte finanziert, die eventuell später mehrere Geschäftsbereiche betreffen. Hierzu gehören etwa die Entwicklung von integrierten Telekommunikations-Heimgeräten und die Breitbandkommunikation. Im Laufe der Zeit sollen die B-Projekte in A-Projekte umgewandelt und einzelnen Geschäftseinheiten zugeschlagen werden. Die Mittel für den B-Fonds sind nicht sehr groß, sie belaufen sich auf 8 bis 9 Mio. £ im Jahr 1988. Sie werden außer von GEC (4,5 Mio. £) auch von der Regierung im Rahmen der vorwettbewerblichen Gemeinschaftsforschungsprojekte und im Rahmen der europäischen Förderung aufgebracht. Es wird erwartet, daß dieser Anteil der B-Mittel in den nächsten Jahren steigt, um sich stärker im Bereich fortgeschrittener Halbleitertechnologie und computerunterstützter Produkte engagieren zu können.

GPTs Außenbeziehungen zu BT sind nunmehr - vier Jahre nach der Privatisierung - im Sinne eines Zulieferers ausschließlich geschäftsmäßig. Zwischen den beiden Organisationen gibt es praktisch keine Kooperation mehr. GPT betrachtet sich bezüglich seiner FuE-Aktivitäten im Bereich der öffentlichen Telekommunikation als nachrangig zu BT, aber weit vor allen anderen britischen Herstellern.

Abbildung 4.3-12 verdeutlicht die technologischen Aspekte der Teilfusion. Die Auslandspatente von GEC und Plessey aus dem Jahr 1985 im Bereich der Telekommunikationsteilgebiete sind hier zusammengezählt worden, um zu verdeutlichen, welches Aktivitätsprofil dem neuen Unternehmen GPT zukommt. (Wegen der Offenlegungsfristen sind die Patente aus dem Gemeinschaftsunternehmen noch nicht bekannt.) Im Vergleich zum Spezialisierungsprofil von Plessey und von GEC ist die Aktivitätsverteilung von GPT wesentlich ausgeglichener. Obwohl im Einzelfall nicht gesagt werden kann, ob die jeweiligen Teilgebiete vollständig von der Fusion betroffen sind, ergeben sich nunmehr nur noch zwei defizitäre Gebiete, nämlich die Bildkommunikation und die Fernsignaltechnik. Alle anderen Aktivitätsindikatoren haben sich mehr zur Mitte hin verschoben, das heißt zu einem weltdurchschnittlichen Profil. Insbesondere ergänzen sich die marktnahen Aktivitäten von GEC im Bereich der Lichtleitertechnik und die stärkeren Akzente von Plessey in der Digitaltechnik hervorragend. Während GEC allein nur in zwei von acht Teilgebieten überdurchschnittlich engagiert war und Plessey nur in drei, ist das Gemeinschaftsunternehmen in der Hälfte aller Teilgebiete überdurchschnittlich engagiert. Aus Sicht dieser technologischen Analyse ergänzen sich die beiden Firmen im Bereich der Telekommunikation komplementär (bis auf die Funktechnik) und verstärken nicht die jeweils ohnehin starken Seiten noch mehr (außer in der Funktechnik). Dies ist im Sinne eines internationalen technologischen Wettbewerbs sicherlich ein bedeutender, wenn auch - wie oben geschildert - nicht der entscheidende Grund für die Fusion gewesen.

Nachdem GPT noch nicht einmal ein Jahr existierte, bereitete GEC nunmehr im Verbund mit Siemens erneut die "feindliche" Übernahme von Plessey insgesamt vor. Es war geplant, daß Siemens seine Verteidigungselektronik mit einem Umsatz von etwa 1 Mrd. DM ausgliedert und GEC daran mit 50 % beteiligt. Dafür sollte Siemens an GPT mit 40 % und GEC mit 60 % teilhaben. Dies wurde als eine für den EG-Binnenmarkt in den neunziger Jahren notwendige Transaktion interpretiert. Die Übernahmeofferte soll sich auf 5,4 Mrd. DM für Plessey erstreckt haben. Dieser Plan löste allseits Überraschung aus, zumal Siemens - zum Ärger von GEC - im Vier-Parteien-Agreement mit Plessey bereits technisch kooperierte.

Das Amt für fairen Wettbewerb im DTI leitete erneut wie schon 1986 eine Überprüfung durch die Monopolkommission ein. Das Verfahren wurde erst abgeschlossen, als die Befragung von Fachleuten, die dem vorliegenden Text zugrunde liegt, bereits beendet war. Daher kann über Einzelheiten der FuE-Organisation nichts detailliertes ausgeführt werden. Auch stehen die neuen Strukturen noch nicht fest.

Inzwischen existiert Plessey als unabhängiges Unternehmen nicht mehr. GPT wird nach dem Schlüssel 60:40 zwischen GEC und Siemens aufgeteilt. Der Gesamtkonzern nimmt damit in der Telekommunikation nach AT&T und Alcatel eindeutig den dritten Weltrang ein. Es wird ferner gemeinschaftlich organisierte FuE angestrebt.

Die technologische Konsequenz dieser weitergehenden Fusion wird in Abbildung 4.3-13 dargestellt. Hier sind hypothetisch die jeweiligen Auslandspatente von GEC, Plessey und Siemens aus dem Jahr 1985 vereinigt worden, um die Verschiebung im Aktivitätsprofil deutlich werden zu lassen. Die Abbildung zeigt noch einmal einen Trend zur Mitte, das heißt, zum weltdurchschnittlichen Verhalten der Firmengruppe mit nunmehr nur noch zwei klaren Defizitgebieten in der Bildübertragung und bei den sonstigen Geräten. Alle anderen Teilbereiche sind überdurchschnittlich oder knapp unterdurchschnittlich repräsentiert. Aus technologischer Sicht ist die Fusion eine hervorragende Ergänzung komplementärer Stärken und Schwächen und deshalb unter wettbewerblichen Gesichtspunkten zumindest im Bereich von FuE weniger problematisch als eine Fusion von zwei Konsortien, deren Geschäftsfelder (zumindest in FuE) sich genau entsprechen. Die technologische Analyse verweist darauf, daß die bisherigen Akzente der beteiligten Firmengruppen in FuE jeweils andere Schwerpunkte hatten und nur wenige Überschneidungsgebiete zeigen. Allerdings dürften technologische Erwägungen für den geplanten Schritt nicht von ausschlaggebender Bedeutung gewesen sein, sondern vermutlich dürfte auf britischer Seite immer noch, wie schon 1986, die Übereignung der sehr dynamischen FuE-Entwicklung bei Plessey inklusive der Federführung für das System X in die Geschäftspolitik von GEC die entscheidende Rolle spielen und damit die Ausschaltung des technologischen Gewinners bei der Entwicklung der britischen digitalen Vermittlungstechnik. Für Siemens umgekehrt dürfte der Eintritt in den britischen Markt, der bisher praktisch verschlossen war, den Ausschlag geben.

Abbildung 4.3-13: Spezialisierungsprofil eines hypothetischen Gemeinschaftsunternehmens GEC, Plessey und Siemens in der Telekommunikationstechnologie (Auslandspatente 1985)

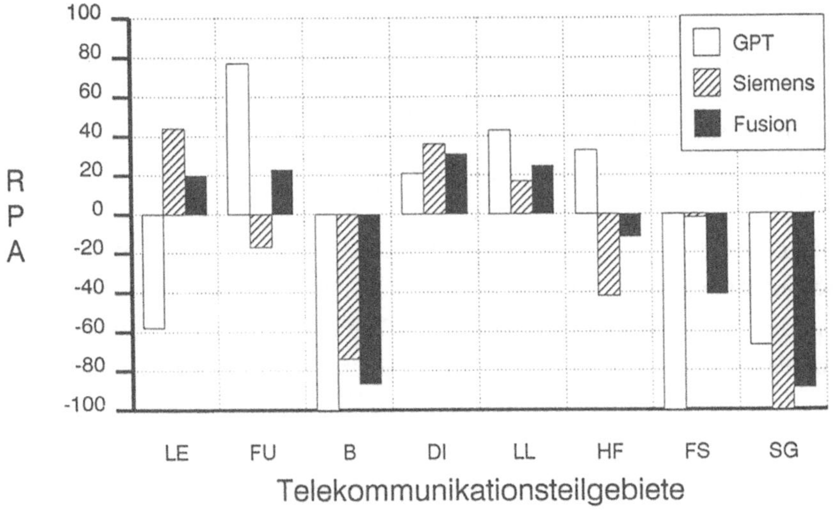

Zum Zeitpunkt der Berichtserstellung kann die Fusion nicht abschließend gewürdigt werden. Es steht jedoch schon jetzt fest, daß die nach langen Auseinandersetzungen schließlich gegründete Gemeinschaftstochter GPT erneut ins Trudeln gekommen ist, bevor eine Konsolidierung erreicht werden konnte. Die Stabilisierung und Konsolidierung der nach der Privatisierung von BT in Turbulenzen gekommenen FuE-Struktur und Arbeitsteilung im Bereich der Telekommunikation scheint von einer baldigen Konsolidierung weiter entfernt zu sein als je. Denn der "große Wurf" konnte nicht verhindern, daß weitere Umstrukturierungen bevorstehen und sich wechselseitig beeinflussen. Nicht nur hat Siemens nach der scheinbaren Konzentration auf Telekommunikation (GPT, Rolm) mit der Übernahme Nixdorfs gleichzeitig auch wieder Abrücken signalisiert, sondern auch GEC rüstet mit der Übernahme der Radar-Aktivitäten von Ferranti außerhalb des Kernbereichs der Drahtnachrichtentechnik auf. Über die Konsequenzen dieser Verwirrstrategie im europäischen und internationalen Umbruch dieser Jahre kann nur spekuliert werden.

STC

Nachdem STC 1982 aus der Gemeinschaftsentwicklung des Systems X ausgeschlossen wurde, versucht es, ein breit gefächerter Hersteller von Informationssystemen zu werden, der sich zwischen Computerprodukten, Verteidigungsprodukten und Telekommunikationsübertragungstechnik spreizt. Die öffentliche Vermittlungstechnik wird also umgangen. STC übernahm 1985 daher folgerichtig den größten Computerhersteller des Vereinigten Königreichs, ICL. Dennoch operiert STC seitdem ohne Fortune (Morgan 1987b, 25). STC ist weiterhin berühmt für seine Unterseekabel und ist ferner in der privaten Vermittlungstechnik engagiert. Etwa 20 % der Umsätze von STC sind dem Telekommunikationsbereich zuzurechnen. Die weltweiten Umsätze erreichen etwa 1,5 Mrd. £, davon mit Telekommunikationsgütern knapp 300 Mio. £.

STC verfügt über ein zentrales FuE-Laboratorium, Standard Telecommunication Laboratories Ltd. (STL). Es umfaßt acht Abteilungen:
- Integrierte Halbleiterelemente,
- Programmier- und Computerdienste,
- Materialforschung und Verfahrenstechnik (inklusive Kabel),
- Komponenten (Halbleiter, optische Wellenleiter),
- höchstintegrierte Schaltkreise und Subsysteme,
- Telekommunikationssysteme (vor allem Integration mit Datensystemen, Übertragung, Endgeräte, Signalverarbeitung),
- Telekommunikationsdienste und ihre Planung (inklusive Marktanalysen, internationale Standards) und verteidigungsbezogene FuE (Radar, Funk, Luftfahrt, Tiefsee).

Abbildung 4.3-14: Spezialisierungsprofil der STC-Gruppe im Bereich der Telekommunikation in Forschung und Entwicklung (auf der Basis von Publikationen 1986 bzw. Auslandspatenten 1985)

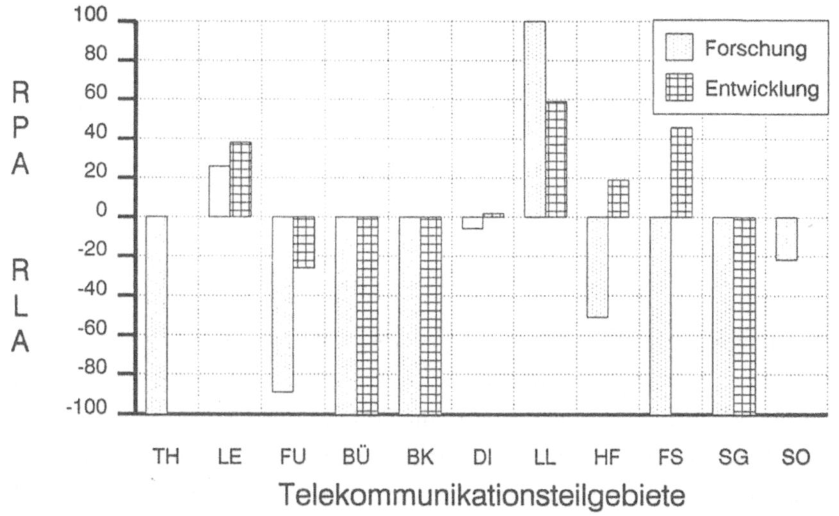

Das Spezialisierungsprofil der STC-Gruppe wird in Abbildung 4.3-14 veranschaulicht. Es zeigt bezüglich der Patente wenig Auffälligkeiten im Bereich der Funk-, Digital- und

Hochfrequenztelemetrie und die erwarteten Stärken im Bereich der Lichtleitertechnik und der leitungsgebundenen Technologie, wobei aber hier lediglich der Bereich der Übertragung und der Kabel betroffen ist. Unter den geringen britischen Aktivitäten im Bereich der Fernsignaltechnik rührt ein wesentlicher Anteil aus der STC-Gruppe her.

Auch das Profil für die eher marktfernen FuE-Aktivitäten zeigt keine Auffälligkeit (vgl. Abbildung 4.3-14). Erneut ist die erhebliche Konzentration der Unternehmensgruppe im Gebiet der Leitungstechnik zu erkennen, die sich einerseits im Teilgebiet leitungsgebundene Technologie und bei den Lichtleitern zeigt. Außer der Digitaltechnik und der Software- und Dienstentwicklung sind die meisten anderen Gebiete defizitär. Im Bereich der vorgelagerten Forschung gilt dies auch für die Funktechnologie.

Abbildung 4.3-15: Vergleich der FuE-Gleichmäßigkeit der drei wichtigsten britischen Hersteller und von British Telecom in Telekommunikationsteilgebieten

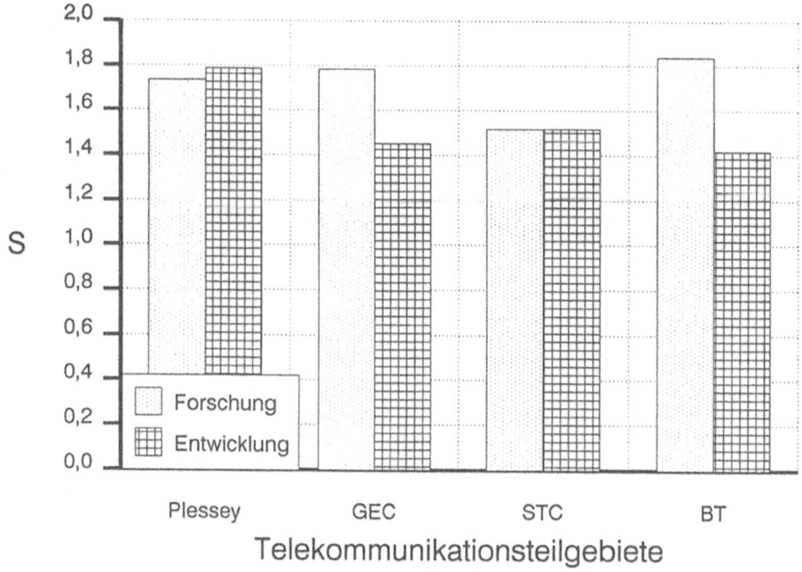

Mit der relativ knappen Schilderung der FuE-Aktivitäten von STC ist nicht beabsichtigt, dieser Firmengruppe eine geringe Bedeutung zu unterstellen. Vielmehr hat sich STC zu einem frühen Zeitpunkt aus dem heftig umstrittenen und umkämpften Gebiet der öffentlichen Vermittlungstechnik zurückgezogen und war daher von den Umstrukturierungen in der arbeitsteiligen Gestaltung der FuE- Arbeiten weniger betroffen. Abbildung 4.3-15 verdeutlicht aber, daß die Aktivitätsbreite von STC in den neun bzw. elf Teilgebieten der Telekommunikation, die hier diskutiert werden, keinesfalls eng ist. Das Entropiemaß ist ein Maß für die Gleichmäßigkeit in diesem Falle mit Bezug auf Aktivitäten in den Teilgebieten. Die Forschungsaktivitäten gehen aus der Publikations-, die Entwicklungsaktivitäten aus der Patentstatistik hervor. Man erkennt zwar, daß STC nicht ganz so weitverzweigte Aktivitäten unterhält wie etwa Plessey oder - im Bereich der Forschung - BT, aber bezüglich der breiten Technologieentwicklung durchaus mit GEC und BT mithalten kann. Das am breitesten gefächerte Technologieprofil unter diesen vier Unternehmen weist Plessey auf, was das Unternehmen für jeden der beiden Käufer interessant macht. Auffallend ist auch die stärkere Diversifizierung von GEC und BT im Bereich der marktvorgelagerten Aktivitäten, die im industriellen Umsetzungsbereich enger wird.

Philips

Ein Überblick über die acht weltweit operierenden Philips-Laboratorien und ihre technologischen Schwerpunkte wird in Kapitel 8.3.3 und in Tabelle 8.3-5 gegeben. Die Philips Research Laboratories in England beschäftigen sich arbeitsteilig mit Festkörperphysik, Vakuum- und Elektronenstrahlphysik, Schalttechnologie und elektronischen Systemen. Hierzu gehören vor allem Radar- und Navigationsgeräte für Industrie und Verteidigung sowie Funkkommunikationsgeräte und Infrarotbildverarbeitung. Die Forschung wird im Unterschied zur Entwicklung zentral durch eine Umlage der einzelnen Geschäftsbereiche finanziert; hinzu kommen Mittel aus öffentlichen Quellen, in Großbritannien etwa vom DTI oder den europäischen vorwettbewerblichen Programmen. Die Entwicklungsarbeiten werden anteilsmäßig von den produzierenden Abteilungen finanziert. Die FuE-Aktivitäten werden international direkt vom Vorstand organisiert (Näheres vgl. Abschnitt 8.3 und insbesondere Abbildung 8.3-3). Die Organisationsstruktur von Philips International hat dazu geführt, daß 95 % der FuE für interne Zwecke durchgeführt wird und nur ein kleiner Teil aufgrund von Verträgen für externe Auftraggeber.

Das britische Labor beschäftigt ungefähr 450 Personen im FuE-Bereich, die sich etwa gleichmäßig auf die drei Abteilungen für Festkörperelektronik, Informatik und technische Dienste verteilen. Ungefähr ein Drittel der Aktivitäten haben mit zivilen Anwendungen des Radars zu tun, der Rest ist verteidigungsbezogenen Aufgaben gewidmet. Die zugehörige Entwicklung von Rüstungsprodukten findet in einem Philips-Unternehmen statt, MEL Ltd., das ebenfalls in England gelegen ist. Für den Gesamtkonzern von Philips trifft es aber nicht immer zu, daß FuE-Arbeiten und die zugehörige Produktion im selben Land lokalisiert sind. Dabei ist zu beachten, daß nur etwa 15 % aller rüstungsbezogenen FuE-Arbeiten von der britischen Regierung finanziert werden. Ihr Anteil ist rückläufig. Die Herkunft der restlichen rüstungsbezogenen Fördermittel - insgesamt fast

50 % aller FuE- Aufwendungen - bleibt unklar. Die Gelder für Forschung sind in den letzten fünf Jahren um ungefähr 10 % zurückgegangen, während die Mittel für Entwicklungsarbeiten konstant blieben. Dies hat einen leichten Trend zuungunsten der Forschung verursacht, der jedoch durch eine stärkere Verbindung von Forschungs- mit Entwicklungsarbeiten aufgefangen wurde. Dieser Trend wird erwartungsgemäß anhalten.

Die Leitung des britischen Philips-Labors hält den hohen Anteil von verteidigungsbezogener Forschung für sehr wichtig unter anderem wegen der erheblichen Anstöße für den kommerziellen Bereich. Als Beispiel wird auf die Übertragung der digitalen Codierung für Hochfrequenzmobilkommunikation mit direkter Relevanz für das digitale kommerzielle Zellularfunksystem verwiesen. Die Arbeiten seien von militärischer Seite initiiert worden und ohne diese finanzielle Unterstützung vermutlich in einem frühen Stadium abgebrochen worden.

Die externen FuE-Beziehungen richten sich mehr auf den europäischen Raum als speziell auf die Zusammenarbeit mit britischen Regierungsstellen. Es gibt jedoch Beziehungen zu britischen Universitäten. Es wird sogar etwas überspitzt behauptet, wichtige zukünftige Entwicklungen auf der Britischen Insel, die nicht mit den europäischen Standards harmonisierten, würden von Philips ignoriert. Wegen der zentralen Vorgaben für FuE vom Gesamtkonzern zeigt sich das britische Philipslabor unbeeindruckt von der Liberalisierungs- und Privatisierungsdebatte in Großbritannien mit all ihren Konsequenzen für FuE.

Racal

Das Unternehmen Racal Electronics Plc. zerfällt in sieben Geschäftsbereiche: Sicherheit, Datenkommunikation, Schiffahrtselektronik, militärischer Radar und Luftfahrt, Telekommunikation und spezielle Aufgaben. Im Jahr 1988 beliefen sich die Umsätze auf 1,3 Mrd. £. Der Geschäftsbereich Telekommunikation existiert seit vier Jahren und hat ein erhebliches Wachstum hinter sich. Die diesbezüglichen Umsätze lagen 1986 noch bei nicht einmal 70 Mio. £ und haben sich im Haushaltsjahr 1987-88 auf 140 Mio. verdoppelt. Die Gewinnrate ist dabei von 15 auf 35 % des Umsatzes gestiegen. Die telekommunikationsbezogenen Aktivitäten haben alle mit der mobilen Telekommunikation zu tun und zerfallen in fünf unabhängige Bereiche (Vodafon, Vodadata, Vodac, Vodapage und schließlich Orbitel, ein Gemeinschaftsunternehmen mit Plessey).

Racal unterhält zwei Forschungslabors, von denen sich das eine der Satellitenkommunikation und der Mikrowellentechnik, das andere der mobilen Funkkommunikation einschließlich der Software und der geheimen Fernmeldetechnik widmet. Beide Racal Research Laboratories unterstehen demselben Vorstandsmitglied. Die Mittel für FuE im Telekommunikationsbereich stammen aus drei Quellen:

- zu 1 % von Regierungsstellen, nämlich aus dem Alvey- und dem LINK-Programm und aus europäischen Quellen,
- 49,5 % aus zentralen Mitteln des Konzerns, die jedes Jahr neu verhandelt werden, und
- 49,5 % von einzelnen Geschäftsbereichen, für die die entsprechenden FuE- Arbeiten durchgeführt werden.

Racal führt das eine der beiden Zellularfunknetzwerke an, die im Jahr 1985 von OFTEL lizenziert wurden und ist daher auch Netzbetreiber und nicht nur Hersteller. Das andere ist zu 60 % von BT kontrolliert. Ein drittes System existiert nicht, so daß auch hier wie bei den Telefondiensten ein Duopol vorliegt. Erst 1992 wird die Situation überprüft, und weitere Lizenzen können dann gegebenenfalls vergeben werden. Das BT-Netz Cellnet beruht auf US-Technologie (von Motorola), während das Racal-Netz neben Plessey-Technologie schwedische Technologie von Ericsson verwendet. Racal unterhält auch Kooperationsbeziehungen mit Hitachi. Aufgrund der zeitlichen Abfolge der Ereignisse ist Racal in bezug auf seine Zellularfunk-FuE von den Liberalisierungs- und Deregulierungsprozessen in Großbritannien kaum berührt worden. Racal verfolgt eine eindeutig auf den europäischen Markt gerichtete FuE-Strategie.

Ferranti

Ferranti Business Communications Ltd. ist eine Abteilung des Unternehmens Ferranti Instrumentation. Sie wurde 1981 als Resultat eines Gemeinschaftsunternehmens mit General Telephone Equipment (GTE), einem US-Hersteller von Telekommunikationsgeräten, gegründet. GTE unterhält ein FuE-Labor in Belgien, um die US-Produkte für den europäischen Markt zu adaptieren. Das Gemeinschaftsunternehmen hat ebenfalls die Aufgabe, die adaptierten US-Produkte auf dem liberalisierten britischen Markt zu vertreiben. GTE wiederum ist seit 1984 zu 24 % an ATEA beteiligt, einer europäischen Holding-Gesellschaft, die nunmehr zu 75 % Siemens gehört. Die Ferranti-Gruppe besteht im wesentlichen aus vier Konzern-Gruppen: Neben Ferranti Instrumentation noch Verteidigungssysteme, Industrieelektronik und Computersysteme. Die vier Gruppen sind relativ unabhängig. Im Jahr 1988 fusionierte Ferranti Plc. mit dem amerikanischen Unternehmen International Signal and Control Groups, das starke Aktivitäten im Verteidigungs- und Weltraumbereich hat. Dieser neue Supertrust, Ferranti International Signals Plc. weist einen jährlichen Umsatz von fast 1 Milliarde £ auf und beschäftigt etwa 24000 Personen international.

Da Ferranti Business Communications keine eigenen Entwicklungen durchführt, sondern lediglich Adaptionen für den britischen Markt vornimmt, besteht die interne FuE-Kapazität nur aus 10 Ingenieuren. Diese beobachten die weltweiten technischen Entwicklungstrends und rekrutieren geeignetes Personal für die zugehörigen Geschäftsbereiche (kleine und große Nebenstellenanlagen, Faksimilegeräte und gewöhnliche Telefone). Ferranti profitiert in diesem Bereich direkt von der bei GTE durchgeführten FuE. Es arbeitet mit dem belgischen Labor von GTE zusammen und ist insbesondere in Vorlaufarbeiten für ISDN eingebunden. Um die adaptierten Geräte testen zu können, benutzt Ferranti die Netzwerke von Kunden und betrachtet diese dann als neutrale Partner. Die anderen FuE-Einrichtungen des Ferranti-Konzerns spielen keine prominente Rolle im Bereich der zivilen Telekommunikationstechnik. Insgesamt scheint Ferranti in bezug auf die zivilen Märkte ein etwas ungewöhnliches, aber gleichwohl erfolgreiches Modell für eine ausgesprochene Sparstrategie im Bereich von FuE darzustellen. Es ist außerdem gekennzeichnet von einem außerordentlich hohen Maß an Geheimhaltung, was Angaben zur eigenen FuE-Struktur, zu den Tätig- keitsfeldern und zum Volumen angeht.

4.3.4 ROLLE DER HOCHSCHULEN

Das Spezialisierungsprofil der Hochschulen (Universitäten, Polytechnischen Hochschulen, Colleges etc.) spiegelt sich in Abbildung 4.3-16. Erwartungsgemäß liegen die Stärken in der Theorie; überdurchschnittliche Beiträge im Bereich der Antennen-Theorie (Funktechnik) und der Grundlagenforschung im Bereich der Lichtleiter sind jedoch ebenfalls erkennbar. Erstaunlich ist die Zurückhaltung im Bereich der Anwendungs- und Softwareforschung, während die Vernachlässigung der leitungsgebundenen Technologie nicht überrascht. Insgesamt erscheinen die Hochschulaktivitäten jedoch recht ausgewogen auf die Teilgebiete der Telekommunikation verteilt zu sein.

Die Hochschulforschung im Vereinigten Königreich hat lange Traditionen und ist institutionell weit verzweigt. Tabelle 4.3-4 versucht, die wichtigsten Forschungsstätten zu erfassen, die für Telekommunikation im weiteren Sinne relevant sind.

Versucht man sich ein Bild über die geographische Verteilung der Hochschulaktivitäten zu machen, so zeigt Abbildung 4.3-17, daß die weitaus bedeutendsten Beiträge aus dem Großraum London sowie dem Süden der Insel stammen. Die Abbildung enthält die Publikationen in Prozent des gesamten Aufkommens nach Hochschulort. Mittelengland und Südschottland sind ebenfalls bezüglich ihrer Hochschulforschung gut strukturiert. Unbedeutende Aktivitäten im Gebiet der Telekommunikationsforschung können für Wales, Nordschottland und Nordirland festgestellt werden. Die Abbildung 4.3-17 enthält Hochschulorte mit nur ganz wenigen Publikationen nicht, lokalisiert aber insgesamt weit über 80 % in geographischer Hinsicht.

Abbildung 4.3-16: Spezialisierungsprofil der britischen Hochschulen in der Telekommunikationsforschung (Publikationsstatistik 1986)

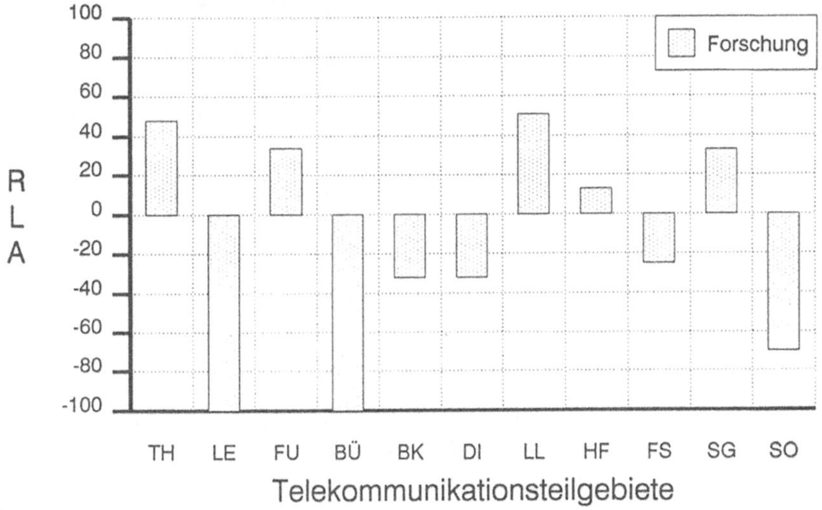

Aufgrund der sehr diversifizierten Hochschullandschaft in Großbritannien kann eine systematische Analyse der Forschung mit Relevanz für die Telekommunikation nicht geleistet werden. Stellvertretend für viele andere soll daher nur die Universität Surrey näher betrachtet werden. Inwieweit diese repräsentativ für das britische Hochschulsystem ist, muß offen bleiben.

Die Universität Surrey in Guildford wurde erst 1960 als Technische Universität gegründet. Sie ist bekannt für ihre guten Verbindungen zur Industrie und bietet den Studenten im vierten Studienjahr einen einjährigen Industrieaufenthalt an. Die Fakultät für elektronische Verfahrenstechnik gilt als eine der drei bedeutendsten derartigen Fakultäten im Vereinigten Königreich; sie beschäftigt 60 Vollzeitprofessoren. Vor fünf Jahren wurde innerhalb der Fakultät eine Forschungsgruppe für Telekommunikation eingerichtet, die sich mit Satelliten-Kommunikation, lokalen Netzwerken, Modulation, Kodierung, Sprach- und Bilderkennung beschäftigt.

Tabelle 4.3-4: Aktivitätsprofile wichtiger Hochschulen im Bereich der Telekommunikationsforschung (Publikationsstatistik 1986)

Forschungsstätte	Σ	TH	LE	FU	BÜ+K	DI	LL	HF	FS	SG	SO
London gesamt	132	12	5	25	3	19	43	11	1	5	8
University College	55	7	4	5	2	10	15	5	1	1	5
Imperial College	23	4	1	3		2	12				1
Queen Mary College (London University)	22			12		3	2	4			1
King's College	19	1		5	1	1	8	2		1	
Southhampton	64	5		11		9	31	2	2	4	
Loughborough	34	4	2	5	2	9	1	3		2	6
Canterbury (Kent)	32			7		6	18				1
Glasgow	32		1	2		5	22				2
Manchester	25	1		1		7	10		1	4	1
Leeds (U. & Polyt.)	24	5	1	6		4		6			2
Cambridge	21	5	3			3	6	1		2	1
Edinburgh	19	7	1	1			7	1		2	
Birmingham (Aston)	17	2		6	1		1	6			1
Bradford	17			13		2		1			1
Hull	17	2		7		3	2				3
Guildford (Surrey)	15		2	5			7				1
Colchester (Essex)	14	2	1	2	2	3		1			3
Liverpool	12	1	2	2		3		2	2		
Aberdeen (Inst. Tech.)	11	1		3		2	1	2		1	1
Newcastle-upon-Tyne	11		1		1	5	3				1
Milton Keynes (Open)	10	2			4	1				2	1
Brighton (Sussex)	9	2				2	3				2
Lancaster	9					6				1	2
Shrivenham (R.Mil.Coll.)	9			8						1	
Andere	119	19	4	22	4	16	25	11	2	11	5
Summe	653	70	23	126	17	105	180	47	8	35	42

Abbildung 4.3-17: Geographische Verteilung der telekommunikationsbezogenen Hochschulforschung in Großbritannien und Nordirland in % (Publikationsstatistik 1986)

Die Finanzierung der Forschung durch Drittmittel erfolgt im wesentlichen auf drei Kanälen:

- Das University Grants Council (UGC) trägt mit 100000 £ sehr wenig finanzielle Mittel bei; sie sind aber seit Jahren konstant und damit verläßlich.
- Das Science Engineering Research Council (SERC) steuert fast eine Million pro Jahr bei, jedoch sind die Mittel in den letzten Jahren rückläufig. Das gesamte SERC-Budget für Kommunikationsforschung an allen britischen Hochschulen betrug zuletzt nicht mehr als 2 Millionen £ pro Jahr. Daher sind Anträge für SERC-Mittel sehr zahlreich, und nur etwa 15 % werden bewilligt.
- Finanzierung durch Unternehmen und internationale Organisationen. Ihr Umfang beläuft sich auf 1,5 Mio. £.

Innerhalb der britischen nationalen Programme (wie Alvey und LINK) wird die Forschung immer mehr von Industriefirmen dominiert. Nach Ansicht der Universität frustriert die Dominanz der Industrie in der Hochschulforschung und die Ausrichtung entsprechender Arbeiten auf größere Marktnähe die Universitäten zusehends. Die Projekte, die unter solcher Organisation nur noch eine Chance hätten, seien solche, die "unbedingt getan werden müssen", das heißt, sie sind kurzfristig und von sehr angewandter Natur.

Entstehen im Rahmen der nationalen Gemeinschaftsforschung Schutzrechte, so werden sie ohne weitere Diskussion von den kooperierenden Firmen beansprucht. Im Unterschied dazu können Schutzrechte aus SERC-finanzierten Projekten im eigenen Namen der Universität angemeldet werden. Dies ist allerdings ein erst neuerlicher Fortschritt, denn bis vor kurzem mußten derartige Schutzrechte an die British Technology Group (BTG) abgetreten werden.

Die derzeitigen Kooperationspartner aus den Unternehmen sind BT, Racal, Marconi (GEC-Gruppe) und British Aerospace. Auch über die internationalen Forschungsmittel (z. B. von Eutelsat, ESA, Intelmarsat, RACE und ESPRIT) können Universitäten kaum mitbestimmen, da die großen europäischen Telekommunikationskonzerne und -institutionen genaue Arbeitspläne erstellen und sogar die Mittelzuweisung zwischen den beteiligten Hochschullabors beeinflussen. Mittelständische Unternehmen und Hochschulen können zwar begrenzte Mittel empfangen, sie können damit aber den Gang ihrer Forschung nicht beeinflussen. Auch sind diese Projekte von einer äußerst knappen Zeitkontrolle und von Geheimhaltungswünschen überfrachtet.

Alles in allem wird aus universitärer Sicht befürchtet, daß die Hochschulen zunehmend als quasi industrielle Organisation an der nationalen FuE beteiligt werden sollen, weil die Regierung es versäumt hat, andere zentrale Forschungseinrichtungen für die nationale strategische Forschung zu errichten. Ein institutionelles Zwischenglied zwischen der reinen Unternehmensforschung und der reinen Hochschulforschung wird für erforderlich gehalten. Damit würde zwar der augenblickliche Bedarf nach kurzfristigen FuE-Ergebnissen in der Telekommunikationstechnik nicht sehr entlastet, jedoch könnte die Industrieseite den Mangel an strategischer Forschung außerhalb der Hochschulbereichs in der Zukunft durchaus schmerzlich vermissen.

4.4 FAZIT

Die FuE-Organisation des britischen Telekommunikationssektors war durch eine im Ländervergleich sehr starke Zusammenarbeit der Institutionen Netzträger und der höchstkonzentrierten Herstellerindustrie, die im wesentlichen für den Binnenmarkt produziert, geprägt. Die Universitäten stehen eher am Rande und die sonstigen Forschungsinstitute spielen - außer im Rüstungsbereich - nur eine untergeordnete Rolle.

Abbildung 4.4-1: Finanzierung und Durchführung von FuE im Telekommunikationsbereich nach Sektoren im Vereinigten Königreich 1987 (in Mrd. US $; Beträge in Kästen beziffern die Durchführung von FuE, Beträge an den Pfeilen die Finanzierung)

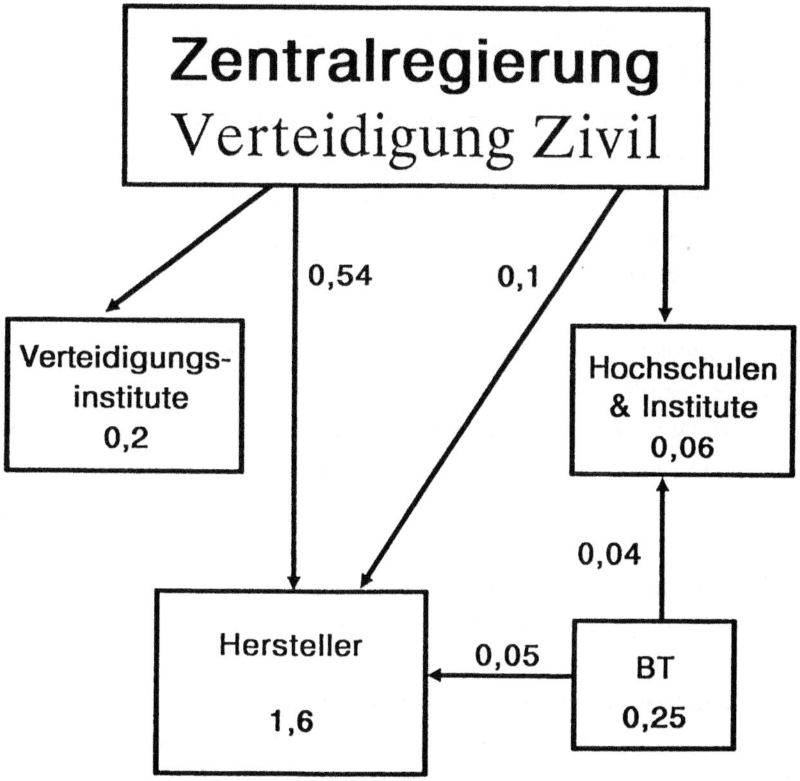

Abbildung 4.4-1 gibt eine geraffte Skizze der wichtigsten Akteure in der britischen Telekommunikations-FuE. Die Skizze verdeutlicht die relative geringe finanzielle Rolle der Regierung im zivilen Bereich bei erheblichen wehrtechnischen Mittelaufwendungen. BT tritt als finanzierendes und durchführendes Unternehmen neben dem großen Block der Hersteller in Erscheinung.

Der Staat als Träger der Technologiepolitik, das heißt insbesondere das Ministerium für Handel und Wirtschaft, hat sich bisher aus der leitungsgebundenen, zivilen Telekommunikations-FuE weitgehend herausgehalten, obwohl die Informationstechnologie vor allem im Hinblick auf Gemeinschaftsforschung zwischen Hochschulen und den Unternehmen seit Jahren hohe Priorität genießt. Eine staatliche Subventionierung der großen Telekommunikationshersteller in Form von FuE-Zuschüssen und Beschaffungsmaßnahmen erfolgt dagegen in großem Maßstab vom Verteidigungsministerium aus. Solange der Netzträger Bestandteil der staatlichen Administration war, können auch dessen erhebliche Aufwendungen für FuE an die Industrie als Staatssubventionen gelten. Insofern wurde die Entwicklung einer eigenständigen britischen Vermittlungstechnik letztlich von Staatsorganen initiiert, wenn auch in privater Regie weiter- und zu Ende geführt.

Aufgrund des Regierungswechsels Ende der siebziger Jahre und der für britische Verhältnisse ungewöhnlich langen Amtszeit der derzeitigen Premierministerin wurde eine ganze Reihe von Liberalisierungsmaßnahmen durchgeführt, die die Struktur von FuE zum Teil erheblich beeinflußten. Insbesondere übertraf die ungewöhnlich rasche Umstellung des BT-Managements auf die neue Situation alle Erwartungen. Aus der väterlichen Rolle des Staatsmonopolisten, der praktisch alle telekommunikationsbezogenen Technologien mitbeeinflußt hat, ist ein aggressives Privatunternehmen geworden, das sich zunehmend vertikal integriert hat und weltumspannende Geschäfte sowohl im Dienste- wie auch im Gerätemarkt betreibt.

Die politisch proklamierte völlige Liberalisierung nach dem Vorbild der Vereinigten Staaten ("Little America") ist in einem Duopol stecken geblieben, in dem BT weiterhin stark dominiert. Der zweite überregionale Netzbetreiber, Mercury, hat keine FuE-Kapazitäten aufgebaut, jedoch läßt BT die seinen stagnieren, so daß die Netzbetreiber insgesamt ihren FuE-Anteil gegenüber den Herstellern zurückgefahren haben. Zudem wurden sie von eher mittelfristig orientierten Arbeiten auf mehr Marktnähe umgestellt. Dies hinterläßt eine Lücke in der mittelfristigen strategischen FuE, welche auch die Hochschulen wegen der dortigen Traditionen und Strukturen nicht zu schließen vermögen.

Die Entwicklung eines nationalen britischen Vermittlungssystems X kann technologisch nicht als Erfolg gewertet werden, wofür die institutionelle Struktur verantwortlich gemacht werden muß. Der Hauptakteur, die Britische Post vor der Liberalisierung, hat zunächst 1982 den dritten industriellen Partner, STC, aus den weiteren Arbeiten am Gemeinschaftsprojekt entlassen und den zweiten Partner, GEC, hintangestellt. Das Unternehmen Plessey wurde technologisch zur wesentlichen Stütze bei der System-X-Entwicklung nach 1982, bis durch die Hinzunahme des schwedischen Systems Y auch für den

Konsortialführer Plessey die nationalen Märkte verengt wurden. Als Folge der alle paar Jahre veränderten FuE-Strukturen hat der Dauerkonflikt zwischen GEC und Plessey sowie die "Affäre Mitel", nämlich die Übernahme eines Geräteproduzenten durch den Netzbetreiber, für weitere Verunsicherung gesorgt. Die längst überfällige Konzentration der weiteren System-X-Entwicklung in einem einzigen Unternehmen (dem Gemeinschaftsunternehmen GPT) kam Anfang 1988 sehr spät und konnte sich nicht konsolidieren, weil weniger als ein Jahr nach Gründung mit der Übernahme Plesseys durch GEC und Siemens erneut Unsicherheit bezüglich der zukünftigen FuE-Arbeitsteilung erzeugt wurde.

Der Einfluß des Verteidigungsministeriums auf die Elektronik-FuE ist zwar erheblich; inwieweit die zivilen Teile der Telekommunikationstechnologie davon betroffen sind, läßt sich schwer sagen. Einerseits werden Transferprozesse zwischen ziviler und kommerzieller Technologie immer wieder behauptet, und es gibt auch einzelne Beispiele hierfür, andererseits dürften die zivilen Massenmärkte einerseits und die höchstspezifischen Kleinserien andererseits weiterhin für wenig Gemeinsamkeiten sorgen. Die entscheidenden Hemmnisse der rüstungsbezogenen Telekommunikations-FuE dürften vielmehr im Abzug von Forschungspersonal aus dem zivilen Bereich, in der Bindung der Mittel für wenig umsatzwirksame FuE-Arbeiten und im Bedürfnis nach hoher Geheimhaltung innerhalb der betroffenen Unternehmen liegen. Ob die rüstungsorientierte FuE effizient ist, das heißt, ob sie zu mehr nationaler Sicherheit führen wird oder nicht (was das Erfolgskriterium für derartige FuE ist), macht sich in ökonomischen Größen nicht bemerkbar und kann daher in diesem Rahmen nicht beurteilt werden.

Da die britische Industrie in der Nachkriegszeit ohnehin eine Reihe von Problemen zu bewältigen hatte, von denen sie sich in den achtziger Jahren erst langsam erholte, ist insgesamt die problematische internationale Stellung der zivilen Telekommunikationsindustrie zu verstehen. Britische Unternehmen spielen im Weltgeschehen auf den vorderen Rängen keine Rolle mehr. Mittelfristig dürfte sich hier keine Verbesserung ergeben, da durch das Offenlassen der Fürsorge für strategische, mittelfristig orientierte Forschung im Telekommunikationsbereich zwischen den Unternehmen und den Universitäten durch die staatliche Technologiepolitik keine diesbezügliche Perspektive entsteht. Ob die europäischen Gemeinschaftsanstrengungen mit relativ begrenzten Mitteln diese Lücke dauerhaft schließen können, bleibt fraglich.

Aus technologischer Sicht können alle rüstungsnahen Teilgebiete der Telekommunikation als britisches Spezialgebiet gelten. Dies sind vor allem die Funktechnik, die Hochfrequenzkommunikation und auch die Lichtleitertechnik. Hier ist nicht nur eine ausgezeichnete Basis bei den Grundlagen vorhanden, sondern zum Teil sind sehr starke dynamische Trends gerade in den achtziger Jahren zu verzeichnen. Auch insgesamt im Querschnitt über alle Teilgebiete ist die britische Forschung und Entwicklung im Weltmaßstab überdurchschnittlich aktiv; sie setzt jedoch zu viele Akzente im Bereich der Verteidigung.

INHALTSVERZEICHNIS ZU BAND II

VERZEICHNIS DER UMRECHNUNGSFAKTOREN

Kaufkraftparitäten 1987 (Quelle: OECD 1988, eigene Abschätzungen)	
USA	1,00
Japan	213,29
Bundesrepublik Deutschland	2,47
Frankreich	7,43
Vereinigtes Königreich	0,58
Italien	1398,70
Spanien	105,95
Republik Korea	405,42
Niederlande	2,40
Schweden	8,69

Implizite BIP-Preisindizes (1980 = 1,00)
(Quelle: OECD 1988, eigene Abschätzungen)

Jahr	USA	Bundesrepublik	Frankreich
1981	1,079	1,040	1,118
1982	1,148	1,086	1,259
1983	1,185	1,121	1,379
1984	1,230	1,143	1,479
1985	1,268	1,168	1,566
1986	1,301	1,205	1,649
1987	1,347	1,226	1,698
1988	1,390	1,247	1,745

VERZEICHNIS DER ABKÜRZUNGEN *(für beide Bände)*

(nicht alle Firmennamen sind aufgeführt; wenn die Bezeichnung keinen klaren Bezug zu einem Land erkennen läßt, ist dieses angemerkt)

ABB	Asea Brown Boveri
ABRC	Advisory Board for the Research Councils (GB)
ACARD	Advisory Council on the Application of Research and Development (GB)
ACOST	Advisory Committee on Science and Technology (GB)
ACT	Action for Children's Television (US)
ACTS	Advanced Communiactions Technology Satellite
ACTV	Advanced Compatible Television
ADAPSO	Association of Data Processing Service Organizations (US)
ADI	Agence de l'Informatique (FR)
AENOR	Asociación Española de Normalización
AID	Agency for International Development (US)
AIST	Agency of Industrial Science and Technology (JP)
ANIEL	Asociación Nacional de la Industria Electrónica (ES)
ANPA	American Newspaper Publishers Association
APT	AT&T-Philips Telecommunications
APWU	American Postal Workers Union
ARINC	Aeronautical Radio, Inc.
ASC	Accounting Standards Commitee (GB)
ASD-C^3I	Assistant Secretary of Defense for Command, Control, Comunications, and Intelligence (US)
ASST	Azienda di Stato per i Servizi Telefonici (IT)
ATFH	Alcatel Thomson Faisceaux Hertziens
ATR	Advanced Telecommunications Research Institute (JP)
ATR	Alcatel Thomson Radiotéléphone
ATSC	Advanced Television Systems Committee (US)
BABT	British Approvals Board for Telecommunications
BBC	British Broadcasting Corporation
BCE	Bell Canada Enterprises
BIB	Board for International Broadcasting (US)
BIP	Bruttoinlandsprodukt
BIT	Boletín del Ingeniero de Telecomunicación
BK	Bildkommunikationstechnik

BOC	Bell Operating Company
BSI	British Standards Institution
BSP	Bruttosozialprodukt
BT	British Telecom
BTG	British Technology Group
BTRL	BT Research Laboratory
BÜ	Bildübertragungstechnik
CA	Kanada
CAD	Computer Aided Design
CAICYT	Comisión Asesora de Investigación Científica y Técnica (ES)
CBEMA	Computer and Business Equipment Manufacturers Association (US)
CBS	Central Bureau voor de Statistiek (NL)
CCITT	Comité Consultatif International Télégraphique et Téléphonique
CCETT	Centre Commun d'Etudes de Télécommunication (FR)
CCIR	Comité Consultatif International des Radiocommunications
CCTA	Central Computer and Telecomunication Agency (GB)
CCTU	Committee of Corporate Telecommunications Users (US)
CD-ROM	Compact Disk - Read Only Memory
CDTI	Centro para el Desarrollo Tecnológico Industrial (ES)
CEA	Commissariat à l'Energie Atomique (FR)
CEDEX	Centro de Estudios y Experimentación (ES)
CEHP	Canal de Experiencias Hidrodinámicas de El Pardo (ES)
CEPT	Conférence Européene des Administrations des Postes et des Télécommunications
CESIA	Centre d'Etudes des Systemes d'Information des Administrations (FR)
CESTA	Centre d'Etude des Systemes et des Technologies Avancées (FR)
CFA	Consumer Federation of America
CGCT	Companie Générale de Constructions Téléphoniques
CGE	Companie Générale d'Electricité
CIA	Central Intelligence Agency (US)
CICYT	Comisión Interministerial de Ciencia y Tecnología (ES)
CIDA	Centro de Investigaciones de la Armada (ES)
CIM	Computer Integrated Manufacturing
CIPE	Comitato Interministeriale per la Programmazione Economica (IT)
CMSA	Consolidated Metropolitan Statistical Area (US)
CNCL	Commission National de la Communication et Libertés (FR)
CNES	Centre National d'Etudes Spatiales (FR)

CNET	Centre National d'Etudes des Télécommunications (FR)
CNR	Consiglio Nazionale delle Ricerche (IT)
CNRS	Centre National de la Recherche Scientifique (FR)
CODEMA	Ausschuß für die Entwicklung für Verteidigungsausrüstung (NL)
COMSAT	Communications Satellite Corporation
COSINE	Cooperation for Open Systems Interconnection Networking in Europe
CPE	Customer Premises Equipment
CRL	Communications Research Laboratory (JP)
CSELT	Centro Studi e Laboratori Telecomunicazioni (IT)
CSIC	Consejo Superior de Investigaciones Científicas (ES)
CTNE	Compañia Telefónica Nacional de España (heute: Telefónica de España)
CTS	Conformance Test Service
CWA	Communications Workers of America
DACOM	Data Communcations Cooperation of Korea
DAII	Direction des Affaires Industrielles et Internationales (FR)
DARPA	Defense Advanced Research Projects Agency (US)
DCA	Defense Communications Agency (US)
DCST	Direzione Centrale per i Servizi Telegrafici (IT)
DE	Bundesrepublik Deutschland
DES	Department of Education and Science (JP)
DG	Dirección General (ES)
DGCT	Dirección General de Correos y Telégrafos (ES) (heute DGENT - Dirección General de Electrónica y Nuevas Tecnologías)
DGEI	Dirección General de Electrónica e Informática (ES)
DGRST	Délégation Générale à la Recherche Scientifique et Technique (FR)
DGT	Dirección General des Telecommunicaciones (ES)
DGT	Direction Générale des Télécommunications (heute: France Télécom, FT)
DI	Digitale Kommunikationstechnik
DNHR	Dynamical Non Hierarchical Routing
DNL	Dr. Neher Laboratory
DOC	Department of Commerce (US)
DOD	Department of Defense (US)
DOJ	Department of Justice (US)
DPA	Deutsches Patentamt

DTI	Department of Trade and Industry (GB)
DVI	Digital Video Interactive
ECL	Electrical Communication Laboratories (JP)
EG	Europäische Gemeinschaft
EIA	Electronic Industries Association (US)
EIAK	Electronic Industries Association of Korea
ENEA	Ente Nazionale dell' Energia Atomica (IT)
ENST	Ecole Nationale Supérieure des Télécommunications (FR)
EPA	Europäisches Patentamt
ES	Spanien
ESA	European Space Agency
ESPRIT	European Strategic Programme for Research and Development in Information Technology
ETL	Electrotechnical Laboratory
ETRI	Electronics and Telecommunication Research Institute
ETSIT	Escuela Técnica Superior de Ingenieros de Telecomunicación (ES)
FAA	Federal Aviation Administration (US)
FCC	Federal Communications Commission (US)
FDM	Frequency Division Multiplex
FEVE	Ferrocarriles de Via Estrecha (ES)
FFRDC	Federally funded research and development centres (US)
FIEE	Fédération des Industries Electriques et Electroniques (FR)
FIPS	Federal Information-Processing Standards
FIS	Fondo Investigaciones Sanitarias (ES)
FM	Frequency Modulation
FOA	Nationales Institut für Verteidigungsforschung (SE)
FR	Frankreich
FRN	Forskningsradnamden (SE)
FS	Fernsignaltechnik
FT	France Télécom
FTE	Full Time Equivalent
FU	Funktechnik
FuE	Forschung und Entwicklung
GATT	General Agreement on Tariffs and Trade
GB	Vereinigtes Königreich
GIEL	Groupment des Industries Electroniques (FR)
GNP	Gross National Product (Bruttosozialprodukt)

GPT	General Electric Plessey Telecommunications
GSM	Group Speciale Mobile
HDTV	High Definition Television
HF	Hochfrequenzkommunikation
IAC	Instituto de Astrofísica de Canarias
IBA	Independent Broadcasting Authority (GB)
ICA	International Communications Association
ICCP	Committee on Information, Computers and Communications Policy (OECD)
ICOT	Institute for New Generation Computer Technology (JP)
IDATE	Institut de l'Audiovisuel et des Télécommunications en Europe (FR)
IEC	International Electrotechnical Commission
IEO	Instituto Español de Oceanografía
IETC	Instituto de Estudios de Transportes y Comunicaciones (ES)
IGME	Instituto Geológico y Minero de España
IGN	Instituto Geográfico Nacional (ES)
IM	Institut für Mikroelektronik (SE)
INCE	Instituto Nacional para la Calidad de la Edificación (ES)
INE	Instituto Nacional de Estadística (ES)
INH	Instituto Nacional de Hidrocarburos (ES)
INI	Instituto Nacional de Indústria (ES)
INIA	Instituto Nacional de Investigación Agraria (ES)
INM	Instituto Nacional de Meteorología (ES)
INMARSAT	International Maritime Satellite Organization
INPADOC	International Patent Documentation Centre, Wien, Host STN
INRIA	Institut National de Recherche en Informatique et en Automatique (FR)
INSA	Instituto Nacional de la Salud (ES)
INSP	Informatikstimulierungsplan (NL)
INSPEC	Information Services for the Physics and Engineering Communities
INTA	Instituto Nacional de Técnica Aeroespacial (ES)
INTELSAT	International Telecommunications Satellite Organization
IOF	Institut für optische Forschung (SE)
IPC	International Patent Classification
IPO	Institute of Perception (NL)
IRI	Istituto per la Ricostruzione Industriale (IT)

ISPT	Istituto Superiore delle Poste e Telecomunicazioni (IT)
ISBL	Institutions sans But Lucratif (FR)
ISO	International Organisation for Standardization
ISDN	Integrated Services Digital Network
ISIC	International Standard Industrial Classification
ISTAT	Istituto Centrale di Statistica (IT)
IT	Information Technology, Informationstechnologie
IT	Italien
ITA	Information Technology Applications (SE)
ITA	International Trade Administrator, Department of Commerce (US)
ITU	International Telecommunication Union
ITU	Schwedisches Institut für angewandte Mathematik
JATE	Japan Approvals Institute for Telecommunication Equipment
JEN	Junta de Energía Nuclear (ES)
JICST	Japan Information Center for Science and Technology
JITA	Japan Industrial Technology Association
JOERS	Joint Optoelectronics Research Scheme (GB)
JP	Japan
JS	Jeumont-Schneider
JST	JS Télécommunications
KAIST	Korea Advanced Institute for Science and Technology
KISDI	Korea Information and Society Development Institute
KOSEF	Korea Science and Engineering Foundation
KR	Republik Korea
KSC	Kansai Science City (JP)
KTA	Korea Telecommunications Authority
KTARC	KTA Research Centre
KTC	Key Technology Centre (JP)
KTH	Königliche Technische Hochschule (SE)
LAN	Local Area Network
LATA	Local Access and Transportation Area (US)
LDC	Less Developed Countries
LE	Leitungsgebundene Kommunikation
LeRC	NASA Lewis Research Center (US)
LL	Lichtleiterkommunikationstechnik
LQM	Laboratorio Químico La Marañosa (ES)
LOT	Ley de Ordenación de las Telecomunicaciones (ES)
LWL	Lichtwellenleiter

MAP	Media Access Project (US)
Mbps	Million bits per second
MCI	Microwave Communications Inc.
MEC	Ministerio de Educación y Ciencia (ES)
MESC	Ministry of Education, Science and Culture, japanisch: Mombusho oder Monbusho (JP)
MET	Matra-Ericsson Télécommunication
MFJ	Modified Final Judgement (24. August 1982; US)
MINER	Ministerio de Industria y Energía (ES)
MITI	Ministry for International Trade and Industry (JP)
MMC	Monopolies and Mergers Commission (GB)
MOC	Ministry of Communications (KR)
MOD	Ministry of Defence (GB)
MOF	Ministry of Finance (JP)
MOST	Ministry of Science and Technology (KR)
MPAA	Motion Picture Association of America
MPT	Ministry of Posts and Telecommunications (JP)
MRES	Ministère de la Recherche et de l'Enseiquement Supèrieur (FR)
MTTC	Ministerio de Transportes, Turismo y Comunicaciones (ES)
NAB	National Association of Broadcasters (US)
NALC	National Association of Letter Carriers (US)
NARUC	National Association of Regulatory Utility Commissioners (US)
NASA	National Aeronautics and Space Administration (US)
NATO	North Atlantic Treaty Organisation
NBS	National Bureau of Standards (US)
NCS	National Communications System (US)
NCC	New Common Carriers (JP)
NCTA	National Cable Television Association (US)
NERC	Natural Environment Research Council (US)
NFLCP	National Federation of Local Cable Programmers (US)
NHK	Nippon Hoso Kyokai (JP)
NITS	National Institute for Technical Standards (US) (Nachfolgeorganisation des National Bureau of Standards)
NL	Niederlande
NLC	National League of Cities (US)
NMT	Nordisches Mobiles Telefonsystem (SE)
NOI	Notice of Inquiry (US)
NPRM	Notice of Proposed Rulemaking (FCC)

NSC	National Security Council (US)
NSF	National Science Foundation (US)
NT	Northern Telecom
NTIA	National Telecommunications and Informations Administration, Department of Commerce (US)
NTSC	National Television Standards Committee (US)
NTT	Nippon Telegraph and Telephone Corporation
OECD	Organisation for Economic Co-Operation and Development
OFTEL	Office of Telecommunications (GB)
OSI	Open System Interconnection
OSROC	Office of Supply of the Republic of Korea
OTA	Office of Technology Assessment, US Congress
OTP	Office of Telecommunications Policy, White House (US)
PABX	Private Automatic Branch Exchange
PBX	Private Branch Exchange (Nebenstellenanlage)
PC	Personalcomputer
PEIN	Plan Electrónico e Informático Nacional (ES)
PLANICYT	Plan Nacional de Investigación Cientifica y Desarrollo Tecnológico (ES)
PMFE	Programme Mobilisateur de la Filière Electronique (FR)
PRC	Programmes de Recherches Coordinéers (FR)
PTDS	Philips Telecommunicatie en Data Systemen
PTL	PTT Telematics Labor (NL)
PTT	Post, Telegraph, Telephon (in mehreren Sprachen, in Frankreich: Poste, Télécommunications et Télédiffusion)
PUC	Public Utility Commission (US)
R&D	Research and Development
R&SE	Research and Systems Engineering
RACE	Research in Advanced Communication Technologies for Europe
RAL	Rutherford Appleton Laboratory (GB)
RAPTB	Raad van Advies voor het Post- de Telecommunicatiebeleid (NL)
RAWB	Raad van Advies voor het Wetenschapsbeleid (NL)
RBOC	Regional Bell Operating Companies
RDT&E	Research, Development, Testing and Evaluation
RENFE	Red Nacional de Ferrocarriles Españoles
RHC	Regional Holding Company (of Bell Telephone Operating Companies)
RIKEN	Institute of Physical and Chemical Research (JP)

RITE	Research Institute of Telecommunications and Economics (JP)
RLA	Relative Literaturaktivität (Publikationsindikator)
RPA	Relative Patentaktivität (Patentindikator)
RPOA	Recognized Private Operating Agency (US)
RRB	Research Requirement Board (GB)
RRC	Radio Regulatory Council (JP)
RRL	Radio Research Laboratory (JP) (heute: CRL)
RSRE	Royal Signals and Radar Establishment (GB)
RWT	Rat für Wissenschafts- und Technologiepolitik (NL)
RTIC	La Radiotechnique Industrielle et Commerciale (FR)
SAAC	NASA Space Applications Advisory Committee (US)
SAG	Screen Actors Guild (US)
SAT	Societé Anonyme de Télécommunications
SDI	Strategic Defense Initiative (US)
SDLC	Synchronous Data Link Control
SE	Schweden
SEDE	Service d'Etude et de Developpments Extérieures (FR)
SEL	Standard Elektrik Lorenz
SERC	Science and Education Research Council (GB)
SESA	Standard Eléctrica, S.A.
SG	Sonstige Geräte, anderswo nicht enthalten
SHAPE	Supreme Headquarters Allied Powers Europe
SI3T	Syndicat des Industries Françaises du Télépone, du Télégraphe et de leurs Applications Télématique (FR)
SICS	Schwedisches Institut für Informatik
SICUEMA	Servicio de Investigación y Coordinación Universidad-Empresa Madrid (ES)
SIG	Senior Interagency Group on International Communication and Information Policy
SIP	Società Italiana per l'Esercizio delle Telecomunicazioni (IT)
SISU	Schwedisches Institut für Systementwicklung
SO	Software, Dienste, Kommunikationspolitik
SPER	Syndicat des Industries de Matériel Professionel Electronique et Radioélectrique (FR)
SPI	Science Physique pour l'Ingenieur (FR)
SPIN	Projektgruppe für die Stimulierung informationstechnologischer Forschung (NL)

SPIN-OV	Programm zur Stimulierung der Informatikanwendung im öffentlichen Sektor (NL)
SPRI	Sociedad para la Promoción y la Reconversión Industrial (ES)
SRI	Stanford Research Institute (US)
STA	Science and Technology Agency (JP)
STET	Società Finanziarià Telefonica (IT)
STIIU	Science, Technology and Industry Indicators Unit (OECD)
STN	Scientifique and Technical Information Network
STU	Styrelsen for Teknisk Utveckling (SE)
SURF	Stimulierung der unversitären Zusammenarbeit im Bereich von Computereinrichtungen (NL)
SYCABEL	Syndicat de l'Industrie Française des Fils et Cables Electriques
TDF	Télédiffusion de France
TDMA	Time Division Multiple Acess
TDP	Trade and Development Program, Department of Commerce (US)
TDRSS	Tracking in Data Relay Satellite System
TH	Theorie der Information und Kommunikation
TID	Telefónica Investigación y Desarrollo (ES)
TNO	Nederlandse centrale organisatie voor toegepast-natuurwetenschappelijk onderzoek (Organisation für angewandte wissenschaftliche Forschung)
TPEE	Taller de Precisión y Centro Electrónico (ES)
TRB	Technology Requirement Board (GB)
TRDI	Technical Research and Development Institute (JP)
TRT	Télécommunications Radioélectriques et Téléphoniques (FR)
TTC	Telecommunications Technology Council (JP)
UGC	University Grants Commitee (GB)
UHÄ	National Board of Universities and Colleges (SE)
UPE	User Premises Equipment
US	USA
USIA	United States Information Agency
USPTO	US Patent and Trademark Office
USTA	United States Telephone Association
USTR	United States Trade Representative
VAN	Valve Added Networks
VLSI	Very Large Scale Integration
VSAT	Very Small Aperture Terminals

WAN	Wide Area Network
WARC	World Administrative Radio Conference
WATTC	World Administrative Telegraph and Telephone Conference
WGA	Writers Guild of America
WPI	World Patents Index
WPIL	World Patents Index Latest
ZWO	Organisation für den Fortschritt der reinen wissenschaftlichen Forschung (NL)

LITERATURVERZEICHNIS *(für beide Bände)*

(Dieses Verzeichnis enthält neben der zitierten Literatur auch bibliographische Fundstellen zu vertiefenden Einzelaspekten, die im vorliegenden Buch nicht ausdrücklich erwähnt wurden).

AAAS,
Research & Development FY 1989, AAAS Report XIII, American Association for the Advancement of Science, Washington, 1988

Abel, G.,
Switch Firm Awaits Bell's Call, in: Communications Week International 14, 15, 1989

Affärsvärlden,
Specialen: Svensk industriforskning, Affärsvärlden 7/1, Nr. 1, 16-33, 1988

Ahn, D.S.,
Strukturanalyse ausgewählter Industriezweige der koreanischen Wirtschaft, Stuttgart, 1985

Ameritech,
Annual Report 1987, Chicago, 1988

ANIEL
Memoria de ANIEL. Informe del Sector Electrónico 1986, Madrid, 1987

ANIEL,
id., 1987, Madrid, 1988

Anonym,
Svensk Informationsteknologi - utgångsläge och underlag för ett nationellt program, 1985

Anonym,
Science and Technology Policies in Sweden, Stockholm, 1986

ASSINFORM,
Rapporto ASSINFORM sulla situazione dell'informatica in Italia, Mailand, 1988

BIT,
Aportación del C.O.I.T. al Libro Blanco de las Telecomunicaciones, Madrid, 1981

BIT,
Nr. 50, 1987

BIT, Redes Telemáticas, Nr. 51, 1988 (a)

BIT,
Tecnologia nacional/importada, Nr. 52, 1988 (b)

BMFT,
Bundesbericht Forschung VI, Bonn, 1979

BMFT,
Faktenbericht 1981 zum Bundesbericht Forschung, Bonn, 1982

BMFT (Hrsg.),
Die Messung wissenschaftlicher und technischer Tätigkeiten. Allgemeine Richtlinien für statistische Übersichten in Forschung und experimenteller Entwicklung; Frascati-Handbuch 1980, Bonn, 1982

BMFT,
Bericht der Queisser-Kommission "Informationstechnik", Bonn, 1985

BMFT,
Faktenbericht 1986 zum Bundesbericht Forschung, Bonn, 1986

BMFT,
Bundesbericht Forschung 1988, Bonn, 1988

BMFT, BMWi,
Zukunftskonzept Informationstechnik, Bonn, 1989

BMP,
Reform des Post- und Fernmeldewesens in der Bundesrepublik Deutschland, Konzeption der Bundesregierung zur Neuordnung des Telekommunikationsmarktes, Heidelberg, 1988

Bosworth, D.L.,
The transfer of U.S. technology, in: Research Policy 9, 378-388, 1980

Botskor, I.,
Der Technostaat plant seine Zukunft, Technologiepolitik in Japan, in: Aus Politik und Zeitgeschichte, Beilage zur Wochenzeitung Das Parlament, B 19/88, 1988

Bräunling, G.; D.-M. Harmsen,
Die Förderungsprinzipien und Instrumente der Forschungs- und Technologiepolitik, Göttingen, 1975

Business Korea,
Yearbook on Korean Economy and Business 1988/89, Seoul, 1987

Business Korea Electronics,
Mehrere Ausgaben, 1988

Carroll, J.R.,
Airline growth eroding safety, report warns, FAA scrambling to catch up, in: The Arizona Republic, July 28 p. 1-2, 1988

CBS,
Speur- en ontwikkelingswerk in nederland 1986, Gravenhage, 1989

CGE,
Exercice 1987, Paris, 1988

CICYT,
Plan Nacional de Investigación Cientifica y Desarrollo Tecnológico, Madrid, 1988 (a)

CICYT,
Plan Nacional, gekürzte und überarbeitete Version, Madrid, 1988 (b)

CICYT,
Programas Sectoriales del Plan Nacional, Anhang 1, Madrid, 1988 (c)

CNET,
Rapport d'Activité, Paris, Jahrgänge 1984 bis 1987

Committee on Science and Technology,
Compendium of Federal Government Communications R&D Planned for Fiscal Year 1980-81 Funding (Cicil Agencies), prepared by the Subcommittee on Transportation, Aviation and Communications of the Committee on Science and Technology, US House of Representatives, Ninety-Sixth Congress, Washington, 1980

Cozzi, G.; A. Gambardella,
La commutazione pubblica e le trasmissioni in Italia: Effetti del progresso tecnologico, dimensione del mercato e struttura dell'offerta, Universität Bocconi, Mailand, 1988

CSELT,
Annual Report, 1986

CTNE,
1986 Annual Report, Madrid, 1987

Dang Nguyen, G.,
Telecommunications in France, in: Foreman-Peck, Müller (Hrsg.), 131-154, 1988

Dang Nguyen, G.
European R&D Policy for Telecommunications, in: Wissenschaftliches Institut für Kommunikationsdienste (Hrsg.), Diskussionsbeiträge zur Telekommunikationsforschung, Nr. 49, Bad Honnef, 1989

David Sarnoff Research Center,
Where excellence in research is a tradition, David Sarnoff Research Center, Princeton, 1987

David Sarnoff Research Center,
See the Future: Advanced Compatible Television, in: Vision 2, 13-15, vierteljährlich erscheinendes Magazin des David Sarnoff Research Center, 1988 (a)

David Sarnoff Research Center,
Consortium for Surface Processing Research Awarded Sematech Center of Excellence, in: Vision 2, 19, 1988 (b)

David Sarnoff Research Center,
1987 Annual Report, David Sarnoff Research Center, Princeton, 1988 (c)

Deutsch-Koreanische Industrie- und Handelkammer,
Partnerland Korea, Seoul, 1988

Deutsche Bundesbank,
Patent- und Lizenzverkehr mit dem Ausland sowie sonstiger Austausch von technischem Wissen durch Dienstleistungen in den Jahren 1986 und 1987, in: Monatsberichte der Deutschen Bundesbank, Mai, 39-55, 1988

DGRST,
Recherche et Dévelopment dans les Entreprises 1976, Paris 1978

Dingeldey, R.T.,
Einheitstechnik und Beschaffungswettbewerb im Fernmeldewesen, in: Zeitschrift für das Post- und Fernmeldewesen 9, 298f,1974

Dowling, M. J.,
Strategic Investments in Innovation: The Telecommunications Equipment Industry 1975 - 1986, Dissertation, Universität von Texas, Austin, 1988

DTI,
DTI - the department for Enterprise, HMSO, Cm 278, London, 1988

Economic Planning Board,
Major Statistics of Korean Economy 1988, Seoul, 1988

EIA,
Electronic Market Data Book, Electronic Industries Association, Washington, 1988 (a)

EIA,
1988 Catalog of EIA & JEDEC Standards & Engineering Publications, Electronic Industries Association, Washington 1988 (b)

EIA,
1987 Annual Report, Electronic Industries Association, Washington, 1988 (c)

EIRMA (Hrsg.)
Evaluation of R&D Output, Working Group Reports No. 29 der European Industrial Research Management Association, Paris, 1985

Electronics Association of Japan,
Electronics in Japan '85-86, Tokyo, 1986

Elias, D.; R. Tietz,
Die organisatorische Neuordnung der nachrichtentechnischen Forschung bei der Deutschen Bundespost, in: Jahrbuch des elektrischen Fernmeldewesens 1974, 328 - 412, 1974

Eto, H.,
Behaviour of Japanese R&D Organizations - Conflict and its Resolution by Informal Mechanisms, in: Eto, Matsui (Hrsg.), R&D Management Systems in Japanese Industry, 139-234, Amsterdam, New York, Oxford, 1984

Evers, R.,
Informationstechnologie in Japan. Stand der Technik, künftige Entwicklungen und öffentliche Förderung, Gesellschaft für Mathematik und Datenverarbeitung, GMD-Studien Nr. 111, Sankt Augustin, 1986

Flamm, K.,
Targeting the Computer, The Brookings Institution, Washington, 1987

Foreman-Peck, J.; D. Manning,
Telecommunications in Italy, in: Foreman-Peck, Müller (Hrsg.), 181-202, 1988

Foreman-Peck, J.; J. Müller (Hrsg.),
European Telecommunication Organisations, Baden-Baden, 1988

Fornari, C. u.a.,
The relations between public research organizations and firms: The case of Italy, Koferenzbeitrag, Mailand, 1988

France Télécom,
Rapport d'Activité 1987, Paris, 1988

Freeman, Ch.,
The Economics of Industrial Innovation, London, 2. Auflage, 1982

Freeman, Ch.,
Technology Policy and Economic Performance, London, 1987

FUNDESCO/CSIC,
Comunidad Científica Española en las tecnologías de la información, Band 1: Perspectiva general y análisis por áreas, Madrid, 1987 (a)

FUNDESCO/CSIC,
id., Band 2: Grupos de investigación, Madrid, 1987 (b)

Gerybadze, A.,
Raumfahrt und Verteidigung als Industriepolitik?, Frankfurt, New York, 1988

GIEL,
Rapport d'Activité 1985, Paris, 1986

Granberg, A.,
Fiber Optics as Technological Field, Program on Research Policy and the Management of R&D Systems, Research Policy Studies, Discussion Paper No 182, Lund, 1988

Granstrand, O.; J. Sigurdson (eds.),
Technological Innovation and Industrial Development in Telecommunications, Research Policy Institute and NORDFORSK, Gothenburg, Lund, Stockholm, 1985

Greif, S.,
Die Rolle patentgeschützter Importe für den Technologietransfer in Entwicklungsländern, in: GRUR Int., 413-420, 1976

Greif, S.,
Ausübungszwang für Patente. Ökonomische Möglichkeiten und Grenzen unter besonderer Berücksichtigung der Entwicklungsländer, in: GRUR Int., 731-745, 1981

Grupp, H. (Ed.),
Problems of Measuring Technological Change, Köln, 1987

Grupp, H.,
The Concept of Entropy in Scientometrics and Innovation Research - An Indicator for Institutional Involvement in Scientific and Technological Developments, in: Scientometrics 17, 471-489, 1989

Grupp, H.,
On the Supplementary Functions of Science and Technology Indicators - The Case of West German Telecommunication R&D, Scientometrics, im Druck (1990)

Grupp, H., H. Legler,
Strukturelle und technologische Position der Bundesrepublik Deutschland im internationalen Wettbewerb, FhG-ISI und NIW, Karlsruhe, Hannover, 1989

Grupp, H.; U. Schmoch,
Technologieindikatoren: Aussagekraft, Verwendungsmöglichkeiten, Erhebungsverfahren, in: Bullinger (Hrsg.), Organisation und Technik der Kommunikation, München, erscheint 1990

Grupp, H.; B. Schwitalla,
Innovationsdynamik der führenden Marktwirtschaften im technometrischen Vergleich, in: Welfens, Balcerowicz (Hrsg.), Innovationsdynamik im Systemvergleich, Heidelberg, 323-341, 1988

Grupp, H.; B. Schwitalla,
Technometrics, bibliometrics, econometrics, and patent analysis: towards a correlated system of science, technology, and innovation indicators, in: van Raan, Nederhof, Moed (eds.) 1989

Gruppo IRI,
1988/89 Yearbook, Rom, 1988

Gummett, Ph.; W. Walker,
Changes in European Defence Procurement and Industrial Capabilities, Technology Analyses & Strategic Management 1, 191-203, 1989

Hasenclever, F., C. Leggewie u.a.,
Frankreich, Hamburg, 1985

Heuermann, A., K.-H. Neumann,
Die Liberalisierung des britischen Telekommunikationsmarktes, Berlin, Heidelberg, New York, Tokyo, 1985

Heuermann, A.; K.-H. Neumann, T. Schnöring, B. Wieland,
Telekommunikation im Vergleich - Eine problemorientierte Übersicht über die Länder USA, Großbritannien, Frankreich, Niederlande, Schweden und Japan, in: Schwarz-Schilling, Chr. (Hrsg.), Jahrbuch der Deutschen Bundespost 1986, 37. Jhrg., Bad Windsheim, 1986

Hiergeist, F.,
Vorschlag für ein deutsches Fernmeldesatelliten-System, in: Jahrbuch der Deutschen Bundespost 1983, 186-225, 1983

Hoffmann, K.,
Digitale Fernsprechvermittlungstechnik bei der Deutschen Bundespost, Das Präsentationsverfahren, in: Jahrbuch der Deutschen Bundespost 1984, 9f, 1984

Hotta, K.,
Historische Entwicklungslinien der Wettbewerbsdynamik im Japanischen Markt, Zeitschrift für Betriebswirtschaft 56, 500-508, 1986

Imai, K.-F.,
Potential of Information Technology and Economic Growth in Japan and Associate Policy Problems, Institute of Business Research, Hitotsubashi-Universität, Discussion Paper No. 129, Tokyo, 1987

INE,
Estadística sobre las actividades en investigación científica y desarrollo tecnológico. Años 1984 y 1985, Madrid, 1988

Infobrief Research and Technology,
United States: Growth in national R&D efforts slows down, in: Infobrief Research and Technology 332, 4-6, 1987

ISTAT, Indagine statistica sulla ricerca scientifica, Jahrgänge 1975 bis 1985, Rom 1977-1987

Japan Techno-Economics Society,
Development of Telecommunications System and Reviews on the Technical and Socio-Economic Background, Tokyo, 1985

Kalin, M.J.,
Telecommunications Policies in Ten Countries: Prospects for Future Competitive Access, US Department of Commerce, Washington, 1985

Klippert, H.,
Wenn die wirtschaftlichen Erfolge zu einer Bedrohung werden. Über Südkoreas rasante ökonomische Entwicklung und die gefährliche Abhängigkkeit vom Export, Frankfurter Rundschau, 17.8.1988

Klodt, H.,
Wettlauf um die Zukunft - Technologiepolitik im internationalen Vergleich, Tübingen, 1987

Kobayashi, M.,
MA-Diplomarbeit an der Graduate School of Policy Science, Universität Saitama, Saitama, 1987 (in japanischer Sprache)

Kodama, F.,
A System Approach to Science Indicator, in: Grupp (Ed.), 65-87, 1987 (a)

Kodama, F.,
Dynamics of National R&D Program, in: Research on Socio-Economic Aspects of Energy Systems, Ministerium für Bildung, Wissenschaft und Kultur, Tokio, 1987 (b)

Korea Business Review,
Mehrere Ausgaben, 1988

Korea Business World,
Mehrere Ausgaben, 1988

Krupp, H.; U. Kuntze,
Dilemmata Inherent in the Public Promotion of High Technologies, Lucca, 1986

Küchle, M.,
Südkoreas Weg zum Industriestaat. Technologischer Fortschritt als Grundlage zukünftiger wirtschaftlicher Erfolge, in: Ifo-Schnelldienst 11/88, 1988

Kuntze, O.-E.,
Konjunktur in Italien, in: Ifo-Schnelldienst 22, 26ff, 1988, sowie 28, 23ff, 1984, und 35/36, 26ff, 1983

Kuntze, U.; F. Meyer-Krahmer, G. Gielow, H. Grupp, A. Thierstein,
Internationaler Vergleich der Forschungs-, Technologie- und Innovationspolitik für kleine und mittlere Unternehmen unter besonderer Berücksichtigung der indirekten Förderung, FhG-ISI, B-15-86, Karlsruhe, 1986

Lessmann, P.,
Korea (Rep.) zur Jahresmitte 1988, Bundesstelle für Außenhandelsinformation, Juni 1988

Malerba, F.,
L'attività di ricerca e sviluppo nell'industria italiana, in: L'Industria 8, 67ff, 1987

Management and Coordination Agency,
Organization of the Government of Japan, Prime Minister's Office, Tokyo, 1987

Mangalo, N.,
Patentschutz und Technologietransfer im Nord-Süd-Konflikt, in: GRUR Int., 349-356, 1977

Manning, D.; A. Bader von Jago, J. Foreman-Peck, J. Müller,
Telecommunications in Spain, in: Foreman-Peck, Müller (Hrsg.), 237-256, 1988

Mansfield, E.,
Studies of Tax Policy, Innovation and Patents: A Final Report, Philadelphia, 1985

MEC/CAICYT,
Lineas Generales de Política Cientifica en España, Madrid, 1985

Messerlin, P. A.,
The Political Economy of Protectionism: The Bureaucratic Case, Weltwirtschafts-Archiv, 469 - 496, 1981

Miclescu, M.,
Bildungsreform in Spanien 1970-1980, Weinheim, 1982

MINER,
Plan Electrónico e Informático Nacional, Madrid, 1984

MINER,
Plan Electrónico e Informático Nacional (II), Madrid, 1988

MINER/CDTI,
Actuaciones y Servicios, Madrid, 1988

Ministry of Communications (MOC),
Mid/Long Term Communications Development Plan (1985 - 2001), Seoul, Dezember 1984

Ministry of Communications (MOC),
Tele-Korea Today, 1987

Ministry of Science and Technology (MOST),
Major Research Institutes in the Republic of Korea, Seoul, 1987 (a)

Ministry of Science and Technology (MOST),
Science and Technology Handbook 1987 (b)

Ministry of Science and Technology (MOST),
Introduction to Science and Technology, Republic of Korea, 1988

Mlecek, U.,
Forschung bei der Deutschen Bundespost, in: 40 Jahre FTZ und PTZ in Darmstadt, Archiv für deutsche Postgeschichte, Heft 1/89, 103f, 1989

MMC,
The General Electric Company PLC and The Plessey Company PLC. A Report on the proposed merger, HMSO Cmnd. 9867, London, 1986

MMC,
The General Electric Company plc, Siemens AG and The Plessey Company plc. A Report on the proposed mergers, HMSO Cm 676, London, 1989

Monbusho,
Research Cooperation between Universities and Industry, Tokyo, o. J. (1988)

Moore, J.H.,
Technology Transfer in the United States, paper presented at the 2nd annual EEA meeting, Kopenhagen, 1987

Morgan, K.,
Breaching the Monopoly: Telecommunications and the State in Britain, University of Sussex, Working Paper Series on Government - Industry Relations, No. 7, o.O., 1987 (a)

Morgan, K.,
Monopolies under Siege in Western Europe: The Challenge of Deregulation in Telecommunications, in: IDS Bulletin, 18, 19-25, 1987 (b)

Morganti, F. u.a.,
Rapporto al presidente del consiglio sulle telecomunicazioni, Mailand, 1984

Motorola,
Annual Report 1986, Motorola, Inc., Schaumburg, 1987

Motorola,
Annual Report 1987, Motorola, Inc., Schaumburg, 1988

Mowery, D.C.,
Forecasts of the Impact of Divestiture on Bell Telephone Laboratories: an Assessment, presented at Telecommunications Policy Research Conference, Airlie House, September 27-30, 1987

MPT,
Research and Development Guidelines for Telecommunications Technology, MPT, Tokyo, 1987

MRES,
Recherche et Dévelopment dans les Entreprises, Résultats 1985, Paris, 1987

MRES,
La Recherche Publique en 1985, Paris, 1988

MRT,
Extraits du Rapport de Synthése de la Mission Filière Electronique, Paris, 1982

MTTC,
Ordenación de las Telecomunicaciones, Madrid, 1987

Müller, J.,
The benefits of completing the internal market for telecommunication equipment and services, Research on the "cost of Non-Europe", Basic findings 10, Brussels, 1988

Müller, J.; P. Kuhn,
Information Technology Standardization in Japan, München, 1989

Mushashi, T.,
Japanese Telecommunications Policy, Program on Information Resources Policy, Harvard University, Cambridge, 1984

Naderi, F.M., S.J. Campanella,
NASA's, Advanced Communications Technology Satellite (ACTS): an Overview of the Satellite, the Network, and the Underlying Technologies, ACTS Publication 100, NASA Headquarters, Washington, 1988

NASA Advisory Council,
Communication Satellites. Guidelines for a Strategic Plan, Report of the Communications Subcommittee of the Space Applications Advisory Committee (SAAC), NASA Advisory Council, Washington, 1987

NASA,
Space Network TDRSS Data Book, 1985

National Science Board,
Science and Engineering Indicators, Washington, D.C., 1987

Nelson-Rowe, L.,
Patent Rights Debated, in: Communications Week International, 9, 1989 (a)

Nelson-Rowe, L.,
Federal Express Turns Telecoms Provider, in: Communications Week International, 12, 1989 (b)

Neu, W.,
Das Problem verzerrender Einflüsse von Preis- und Wechselkursänderungen bei der Interpretation von Handelsdaten, WIK, Diskussionsbeiträge zur Telekommunikationsforschung, Nr. 45, Bad Honnef, 1988

Neu, W.; Th. Schnöring,
Recent Changes in the International Trade Pattern of Telecommunications Equipment Industry, WIK, Diskussionsbeiträge zur Telekommunikationsforschung, Nr. 46, Bad Honnef, 1988

Neu, W.; Th. Schnöring,
The telecommunications equipment industry, Recent changes in its international trade pattern, in: Telecommunications Policy, Vol 1, 25f, 1989

Neue Züricher Zeitung,
Südkorea auf dem konjunkturellen Olymp. Wachstumsknick nach den Spielen in Seoul? 21.9.1988

Neumann, K.-H.,
Die Neuorganisation der Telekommunikation in Japan, Berlin, Heidelberg, New York, 1987

Noam, E.M.,
Die Entwicklung der Telekommunikation in den Vereinigten Staaten seit der Entflechtung von AT&T, in: ZPF Zeitschrift für das Post- und Fernmeldewesen, 12/88, 4-15, 1988

Noll, A.M.,
Bell System R&D Activities: The Impact of Divestiture, in: Telecommunications Policy, June 1987, 161-178, mit 1986 Data Addendum im August, 1987

Noll, R.G.; B.M. Owen,
United States V. AT&T - An Interim Assessment, Stanford University, Studies in Industry Economics, Discussion Paper No. 139, rev. August 1987 (a)

Noll, R.G.; B.M. Owen,
United States V. AT&T - The Economic Issues, Stanford University, Studies in Industry Economics, Discussion Paper No. 140, December 1987 (b), to be published in: Kwoka, White (ed.), The Antitrust Revolution, Scott Foresman, 1988

Nomura Research Institute,
Forschungs- und Technologiepolitik. Forschungs- und Entwicklungssystem in Japan (Teilstudie im Rahmen einer Untersuchung der Prognos AG, Basel), Kamakura, 1983

Northern Business Information,
Northern Telecom - A Strategic Analysis, New York, 1986

NSF,
Research and development in industry, 1983, Surveys of Science Resources Series, NSF 85-325, National Science Foundation, Washington, 1985

NSF,
National Patterns of Science and Technology Resources: 1987, National Science Foundation, Washington, 1988

NTIA,
NTIA Trade Report: Assessing the Effects of Changing the AT&T Antitrust Consent Decree, National Telecommunications and Information Administration, US Department of Commerce, Washington, 1987

OECD,
Science and Technology Indicators, Paris, 1984

OECD,
Science and Technology Indicators. Basic Statistical Series. Volume B: Gross National Expenditures on R&D, Paris, 1985

OECD,
Reviews of National Science and Technology Policy - Netherlands, Paris, 1987 (a)

OECD,
Reviews of National Science and Technology Policy - Sweden, Paris, 1987 (b)

OECD,
Trends of Change in Telecommunications Policy, Paris, 1987 (c)

OECD,
Innovation Policy - Spain, Paris, 1987 (d)

OECD,
Main Science and Technology Indicators 1981-87 and 1982-88, Paris, 1988

Olley, R.E.,
The Process of Technology Transfer and Application in Telecommunications: A Case Study, in: D. Sahal (Hrsg.), The Transfer and Utilization of Technical Knowledge, Lexington, 1982

OTA,
Information Technology and R&D: Critical Trends and Issues, US Congress, Office of Technology Assessment, OTA-CIT-268, Washington, 1985

OTA,
International Competition in Services, US Congress, Office of Technology Assessment, OTA-ITE-328, Washington, 1987

Pavitt, K.,
Patent Statistics as Indicators of Innovation Activities: Possibilities and Problems, in: Scientometrics 7, 77-99, 1985

Petzinger, R.,
Thomson-Brandt, Banlieu und 2CV, in: Hasenclever, Leggewie u.a., 49-70, 1985

Pohl, M.,
Politik und Wirtschaft in Japan, in: Aus Politik und Zeitgeschichte, Beilage zur Wochenzeitung Das Parlament, B 19/88, 1988

President's Commission,
Global Competition. The New Reality, President's Commission on Industrial Competitiveness, Washington, 1985

Profit, A.,
Rapport sectoriel "Télécommunication - Télématique", in: MRT, 1982

Projet de Loi de Finances,
Document annexe, La Recherche et le Dévelopment Technologique en France, Paris, Jhrg. 1980 bis 1989

Raffa, M. u.a.,
The Italian Telecommunications Industry. Behavior and Strategies of the Leading Protagonists. Bericht. Fakultät für Ingenieurwissenschaften, Universität Neapel, 1986

Rahn, G.,
Die Bedeutung des gewerblichen Rechtsschutzes für die wirtschaftliche Entwicklung: Die japanischen Erfahrungen, in: GRUR Int., 577-598, 1982

RAND,
A Bibliography of Selected RAND Publications: Television and Communication Policy (January 1988), Communication Satellites (January 1988), Communication Systems (May 1988), the RAND Corporation, Santa Monica, 1988

Rausch, J.M.,
Rapport d'Information sur l'Avenir des Télécommunications en France et en Europe, Rapport au Sénat, Paris, 1987

Reuter, M.; J. Eck,
Die organisatorische und personelle Entwicklung des FTZ, in: Archiv für deutsche Postgeschichte, H. 1/89, 18f, 1989

Riesenhuber, H.
Die Weltraum-Politik der Bundesrepublik: Engagement mit Maß, in: Spektrum der Wissenschaft, 14, 1989

Roessner, J.D.,
Prospects for a US National Innovation Policy, in: Futures 17, 224-231, 1985

Ros Perán, F.; J. Barberá,
El sistema Ciencia - Tecnologia - Industria en Espana, Sonderbeilage im BIT, Madrid, 1986

Rudge, A.W.,
Organization and management of R&D in a privatized British Telecom, in: Sci.publ. Affairs 4, 115-129, 1990

Sandgren, C.,
Statens stöd till forskning och utueckling. Institutet för immaterialrätt och marknadsrätt vid Stockholms Universitet, Stockholm, 1981

Saviotti, P.P.,
Information, Variety and Entropy in Technoeconomic Development, in: Research Policy 17, 89-103, 1988

SCB,
Forskningsstatistik, Statistika meddelanden, U 14 SM 8701, Sveriges officiella statistik, Örebro, 1987

Scherer, J.,
Telekommunikationsrecht und Telekommunikationspolitik, Baden Baden, 1985

Schmoch, U.; H. Grupp,
Patents between Corporate Strategy and Technology Output: An Approach to the Synoptic Evaluation of US, European, and German Patent Data, in: van Raan, Nederhof, Moed (ed.), 1989

Schmoch, U.; H. Grupp, W. Mannsbart, B. Schwitalla,
Technikprognosen mit Patentindikatoren, Köln, 1988

Schnöring, Th.,
Die deutsche informations- und kommunikationstechnische Industrie und ihre internationale Wettbewerbsposition, WIK, Diskussionsbeiträge zur Telekommunikationsforschung, Nr. 34, Bad Honnef, 1988

Schnöring, Th.,
FuE-Förderung des Bundesministeriums für Forschung und Technologie im Telekommunikationsbereich, in: Wissenschaftliches Institut für Kommunikationsdienste (Hrsg.), Diskussionsbeiträge zur Telekommunikationsforschung Nr. 51, Bad Honnef, 1989 (a)

Schnöring, Th.,
Forschung und Entwicklung bei der Deutschen Bundespost - eine Analyse aus ökonomischer Sicht, in: Wissenschaftliches Institut für Kommunikationsdienste (Hrsg.), Diskussionsbeiträge zur Telekommunikationsforschung Nr. 52, Bad Honnef, 1989 (b)

Schulz, W.,
Alles unter Kontrolle, in: Wirtschaftswoche 34, 112-114, 1988

SICUEMA,
555 Contratos de Investigación Universidad-Empresa (1978-1986), Madrid, 1987

SICUEMA,
Boletin de la Fundación Nr. 60, Madrid, 1988

Singer, S.F.,
Private communication of the DOT Chief Scientist, March 15, 1988

SIP,
Programma Quadriennale 1989 - 1992, Rom, 1988

S.P.R.I.,
Investors Guide, Bilbao, 1988 (a)

S.P.R.I.,
Annual Report 1987, Bilbao, 1988 (b)

Soete, L.,
Introduction, in: Soete (ed.), Technological Trends and Employment, 3: Electronics and Communications, Aldershot, 1985

STA,
Indicators of Science and Technology, Tokyo, 1986

Statistisches Bundesamt (Hrsg.),
Statistik des Auslandes. Länderbericht Italien 1987, Stuttgart, Mainz, 1988

Statistisches Bundesamt (Hrsg.),
Statistik des Auslandes. Wichtigste westliche Industriestaaten 1985, Stuttgart, Mainz, 1985

Stern, D.,
Advanced TDRSS, Prelimiary Overview, prepared for the SAAC Communications Subcommittee, 1988

Stifterverband für die Deutsche Wissenschaft,
Forschung und Entwicklung in der Wirtschaft 1985, Arbeitsschrift A, 1988

STU,
The 1986 STU forward Look, STU information 628, Stockholm, 1987

Stumpf, H.,
Interessenlage und Interessenkollision beim Technologietransfer: die Rolle des Patentwesens, in: GRUR Int., 441-445, 1977

Swedish Telecom,
Annual Report, 1987

TE&M,
Bellcore's Job: Keep the Network up to Par, Interview mit Fred Andrews, Vice President Technology Systems, Bellcore, in: TE&M, August, 61-69, 1987

Technologie-Nachrichten,
Finanzierung und Durchführung von Forschung und Entwicklung: Internationaler Vergleich, in: Technologie-Nachrichten, Management-Informationen 486, 2-4, 1988

Telecom Factbook,
Telecom Factbook 1987, Washington, 1986

Telecommunication Council,
Future Trends in Telecommunications in Japan, ohne Ort, 1987

Teleinvest,
Arsredovisning, 1987

The Korea Herald,
Mehrere Ausgaben, 1987 und 1988

The Korea Times,
Mehrere Ausgaben, 1987 und 1988

Thomson-CSF,
Exercice 1987, Paris, 1988

Tisdell, C.A.,
Science and Technology Policy, London, New York, 1981

Turin, G.; W. Davidson, P. Green, J. Mikulski, A. Spencer, B. Wooley,
JTECH Panel Report on Telecommunications Technology in Japan, US Department of Commerce, JTECH-TAR-8501, Washington, 1986

UN,
The Telecommunication Industry - Growth and Structural Change, United Nations - Economic Commission for Europe, New York, 1987

US Senate Committee on Commerce, Science, and Transportation,
Hearing before the Subcommittee on Communications on International Telecommunications, February 28, 1987, S. Hrg. 100-24, US Government Printing Office, Washington, 1987

US Senate Committee on Commerce, Science, and Transportation,
The Goals of the Committee on Commerce, Science, and Transportation for the Second, Session of the 100th Congress, Committee Print, S. Print 100-84, US Government Printing Office, Washington, 1988

Van den Heuvel, A.P.,
private communication, July 25, 1988

van Raan, A.F.J.; A.J. Nederhof, H.F. Moed (eds.),
Science Indicators: Their Use in Science Policy and Their Role in Science Studies, Leiden, 1989

von Krosigk, S.,
Technologischer Vorreiter Japan? Forschungspolitik und technologischer Stand, in: Der Bürger im Staat 1/85, 43-49, 1985

Walker, W.,
UK Defence Electronics: A Review of Government Statistics, PICT Policy Research Papers No. 4, SPRU, Brighton, 1988

Wieland, B.,
Die Entflechtung des amerikanischen Fernmeldemonopols, Berlin, Heidelberg, New York, Tokyo, 1985

Wieland, B.,
Die Neuordnung des Fernmeldewesens in den Niederlanden, WIK, Diskussionsbeiträge zur Telekommunikationsforschung, Nr. 16, Bad Honnef, 1986

Wilcox, F.R.,
R&D Management, Vortrag anläßlich eines Fachgesprächs des Bearbeiters bei den AT&T Bell Laboratories am 15. Juli 1988

Young, S.G.,
Commercial Enterprise at British Telecom Research Laboratories, in: British Telecommunications Engineering, 2, 168-173, 1983